Rüdiger Glaser

Klimageschichte Mitteleuropas

Darstellung des mittelalterlichen Deichbaus im Sachsenspiegel

Rüdiger Glaser

Klimageschichte Mitteleuropas

1200 Jahre Wetter, Klima, Katastrophen

2. Auflage

2., aktualisierte und erweiterte Auflage 2008

1. Auflage 2001
Die Herausgabe des Werkes wurde durch die Vereinsmitglieder
der WBG ermöglicht.
Redaktion der 2. Auflage: Caroline Stöss
Layout und Prepress: SchreiberVIS, Seeheim
Umschlaggestaltung: SchreiberVIS, Seeheim
Umschlagabbildungen: Klimakurve, Abendrot über Brandenburg,
Foto: picture-alliance/ZB
Alle Fotos und Abbildungen im Buch stammen von Rüdiger Glaser,
soweit nicht anders vermerkt.
Gedruckt auf säurefreiem und alterungsbeständigem Papier
Printed in Germany

Besuchen Sie uns im Internet: www.wbg-darmstadt.de

ISBN 978-3-534-20869-2

Inhalt

Anhang

Vorwort

Kurz nach meinem Studium begann ich mich – durch ein Forschungsstipendium finanziert – mit der Historischen Klimatologie zu beschäftigen. Damals wusste ich noch nicht, wie viel Zeit ich in den nächsten Jahren in Archiven verbringen und welche unterschiedliche Arbeitsbedingungen ich dabei antreffen sollte: edel möblierte klimatisierte Bibliotheksräume, aber auch düstere Kellergewölbe, ungeheizte Turmzimmer mit zugigen Fenstern, hochherrschaftliche Hallen, die von kläffenden Hunden bewacht wurden und so den Zugang erheblich verzögerten. Auch das soziale Gefüge war sehr bunt: missmutige Archivare, die auf die strickte Einhaltung von Nutzungs- und Gebührenordnungen pochten, aber auch Bibliotheksleitungen, die sich voll Elan auf die neue Kundschaft stürzten und sogar nach einer längeren Phase vertrauensbildender Maßnahmen den Schlüssel übergaben. Wieder andere sahen ihre Archive als eine Art persönlichen Besitz an und beargwöhnten jeden Besucher als unliebsamen Eindringling. Die Frage nach Klimaaufzeichnungen entsprach nicht dem gängigen Suchraster und wurde so fast immer verneint. Auch in den Repertorien waren die Stichworte Klima oder Wetter selten zu finden. So geriet jeder neue Archivbesuch zu einer kleinen Entdeckungsreise. Neben den klimatischen gab es – ganz nebenbei – noch weitere Entdeckungen: in einem Pfarrarchiv stieß ich auf eine Katalogliste über die alten Würzburger Dissertationen, eine offenbar besonders wertvolle Entdeckung, die der Universitätsbibliothek Würzburg zugeführt wurde. Bisher hatte weder ein Bestandsverzeichnis noch eine Verlustliste existiert.

Die jahrelangen Forschungsarbeiten wären ohne die finanzielle Unterstützung von DFG (Deutsche Forschungsgemeinschaft), ESF (European Science Foundation), dem Universitätsbund Würzburg und dem BMFT (Bundesministerium für Forschung und Technologie) nicht möglich gewesen. Glücklicherweise standen bei diesen Förderungen nicht nur Anwendungsbezug, markt- und patentfähige Produkte und unmittelbare wirtschaftliche Verwertbarkeit im Vordergrund. Trotzdem hat das Themenfeld durch die Klimaveränderungen und die Klimapolitik der letzten Jahrzehnte unter dem Stichwort Global Change gesellschaftspolitische Relevanz erhalten.

Während der Forschungsarbeiten wurde ich von vielen Seiten unterstützt. Allen, die beim Zustandekommen dieser Arbeit geholfen haben, schulde ich Dank: meinem Mentor Prof. Dr. H. Hagedorn, Prof. Dr. W. Schenk, der sich intensiv mit Fragen „Früher Umwelten" beschäftigt, ebenso Prof. Dr. H. Jäger, Prof. Dr. J. Jacobeit und Prof. Dr. D. Busche für die zahlreichen Anregungen. Für die Zusammenarbeit in allen Belangen der Dendrologie danke ich Prof. Dr. B. Becker und J. Hofmann, Universität Hohenheim, Prof. Dr. Chr. Schönwiese, Frankfurt, für die Überlassung von rezenten Messdaten und Dr. H. Rhode und Dr. W. Witte, Bundesamt für Wasserbau in Hamburg, für ihre Hilfe bei der Beschaffung von Daten.

Mein besonderer Dank geht auch an Prof. Dr. Chr. Pfister, Prof. H. Wanner und Dr. J. Luterbacher in Bern für die Zusammenarbeit im Rahmen von europäischen Projekten sowie Prof. Dr. R. Brazdil und Prof. Dr. R. Walsh für die langjährige freundschaftliche Kooperation.

Der Erfolg der Archivrecherchen hing in hohem Maße von der Sachkenntnis der Mitarbeiterinnen und Mitarbeiter ab. Besonders hervorheben möchte ich H. Rose, Staatsarchiv Hamburg, Herrn Horn, Seewetteramt Hamburg, Dr. Graßmann und Dr. Simon vom Archiv der Hansestadt Lübeck, Dr. P. Rückert, Generallandesarchiv Karlsruhe, Dr. Schleier und D. Breitenfeldt, Staatsarchiv Bremen, Dr. W. Bauernfeind, Stadtarchiv Nürnberg, M. Schlosser, Stadtarchiv Bad Windsheim, Dr. F. Oswald vom Fürstlich Leiningschen Archiv in Amorbach und Herrn Schloßmacher, Stadtarchiv Bonn, für zahlreiche Hinweise und manche unbürokratische Hilfe bei der Datenbeschaffung. Herrn Damann von der Wasser- und Schifffahrtsdirektion Süd, Herrn Blaschke und Herrn Beiser, Wasser- und Schifffahrtsdirektion Südwest in Mainz und Herrn P. Krahe, Bundesanstalt für Gewässerkunde, Koblenz, danke ich für die Freigabe von Datenmaterial.

Folgenden Mitarbeiterinnen und Mitarbeitern, die im Rahmen der verschiedenen Forschungsvorhaben als Assistenten und HiWis oder in den verschiedenen Arbeits- und Projektgruppen mitgewirkt haben, bin ich zu Dank verpflichtet: V. Barufke, J. Friedrich, A. Gniosdorc, U. Grosch, P. Grösch, C. Joachim, C. Popp, E. Vincelli, K. Seubert, K. Hermann, J. Glückler, J. Bausenwein, S. Kilian, Dr. D. Rödel, Dr. S. Militzer, K. Sturm und S. Weber. A. Schröder und C. Roth gilt mein ausdrücklicher Dank für die vielfältige Unterstützung, ebenso A. Kern und M. Mohr für die Fotoaufnahmen.

Besonders hervorheben möchte ich U. Beyer für die unermüdliche und jahrelange Unterstützung in allen Fragen der Datenbank HISKLID, Dr. C. Beck für die Bearbeitung der rezenten Daten und der Druckkarten, Dr. G. Koslowski für die ergebnisreiche Zusammenarbeit bei den Eisdaten, Dr. A. Heide für die Hilfe bei den Übersetzungen, Dr. M. Gudd für die unschätzbaren Diskussionen über alle Aspekte der Klima- und Wetterkunde und Dr. M. Deutsch für die freundschaftliche Kooperation.

Einbezogen werden müssen auch die Mitarbeiterinnen und Mitarbeiter am Geographischen Institut der Universität Würzburg, die durch verschiedenste technische und administrative Hilfen das Vorhaben unterstützt haben: M. Schiener, I. Beyer, M. Foster, W. Weber und K. Wepler.

Dem Arzt und Naturforscher Dr. A. Majocco schulde ich besonderen Dank für die kritische Durchsicht und die zahllosen wertvollen Hinweise, ebenso Alfred „Alet" Pflüger für den letzten „Feinschliff".

Der Wissenschaftlichen Buchgesellschaft und vor allem meinem Lektor H. Vogel danke ich für die Annahme des Buches und die kreative Zusammenarbeit.

Meinem Vater Josef Glaser, meiner Tante Erika, meiner Schwester Beatrix Bikar und ihrer Familie danke ich für die Geduld und Unterstützung.

Vorwort zur 2. Auflage

Die Klimageschichte Mitteleuropas hat eine nicht zu erwartende Akzeptanz und in der Leserschaft, vor allem aber unter Fachkolleginnen und -kollegen sowie in den Medien breiten Zuspruch gefunden. Zahlreiche Zuschriften haben deutlich gemacht, dass mit diesem Werk offensichtlich eine Lücke geschlossen werden konnte. Besonders erfreulich ist dabei, dass durch zahlreiche Zuschriften neue Quellenbestände erschlossen werden konnten. Es hat sich gezeigt, dass der Inhalt in seinem Grundbestand zeitlos ist und der Themenkreis der Klimaänderung nicht zuletzt durch den neuesten Bericht des IPCC 2007 noch stärker in die Öffentlichkeit getragen wurde. Klima und Klimaänderungen sind die Leitthemen der Zeit.

Die Neuauflage und Erweiterung spiegeln auch und vor allem die Weiterentwicklung an der Forschungsfront wider. Seit der ersten Drucklegung konnten zahlreiche weitere Projekte durchgeführt werden, die von der EU, vom Bundesministerium und vom Land Baden-Württemberg gefördert wurden und zu neuen Erkenntnissen und zur Erweiterung des Methodenspektrums geführt haben. Das gilt insbesondere für die frühen Aufzeichnungen vor dem Jahr 1000, aber auch für die Kenntnisse um die Hochwasserentwicklung. Zudem ist im Rahmen dieser Projekte erstmals auch der immer wieder geforderte Brückenschlag zur Planung erfolgt.

Was rechtfertigt diese Neuauflage?

Zahlreiche Kapitel wurden gegenüber der ersten Auflage überarbeitet. Neu hinzugekommen ist die weitere Rückschreibung der Zeitreihen bis ins 8. Jahrhundert, die aufgrund der größeren Lücken, die dabei in Kauf genommen werden müssen, jedoch nicht an die graphischen Zeitreihen angegliedert wurden. Ein besonderer Wunsch zahlreicher Zuschriften war es auch, die Jahresbeschreibungen bis zum Jahr 1750 fortzuschreiben. Dies ist hiermit erfolgt, so dass ein Anschluss an die frühen Instrumentenmessreihen und die sogenannten Jahresmittel für Deutschland erfolgt ist und eine weitere Absicherung der durchgängigen Zeitreihen zur Temperatur vorgelegt werden kann. Auch konnten überaus interessante Zeitreihen zur Hochwasserentwicklung am Niederrhein sowie an der Donau dem bisherigen Wissensbestand hinzugefügt werden.

Die Temperaturzeitreihe der letzten 1000 Jahre wurde überarbeitet, insbesondere wurden die Unsicherheitsbereiche mit angegeben und ein Anschluss an die neueste Entwicklung vorgenommen. Die Zeitreihe wurde ferner in Beziehung zu den sogenannten Climatic Forcings gestellt. Sie verdeutlichen die Steuerung des Klimas durch die solare Aktivität, aber auch durch die Treibhausgase und die vulkanischen Forcings während der letzten 1000 Jahre und machen dabei deutlich, dass die letzten 150 Jahre in zunehmendem Maße durch die Treibhausgase geprägt wurden. Somit kann ein kausaler Wirkungskomplex zur Entwicklung der letzten 1000 Jahre im Kontext der aktuellen Diskussion um das Treibhausklima vorgelegt werden, so dass nicht nur die Vergleichbarkeit zwischen dem sogenannten spätmittelalterlichen Wärmeoptimum und dem modernen Treibhausklima, sondern auch die Frage der Veränderlichkeit insgesamt schlüssig beantwortet werden kann. Besonders erfreulich ist, dass die Güte der Zeitreihe durch eine ganze Reihe von Klimasimulationen Bestätigung findet.

Somit kann ein umfassendes und in zahlreichen Kapiteln wesentlich erweitertes und gesicherteres Gesamtbild zur Klimaentwicklung Mitteleuropas gezeichnet werden.

Ich danke zunächst allen Lesern, die mit ihren Zuschriften und ihrer Aufmunterung zur Weiterführung der erfolgreichen ersten Auflage beigetragen haben, insbesondere aber auch dem Verlag, der das Wagnis einer Neuauflage auf sich genommen hat. Besonders hervorheben möchte ich die engagierte und erfolgreiche Zusammenarbeit mit dem Lektor Wolfram Schwieder.

Schließlich konnte die Forschungsrichtung der historischen Klimatologie auch an meinem neuen Standort in Freiburg etabliert werden. Dank schulde ich Dr. Klaus Braun, Dirk Riemann, Heiko Stangel, Sebastian Tyczewski, den Mitarbeitern am Institut, insbesondere Angelika Schuler und Susana Ginés sowie Klaus-Dieter Lickert, der die Abbildungen und kartographischen Entwürfe gezeichnet hat.

Freiburg im Breisgau, Sommer 2007.
Für Steph, Kilian und Hannes

Teil I
Grundlagen der Historischen Klimaforschung

Klima in Perspektive: Eine Einführung

Wetter, Klima und Katastrophen sind Themenkreise, die unsere Gesellschaft in besonderem Maße berühren. Der Orkan Lothar 1999, katastrophale Überschwemmungen wie das Oder-Hochwasser 1997, das Elbe-Hochwasser 2002, das Dürrejahr 2003 oder Stürme wie Vivian und Wiebke Anfang der 1990er-Jahre mit ihren verheerenden Schäden (vgl. Abb. 1) haben die durch Treibhauseffekt, Ozonloch und El Niño sensibilisierte Öffentlichkeit weiter verunsichert. In apokalyptischen Szenarien wird in den Medien ein düsteres Bild unserer klimatischen Zukunft gezeichnet: Menschliches Fehlverhalten fordert die Natur heraus und diese zieht den Übeltäter zur Rechenschaft. Ein jahrhundertealtes Erklärungsmuster. Anscheinend sind auch heute noch Menschen durch Unkenntnis und Unsicherheit für irrationale Bewertungen empfänglich.

Aus wissenschaftlicher Sicht ergeben sich Fragen nach den Ursachen, den Trendverläufen und der Häufigkeit: Durch Vergleiche mit vorangegangenen Katastrophen versucht man deshalb Rangfolgen abzuleiten. Um eine dramatische Steigerung zu erreichen und die Einzigartigkeit hervorzuheben, werden stereotype Aussagen wie ‚das schlimmste Ereignis seit soundso viel Jahren' verwendet, Meldungen über Katastrophen häufen sich. Dabei drängen sich folgende Fragen auf:

(1) Ist dies alles Ausdruck eines klimatischen Trends oder Resultat eines gesteigerten Bewusstseins für das Klima?
(2) Welchen Zeitraum legen wir den Vergleichen zugrunde?
(3) Seit wann besitzen wir verlässliche Angaben zu Wetter, Klima und Katastrophen?
(4) Welchen Schwankungen unterlag das Klima, als es noch nicht durch anthropogene Treibhausgase beeinflusst wurde?
(5) Wie steht es um die mit großem Aufwand betriebenen Klimamodellierungen und prognostizierten Klimaänderungen?

Der Treibhauseffekt ist Realität geworden, die klimatische Zukunft kann heute sicherer denn je beurteilt werden. Im

Abb. 1: Windwurfschäden durch die Orkane Vivian und Wiebke im Spessart 1990: Die Wucht dieser Orkane war so stark, dass Bäume entwurzelt und abgerissen wurden, Aufnahme: M. Mohr.

neuesten Bericht des IPCC (2007) konnten die im Bericht von 2001 formulierten Unsicherheiten und noch zum Teil recht vagen Aussagen im Wesentlichen konkretisiert werden. Die Erkenntnisse zum Treibhauseffekt gelten nunmehr als gesichert. Die Folgen des Klimawandels sind in allen Lebensbereichen unübersehbar und es wird notwendig sein, vielfältige Anstrengungen zum Klimaschutz auf allen Ebenen zu unternehmen. Ohne Zweifel hat dieser Aspekt weltweit die Akzeptanz und das Interesse an klimatologischer Forschung stimuliert. Ein Zweig dieser Forschung ist die Historische Klimatologie. Sie befasst sich mit der Rekonstruktion klimatischer Abläufe vor Beginn der amtlichen und damit standardisierten Klimamessung, die in Mitteleuropa Mitte bzw. Ende des 19. Jahrhunderts begann, und stützt sich vor allem auf schriftliche Aufzeichnungen. Verwendung finden aber auch frühe Instrumentendaten, die vor der amtlichen Begründung von Messnetzen erhoben wurden. Darüber hinaus nutzt sie zahlreiche Klimazeiger, sogenannte Proxydaten wie Baumringe, Ertragsangaben verschiedener Agrarprodukte oder phänologische Reihen, die Angaben zum Zustand der Vegetation zum Inhalt haben. Ziel ist die Ableitung quantifizierbarer, kontinuierlicher, d. h. lückenloser und homogener Zeitreihen, die möglichst mit der modernen Phase der Klimamessung in Beziehung gesetzt werden sollten. Damit steht die Historische Klimatologie methodisch zwischen den historischen Wissenschaften und den Naturwissenschaften.

Mit diesem Buch wird erstmals für Mitteleuropa eine zusammenschauende Klimageschichte der letzten 1200 Jahre vorgestellt, die eine quantifizierende Rückschreibung der Temperatur- und Niederschlagsentwicklung beinhaltet und dabei auch auf die aus heutiger Sicht wichtigen Aspekte der Klimakatastrophen eingeht. Das zugrunde liegende Konzept folgt einer Zweigliederung in die Grundlagen der Historischen Klimaforschung, in der die Daten und Methoden vorgestellt werden, und einen umfassenden Ergebnisteil, 1200 Jahre Hitze, Fluten, Eis und Sturm, in dem die Klimaentwicklungen diskutiert werden.

Im ersten Teil werden zunächst die unterschiedlichen Quellen und ihre methodische Umsetzung behandelt. Alle Daten unterliegen der Prämisse originärer Quellenstudien, was sich nur durch langjährige und finanziell aufwendige Archivarbeiten zum Aufbau der Historischen Klimadatenbank Deutschland (HISKLID) verwirklichen ließ. Unabdingbare Grundlage der Quellenanalyse ist ihre kritische Darstellung. Den Schwerpunkt der Daten bilden die deskriptiven Angaben. Ergänzt werden diese direkten Klimahinweise durch Proxydaten. Hierzu zählen Vereisungsangaben, Baumringdaten sowie Hochwasserhinweise.

Das breite Spektrum unterschiedlichster Datentypen kann nur durch ein vielfältiges Instrumentarium geeigneter Methoden interpretiert werden. Als wichtigste Kriterien des methodischen Ansatzes gelten die Quantifizierbarkeit und Objektivierbarkeit von Daten und Aussagen. Wesentliche Aspekte beziehen sich dabei auf eine Bewertung der aus den schriftlichen Angaben abgeleiteten Aussagen, der Zuweisung von Indizes und den Möglichkeiten ihrer Kalibrierung.

Im Ergebnisteil wird der Gang von Temperatur und Niederschlag der letzten 1200 Jahre vorgestellt. Aufgrund der unterschiedlichen Quellendichte wird dabei v. a. der Zeitraum 1000 bis 1500 in seiner mittelfristigen Entwicklung diskutiert. Zwischen 1500 und 1750 konnten die charakteristischen Witterungsereignisse Jahr für Jahr rekonstruiert werden. Ab 1700 werden die Aussagen bereits durch Instrumentenmessdaten unterstützt.

Darüber hinaus werden Einzelaspekte zu verschiedenen Ereignissen erörtert. Aufgegriffen werden Themenkreise wie Stürme, Überschwemmungen und Gewitter, die allesamt unter dem Aspekt der Klimaextreme geführt werden können und ebenfalls von großem aktuellem Interesse sind.

Unter Mitteleuropa wird in diesem Buch zunächst das heutige politische Deutschland verstanden. Die komplexen historischen territorialen Entwicklungen und die Bezugnahme auf deutschsprachige und lateinische Quellen haben zur Folge, dass bisweilen auch auf benachbarte Räume eingegangen wird. Dadurch wird auch ein Brückenschlag zu den einschlägigen Arbeiten in den Nachbarländern möglich, was sich aus klimatologischer Sicht ohnehin anbietet – denn Klima kennt keine Grenzen.

In allen Teilbereichen wurde besonderer Wert auf eine verständliche Darstellung gelegt. Das Buch soll als Handreichung für alle dienen, die sich aus gesellschaftlichem, historischem oder naturwissenschaftlichem Interesse mit der klimatischen Entwicklung der letzten 1200 Jahre beschäftigen möchten und konkrete Aussagen benötigen. Weiterführende Aspekte können über die Spezialliteratur erschlossen werden. Die Erkenntnisse sollen dazu dienen, die natürliche Schwankung des Klimas mit seinen Extremen besser verstehen zu können und um Anhaltspunkte für die aktuelle Diskussion über Klimaänderungen zu gewinnen.

Um den Umfang dieses Buches nicht zu sprengen, sind die den Auswertungen zugrunde liegenden Quellenhinweise auf Internet verfügbar gemacht worden und können unter der Adresse http://www.hisklid.de (Digitale Angebote) abgerufen werden.

Begründung und Forschungsansätze

Die Historische Klimatologie hat im Spektrum der Klimaforschung einen beachtlichen Stellenwert erreicht, zumal sich inzwischen die Erkenntnis durchgesetzt hat, dass für eine abschließende Beurteilung vieler Fragenkomplexe aktualistische Betrachtungen nicht ausreichen. Historische Klimarekonstruktionen können zur Lösung einiger der aufgeworfenen Fragenkreise beitragen. Sie liefern Vergleichsdaten zur Beurteilung der prognostizierten Klimaänderungen und zur Entschlüsselung komplexer Interaktionen zwischen Mensch und Umwelt. Darüber hinaus kann mit ihrer Hilfe die natürliche Variabilität mit deren Extremen und Wiederholbarkeit analysiert werden. Ferner ist es möglich, in der Vergangenheit Wetter-, Witterungs- und Klimaabfolgen nachzuweisen, die so seit Beginn der Instrumentenmessungen nicht wieder auftraten.

Während die prognostische Klimamodellierung große Beachtung und eine entsprechende finanzielle Ausstattung fand, musste sich die Historische Klimatologie erst emanzipieren. Dabei wiesen gerade die Prognosemodelle vor nicht allzu langer Zeit noch erhebliche Schwächen auf und waren häufig durch eine groteske Realitätsferne gekennzeichnet. Zieht man die Strukturdefizite und Unschärfen der Modellrechnungen in Betracht, dann besteht qualitativ kein großer Unterschied zwischen Prognose und Rückschau. Dennoch dürfen auch die Defizite der Historischen Klimatologie nicht unerwähnt bleiben: So versucht auch sie oft zu eindeutigen Ergebnissen zu kommen, obwohl die Datenqualität exakte Aussagen gar nicht zulässt. Dennoch lassen sich aus historischen Daten wichtige Indizien ableiten, die zu Beweisen verdichtet werden können.

Es wurden zirkulationsdynamische Modellansätze entwickelt, in die auch historisch-klimatologische Erkenntnisse mit einflossen. Proxydaten verschiedener Zeitskalen waren ebenfalls wesentlicher Bestandteil eines Vorhabens, das von der Helmholtz-Gemeinschaft Deutscher Forschungszentren unter dem Slogan ‚Von der Vergangenheit in die Zukunft' getragen wird. Das Projekt zielte u. a. auf die Größenordnung der natürlichen Klimavariabilität und ihrer Steuerungsmechanismen für eine Abschätzung der zukünftigen Klimaentwicklung ab. Die grundlegende Idee beruht auf der Erstellung qualitätskontrollierter Klimadaten (Proxydaten) und der Schaffung einer konsistenten Zeitskala auf Kalenderjahrbasis. Diese Daten werden dann mit Hilfe von geeigneten Transferfunktionen zur Berechnung der Temperatur und anderen Klimazustandsgrößen genutzt. In diesem Wissensfeld zwischen Datengewinnung, Klimainterpretation und Klimamodellen kann die Historische Klimatologie eine wesentliche Aufgabe für die Bewertung der natürlichen Variabilität der letzten 1200 Jahre erfüllen. In mehreren europaweiten Forschungsvorhaben gelang die Verknüpfung von historischen Daten und Proxydaten beispielhaft (Luterbacher et al. 1999).

Auswirkungen von Klimaveränderungen sowie regionale Ausprägungen stehen derzeit im Mittelpunkt des öffentlichen und wissenschaftlichen Interesses (Abb. 2). Ein Beispiel hierfür ist die Einrichtung des Potsdamer Instituts für Klimafolgenforschung 1991. Dabei wird vermehrt auf integrative systemanalytische Ansätze geachtet. So ist die Behandlung klimatischer Fragestellungen selbst in ökonomischer Hinsicht relevant, da räumliche Klimaunterschiede im Rahmen von ‚Klimatheorien der wirtschaftlichen Entwicklung' immer wieder für Disparitäten im sozio-ökonomischen Entwicklungsstand verantwortlich gemacht werden (Biswas & Biswas 1979). Volkswirtschaftliches Wachstum und Umwelt werden seit Mitte der 1980er-Jahre gesamtheitlich betrachtet. In den Berichten zur Konferenz für Umwelt und Entwicklung in Rio de Janeiro 1992 wird bereits der Versuch unternommen, die Nutzung der natürlichen Ressourcen neu zu bewerten. Klimaänderung ist eines der Leitthemen unserer Zeit, das in vielfältigen Programmen im Rahmen des Global Change diskutiert wird. Auf dem Weltwirtschaftsforum in Davos im Jahr 2000 wurde der Klimaänderung höchste Priorität eingeräumt. Seit 1995 (Berlin) finden regelmäßig Weltklimakonferenzen des höchsten Entscheidungsgremiums der UN-Klimakonvention (UNFCCC) statt, die alle Unterzeichnerstaaten der Klimakonvention umfassen. Die letzte fand 2006 in Nairobi statt.

Klimarekonstruktionen spielen in vielen Fachbereichen eine immer wichtiger werdende Rolle.

Sie unterstützen beispielsweise die Geschichtswissenschaften, da viele historische Entwicklungen nicht losgelöst vom Wandel der natürlichen Umwelt verstanden werden können. Folgerichtig setzte sich in zunehmendem Maße die Umweltgeschichte als eigenständiger Forschungsbereich durch (vgl. Jäger 1994). Die Rekonstruktion früher Umwelten ist ein Verschneidungsbereich verschiedener Disziplinen, an dem unterschiedliche Forschergruppen fachübergreifend mitwirken. Im Zusammenwirken von Klimatologie und Geschichte liefert die historische Wissenschaft vielfältige Arbeitsmethoden, die der Datenerhebung und Darstellung auf klimatischer Ebene zugute kommen. Die inhaltliche Analyse und Interpretation sollte jedoch von Klimatologen geleistet werden.

Die zunehmende Bedeutung der Historischen Klimatologie hat sich auch in der Literatur niedergeschlagen, zum Beispiel in etablierten Reihen wie der ›Paläoklimaforschung‹. Auch in renommierten Fachzeitschriften wie

›Climatic Change‹ gibt es immer wieder einschlägige Themenhefte, zuletzt zum Mittelalterlichen Wärmeoptimum 1994 und zum 16. Jahrhundert (Pfister, Brázdil & Glaser 1999). Einige Monographien und Tagungsbände fokussieren auf hydrographische Inhalte (Thorndycraft et al. eds. 2003, Hydrological Sciences Journal 2006). Zwischenzeitlich haben sich zahlreiche, meist national organisierte Forschergruppen gebildet, die eng miteinander kooperieren.

Es lässt sich nicht eindeutig bestimmen, wann die Forschungsrichtung ‚Historische Klimatologie' begründet wurde. Bereits die antiken Naturbetrachtungen können als historisch-klimatologische Darstellungen gelten, beinhalten sie doch in vielen Fällen Sammlungen großer Naturereignisse mit entsprechenden klimatologischen Ausführungen. Immer wieder wurden Kompilationen erstellt, wobei die Intention von erbaulichen Schriften bis zu wissenschaftlichen Abhandlungen reichte. Vor allem in den großen historiographischen Kompilationen trugen Bearbeiter bemerkenswerte Klimaereignisse zusammen. Auch wenn sich die Mehrzahl der Veröffentlichungen auf wenig verwertbare Informationen beschränkt, soll nicht vergessen werden, dass beispielsweise in Frankreich bereits im 16. Jahrhundert die Veränderlichkeit des Klimas Gegenstand wissenschaftlicher Überlegungen war. Wissenschaftler wie Brice untersuchten Änderungen des Abflussverhaltens und auch der Wasserbilanz, wobei sich Gegner und Befürworter der aus dieser Diskussion hervorgegangenen ‚Austrocknungstheorien' zum Teil erbittert gegenüberstanden. Der Kreis derer, die sich mit Klimaänderungen auseinandersetzten, wuchs. Vor allem mit dem Aufkommen von Messinstrumenten waren die Voraussetzungen für weiterführende meteorologische Betrachtungen geschaffen.

Besonders reichhaltige Zusammenstellungen aus zum Teil zweifelhaften Quellen liegen seit dem 18. Jahrhundert vor. Oft waren es große Klimakatastrophen wie das Überschwemmungsdesaster von 1784, die Autoren wie Pötzsch (1784) veranlassten, historische Nachforschungen anzustellen. Überschwemmungen waren nicht mehr nur Gegenstand religiöser Deutung (Zornrute Gottes), sondern auch wissenschaftlicher Analysen. Seine ›Chronologische Geschichte der großen Wasserfluthen des Elbstroms seit tausend und mehr Jahren‹ zählt nicht zuletzt deshalb zu den verwertbaren Publikationen. Überhaupt entwickelte sich die Hydrographie insgesamt zu einem besonders sammelfreudigen Zweig dieser Forschungsrichtung.

Wie weit die wissenschaftlichen Erklärungen schon damals gingen, zeigt sich in der Weltbeschreibung von Bergmann (1769). Er führt unter anderem aus:

Abb. 2: Flächenhafte Erosionsschäden im Steigerwald 1998/1999: Durch die starken Niederschläge Ende 1998 und Anfang 1999 kam es auf sandigen Böden selbst an flacheren Hängen zu erheblichen Erosionsschäden.

„Wenn einige Jahre nach einander kalte Sommer einfallen, so geschiehet es, dass das Treibeis, welches sich an gewisse Küsten gesetzt hat, ungeschmolzen liegen bleibet ... Auf solche Art werden Grönlands und James östliche Küsten, Frobishers Meerenge und mehrere Stellen in neuern Zeiten unzugänglich geworden seyn ... Die höchsten Berggipfel sammeln gleichfals jährlich Eis und Schnee zusammen. Vor diesem war über die Bergkette Mount Maudit von Frankreich nach Piedmont ein Weg, aber er ist jetzt durch ein beständiges Eis von zwo Meilen lang, und eine halbe Meile breit, unbrauchbar. Es nimmt jährlich zu und gleichet den Eisbergen um den Polen, bis auf die blaue Farbe. Bey Grindelwald im Canton Bern, kommt der merkwürdige Gletscherberg vor ... Diese Eisberge vergrößern sich viele Jahre, aber zuweilen werden sie auch ansehnlich verkleinert, als 1540 und 1719."

Wenige Jahre später erschien von Pilgram (1788) ›Untersuchungen über das Wahrscheinliche der Wetterkunde durch vieljährige Beobachtungen‹ mit statistischen Analysen, Wirkungsaspekten und weiteren, durchaus inspirierenden Ansätzen. Neben diesen wissenschaftlichen Publikationen lebte die Reihe illustrer Kompilationen fort. Unklare und verfremdete Quellenbezüge sowie immer wiederkehrende Abschriften und Neukompositionen älterer Werke kennzeichnen die meisten dieser Zusammenstellungen, die im folgenden Jahrhundert mit zum Teil kommerziellem Interesse auf den Markt gebracht wurden. Um nur einige Beispiele zu nennen, sei auf die von Cantor (1805) herausgegebene ›Geschichte der merkwürdigsten Naturbegebenheiten auf unserer Erde seit Christi Geburt‹ oder die Zusammenstellung ›Ueber die strengen Winter‹ von Pfaff (1809) sowie – mit einem größeren wissenschaftlichen Anspruch – auf die ›Fünfhundertjährige Witterungsgeschichte‹ von Müller (1823) oder die Abhandlung von Bögner (1841) verwiesen. Diese Reihe ließe sich beliebig fortsetzen. Ihr heutiger Wert beruht vor allem darauf, dass mitunter Anhaltspunkte für die Quellenrecherche gegeben werden.

Erste nachhaltige wissenschaftliche Ansätze kamen in Europa mit der Begründung meteorologischer Gesellschaften bzw. der Einrichtung der amtlichen Meteorologie Mitte des 19. Jahrhunderts auf. Man war bemüht, die bis dato unter verschiedenen Gesichtspunkten gemessenen Datenreihen zusammenzuführen. In einigen Fällen wurden die Materialsammlungen auch auf nichtinstrumentelle Klimainformationen erweitert. Zahlreiche Publikationen dieser Zeit enthalten Abschnitte, die ihrem Wesensgehalt nach zur Historischen Klimatologie gerechnet werden können. Um nur ein Beispiel zu nennen, sei die ›Allgemeine Länder- und Völkerkunde‹ von Berghaus (1837) erwähnt, in der er sich der Frage widmet, „ob die Temperatur der Luft seit den historischen Zeiten Veränderungen erlitten habe, oder nicht". Ein weiteres Beispiel für die Sammelleidenschaft dieser Zeit sind die Arbeiten von Hellmann (1883). Sein ›Repertorium zur Meteorologie‹ ist bis heute eine einzigartige Suchhilfe für den deutschsprachigen Raum, wenn auch durch Kriegsverluste oft beträchtliche Lücken aufgetreten sind. Polluge (1881) verfasste einen der ersten deutschsprachigen Aufsätze ›Klimaänderungen in historischen Zeiten‹, der die historische Dimension explizit erwähnt. Abnehmende Pegelstände und sinkende Grundwasserspiegel interpretiert er als Reaktion auf die Kulturtätigkeit des Menschen, wobei er insbesondere auf die Entwaldung und den dadurch implizierten Klimawandel eingeht.

Einen neuen Impuls erfuhr das ‚historische Bewusstsein' in der Klimatologie durch die umfassenden Kompilationen, die zu Anfang dieses Jahrhunderts von Autoren wie Hennig (1904) veröffentlicht wurden. Sicherlich standen diese Ansätze zunächst im Schatten der neuen Erkenntnisse auf dem Gebiet Paläoklimatologie mit dem innovativen Konzept der Eiszeiten durch Penck & Brückner (1901–1909). Mit der Zeit konnten aber ertragreiche Verknüpfungen zwischen den morphologischen und glaziologischen Erkenntnissen und der Historischen Klimatologie hergestellt werden (vgl. Holzhauer & Zumbühl 1999) (Abb. 3).

Durch die Kompilationen zu Anfang des Jahrhunderts, die wegen der unkritischen Verwendung von Quellen zu Recht in der Kritik stehen, wurde trotzdem eine Leitlinie in der Historischen Klimatologie geschaffen, die auch heute eine große Rolle spielt: die Sammlung und Publikation von Daten- und Quellenmaterial. Die Notwendigkeit der Quellenkritik wurde schnell erkannt. So legte Norlind 1914 eine Arbeit über ›Das Klima in historischer Zeit‹ vor, in der bereits eine quellenkritische Diskussion geführt wird. Auch weiterführende methodologische Gedanken und Zeitströmungen wurden von diesem Autor aufgegriffen. Beispielsweise setzt er sich mit Aspekten der „modernen Erdkunde" in seiner Zeit auseinander und wechselt im vorgelegten Beitrag von der traditionellen „beschreibenden" zur neuen „erklärenden Methode", was sich darin äußert, dass erste großräumige witterungsklimatische Interpretationen zu historischen Klimasituationen angestellt werden.

Die schon in der Frühphase begründete Arbeitsrichtung umfassender Text- und Zitatsammlungen historischer Witterungsangaben setzt sich bis heute fort, wobei die Arbeiten von Weikinn (1958–1963) und Börngen & Tetzlaff (2000) oder die wertenderen Datensammlungen von Alexandre (1987) inzwischen zu viel zitierten Standardwerken wurden. Den Wert und die Bedeutung derartiger Sammlungen und biographischer Zusammenstellungen kann wahrscheinlich nur derjenige erahnen, der selbst in akribischer Kleinarbeit Archive durchforstet hat. Archivarbeit muss als elementare Grundlagenforschung

Abb. 3: Vernagtferner im August 1990: Bei der wallartigen Struktur am linken Bildrand handelt es sich um die Seitenmoräne von 1850. Der gesamte Talraum war zu dieser Zeit von Eis erfüllt. Aus dem Vergleich mit der heutigen Gletscherzunge kann man schließen, wie weit der Gletscher infolge der Temperaturzunahme im 19. und 20. Jahrhundert bereits zurückgeschmolzen ist.

gewertet werden. Ihre Handhabung wurde durch den Einsatz von EDV und Datenbanken vereinfacht.

Bereits Norlind (1914), vor allem aber Easton (1928) bemühten sich, in ihren Ausführungen über reine Textsammlungen hinauszugehen. Sie begannen, die Beschreibungen in Werte, sogenannte Indizes, umzusetzen und in Zeitreihen zusammenzustellen. Damit lösten sie sich von der deskriptiven Betrachtung und begründeten die quantitative Analyse, deren Grundprinzipien noch heute Gültigkeit haben. Bis in die Gegenwart zählt es zu den ambitionierten Zielen, lange Indexreihen abzuleiten und diese zu quantifizieren.

Der Versuch, quantitative historische Klimaaussagen treffen zu können, führte schließlich zur Auseinandersetzung mit den sogenannten Proxydaten. Man trifft dabei auf ein breites Spektrum, das von der Analyse von Ertragsdaten über phänologische Angaben bis hin zu Dendroreihen reicht. Der Wert derartiger Daten beruht auf der nahezu flächenhaften Verfügbarkeit, der vergleichsweise einfachen Akquisition und vor allem auf den weiterführenden statistischen Möglichkeiten, da ein Großteil dieser Daten in metrischen Einheiten zu fassen ist. Gerade die letzte Eigenschaft führte dazu, dass zum Teil komplexe statistische Verfahren verwendet wurden. Breite Beachtung schenkte man stets den önologischen Parametern (Lauer & Frankenberg 1986). Eine lange Forschungstradition findet sich auch in dem Bereich der Baumringanalysen (Schweingruber 1993 oder Briffa et al. 1999, Büntgen et al. 2007). Auch andere Angaben wie Hochwassermarken oder Vereisungsangaben wurden immer wieder für historische Untersuchungen herangezogen (Camuffo 1987, Catchpole 1992).

Neue methodische Impulse vermittelten die von Lamb seit Mitte der 60er-Jahre verfolgten Forschungsarbeiten. Neben einer Weiterführung der Indexbildungen beruht die wesentliche Novität auf der synoptischen Interpretation. Diesem Aspekt kommt in neuerer Zeit besonderes Augenmerk zu (Jacobeit et al. 1999). Synoptische Betrachtungen lassen sich erst auf der Grundlage räumlich übergreifender Datensätze realisieren.

Schon mit Le Roy Ladurie (1983a, b) begann eine Phase zusammenschauender Arbeitsweisen, in der nicht nur das Klima selbst, sondern auch die Folgewirkungen und Rückkopplungen auf Umwelt und Gesellschaft in die

Analysen mit einbezogen wurden. Durch die Integration von Proxydaten kam es zu einer ständigen Ausweitung der methodischen Ansätze, da ohne Kenntnis der vielfältigen Einflussfaktoren eine Interpretation nicht mehr möglich war. Neben den erwähnten Arbeiten waren es Untersuchungen von Parry (1978) über die Auswirkungen der Kleinen Eiszeit auf Umwelt und Gesellschaft im westlichen Norwegen und vor allem zwei unter dem gleichen Titel und im gleichen Jahr erschienene Bände von Wighley, Ingram & Farmer (1981) sowie Rotberg & Rapp (1981), mit denen der bisherige Forschungsstand umfassend beschrieben wurde. Auch die Arbeiten von Pfister (1985) können als Beispiele gesamtheitlicher, systemorientierter Ansätze gelten. Gleichzeitig sind nicht zuletzt durch die entsprechenden Vorschläge von geographischer Seite Tendenzen zu einer regionalen Betrachtung erkennbar.

In diesen Ansätzen wurden nach und nach auch die historische Instrumentenmessung einbezogen. Ihre Kalibrierung und Quantifizierung stellt den wesentlichen Brückenschlag zur modernen Klimabetrachtung dar. Anfänglich waren es meist thermische Anomalien, die summarisch aufgelistet und miteinander verglichen wurden wie bei Gautiers (1911) ›Hivers chauds, années très humides et très sèches‹. Als besonders ergiebig zeigten sich jedoch die langen kontinuierlichen Reihen: Die von Manley (1974) für Zentralengland rekonstruierte Instrumentenmessreihe hat beispielhaft das Vorstellungsbild der Kleinen Eiszeit geprägt. Keine Messreihe wurde öfter zitiert und für Kalibrierungen herangezogen, mit dem Effekt, dass sich zum Teil unsinnige Fernkorrelationen ergaben. Bereits 1967 hatte Rudloff die damals bekannten langen europäischen Reihen zusammengefasst. Sein Werk über ›Schwankungen und Pendelungen des Klimas in Europa seit dem Beginn der regelmäßigen Instrumentenbeobachtungen (1670)‹ zählt unzweifelhaft zu den Klassikern. Zwischenzeitlich liegt eine fast unüberschaubare Zahl von Arbeiten zu diesem Themenkreis vor (u. a. Demarée et al. 1994). Historische Instrumentenmessdaten bildeten auch die Grundlage der von Kington 1988 ausgearbeiteten historischen Klimakarten.

Einen neuen Impuls erfuhr diese Forschungsrichtung durch die Kopplung historischer Erkenntnisse mit zirkulationsdynamischen Modellansätzen. Im Rahmen des europaweiten ADVICE-Projektes (Annual to Decadal Variability In Climate in Europe) wurde die Analyse von frühen Instrumentenmessdaten, Proxydaten sowie deskriptiven Angaben erfolgreich angewendet. Herausragendes Ergebnis solcher Untersuchungen sind rekonstruierte monatliche und teilweise tägliche Bodenluftdruckkarten. Auf der Grundlage solcher Karten können zirkulationsdynamische Untersuchungen durchgeführt werden (Jacobeit et al. 1999).

Überlagert wurden die aufgezeigten Leitlinien von einer zunehmenden Zahl von Einzeldarstellungen unterschiedlichster Teilaspekte. Als besonders ergiebig erwies sich schließlich die Analyse von Wetterjournalen mit täglichen Beobachtungsangaben.

Seit einiger Zeit stehen diese Rekonstruktionen online zur Verfügung (Luterbacher et al. 2002). Es handelt sich um aus thermischen und hygrischen Indexreihen und Rekonstruktionen europäischer Arbeitsgruppen abgeleitete europaweite Druckfelder (SLP [Sea Level Pressure] und 500 hPa Level). Diese liegen für den Ausschnitt 30° W – 40° E; 30° N – 70° N ab 1500 in saisonaler, ab 1659 in monatlicher Auflösung vor. Mit ihrer Hilfe lassen sich ergebnisreiche Abschätzungen der Zirkulationsverhältnisse durchführen. (http://www.ncdc.noaa.gov/paleo/pubs/luterbacher2002/luterbacher2002.html)

Jahreszeitliche Niederschlagsdaten in 0,5° Auflösung für nahezu den gleichen Raum (30° W – 40° E/30 – 71° N) von 1500 bis 2000 bietet das Datenset von Pauling et al. (2006). Für dieses Datenset wurden lange Niederschlagsreihen, Niederschlagsindizes aus chronikalischen Aufzeichnungen und Regen-sensitive, natürliche Proxies wie Baumring-, Korallen- und Eisbohrdaten sowie Speläotheme, das sind sekundäre Mineralablagerungen in Höhlen, die meist aus Calcit, Aragonit oder Gips bestehen, herangezogen. Dieses Datenset ermöglicht regional differenzierte Studien zum saisonalen Niederschlagsgeschehen. (http://climexp.knmi.nl/selectfield_rapid.cgi?someone@somewhere und http://www.geography.unibe.ch/lenya/giub/live/research/climatology_en.html)

Beide Datensätze können allerdings nur den jeweiligen Stand und die Güte der zugrunde liegenden Indexreihen abbilden. Neue Datenreihen werden die abgeleiteten Muster ergänzen und modifizieren.

Unter dem Akronym HISTALP liegt für den Alpenraum ein räumlich dichter, qualitätsgeprüfter Klimadatensatz auf Monatsbasis vor. Die Daten wurden von mehr als 20 Providern aus 10 Alpenländern gesammelt und vorläufig als geschlossener Datensatz 1800 – 2003 in „station-mode" und in 2 verschiedenen „grid-modes" aufbereitet. Die HISTALP-Gesamt- und Referenzpublikation wird demnächst im IJC erscheinen (Auer et al., 2006). (http://www.meteo.physik.uni-muenchen.de/dkt/kurzabstracts/hohenpeissenberg/ boehm_p.htm).

Aus dem EMULATE (European and North Atlantic daily to MULtidecadal climATE variability)-Forschungsvorhaben liegen täglich aufgelöste historische Druckdatenmessungen für den Raum 70° – 25° N und 70° W – 50° E vor. Die räumliche Auflösung beträgt 5°. Der Datensatz deckt die Periode von 1850 bis heute ab. Die einschlägigen Homepages bieten zudem zahlreiche Ausarbeitungen beispielsweise zu Druckfeldern, deren Beziehungen zu den Meeresoberflächentemperaturen, Indizes zu Temperatur- und Niederschlagsextremen, Dürreindex, externen Forcings etc. an.

(http://www.geo.uni-augsburg.de/lehrstuehle/phygeo/forschung/klima/0_emulate/ und http://www.cru.uea.ac.uk/cru/projects/emulate/)

Unter dem Kürzel „VASClimO"(Variability Analysis of Surface CLIMate Observations) oder „VAS" finden sich für den Zeitraum 1951–2000 monatliche Niederschlagsdaten mit einer Auflösung von 2,5° × 2,5°. Das dreidimensionale Datenset bildet den Raum −179.75 bis +179.75 sowie −89.75 bis +89.75 ab. (http://www.dwd.de/en/FundE/Klima/KLIS/int/GPCC/Projects/VASClimO/VASClimO.htm)

Die Informationen aus Schiffstagebüchern für den Zeitraum 1750–1850 werden in dem EU-finanzierten CLIWOC (CLImatological Database for the World's OCeans)-Projekt zusammengeführt und analysiert. Sie stellen eine unbedingt notwendige Ergänzung der terrestrischen Informationen dar.

Im Global Historical Climatology Network stehen monatliche Temperaturdaten von 7280 und Niederschlagsdaten von 20 590 Stationen zur Verfügung (http://www.ncdc.noaa.gov/oa/climate/ghcn-monthly/index.php). Für Europa werden derzeit 89 Niederschlagszeitreihen und 54 Temperaturzeitreihen, die länger als 150 Jahre sind, geführt.

Unter HadCET, dem HADley Centre Central England Temperature Dataset, wird die lange, auf Gordon Manley (1974) zurückgehende Temperaturzeitreihe mit monatlicher Auflösung ab 1659 und mit täglicher ab 1772 bereitgestellt (http://hadobs.metoffice.com/hadcet/).

In dem IMPROVE-Vorhaben werden europaweite Druck- und Temperaturdaten analysiert (http://clima.ictr.pd.cnr.it/climatologia/improve.htm), im MedClivar-Projekt lag der Fokus auf dem Mittelmeerraum (http://www.medclivar.eu/) und im Millennium-Vorhaben versuchen fast 40 Arbeitsgruppen eine Synthese des europäischen Klimas auf der Basis von naturwissenschaftlichen Daten und chronikalischen Aufzeichnungen.

Die Datengrundlagen der vorliegenden Publikation sind unter www.hisklid.de abgelegt. Als schweizerisches Pendant mit europaweitem Anspruch kann die Euro-Climhist von der Arbeitsgruppe Pfister angesehen werden (http://www.euroclimhist.com/). Regionalen Bezug hat die Datenbank http://www.wettergeschichte-hessen.de/.

Thematisch etwas enger gefasst ist die Datenbank TORDACH (http://www.tordach.org), in der verschiedene Unwettertypen, u. a. Tornados, gesammelt werden.

Datenbanken spielen mittlerweile eine große Rolle. Sie dokumentieren eindrucksvoll die unabdingbare Kernarbeit der Datenrecherche, aber in zunehmendem Maße auch die daraus abgeleiteten klimatischen Parameter.

Betrachtet man den heutigen Stand der Forschungsaktivitäten im globalen Rahmen, dann sind regionale Schwerpunkte in Europa, Nordamerika, Japan und China zu erkennen. In Europa kann die Datensituation und der Erkenntnisstand als gut bezeichnet werden. Zweifelsohne liegt in der bereits angestrebten globalen Synopsis für ausgewählte historische Abschnitte neues und viel versprechendes Potential. Die Arbeiten von Vogel (1989) und Unganai (1996) vermitteln einige Ergebnisse aus dem afrikanischen Raum. Welche Potentiale in dem Datenfundus der verschiedenen Hochkulturen liegen, lassen die Arbeiten von Grotefend (1991) für den Vorderen Orient oder Henfling & Pflaumbaum (1991) für den ägyptischen Raum erkennen. Ähnliches gilt für den indischen Subkontinent (Walsh, Glaser & Militzer 1999, Caviedes 2005). Es ist zu vermuten, dass noch weiteres nutzbringendes Material vorhanden ist. Günstig gestaltet sich die Forschungssituation für Südamerika, wo vor allem im Zusammenhang mit El-Niño-Ereignissen historische Reihen rekonstruiert und interpretiert wurden (Diaz & Pulwarty 1994, Caviedes 2005).

Zieht man eine Bilanz, dann kann der heutige Stand der Historischen Klimatologie als eine Summation der diskutierten Strömungen beschrieben werden. Neuere Sammelbände, wie die von Bradley & Jones (1992) oder Obrebska, Starkel & Niedzwiedz (1996), vermitteln einen Eindruck von der methodischen Vielfalt und inhaltlichen Tiefe. Viele Leitlinien wurden früh begründet und ihrem Wesensgehalt nach beibehalten, wenn auch mit ständig verbesserten Verfahren und zahlreichen Neuerungen. Spätestens seit der Weltklimakonferenz 1979 und dem daraus hervorgegangenen Weltklimaprogramm mit seiner ausdrücklichen Betonung der Historischen Klimaanalyse war auch die Akzeptanz gegeben. Schließlich mündet die immer wieder aufkeimende Diskussion um die Wertigkeit dieser Forschungsrichtung in der Frage nach der Übertragbarkeit der historischen Klimaaussagen (‚Kann die klimatische Vergangenheit ein Modell für die Zukunft sein?') und der Bewertung dieser Erkenntnisse als Grundlage für Modellierungen.

Forschungssituation in Mitteleuropa

Die Tradition historisch-klimatologischer Forschungen in Mitteleuropa ist vergleichsweise lang, wobei Phasen inspirierender Entwicklungen und Abschnitte der Stagnation einander abwechselten. Es waren Persönlichkeiten wie Hellmann, die sich nach einer wenig nachhaltigen Frühphase an der Herausbildung einer eigenständigen Forschungsrichtung maßgeblich beteiligten. Historisch-klimatologische Exkurse fanden im Rahmen meteorologischer Studien statt, wie ein Vortrag von Traumüller (1885) über die „Mannheimer meteorologische Gesellschaft" belegt. Die wissenschaftliche Auseinandersetzung erschöpfte sich damit jedoch nicht. Erste biographische und quellenanalytische Bearbeitungen herausragender Wetterbeobachter wurden vorgelegt (Schottenloher 1920). Schließlich kam es zur Rekonstruktion längerer Instrumentenmessreihen, beispielsweise durch Grebe (1936), sodass insgesamt von einer ersten methodisch und inhaltlich ergiebigen Phase gesprochen werden kann. Besonders zahlreich waren Datenzusammenstellungen auf dem Gebiet der Hydrographie und der Önologie. Mit Nachdruck recherchierte man Wetterjournale und Kalendarien mit täglichen Aufzeichnungen. Publikationen wie von Strakosch-Graßmann (1932) erwiesen sich später als wertvolle Hilfen. Durch den Zweiten Weltkrieg kam es zu einem deutlichen Bruch, der durch weitgehende wissenschaftliche Stagnation gekennzeichnet war. Hinzu kamen in Mitteleuropa große Quellenverluste, die noch am ehesten durch die Publikationen von Hellmann zu erahnen sind.

Nach dem Krieg war es Flohn (1949), der mit der Bearbeitung von ›Klima und Witterungsablauf in Zürich im 16. Jahrhundert‹ eine Arbeit mit Quantifizierungen täglicher Wetterbeobachtungen publizierte. Wenige Jahre später, 1957, referierte er auf dem Deutschen Geographentag in Würzburg über „Klimaschwankungen der letzten 1000 Jahre und ihre geophysikalischen Ursachen". Diese vereinzelten Anstrengungen können nicht darüber hinwegtäuschen, dass der „Neubeginn" noch auf sich warten ließ. In dieser Phase entstanden mitunter recht illustre Publikationen mit stark heimatkundlichen Anleihen. Gegenstand waren auch die ‚Seegfrörne' am Bodensee, der Zusammenhang von Heuschreckenschwärmen und heißen Sommern oder das Auftreten von Schadjahren und extremen Witterungssituationen. In diesem Zeitabschnitt gelang es der Dendrochronologie wissenschaftlich tragfähige historisch-klimatologische Aspekte zu bearbeiten, ohne dabei ein spezifisches Bewusstsein für diese Forschungsrichtung zu haben. Hierzu zählt die Ableitung von Standardchronologien, das Konzept der Weiserjahre und erste Versuche einer klimatischen Interpretation mitteleuropäischer Baumringsequenzen.

Fast zeitgleich wurden auch zahlreiche Kompilationen über Weinparameter in Form so genannter ‚Weinchroniken' verfasst. Diese enthielten, wie im Falle der Zusammenstellung einer badischen Weinchronik von Müller (1953), verwertbare historische Klimaangaben und befassten sich mit Klimarekonstruktionen. Derartige Chroniken haben für die mitteleuropäischen Weinbaugebiete eine lange Tradition (Bassermann-Jordan 1975). Offenbar war das Sammeln von Daten in Mode gekommen, denn auch auf hydrologischem Gebiet wurde beispielsweise von Weikinn (1958–1963) ein umfangreiches Werk erstellt und von Börngen & Tetzlaff (2000) fortgeführt.

Von einem Erstarken der Forschungsaktivitäten im deutschen Sprachraum kann schließlich mit den Arbeiten von Lenke in den 1960er-Jahren gesprochen werden. Seine Auswertungen bezogen sich auf eine Reihe besonders aussagekräftiger Wetterjournale. Des Weiteren entwickelte er Kalibrierungsverfahren, die auch heute noch Bestand haben. In dieser Zeit veröffentlichte Rhode (1964, 1977) eine Zusammenstellung über Sturmfluten früherer Jahrhunderte nach Aufzeichnungen Tönninger Organisten, verbunden mit Rekonstruktionen der Scheitelhöhen. Schmidt (1967) analysierte die klimatischen Voraussetzungen der Eisbildung des Bodensees. Ende der 1960er-Jahre wurde durch Rudloff (1967) wieder ein grundlegendes Werk von internationaler Bedeutung publiziert. Flohn hatte in dieser Arbeit einen Beitrag zu den Klimaschwankungen in historischer Zeit geliefert. Anfang der 1970er-Jahre kamen die hervorragend recherchierten Arbeiten über die Entwicklung der meteorologischen Beobachtungen in verschiedenen Regionen von Klemm (1973, 1976, 1979) hinzu. Mit diesen Arbeiten hatte sich in Deutschland die neue Phase der Historischen Klimatologie etabliert. Die Ausarbeitungen von Lenke zu einzelnen Klimaelementen und Wetterlagen vereinten die deskriptiv-statistische mit der synoptischen Betrachtungsweise, während sich die Arbeiten von Klemm auf die Recherche der Daten und biographischen Hintergründe der Autoren konzentrierte. Flohn (1979) setzte mit der Bearbeitung zweier bayerischer Witterungskalender seine historischen Studien fort. Vom selben Autor finden sich schließlich – in Koautorenschaft mit Brumme – Interpretationen der frühen Instrumentenmessungen der Familie Kirch. Von Lamsfuss (1980) wurde die Notwendigkeit der verstärkten Zusammenarbeit zur großräumigen Klimaanalyse in einem kleinen Beitrag sehr treffend formuliert.

Mit der Einrichtung des terrestrischen Paläoklimaprogramms der Bundesregierung gab es in der Folgezeit einen nachhaltigen Schub, der sich in einer Reihe von Arbeiten manifestierte. Vor allem die Integration komplexer statistischer Verfahren unter Verwendung von Proxydaten, wie sie in den Ansätzen von Lauscher (1983) oder Burkhardt & Hense (1985) zum Tragen kommt, müssen als Bereicherung gelten. Lange Reihen wurden schließlich auch von Liebscher, Krahe & Witte (1988) publiziert. Durch eine Studie von Glaser (1991), die ebenfalls im Rahmen des Paläoklimaprogrammes des BMFT entstand, wurde eine regionale, quellenkritisch geprägte, integrative Arbeit vorgelegt. Im Rahmen dieser Forschungseinrichtung kam es in Würzburg zur Einrichtung der Historischen Klimadatenbank Deutschland (HISKLID), in der schriftliche Belege gesammelt, bewertet und kodifiziert wurden (vgl. Glaser & Militzer 1993). Wirkungsaspekte sind Gegenstand der Arbeiten von Hildebrandt & Gudd (1991) und Deutsch, Glaser & Gudd (1996). Wie kein anderer hatte zuvor bereits Buszello (1982) die gesellschaftlich-soziologischen Auswirkungen von historischen Klimaänderungen mit ihren zum Teil drastischen Ausmaßen dargestellt. Nieß (1982) behandelte die Zusammenhänge mit Hexenverfolgungen, Lehmann (1986) diejenigen zwischen Klimaverschlechterungen und Religiosität.

Behringer wies mehrfach auf die enge Korrelation von Hexenverfolgungen und dem klimatischen Verlauf der Kleinen Eiszeit hin (Behringer 1999). Augenfällig kulminieren die Hauptphasen dieser Exzesse mit den witterungsklimatischen Ungunstphasen.

Selbst für Beginn und Ende lassen sich Übereinstimmungen finden, so dass der Schluss gezogen wurde, dass Hexenverfolgungen eine spezifische Konsequenz dieser klimatischen Sonderphase waren. Ganz besonders deutlich wird dies Ende des 16. Jahrhunderts, als infolge schlechter Witterungsverhältnisse zahlreicher Sommer eine ganze Reihe von Missernten auftraten. Es fällt auf, dass gerade in dieser Zeit die Hexenverfolgung einen unrühmlichen Höhepunkt erreichte. Augenfällig wird dies auch, wenn man die Folterprotokolle analysiert. Regelmäßig wurden die Hexen unter der Folter gefragt, wie sie Wetter und Hagel gemacht haben.

Unter der Folter wurden folgende Aussagen erpresst:

1602 „Sie und andere [...] zum Ende an die Weinberg gefahren, die herausgegangenen Augen abgerissen, in einen Hafen geworfen, Kälte bis ärger Wetter gemacht."
„Vor 18 Jahren haben wir dazu geholfen, ein Wetter zu machen, welches hinter der Schüt große Kiesel geworfen, hatten Häfen Körner, Weingartenlaub und Zauberschmier durcheinander gerührt und gesagt: 'Es solle in Teufelsnamen alles verderben.'"
„Es habe der böse Feind sie gezwungen, daß sie heuer, ehe der wein erfroren, Weinaugen abgepflockt, solche heimgetragen, in einen Hafen getan, ihre Gespielinnen seien dazu gekommen und hätten ein Wetter gemacht, uf dem Blon zu Königshofen getanzt."
19. 12. 1602 „Als das große Wasser gekommen, sei sie vorher über die Tauber gegangen, es geschehe ihr Unrecht, daß sie in gedachtem Wasser darüber gegangen sei."
1602 „[...] welches Bäumlein diese Eigenschaft gehabt: wenn sie darauf geschlagen und die Fländerlein herabgefallen, so habe es ein großes Gewässer gegeben."

Nach Karl Schreck (1973): Lauda. Schicksale einer ehemaligen fränkischen Oberamtsstadt, Lauda. Kapitel XXI: Laudaer Frauen trotzen dem Hexengericht, S. 269f.

Abb. 4: Hexensabbat in der Nähe von Genf um 1570. Nachrichtensammlung des Züricher Chorherrn Johann Jakob Wick, gest. 1588. Zentralbibliothek Zürich.

Neben den Aktivitäten um die Arbeitsgruppe Pfister (1985, 1999) und im Rahmen des Klimakompetenzzentrums in Bern um Wanner und Luterbacher konnten zahlreiche weitere Arbeitsgruppen inhaltliche und methodische Akzente setzen, so die Gruppe um Deutsch und Pörtke (Mudelsee 2006) in Erfurt bzw. Göttingen sowie die hydrologisch ausgerichtete Arbeitsgruppe um Grünewald in Cottbus (Mudelsee et al. 2004). Regionale Studien wurden von Dostal für Südwestdeutschland (2005, 2006) sowie um die Arbeitsgruppe von Jacobeit in Augsburg zuletzt mit Arbeiten über das Hochwassergeschehen an Isar und Lech präsentiert (Böhm & Wetzel 2006, Jacobeit et al. 2006), während sich die Arbeitsgruppe in Freiburg vor allen Dingen mit der Entwicklung langer Reihen (Glaser & Riemann 2008) sowie der Analyse von Extremen beschäftigt (Bürger et al. 2006). Eine Vielzahl von Einzelpublikationen zu den verschiedensten Themen unterstreicht die Heterogenität und die Ergiebigkeit dieser Forschungsrichtung. Immer wieder sind auch in Sammelbänden verschiedenste Themenkomplexe aufgegriffen worden, so zu Naturkatastrophen und Naturrisiken in dem Band 23 der Siedlungsforschung (Schenk & Dix 2005) sowie in einem Band des Hydrological Sciences Journal, herausgegeben von Brázdil & Kundzewicz (2006).

Auf Spurensuche: Quellen, Daten und Zitate

Wer sich auf die Suche nach historischen Klimahinweisen begibt, trifft auf ein facettenreiches Kaleidoskop an Quellen, Daten und Zitaten. Ohne staubige Archivarbeit geht es nicht. Sporadische Einsprengsel in Chroniken, systematisch geführte Wettertagebücher und farbenprächtige Flugschriften geben direkte Hinweise auf Wetter- und Klimaereignisse. Aus Rechnungsbänden lassen sich durch die akribisch vermerkten Erträge von Wein, Getreide und Heu quantifizierbare Aussagen zu den jährlichen Schwankungen treffen. Vom Wetter unterwegs erfahren wir aus Schiffs- und Reisetagebüchern.

‚Wetter nach Maß' gibt es erst seit der Entwicklung der entsprechenden Instrumententechniken. Die frühen Instrumentenmessdaten können allerdings nicht ohne vorherige Bearbeitung mit heutigen Werten verglichen werden. Aufgrund unterschiedlicher Techniken und Messumstände enthalten sie Fehler über Fehler. Sie müssen daher erst homogenisiert und kalibriert werden.

Wer dem Staub der Archive entrinnen möchte, kann an Stadttoren und Bildmarterln fündig werden. Hochwassermarken, Gedenksteine und Unglückskreuze künden von extremen Klimaereignissen. Vor allem Hochwasser und Unwetter waren den Chronisten schon immer eine Meldung wert. In Stein gemeißelt sind sie dauerhafte Datenspeicher. Auch die Moränenstände der Gletscher sind augenfällige Zeugnisse von Klimaschwankungen. Baumringe spiegeln den Takt der Jahreszeiten wieder, Isotope aus Dendrodaten und Eisbohrkernen sowie Warven in Seeablagerungen sind weitere natürliche Klimaarchive. Diese Klimadatenspeicher der Vergangenheit müssen in technisch aufwendigen Laboranalysen erschlossen werden. Die Gegenüberstellung von klassischen und natürlichen Archiven eröffnet dabei neue weitreichende Möglichkeiten der Interpretation: Erkenntnisse lassen sich wechselseitig verifizieren.

Mannigfaltig sind Form, Stil und Inhalt der Quellen und Daten. Diese Vielfalt bedarf einer Struktur: Lamb (1977) gliederte die Gesamtheit des klimatischen Datenmaterials nach genetischen und inhaltlichen Gesichtspunkten. Des Weiteren unterschied er natürliche und anthropogene Daten. Zu den natürlichen Daten zählen beispielsweise Baumringe und Pollen, die wiederum indirekt den biologischen zugeordnet werden können. Isotope und Seesedimente werden als natürlich-physikalische Gruppe zusammengefasst. Die anthropogenen Daten lassen sich nach Schrift- und Sachquellen beziehungsweise nach direkten und indirekten Angaben differenzieren. Auf der Ebene der klimarelevanten Angaben finden sich deskriptive und instrumentelle Witterungsangaben, während die Gruppe der indirekten Angaben in physikalische

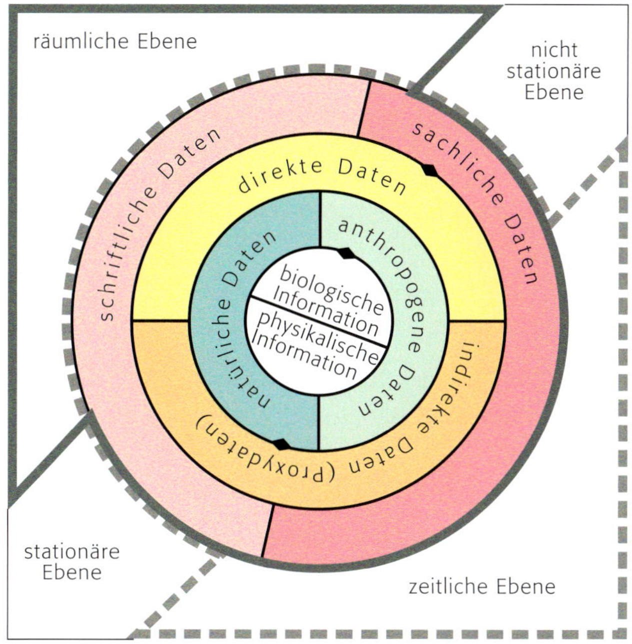

Abb. 5: Datentypen und Betrachtungsebenen in der Historischen Klimatologie.

(z. B. Wasserstände, Vereisungen) und biologische Daten (z. B. Ertragsangaben, phänologische Beobachtungen) gegliedert werden. Als Sachquellen dienen bildliche und plastische Darstellungen sowie sonstige Relikte.

Dieses Grundschema wurde zwischenzeitlich in vielen Belangen erweitert. So werden Reise- und Schiffstagebücher aufgrund der sich ständig ändernden Raumbezüge als nichtstationäre Quellentypen bezeichnet.

In Abb. 5 sind die diskutierten Datentypen und Betrachtungsebenen schematisiert dargestellt.

Hinsichtlich der Datenstruktur lassen sich die vergangenen 1200 Jahre für Mitteleuropa in fünf Phasen untergliedern:

(1) Die ältesten Quellen, die ab dem 8. Jahrhundert vorliegen, sind eher sporadisch. Es handelt sich dabei um Beschreibungen von Einzelereignissen und Naturkatastrophen wie Überschwemmungen, Winterstrenge, Sommerdürre, Nordlichter, Erdbeben oder vulkanische Erscheinungen.
(2) Seit dem späten Mittelalter liegen zunächst nahezu lückenlose Beschreibungen von Sommer und Winter vor, zunehmend auch Informationen zu den Übergangsjahreszeiten.
(3) Ab 1500 änderten sich die Dinge grundlegend: der von Gutenberg entwickelte Buchdruck breitete sich rasch aus, die Papierproduktion nahm rasant zu und

vor allem konnten mehr Menschen lesen und schreiben, so dass insgesamt nahezu kontinuierliche monatliche, abschnittsweise sogar tägliche Wetterbeschreibungen vorliegen.

(4) Seit 1680 wurden diese Informationen durch Instrumentenmessungen ergänzt, die zunächst noch stark individuell geprägt und nicht homogenisiert waren und eher sporadisch experimentell angelegt wurden. Für kurze Zeitabschnitte, ca. ab 1781, gab es räumlich ausgreifende Messwerke, wie das der Societas Meteorologica Palatina, die konsequent eine umfassende Standardisierung einführte.

(5) Im 19. Jahrhundert wurden auf der Basis von Instrumentenmessungen amtliche Messnetze etabliert.

Chroniken und Annalen: Die ersten Spuren von Wetter, Witterung und Klima

Die ersten greifbaren Beschreibungen über Wetter, Witterung und Klima in Mitteleuropa finden sich in den unterschiedlichsten Chroniken und Analen. Meist handelt es sich dabei um eher sporadisch eingeflochtene Passagen, die unter dem unmittelbaren Eindruck extremer Klimaereignisse niedergeschrieben wurden. Ihre Absicht war die Überlieferung dieser Ereignisse für die Nachwelt. Besonders deutlich wird dies in Überschriften wie ‚Merkwürdigkeiten', unter denen manche Klimainformation niedergeschrieben wurde. Wobei ‚Merkwürdigkeiten' allerdings nicht die heutige Bedeutung von ‚seltsam' hat, sondern in dieser heute veralteten Form ‚bemerkenswert' und ‚überlieferungswürdig' zum Ausdruck bringt. Ihrem Charakter nach handelte es sich um Witterungsextreme oder Anomalien, ‚merkwürdig' vor allem dann, wenn sie erhebliche Schadwirkungen zur Folge hatten. Einen objektivierbaren Kriterienkatalog oder ein nachvollziehbares Schema dieser Eintragungen gab es nicht. Die Aufzeichnungen sind daher als unsystematisch und sporadisch einzustufen. Sie erfüllen damit nicht den von Le Roy Ladurie (1983a, b) erstellten Kriterienkatalog homogener, d. h. gleichartiger, kontinuierlicher und quantifizierbarer Angaben.

Trotz dieser Restriktionen sind diese Daten für die historisch-klimatologische Auswertungen unverzichtbar, denn es handelt sich um die einzigen direkten Informationen aus dieser Zeit. Beschrieben wurden thermische Anomalien, vor allem extreme Sommer und Winter, wobei zu beachten ist, dass das Jahr von einigen Autoren anfänglich nur in diese beiden Jahreszeiten unterteilt worden ist. Ebenso häufig wurden hygrische Extreme niedergeschrieben, wobei Überschwemmungen und Sturmfluten den Schwerpunkt darstellen. Die vermutlich ältesten überlieferten fränkischen Witterungsaufzeichnungen stammen beispielsweise von Magister Enno aus Würzburg. Seine in Latein verfassten Aufzeichnungen lauten beispielsweise für das Jahr 1331 *„Überschwemmung, welche die Häuser in Berchem fortspülte"* oder für das Jahr 1335 *„großer Wind in Würzburg"* und 1343 *„große Wärme"*. Schwere Unwetter, vor allem Gewitter und Stürme, zählen ebenfalls zu den besonders häufig aufgeführten Ereignissen. Neben äußerst kurz gehaltenen Eintragungen versuchte man in anderen Fällen die Schwere oder Stärke des Ereignisses in einer bildhaften Sprache zu vermitteln. Oft werden unrealistische Vergleiche bemüht wie *„war der Winter so kalt, dass die Vögel tot vom Himmel filen"*, oder man verwendete immer gleiche Stereotype wie *„seit Menschengedenken nicht mehr"*.

Es ist dem Engagement der Wissenschaftler und Financiers vor allem im 19. Jahrhundert zu verdanken, dass ein nicht unerheblicher Teil der verfügbaren Handschriften ediert wurde und durch Reihen wie die ›Chronik deutscher Städte (CDS)‹ und ›Monumenta Germaniae Historica (MGH)‹ auch nach den Quellenverlusten des II. Weltkrieges heute noch greifbar sind. Meist sind in den einleitenden Kapiteln ausführliche Hinweise auf das Zustandekommen der Chroniken, ihre Autoren und andere, für die quellenkritische Analyse notwendige Informationen enthalten. Diese günstigen Rahmenbedingungen sollen jedoch nicht darüber hinwegtäuschen, dass Restunsicherheiten hingenommen werden müssen, die sich zum Teil aus Datierungsproblemen, Übertragungsfehlern und Mehrfachnennungen ergeben. In einigen Fällen ist das Originalmaterial nicht mehr einsehbar, sodass eine Überprüfung unmöglich ist. Trotz aller Unwägbarkeiten können diese Quellensammlungen als einzigartiger Datenfundus angesehen werden, auf die sich immer wieder naheliegenderweise historisch-klimatologische Auswertungen bezogen haben. Auch wenn das edierte Quellenmaterial bestechend ist, sollte sich eine ambitionierte klimageschichtliche Analyse nicht allein auf die Auswertung dieser Editionen beschränken. Sie muss durch originäre Archivarbeiten erweitert werden.

Selbst in Fällen, in denen Editionen zu einzelnen Städten, wie Augsburg, mehrere Bände umfassen, haben Recherchen vor Ort zahllose weitere klimageschichtliche Angaben zu Tage gefördert. In den Augsburger Archiven und Bibliotheken sind heute über 70 verschiedene Chroniken einsehbar, die nicht ediert wurden. Auch wenn Teile dieser Chroniken nur partiell ergänzte Abschriften darstellen, enthalten sie wertvolle klimatische Informationen. Die Zahl der überlieferten Texte nahm mit der Zeit ständig zu; auch ihre räumliche Dichte steigerte sich von Jahrhundert zu Jahrhundert. Vor allem in den späteren Chroniken wurden immer wieder die älteren Werke aufgearbeitet. Welche Konsequenzen bei der Auswertung derartiger Chroniken entstehen, wird weiter unten zu diskutieren sein. Das Studium dieser Quellen vermittelt in vielen Fällen auch spannende Einblicke in Motivation, geistige Hintergründe und Zeitströmungen.

Abseits der exponierten, oft in Auftragsarbeit oder mit besonderer Intention erstellten Chroniken existiert eine kaum zu überblickende Fülle von Familien- und Hauschroniken. Es handelt sich um eine Geschichtsschreibung von ‚unten', die facettenreich die verschiedensten Umwelt- und Sozialaspekte beschreibt.

Neben diesen Belegen existiert eine ganze Reihe von Witterungshinweisen in amtlichen Aufzeichnungen, so zum Beispiel in Rechnungsbänden, Senatsprotokollen und Gerichtsakten. Ernteausfälle erklärte man ebenso durch entsprechende Witterungsschäden, wie man auch den Einsatz von Finanz- und Sachmitteln bei Klimakatastrophen erläuterte. Alles wurde belegt, abgerechnet und verhandelt. Aus den Quellen eröffnen sich mitunter recht eindrucksvolle Hinweise auf die Folgeschäden der einzelnen Ereignisse. So kann das Raummuster von Hagelschäden ebenso nachgezeichnet werden wie Windfälle nach Stürmen und Orkanen, Deichbrüche nach Sturmfluten oder Zerstörungen durch Hochwasser.

Sind bei den Chroniken meist noch die Bearbeiter und Urheber bekannt, ändert sich die Struktur in den Annalen. Die jährlich geführten Eintragungen lassen den Urheber nicht mehr erkennen, sodass quellenkritische Analysen nicht in vollem Umfang greifen können.

Quelleninformation – Quellenbezug – Quellenkompilation: Die Dhein-Chronik

In den späten Chroniken des 18. Jahrhunderts lassen sich die Wege und Verknüpfungen der Originalquellen nicht immer rekonstruieren. Nur vereinzelt gaben die Chronisten ihre Bezüge und Inspirationen preis, wie in der Dhein-Chronik, die aus diesem Grunde näher vorgestellt werden soll. Wendet man sich zunächst den biographischen Grunddaten zu, dann erfahren wir, dass Georg Friedrich Dhein am 14. Februar 1676 in Hanau geboren wurde. Im Jahre 1705 findet sich eine Eintragung als Hanauer Chronist, 1707 wird er als städtischer Waagemeister geführt. Am 9. März 1746 starb er in Hanau. Aus diesen Daten kann zunächst auf eine räumliche Kontinuität und eine gehobene, überdurchschnittliche Ausbildung geschlossen werden. Ferner ist davon auszugehen, dass zumindest seine berufliche Aktivität eine gewisse Exaktheit erfordert, eine Eigenschaft, die vielleicht auch in seine eigenen Beobachtungen eingeflossen ist. Auch im Titel wird mehrfach auf die Genauigkeit und Richtigkeit der Angaben verwiesen. Allerdings muss man einschränkend hinzufügen, dass derartige Floskeln häufig benutzt wurden und für sich alleine nicht zwingend dem wahren Wesensgehalt der Quelle entsprechen müssen. Der kompilatorische Charakter wird ebenfalls hervorgehoben:

> *„Chronologischen Extracthen über fruchtbahre und unfruchtbare Jahren, theuer und wohlfeile Zeitten, ungemeiner Dörrung und großer Wassergüßen, Erdtbeben und andere sonderbahen natürlichen Begebenheiten so sich umbh hiesig Stadt als auch der Gegent deß Maynstrom und der Wetterau zugetragen haben aus viele glaubtwürtig Autores und (M S) zusammen getragen von Georg Friedrich Dhein, zumahl was bey seinen mannliche Lebensjahrn er alles genaur observirt hat.“* (Archiv des Hanauer Geschichtsvereins)

Die erste Eintragung datiert aus dem Jahr 369. Da die ersten Jahrhunderte aber nur sehr lückenhafte Informationen enthalten, soll hier der Abschnitt ab 1400 näher vorgestellt werden. Es spricht für Dhein, dass er in vielen Fällen die jeweiligen Quellen und Zitierstellen mit anführt und zu verschiedenen Jahren auch mehrere Quellen heranzieht. Es wird angenommen, dass ab 1700 die Eintragungen auf eigenen Beobachtungen basieren. Dhein war zu diesem Zeitpunkt 24 Jahre alt. Die Dichte und der Stil der Eintragungen können als weiteres Indiz angeführt werden. Zudem trat er ab 1705 als Hanauer Chronist auf, was darauf schließen lässt, dass er seit dieser Zeit von Amts wegen die Geschehnisse verfolgte.

In der Kompilationsphase überrascht zunächst die Zahl der Quellen, die Dhein benutzte. Neben der Fries-Chronik aus Würzburg oder der Topographica von Merian wird auch auf unbekanntere Autoren und Chronisten zurückgegriffen. Insgesamt nennt er über 20 Quellen. Zwischen 1400 und 1700 sind rund 40 % der Angaben mit Zitat belegt. Der räumliche Rahmen ist dabei vergleichsweise großzügig bemessen. Die zeitliche Staffelung der Angaben lässt die Vermutung zu, dass Dhein keine der zeitgleichen Kompilationen umgeschrieben hat. Über die restlichen 60 % werden keine Angaben gemacht; im günstigsten Fall hat Dhein, wie aufgrund der Eintragungen zu den ‚Cammerrechnungen' vermutet werden kann, lokale Quellen und Materialien verwendet. Hierbei dürfte es sich im Wesentlichen um Originalzitate gehandelt haben. Wo immer es ging, bemühte er sich um eine Verifikation der Angaben. Besonders deutlich wird dies, wenn er darauf verweist, dass ihm persönlich von seinen Großeltern über das ein oder andere Ereignis berichtet wurde. Bei besonders markanten und beeindruckenden Ereignissen fügte er mehrmals einen regionalen und stellenweise sogar überregionalen Vergleich bei. Dieser Ansatz wird von Dhein auch in der eigentlichen Beobachtungsphase beibehalten. Beispielsweise zieht er nach eigenen Angaben zu dem Hochwasser von 1732 Literatur hinzu. Vermutlich lag ihm die Schrift ›Diluvium Franconium Magnum‹ vor, denn einige Passagen und sehr bildhaften Beschreibungen sind nahezu inhaltsgleich.

Ein Aspekt sollte nicht außer Acht gelassen werden: Wie alle derartigen Chroniken und Annalen wurden sie nicht unter wetter- oder witterungsrelevanten Gesichtspunkten erstellt.

Als das Wetter zum täglichen Ereignis wurde: Wetterjournale

Ganz im Gegensatz zu den sporadischen, unsystematischen Eintragungen treffen wir ab dem 15. Jahrhundert auf eine neue Quellengattung, die Wetterjournale. Sie enthalten tägliche systematische Beobachtungen und Eintragungen in Kalendarien oder Messjournalen. Damit erfüllen sie wie kein anderer schriftlicher Quellentyp die Forderungen nach homogenen, kontinuierlichen, gleichartigen und quantifizierbaren Daten und ermöglichen somit weitreichende klimatische Aussagemöglichkeiten (Abb. 6).

Wie kam es zu dieser neuen Entwicklung? Vielfältige Gründe und Voraussetzungen haben die Menschen bewogen, oft mehrmals täglich, jahraus jahrein Wetterbeobachtungen anzustellen und diese niederzuschreiben. An zeitgeschichtlichen Faktoren sind sicherlich die Erfindung des Buchdrucks, die Renaissance der Naturwissenschaften und das Aufkommen humanistischen Gedankenguts in Mitteleuropa zu nennen. Es war die Neubelebung von Wissenschaftszweigen wie der Mathematik, der Astronomie und der Astrologie, die im Zusammenwirken mit neuen Herausforderungen auf den Gebieten der Geographie und Navigation zu verstärkten klimatologischen Betrachtungen führte. Freilich blieb diese über lange Zeit auch dem traditionellen Gedankengut verhaftet. Es wurden viele mystische Vorstellungen weitergesponnen und zahlreiche Irrwege begangen. Die Intention einzelner Beobachter mag grundverschieden gewesen sein. Besonders häufig finden sich aber Versuche, aus mehrjährigen Beobachtungen Prognosen abzuleiten, die dann in Beziehung zu astrologischen Konstellationen gesetzt wurden. Andere versuchten die enge Verknüpfung zwischen Witterungsablauf und Ernteertrag zu ergründen und wieder andere sahen medizinische Zusammenhänge. Oft wurden Witterungsbeobachtungen auch Gegenstand unterhaltender und kommerzieller Interessen oder sie dienten der Gegenkontrolle astrologischer Prognosen, die in Form der so genannten ‚Praktiken' unters Volk gebracht wurden. Astronomische Jahrbücher gehören zu den frühen Bestsellern. Von den angeführten Motivationen war sicherlich die astrometeorologische der häufigste Grund für frühe Wetterbeobachtungen. Es entbehrt nicht einer gewissen Ironie, dass die heute so wertvollen Wetteraufzeichnungen einem ursprünglichen Irrglauben zu verdanken sind.

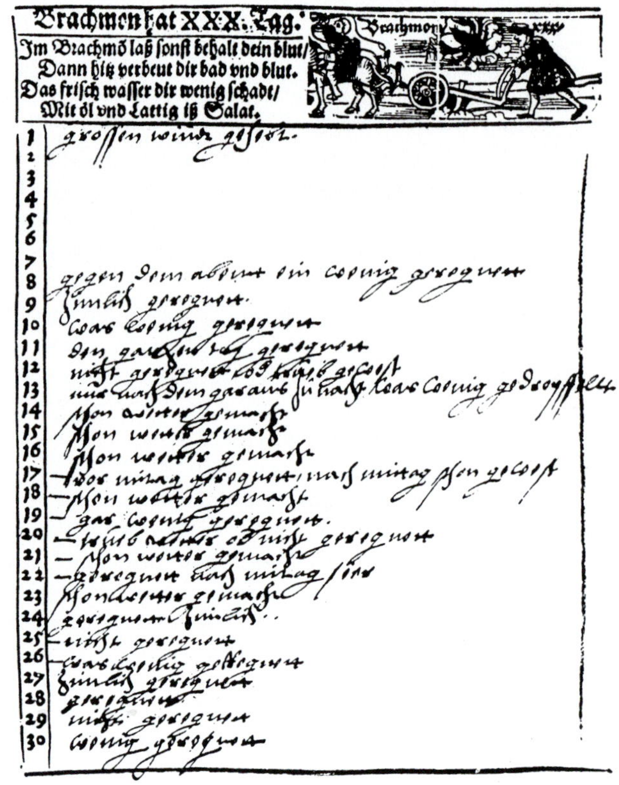

Abb. 6: Tägliche Wettereintragungen in einem Schreibkalender von Chr. Heiden in Nürnberg 1576. Germanisches Nationalmuseum Nürnberg, 8°Nw2404.

Die ersten Zentren wissenschaftlicher Betätigung befanden sich dort, wo auch wirtschaftliche, kirchliche und politische Macht konzentriert war, in besonderem Maße in Städten wie Nürnberg oder Augsburg. Aus Süddeutschland stammen besonders viele und ergiebige Wetterbeobachtungen dieser Zeit (vgl. Klemm 1973). Schon früh verbreitete sich die Kenntnis und das Interesse über witterungsklimatische Belange in den Klöstern, denen wir eine Reihe der aussagekräftigsten Wetterjournale des 16. und 17. Jahrhunderts verdanken. Als Zeugnisse dieser Entwicklung sind im 16. Jahrhundert die Beobachtungen von Kilian Leib, Prior des Augustinerherrenstifts Rebdorf bei Eichstätt, die des Abtes Leonhard III. Treuttwein des Zisterzienserklosters Fürstenfeld in Bayern und die des Abtes Mauritius Knauer des fränkischen Klosters Langheim zu nennen.

Die Motivation der Mönche war sehr stark vom Wohlergehen der klostereigenen Landwirtschaft und der angeschlossenen bäuerlichen Betriebe geprägt. In vielen Fällen wurden die Beobachtungen in den Ephemeriden von Regiomontanus oder aber in den von Johannes Stoeffler zwischen 1599 und 1531 herausgegebenen ›Almanach nova‹ eingetragen. Auch andere Ephemeridenwerke, wie von Stabius und Origanus oder Ausgaben der Italiener Gauricus und Pitatus, fanden Verwendung und erfreuten sich allesamt einer außerordentlichen Wertschätzung.

Der Kreis der Beobachter erweiterte sich zusehends; neben exponierten Wissenschaftlern verschiedener Fachdisziplinen, wie Kepler oder später Leibniz, und Klerikern, wie Krug, interessieren sich nun auch Privatpersonen und ganze Familiendynastien und Fürsten für Wetter und Witterung. So erstellten Kurfürst August I. von Sachsen und Landgraf Hermann IV. von Hessen selbst aussagekräftige Beobachtungsreihen oder gaben diese in Auftrag.

Es ist Autoren wie Strakosch-Graßmann (1932) und vor allem Klemm (1973, 1976, 1979) zu verdanken, einen nicht unerheblichen Teil der heute noch greifbaren Wetterjournale zusammengestellt und somit eine ergiebige Quelle geschaffen zu haben. Ein Teil der mehrjährigen Wettertagebücher, wie die von Zürich 1545–46 und 1550–76 (Flohn 1949), Fürstenfeldbruck und Ostfriesland (Lenke 1968) oder die Wettertagebücher von Ingolstadt (Dezember 1508 bis September 1518) und aus dem ehemaligen Augustiner-Kloster Rebdorf bei Eichstätt (April 1513 bis Dezember 1531) sind bereits witterungsklimatisch bearbeitet worden (Flohn 1979). Ein exponiertes Beispiel täglicher Wetterbeobachtung ist das Tagebuch von Landgraf Hermann IV. von Hessen, das zwischen 1623 und 1650 in Kassel-Rotenburg mehrjährige Wetterbeobachtungen enthält (Lenke 1960). Ein Teil der Tagebücher liegt als übertragene beziehungsweise übersetzte Version in der Zentralbibliothek des DWD in Offenbach.

Über die in dieser Studie ausgewerteten Wetterjournale gibt Abb. 7 Auskunft.

Abb. 7: Historische Beobachter und ihre Zeit.

Vom Wetter auf See: Schiffsjournale

Bisher wurden Schiffstagebücher in der Historischen Klimatologie seltener verwendet. Die Gründe liegen in dem vergleichsweise hohen Zeitaufwand der Datenaufbereitung und der geringeren räumlichen Dichte aufgrund des ständigen Standortwechsels. Gegenüber den stationären Quellentypen müssen vor einer Interpretation die Fahrtrouten rekonstruiert werden, eine zeitaufwendige Arbeit. Es verwundert daher nicht, dass die ersten Ansätze auf viel befahrene Routen, etwa nach Nordamerika, konzentriert sind. Neben den erwähnten räumlichen Restriktionen und einigen messtechnischen Problemen sind derartige Daten vor allem deshalb wertvoll, weil Beobachtungen auf Schiffen regelmäßig durchgeführt wurden. Die Beobachter waren sich der Bedeutung der Wetterbeobachtung wegen der möglichen Konsequenzen der Witterungslage auf den Erfolg ihrer Unternehmung bewusst. Zudem wurden Parameter wie Windrichtung und Windstärke erfasst, die aus heutiger Sicht besonders wichtig sind.

Der Beginn einer systematischen Beobachtung und Niederschrift in Schiffslogs ist schwer zu fassen. Es waren vor allem portugiesische Seefahrer, die im 15. Jahrhundert mit Aufzeichnungen zu Wind- und Strömungsverhältnissen begannen. Diese ‚Roteiros' liegen auch heute noch in großer Zahl vor und sind zu einem nicht unerheblichen Teil bereits übertragen und publiziert, wo hingegen die Hanse vergleichsweise wenig witterungsklimatisch verwertbare Spuren hinterlassen hat.

Trotz aller Unwägbarkeiten gibt es zwischenzeitlich Untersuchungen zu globalen Klimaveränderungen, die sich auf Angaben und Daten der Schiffslogbücher beziehen (Woodruff et al. 1987). Sie basieren im Wesentlichen auf instrumentellen Daten. Ein Wendepunkt in der Beobachtung der Windgeschwindigkeit war die der ersten Publikation einer Skala des Marineoffiziers Beaufort zu Anfang des 19. Jahrhunderts.

Die oben genannten Untersuchungen zu globalen Klimaveränderungen gehen nicht über die Periode der Instrumentenmessungen hinaus. Erste Ansätze einer eindeutig historisch-klimatologischen Sicht von Schiffslogaufzeichnungen finden sich vor allem bei Catchpole (1992), die sich mit der Auswertung des Datenmaterials der Hudsons Bay Company und der Vereisung der Hudson Bay beschäftigen. Für die Rekonstruktion wurden rund 400 Schiffsjournale, so genannte Maury-Schiffstagebücher, aus dem Archivbestand des Bundesamtes für Schifffahrt und Hydrographie in Hamburg durchgesehen.

Vom Wetter unterwegs: Itinerare

Analog zu auf dem Wasserweg verfassten Wetteraufzeichnungen existieren auch Berichte, die während Reisen über Land erstellt wurden.

Die Beschäftigung mit diesen Itineraren hält einige interessante Informationen bereit. Neben den eher beiläufigen Bemerkungen literarischer Größen wie Goethe auf seiner italienischen Reise oder von Schiller auf seiner Flucht nach Thüringen im Jahr 1783 waren es die bereits erwähnten ‚Männer der Kirche' und Kaufleute, die turnusmäßig auf Reisen gingen und dabei ihre Beobachtungen weiterführten. Als reisefreudig gelten auch die Wissenschaftler, wie zum Beispiel Kepler, in der Quantität stehen derartige Angaben aber gegenüber anderen Beobachtungen erheblich zurück.

Die Beschäftigung mit Itineraren ist im Wesentlichen mit den gleichen Problemfeldern behaftet wie die bei Schiffslogbüchern. Wiederum stehen die wechselnden Standorte im Vordergrund. Lösungsansätze und Methode der Interpretation folgen somit den gleichen Grundsätzen wie bei den Schiffsdaten. Eine gewisse Unterscheidung dieser landbezogenen Aufzeichnungen gibt es aber aus inhaltlicher Sicht: sie beziehen sich weniger auf die Windverhältnisse, sondern mehr auf die klassischen Elemente Temperatur und Niederschlag sowie den Zustand der Wege.

Wetter nach Maß: Die Anfänge der Instrumentenmessung

Mit dem Aufkommen der ersten Messgeräte im 16. Jahrhundert eröffnete sich eine neue Perspektive in der Klimatologie. Erstmals gab es objektivierbare, weil metrische Daten. Über die Anfänge der Instrumentenmessung und die Ergebnisse der langen Reihen in Europa ist in der Literatur ausführlich berichtet worden (vgl. Rudloff 1967). Danach geht das erste Temperaturmessgerät aus dem Jahre 1597 auf Galilei zurück; das erste Flüssigkeitsthermometer beschrieb im Jahre 1632 Rey. Verbessert und weiterentwickelt wurden die Thermometer schließlich von Fahrenheit, Réaumur und Celsius.

Neben der Temperatur galt das besondere Interesse dem Niederschlag, der auch einfacher zu messen war. Nach Hellmann (1921) ist die quantitative Erfassung des Niederschlags älter als die der Temperatur. Die Entwicklung des Barometers, das 1643 nach Torricellis Angabe erstmals von Vincentius Viviani gefertigt wurde, lenkte die Aufmerksamkeit von Physikern auf die meteorologischen Inhalte. Leider handelt es sich bei den ältesten Messreihen in der Regel um punktuelle und wenig kohärente Messreihen, die nur in einzelnen Fällen Kontinuität bis in die moderne Periode aufweisen. In Mitteleuropa verbreitete sich die Instrumentenmessung erst im 17. Jahrhundert, also vergleichsweise spät. Überliefert sind zusammenhängende Instrumentenmessungen von Leibniz, die er auf Anregung des französischen Physikers Mariotte in Hannover durchführte. Bisher war es unklar, in welchem Jahr Leibniz seine Beobachtungen begonnen hatte und welcher Art diese waren. Durch Vergleiche der Daten mit anderen Quellen und Befunden konnte unzweifelhaft festgestellt werden, dass sie aus dem Jahr 1677 stammen. Damit liegen von Leibniz für drei Jahre, nämlich 1677 bis 1679, Daten vor, wobei diese zum Teil große Lücken aufweisen (Abb. 8). Leibniz bezog sich zunächst nur auf den Luftdruck sowie entsprechende Witterungsbeschreibungen. Beispielsweise sind an vielen Terminen neben den Messwerten auch Hinweise auf den Temperaturzustand wie „*kalt*", „*heiß*" enthalten. Sie sind in diesem Zusammenhang unschlüssig. Art der Begriffswahl und ihr unmittelbarer Vergleich mit dem Wetterverlauf machen deutlich, dass es sich um Barometermessungen gehandelt haben muss. Umschreibungen wie „*geht zu veränderlich*" oder „*wieder auf schön gangen*" unterstreichen dies. Vor allem die Passage über die „*Wetter Glass Beschreibung*" in Verbindung mit dem Durchgang eines Sturmtiefs im September untermauert die These der Barometermessungen.

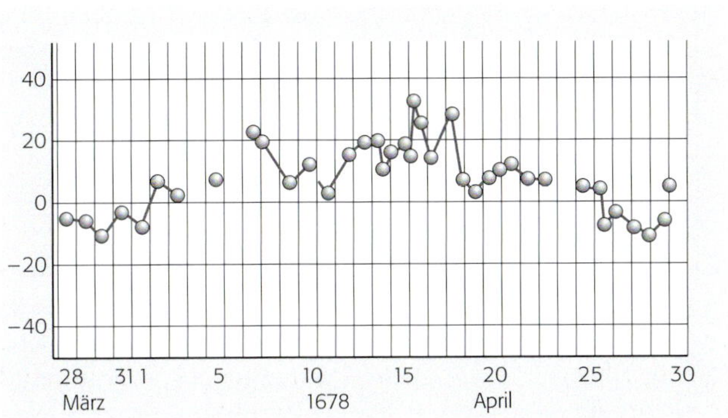

Abb. 8: Luftdruckwerte in Hannover 1678 nach den Aufzeichnungen von Leibniz: Es handelt sich um Auszüge aus der ältesten überlieferten zusammenhängenden Instrumentenmessreihe in Deutschland.

Leibniz führte dazu aus: „*Wenns sehr tiefe herab gehet auff einmahl, ist solches ein Zeichen eines großen Sturms wie jüngst im September, da es mehr als 20 Grad herab viel und bis zur Zahl 30 auff die rechte Seite gangen*", womit der mit einem Sturmtief in Zusammenhang stehende Druckfall gemeint ist. Diese Passage macht zugleich deutlich, dass es offenbar Aufzeichnungen aus dem Vorjahr gegeben haben muss, die leider nicht überliefert sind.

Leibniz benutzte einen Hooke'schen Radbarometer und erst später ein Thermometer französischer Herkunft mit einer Doppelskala. Der Initiative Leibniz' ist es zu verdanken, dass sich auch andere Gelehrte meteorologischen Messungen und Beobachtungen zuwandten, diese weiter systematisierten und auch publizierten. Anlass dieser Unternehmungen waren die von Mariotte zunächst in Frankreich durchgeführten, dann aber immer weiter auf Europa übergreifenden Untersuchungen zur Erforschung der Druckverhältnisse. Die Originalaufzeichnungen von Leibniz weisen noch nicht die Systematik späterer Wetterjournale auf, obwohl in ihnen bereits die Tendenz, möglichst drei Beobachtungstermine einzuhalten, zu erkennen ist.

Die ältesten gedruckten Instrumentenmessungen in Deutschland stammen von dem Kieler Professor Reyer. Auf Anregung von Leibniz führte er von 1679 bis 1713 Messungen durch, von denen aber nur noch die gedruckten Einzelwerte erhalten blieben. Auch von den Messungen Grebners in Breslau von 1710 bis 1736 liegen nur noch Fragmente vor. Ebenfalls nicht vollständig überliefert sind die Wetterbeobachtungen und Instrumentenmessungen von Camerarius aus Tübingen zwischen 1691 und 1717. Aus dieser Beobachtungsreihe wurde bereits zu seinen Lebzeiten das Datenmaterial von 1691–1694 und die Jahre 1712–1717 publiziert. Dieses Datenmaterial wurde von Lenke (1961) zu klimatischen Interpretationen herangezogen. Eine weitere, heute noch verfügbare Quelle stellen die Beobachtungen und Aufzeichnungen von Friedrich Hoffmann aus Halle für das Jahr 1700 dar. Hofmann war Hochschullehrer und Arzt. Er publizierte sowohl die Temperatur- und Luftdruckwerte als auch die Windrichtung mit einer in lateinischer Sprache gehaltenen, kurzen Wettercharakterisierung, die auch Hinweise auf Niederschlag und Windstärke enthält (Abb. 9). Nach den biographischen Anmerkungen von Klemm (1976) ist davon auszugehen, dass die Beobachtungen in Halle/Saale durchgeführt wurden. Wie in so vielen Wetterjournalen dieser Zeit sind die Beobachtungen und Messungen nicht in letzter Konsequenz systematisch, sondern beispielsweise auch zu unterschiedlichen Tages- und Nachtzeiten durchgeführt worden. Zum Glück beginnen die Eintragungen mit Datum und genauer Uhrzeit. Eine umfassende Bearbeitung wurde von Glaser & Gudd 1996 durchgeführt.

Besondere Erwähnung verdienen die Beobachtungen und Messungen der Astronomenfamilie Kirch in Guben im Jahr 1697 und in Berlin von 1700–1714, die mit Unterbrechungen von ihren Kindern bis 1774 fortgeführt wurden. Lenke (1961) nutzte diese Daten zur Neuberechnung der Berliner Reihe 1730–1750. Ergänzt werden die heute noch greifbaren Instrumentenmessungen durch

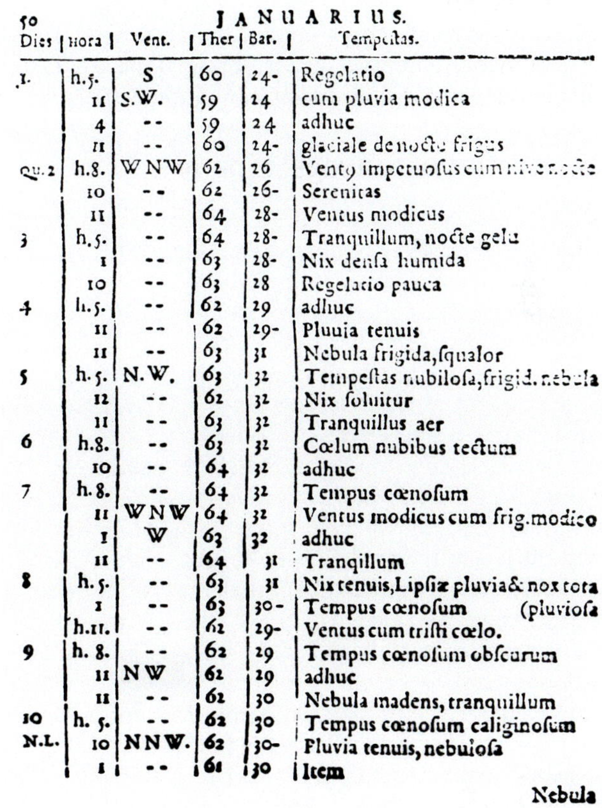

50 JANUARIUS.

Dies	Hora	Vent.	Ther	Bar.	Tempestas.
1.	h.5.	S	60	24-	Regelatio
	11	S.W.	59	24	cum pluvia modica
	4	--	59	24	adhuc
	11	--	60	24-	glaciale de nocte frigus
Qu. 2	h.8.	WNW	62	26	Vento impetuosus cum nive nocte
	10	--	62	26-	Serenitas
	11	--	64	28-	Ventus modicus
3	h.5.	--	64	28-	Tranquillum, nocte gelu
	1	--	63	28-	Nix densa humida
	10	--	63	28	Regelatio pauca
4	h.5.	--	62	29	adhuc
	11	--	62	29-	Pluuia tenuis
	11	--	63	31	Nebula frigida, squalor
5	h.5.	N.W.	63	32	Tempestas nubilosa, frigid. nebula
	12	--	62	32	Nix soluitur
	11	--	63	32	Tranquillus aer
6	h.8.	--	63	32	Cœlum nubibus tectum
	10	--	64	32	adhuc
7	h.8.	--	64	32	Tempus cœnosum
	11	WNW	64	32	Ventus modicus cum frig. modico
	1	W	63	32	adhuc
	11	--	64	31	Tranqillum
8	h.5.	--	63	31	Nix tenuis, Lipsiæ pluvia & nox tota
	1	--	63	30-	Tempus cœnosum (pluviosa
	h.11.	--	62	29-	Ventus cum tristi cœlo.
9	h.8.	--	62	29	Tempus cœnosum obscurum
	11	NW	62	29	adhuc
	11	--	62	30	Nebula madens, tranquillum
10	h.5.	--	62	30	Tempus cœnosum caliginosum
N.L.	10	NNW.	62	30-	Pluvia tenuis, nebulosa
	1	--	61	30	Item

Nebula

Abb. 9: Auszug aus dem Witterungsjournal von Friedrich Hoffmann aus Halle, Januar 1700.

eine Reihe, die Algöwer von 1710 bis 1720 in Ulm erstellte. Algöwer, dem übrigens auch die erste deutsche Niederschlagsbeobachtungsreihe zu verdanken ist, publizierte die Ergebnisse des Zeitraums 1710 bis 1714.

Die bisherigen Ausführungen machen deutlich, dass die frühen Beobachter einen regen Austausch untereinander pflegten. Mit der Zeit setzte sich in den meteorologisch interessierten Kreisen die Überzeugung durch, dass weitere Fortschritte in der Meteorologie nur durch gleichzeitige, tägliche Beobachtungen an verschiedenen Orten zu erreichen seien. Die Grundidee, aus räumlich übergreifenden, standardisierten Klimamessungen zu synoptischen Aussagen zu gelangen, geht zurück auf die ‚Royal Society of London', die 1667 ihre Arbeit begonnen hatte. Als erstes Ergebnis dieser synoptischen Untersuchungen erschien im Jahre 1688 die Windkarte von Halley, die älteste meteorologische Karte überhaupt. Man veröffentlichte sie als Beilage zu einem Aufsatz über die ›Trade Winds and Monsoons‹ in den Philosophical Transactions. Auch in Frankreich wurde kurz nach der ‚Royal Society' die ‚Societé Royale de Medecin' mit einer vergleichbaren Zielsetzung begründet. In gleicher Tradition befindet sich auch die von Kurfürst Karl Theodor unter entscheidender Mitwirkung seines Hofkaplans Hemmer in Mannheim 1780 begründeten ‚Societas Meteorologica Palatina' (SMP).

Kurfürst Karl Theodor hob sich durch sein naturwissenschaftliches Interesse wohltuend von dem sonst üblichen höfischen Verhalten seiner Zeit ab. Die SMP hat sich in der Rückschau als die am besten konzipierte und wissenschaftlich anregendste Einrichtung erwiesen. Diese Gesellschaft organisierte, ausgehend von zwölf mitteleuropäischen Städten, ein Messnetz mit genormten Instrumenten und festen Ablesungsterminen jeweils um 7, 14 und 21 Uhr, den Mannheimer Stunden. Die Aufzeichnungen wurden in Mannheim gesammelt und publiziert. Die SMP beschränkte sich jedoch nicht nur auf das Sammeln der Daten, sondern entwickelte aus ihnen neue Vorstellungen zur Synopsis. Die von Hemmer bis zu seinem Tode 1790 redigierten Jahrgänge enthalten außer den Beobachtungsdaten noch eine Reihe größerer Abhandlungen, unter anderem über meteorologische Geräte. Sein Nachfolger Güthe war den gestellten Anforderungen offensichtlich nicht gewachsen: Die Zahl der Stationen sank, die Beobachtungsdaten von 1792 wurden erst 1795 publiziert. Hinzu kamen fehlender wissenschaftlicher Nachwuchs und das nachlassende Interesse des Kurfürsten an der Akademie. Als mit dem Ausbruch der französischen Revolutionskriege ein Teil der Akademie vernichtet und ihr durch die Abtretung des linken Rheinufers an Frankreich die ökonomische Grundlage entzogen worden war, konnte der Niedergang nicht mehr aufgehalten werden. Nach dem Tod des Kurfürsten und der politischen Neugliederung halfen auch mehrere Appelle an den bayerischen Kurfürsten um finanzielle Unterstützung nicht mehr; die Akademie der Wissenschaften und mit ihr die SMP erloschen.

Erste Anregungen zu einem weltweiten Beobachtungssystem gab kurze Zeit vor der Gründung der SMP der Meteorologe Lambert durch sein ›Exposé de quelques observations qu'on pourrait faire répandre du jour sur la météorologie‹. Neben organisatorischen und inhaltlichen Vorschlägen empfahl er insbesondere die Einrichtung eines Messnetzes in Anlehnung an die europäischen Kolonialstrukturen und Missionsstationen. England sollte dabei, seiner weltpolitischen Struktur entsprechend, eine Vorreiterrolle übernehmen. Diese Ideen konnten leider nie verwirklicht werden, sie blieben aber dennoch nicht ohne Folgen. Bereits 1778 gelang es dem Karlsruher Boeckmann, den Markgrafen Carl Wilhelm von Baden zur Gründung einer ‚Badischen Witterungsanstalt' zu bewegen. In den von Boeckmann (1778) publizierten Schriften entwickelte er eine Konzeption über meteorologische Beobachtungen, die im Wesentlichen mit dem von der Pfälzischen Meteorologischen Gesellschaft zwei Jahre später eingerichteten Beobachtungssystem übereinstimmten. Diese so viel versprechenden Aktivitäten blieben vermutlich bereits in ihren Anfängen stecken, denn von einem Band der Karlsruher meteorologischen Ephemeriden abgesehen sind heute keine weiteren wissenschaftlichen Abhandlungen bekannt.

Das Ende der SMP bedeutete zunächst einen Rückschlag für die Klimatologie. In seinen ›Meteorological Essays‹ bringt Daniell (zit. n. Traumüller 1885) dieses Dilemma auf den Punkt: „*Would that another Hemmer could be found in this age to direct the uncombined efforts of meteorologists to one common purpose! And would that the scientific men of the present day, laying aside all petty and degrading jealousies, might see the advantage of uniting in a system such labours as lose lose the gratest part of their value from wanting unity of purpose!*"

In den darauf folgenden Jahrzehnten nahm aber die Zahl der Beobachter und Beobachtungen ständig zu. Ihre Existenz ist vor allem dem allgemeinen naturwissenschaftlichen Interesse Einzelner zu verdanken. Mit großem Enthusiasmus wurden Neuerungen adaptiert, so z. B. von Osann (in Schmidt 1925), der bereits 1840 mit dem gerade neu entdeckten Ozon experimentierte. Konkrete Schritte in Richtung einer koordinierten und synoptischen Betrachtung gab es erst wieder durch die Anregungen von Dove im Jahre 1863 auf der schweizerischen Naturforscherversammlung, 1872 auf der Nachfolgeveranstaltung in Leipzig und im Jahre 1873 durch die Einberufung eines internationalen Meteorologenkongresses nach Wien. In der Folgezeit kam es weltweit zur Einrichtung amtlicher Messnetze. Bereits zehn Jahre zuvor waren die ersten täglichen Wetterkarten mit Isobaren auf der Grundlage telegraphischer Wetterberichte von Le Verrier im September in Paris erschienen. 1884 folgten die ersten, von der deutschen Seewarte und dem Dänischen Meteorologischen Institut gemeinsam auf der Basis von Schiffsjournalen herausgegebenen synoptischen Wetterkarten des Atlantiks und Europas, die so genannten ‚Hofmeyer-Karten'.

Mit der Erhebung von Messdaten vollzog sich der Brückenschlag von der deskriptiven Beobachtung zur Klimamessung der Moderne. Diese frühen Instrumentenmessdaten müssen als eigene Quellengattung aufgefasst werden, die unter quellenkritischen Gesichtspunkten bewertet und mittels eigener Methoden bearbeitet werden kann.

Gemalt, gepinselt und gehämmert: Bildhafte und plastische Informationen zum historischen Klima

Neben den schriftlichen Belegen und Instrumentenmessungen historischer Wetter-, Witterungs- und Klimaereignisse existiert ein weites Feld nutzbarer Klimainformationen in Illustrationen, Gemälden, Drucken und Bildern sowie Schautafeln und Reliefs, die beeindruckende Zeugnisse von historischen Ereignissen und Zuständen vermitteln und weitreichende Aussagen zulassen. Bereits früh wurden derartige Medien analysiert, um beispielsweise historische Gletscherstände im Alpenraum zu rekonstruieren (Grove 1988). Darstellungen von schneereichen Winterlandschaften, Eistreiben auf zugefrorenen Kanälen und Seen gelten als anschauliche Belege für Abkühlungsphasen während der Kleinen Eiszeit. So genannte Flugschriften waren mit die ersten Darstellungen, in denen Wetterereignisse zu spektakulären Aufmachern wurden und große Verbreitung fanden. In eindrucksvollen Ausführungen und drastischen Farben wurden meist katastrophale Witterungsereignisse geschildert. Gegenstand waren, analog zu den frühen Meldungen in Chroniken und Annalen, die außergewöhnlichen und mit großen Schäden verbundenen Ereignisse. In dieser sprichwörtlichen ‚Bunten Presse' des ausgehenden Mittelalters und der frühen Neuzeit fehlte es nicht an Übertreibungen, Deutungen und moralisierenden Appellen. Fast immer wurden diese Medien als disziplinierendes Sprachrohr obrigkeitlicher oder klerikaler Vorstellungen und Deutungen genutzt.

Zu den großen Katastrophen entwarf man ganze Bilderzyklen. In Form der Augsburger Guckkastenbilder konnten sie einer sensationslustigen Menge präsentiert werden. Nicht zu unterschätzen sind auch erklärende Skizzen, Profile und Aufrisse, die von ‚amtlicher' Seite, von über Land reisenden Kommissaren angefertigt wurden, um festgestellte Schäden aufzunehmen. Gedenktafeln und Inschriften sollten ebenfalls die Erinnerung an sehr schwere Katastrophen bewahren. Besonders über die großen Hochwasserkatastrophen 1342, 1595, 1682 und 1784 existieren zahlreiche Hinweise und Darstellungen (Abb. 10). Seltener sind Inschriften auf Wegkreuzen. Zu den plastischen Dokumenten zählen im Grunde auch die zahlreichen Hochwasser- und Niedrigwassermarken.

Abb. 10: Hochwassermarken in Wertheim am Mündungsbereich der Tauber in den Main.

Zusammenfassend kann festgehalten werden, dass es sich um sehr eindrucksvolle visuelle Informationsträger handelt, deren wissenschaftlicher Erkenntniswert in Ergänzung zu den textlichen Quellen gesehen werden muss.

Klima auf Umwegen: Proxydaten

Neben direkten Klimainformationen werden in der Historischen Klimatologie Proxydaten herangezogen. Ernteertragszahlen, der Eintritt phänologischer Phasen, Vereisungsbelege und Hochwasserangaben lassen Rückschlüsse auf das Klima zu. Üblicherweise werden sie in biologische (Getreide, Baumringe, phänologische Angaben) und physikalische (Vereisungs- und Hochwasserangaben) unterteilt.

Für die Verwendung dieser Proxydaten gibt es eine Reihe von Gründen: zum einen die hohe zeitliche – meist jährliche – Auflösung, zum anderen die nahezu flächendeckende Verfügbarkeit. Die Schwankungen von Ernteerträgen, das Auftreten bestimmter phänologischer Phasen oder die Qualität des Weines standen schon immer im Blickpunkt des Interesses. Da die Sicherung der Ernährungsgrundlage und des wirtschaftlichen Erfolges von diesen Ertragsentwicklungen abhing, registrierte und dokumentierte man mit akribischer Sorgfalt das jährliche Auf und Ab in Rechnungsbänden. Aus ihnen lassen sich damit lange und homogene Zeitreihen ableiten. Eine ähnlich gute Datenlage findet sich auch bei den dendrologischen Daten, für die ebenfalls regional differenzierte Auswertungen vorliegen. Zu diesen Komponenten kommt ein weiterer ganz wesentlicher Aspekt hinzu: Proxydaten liegen oft in metrischen Einheiten vor, beispielsweise in Millimeter Baumringzuwachs, die eine weitreichende statistische Bearbeitung ermöglichen.

Diesen positiven Eigenschaften stehen aber eine Reihe von Einschränkungen gegenüber. Biologische Datentypen werden nicht alleine von den Witterungsverhältnissen, sondern auch von weiteren Umweltfaktoren gesteuert. Eine besondere Rolle spielt die Einflussnahme durch den Menschen. Vor einer klimatischen Auswertung müssen diese nichtklimatischen Störanteile herausgefiltert werden.

Für die klimatische Interpretation werden in einem ersten Schritt die heutigen Zusammenhänge zwischen den Parametern und der witterungsklimatischen Prägung mit Hilfe statistischer Verfahren bestimmt. Anschließend werden diese Beziehungsmuster auf die historischen Verhältnisse übertragen. Diese Vorgehensweise bezeichnet man als Prinzip des Aktualismus.

Die folgenden Ausführungen geben einen Überblick über die hier verwendeten biologischen Datentypen Wein, Getreide, Heu und Baumringe sowie zu den Vereisungsangaben.

Im Wein steckt mehr als Wahrheit: Önologische Parameter

Der Zusammenhang zwischen Wein und Klima ist allgemein bekannt. Neben den phänologischen Terminen wie Blüte oder Ernte haben sich dabei vor allem die Güteangaben als besonders gute Klimaindikatoren erwiesen, wohingegen die Mengen weniger aussagekräftig waren (vgl. Glaser 1991). Hinzu kommen in den einschlägigen Quellen vielfach Hinweise auf Frostschäden oder Hagelschlag, die Erwähnung fanden, um der Obrigkeit die Ausfälle im Zehntertrag plausibel zu machen. Ihre regionalen Schwerpunkte haben die Weinchroniken in den Hauptanbaugebieten in Baden, Württemberg, Rheinpfalz, Franken, im Mosel- und Rheingebiet. Langjährige Zusammenstellungen der Menge-Güte-Beziehungen für diese Weinregionen sind so alt wie die Chronistik selbst. Oft handelt es sich um üble Kompilationen, die, geprägt von Lokalpatriotismus, Werbung in eigener Sache machen wollten. Solch zweifelhafte Quellen fanden keine Berücksichtigung.

In diesen Aufzeichnungen differieren vor allem die Mengenangaben sehr stark, ein Ausdruck unterschiedlicher Umwelt- und Bearbeitungsbedingungen in den einzelnen Weingärten. Größere und flächenhafte Übereinstimmungen sind hingegen bei den Qualitätsangaben feststellbar. Auch die Lesetermine differieren mitunter sehr stark und sind in historischer Hinsicht nicht nur mit witterungsklimatischen Abläufen korreliert. Ein überregionaler Vergleich zeigt, dass beispielsweise zwischen dem Rheingebiet und Franken eine Verzögerung von rund 10 Tagen auftritt, die zumindest seit der frühen Neuzeit erstaunlich konstant blieb.

In jährlicher Sorge: Getreideernte

Nur wer historische Quellen studiert hat, kann sich ein Bild vom jährlichen Bangen der Menschen um ihr wichtigstes Grundnahrungsmittel machen und bekommt Einblicke in das Wechselbad der Gefühle zwischen Angst vor der Hungersnot oder glückseligem Erntedank. ‚Fames et mortalitas' war ein hinlänglich bekanntes und gefürchtetes Wertepaar, an dessen Anfang allzu oft ein Witterungsereignis, etwa ein strenger Winter, ein Frost oder ein verregneter Sommer stand. Es war die enge Beziehung zwischen Witterungsgang und dem Werden der Feldfrüchte, die in vielen Fällen die maßgebende Triebfeder für die zahllosen täglichen Beobachtungen war. Der Blick zum Himmel konnte in diesem Sinne ein Blick in die eigene Zukunft sein. In einer früheren Studie (Glaser 1991) wurde nachgewiesen, dass dieser Zusammenhang sehr komplex gestaltet ist, sodass keine eindeutige Ableitung getroffen werden konnte. Daher wurden in dieser Studie Getreideertragsdaten nur dann integriert, wenn im Sinn der Klimawirkungsforschung extreme Abweichungen von durchschnittlichen Werten festgestellt werden konnten,

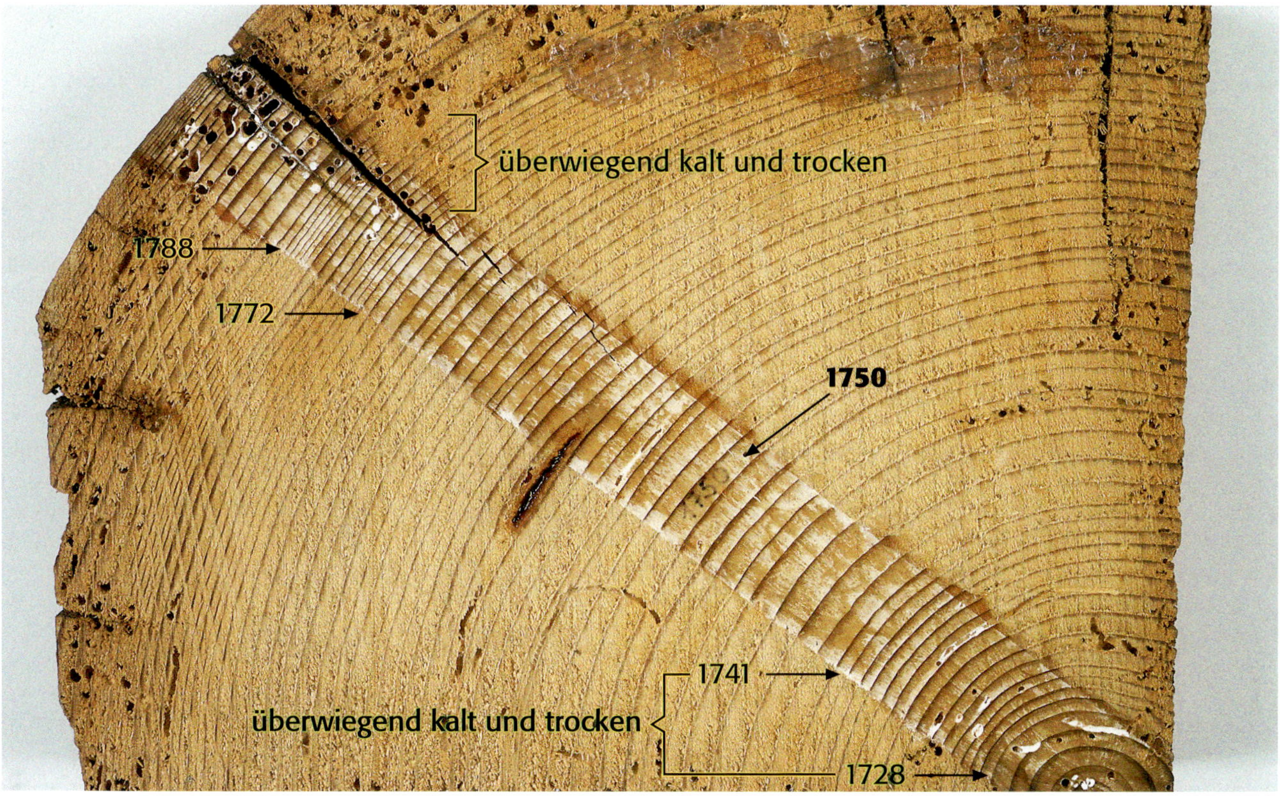

Abb. 11: Ausschnitt aus einer Baumscheibe: Der Jahrring 1750 ist mit der Jahreszahl versehen. Derartige Baumscheiben sind nicht nur Zeit-, sondern auch Umweltarchive. Breite Ringe zeigen wachstumsfördernde, enge Ringe wachstumsmindernde Einflüsse an. Quelle und Bearbeitung: Dendrolabor Hohenheim.

die ihrerseits Auswirkungen auf die Gesellschaft hatten. Hinzu kamen weitere qualitative Einschätzungen, wie sie in den Chroniken auftauchen. Umschreibungen wie „überreiches Jahr", „vollkommenes Missjahr" geben grobe Einschätzungen, die durch die metrischen Angaben relativiert und konkretisiert werden konnten.

Heuertragsdaten

Was für den Mensch das Getreide, bedeutete das Heu für das Vieh. Wenn es in strengen Wintern oder nach schlechten Ernten knapp wurde, verfütterte man das Stroh der Dächer. Die Heuernten standen daher ähnlich exponiert im Brennpunkt des historischen Interesses wie die Getreideerträge. Aus diesem Grund wurden regionale Datensätze zu Heu- und Grummeterträgen in die Untersuchungen integriert.

Spurrillen des Klimas: Baumringe

Es ist dem Gang der Jahreszeiten zu verdanken, dass die mitteleuropäischen Bäume eine Rhythmik aufweisen, die durch den Wechsel von Vegetationsruhe und Vegetationsperiode bestimmt ist (Abb. 11). Ihre individuelle Prägung erhalten die einzelnen Baumringsequenzen von dem spezifischen witterungsklimatischen Verlauf und den Umweltverhältnissen, die innerhalb der einzelnen Jahre geherrscht haben. Hieraus ergeben sich nachhaltige Interpretationsmöglichkeiten für die Klimaforschung.

Für die Auswertungen konnte auf Datenreihen des Dendrolabors Hohenheim zurückgegriffen werden, die nach einzelnen Baumarten und Regionen getrennt vorliegen. Das Frühholz wird im Frühling und Frühsommer angelegt, das Spätholz im Spätsommer. Es unterscheidet sich durch die Wuchsdichte und kann damit leicht auseinander gehalten werden. Das Verhältnis von Früh- zu Spätholz beträgt etwa 7:1. Baumringe moderater Standorte, wie sie für Mitteleuropa mit Ausnahme der Höhenstandorte in den Alpen und in den höheren Mittelgebirgsregionen typisch sind, zeigen in durchschnittlichen Jahren oft ein uneinheitliches Bild. Nur in Jahren, in denen extreme Umweltverhältnisse geherrscht haben, sind die Baumringe auch auf moderaten Standorten eindeutig und weisen gleichartige Wuchsentwicklungen auf. Diese Signaturen nennt man ‚Weiserintervalle' oder auch ‚Weiserjahre'. Zur weiteren Auswertung wurden nur diese eindeutigen Jahre mit Weiserintervallen verwendet.

Eisige Zeiten

Wenn der Winter Einzug hielt, stellten sich die Menschen früherer Zeiten die bange Frage, welchen Verlauf er wohl nehmen wird. War er lang und kalt, schädigte er das Wintergetreide; die Brunnen und schließlich Flüsse und Seen überfroren. Vereisungen betrafen viele Versorgungs- und Sicherheitsaspekte: Die Schifffahrt musste eingestellt werden, die Wassergräben vor den Stadtmauern und Wallanlagen wurden nutzlos, wenn sie sich mit einer dicken Eisschicht überzogen. Andernorts richtete man auf dem Eis Fahrbahnen ein, was auf eine entsprechende Dicke schließen lässt. So zum Beispiel 1622, als der Main bei Frankfurt *„mit schweren Lastkähnen befahrbar (war)"*. Aus anderen anschaulichen Vergleichen kann ebenfalls auf die Eis- und Winterverhältnisse geschlossen werden, etwa *„Winter so gelind, dass nicht einmal eine Gans auf dem Eis gehen konnte"*. Überhaupt gewann man zumindest in strengen Wintern dem ganzen noch etwas Positives ab: Man veranstaltete Volksfeste auf den zugefrorenen Flüssen, errichtete Buden, Preisschießen wurden abgehalten und Fässer gebunden. Dieses Fassbinden auf dem Main bei Frankfurt ist beispielsweise für die Jahre 1608, 1624, 1681 und 1695 belegt. Trotz dieser Belustigungen und dem Hoffen auf ein baldiges Ende des Winters sah man dem Verschwinden des Eises mit gemischten Gefühlen entgegen. Denn der so genannte Eisgang führte zu verheerenden Überschwemmungen und Zerstörungen. Interessanterweise sind auch weit mehr Anmerkungen zum Eisaufgang überliefert als zu den anderen Eisparametern.

Besonderes Augenmerk galt den Vereisungen der Küstenbereiche (vgl. Koslowski & Glaser 1999). Umfangreiche Archivrecherchen in den deutschen Küstenstädten förderten eine Vielzahl von Vereisungsdaten zu Tage.

Welche Implikationen beispielsweise die Vereisung in Küstenstädten hatte, kann anhand verschiedener Quellen aus Hamburg exemplarisch verdeutlicht werden. Aus ihnen ergibt sich ein vielfältiger Einblick in die Verhaltensmuster einer städtischen Gesellschaft mit ihren Mechanismen und ‚Pufferungsstrategien'. Vereisungen der Gewässer in und um Hamburg setzten, wie beispielsweise den Senatsprotokollen entnommen werden kann, immer wiederkehrende Eingaben, Beschlüsse und Verfügungen in Gang. Im Vordergrund dieser Bemühungen stand der Sicherheitsaspekt, wobei zwischen einem, in heutiger Sprachregelung, ‚feuerpolizeilichen' und einem ‚militärischen' zu unterscheiden war. Hinzu kamen Anordnungen, die, über diese Sicherheitsmaßnahmen hinaus, die allgemeine Wasserversorgung der Bevölkerung sichern sollten. Das Zufrieren hatte zur Folge, dass im Brandfall nicht genügend Schöpf- und Löschwasser zur Verfügung stand. So wurden mit dem *„Zugehen der Gewässer"* zunächst die Brandwachen verstärkt und Schifferwachen von den Schifferalten einberufen, die regelmäßig auf Patrouille zu gehen hatten. Das Ein- und Abberufen (‚Ceshiren') der Wachen ist damit ein erster Hinweis auf Beginn und Ende einer Frostperiode.

Folgende Anfrage vom 11. Februar 1771 kann exemplarisch für derartige Eingaben angesehen werden. Sie lautet: *„Comishorium, dass Herrn Magnificence zu ersuchen während des wieder angefangenen Frostes, die Schifferwachen wiederum gehen zu lassen"*, weiterhin am 20. Februar 1771 *„dass Herrn Magnificence zu ersuchen, bey nunmehr geendigtem Frostwetter die Schifferwachen ceshiren zu lassen"* (StAHH 111-1 Cl.VIII, Xa). Mit derartigen Angaben lassen sich die Frostperioden exakt festlegen. Demgegenüber muss berücksichtigt werden, dass die Brandwachen kalendarisch während der Wintermonate November bis Februar auch ohne besonderen Gewässerzustand ein- bzw. abberufen wurden. Brandwachen wurden regelmäßig auch bei großer Trockenheit im Sommer und bei Stürmen einberufen, wie aus den Quellen zu erkennen ist, so am 16. März 1759: *„C. placet, die Brandwachen wegen des starken Sturmwindes gehen zu lassen"*, oder am 21. Juni des gleichen Jahres: *„C. placet so lange die grosse Dürre und der Süd-Ost-Wind anhält, und bis mehr Wasser in den Flethen seyn wird, die Brandwachen gehen zu lassen"*. (StAHH 111-1, Cl.VIII, Xa)

Dauerte die Winterkälte an und blieben die Gewässer gefroren, wurde das Aufeisen befohlen, d. h., an mehreren zentralen Stellen der Stadt wurden Wasserlöcher aufgeschlagen. Dieses ‚Waakenhauen' fand unter den Brücken statt. Reichte diese Maßnahme alleine nicht mehr aus, wurden die Brauer und Branntweinhersteller angehalten, einen bestimmten Vorrat an warmem Wasser zu halten. Ähnliche Anordnungen erfolgten auch bei den besonders ‚brandgefährlichen" Festen der Hansestadt.

Neben dieser feuerpolizeilichen Sicht betraf eine geschlossenen Eisdecke auch stets den Sicherheitsaspekt der Stadt; schließlich verloren die Stadtgräben ihre schützende Funktion, potentiellen Angreifern war es nun möglich, unmittelbar an die Mauer- und Wallanlagen zu gelangen. Aus diesem Grunde befahl der Magistrat, oftmals nach einer allgemeinen Einschätzung der politischen Lage, das Aufeisen der Stadtgräben. Sicherheitshalber wurden bei geschlossener Eisdecke auch das Sandtor verschlossen und die Wachen am Brooktor verstärkt. Ein diesbezüglicher Vermerk findet sich am 03. Januar 1742: *„C. et C. den Herren des Bauhofes, den Stadtgraben beym Morn-Werke, und wo es sonst der Herr Commandant für nöthig befunden mögte, aufeisen zu lassen"* (StAHH 111-1 Cl.VIII, Xa), oder am 08. Januar 1755: *„C.C. Herrn G.L. und Commendanten zu veranstalten, dass, da die Elbe zu zufrieren anfängt, das Sandthor geschlossen bleibe, und die Wachen im Brockthor auf sonst gewöhnliche Weise verstärcket werde."* (StAHH 111-1 Cl.VIII, Xa)

Winterfrost war zumindest im 18. und 19. Jahrhundert so bedeutsam gewesen, dass im Index der Senatsprotokolle eine eigene Rubrik ‚Frostanstalten' enthalten ist.

Neben diesem Sicherheitsaspekte waren von der Kälte auch alltägliche Abläufe betroffen. Sanken die Temperaturen, wurde der Bauhof beauftragt, Holz zum Einheizen ins Rathaus zu schaffen und an die Nachtwachen auszugeben. Mit genauem Datum ist stets auch die Ausgabe der Winterstrümpfe an die Garnison vermerkt. Hatten sich Schnee und Eis in den Gassen der Stadt zu stark angehäuft, wurden die Anwohner vom Bürgermeister aufgefordert, die Wege zu räumen. Geschah dies nicht rechtzeitig oder gründlich genug, hagelte es Beschwerden. War die Eisdecke in den kalten Wintern stark genug, wurden mobile, meist hölzerne Brückenkonstruktionen und Eisbahnen eingerichtet, die bei Taubeginn abgebaut werden mussten. Unter Wegbahnen verstand man oft nur einfache Markierungen auf dem Eis. Derartige Einrichtungen wurden regelmäßig in Hamburg, etwa am Grasbrook, in Altona, in St. Pauli oder Wilhelmsburg erstellt. Aufbau und Benutzungsdauer dieser Eisbrücken geben Hinweise auf tragfähige Eisbildungen der Elbe.

Die Schifffahrt konnte der Vereisung verständlicherweise keine positive Seite abgewinnen. Man war vielmehr bemüht, die Eisbildung zu verhindern oder vorhandenes Eis zu zerstören. Durch Zerschneiden, Sägen oder Sprengungen, durch Eiskähne und Eisbrecher versuchte man, das Fahrwasser so lange wie irgend möglich frei zu halten oder bereits bestehende Barrieren aufzulösen.

Unter dem Begriff ‚Eisarbeiten' oder auch ‚Aufeisungen' lassen sich in den oben angesprochenen Quellen zahlreiche Beispiele finden, die belegen, wie das Eis sonst noch das Leben beeinträchtigte: So bestand oft die Möglichkeit eines Dammbruchs und die Milchleute konnten nicht in die Stadt.

Auch die Schiffe waren unmittelbarer Gefahr ausgesetzt. Die Methoden zur Eisbekämpfung blieben nicht auf das einfache Zerschlagen, Sägen und Sprengen beschränkt, man versuchte auch durch dauerhafte feststehende Eisbrecher oder einfache Abstandshölzer, den Eisgefahren zu begegnen. Eine Quelle aus dem Jahre 1784/85 erläuterte den Bau eines neuen Eisbrechers am Zollenspieker, der den alten, durch den starken Eisgang beschädigten ersetzen sollte.

Im Zuge der technologischen Fortentwicklung fehlte es vor allem im 19. Jahrhundert nicht an Vorschlägen zu technischen Lösungen des Vereisungsproblems. Das Spektrum einschlägiger Quellen ließe sich immer weiter ausdehnen. So enthalten auch die Abrechnungen des Tonnenlegers Hinweise auf die Vereisung der Elbe, da dieser entsprechende Vermerke anfertigte, wenn durch das Eis Tonnen beschädigt worden waren (StaHH 311-1I Kämmerei 384). Auch Beschwerden und Eingaben, wie die des Fährmanns im Jahre 1854, der wegen des Eisganges zunächst erhöhte Tarife verlangte und schließlich den Betrieb zeitweise einstellte (StaHH 413-2, Nr. 786), können verwendet werden.

Die Hinweise aus Hamburger Archiven wurden durch weitere Recherchen in den regional einschlägigen Archivstandorten, beispielsweise Bremen, Lübeck, Greifswald, Wismar, Stralsund und Rostock, ergänzt. Als wertvoll erwiesen sich die im Bundesamt für Seeschifffahrt und Hydrographie befindlichen Tagebücher der Signalstellen, die neben täglichen Wetteraufzeichnungen von 1887 bis 1900 auch flächendeckende Angaben zur Eisbedeckung entlang der damaligen deutschen Küste von der niederländischen Grenze bis nach Memel enthalten.

Ergiebige Aussagen enthalten auch die Aufzeichnungen über das Auftreten von Eis für einige ausgewählte Ostseebereiche zwischen 1851 und 1877 aus dem ›Segel-Handbuch für die Ostsee‹ (Hydrographisches Amt der Kaiserlichen Marine, 1878). Des Weiteren die Originalaufzeichnungen aus dem ›Eysbuch‹ des Hansearchivs in Lübeck mit Notierungen über Vereisungen und Eisarbeiten auf der Trave im Laufabschnitt Lübeck – Travemünde für 35 Eiswinter im Zeitraum 1701 bis 1848. In dieses ›Eysbuch‹ wurden zeitgenössische Beobachtungen eingetragen. Sinn und Zweck war die Überwachung und Abrechnung der so genannten ‚Aufeisungen', d. h. das Freimachen der Fahrrinne von Eis, wenn die Schifffahrt auf der Trave durch Eisbildung behindert war. Einige dieser Aufzeichnungen umfassen neben Angaben zur Dauer der Vereisung auch Bemerkungen über die Eisdicke.

Weitere Hinweise stammen aus Zeitungsnachrichten, unter anderem aus den Schifffahrtsnachrichten in den ‚Address- und Comtoirnachrichten der Hansestadt Hamburg' ab 1774 oder den ‚Wismarschen priviligierten wöchentlichen Anzeigen und Nachrichten'. Da diese Aufzeichnungen für die Seeschifffahrt und den Postdienst ausgegeben wurden, ist anzunehmen, dass es sich um verlässliche Angaben handelt.

Weitere Vereisungsangaben wurden der Arbeit von Speerschneider (1915, 1927) entnommen. Bei einem Teil der von Speerschneider kompilierten Daten handelt es sich um Auszüge aus der Spangenberg-Chronik der Hansestadt Hamburg. Auch die Stralsunder Chronik ist eine spätere Kompilation, in der allerdings Originalzitate enthalten sind. Zu diesem komplexen Datenset kommen Angaben zu Schiffspassagen im Öresund, zusammengestellt von Bang, 1906. In diesen Bänden wird die monatliche Anzahl von Schiffen, die im Zeitraum 1557 bis 1657 den Öresund durchfahren haben, über Sundzolllisten erfasst. Da davon auszugehen ist, dass ein nachhaltiges Interesse an den Zolleinnahmen bestand, kann man eine weitgehende Richtigkeit der Quellenangaben unterstellen.

Die Schiffspassagen durch den Öresund von 1557 bis 1657 wurden wesentlich durch die Eisbildung in der Ostsee bestimmt. Somit kann eine hohe Korrelation zwischen der Strenge der Winter und dem Erliegen der Schifffahrt in den Wintermonaten angenommen werden. Ohne Zweifel haben auch gesellschaftspolitische Zusammenhänge sowie konjunkturelle, technische und marktpolitische Gesichtspunkte eine Rolle gespielt, wie sich aus dem Gang der Absolutzahlen ersehen lässt (Tab. 1).

Die Entwicklung der Passagen weist eine deutliche Dreiteilung auf: Eine Phase unterdurchschnittlicher, aber ständig zunehmender Schiffsdurchfahrten zwischen 1557 und den 70er-Jahren des 16. Jahrhunderts, ein weiterer Anstieg mit überdurchschnittlicher Frequentierung in den folgenden Jahren, der um die Jahrhundertwende kulminierte, gefolgt von einer anschließenden leichten Abnahme bis in die 20er-Jahre des 17. Jahrhunderts bei einem insgesamt überdurchschnittlichen Verlauf in der zweiten Phase. Ein dritter Abschnitt zeigt mit leicht abnehmender Tendenz wiederum unterdurchschnittliche Werte an. Dieser langfristige Verlauf ist nach allen klimatischen Befunden in diesem Zeitraum nicht mit Klimaschwankungen in Verbindung zu bringen. Er wird hier als übergeordneter anthropogen geprägter Verlauf betrachtet und ist von der weiteren Diskussion ausgenommen. Um die erheblichen Unterschiede und die große Spannweite der Schiffsdurchfahrten in dieser langfristigen Entwicklung mit Zahlen zu belegen, sollen folgende zwei Werte genügen: Dem absoluten Minimum von lediglich 874 Passagen im Jahre 1645 steht ein absolutes Maximum von 6673 Durchfahrten im Jahre 1597 gegenüber.

Zu klimatisch relevanten Aussagen kommt man aber durch die Analyse der monatlichen Verteilung der Passagen über den Gesamtzeitraum. Um einen charakteristischen Jahresgang der Durchfahrten zu erhalten, wurden neben einer Betrachtung der Absolutbelegungen die relativen Prozentwerte der einzelnen Monate errechnet. Sie zeigen einen deutlichen Jahresgang mit sehr geringen Belegungen in den Monaten Januar (0,3 %) und Februar (0,4 %) und schwacher Frequentierung im März (4,9 %), gefolgt

Jahr	Januar	Februar	März	April – September	Oktober	November	Dezember	Gesamt
1557	0	0	10	2333	66	16	0	2425
1558	0	0	84	1855	123	12	0	2074
1560	0	1	105	2451	156	18	0	2731
1562	0	9	320	3174	150	48	6	3707
1563	0	0	453	3391	342	41	15	4242
1564	7	28	81	2972	102	47	34	3271
1565	7	1	21	3257	141	52	6	3485
1566	0	9	151	3457	235	41	27	3920
1567	6	11	104	3200	132	39	38	3530
1568	27	8	230	3051	218	52	14	3600
1569	1	0	23	2756	233	41	26	3080
1574	7	3	164	3810	321	115	145	4565
1575	9	7	189	3126	256	102	97	3786
1576	18	0	146	3096	378	112	135	3885
1577	7	34	455	3604	283	200	101	4684
1578	0	1	347	3997	357	240	68	5010
1579	14	0	131	3035	393	102	97	3772
1580	44	47	301	2890	274	101	169	3832
1581	11	3	85	3543	328	184	118	4272
1582	15	2	239	4090	332	240	28	4946
1583	76	1	199	4428	301	187	177	5371
1584	0	51	476	3749	287	145	190	4898
1585	132	54	422	2659	378	264	194	4103
1586	3	0	112	4395	493	360	114	5477
1587	21	4	167	5470	506	139	158	6465
1588	81	9	231	3177	572	163	92	4325
1589	34	14	235	4439	630	152	27	5531
1590	2	35	98	4265	396	165	23	4984
1591	2	6	266	3705	490	241	30	4740
1592	10	7	157	4380	452	179	28	5213
1593	17	0	6	5195	662	144	37	6061
1594	3	3	311	5123	480	240	44	6207
1595	1	1	43	5408	522	300	29	6304
1596	4	30	480	4263	518	234	66	5595
1597	6	33	405	5222	554	405	48	6673
1598	8	28	246	4341	622	469	58	5772
1599	2	0	219	3547	515	345	56	4684
1600	8	0	52	3314	582	260	72	4288
1601	1	0	0	3783	578	251	12	4625
1602	14	39	315	3132	289	219	49	4057
1603	2	0	182	3247	411	332	22	4206
1604	3	0	164	2573	455	260	31	3586
1606	2	1	245	3315	512	279	64	4418
1607	12	67	466	3786	534	234	24	5123
1608	0	0	393	5278	544	233	34	6482
1609	7	25	474	3078	552	282	42	4460

Tab. 1: Öresundpassagen 1557 – 1657.

Jahr	Januar	Februar	März	April – September	Oktober	November	Dezember	Gesamt
1610	4	4	248	3115	436	231	34	4072
1611	3	15	433	3041	383	247	36	4158
1612	2	5	498	3700	393	249	46	4893
1613	3	27	291	2752	471	243	41	3828
1614	15	13	216	4414	447	321	53	5479
1615	14	0	32	4199	449	214	87	4995
1616	3	1	416	3677	372	267	59	4795
1617	13	26	363	3070	559	267	91	4389
1618	2	0	451	4600	624	199	49	5925
1619	13	34	446	3824	501	364	84	5266
1620	0	0	196	4333	463	227	22	5241
1621	4	0	189	4046	402	343	13	4997
1622	0	0	75	3194	428	656	52	3987
1623	6	3	392	3317	552	364	52	4686
1624	0	0	35	3213	221	316	72	3857
1625	0	1	86	2110	362	239	108	2906
1626	0	0	159	2739	206	230	43	3377
1627	0	8	85	2407	357	213	109	3179
1628	17	32	99	1624	241	212	56	2281
1629	17	0	53	2008	279	204	90	2751
1630	22	6	82	1621	306	208	108	2335
1631	10	0	162	2513	315	241	129	3370
1633	14	19	149	2693	374	289	56	3596
1635	2	0	59	3561	285	246	106	4249
1636	12	0	93	3045	348	299	33	3764
1637	5	25	245	2598	262	178	71	3384
1638	0	11	151	2570	333	194	59	3327
1639	14	12	108	2277	308	214	87	3020
1640	4	0	38	2753	227	283	149	3454
1641	4	19	169	3306	294	354	90	4236
1642	25	33	150	3189	404	253	73	4127
1643	14	25	178	3424	339	215	66	4264
1644	6	4	45	2062	387	246	93	2843
1645	10	22	42	641	76	64	19	874
1646	4	0	49	2713	366	219	77	3428
1647	8	0	114	2772	341	209	68	3512
1648	12	24	137	2718	393	302	43	3629
1649	16	8	214	3717	406	206	77	4644
1650	8	20	297	3262	568	238	116	4409
1651	1	2	128	2502	447	291	65	3436
1652	1	62	166	2052	224	152	123	2780
1653	16	18	93	1514	295	230	100	2266
1654	32	19	91	2762	348	149	57	3458
1655	0	5	183	2493	287	135	113	3216
1656	13	77	222	1984	183	168	50	2697
1657	6	21	252	1199	183	125	71	1857

Quelle: Bang 1906.

Tab. 1: Öresundpassagen 1557 – 1657 (Fortsetzung).

von einem starken Anstieg auf 13,2 % im April, den maximalen Anteilen im Mai (14,3 %) und Juni (14,4 %) und einem anschließenden kontinuierlichen Rückgang bis in den Oktober (9,1 %). Im November sind die Bewegungen deutlich reduziert und sinken mit 5,1 % auf rund die Hälfte des Vormonats. Im Dezember sind wiederum nur wenige Passagen zu vermelden (1,8 %). Nach diesen Befunden liegt die eigentliche ‚Transitzeit' zwischen April und Oktober. Die weitere Analyse konzentriert sich auf die schwach besetzten Monate November bis März.

Vergleicht man die durchschnittlichen prozentualen Belegungen der Einzelmonate über den gesamten Zeitraum, dann gibt es sehr deutliche Abweichungen von der durchschnittlichen Belegung. Auch wenn ein Großteil der geringen oder fehlenden Schiffsbewegungen im Winter mit großer Winterstrenge und der dadurch verursachten Vereisung erklärt werden kann, gibt es Belege dafür, dass auch andere Witterungstypen zu einem Aussetzen der Schifffahrt geführt haben. In milden, aber sturmreichen Wintern war die Gefahr einer Havarie offenbar zu groß, als dass Schiffseigner und Schiffsführer ein Risiko eingegangen wären. Die Schiffe blieben in den Häfen, in den Sundzollisten finden sich entsprechend weniger Eintragungen.

Mit den Vereisungsangaben steht damit ein wichtiger Parameter zur Verfügung, der Aussagen über die Winterstrenge ermöglicht.

Daten und kein Ende?

Originäre Datensätze sind die Basis jeder wissenschaftlichen Forschungsarbeit. Dies gilt in besonderem Maße für die Historische Klimatologie. Welche außerordentliche Vielfalt und Komplexität auf die eingebrachten Datensätzen verwendet wurde, wird in den vorangehenden Kapiteln deutlich. Entsprechend komplex sind auch die entsprechenden Verfahren der Datenaquisition, ihre Systematisierung und strukturelle Bearbeitung.

Trotz einer nunmehr jahrelangen Datenbearbeitung und -beschaffung muss davon ausgegangen werden, dass noch nicht alle vorhandenen Daten erhoben sind. Für die meisten Regionen ist die Quellenbearbeitung aber so weit fortgeschritten, dass weitere Datensätze keinen Erkenntniszuwachs bedeuten würden. Für ältere Zeitabschnitte und die norddeutschen Regionen besteht allerdings nach wie vor Bedarf an originären Informationen. Die Nutzung dieses Entwicklungspotentials und die weitere Datenbeschaffung sind aber abhängig von den eingesetzten finanziellen und zeitlichen Möglichkeiten.

Als Wetter zur täglichen Meldung wurde

Die frühesten, heute überlieferten Zeitungsmeldungen, in denen Wetter und Witterung zur täglichen Meldung wurde, stammen aus dem Nordischen Mercurius, der für den Zeitraum 1667 bis 1675 die Wetterverhältnisse in und um Hamburg in seinen Ausgaben publizierte. Die Meldungen umfassen u.a. die Windrichtung sowie die Stärke des Windes, beziehen sich auf den Niederschlag und die Form des Niederschlages, Unwetter sowie die thermische Gesamtentwicklung und den übergeordneten sowie überregionalen Verlauf. Die Informationen sind dabei so dicht, dass Wettertableaus aus den Aufzeichnungen und Meldungen abgeleitet werden konnten. Sie sind damit ein weiterer wichtiger Beleg für die besonders markante Abkühlungsphase des sogenannten Maunder-Minimums am Ende des 17. Jahrhunderts.

Nordischer
MERCURIUS
Welcher / wochentlich / zweymahl
Teutsch / auch einmal Lateinisch und Fran-
tzösisch / kürtzlich / vorstellet / was mit den
Europæischen Posten vom Krieg und
Friden / auch andern denckwürdi-
gen Sachen eingekom-
men ist.
1672.
A

Abb. 12: Titelblatt des Nordischen Mercurius, Zeitungsarchiv Bremen.

Methoden zur Klimarekonstruktion

Die Wege zum Klima sind ähnlich vielfältig wie die Quellen, Daten und Hinweise selbst. Erste Erkenntnisse lassen sich bereits aus den Zitaten gewinnen, die unmittelbar Auskunft über Klimakatastrophen, die klimatische Prägung der Jahreszeiten oder den Gang der Witterung geben. Bereits ihre Aneinanderreihung führt zu aussagekräftigen Zeitreihen. Weiterreichende Interpretationen unterliegen aber einer Reihe von subjektiven Komponenten und hängen von der klimatologischen Versiertheit des Interpreten ab. Schon recht früh stand daher das Bemühen im Vordergrund, nachprüfbare, objektivierbare und quantifizierbare Kenngrößen abzuleiten, die sich nicht nur zur Darstellung von langfristigen Klimaverläufen eignen sollten, sondern auch mit der modernen Instrumentenmessperiode in Bezug gesetzt werden konnten. Diesen Anforderungen gerecht zu werden ist nicht leicht. In einem ersten Schritt muss das Datenmaterials quellenkritisch überprüft werden.

„Hat man mir wahrhafftiglich versicheret": Die quellenkritische Interpretation von schriftlichen Quellenhinweisen

Die Beschäftigung mit schriftlichen Witterungsquellen macht sehr schnell deutlich, dass diese von subjektiven Komponenten, offensichtlichen Fehlern oder gar Manipulationen geprägt sein können. Aus wahrnehmungsorientierten Ansätzen ist bekannt, dass die reale (Um-)Welt durch ein individuelles Werteschema nur modifiziert wiedergegeben wird. Dem muss durch eine quellenkritische Überprüfung Rechnung getragen werden. Eine bemerkenswerte Studie von Jäger (1990) mit dem Titel ›Wie man vor Augen sieht – Mittelalterliche und frühneuzeitliche Umweltwahrnehmung‹ zählt zu den wenigen Arbeiten, die sich explizit mit diesem Aspekt der Mensch-Umwelt-Relation im historischen Zusammenhang auseinander setzt. Dem gegenüber stehen zahlreiche quellenkritische Ansätze in der Historischen Klimatologie, in denen grundlegende Prinzipien formuliert wurden (Ingram, Underhill & Farmer 1981). Sicherlich muss im Einzelfall entschieden werden, welche der vorgeschlagenen Möglichkeiten angewandt werden sollten. So zog Baron (1982) in seinen Analysen nordamerikanischer Quellen vor allem die sprachliche Komponente in Betracht. Andere Autoren bedienten sich Verfahren, die bereits wahrnehmungs- und verhaltensorientierte Komponenten beinhalten. Bei allen Konzeptionen wird klar, dass die Subjektivität ein Wesensmerkmal ist. Dies gilt auch für die Interpretation der Textquellen selbst. Methodologisch handelt es sich um einen hermeneutischen Ansatz, der aber in diesem Fall der Extraktion naturwissenschaftlicher Inhalte gilt, die wiederum physikalischen Gesetzen folgen. Damit sind wechselseitige Verifikationen möglich. Die folgende Zusammenstellung gibt einen Überblick über Leitfragen, die diesen subjektiven Zügen nachgehen.

(1) Welchen *Ausbildungsstand* besaß der Beobachter?
(2) Welche *Motivation* bewog den Autor, witterungsklimatische Beobachtungen durchzuführen?
(3) Welchen *Beruf* hatte der Beobachter?
(4) Welches *Alter* besaß er zum Zeitpunkt der Beobachtung?
(5) Gibt es Hinweise auf die allgemeinen und speziellen *Lebensumstände*?
(6) Wie kann das allgemeine *Wahrnehmungsvermögen* aus anderen, nichtklimatischen Sachverhalten beurteilt werden?
(7) Welcher *Zeitgeist* herrschte?
(8) Welchen speziellen *Erkenntnisstand* gab es über Wetter, Witterung und Klima?
(9) Welche *Datierung* wurde zugrunde gelegt?

Allein die letzte Frage beinhaltet viele Schwierigkeiten: Oft wurden die Ereignisse nicht mit dem tatsächlichen Datum versehen, sondern auf die nächstgelegenen Heiligentage bezogen. Auch die jahreszeitliche Zuordnung und Begrifflichkeit war eine andere. Winter wurde bisweilen mit der Zeit der Schneebedeckung gleichgesetzt. Ältere Quellen unterscheiden nur nach Sommer und Winter. Winterangaben sind hinsichtlich ihrer Datierung oft zweideutig. Welches war das Bezugsjahr? Nach der Kalenderreform des Jahres 1582 wurden oft noch beide Zählweisen, der julianische und der gregorianische Kalender, nebeneinander verwendet. Glücklicherweise lässt sich ein großer Teil der Datierungsfragen durch die Arbeit von Grotefend (1991) klären.

Es kann als besonders günstiger Umstand gewertet werden, dass für Mitteleuropa durch die akribische Kleinarbeit von Klemm (1970 – 1979) für einen Großteil der herausragenden historischen Beobachter bibliographische Daten recherchiert wurden, durch die sich viele der im Rahmen quellenkritischer Analysen aufgekommenen Fragen beantworten lassen. Über diese Fragenkreise hinaus ergibt sich noch eine Fülle von Detailaspekten. Grundsätzlich bestimmen die spezifischen Quellenmerkmale selbst über die interpretatorische Tiefe der Auswertung. Das entsprechende Ablaufschema beinhaltet die wesentlichen Grundzüge und hat sich bei vielen Anwendungen bewährt (Abb. 13).

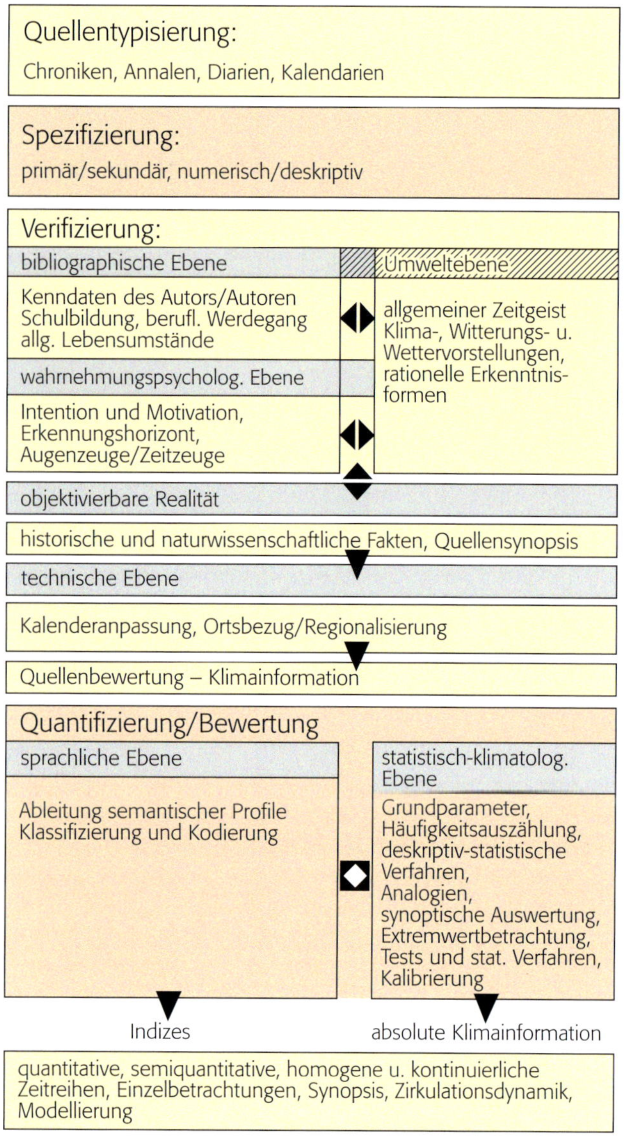

Abb. 13: Quellenkritisches Ablaufschema.

Was in allen bisherigen quellenkritischen Ansätzen aber zu wenig berücksichtigt wurde, ist das jeweilige zeitspezifische Wissen um Wetter, Witterung und Klima selbst. Dies war bereits Gegenstand eines Beitrages von Glaser, Vincelli & Militzer (1993).

Klima-, Witterungs- und Wettervorstellungen: Ein Beitrag zur Quellenkritik

Der für eine umfassende Quellenkritik so wichtige Aspekt der Klimawahrnehmung wurde bisher nur in wenigen Darstellungen zur Geschichte der Meteorologie erörtert (Körber 1987) oder im Zusammenhang größerer geistes- und naturwissenschaftlicher Arbeiten (Simek 1992) abgehandelt. Dies verwundert nicht zuletzt deshalb, weil im Grunde jede quellenkritische Analyse mit Fragen der Klimawahrnehmung konfrontiert wird.

Fest steht, dass in allen Zeitabschnitten oder Perioden sachliche Informationen neben mythologische oder weltanschauliche Inhalte gestellt wurden. Oft finden sich die unterschiedlichsten Kombinationen, in denen die verschiedenen Sphären miteinander verwoben sind. Unwillkürlich drängen sich Fragen nach den zugrunde liegenden Vorstellungswelten und Erkenntnisformen auf.

(1) Welche Werke standen dem Chronisten zur Verfügung?
(2) Wie lange haben sich bestimmte Vorstellungen gehalten?
(3) Wie hat der ‚Praktiker' Klima empfunden und erklärt?
(4) Inwieweit hat die jeweilige Sicht des Klimas Einfluss auf die heutige Interpretation dieser Quellen?
(5) Welche gesellschaftlichen Gruppen haben sie in welcher Form adaptiert?
(6) Wer hatte Zugang zu welchen Informationen?

Derartige Fragestellungen und Analysen sind von grundlegender Bedeutung für die quellenkritische Interpretation. Ihre vollständige Beantwortung bedeutet die Integration des jeweils herrschenden Weltbildes einer Epoche. Ferner ist eine milieubedingte Sicht zu fordern, da eine starke Separierung nach Bildungs- und Berufsständen erkennbar ist. Oft besteht ein zeitlicher Sprung zwischen der Entstehungszeit einer Quelle und ihrer Breitenwirkung. Sie kann unter Umständen die Rekonstruktion von Vorstellungen einer Epoche stark verfälschen.

Nach den einführenden Überlegungen sollen nun einige der angesprochenen Aspekte konkretisiert werden. Im Vordergrund steht zunächst ein zeitlich orientierter Abriss spezifischer Strömungen und Erkenntnisformen (Abb. 14). An ausgewählten Beispielen sollen anschließend einige der Querverbindungen bzw. Informationswege und -flüsse erläutert werden. Besonderes Augenmerk liegt dabei auf den Klimavorstellungen, die sich von unserer modernen Wissenschaftsauffassung methodisch unterscheiden.

Klima als Mythos

Die erste Bewertung und Deutung atmosphärischer Erscheinungen erfolgte im Rahmen mythologisierender Vorstellungen. Die Gründe für die Interpretation von atmosphärischen Erscheinungen als göttlich-übersinnliche Macht bleiben spekulativ. In der griechischen, germanischen und keltischen Mythologie existiert in dem Mabinogion, den Eddas und den Island-Sagas reichhaltig Material über das Wirken von Göttern in Wettererscheinungen. Dabei bestehen bemerkenswerte Parallelen in der Zuweisung von Phänomenen und Figuren, beispielsweise in der

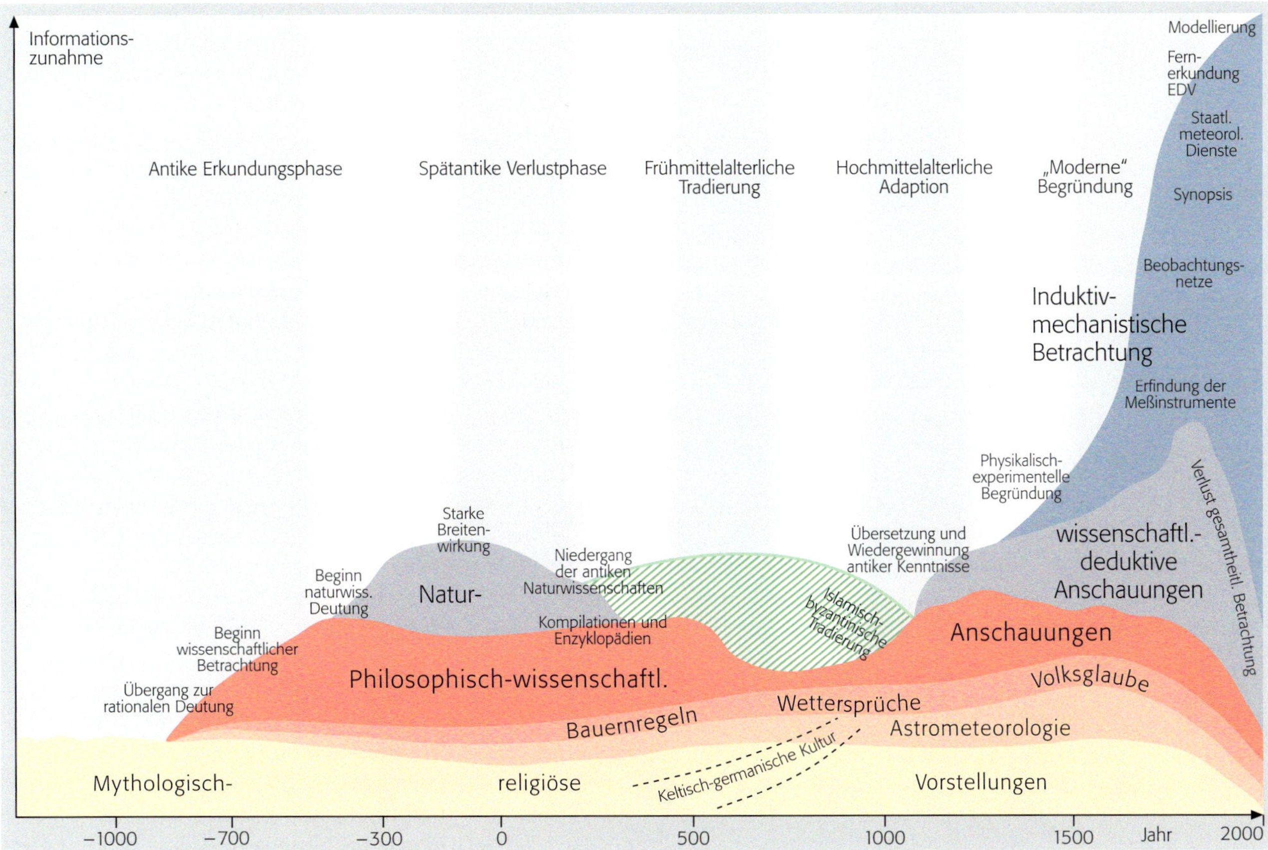

Abb. 14: Zeitgeist und Klima: Klimabeobachtungen standen in den Jahrhunderten unter dem Einfluß verschiedener Geisteshaltungen und Erklärungsansätze. Dieser jeweils herrschende Zeitgeist muss in Interpretationen einbezogen werden.

Darstellung des Göttervaters als Sturmbringer und Blitzeschleuderer (Thor/Odin, Taranis, Zeus/Jupiter).

Ein bekanntes Motiv einer mythologischen Klimawahrnehmung ist das der Sintflut. Wir finden sie bereits in altorientalischen Texten wie dem ›Gilgamesch-Epos‹, im ersten Buch Moses, aber auch in antiken Mythen wie der ›Theogonia‹ Hesiods und literarisch eindrucksvoll gestaltet in den ›Metamorphosen‹ Ovids. Auffällig ist in diesem Beispiel die Personifizierung des Wettergeschehens, typisch das Schuldprinzip. Solche Deutungen gelangten über die antike Literaturtradierung, vor allem aber durch die Bibel bis weit in die Neuzeit hinein und gipfelten in der anschaulichen Vorstellung der ‚Zornrute Gottes'. Auch heute noch wird dieses Schuldprinzip bemüht: Die schweren Überschwemmungen des Mississippis im Sommer 1993 sahen strenggläubige Abtreibungsgegner in den USA als die konsequente Bestrafung Gottes. Dieses Beispiel macht die Persistenz solcher Vorstellungen deutlich.

Vom Beginn rationaler und naturwissenschaftlicher Klimadeutung

Mit dem Aufkommen rationaler Deutung ist kein Bruch im Sinne eines Nacheinanders von mythologisierenden und rationalen Erkenntnisformen zu sehen, sondern ein Aufgliedern. Hesiods ›Werke und Tage‹-Lehrgedicht aus dem 7. Jahrhundert v. Chr. markiert den Übergang zur rationalen Deutung. Neben verstandesmäßigen Erklärungen von Wetterphänomenen, *„nämlich die Stunde der Frühe ist kalt, wenn der Boreas (Nordwind) einfällt"* (Werke und Tage, Vers 547–533), findet sich auch Wetteraberglauben, *„dann wenn der Kuckuck Kuckuck ruft … erstmals im Jahr … so lasse Zeus es drei Tage regnen"* (Werke und Tage, Vers 486–488), Vorstellungen, wie sie in Kalendarien und landwirtschaftlichen Lehrgedichten sowie den Prognostica noch bis ins 19. Jahrhundert üblich waren.

So vollzieht sich nach den ersten Ansätzen mit den Vorsokratikern die Erweiterung von mythologischen Anschauungen um rationale Erkenntnisformen, die vorerst noch philosophisch-wissenschaftlichen Betrachtungsebenen zugeordnet bleiben. Auch kann man von einem Beginn der Bioklimatologie und Klimamedizin in der hippokratischen Schrift ›Über die Umwelt‹ sprechen.

Fragt man nach den Ursprüngen der naturwissenschaftlichen Betrachtung, muss erneut die Antike bemüht werden. In der Spätzeit der griechischen Stadtstaaten begann mit Aristoteles und Theophrast eine neue Epoche der antiken Meteorologie. Anstelle der philosophischen Spekulation traten nun die Theorie und exakte Beobachtung. Aristoteles schuf in seiner ›Meteorologika‹ die für zwei Jahrtausende definitive Abgrenzung zwischen Meteorologie und Astronomie. Theophrast übernahm im Wesentlichen diese meteorologischen Theorien; seine eigenen meteorologischen Schriften ergänzen aber Aristoteles durch eine Vielzahl von Beobachtungen und ihre physikalische Ausdeutung. In der nachfolgenden Epoche wuchs die Zahl der Beobachtungen, auch die Vergleichbarkeit verschiedener Klimata durch Reisen und Handelsbeziehungen in Verbindung mit den verbesserten Erkenntnissen von Geographie und Astronomie (Schneider-Carus 1955).

Medien der Erkenntnisformen: Kompilationen, Enzyklopädien und philosophische Werke

Originäre Quellentexte der hellenistisch-alexandrinischen Wissenschaft sind äußerst dürftig. Überliefert sind nur jene kompilatorischen Handbücher wie die des Geminos oder des Kleomedes, die astronomisches und meteorologisches Wissen stichpunktartig zusammenfassen. Auch die pseudo-aristotelische Schrift ›Über die Welt‹ fällt darunter. Senecas ›Questiones Naturales‹ kann noch als das kritischste meteorologische Handbuch – mit einer naturwissenschaftlichen, aber auch einer philosophischen Intention – mit der größten Eigenleistung gelten, ähnlich wie die Schriften von Plutarch mit astronomisch-meteorologischen Inhalt ›Das Mondgesicht‹ und ›Über das Wesen der Kälte‹. Als Ergänzung besitzen wir noch aus der frühen Kaiserzeit die großen naturwissenschaftlichen Sammelwerke wie die ›Geographika‹ Strabons und die ›Naturalis historia‹ des Plinius, wobei Strabon wenigstens noch seine Vorlagen kritisch kommentiert. Plinius inkorporiert dabei alle Erkenntnisformen zur Klimatologie. So stehen Elemente der mythologisch-religiösen Betrachtung neben Bauernregeln, astrometeorologische Inhalte neben naturwissenschaftlichen Erklärungen. Zu den Sammelwerken gehört auch die unkritische Schrift des Vitruv ›De architectura‹, der an verschiedenen Stellen auch die atmosphärischen Phänomene bespricht. Als letzte große Gruppe können die philosophischen Lehrschriften und die doxographischen Darstellungen philosophischer Lehrmeinungen gelten. Sie stellen meist die verschiedenen Meinungen der Philosophen zu physikalischen Phänomenen nebeneinander, wie bei den ›Lehrmeinungen berühmter Philosophien‹ des Diogenes Laertios, des Stobaios und den pseudo-plutarchischen ›Lehrmeinungen der Physiker‹. Durch diese Schriften sind viele meteorologische Ansichten überliefert. Die philosophischen Lehrschriften wie vor allem ›De rerum natura‹ von Lukrez sind durch ihre rationale und kritische Erklärung meteorologischer Phänomene interessant. Auffällig sind die Überschneidungen von naturwissenschaftlichen Beschreibungen und ihnen widersprechenden Angaben, die aus philosophischen Dogmen herrühren. Leser dieser Schriften bekamen damit ein sehr vielschichtiges Vorstellungsbild.

Astrometeorologie, volkstümliche Vorstellungen, Praktiken und Kalendarien

Es wurde bereits darauf verwiesen, dass die Motivation zu den ersten regelmäßigen Wetterbeobachtungen in Mitteleuropa oftmals astrometeorologische und prognostische Gründe hatte. Selbst Kepler war darauf angewiesen, mit Kalendarien und Prognostika einen Zuerwerb zu verdienen. Neben den Diskussionen innerhalb der philosophischen Schulen und der Fachwissenschaft existierte für die breite Bevölkerung eine Art Volksmeteorologie, die ihren Ausdruck in den praktischen Wetterregeln fand. Charakteristisch ist die Vermengung von exakter Beobachtung und pseudowissenschaftlichen Theorien, die auf deduktivem Wege zueinander fanden. Aratos ›Phainomena‹, das wegen seiner Popularität als die volkstümliche Meteorologie schlechthin gelten kann, wurde immer wieder kommentiert. Viele seiner Wetterregeln tauchen unkritisch übernommen in den Kalendarien, Bauern-Praktiken und Prognostika bis ins 18. Jahrhundert auf. Ähnliche Wetterregeln, die, gepaart mit praktischen Regeln der Landwirtschaft, oft den Gang der Witterung über das ganze Jahr dokumentieren, finden sich in den landwirtschaftlichen Fachschriften Vergils, Varros und weiterer Schriftsteller. Dieser Typus begegnet uns über die Geoponica und die Praktika bis ins 19. Jahrhundert. Bei einigen Schriftstellern, wie Columella, finden sich tägliche Aufzeichnungen astronomischer und meteorologischer Ereignisse, gleiches auch in den Parapegmen (eigentlich Steckkalendern).

Für die praktische Arbeit im Rahmen der Historischen Klimatologie erweisen sich astrometeorologische Werke als ungeeignet. Ihr Einfluss auch auf scheinbar rationale Quellen war stets recht groß, ein Umstand, der die Interpretation vor allem deshalb erschwert, weil astrometeorologische Angaben oftmals mit tatsächlichen Beobachtungen verbunden waren. Viele der in Kalenderform weit verbreiteten astrometeorologischen Prognostika wurden im 16. Jahrhundert für Eintragungen der Wetterbeobachtungen genutzt. Wenn die prognostizierten astrometeorologischen Vorhersagen besonders krass vom tatsächlichen Wettergeschehen abwichen, wurden diese mit bissigen Kommentaren versehen.

Meteorologisches Wissen seit Beginn des Mittelalters

Für den Untersuchungszeitraum kann zunächst festgehalten werden, dass es eine Reihe früh begründeter Vorstellungen und Erkenntnisformen gab, die sich auf die Wahrnehmung von Klima auswirkten. Auch die große ‚wissenschaftliche Depression' hat das Nebeneinander von Vorstellungswelten nicht vollständig zum Erliegen gebracht. Beispielsweise gingen die rationalen Vorstellungen antiker Gelehrter auch im frühen Mittelalter nicht ganz verloren. Dank mehrerer spätantiker Handbücher, die meist in Klosterschulen gelesen wurden, stand oft eine rationale Erklärung neben der allegorisierend-religiösen Deutung.

Thomas v. Aquin versuchte in seinen Aristoteles-Kommentaren biblische und aristotelische Meteorologie in Einklang zu bringen. In den großen Enzyklopädien des Vinzenz v. Beauvais oder Thomas v. Cantimpere standen mehrere Erklärungen nebeneinander, während Adelarth v. Bath in seinen ›Naturales Questiones‹ oder Albertus Magnus in seiner geophysikalischen Schrift ›De natura locorum‹ sich eindeutig für die wissenschaftliche Deutung aussprachen und die Allegorie religiösen Dingen vorbehalten blieb. Ein besonderer Fall meteorologischer Anschauung ist die Mischung zwischen Klimamedizin und Mystik in den Schriften Hildegards v. Bingen, besonders in ›De operatione Die‹. Vieles dieser Darstellungen Hildegards, die zum Teil den hippokratischen Schriften entnommen sind, findet sich später in der Volksmedizin und in volkstümlichen Anschauungen über Phänomene der Wetterfühligkeit wieder.

Ein weiterer wesentlicher Punkt ist die volkssprachliche Überlieferung, wie wir sie vom späten Mittelalter bis ins 19. Jahrhundert vorfinden. Wie schon das Aufkommen wissenschaftlicher Literatur in deutscher Sprache zeigt, verbirgt sich in diesen Anschauungen mehr als nur ein Konglomerat aus Aberglauben, rudimentärem antiken Wissen und tradierten Wetterregeln. Der um 1180 verfasste ›Lucidarius‹, eines der ersten wissenschaftlichen Werke in deutscher Sprache, das bis in die frühe Neuzeit weit verbreitet war, bietet in Dialogform bereits rationale Erklärungen. Im mittelhochdeutschen Werk des Konrad v. Megenberg sind alle nichtwissenschaftlichen Argumentationen ausgeklammert.

Mit der Erfindung des Buchdruckes kommt es zur Verbreitung verschiedenartigster meteorologischer Literatur, etwa den meteorologischen Einblattdrucken und astronomisch-astrologischen Flugschriften, die sich wundergläubig, weissagend oder belehrend zu spektakulären Wetter- und Himmelserscheinungen äußern. Vom 16. bis zum 18. Jahrhundert erfahren Kalendarien, Hundertjähriger Kalender, Praktiken und Bauernregeln eine ungeahnte Verbreitung. Meist setzen sie sich aus in langen Traditionslinien gewonnenen Erfahrungen, guten Beobachtungen, abergläubischen Volkstraditionen und astrometeorologischen Prognostika zusammen. Beispiele hierfür finden sich im ›Simplicissimus‹, einem so genannten ewig-währenden Kalender aus dem 17. Jahrhundert, der meteorologische Regeln für das ganze Jahr enthält. Hiermit beginnt ein Abschnitt, der im Grunde alle antiken Vorstellungswelten widerspiegelt. Als zeittypisches Beispiel sei auf das ›Prognostikons‹ von Regiomontanus, einem fränkischen Astronom des 15. Jahrhunderts, verwiesen. Auch er, der vor allem wertvolle mathematische und astronomische Berechnungen durchführte, sah in der Astrometeorologie keinen Aberglauben, sondern reale physische Phänomene, basierend auf den vier Elementen (Erde, Wasser, Luft, Feuer), ihren Qualitäten (Kalt, Warm, Feucht, Trocken) und der Abhängigkeit sublunearischen Geschehens von der Sternenwelt. Sämtliche Wetterbeobachtungen bis ins 17. Jahrhundert sind in enger Beziehung zur Astrometeorologie zu sehen, auch wenn sie später von den Befürwortern der induktiv-mechanistischen Erkenntnisformen weitergeführt wurden.

Aber schon im späten Mittelalter war von Bacon, Oresme und Kues an der Wirklichkeit der aristotelischen Physik und Meteorologie gezweifelt worden. Diese Anzweifelung bestehender tradierter Wissensformen ging einher mit dem Übergang von der deduktiven zur induktiven Methodik und der Einführung des Experiments. Mit diesem Primat erfährt die systematische Wetterbeobachtung, wie sie beispielsweise in der Witterungschronik von Merle aus dem 14. Jahrhundert und weiteren systematischen Beobachtungen der frühen Neuzeit anzutreffen ist, erstmals eine induktive Grundlegung. Die Verbreitung und Durchsetzung dieser induktiv-mechanistischen Anschauungen ist jedoch ein langer Prozess, der mit Bacons Wissenschaftskritik einsetzte. Vorerst blieben sie einem sehr kleinen Kreis von Gelehrten vorbehalten, die breite Masse ergötzte sich an einem Derivat aus Volksglauben mit starker astrometeorologischer Komponente und empirischer Erfahrung.

Bezieht man nun die Renaissancegelehrten wie Bruno, aber auch Paracelsus im Bereich der Klimamedizin, die auch auf meteorologische Anschauungen wirkten, in die Betrachtung mit ein, ist zu erkennen, dass diese Forscher keine Wegbereiter der mechanistischen Weltauffassung sind. Alle Genannten versuchten vielmehr, die aus der Beobachtung gewonnenen Erkenntnisse in ein gesamtheitliches, naturphilosophisches, oft religiös motiviertes Weltbild zu integrieren, aus dem man astronomische und geophysikalische Zusammenhänge herzuleiten erhoffte. Erst im späten 17. und 18. Jahrhundert wurden durch die neu entwickelten Instrumente wie Barometer, Thermometer und Hygrometer etc. sowie durch die physikalischen Erkenntnisse von Galilei, Newton und Pascal eine neue Dimension der klimatischen Betrachtung erreicht.

Vor der Durchsetzung der modernen Meteorologie und Klimatologie standen die Einflüsse der Aufklärung und der Romantik. Die Frage nach dem Zweck der Aufklärung ist verbunden mit der Durchsetzung mechanistischer Konzepte auf breiter Front. Neben all den Forschungen in der Klimatologie und Meteorologie findet sich im 18.Jahrhundert noch eine Menge naturwissenschaftlichen Schrifttums wie die ›Biblische Naturgeschichte‹ des Johann Christian Schleuchzer, in der neben der wissenschaftlichen auch die religiöse Deutung enthalten ist. Dem versuchte die Meteorologie der Aufklärungszeit einfache rational-mechanistische Deutungen entgegenzusetzen. Noch Kant sah sich genötigt, eine Schrift über den ›Einfluss des Mondes auf die Witterung‹ herauszugeben, wo er dergleichen astrometeorologische Vorstellungen zu widerlegen suchte und stattdessen physikalische Lösungen anbot. Dennoch trat durch die mechanistischen Modelle der Aufklärung das Problem auf, dass diese meist statisch waren und dynamische Vorgänge in der Atmosphäre sowie die komplexen Vorgänge nicht erklärt werden konnten. Aus diesem Kontext heraus muss man die romantische Naturwissenschaft verstehen, die sich darum bemühte, durch ganzheitliche dynamische Konzepte aus den starren Schemata auszubrechen. In der Physischen Geographie und der Meteorologie verbinden sich solche Modelle vor allem mit den Namen Oken und Humboldt. Bei ihnen stand hinter der unvoreingenommenen Beobachtung der Versuch, von den Ergebnissen, in Erweiterung reiner Klimakonzepte, auf geosystemare Zusammenhänge schließen zu können. Die Erscheinungen der Atmosphäre wurden Teil des Gesamtuniversums, Teil einer teleologischen Entwicklung und Teil innerer Zusammenhänge mit all den anderen physikalischen Erscheinungsformen. Die Ablehnung rein mechanistisch-kausalistischer Zusammenhänge führte auch zu Gesamtkonzeptionen unter Einschluss biologischer Phänomene, wie wir sie bereits bei den Renaissancegelehrten, vor allen Dingen in Keplers ›Weltharmonik‹ gefunden haben.

Für die Klimatologie und Meteorologie ist aber Humboldt dadurch interessant geworden, dass er diesen Wissenschaften den Weg zu dynamischen Modellen eröffnete. Mit Humboldt verlieren sich Versuche, Klimatologie in einer universalen, ‚gesamtheitlichen Betrachtung' darstellen zu wollen. Die weitere Entwicklung, die zur Herausbildung unseres heutigen Klimaverständnisses geführt hat, dürfte bekannt sein und spielt für die Beurteilung der Quellen und Daten nicht mehr die tragende Rolle.

Beispiele der Klimawahrnehmung

Die Vielfalt und Verwobenheit von Erkenntnisformen soll zunächst an einem Quellentext aus dem Jahr 1524 verdeutlicht werden:

„*Viel Schnee gab im Frühling grosses gewesser welches sehr gefahrlich gewesen. Umb Pfinsten (15.05.) fiel unversehener Frost ein, davon der Weinstock erfroren. Man sah auch fast aller orthen in Francken drei Sonnen mit einem runden Regenbogen und schiene die rechte als ein feurige Kugel so etliche Tage gewehret, worauff hernach der Bauernkrieg gefolget. Sind auch totum anum verfaulete Vögel als Kräen und Dohlen wieder aneinander gezogen und haben miteinander heftig gestritten. Die Wasser lieffen an, haben und entstanden etliche Feuersbrunsten.*" (Albrecht-Chronik, StA Rothenburg, Bd. 27)

Zunächst wird in dieser Quelle ein naturwissenschaftliches Phänomen nüchtern beschrieben. Die folgenden Ausführungen über das „*außergewöhnliche Ereignis*" des Regenbogens mit den drei Sonnen könnten realistisch, aber auch symbolisch gemeint. Letzteres erscheint durch die Alegorie der „*verfauleten Vögel*", die „*wider einander gezogen sind*", wahrscheinlicher. Das Auftreten von Nebensonnen kann durch vulkanogene Partikeleinträge in die Atmosphäre oder durch Spiegelungen plausibel erklärt werden, wurde aber mangels naturwissenschaftlicher Kenntnisse sehr häufig als göttliches Vorzeichen interpretiert. Aus einem meteorologischen Einblattdruck des Jahres 1556 erfährt man, dass Nebensonnen als biblisches Zeichen des Krieges, des Zerwürfnisses unter den Menschen und schließlich als Vorbote des jüngsten Tages gelten. Die Verknüpfung mit dem Bauernkrieg deutet in diese Richtung. Grundlage und Tradition einer derartigen symbolischen Deutung von Wetterereignissen sind die bibelexegetischen Schriften, wie wir sie bereits in der Spätantike bei den Kirchenvätern, aber auch bei Enzyklopädisten wie Isidor von Sevilla finden. Andererseits findet sich in dem weit verbreiteten ›Buch der Natur‹ des Conrad von Megenberg aus dem Jahre 1348 rationale Erklärungen zu den Nebensonnen. Ferner werden die Nebensonnen stets auch mit Niederschlagsereignissen in Verbindung gebracht, eine Erklärung, wie wir sie bereits bei Seneca in den „Naturales Questiones" finden. Dies ist auch im vorliegenden Kontext gegeben, da die Quelle von „*grossen Gewessern*" berichtet. Ein empirischer Vergleich mit anderen Quellen aus HISKLID liefert ebenfalls Hinweise auf Nebensonnen: „*Den 27. May dieses Jahres sah man 3 Sonnen mit seinem runden Regenbogen am Himmel.*" Das weitere Element der Darstellung, der Regenbogen, könnte als Hinweis auf einen Übergang, eine neue Zeit interpretiert werden. Die Zahl „*drei*" als biblische Allegorie der heiligen Trinität und die verfaulten Krähen und Dohlen, die gegeneinander ziehen, als Gleichnis des todbringenden Bauernkrieges sind Elemente, die der Beobachter benutzt, um seine Vision zu umschreiben. Für das Jahr 1632 findet sich in HISKLID eine weitere Beschreibung, in der ebenfalls streitende Krähen erwähnt sind: „*den achten Augusti sind allhier nach Mittage umb 1. Uhr eine grosse Mänge Kraen in der Lufft … geflogen kommen, die haben sich weit ausgebreitet und sind gleich als ob sie mit einander stritten angesehen worden.*" (Heydenreich 1635)

Dies könnte im Zusammenhang mit der Ausweitung des 30-jährigen Krieges gesehen werden. Die Krähe kann aber auch in einem anderen Zusammenhang ‚verwendet' werden: Bereits in der Antike werden Tiere, beispielsweise von Aratos, später in der Tradition der landwirtschaftlichen Praktika, aber auch in den allegorischen Tiergeschichten des Mittelalters (Bestiarien) mit Wettersituationen verknüpft. Ihr Erscheinen wird dabei oft als Vorbote von Regen und Unwettern zitiert.

Die oben genannten Beispiele verdeutlichen, dass die Beobachter ihr Wissen mitunter aus vielen Erkenntnisformen bezogen und die verschiedenen Ebenen miteinander vermischten.

Klimavorstellungen des Abts Georg M. Gaisser

Die bisherigen Ausführungen beziehen sich auf eine Zusammenschau allgemeiner gesellschaftlicher Entwicklungen und Anschauungen. Diesen übergeordneten Rahmenbedingungen steht die Vorstellungswelt Einzelner gegenüber, die sich mitunter sehr weit von den dargelegten Tendenzen unterschied. Um diese subjektiven Klimavorstellungen andeutungsweise zu verstehen, bleibt im Grunde nur die Betrachtung der Lebensbilder und Äußerungen der Chronisten wie zum Beispiel die Eintragungen des Abts vom Benediktinerkloster St. Georgen in Villingen, Georg M. Gaisser (1595–1655). In seiner Person treffen wir auf einen Chronisten, der, wie im Vorwort vermerkt ist, *„kein Mensch direkter Wissenschaft"* war, sondern sein Verhältnis zum Geschehen, das er *„in kenntnisreichem Zusammenhang und Lebenserfahrung darbot"*, mehr politisch als historisch oder gar umweltbezogen verstand. Ohne Zweifel war Gaisser ein Vertreter des gebildeten Klerus mit einem entsprechenden Bildungsweg. Aus heutiger Sicht würde man den reisefreudigen Abt als belesen einstufen. Mehrfach finden sich in seinen Aufzeichnungen Hinweise auf den hohen Stellenwert der Literatur. Eines seiner wesentlichsten persönlichen Anliegen war der Zustand und die Erweiterung der Bibliotheksbestände. Dass sein geistiger Horizont weit über den unmittelbaren klerikalen Rahmen hinausging, erfahren wir in einer Eintragung vom 14. Juli 1636, in der er vermerkt: *„Beschäftige mich mit dem Lesen des Plinius"*, zugleich Beleg für die Persistenz klassischer Weltvorstellungen. Einer anderen Eintragung zufolge umfasste die Bibliothek auch juristische Bände, an anderer Stelle zitiert er Ovid.

Nun mag die Belesenheit und ein hoher Bildungsstand kein alleiniges Indiz für die Auseinandersetzung mit natürlichen Phänomenen oder gar für ein naturwissenschaftliches Verständnis sein. Dass dem Abt Gaisser aber ein überdurchschnittlich hohes Maß an Reflexionsvermögen zugebilligt werden muss, kann aus vielen Passagen geschlossen werden. Zunächst überrascht der sonst mit eher moderaten Worten beschreibende Abt durch die harsche Kritik, die er am 1. März 1641 an den astrometeorologischen Prognosen seines Schreibkalenders übt: *„Die Windbeutelei und Lügenhaftigkeit unserer Astrologen, die eine allzu große Milde des Winters prophezeiten, der größten seit langer Zeit, wird durch die Strenge des Winters lügengestraft."* Inwieweit diese Haltung religiös begründet ist und er gewissermaßen von Amts wegen seine Schelte anbringen wollte oder einer aufgeklärten Geisteshaltung entspricht, lässt sich nicht eindeutig beantworten, denn an anderen Stellen zeigt auch er sich nicht frei von irrationalen Vorstellungen. Am 14. September 1637 schreibt er: *„Legte heute mein 42. Lebensjahr zurück, das zugleich wegen der eintreffenden sechsfachen Siebenzahl kritisch ist."* In dieser Bemerkung spiegelt sich das aus astrologischen Vorstellungen entwickelte System der ‚Veränderungsjahre' wieder, wonach ein solches Jahr, ein ‚annus climactericus', eine besondere Bedeutung habe. Diese Vorstellung waren vor allem im Mittelalter weit verbreitet und findet sich u. a. bei Dante. Andere Ereignisse werden von ihm mit religiösen Vorstellungen in Verbindung gebracht. Als am 3. Februar 1638 während eines Unwetters Teile einer Kapelle einstürzen, sieht er dies als *„unheilvolles Vorzeichen"*. In gleicher Weise spricht er am 27. September 1651 von *„Unheil verkündenden Regengüssen, die vielleicht ein Vorzeichen für den Tod des Herzogs von Bayern, der auf diesen Tag fiel, war"*. Den Frost am 26. Juli 1641, *„von dem man Gefahr für die Baum- und Feldfrüchte befürchtete"*, bezeichnet er als *„Geißeln Gottes"*. Wegen der *„ungewohnten Kälte und den reichlichen Schneemassen"* veranstaltet er schließlich am 8.März 1651 Bittgottesdienste *„zur Versöhnung der göttlichen Majestät, von der nach dem Glauben die Heftigkeit der Witterung ausging"*. Hier trifft man auf das jahrtausendealte Motiv göttlich-mystischer Steuerung von Wetter, Witterung und Klima, das durch Opfer, menschliches Wohlgefallen und religiöse Übung besänftigt werden kann, wie es schon im Altertum oder den Wasserpredigten des 16. und 17. Jahrhunderts beschrieben ist. In diesen Passagen steht Gaisser in der kirchlichen Tradition und Heilslehre. Sein autosuggestiv wirkender Hinweis *„von dem nach dem Glauben"* könnte man dahingehend interpretieren, dass ihm noch andere ‚Erklärungsmodelle' bekannt waren.

Andererseits sprechen einige Passagen für eine sehr gute, naturwissenschaftlich anmutende Beobachtungsgabe, die über religiöse Erklärungen und Legitimationen hinausgeht. Am 20. Januar 1648 schreibt er *„Lese die Messe in der Laurentiuskirche. Von dort nach Hause zurückkehrend, spüre ich den merklichen klimatischen Unterschied. In St. Georgen hatte nämlich die Strenge der Kälte von der gestrigen stark nachgelassen. Je mehr wir aber in tieferes herabkamen, desto stärker dürfte die Kälte jene um viele Grade übertroffen haben."* Um den klimatischen Zusammenhang zu verstehen, muss man wissen, dass St. Georgen rund 150 Meter über seinem Zuhause in Villingen lag. Gaisser beschreibt damit in seinen Ausführungen eine typische Inversion, die durch Kaltluftabfluss in den Talbereich hinein entstanden war. Auch andere Einträge, wie am 17. November 1654 „*Strenge Kälte infolge des Ostwindes*“, unterstreichen die rationale Dimension. Oft werden diese naturwissenschaftlichen Sichtweisen nicht zu Ende gedacht. Die logische Schlussfolgerung wird in letzter Konsequenz nicht auf alle Bereiche des klimatischen Wirkungsgefüges gezogen, zumindest nicht niedergeschrieben. Im Zweifelsfall verharrte Gaisser vielmehr in religiös motivierten Stereotypen.

Von besonderem Interesse ist in diesem Zusammenhang auch die Art der Wetterbeobachtungen. Es fällt auf, dass sich der größte Teil der Eintragung auf Klimaelemente und Wettererscheinungen konzentriert, die tendenziell als ungünstige Ereignisse angesehen werden können. Der Großteil der Eintragungen hat im weitesten Sinn mit ‚Kälte' zu tun; ein Umstand, der grundsätzlich mit der klimatischen Prägung dieses Zeitraumes übereinstimmt. Andererseits ergibt sich aus dem Gesamtbild Gaissers eine offenbar krankheitsbedingte Hypersensibilität gegenüber Kälte. Vielleicht entsprach diese Selektion auch nur seinem chronikalischen Verständnis, stets nur das Außergewöhnliche zu vermerken. Im Falle Georg M. Gaissers spielen noch andere Gründe eine Rolle. Er selbst sah sein Leben eher negativ und brachte das in seinen Aufzeichnungen deutlich zum Ausdruck.

Damit ergibt sich ein sehr facettenreiches Bild der Klimawahrnehmung und Interpretation bei Gaisser, die zeigt, mit welcher Subjektivität zu rechnen ist.

Klimawahrnehmung in historischer Zeit: Ein Fazit

Klimabeobachtungen standen in den Jahrhunderten unter dem Einfluss verschiedener Geisteshaltungen und Erklärungsansätze. Bereits in der Antike fand eine Differenzierung in verschiedene Erkenntnisformen statt. In der Folgezeit wurden diese fortgeführt, neue entwickelt, andere wiederum gerieten in Vergessenheit. Grundsätzlich gilt aber, dass über die hier behandelten Jahrhunderte hinweg jeweils verschiedene Vorstellungswelten nebeneinander existierten. Auffällig ist auch die Persistenz von Erklärungsmustern, die zeitweise bis in die Moderne wirken. Bemerkenswert ist auch, dass in vielen Epochen die wahrnehmenden Menschen ihr Wissen aus mehreren Erkenntnisebenen schöpften und dadurch zu immer neuen Ansätzen gelangten. So kam es auch zu interessanten Mischformen rationaler und irrationaler Erklärungen.

Viele Wetterbeobachtungen spiegeln daher den jeweils herrschenden Zeitgeist wider. Dieser überstrahlt die subjektive Klimawahrnehmung, die sich eher aus dem Milieu des Beobachtenden, seiner Ausbildung und Intention ergibt.

Dass auch die heutige Medienlandschaft nicht frei von Irrläufern ist, hat sich an sehr vielen Beispielen gezeigt – mit unglaublichen Grotesken, die den mittelalterlichen Vorstellungswelten in nichts nachstehen. In einem Anfang der 90er-Jahre ausgestrahlten ‚Ökokrimi‘ wurde ein überzeichnetes Klimaszenario geschildert, das beim Treibhauseffekt begann und sich schließlich über das Abschmelzen der Eismassen, dem Meeresspielgelanstieg über Sturmfluten zum Inferno auswuchs, bis schließlich – als Konsequenz der Klimaänderung (!) – Erdbeben die Welt erschütterten und Vulkane ausbrachen. Ähnliche Szenarien wurden bereits in Flugschriften des 16. Jahrhunderts bemüht.

Für die Historische Klimatologie ergibt sich daraus die Notwendigkeit, im Rahmen einer quellenkritischen Betrachtung, diese Denkweisen, vor allem aber auch die Informationsflüsse und den Zeitgeist der jeweiligen Epoche zu kennen.

Quelle – Index – Klimawert: Die Transformation schriftlicher Klimahinweise

Nach der kritischen Bewertung der Quellen stellt sich die Frage nach der Auswertung. Wie lassen sich schriftliche Hinweise für Klimaaussagen nutzen? Wie können die deskriptiven Hinweise in Klimawerte transformiert werden? Wenden wir uns zunächst den sporadischen und zeitlich übergreifenden Aussagen zum Klimageschehen zu.

Ausgangspunkt der Übertragung in Indexwerte ist die sprachliche Differenzierung der Quellenangaben, die sich mit Hilfe semantischer Profile, d. h. über Listungen und Klassifizierungen der verschiedenen Begriffe darstellen lässt. Aus den darin zum Ausdruck gebrachten Abstufungen kann auf die Intensität der klimatischen Ereignisse und Zustände geschlossen werden. Diese Abstufungen werden als Klassen beziehungsweise als Intensitätsstufen aufgefasst. Weist man diesen wiederum einen numerischen Wert zu, erhält man Indizes.

Für die Ableitung der Indizes sind aber nicht nur die schriftlichen Hinweise entscheidend. Bei diesem wesentlichen Schritt fließen auch die Erkenntnisse aus den Proxydaten sowie den frühen Instrumentenmessdaten mit ein. So können die schriftlichen Quellen mit Erkenntnissen aus Naturarchiven parallelisiert und mit objektivierbaren messtechnischen Daten in Beziehung gesetzt werden. Dieses integrative Vorgehen, das nicht mathematisch zu formalisieren ist, wird ergänzt durch weitere Bewertungsmöglichkeiten: Klimatische Vorgänge laufen nicht räumlich getrennt voneinander ab, d. h., ein strenger Winter war in der Regel über einen räumlich größeren Bereich ausgebildet. In Quellenangaben benachbarter Regionen muss dies zum Ausdruck kommen. Damit steht für den Prozess der Indexbildung ein breites Kriterienspektrum zur Verfügung, in das quellenkritische hermeneutische, aber auch quantitative, ökologische und klimatologische Kriterien Eingang finden.

Indizes: Von der Beobachtung zum Zahlenwert

Lassen sich aus den Quellenbefunden lediglich Hinweise auf mittlere, über- und unterdurchschnittliche Ausprägungen finden, dann können nur 'ungewichtete Indizes' vergeben werden. Ungewichtete Indizes erhält man, wenn mittleren Zuständen der Wert '0', positiven Abweichungen der Wert '+ 1' und negativen der Wert '– 1' zugewiesen wird. Nach diesem Schema wären Hinweise wie „*sehr kalt, kalt, kühl*" mit '–1', Beschreibungen wie „*mild, warm, heiß*" mit '+ 1' zu kodieren. Je nach Differenziertheit und Informationsgehalt der Quellen lassen sich aber auch mehrstufige Klassenbildungen vornehmen, die zu so genannten gewichteten Indizes führen. Eine allgemein gültige, ‚richtige' Klassenzahl kann nicht bestimmt werden. Sie sollte wohl eine möglichst große Klassenzahl umfassen, aber auch Scheingenauigkeit vermeiden.

Qualität und Informationsgehalt der Quellen entscheiden aber nicht nur über die Anzahl der Klassenbildungen, sondern auch über die zeitliche Auflösung. Schlechter belegte Zeiträume werden mit Hilfe übergreifender Zeitintervalle analysiert, höher aufgelöste Abschnitte können gegebenenfalls in monatliche oder saisonale Indizes umgeschrieben werden. Die deskriptiven Angaben werden damit in semiquantitative Zeitreihen transformiert, was eine objektivierbare Auswertung mittels statistischer Verfahren wie Filterungen, Häufigkeitsanalysen oder sonstigen Zeitreihenuntersuchungen eröffnet. Vor allem ist es möglich, diese durch statistische Verfahren zu kalibrieren, d. h. mit absoluten Klimawerten in Beziehung zu setzen. Derartige Umsetzungen kommen auch der Forderung der Modellierer nach quantifizierbaren Daten entgegen. Auch die räumliche Auflösung der Daten nimmt auf die Dimensionierung der Datenreihen Einfluss.

Als Protagonisten der Ableitung semiquantitativer Zeitreihen gelten Brooks (1926, 1954), der 50-jährige Indizes der Feuchte und Winterstrenge ableitete, und Easton (1928). Dieser methodische Weg verdient nach wie vor Beachtung, zumal selbst in neueren Arbeiten sein Winterindex noch immer für Vergleiche herangezogen wird. Weiterführende methodische Ansätze wurden von Lamb (1977) erarbeitet. Er leitete aus historischen Quellen 10-jährige Indizes der Winterstrenge und der Sommerfeuchte ab. Auch in der neueren Literatur finden sich derartige Ansätze (Bernhardt & Mäder 1987, Alexandre 1987). Für den besser belegten Zeitraum ab 1500 konnten mittlerweile in Europa einige regionale Arbeiten mit monatlichen Auflösungen erarbeitet werden (Pfister 1985, Glaser 1991). Camuffo & Enzi (1992) versehen ihre Indizes mit einem alphanumerischen Code, der als Abkürzung für verschiedene Auswirkungen der Winterstrenge steht. Dieser Ansatz ist damit auf Aspekte der Klimawirkungsforschung gerichtet.

In mathematisch-statistischer Hinsicht reichen die Ansätze von einfachen Häufigkeitsauszählungen über Regressions- und Korrelationsansätze hin zu komplexen Verfahren. So haben Maejima & Tagami (1986) durch eine Hauptkomponententransformation regionale thermische bzw. hygrische Wetterlagentypen des Sommer- und Winterhalbjahres in Japan bestimmt und diese den witterungsrelevanten Angaben historischer Quellen zugeordnet. Auch van den Dool et al. (1978) untersuchten ihre rekonstruierte Klimazeitreihe mit Hilfe der Spektralanalyse. In jüngster Zeit wurden zunehmend synoptische Verfahren und zirkulationsdynamische Analysen einbezogen (Wanner et al. 1994, Luterbacher et al. 2002).

Die Ableitung des saisonalen Dezennienindex

Der Dezennienindiz stellt für jedes Jahrzehnt die Differenz der zu kalten und zu warmen beziehungsweise zu feuchten und zu trockenen Jahreszeiten dar. In der historischen Phase werden hierzu die aus den Quellen und Proxydaten abgeleiteten Indizes herangezogen. Das Kriterium für ein Über- oder Unterschreiten 'normaler' Ereignisse in der Instrumentenmessperiode ist die 0,75-fache Abweichung vom Mittelwert der Vergleichsperiode 1951 – 80. Diese Darstellung vermittelt die thermische Grundprägung des jeweiligen Jahrzehnts über die Anzahl über- und unterdurchschnittlicher Ereignisse. Das gewählte Verfahren berücksichtigt nicht die Intensität der einzelnen Ereignisse. Es hat aber den Vorteil, dass auch die Zeitabschnitte vor 1500, die durch eine geringere zeitliche und inhaltliche Auflösungen geprägt sind, bewertet werden können.

Die Ableitung und Kalibrierung von gewichteten monatlichen Indizes

Die sehr gute Quellenlage machte es möglich, ab 1500 gewichtete Indizes in einem Wertebereich zwischen – 3 und + 3 auf monatlicher Basis abzuleiten. Eine Kalibrierung dieser Indexwerte erfolgte über Instrumentenmessdaten verschiedener europäischer Temperaturzeitreihen (Abb. 13) sowie der Deutschland-Flächenmittel nach Rapp (2000). Zunächst wurden die stationsweise monatlich standardisierten Temperaturdaten in monatliche Indexreihen umgesetzt. Ausgangspunkt war dabei die 0,75-fache Standardabweichung als Schrittweite für die Abgrenzung der Indexklassen. Wie frühere Arbeiten zeigen (Glaser 1996) kommt diese Einteilung dem historischen Klimaempfinden am nächsten. In einem weiteren Schritt wurden durch Mitte-

Abb. 15: Ausgewählte Stationen und Messreihen ab 1700.

lung der entsprechenden monatlichen Indizes saisonale und jährliche Indexreihen abgeleitet.

Die absolute Kalibrierung wurde mit Hilfe linearer Regressionen für den Zeitraum 1760–1970 (Kalibrierungsperiode) ermittelt. Anschließend erfolgte die Überprüfung der Modellgüte. Im Zeitraum 1970–2006 wurde dieser Ansatz durch den Vergleich der kalibrierten Indexwerte mit den Temperaturmessdaten hervorragend bestätigt. Zwischen 1710 und 1760 liegen sowohl Indexwerte vor, die aus den historischen Quellen gewonnen wurden, als auch Stationsmessdaten von Berlin und De Bilt, welche einen sehr guten Zusammenhang zum verwendeten Deutschland-Flächenmittel aufweisen und somit die hohe Aussagekraft dieses Ansatzes auch in dieser Verifizierungsperiode bestätigen. Aus der Übertragung der Regressionsmodelle auf die saisonalen und die jährliche Indexreihe des Zeitraums 1500–2005 resultieren schließlich die rekonstruierten Zeitreihen.

Die Frage nach der Qualität der Rekonstruktion berührt auch den Aspekt der Homogenität der auf Instrumentendaten beruhenden Indexreihe für die Jahre 1716–1995. Für den Zeitraum ab 1780 erfolgte im Rahmen des EU-Projekts ADVICE eine Homogenitätsprüfung sowie eine Homogenisierung der in dieser Arbeit verwendeten Temperaturzeitreihen, sodass für diese Periode das Vorhandensein nichtklimatischer Variabilität in den Temperaturreihen nahezu ausgeschlossen werden kann. Es bleibt festzuhalten, dass mit der Ableitung von Indizes aus schriftlichen Klimahinweisen und deren Kalibrierung über Regressionsmodelle ein weiterer Weg zum Klima konzipiert werden konnte, der zudem langfristige Beurteilungen der Schwankungen und Veränderungen des Klimas erlaubt.

Tägliche Wetteraufzeichnungen: Rückblicke der besonderen Art

Wetterjournale mit ihren regelmäßig über Jahre hinweg geführten täglichen Beobachtungen eröffnen Wetterrückblicke der besonderen Art. Mitunter sind die Angaben so präzise, dass sie in heute gängige Wettersymbole umgesetzt und in Tableaus zusammengefasst werden können (Abb. 16). Damit erhält man übersichtliche Vorlagen, aus denen sich beispielsweise die Wetterlage und der Witterungsgang hervorragend ablesen und wie in einer Wetterrückschau präsentieren lassen.

Ein deskriptiv-statistischer Pfad: Auszählungen – Zählwerte

Weitere Erkenntnisse lassen sich über die Auszählung zu einzelnen Klimaelementen oder Wetterphänomenen gewinnen. Im Vergleich mit modernen Phasen kann man die Abweichungen bestimmter Perioden oder einzelner Jahre erkennen. Dieses Verfahren wird hier als deskriptiv-statistische Vorgehensweise bezeichnet.

An einem Fallbeispiel soll diese Methode verdeutlicht werden. Es handelt sich um die von Johannes Indagines, dem Mainzer Hofastronom, in einem Stofflerschen ›Almanach nova, Venetiis P. Liechtenstein 1507‹ niedergeschriebenen Aufzeichnungen. Aus einigen Bemerkungen wird deutlich, dass die Beobachtungen in Mainz gemacht wurden, ein Teil der Ausführungen aber auch auf den Rheingau bezogen sein müssen (Klemm 1979). Eine erste Auswertung der Daten erfolgte anhand des Abschnitts zwischen 1517–1520, der nahezu tägliche Aufzeichnungen enthält. Ein Teil ist in Tab. 2 zusammengestellt, wobei zu Vergleichszwecken Angaben der amtlichen Messperiode der Stationen Wiesbaden und Geisenheim als Gebietsmittel beigefügt sind.

Diese Zusammenstellung lässt bereits einige wesentliche Tendenzen des monatlichen Witterungsganges erkennen, verdeutlicht darüber hinaus aber auch grundlegende methodische Probleme. So weisen die Niederschlagstage der historischen Phase gegenüber der Vergleichsperiode

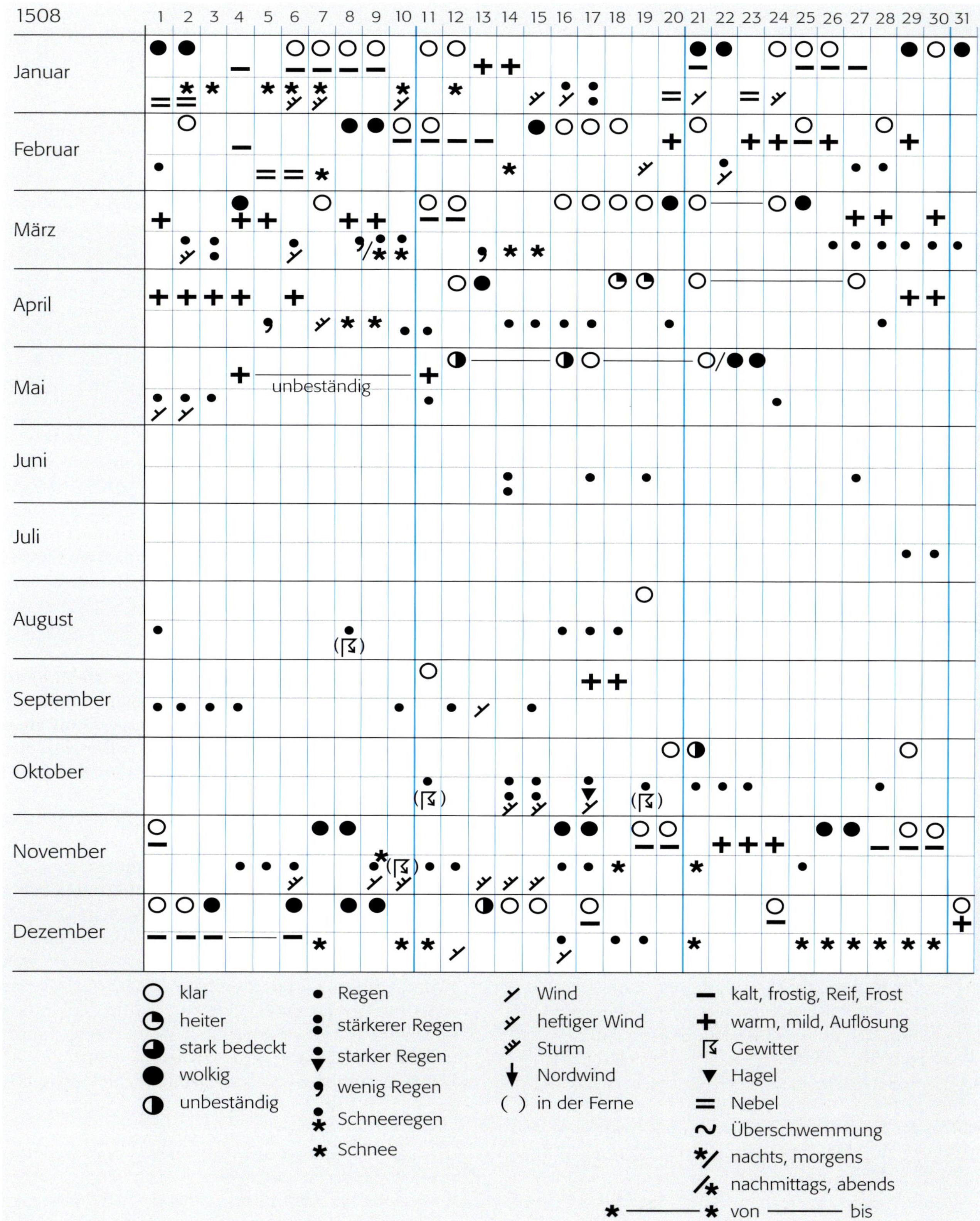

Quelle: Württembergische Landesbibliothek Stuttgart, R 16 Stoe 1

Abb. 16: Wettertableaus nach den Aufzeichnungen von Stoeffler in Tübingen 1508.

Jahr	Jan	Feb	Mar	Apr	Mai	Jun	Jul	Aug	Sep	Okt	Nov	Dez
Zahl der Niederschlagstage												
1517	–	–	–	–	–	–	–	–	–	–	–	10
1518	10	10	10	4	4	[2]	[5]	11	13	4	10	3
1519	10	7	4	5	9	5	10	10	10	8	9	5
1520	10	13	11	[5]	7	10	9	12	12	–	–	–
(a)	14,8	13,7	13,9	13,8	12,8	13,0	13,5	13,2	12,4	14,5	14,4	16,7
(b)	9,4	8,2	9,0	8,7	8,7	9,0	9,6	9,2	8,7	9,4	9,2	11,1
Zahl der Schneefalltage												
1517	–	–	–	–	–	–	–	–	–	–	–	3
1518	7	5	2								2	2
1519	2	5	3								3	2
1520	6	3								–	–	–
(a)	6,4	5,5	4,3	1,5	0,2	0	0	0	0	0,2	2,1	4,6

[ ] = Daten nicht vollständig; – = keine Daten

Tab. 2: Niederschlags- und Schneefalltage für die Region Rheingau (1517–20) und Vergleichswerte (1891–1930) für die mittlere Zahl der Tage mit Niederschlag >0,1 mm (a) und >1,0 mm (b) der Stationsmittel Wiesbaden und Geisenheim.

leicht unterdurchschnittliche Belegungen auf, wenn man das Kriterium von 0,1mm pro Niederschlagsereignis wählt. Offenbar hat Indagines – wie andere Beobachter interessanterweise auch – nicht alle Niederschlagsereignisse erkannt oder als solche niedergeschrieben, obwohl Niederschlagsereignisse von 0,1mm Höhe durchaus auch ohne Instrumentarien wahrnehmbar sind, die Straßen und Dächer sind bei dieser Niederschlagshöhe bereits nass. Vermutlich waren Unterbrechungen während der Nacht der wesentliche Grund für diese Unterbelegung. Gegenüber den Niederschlagstagen mit einer Höhe von 1,0mm fallen die von Indagines beobachteten Werte etwas zu hoch aus, liegen aber größenordnungsmäßig eher auf diesem Niveau, sodass sich ein erster Vergleich durchaus daran orientieren kann. Aus dem reichhaltigen empirischen Erfahrungsschatz vieler Auswertungen kann gefolgert werden, dass damit keine methodische Verfälschung des Witterungsverlaufes erfolgt. Interessanterweise weisen auch Aufzeichnungen aus anderen europäischen Regionen diese Grundtendenz auf (vgl. Rodrigo, Esteban-Parra & Castro-Diez 1994).

Die Angaben in der Tabelle brauchen nicht im Detail erläutert zu werden, auffällig sind aber einige markante Abweichungen, wie die niedrigere Anzahl von Niederschlagstagen im Dezember, die höhere Belegung im September und die geringere im Oktober und April. Darüber hinaus ergeben sich erwartungsgemäß von Jahr zu Jahr erhebliche Unterschiede. Ähnlich aufschlussreich sind auch stets die Aufzeichnungen zu den Tagen mit Schneefall. Die Angaben für die Jahre 1517–1520 liegen größenordnungsmäßig im Bereich der Vergleichsperiode. Auffällig sind die geringeren Belegungen im März und Dezember, was auf schneeärmere und kürzere Winter hindeutet. Auch die Auswertung der Gewittertage, eine Wettererscheinung, die in historischer Zeit wegen der latenten Schadensmöglichkeiten immer ein besonderes Interesse fand, zeigt deutlich, dass Gewitter im Jahr 1519 eher unterdurchschnittlich auftraten, während 1520 das Niveau der rezenten Belegung erreicht wurde. Im Juni sind die Belegungen stets unterdurchschnittlich gewesen.

Ein Großteil der Angaben des Wetterjournals beziehen sich auf die thermische Prägung. Um eine Einschätzung der einzelnen Monate zu erreichen, wurden die als kalt oder kühl empfundenen Tagesangaben den als warm oder mild empfundenen Tagen gegenübergestellt. Diese Ratio ergibt einen ersten Eindruck der subjektiven Einschätzung der Temperatur. Auffällig sind die Wertungen über den Mai, die in allen Jahren ein deutliches Übergewicht der kalten und kühlen Tage zeigen. Vielleicht lag diese Ausrichtung der Angaben auch an den üblicherweise im Mai auftretenden Frösten, die für die Agrarproduktion von größter Bedeutung waren. Während sich im März die Angaben in allen drei Jahren die Waage hielten, traten in den Sommer- und Wintermonaten die saisonal zu erwartenden Gewichtungen auf, dabei aber mit deutlichen Unterschieden zwischen den einzelnen Jahren. Alles in allem unterschieden sich diese Jahre aber nicht sehr vom heutigen Klimageschehen. Grundsätzlich kann mit diesem einfachen Zählverfahren bereits eine erste Einordnung gegeben werden.

Zur Kalibrierung der ‚Zählwerte'

Die verschiedenen Klimaelemente und Wettererscheinungen weisen untereinander einen kausalen Zusammenhang auf. Dieser lässt sich statistisch fassen. Beispielsweise korrelieren an der Station Würzburg Bewölkung, Schneefalltage, Niederschlagstage, Sonnenscheindauer und verschiedene Temperaturwerte auf dem 99 %-Niveau signifikant. Über Regressionsverfahren lässt sich die Form dieser Abhängigkeit in Gleichungen mathematisch fassen. Auf diese Weise können absolute Kalibrierungen, d. h. Umschreibungen der Zählwerte in Temperaturwerte vorgenommen werden.

Aus dem Anteil der Schneefallhäufigkeit an der Zahl aller Niederschlagstage hat beispielsweise Flohn (1979) über einen Regressionsansatz ein Verfahren entwickelt, mit dem man die Wintertemperatur abschätzen kann. Das analoge Verfahren für die Abschätzung der Sommertemperatur bezieht sich auf die Anzahl der Tage mit Wolkenbedeckung.

Wetterjournale bieten mit ihren täglichen Aufzeichnungen die Möglichkeit, absolute Temperaturrekonstruktionen durchzuführen.

Dem jährlichen Witterungsverlauf auf der Spur: Witterungsregelfälle und Singularitäten

Tägliche Daten über das Wettergeschehen lassen noch weitere Interpretationswege zu: Sie geben Auskunft über den Eintritt und Ablauf bestimmter Wetterlagen und Witterungsphasen. Neben allgemeinen Aussagen zum dynamischen Ablauf lassen sich damit auch Vergleiche zu den in der Literatur unter ‚Singularitäten' oder ‚Witterungsregelfällen' bekannten Erscheinungen ziehen (Tab. 3). Fragen tun sich auf:

(1) Was bedeutet ein nass-kalter Sommer aus dynamischer Sicht?
(2) Gab es Häufungen von Monsunwellen?
(3) Wie verhält es sich mit den schon sehr lange bekannten Phänomenen der Eisheiligen oder Schafskälte?
(4) Welchen Bezug haben diese Erscheinungen in Phasen wie der Kleinen Eiszeit?

Die Beantwortung derartiger Fragen liefert einen ergiebigen Beitrag zur Klimarekonstruktion und soll an dem Fallbeispiel der Wetterbeobachtungen von Indiganes vorgestellt werden.

Zum Witterungsverlauf des Jahres 1518 nach den Aufzeichnungen von Indiganes

Vergleicht man die Januarangaben 1518 mit den Witterungsregelfällen, dann fällt zunächst auf, dass keine der als Hochwinter I, II oder III bezeichneten Kaltperioden termingerecht auftraten. Markante Abkühlungen gab es zwischen dem 1. und 5. Januar, um den 17. Januar, zwischen dem 24. und 27. Januar, dann zwischen dem 1. und 7. Februar und wieder ab dem 25. Februar, die bis zum 2. März anhielten. Die Abkühlungsphase Ende Februar wird auch durch eine weitere Quelle aus Süddeutschland bestätigt. In Ostdeutschland wurde der Winter als sehr kalt beschrieben, was aufgrund der Anzahl von kalten Tagen und Schneefallereignissen für den Rheingau nicht gefolgert werden kann. Hier hatte der Winter eher durchschnittlichen Charakter. Da beide Quellen als verlässlich gelten können, zeigt sich hier die Notwendigkeit regionaler Betrachtung. Die vielleicht auffälligste Abweichung, die bereits den Charakter einer Anomalie trägt, zeigt sich ab dem 20. März. Bis zum 21. April gibt es keine Hinweise auf Regen, wobei die erste Aprildekade kühl und bei nördlichen Winden zum Teil kalt, die zweite mit überwiegend schönem und warmen Wetter verlief. Die Trockenheit wird auch durch Quellenbelege aus Franken und Hinweise auf *„große Hitze"* im April durch Augsburger Quellen bestätigt, sodass offensichtlich eine großräumige Anomalie vorlag. Die Anzahl der Niederschlagstage lag in diesem Zeitraum gerade einmal bei 50 % der Tage in der Vergleichsperiode. Nach einigen Regenereignissen setzte sich ab dem 24. April wiederum eine längere Trockenperiode durch, die bis zum 13. Mai anhielt. Die erste Maidekade war dabei durchgehend kühl. Nur wenige Regentage folgten. Erst zur Monatswende trat wieder eine mehrtägige Niederschlagsphase auf, dem Typ nach ergiebige Landregen, wie sie durch großräumige Aufgleitbewegungen hervorgerufen werden. Auch Quellen aus Franken berichten von starken, anhaltenden Regenfällen.

Termingerecht setzte sich dann der Frühsommer mit einer deutlichen Wärmephase durch. Für den Rest des Junis schweigen die Quellen. Anfang Juli traten zwischen dem 3. und 5. einige Gewitter auf. Zur gleichen Zeit werden auch in Ostbayern Gewitter bei starken Winden gemeldet. Die zweite und dritte Julidekade zeigten wiederum meist kurze, aber ausgeprägte Wärmephasen, wobei zwischen dem 26. und 28. eine erste Hitzewelle auftrat, die, unterbrochen von einem kurzen Wetterumschwung, in der ersten Augustdekade ihre Fortsetzung fand. Eine Sequenz von vier Gewittertagen leitete zu einer wechselhaften, mitunter stürmischen und regnerischen Phase über. Der August wies leicht überdurchschnittliche Niederschlagstage auf. Quellenbefunde aus Ostdeutschland sprechen ab der zweiten Augustdekade bereits von einem kühlen Wetter und konstatieren, dass bis Ende des Jahres kein warmer Tag mehr gewesen sein soll.

Das kühle und vor allem feuchte Wetter setzte sich im September fort. Die Niederschlagstage liegen um 35 % über den Werten der modernen Vergleichsperiode. Erheblich reduzierte Regentage wies der Oktober auf, obwohl nach einer längeren Schönwetterperiode in der ersten Hälfte des Monats die zweite sehr wechselhaft verlief. Im November lag die Zahl der Niederschlagstage auf

Singularität	Typ	Mittleres Eintrittsdatum	Assoziierte Großwettertypen
Hochwinter 1	kalt-trocken	04. – 9.01.	Nord- und Nordostlagen; Hoch über Mitteleuropa
Hochwinter 2	kalt-trocken	13. – 14.01.	Ostlagen; Hoch über Mitteleuropa
Hochwinter 3	kalt-trocken	17. – 20.01.	Südostlagen; Hoch über Mitteleuropa.
Tauwetterperiode	warm-naß	22. – 30.01.	West-, Südwest- und Nordwestlagen
Tauwetterperiode	warm-naß	03. – 12.02.	West-, Südwest- und Nordwestlagen
Spätwinter 1	kalt-trocken	14. – 20.02.	Nord-, Ost- und Südostlagen; Tief über Mitteleuropa
Spätwinter 2	kalt-trocken	27.02.	Nordlagen; Hoch über Mitteleuropa
Märzwinter 1	kalt-trocken	07.03.	Ostlagen
Märzwinter 2	kalt-trocken	11. – 14.03.	Nordlagen; Tief über Mitteleuropa
Märzwinter 3	kalt-trocken	18. – 20.03.	Ostlagen
Vorfrühling 1	warm-trocken	23. – 27.03.	Südwest- und Südostlagen
Vorfrühling 2	warm-trocken	03. – 04.04.	Südwestlagen
Vormonsunwelle 1	kalt-naß	07. – 12.04.	Nordlagen; Tief über Mitteleuropa
Mittfrühling	warm-trocken	17. – 22.04.	Südlagen; Hoch über Mitteleuropa
Vormonsunwelle 2	kalt-naß	24.4. – 02.05.	Nord-, Nordwest-, Nordostlagen; Tief über Mitteleuropa
Spätfrühling	warm-trocken	07. – 18.05.	Ost-, Südost-, Südwestlagen
Monsunwelle	kalt-naß	20. – 31.05.	Nord- und Nordostlagen; Tief über Mitteleuropa
Frühsommer	warm-trocken	02. – 08.06.	Hoch über Mitteleuropa
Schafskälte	kalt-naß	10. – 12.06.	Nord- und Nordwestlagen
Siebenschläfer	kalt-naß	27.06. – 1.07.	Nord- und Nordwestlagen
Hochsommer 1	warm-trocken	03. – 14.07.	Ost- und Nordostlagen; Hoch über Mitteleuropa
Monsunwelle	kalt-naß	16. – 24.07.	Nord- und Nordwestlagen
Hochsommer 2	warm-trocken	28.07. – 07.08.	Südwestlagen
Hochsommer 3	warm-trocken	13. – 16.08.	Südwestlagen
Monsunwelle	kalt-naß	17. – 24.08.	Nord- und Nordwestlagen; Tief über Mitteleuropa
Spätsommer 1	warm-trocken	29.08. – 05.09.	Hoch über Mitteleuropa
Spätsommer 2	warm-trocken	11. – 12.09.	Hoch über Mitteleuropa
Monsunwelle	kalt-naß	19.09.	Nordwestlagen
Altweibersommer	warm-trocken	25. – 26.09.	Südwest- und Südostlagen
Mittherbst	warm-trocken	03. – 10.10.	Südwest- und Südlagen
Herbstwitterungsumschlag	kalt-trocken	13. – 16.10.	Hoch über Mitteleuropa
Herbstmilderung 1	warm-naß	23. – 25.10.	Südwestlagen
Spätherbst 1	kalt-trocken	28.10. – 1.11.	Hoch über Mitteleuropa
Herbstmilderung 2	warm-naß	09. – 11.11.	Süd- und Südwestlagen
Spätherbst	kalt-trocken	16. – 18.11.	Ost- und Südostlagen; Tief über Mitteleuropa
Spätherbst 3	kalt-trocken	25. – 26.11.	Ost- und Nordlagen
Tauwetterperiode	warm-naß	27. – 28.11.	Südwest- und Westlagen
Vorwinter	kalt-trocken	30.11. – 2.12.	Nord- und Nordostlagen; Hoch über Mitteleuropa
Nikolaustauwetter	warm-naß	04. – 05.12.	Südwest- und Nordwestlagen
Frühwinter	kalt-trocken	17. – 21.12.	Hoch über Mitteleuropa
Weihnachtswetter	warm-naß	24. – 29.12.	West- und Südwestlagen

Quelle: verändert nach Bissolli & Schönwiese (1991)

Tab. 3: Witterungsregelfälle in Mitteleuropa.

dem Niveau der modernen Vergleichsperiode. Der erste Schnee fiel am 24. November. Überwiegend kühl verlief die Witterung im Dezember, wobei nach trübem und sehr nebelreichem Wetter gegen Ende des Monats bei windigem, zum Teil stürmischen Wetter ein typisches Weihnachtstauwetter eingetreten war. Eine Wertung aus Süddeutschland spricht von einem „guten Dezember", womit die nicht allzu große Kälte gemeint gewesen sein könnte.

Wie das Beispiel zeigt, ergeben sich aus dem Vergleich der täglichen Angaben weitere Hinweise auf die witterungsklimatische Struktur der einzelnen Jahre.

Historische Instrumentenmessdaten: Ein Brückenschlag zur Moderne

Unter ‚historischen Instrumentenmessdaten' versteht man Aufzeichnungen, die vor Einrichtung der amtlichen Messnetze erhoben wurden. Oft waren die Übergänge zwischen den deskriptiven Wetteraufzeichnungen und Instrumentenmessjournalen fließend. Historische Instrumentenmessreihen weisen oft eine Vielzahl von Fehlern auf, die sich auf technische Probleme, Aufstellungs- oder auch Ablesefehler zurückführen lassen. Sie können in den Datenreihen beispielsweise als unvermittelte Brüche entlarft werden. Hinzu kommen weitere Probleme durch die unterschiedlichen Skalen, mit denen in historischer Zeit gemessen wurde. Will man diese wertvollen Daten für wissenschaftliche Zwecke nutzen, müssen diese Fehler behoben werden. Mit dem Begriff Homogenisierung beschreibt man dabei den Versuch, offensichtliche Brüche und Unstimmigkeiten in den einzelnen Datenreihen auszumerzen. Unter Kalibrierung versteht man die Eichung und Übertragung historischer Skalenwerte in die heute gebräuchlichen Celsius- oder Kelvingrade.

Die wissenschaftliche Auseinandersetzung mit dem Problemkreis der Homogenisierung von Klimazeitreihen hat eine ganze Reihe probater Verfahren hervorgebracht. Zu den gängigen Reduktionsverfahren zählen die von der World Meteorological Organization (1966) empfohlenen Differenzen- und Quotientenbildungen. Sie beruhen im Wesentlichen auf einem Vergleich der Klimadaten benachbarter Stationen mittels einfacher mathematischer Operationen. Diese Methode nutzt die klimatologische Grundregel, dass atmosphärische Vorgänge benachbarter Orte nicht isoliert voneinander ablaufen, sondern eng miteinander verknüpft sind. Sie wurde bei Untersuchungen zur Historischen Klimatologie inzwischen vielfach angewendet.

Neben der Homogenisierung muss bei vielen historischen Datensätzen eine Kalibrierung durchgeführt werden. Ein Verfahren, das von Lenke (1961) angewandt wurde, basiert auf Häufigkeitsverteilungen. Mit diesem Ansatz kalibrierte er die Temperaturreihen von Ulm und Tübingen. Unter der Voraussetzung, dass es sich um eine lineare Skaleneinteilung handelt, können mit diesem Verfahren alle unbekannten Skaleneinteilungen bestimmt werden. In anderen Fällen sind die Lösungen denkbar einfach, wie Baron (1991) an seiner Holyoke-Reihe bewies. Seine Homogenisierung eines Instrumentendefektes beruht in einer Transformation von Kammermessungen an Freilandwerten über einen linearen Regressionsansatz. Besondere methodische Möglichkeiten eröffnen sich dann, wenn die zu bearbeitenden Datenreihen in die amtliche Messperiode hineinreichen. Zu den ‚klassischen' Instrumentenreihen zählt die von Manley (1974) für Zentralengland abgeleitete Temperaturreihe. In jüngerer Zeit ist eine weitere bemerkenswerte Reihe bearbeitet und ausgewertet worden. Es handelt sich um die Aufzeichnungen von Louis Morin in Paris, die von Legrand & Legoff (1992) mittels eines Regressionsansatzes kalibriert und publiziert wurden.

Für Mitteleuropa ist die Arbeit von Grebe (1936) über den Thüringer Raum besonders ergiebig. Seine vergleichende Betrachtung von frühen historischen Instrumentenmessungen in Jena, Isserstedt und Erfurt, die bis ins Jahr 1770 zurückreichen, ist methodisch und inhaltlich auch heute noch wertvoll. An weiteren Reihen wurden aus dem süddeutschen Raum die von Schmidt (1925) redigierten Aufzeichnungen aus Würzburg herangezogen.

Modern Analogues: Moderne Patenschaften

Von Glaser & Beck (1997) wurde ein weiterer Weg beschritten, der zu nutzbringenden Aussagen früher Instrumentenmessreihen führt. Er stellt auf den jeweils ähnlichsten Vertreter, gleichermaßen den heutigen Paten für historische Einzeljahre ab. Ein Vergleich der kalibrierten und homogenisierten Zeitreihen von Tübingen und Ulm der Jahre 1692–1693 und 1711–1713 mit den modernen Temperaturverläufen der Jahre 1951–1980 sollte darüber Aufschluss geben. Mit Hilfe der Korrelationsanalyse konnte eine große Ähnlichkeit ($r > 0{,}8$) zwischen 1692 und 1953, 1693 und 1963, 1711 und 1953, 1712 und 1963 sowie zwischen 1713 und 1953 festgestellt werden.

Ein Vergleich des mittleren Temperaturganges der Jahre 1691–1694 mit der modernen Klimaperiode 1951–1980 verdeutlicht die thermischen Unterschiede besonders gut. Markant ist das Fehlen der ausgeprägten sommerlichen Warmphasen zwischen 1691–1694, was mit Erkenntnissen von Wanner et al. (1994) übereinstimmt. Hinzu kommt, dass die milden Abschnitte im Winter ebenfalls überhaupt nicht oder nur deutlich verkürzt auftraten. Als Fazit bleibt festzuhalten, dass die Jahre 1691–1694 deutlich kälter ausfielen als die Vergleichsperiode.

Die Rekonstruktion synoptischer Verhältnisse

Eine weitere Dimension der Instrumentenmessdaten eröffnet sich durch die Möglichkeit, synoptische Verhältnisse zu rekonstruieren. Als wesentlichste Grundlage kann die Verfügbarkeit von Angaben zum Luftdruck angesehen werden. Des Weiteren sind v. a. auch die allgemeinen Wetterbeschreibungen mit Hinweisen auf die Niederschläge, Himmelsbedeckung und Windverhältnisse sehr wichtig.

Am Beispiel der Messungen und Aufzeichnungen von Hoffmann in Halle zum Jahr 1700 wurde dies exemplarisch vorgestellt (vgl. Glaser & Gudd 1996). Hoffmann beobachtete vermutlich mit einem Weingeistthermometer und einem Quecksilberbarometer, über das weitere Angaben fehlen. Auffallend ist dabei, dass die Thermometerskala invers ist, d. h., hohe Zahlen entsprechen niedrigen Temperaturen und umgekehrt. Der Gefrierpunkt liegt bei ca. 58 – 60 Graden der Skaleneinteilung, was aus den deskriptiven Angaben gefolgert werden kann. Eine absolute Kalibrierung der Skalenwerte, wie z. B. in Lenke (1960) beschrieben, ist nicht möglich, da sich das Instrumentarium im Laufe der Zeit hinsichtlich der Skalierung leicht veränderte. Über die Art dieses Instrumentenfehlers kann nur spekuliert werden. In Frage kommen Veränderungen in der Messflüssigkeit selbst, Beschädigungen und Leckagen oder geänderte Exposition des Thermometers.

Für einen Instrumentenfehler spricht ein Vergleich zwischen den deskriptiven und metrischen Angaben. Liegen die Messwerte für Tauwetter und Schneeschmelze im Monat Januar noch bei 58 bis 60 Graden, sinken sie für die entsprechenden Vorgänge im November und Dezember auf Werte zwischen 41 und 55. Da sich die Vergleiche zwischen Messwert und deskriptiven Angaben nicht auf singuläre Beobachtungen beziehen, sondern für alle Belegungen mehrfach nachgewiesen werden können, muss es sich um einen systematischen Fehler handeln.

Trotzdem konnten über die relativen Änderungen der Messwerte und die Augenbeobachtungen zahlreiche Rückschlüsse auf das großräumige Wettergeschehen gezogen werden. Je nach Ausführlichkeit war es dabei möglich, makroskalige Prozesse, wie zum Beispiel zyklonaler oder antizyklonaler Einfluss, aber auch kleinräumigere Vorgänge, wie Frontpassagen oder einzelne Gewitter, zu bestimmen.

Instrumentenmessdaten: Ein Fazit

Die vorangestellten Beispiele verdeutlichen, welche Potentiale, aber auch Einschränkungen und Grenzen instrumentellen Daten innewohnen. Ohne Zweifel sind die frühen Instrumentenmessdaten der Brückenschlag zwischen der Moderne und der deskriptiven Phase. Im Grunde stehen mit diesem Datentyp alle auch heute üblichen Interpretationswege offen, wenn durch Kalibrierung und Homogenisierungen die Daten in Form gebracht werden können. Hervorzuheben sind die synoptischen Potentiale, aber auch die Möglichkeiten der Zeitreihenanalyse und die Suche nach modernen Analogien.

Proxydaten: Ihre klimatische Interpretation

Proxydaten spielen in der Historischen Klimatologie eine große Rolle, wobei ihre klimatische Umsetzung mittlerweile einem breiten methodischen Spektrum folgt. Von den eingangs erwähnten Typen werden im Folgenden die önologischen Parameter, ferner die Getreideertragsangaben, die Ernteergebnisse von Heu und Grumet sowie dendrologische Daten und Eisparameter zur klimatischen Interpretation herangezogen.

Die Auswertung von Proxydaten folgt dem Prinzip des Aktualismus, d. h., der Zusammenhang zwischen den einzelnen Parametern und den klimatischen Werten wird anhand stochastischer Modelle ihrer rezenten Beziehungen bestimmt. Konkret versucht man, den Zusammenhang mit aktuellen Datensätzen über Transferfunktionen zu beschreiben und die dabei gewonnenen Erkenntnisse auf die historischen Reihen zu übertragen. Die angewandten Verfahren reichen von einfachen Korrelationen und Regressionen bis hin zu multivariaten Lösungsansätzen. In den folgenden Kapiteln wird neben der Beschreibung der einzelnen Lösungswege v. a. auf die klimatische Sensitivität der einzelnen Parameter eingegangen.

Im Wein liegt Klima

Schon Brückner (1895) erkannte die Möglichkeiten, den klimatischen Inhalt önologischer, d. h. weinbezogener Parameter für Klimarekonstruktionen zu nutzen. In der Zwischenzeit wurden vielfältige Verfahren getestet, um die Zusammenhänge zwischen Klima und Wein zu erfassen. Deskriptive Ansätze, die auf dem empirischen Erfahrungsschatz der Anwender beruhen, sind in zunehmendem Maße von objektivierbaren statistischen Methoden abgelöst worden. Die Auswertungen basieren dabei auf Methoden, die von der Korrelation einzelner Klimaelemente über multiple Verfahren bis zu Betrachtungen der Gleichläufigkeit von Schwankungen zwischen Wetterlagentypen reichen. Neben der Menge und der Güte werden vor allem auch die Lesedaten für paläoklimatische Untersuchungen verwendet. Ihre Aussagemöglichkeiten haben u. a. Lauscher (1983) und Burkhardt & Hense (1985) untersucht. Allgemein weisen die Lesedaten und die Qualität hohe Korrelationen mit der Wärme der Vegetationsperiode auf. Im Gegensatz dazu kann die witterungsklimatische Prägung der Weinmenge weniger genau definiert werden. Bei ihr spielen die unterschiedlichen Standortbedingungen, insbesondere die physikalischen Eigenschaften des jeweiligen Bodens, eine entscheidende Rolle. Hinzu kommen die Witterungsverhältnisse zum Zeitpunkt des Blütenansatzes und der Blüte. Zusammenfassend kann gesagt werden, dass die Menge vom Niederschlag abhängig ist.

Im vorliegenden Fall wurde über multiple lineare Regressionen der Klimaanteil an der Ertragsausgestaltung der verschiedenen önologischen Parameter bestimmt. Besonders enge Zusammenhänge ergaben sich zwischen der Weinqualität und der Wärmesumme im Spätsommer und Frühherbst sowie zwischen der Weinlese und den Wärmeparametern. Diese Erkenntnisse wurden bei der Ableitung der Indizes mitgenutzt.

Witterungsverlauf und Getreideernte

Die klimatische Interpretation von Getreideertragsparametern ist schwieriger als die Interpretation von Weindaten. Die Gründe liegen vor allem in dem hohen Anteil nichtklimatischer Ertragsbildungsfaktoren, wie beispielsweise konjunkturelle Einflüsse (vgl. Abel 1978), Bewirtschaftungsweise, dirigistische Maßnahmen der Grundherrschaft oder Flächenänderungen. Da es sich um einjährige Kulturpflanzen handelt, wirken sich anthropogene Beeinflussungen wie Meliorationen oder Änderung in der Bodenbearbeitung unmittelbarer aus als bei der mehrjährigen Weinrebe. Günstig erweist sich hingegen die große Anzahl an aktualistischen Untersuchungen zur Ertragsbildung von Kulturpflanzen.

Die Ertragsausgestaltung kann in erster Näherung als Funktion von Arbeit, Boden, Technologie, Kapital und Klima angesehen werden (Guise 1969, Parry 1978). Dieser Ansatz muss in historischen Betrachtungen um den Parameter Fläche ergänzt werden. Weitere Untersuchungen haben gezeigt, dass die historische Ertragsleistung ganz entscheidend von der Aussaatmenge gesteuert wird. Eine Bereinigung der Ertragsreihen von diesem aussaatbedingten Anteil kann über Quotientenbildungen erfolgen. Alle weiteren Auswerte- bzw. Filteroperationen folgen den bei Glaser (1991) dargelegten Prinzipien. Es wird hierbei davon ausgegangen, dass die arbeitstechnischen oder konjunkturellen Innovationen mittel- bis langfristigen Charakter besitzen, während sich die klimatischen Einwirkungen in den jährlichen Fluktuationen bemerkbar machen. Mit Filterungen lassen sich die lang- und mittelfristigen Entwicklungen von den kurzfristigen Fluktuationen trennen.

Eine weitere Absicherung konnte auch durch die große Anzahl von Zeitreihen erzielt werden, denn viele Klimaeinflüsse müssen sich großklimatisch auswirken. Analog zu den Lösungsansätzen der Weinertragsparameter wurde der Klimaanteil an der Ertragsausgestaltung über multiple lineare Regressionen bestimmt. Dabei ergaben sich vergleichsweise komplexe Zusammenhänge zwischen thermischen und hygrischen Elementen sowie den Witterungsextremen. Besonderes Augenmerk muss auf die Ausfälle durch Frost und durch Auswinterung infolge langanhaltender Schneebedeckung gelegt werden, die immer wieder für Schäden sorgten.

Regen und Heuernte: Die klimatische Ausdeutung von Ertragsdaten

Ähnlich wie bei den anderen Bioindikatoren lässt die Struktur der Heuertragsdaten eine klimatische Prägung vermuten. Wie sieht diese aus? Bislang liegen keine Untersuchungen vor, in denen Heuertragsdaten im Rahmen historisch-klimatologischer Fragestellungen behandelt werden. Analog zu allen anderen Bioindikatoren gibt es aber aus der Praxis einige Darstellungen über klimatische Einflüsse auf die heutige Heuentwicklung. Nach allgemeinen Erkenntnissen ist der Wasserhaushalt der dominante Faktor.

Der Heuertrag wird nicht nur durch die ökologischen Rahmenbedingungen gesteuert, sondern auch von anthropogenen Einflussparametern, zu denen der Erntetermin, die Erntedauer, das angewandte Trocknungsverfahren und der Arbeitskräfteeinsatz zu zählen sind. Mit folgender Beeinflussung muss daher im Einzelnen gerechnet werden (es handelt sich um die rezenten Beziehungen):
(1) Der Erntebeginn des ersten Schnittes (Ende Mai, Anfang Juni, der ca. 2/3 des Durchschnittsertrags ausmachen kann, fällt heutzutage aufgrund ernährungsphysiologischer Überlegungen bei der Tierfütterung nicht immer mit dem günstigsten Zustand des Wachstums zusammen. Eine Verschiebung der Schnittzeit kann bei den erwirtschafteten Erträgen einen deutlichen Niederschlag finden.

Je höher der angestrebte Trocknungsgrad, desto größer ist das Wetterrisiko. Ungünstige Witterungsbedingungen können den Trocknungsverlauf erheblich verzögern und bei häufiger Wiederbefeuchtung hohe Ernteverluste herbeiführen. Somit zählt auch die eigentliche Dauer der Heuernte zu den wichtigsten Ertragsgrößem.

Der Ertrag kann weiterhin durch Lagerverluste, Atmungsverluste infolge mikrobiologischer Zersetzung, Bröckelverluste und mechanische Verluste (durch häufiges Wenden) sowie Auswaschungsverluste geschmälert werden. Es ist offensichtlich, dass diese Aspekte für die Interpretation historischer Reihen modifiziert werden müssen; sie bieten aber erste Anhaltspunkte für eine verlässliche Analyse. Beispielsweise ist bei den historischen Ertragsdaten unklar, ob die Wiesen ausschließlich zur Heugewinnung dienten oder ob sie zusätzlich beweidet wurden. Die Mengenangaben wie „*Frohnwagen*" oder „*Fährtlein*" in den historischen Quellen bergen ebenfalls zahlreiche Unwägbarkeiten in sich. Die Größe der Wägen und deren Beladungszustand sind unklar. Ferner kann nicht geklärt werden, ob alle Heuerträge in den Urkunden erfasst sind. Neben diesen Einschränkungen ist auch oft die Art der Recheneinheit in den Rechnungsbänden sehr unterschiedlich. Als Einheiten treten sowohl Fuhren als auch Garben oder Abrechnungen in Geld auf. Des Weiteren ist davon auszugehen, dass in historischer Zeit auch die Anzahl der eingesetzten Arbeitskräfte das jeweilige Ernteergebnis stark beeinflusste.

Ähnlich den komplexen Einflussmöglichkeiten, die für die anderen biologischen Indikatoren in historischer Zeit gelten, sind deshalb auch für die Heudaten gesamtheitliche Rekonstruktionen notwendig, in denen neben den Standortverhältnissen insbesondere agrartechnische Abläufe einbezogen werden müssen. Wiesenbewässerung soll an dieser Stelle als Stichwort genügen.

Festzuhalten bleibt, dass Wasser über die längste Phase der Vegetationsperiode das Grünlandwachstum beschränkt. Damit können die Heu- und Grummeterträge primär als regensensitiver Faktor für den späten Frühling, den Sommer und den Übergangsbereich zum Herbst angesehen werden. Der Zusammenhang zwischen den Niederschlagssummen und den Heuertragsdaten ist hoch signifikant und wurde wiederum durch multiple lineare Regressionen beschrieben. Damit sind Aussagen zu der hygrischen Prägung des Sommers, insbesondere des Spätsommers und Frühherbstes möglich.

Baumringen auf der Spur

Schon seit Beginn der dendrologischen Forschungen wurde versucht, in Dendrozeitreihen Klimaabläufe zu erkennen (vgl. Douglas 1922). Zwischenzeitlich liegen eine ganze Reihe unterschiedlichster Methoden der Datenaufbereitung und Auswerteverfahren vor, mit denen der klimatische Inhalt dieser Reihen entschlüsselt werden kann (Schweingruber 1993).

Bisherige Untersuchungen zur Dendroklimatologie wurden in unterschiedlichen Landschaftsräumen und mit verschiedenen methodischen Ansätzen durchgeführt. Während sich die frühen Ansätze vor allem auf die Ausdeutung der Baumringweiten konzentrierten, werden in zunehmenden Maße auch andere morphologische sowie chemische und physikalische Merkmale herangezogen. Neue Impulse ergaben sich u. a. aus den Isotopenuntersuchungen der α-Cellulose (Libby, 1983). Weitere Ansätze, die z. B. unter den Stichworten Densitometrie bzw. Radiodensitometrie Eingang in die Literatur gefunden haben, wurden ebenfalls erprobt. Insgesamt zeigt das Auswertungsspektrum eine methodische Dichte, wie sie in keinem anderen Zweig der Paläo- und Historischen Klimatologie erreicht wurde.

Die heute gebräuchlichen Methoden zur Darstellung des Zusammenhanges zwischen Klima und Wuchsleistung zielen auf die Ermittlung so genannter ‚response functions' ab. Diese Methoden führen in Landschaftsräumen, in denen das Wachstum durch eine überschaubare Zahl von Klimaelementen bestimmt wird, zu guten Ergebnissen. Dies gilt in Mitteleuropa ganz allgemein für alpine Standorte, wo eine eindeutige Wuchsbeschränkung durch Wärmemangel erfolgt und eine direkte Umschreibungen von Dendrowerten in Temperaturen möglich ist. Weniger geeignet sind diese Verfahren in Regionen mit annähernd optimierten Standort- und moderaten Klimaverhältnissen. Hier liefern ‚response functions' wie auch viele andere Methoden häufig nur noch wenig signifikante, oft schwer zu interpretierende Resultate oder gar Artefakte. Der wesentliche Grund liegt in der klimatischen Ausgewogenheit dieser Regionen und den daraus resultierenden Wuchsleistungen. In durchschnittlichen Jahren reagieren Baumindividuen selbst am gleichen Standort sehr unterschiedlich. Ansätze, die sich auf die Auswertung zusammenhängender Chronologien beziehen, liefern daher nur eingeschränkte Ergebnisse. So liegen die Korrelationskoeffizienten zwischen der rekonstruierten Temperaturreihe ab 1500 und Dendroreihen zu verschiedenen Baumarten an alpinen Standorten bei bis zu 0,42, die von süddeutschen Tieflandstandorten hingegen nur bei bis zu 0,31. Beide Korrelationen sind hochsignifikant ($p < 0{,}001$). Diese Werte stammen aus Untersuchungen, die zusammen mit M. Friedrich und J. Hofmann vom Dendrolabor der Universität Hohenheim durchgeführt wurden.

Grundsätzlich weisen auf den Tieflandstandorten alle untersuchten Baumarten (Eiche, Fichte, Kiefer, Tanne) eine ähnliche Temperaturbeziehung auf: milde Winter, kühle Frühjahre, kühle Sommer und kühlere Herbste begünstigen die Wuchsleistung. Besonders deutlich ist dieser Zusammenhang bei Eichen und Fichten. Niederschläge sind hingegen weniger signifikant, was sich mit der kleinräumigeren Ausgestaltung der Niederschlagsverhältnisse erklären lässt.

Baumindividuen bilden an moderaten Standorten nur in Jahren mit deutlich limitierenden oder besonders begünstigenden Witterungsanomalien signifikant gleichläufige Jahrringe aus. Zeigen 75 % der Einzelbäume einer Chronologie von Jahr zu Jahr gleichläufige Jahrringbreiteschwankungen, also gleiche fallende oder steigende Tendenz und damit eine signifikante Übereinstimmung, spricht man in der Dendrochronologie von einer Signatur (Abb. 17).

Um eine Verbesserung der Ergebnisse zu erzielen, wurde in den folgenden Untersuchungen auf diese Signaturjahre eingegangen. Einschränkungen ergeben sich bei diesem Ansatz dadurch, dass Signaturen auch das Ergebnis von Schädlingskalamitäten oder Bränden sein können (mündl. Mitt. M. Friedrich & J. Hofmann).

Das rezente Beprobungsmaterial stammt aus dem Würzburger Stadtwald, die Fichtenproben wurden im Schussbachwald bei Bad Windsheim genommen. Alle technischen Bearbeitungen der Baumproben wurden im Dendrolabor der Universität Hohenheim von der Arbeitsgruppe Becker/Hofmann durchgeführt, die auch die historischen Reihen zur Verfügung stellte.

Zunächst wurde eine klimatische Erklärung der markanten Einzeljahre, den so genannten Signaturen oder Weiserintervallen, aus der Eichenchronologie ‚Guttenberger Wald' angestrebt. Immerhin waren in den beprobten Eichensequenzen von 1936 bis 1986 33 Signaturen ausgebildet, von denen 28 durch charakteristische Witterungskonstellationen erklärt werden konnten. Danach bestimmen im Wesentlichen fünf Grundtypen die Ausbildung von signifikanten Weiserintervallen an diesem Standort: Signifikant wachstumsfördernd wirken warmfeuchte, niederschlagsreiche oder strahlungsreiche Vegetationsjah-

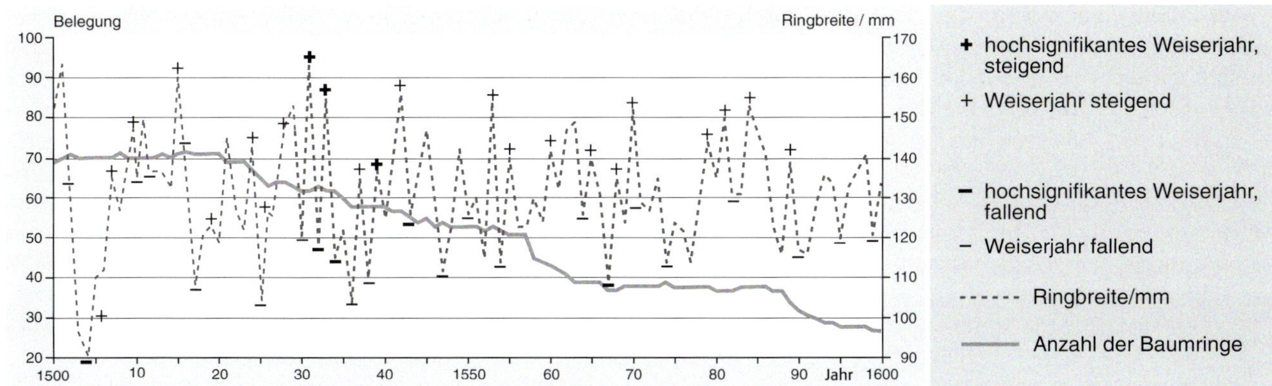

Abb. 17: Entwicklung des Eichenringwachstums in Franken zwischen 1500 und 1600.

re. Dabei ist entscheidend, dass die Eichen ein überdurchschnittlich hohes Angebot an Wärme und Strahlung nutzen können, d. h., dass die anderen Witterungsparameter die notwendige Transpiration und die langfristige Wasserversorgung einigermaßen ausgeglichen gewährleisten. Signifikante Zuwachsrückgänge treten in Trockenjahren oder nach sehr strengen Wintern auf. Bei den Trockenjahren fällt auf, dass weniger direkt wirksame Niederschlagsdefizite als vielmehr hohe Transpirationsraten als Ergebnis hoher Sommertemperaturen limitierend wirken. Ein direkter Einfluss des Niederschlags macht sich erst dann bemerkbar, wenn sich Wasserbilanzdefizite kumulativ aufbauen können. Obwohl positive und negative Signaturen in etwa gleich stark vertreten sind, zeigt eine quantitative Analyse der Eichensignaturen, dass wachstumsfördernde Wetteranomalien wesentlich stärker wirksam waren als Wetterabläufe, die das Eichenwachstum begrenzen oder direkt schädigen. Unter den zehn Signaturen der Eichenjahrringsequenz, die mindestens 35 % vom Vorjahreswert abweichen, befinden sich acht mit positiver Tendenz. Die drei wichtigsten Signaturen, die sowohl in der lokalen Jahrringsequenz als auch in der süddeutschen Eichenstandardkurve hochsignifikant ausgeprägt sind, erfolgten in Vegetationsjahren mit optimalen Wärme- und Feuchtigkeitsverhältnissen, auf die die Eiche mit kräftigen Zuwachsschüben reagiert hat. Es handelt sich um die Jahre 1943, 1946 und 1961. Stark negativ wirksame Witterungsanomalien traten im Beobachtungszeitraum zweimal auf, das erste Mal infolge des strengen Winter 1939/40, ein weiteres Mal im extremen Trockenjahr 1976.

In einem zweiten Untersuchungsschritt sollten die aus dem Signaturtest gewonnenen Erkenntnisse über einen Regressionsansatz quantifiziert werden. Für die Winterverhältnisse konnte kein signifikantes Modell abgeleitet werden, obwohl gerade dieser Zusammenhang als besonders stark erkannt wurde. Der Grund für dieses unbefriedigende Ergebnis könnte u. a. im Dämpfungseffekt durch die jeweiligen Schneeverhältnisse liegen, welcher den Kältestress für die Eichen auszugleichen scheint. Ein weiterer Positiveffekt von schneereichen Wintern könnte auch in der meist überdurchschnittlich ausgebildeten Wasserbilanz liegen. Demgegenüber konnten die Sommerverhältnisse durch ein signifikantes Regressionsmodell beschrieben werden.

Nicht berechnet wurden wegen einer zu geringen Fallzahl die Trockenverhältnisse im Frühling. Damit stehen für die klimatische Rekonstruktion weitere, z. T. auch quantifizierbare Parameter zur Verfügung.

Analog dem Eichenmodell erfolgte in einem zweiten Schritt die klimatische Interpretation von Weiserintervallen aus Fichtensequenzen. Dieser wurde von Becker, Glaser & Hofmann (1995) entwickelt. Wiederum wurden den Weiserintervallen klassifizierte Temperatur- und Niederschlagswerte gegenübergestellt. Innerhalb des untersuchten Zeitraums von 1875 bis 1986 traten 55 Weiserintervalle auf, wovon 33 Frühholzsignaturen und 30 Spätholzsignaturen waren.

Eine Gegenüberstellung machte deutlich, dass signifikante Zuwachsrückgänge im Fichtenbestand Schussbachwald vorwiegend durch die sommerlichen Witterungsverläufe verursacht werden. Den entscheidenden Einfluss auf die Wuchsleistung haben dabei die Temperaturentwicklung und die Wasserversorgung. Ferner fällt auf, dass sich eine negative Prägung der Wuchsleistung bereits bei einmonatigen Anomalien bemerkbar macht. Fichten sind daher klimatisch und auch saisonal ‚eindeutiger' als Eichen. Ökologisch lässt sich diese größere Sensitivität durch das flachere Wurzelsystem erklären, mit dem die Fichten gegenüber den Eichen geringere und nur oberflächennahe Wasservorräte erschließen können. Da positive Temperaturanomalien im Sommer sehr hoch mit den thermischen Extremtagen und der Sommertrockenheit korrelieren, wird von einem ‚Sommertyp' gesprochen. Zusammenfassend bleibt festzuhalten, dass alle negativen Signaturen im Spätholz mit mehr oder weniger langen Trocken- und Hitzephasen in den Sommermonaten korrespondieren.

Während in den Eichenringserien drei klar definierte wachstumsfördernde Witterungstypen gefunden werden konnten, traten bei Fichten keine derart eindeutigen Konstellationen auf. Selbst in niederschlagsreichen Jahren war nicht immer ein positiver Zuwachs zu verzeichnen. Vielmehr sind es eher moderate, durchschnittliche und selten kühl-feuchte Witterungsabläufe, bei denen Extremtage fehlen, die zu positiven Signaturen führen. Allerdings müssten dann auch weit mehr positive Signaturen vorhanden sein, als tatsächlich nachweisbar sind.

Um numerische Aussagen zu erhalten, wurden mit den Fichtendatensätzen verschiedene Korrelations- und Regressionsberechnungen durchgeführt.

Ein Vergleich zwischen den deskriptiven Ableitungen und den Ergebnissen der statistischen Verfahren ergab eine hohe Übereinstimmung. Erwartungsgemäß ergaben sich Probleme bei der Berechnung positiver Signaturen. Lediglich für positive Weiserjahre im Frühholz konnten signifikante Beziehungen bestimmt werden, die – wenn auch nur andeutungsweise – mit den Vorstellungen eines moderaten, d. h. eher kühl-gemäßigten Witterungsjahresgangs korrespondieren. Bezeichnenderweise ergaben sich für die positiven Spätholzsignaturen keine nachweisbaren Zusammenhänge, womit die These eines uneinheitlichen Witterungsganges gestützt werden kann. Auch die Berechnungen zu den negativen Signaturen stimmen mit den Vorstellungen schlechter Wasserversorgung und/oder hoher Temperaturen sehr gut überein. Somit lassen sich mit dieser Bearbeitung die aus dem deskriptiven Signaturmodell abgeleiteten Beziehungen und Ergebnisse bestätigen und quantifizieren.

In der Zusammenschau können folgende Schlussfolgerungen gezogen werden: Fichten sind gegenüber den winterlichen Verhältnissen weniger sensitiv als Eichen, die eindeutig von Winterstrenge beeinflusst werden. Auf Trockenheit reagieren die untersuchten Fichten erheblich früher, d.h., bereits kürzere Phasen können zu negativen Signaturen führen. Während bei Negativsignaturen die Eichen von den Verhältnissen im Winter mitgeprägt werden, sind für die Fichten fast ausschließlich die Sommermonate ausschlaggebend. Die Fichten sind insgesamt auch stärker hygrisch geprägt, wobei eine eindeutige negative Tendenz in trockenen und heißen Jahren erkennbar ist. Negative Signaturen zeigen sich oft bereits dann, wenn in der Periode Mai – Juli nur ein Monat eindeutig trocken ist.

Eichen profitieren von hohen Niederschlägen im Winter und Frühjahr besser und vor allem länger als die Fichten, die stärker von der Wasserversorgung im Sommer abhängig sind. Andererseits können Eichen die in den ersten Monaten des Jahres aufgebauten Wasserdefizite kaum mehr nachholen. Günstig wirken sich hingegen moderat bis kühl-feuchte und niederschlagsreiche Jahre aus, wobei vor allem die Verhältnisse im Sommer ausschlaggebend sind: Signifikante Zuwächse treten in atlantisch geprägten Sommern auf. Ein ‚Strahlungstyp', wie er bei den Eichen als zuwachsfördernd zu erkennen ist, tritt bei den Fichten nicht auf. Insgesamt ist durch die monatliche Auflösung eine stärkere saisonale Differenzierung möglich. Die Auswertungen haben auch deutlich gemacht, dass die Extremtage, im Winter vor allem Frost- und Eistage, im Frühjahr die Fröste sowie Kälte- und Wärmeschübe und im Sommer die Sommer- und Tropentage, eine entscheidende Rolle spielen. Fichtensignaturen sind somit saisonal und klimatisch eindeutiger als Eichensignaturen.

Es bleibt zu ergänzen, dass in neuesten Untersuchungen in Zusammenarbeit mit dem Dendrolabor der Universität Hohenheim (M. Friedrich & J. Hofmann) über 51-jährige gleitende Korrelationsanalysen festgestellt werden konnte, dass die Zusammenhänge zwischen Temperatur und Wuchsleistung der Bäume in den letzten 500 Jahren nicht konstant waren. Vielmehr zeigten sich z. T. überraschende Veränderungen von negativen Korrelationen bis zu hohen positiven Korrelationen von über 0,7. Offensichtlich ändert sich die Sensitivität der Bäume gegenüber dem Klimageschehen in Abhängigkeit von der vorherrschenden Klimaphase. Beispielsweise stieg mit Einsetzen der Kleinen Eiszeit die Bedeutung der Temperatur für die Bäume.

Eiskalte Tatsachen: Die klimatische Interpretation der Vereisungsdaten

Für den historischen Menschen war die Strenge der Winter offenbar von besonderer Bedeutung. Sie entschied mit über den Ernteerfolg und griff ein in das sensitive System von Vorratshaltung und Versorgungslage. Wurde der Überlebensspielraum durch einen harten Winter immer enger, kam es zu dramatischen Szenen. Kein Wunder, dass die Intensität und die Auswirkungen der Winter notiert wurden. Oft waren Vereisungen Anlass für mythologische Interpretationen und religiös motivierte Riten: Über Jahrhunderte hinweg verehrte man Druckentlastungsrisse auf dem Suwa-See in Japan als ‚Omiwatari', als ‚Wege der Götter'. Sie bilden heute die Grundlage für aussagekräftige lange historische Klimazeitreihen. Besondere Beachtung fand in Mitteleuropa das Zufrieren der größeren Seen. Die so genannte „Seegfrörne" am Bodensee trat nach Maurer (1929) und Dobras (1983, 1992) in den Wintern 875, 895, 928, 1074, 1076, 1108, 1217, 1277, 1323, 1325, 1378, 1408, 1435, 1444, 1461, 1465, 1469, 1477, 1491, 1514, 1517, 1551, 1563, 1565, 1571, 1573, 1587, 1600, 1608, 1660, 1684, 1685, 1695, 1709, 1718, 1740, 1755, 1763, 1789, 1799, 1830, 1880, 1894, 1929 und 1963 auf. Über den gefrorenen Bodensee zogen Eisprozessionen zwischen Hagnau und Münsterlingen, seit 1573 eine Büste des Johannes zur gegenüberliegenden Seite mitgeführt wurde.

Abb. 18: Mainvereisung bei Winterhausen Januar 1997.

Auch heute noch ist das Zufrieren der mitteleuropäischen Flüsse ein Spektakel, die Folgewirkungen sind vielfältig. Neben komplexen ökologischen Aspekten implizieren sie erhebliche ökonomische Folgen (vgl. Descombes, Robineau & Stentz 1993). So war zum Beipiel im Zeitraum 1945–1987 die Schifffahrt auf dem Main bei Würzburg an über 500 Tagen wegen Eisbildung eingestellt.

Im Mittelpunkt der folgenden Ausführungen stehen die Interpretation der Flussvereisungen am Main und die der Eisverhältnisse in der westlichen Ostsee. Dabei ist der enge Zusammenhang zur Winterstrenge offensichtlich.

Wenn der Main zu Eis erstarrte

In langen Reihen lässt sich dokumentieren, wann die Oberfläche des Mains zugefroren war (Abb. 18). Anhand dieses Datensatzes, in dem die Tage mit Eis auf dem Main bei Würzburg von 1835 bis 1975 nach verschiedenen Kategorien unterschieden werden, sollen die methodischen Möglichkeiten diskutiert werden. Ferner konnten für weitere Stationen im Zeitraum 1945/46 bis 1986/87 Eisverhältnisse aufgenommen werden. Sie enthielten, über die Eiskategorien hinaus, Angaben zur Eisdicke sowie zu Wasser- und Lufttemperaturen und den Einstellungszeitpunkt der Schifffahrt.

Analysiert man den Eisaufbau und -abbau im 20. Jahrhundert, lassen sich verschiedene naturräumliche, aber auch anthropogene Einflüsse erkennen. In räumlicher Hinsicht ist das heutige Vereisungsregime von wenigen Vereisungstagen im Oberlauf bei Viereth bestimmt, was vor allem auf das wärmere, vom Karst geprägte Wasser der Regnitz und den Wärmeeintrag aus dem Großraum Nürnberg/Erlangen zurückzuführen ist. Dies macht sich gegenüber dem kühleren Obermainwasser in frühwinterlichen Vereisungsphasen bei relativ hoher Wasserführung bemerkbar. Im mittleren Mainabschnitt sind die geringen Zuflüsse und die anthropogenen Wärmeeinleitungen durch die größeren Städte und Kraftwerke entscheidend. Sie liegen höher als im Oberlauf, wobei die Eisbildung in aller Regel in den Kanaldurchstichen beginnt. Als ausgesprochener Kühlschrank erweist sich der Flussabschnitt im Spessart. Der starke Zufluss aus den Nebenflüssen mit einem ausgeprägten Mittelgebirgsregime und das Fehlen größerer anthropogener Wärmeeinleitungen sorgen dafür, dass die Vereisung schon früh einsetzt und sich auch am längsten halten kann. Der Unterlauf ab Aschaffenburg ist von der relativen Klimagunst im Oberrheingraben und einer starken Wärmeeinleitung geprägt.

Neben der räumlichen Differenzierung ist auch eine markante zeitliche Entwicklung festzustellen. Die Veränderungen in den letzten 150 Jahre waren am nachhaltigsten. Die Mittelwasserregulierung 1855–1865, der Bau der Staustufen, die heutige Ufergestaltung als Resultat des von 1921 bis 1940 erfolgten Mainausbaus und die Einrichtung des Main-Donau-Kanals haben die physikalischen und chemischen Parameter des Mains verändert.

Zunächst stellt sich die Frage, mit welcher Intensität diese Veränderungen Einfluss auf die Eisbildung und Vereisungsdauer genommen haben. Ein Vergleich zwischen naturnahen und stark überprägten Flussabschnitten ergibt im Zeitraum vor 1950 beispielsweise hinsichtlich der Zahl der Tage mit Eisbildung eine mittlere Abweichung von einigen Tagen. Diese nimmt nach 1950 stetig zu und kann als empirischer Wert der zunehmenden anthropogenen Beeinflussung gelten. Stellenweise sind diese Veränderungen dem Absolutbetrag nach größer als die Unterschiede zwischen Ober-, Mittel- und Unterlauf. Vor allem im Lee großer Städte und Kraftwerke erfährt der Fluss eine deutlich höhere Wärmezufuhr und bildet ausgesprochene Wärmeschleppen aus. Aufgrund dieser Erkenntnisse war es notwendig, für die weiteren Analysen das Datenmaterial sowohl zeitlich als auch räumlich gesondert zu bearbeiten.

Für die methodische Konzeption stellte sich darüber hinaus die Frage, welche Klimaelemente mit der Eisbildung in Zusammenhang stehen. Nach allgemeiner Literaturlage (vgl. Rannie 1983) ist es unstrittig, dass die Eisbildung eine Funktion der Lufttemperatur ist. Über Regressionsansätze wurde zunächst explorativ nach signifikanten Zusammenhängen gesucht. Dabei ergaben sich viele statistisch signifikante Zusammenhänge zwischen Eisparametern und Klima. Aus pragmatischen Gründen wurden schließlich die Beziehungen zum meteorologischen Winter gewählt, da dies den historischen Datensätzen am nächsten kommt.

Wenn die Ostsee zur Eiswüste wurde

Nicht nur das Zufrieren von Flüssen und Seen, sondern auch das Überfrieren der Meere war und ist ein Spektakel (Abb. 19). Eisbrecher kommen zum Einsatz, Wagemutige spazieren über das Eis, und Gustav Adolf von Schweden nutzte die zugefrorene Ostsee im Rahmen seiner Kriegsvorbereitungen zur unerwarteten Überquerung.

In der Historischen Klimatologie war und ist das Auftreten von Meereis ebenfalls ein Thema. So untersuchten Camuffo (1987) die Eisbildungen in der Lagune von Venedig, Catchpole (1992) die Vereisung der Hudson Bay und Ogilvie (1992) die Vereisungen vor Island.

Da die Interpolation und Übertragung der nicht flächenhaft vorliegenden historischen Angaben ohne Kenntnisse des Eisaufbaus nicht möglich ist, sollen die wesentlichen Grundzüge kurz erläutert werden:

Die Eissaison beginnt im äußersten Norden des Bottnischen Meerbusens mit der ersten Eisbildung Ende Oktober/Anfang November und schreitet dann südwärts voran. Das ganze System der Eisbildung und des Eisabbaus ist großen Schwankungen unterworfen. Zwischen dem frühesten und spätesten Eintrittsterminen liegen im Zeitraum 1964–1987 rund acht Wochen; im langjährigen Mittel tritt eine mittlere Abweichung von rund zwei Wochen auf. Wenn im Norden die Küstengebiete bereits zufrieren, beträgt im Süden die Oberflächentemperatur immerhin noch 10–11 °C. Dieser Temperaturunterschied zwischen Nord und Süd verringert sich zum Winterhöhepunkt im Februar oder Frühmärz. Nur in sehr strengen Wintern friert die Ostsee ganz zu.

Das flächenhafte Überfrieren setzt im Norden normalerweise im Dezember ein. Ende Januar ist die gesamte Bottnische Bay mit Eis bedeckt, während es in der Bottnischen See noch bis zu 1 °C warme Bereiche gibt. Zu diesem Zeitpunkt sind in Mittel- und Osteuropa das Frische und das Kurische Haff ebenfalls von Eis bedeckt. Anfang Februar sind der Finnische Golf, die meisten Küstensäume in Mitteleuropa sowie die Beltbereiche völlig überfroren, während die Bottnische See noch bis Mitte Februar offen bleibt. Selbst in strengen Wintern bleiben im südöstlichen Bereich der Ostsee noch offene Stellen erhalten, während in sehr milden Wintern nur die Bottnische Bay und der südöstliche Teil des Golfes von Finnland mit Eis bedeckt sind. In der Bottnischen See bleibt in diesen Wintern an der Oberfläche ca. 2 °C warmes Wasser erhalten. Anfang März ist in durchschnittlichen Wintern das Wintermaximum überschritten, die intensiver werdende Sonneneinstrahlung wärmt die Oberfläche wieder auf, das Eis beginnt sich zurückzuziehen, wobei im westlichen Teil bereits der Eisaufgang flächenhaft zu beobachten ist. Etwas später, nämlich zur Mitte des Monats März, tritt er schließlich auch im Bereich der Bodden- und Nehrungsküste ein. Der Eisaufgang an den mitteleuropäischen Küsten schwankt zwischen dem 1. Februar und dem 1. April. Dieses raum-zeitliche Muster kann für die westliche Ostsee als Aktualmodell der Eisdynamik betrachtet und für die historischen Quellenbefunde zur Bewertung herangezogen werden.

Den historisch-klimatologisch orientierten Forschungsarbeiten steht eine Vielzahl von Untersuchungen über die Zusammenhänge zwischen Eisbildung und Witterungsgang gegenüber, die auf modernen Messdaten beruhen. Sie können als Aktualmodelle herangezogen werden. Beispielsweise entwickelte Büdel im Zuge der Kriegsaufklärung in den 1940er-Jahren das Verfahren der ‚reduzierten Eissumme', nach dem seit 1948 beim Eisdienst des Deutschen Hydrographischen Instituts, dem heutigen Bundesamt für Schifffahrt und Hydrographie, die Stärke von Eiswintern bewertet wird. Diese reduzierte Eissumme basiert auf der arithmetischen Mittelung der Tage mit Eisvorkommen an sechs für die Eisverhältnisse an der deutschen Ostsee repräsentativen Klimastationen. Mit dieser Maßzahl wird eine Aussage über den Umfang und die Dauer der Eisbedeckung getroffen. Dieses Verfahren berücksichtigt nicht die Eisdicke, eine Größe, die nach heutigem Kenntnisstand zusammen mit der Eisbedeckung und der Dauer für eine Bestimmung der Stärke des Eiswinters eine große Rolle spielen.

Der DWD benutzt als Maß für die Bewertung des Charakters des meteorologischen Winters die so genannte Winterzahl bzw. Winterziffer. Nach dem gleichen Ansatz bewertet auch Heinemann (1989) die Winterstrenge bzw. Winterstärke. Dieses Verfahren ist mit der von Koslowski

Abb. 19: Überfrorener Jadebusen Januar 1997. Aufnahme: M. Mohr.

(1989) vorgestellten „flächenbezogenen Eisvolumensumme" sehr eng verknüpft. Dieser Ansatz bezieht Fläche, Dauer und Dicke mit ein.

Für eine Interpretation von Eisvorkommen unter historisch-klimatologischer Sicht sind diese Verfahren überspezifiziert. Meist lassen sich nur indirekte Angaben zur Eisdicke etwa aus der Tragfähigkeit des Eises gewinnen. In der Regel liegen Aufzeichnungen zur Dauer und zur räumlichen Verbreitung vor. Die Angaben beziehen sich dabei selten auf die gesamte Ostsee, sondern müssen aus punktuellen Beobachtungen extrapoliert werden.

Auf der Basis der flächenbezogenen Eisvolumensumme entwickelten Koslowski & Glaser (1995, 1999) über Eiswintertypen die Eiswinterindizes. Bei den Eiswintertypen handelt es sich um klassifizierte VAS-Werte, welche aus den Häufigkeitsverteilungen des Zeitraums 1878–1993 abgeleitet und für den ganzen deutschen Ostseebereich definiert wurden. Im Prinzip können die Eiswintertypen durch die VAS-Klassenmittelwerte dieser Zeitreihe quantifiziert werden. Man muss aber bedenken, dass die einzelnen VAS-Werte innerhalb der Klassen nicht gleichmäßig verteilt sind. Für Zeitreihenanalysen erschien es sinnvoll, diese Mittel durch kleinere Werte, die so genannten Indexwerte, zu ersetzen (Tab. 4). Mit diesem Verfahren konnten die Winter für den westlichen Ostseeraum bestimmt werden (Abb. 20).

Der Verlauf der Kurve ist selbsterklärend. Deutlich sind Phasen verstärkter und reduzierter Eisbildung zu erkennen, die kältere und mildere Winterphasen darstellen.

Proxydaten und kein Ende

Durch die Verwendung von Proxydaten eröffnen sich neue Perspektiven in der Historischen Klimatologie. Dies gilt sowohl für ihre räumliche und zeitliche Verfügbarkeit als auch für die einzusetzenden Methoden. Die Stärke der Proxydaten beruht darauf, dass aus ihnen quantitative Aussagen gewonnen werden können, indem den deskriptiven historischen Angaben quasi unabhängig erhobene, ‚natürliche' Parameter gegenübergestellt werden. Die so erhaltenen Befunde aus historischen Daten und Naturarchiven, ermöglichen es in der Zusammenschau sichere Aussagen zum Klima der Vergangenheit zu treffen.

Eiswintertyp	schwach	moderat –	moderat +	stark –	stark +	sehr stark	extrem
$V_{A\Sigma}$ in m	< 0,50	0,50–2,00	2,01–4,00	4,01–6,00	6,0–9,00	9,01–20,00	> 20
Mittel $V_{A\Sigma}$ in m	0,2	1,2	3,0	5,0	7,5	14,5	27
Indexwert	0,0	0,1	0,3	0,5	1	2	3

Quelle: Koslowski & Glaser (1995, 1999)

Tab. 4: Eiswintertypen, Eisvolumensumme und Indexwert an der deutschen Ostseeküste.

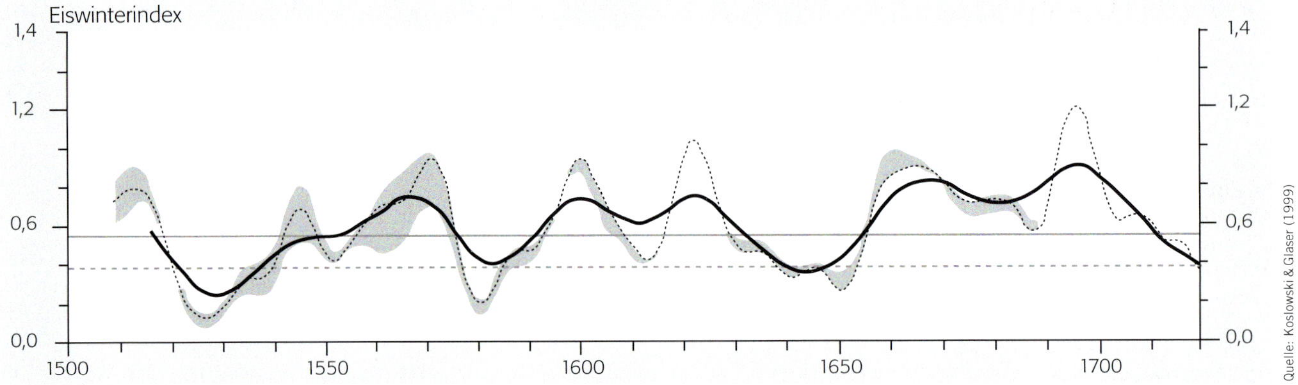

Abb. 20: Eiswinterindex für die westliche Ostsee seit 1501: Die dünne gestrichelte Linie repräsentiert den 20-jährigen, die fette Linie den 40-jährigen Gauß-schen Tiefpass. Die dunkel angelegten Flächen markieren die Unsicherheitsbereiche für die dünne gestrichelte Linie. Als Bezug ist das Mittel 1501 – 1995 in Höhe von 0,5 und als gestrichelte fette Linie das Mittel 1901 – 1960 in Höhe von 0,4 aufgetragen.

Methoden: Eine Nachbetrachtung

Die Wege zum Klima kommen einem komplexen Netzwerk gleich, in das verschiedenste wissenschaftliche Richtungen, Denkweisen und Ansätze einbezogen werden. Sie reichen von der historisch orientierten Quellenkritik bis zu komplexen numerischen Verfahren. Die Historische Klimaforschung erfordert gesamtheitliche Konzepte, die von wahrnehmungsorientierten Aspekten über Standortfragen bis zu Anbaumethoden reichen. Ziel ist immer die Trennung des nichtklimatischen Anteils von den realen Klimainhalten und ihre Quantifizierung. Als wesentlichstes Werkzeug haben sich, auf der quellenkritischen Überprüfung aufbauend, die statistischen Verfahren erwiesen. Es ist die Suche nach Objektivierbarkeit und absoluten Werten, für die man diesen Weg einschlagen muss. Die Verfahren reichen von einfachen Tests, Korrelationen, Regressionen bis hin zu komplexeren Clusterverfahren und Zeitreihenuntersuchungen, die helfen, die räumliche Dimension besser zu verstehen.

Im Rahmen der Quellenkritik wurde auf semantische Profile hingewiesen. Besonders hervorzuheben ist ihre Einbindung in den jeweiligen klimatischen Erkenntnishorizont, ein Ansatz, der als wahrnehmungsorientiert gelten kann. Auch die stärkere quantitative Einbeziehung der Quellenstruktur hat sich als ergiebiger Lösungsansatz erwiesen.

Auf den deskriptiven Daten aufbauend kann der Verlauf der letzten 1000 Jahre über Indizes auf Dezennienbasis bewertet werden. Die verbesserte Datengrundlage seit 1500 liefert die Basis für gewichtete monatliche Indizes, die auf saisonaler Ebene über Regressionsmodelle in Temperatur- und Niederschlagskurven transformiert werden konnten.

Tägliche Beobachtungsangaben aus Wetterjournalen sind eine ganz wesentliche Bereicherung. Neben einfachen deskriptiv-statistischen Auswertungen lassen sie detaillierte Aussagen zum Witterungsgang zu. Dies ermöglicht Vergleiche zu dem modernen Witterungsgang, den Witterungsregelfällen. Die engen Zusammenhänge zwischen bestimmten Klimaelementen und Klimawerten lassen schließlich absolute Quantifizierungen zu.

Eine weitere Dimension eröffnen die historischen Instrumentenmessdaten, die den Brückenschlag zwischen den deskriptiven Daten und der Moderne herstellen. Neben der Ableitung von Zeitreihen ergeben sich aus ihnen besondere Möglichkeiten der Synopsis sowie das Verfahren der ‚modernen Patenschaften', der Analogien.

Proxydaten sind in ihrer Vielfalt ein eigenständiger Datentyp. Grundsätzlich müssen zunächst die nichtklimatischen Anteile aus ihnen herausgefiltert werden, was z. T. durch Filterungen gelingt. Lesedaten und Qualitäts- sowie Mengenangaben zum Wein konnten ebenso entschlüsselt werden wie die Ertragsdaten von Getreide und Heu. Letzteres kann als regensensitiver Parameter angesprochen werden. Der numerische Charakter vieler dieser Daten führt über entsprechende Modelle ebenfalls zu absoluten Klimawerten. Für die Dendrodaten wurde ein Signaturmodell verwendet, das Aussagen zur thermischen wie auch hygrischen Prägung einzelner Jahreszeiten zulässt. Aus den Vereisungsdaten konnten quantitative Aussagen zur Winterstrenge abgeleitet werden.

Die Vielschichtigkeit der Daten und Verfahren, insbesondere aber die dabei entstandenen Verknüpfungsmöglichkeiten führen schließlich zu verlässlichen und quantitativen Aussagen zum Klima in Historischer Zeit. Die Komplexität von Datenpunkten, Verfahrenswegen und Verknüpfungen und ihre Entschlüsselung erfordert eine interessante Kombination hermeneutischer und naturwissenschaftlicher Denkansätze.

HISKLID: Aufbau und Struktur der Historischen Klimadatenbank

Eine regional differenzierte historisch-klimatologische Analyse kann ab einer bestimmten empirischen Größe ohne den Einsatz von EDV nicht mehr sinnvoll gehandhabt werden. Aus diesem Grund wurden alle Daten in der Historischen Klimadatenbank ‚HISKLID' zusammengefasst. In ihr sollen die vorliegenden Quelleninformationen klar nach einer zeitlichen, räumlichen, quellenspezifischen und inhaltlichen Komponente strukturiert sowie möglichst differenziert und umfassend kodiert werden können. Teile der in dieser Datenbank abgelegten Quellentexte haben Glaser & Militzer (1993) in den ›Materialien zur Erforschung früher Umwelten‹ herausgegeben.

Instrumentenmessdaten werden in der Klimadatenbank als eigenständige Unterdatei geführt. Grundsätzlich werden die Daten in der durch die Quellen vorgegebenen zeitlichen Auflösung übernommen. Da sich aber für viele klimatische Fragestellungen eine monatliche Auflösung als praktikabel und aussagekräftig erwiesen hat, werden die numerischen Datensätze in Monatswerte umgerechnet.

Der größere Teil der Klimadatenbank besteht aus Wetterbeschreibungen, die in vielen Fällen mit Hinweisen auf die sozioökonomischen und natürlichen Verhältnisse und Auswirkungen verbunden sind. Darüber hinaus nehmen viele dieser Beschreibungen Bezug auf herausragende Naturereignisse wie Erdbeben oder größere Brände etc., die mit aufgenommen wurden, um weiterführende Aspekte der ‚Klimafolgenforschung' oder der ‚Rekonstruktion früher Umwelten' zu erschließen. Des Weiteren erfüllen solche Beschreibungen eine wichtige Indikatorfunktion bei der qualitativen Bewertung von Klimaereignissen.

Verbleibende Unsicherheiten, beispielsweise in Datierungsfragen, sind in der Datenbank kenntlich gemacht. Neben der wortgetreuen Übernahme der Quellentexte werden die spezifischen witterungsklimatischen wie auch sonstigen umweltrelevanten Inhalte kodiert.

Jede Kodierung stellt eine Abstraktion ‚Wirklichkeit' dar. Eine vollständige Erfassung des kompletten Quelleninhaltes ist faktisch nicht zu erreichen. Primäres Ziel ist es daher, eine pragmatische Umsetzung der Angaben zu den Hauptklimaelementen Temperatur, Niederschlag und Wind sowie zu dem Zustand des Himmels zu erzielen, wobei zwischen allgemeinen, nicht näher spezifizierbaren Angaben und exakten Inhalten unterschieden wird. Die allgemeinen Angaben können oftmals erst in der Zusammenschau von witterungsklimatischen Angaben und ihren Folgewirkungen interpretiert werden. Deshalb sind den Kodierungen die entsprechenden Textbelege beigefügt. Für die allgemeinen Angaben wurde zudem ein aus den semantischen Profilen erarbeiteter Kriterienkatalog erstellt, der umfassend die in den Zitaten zum Ausdruck kommende Differenziertheit wiedergibt. Die Zeitangaben werden in der Kodierung berücksichtigt. Im Folgenden sollen einige Kennwerte der HISKLID kurz vorgestellt werden, ohne in eine bei Datenbanken übliche ‚Zahlenschau' verfallen zu wollen. Derzeit umfasst HISKLID für den Zeitraum 1000–1699 rund 140 000 Records aus schriftlichen Belegen und eine nahezu ebenso große Anzahl an numerischen Datensätzen beziehungsweise Zeitreihen. Die Verteilung der Records auf die einzelnen Jahre ist dabei erwartungsgemäß sehr unterschiedlich und nimmt in den weiter zurückliegenden Abschnitten beständig ab. Abweichungen von diesem Trend sind meist Hinweise auf außergewöhnliche Jahre. Markante Sprünge in der Datenbelegung lassen sich aber auch mit kriegsbedingten Ausfällen, medientechnischen Innovationen (Verbreitung des Buchdrucks) oder Änderungen in der Erkenntnisform korrelieren. Vor allem die in Kalendarien und Wettertagebüchern geführten täglichen Beobachtungen bedeuten nicht nur eine Zunahme an Information, sondern waren auch mit einem differenzierteren Blick auf das Wetter verbunden. Während in den Zeitabschnitten mit überwiegend übergreifender und sporadisch angelegter Überlieferung die Angaben zu Temperatur, Niederschlag und Phänologie das Gros der Daten ausmachen und dabei nahezu gleich stark gewichtet sind, ändert sich dieses Muster in Abschnitten, die durch tägliche Beobachtungen abgedeckt werden, erheblich: Fortan sind phänologische Inhalte beispielsweise weit weniger stark vertreten, während die Himmelsbedeckung und die Windverhältnisse größeren Raum einnehmen; verständlich, wenn man bedenkt, dass die täglichen Beobachtung oft von astronomischen Interessen motiviert waren.

Die weitere Analyse der Datenstruktur ergab eine Vielzahl von aussagekräftigen und zugleich auch überraschenden Hinweisen, die für die quellenkritische Einschätzung und Auslegung von Bedeutung waren und die dabei formulierten Grundthesen stützten. Von besonderem Interesse ist beispielsweise die Belegung der Temperaturklassen. Die Bewertung ging – wie eingangs erwähnt – von der These aus, dass in den sporadischen und zeitlich meist übergreifenden Einschätzungen primär auffällige oder klimatologisch anomale Jahre Berücksichtigung fanden, wohingegen als durchschnittlich empfundene Ereignisse nur geringes Interesse weckten.

HISKLID hat sich als probates Mittel der Strukturierung und Ausarbeitung großer Datenmengen der Historischen Klimatologie, aber auch der Klimawirkungsforschung bewährt und wird beständig weiter ausgebaut. Ihr wesentliches Kriterium ist eine vergleichsweise einfache Handhabung unter Wahrung der Kompatibilität zu ande-

Abb. 21: Illustration zum Eisgang des Mains in Bamberg 1784. Neben den Daten findet man auch Abbildungen in der Datenbank www.hisklid.de.

ren europäischen Datenbanken. Über Kodieranleitungen, die sich auf die Quellenaspekte sowie räumliche, zeitliche und inhaltliche Kriterien beziehen und jederzeit erweiterbar sind, wird die Handhabe zusätzlich erleichtert. Die Verknüpfung von Kodierleisten mit den Quellentexten hat sich ebenso bewährt wie die zeitlich und räumlich abgegrenzte Edition von Bereichen der Klimadatenbank. Sie wird zwischenzeitlich von einem großen Nutzerkreis in Anspruch genommen. Darüber hinaus ergab eine erste Analyse des Datenmaterials wesentliche Anhaltspunkte zur mentalen Prägung der Chronisten und der witterungsklimatischen Wirklichkeit. Die Klimadatenbank ist im Internet unter www.hisklid.de verfügbar.

Teil II
Hitze, Fluten, Eis und Sturm im Spiegelbild der Quellen

Die Ableitung möglichst langer und aussagekräftiger Temperaturzeitreihen, die bis in die moderne Klimamessperiode hineinreichen, stellen *Höhepunkte* historisch-klimatologischer Forschung dar. Sie allein geben Einblick in den längerfristigen Verlauf und lassen Vergleiche mit dem heutigen Klima zu. Damit können Aussagen zur Entwicklung, zur natürlichen Veränderlichkeit und zur Einmaligkeit auffälliger Phasen getroffen werden.

Der Dezennienindex (Abb. 22/23) vermittelt einen Eindruck von der Temperatur- und Niederschlagsentwicklung seit dem Jahr 1000. Aufgetragen ist für jedes Jahrzehnt die Anzahl der zu kühlen Jahreszeiten im Vergleich zu den warmen, beziehungsweise die zu feuchten im Vergleich zu den zu trockenen. Die Differenz ist farbig hervorgehoben und kann als thermische bzw. hygrische Prägung der einzelnen Jahrzehnte angesehen werden. Die Zeitreihen stellen das Gebietsmittel für die Bundesrepublik dar.

Die Quellenlage weist in zeitlicher, aber auch regionaler Hinsicht Schwankungen auf: In den Abschnitten 1000 bis 1099 sind rund 35 % der Jahre belegt, zwischen 1100 und 1299 ca. 85 %, von 1300 bis 1499 90 % und ab 1500 sind für 100 % der Jahre Daten vorhanden.

Wegen dieser unterschiedlichen Belegungsdichte werden die Zeitabschnitte 1000 bis 1500, 1500 bis 1750 und 1750 bis 2000 gesondert behandelt. Grundlage der Diskussion bilden im Zeitraum 1000 bis 1500 die Dezennienindizes, in denen zunächst die Prägung einzelner Phasen zum Ausdruck kommt. Um diese näher zu charakterisieren, wird auf Einzeljahre und außergewöhnliche Ereignisse eingegangen. Saisonale Schwerpunkte der inhaltlichen Darstellung sind die Sommer- und Winterverhältnisse, über die wesentlich mehr direkte Klimabeschreibungen vorliegen als für Frühling und Herbst. In den Übergangsjahreszeiten spielen die Klimaindikatoren, wie Baumringanalysen oder die Weinerträge, eine größere Rolle. Zwischen 1500 und 1750 ist es wegen der besseren Datenlage möglich, alle Einzeljahre in Form so genannter Witterungsprofile vorzustellen. In diesem Zeitabschnitt lassen sich Aussagen zu allen Monaten machen. Für viele Jahre liegen sogar tägliche Wetterbeobachtungen vor.

Dem Ganzen vorangestellt ist eine summarische Beschreibung der Klimaverhältnisse seit der Römerzeit.

Abschließend werden in gesonderten Kapiteln ausgewählte Klimakatastrophen, Stürme, Gewitter und Überschwemmungen vorgestellt und diskutiert. Die regionale Verteilung der Daten weist für den Zeitraum vor 1500 ein Übergewicht für das westliche und südliche Deutschland auf, während ab 1500 auch größere Datenmengen aus Ostdeutschland einbezogen werden können. Bei der Interpretation der Zeitreihen ist auch zu beachten, dass die Temperaturverhältnisse grundsätzlich einheitlicher ausgebildet sind, während die Niederschlagsverhältnisse von Ort zu Ort größere Unterschiede aufweisen.

Tab. 5: Hygrische Hinweise in Mitteleuropa zwischen 700 und 1000

Jahr	Winter	Frühling	Sommer	Herbst	Jahr	unspez.
711					+1	
737					−2	
741					−1	
784					+2	
793 o. 4						−1
809	+2					
820		+3				
822	+1					
824	−2					
834					+1	
838	+1					
846	−3					
849			+1			
850	+1					
852		−2				
855	−1					
860	+1					
868	/		/		+3	
872		−2				
874	+2		−2			
876			+2			
886		+1	+2			
891		−1	−2			
896			+2			
921			−2			
944?			+1			
964						+1
968						+1
973						+1
974			−1			
981					−1	
988	+1		−1			
989		−1				
991						+1
993			−3	−3		
994	+1		−3	−2		

Abb. 22: Dezennienindex zum Niederschlag in Mitteleuropa seit dem Jahr 1000 (weitere Erläuterungen siehe Text).

Tab. 6: Thermische Hinweise in Mitteleuropa zwischen 700 und 1000

Jahr	Winter	Frühling	Sommer	Herbst	Jahr
709	−1				
722			+1		
763	−3				
764	−3				
766	−1				
783			+2		
801	+1				
808 od. 809		+1			
811	−2				
814	−1				
820			−3		
822	−2				
824	−3				
838	+1		+2		
844	+2				
845	−2				
846	−3				
850	+1				
852			+3		
855	−3				
860	−3				
863	+1				
870			+1		
872			+2		
874	−3		+2?		
880	−2		−2		
881	−2				
886			−2		
887	−2				
893	−2		−2		
914	−1				
921			+2		
928	−1		+2		
940	−2				
944?			−1		
964	−1				
973			−1		
975	−2				
988			+2		
993			+3		
994	−3		−3		

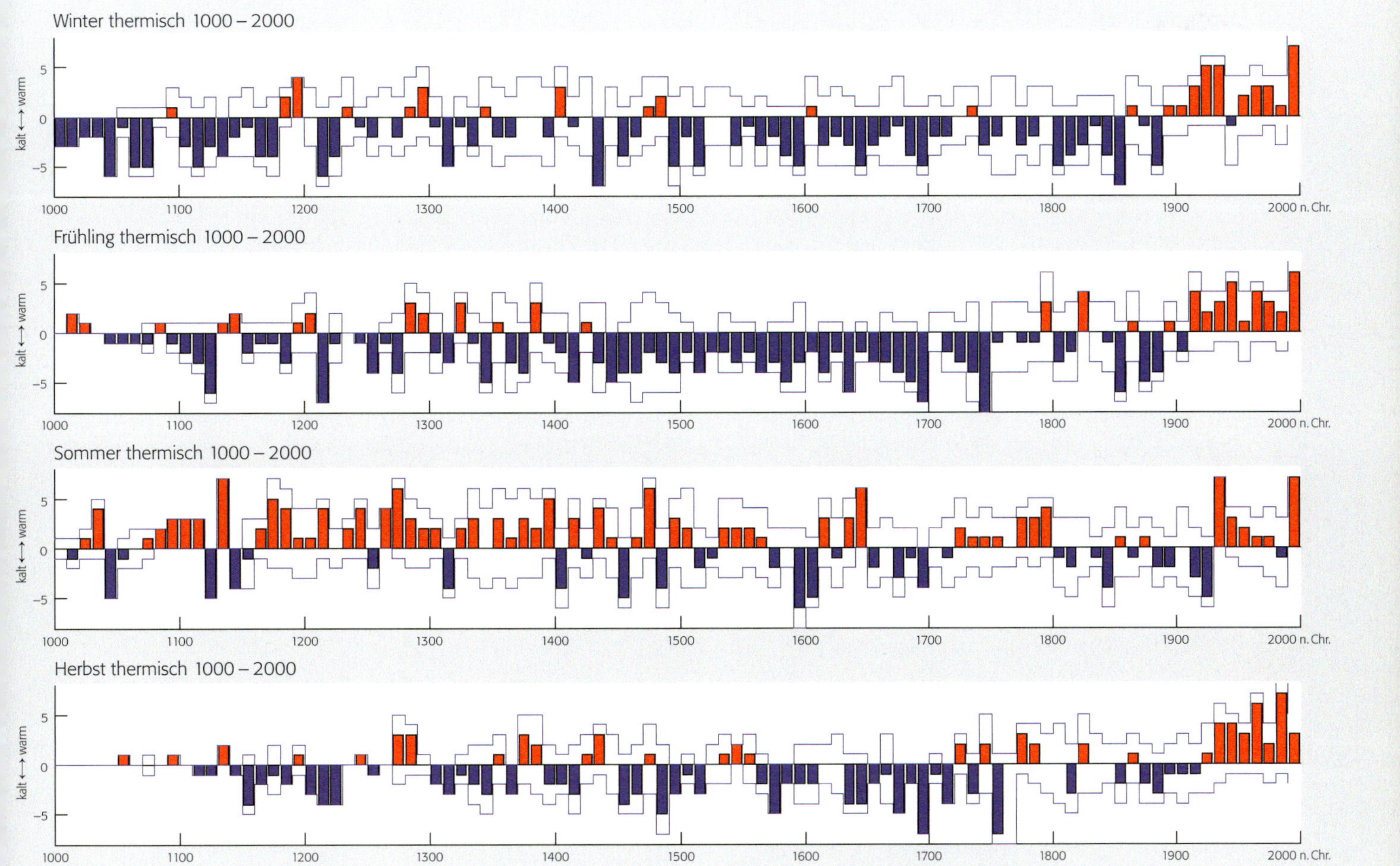

Abb. 23: Dezennienindex zur Temperatur in Mitteleuropa seit dem Jahr 1000 (weitere Erläuterungen siehe Text).

Vom Optimum der Römerzeit über das Pessimum der Völkerwanderung ins Mittelalterliche Wärmeoptimum

Die ersten greifbaren und verwertbaren Aufzeichnungen zu Mitteleuropa stammen aus der Römerzeit (vgl. Neumann 1985, Heide 1997).

Allgemein wird die Zeit der Römer als „Römisches Wärmeoptimum“ oder „Optimum der Römerzeit“ apostrophiert. Die Verhältnisse in der Kaiserzeit nach Christi Geburt dürften dabei den heutigen geähnelt haben. Abgeleitet wird dies u. a. aus indirekten Hinweisen wie Kleiderordnungen (Heide 1997), aber auch den Anbauprodukten; Haustieren und den agrartechnischen Verbesserungen, die in Mitteleuropa eingeführt wurden bzw. dort bestehen konnten. Auch lassen räumlich übergreifende Beschreibungen, die sich allerdings mehrheitlich auf den Mittelmeerraum beziehen, auf signifikante Änderungen schließen. Vor Christi Geburt war es in weiten Bereichen des Mittelmeerraumes feuchter und etwas kühler als heute. Nach Jäger (1994) folgte ab 250 n. Chr. eine Klimaverschlechterung, die in Mitteleuropa bis ins 9. Jahrhundert andauern sollte, in Nord- und Nordwesteuropa jedoch nur bis 750 n. Chr. Allgemein geht man von einer Temperaturverschlechterung in der Größenordnung von 1 – 1,5 °C aus, was überwiegend aus indirekten Hinweisen und Aussagen zur Baumgrenze in den Alpen, Gletschervorstößen, Veränderungen der Küstenlinien und der Verschlechterung der Anbaubedingungen für Getreide und Wein geschlossen wird. Sporadisch finden sich auch regional einschlägige schriftliche Hinweise. Die Unschärfe der meisten Proxydaten und die wenigen direkten schriftlichen Quellen führen auch dazu, dass hinsichtlich der zeitlichen Einordnung verschiedene Vorstellungen herrschen. Neben der Einschätzung von Jäger, datierte Lamb (1977) das Ende des Römischen Optimums auf ca. 400 n. Chr., Schönwiese zusammenfassend auf 450 n. Chr. Hierin kommen offensichtlich auch methodische Unschärfen zum Ausdruck.

Die Klimaverschlechterung der Spätantike wird regelmäßig mit dem Pessimum der Völkerwanderungszeit gleichgesetzt, womit eine klimatische Implikation dieser so wesentlichen Epoche vorgenommen wird. Dem hält Behringer (2007) entgegen, dass die Völkerwanderung nicht durch die Klimaverschlechterung, sondern primär durch die Hunneneinfälle ausgelöst wurde und mehrere Jahrhunderte anhielt. Eindrucksvoll verweist Behringer auf die vielfältigen Folgen dieser Klimaverschlechterung: einen dramatisch zu nennenden Bevölkerungsrückgang, häufige Missernten und Hungersnöte, Epidemien sowie Viehseuchen beschworen eine „Zeit der Unsicherheit in Europa“ herauf. In extremen Hungerjahren wie 784 soll es vereinzelt zu Kannibalismus gekommen sein. Einzelne klimatische Ereignisse lassen sich identifizieren: Überschwemmungen, Kälteeinbrüche, Unwetter, aber auch Dürren und Hitzekatastrophen.

Nach der vergleichsweise sprach- und schriftlosen Zeit der Völkerwanderung setzen die ersten klimabezogenen Beschreibungen, die sich unmittelbar auf Mitteleuropa beziehen – wenn zunächst auch recht spärlich – mit dem 8. Jahrhundert ein, wie zahlreiche Quellen aus der Monumenta Germaniae Historica (MGH) belegen (vgl. Pertz 1826 ff). Mit der allgemeinen Zunahme der Schriftlichkeit nimmt die Datenvielfalt im 9. Jahrhundert zunächst zu, im 10. Jahrhundert jedoch wieder ab. Diese Entwicklung kann mit den politischen Geschehnissen jener Zeit in Zusammenhang gebracht werden, da das Reich der Karolinger mit dem Aufstieg der Ottonen zerfiel, womit es in Mitteleuropa erneut zu bedeutsamen Umwälzungen kam. Neben diesen allgemeinen Fragen der Quellendichte beziehungsweise des Quellentrends ergeben sich spezifische inhaltliche Probleme, etwa der eindeutigen Zuordnung der Winterhinweise oder aber auch die zum Teil noch sehr einfachen und wenig differenzierenden Beschreibungen, die wenig Hinweise auf die Intensität der jeweils beobachteten Phänomene zulassen. Oft fehlen auch saisonale Zuordnungen, wie das beispielsweise mit den Hinweisen auf Hochwasser öfter der Fall ist. Hinzu kommt, dass der Winter bzw. der Jahresbeginn in den frühen Chroniken jeweils unterschiedlich definiert wurde (s. dazu Götz 1993).

Die sporadischen Hinweise der ersten drei Jahrhunderte lassen folgende strukturellen Merkmale erkennen: auf Jahresfolgen mit relativ hoher Berichtsdichte folgen Abschnitte mit Lücken von 20 und mehr Jahren. Für die meisten belegten Jahre lassen sich nur selten – wie in späteren Jahrhunderten üblich – wechselseitige Absicherungen durch entsprechende überörtliche Quellen- und Datenbefunde vornehmen. Die einzelnen Aussagen stehen damit für sich und können nicht in einen längeren Zeithorizont oder gar Trend eingebunden werden. Die grundlegende Prägung der einzelnen Jahre kann aus den Tabellen 5 und 6 entnommen werden. Zusammenfassend bleibt festzuhalten, dass für das 8. bis 10. Jahrhundert relativ häufig kalte Winter oder kalte Wintermonate Erwähnung finden und tendenziell eher warme und auch trockene Sommer. Damit wird eine Grundtendenz ersichtlich, die in den nachfolgenden Jahrhunderten bei deutlich besserer Quellenbelegung und höherer Quellendichte in den Dezennienindizes zum Ausdruck kommt:

Eine eher kontinentalere Prägung, in der sehr häufig kalte und strenge Winter mit warmen und heißen, überwiegend trockenen Sommern einher gingen.

Exemplarisch sollten die Befunde für das Jahr 993 vorgestellt werden.

Das Jahr 993 war nach der Quellenlage extrem trocken und so heiß, dass die meisten landwirtschaftlichen Anbauprodukte nicht zur Reife gelangen konnten. Die Quellenhinweise lassen den trockenen Abschnitt auf die Zeit von Mitte Juni bis Anfang November eingrenzen. In dem nachfolgenden Winter 993/994 wird die große Kälte sowie der extreme Schneefall für die nachfolgende Ausbreitung von Seuchen mit verantwortlich gemacht.

Et inde a nativitate sancti Iohannis baptistae usque in 5. Id. Novembris pene per omnem aestatem et autumnum siccitas nimia et fervor inmanis fuit; ita ut innumerabiles fruges non pervenirent ad temporaneam maturitatem propter solis ardorem; quo non modicum subsequebatur frigus et magna nix cecidit, magnaque pestis simul et mortalitas hominum atque iumentorum evenit.

(Ann. Hildesheimenses, in: MGH SS 3, S. 70, Z. 1 ff.; vgl. weiter Annalista Saxo, in: MGH SS 6, S. 638, Z. 45 ff.; Ann. Augustani, in: MGH SS 3, S. 124, Z. 23; Ann. Heremi: Cod. Nro. 356, in: MGH SS 3, S. 144, Z. 10.).

Während die Hildesheimer Annalen den Winter nur sehr knapp abhandeln, enthalten die Magdeburger und Quedlinburger Annalen detaillierte Hinweise über Ablauf und Folgewirkungen dieses Winters. Nach diesen Angaben soll er bereits sehr früh, nämlich Anfang November eingesetzt haben und bis in den darauf folgenden Mai nur von wenigen Tagen unterbrochen gewesen sein. „Verderbliche und kalte" Winde hätten geweht, wodurch es in vielen Nächten zu einer winterlichen Kälte gekommen sei. Noch am 7. Juli sei Frost eingetreten. Gleichzeitig sei in diesem Zeitraum eine sehr große Trockenheit aufgetreten, so dass viele Flüsse in Mitteleuropa Niedrigwasser geführt hätten, Gewässer ausgetrocknet gewesen seien, Fische gestorben wären und Bäume vertrocknet und die landwirtschaftliche Produktion zu Grunde gegangen sei. Diesem Szenario sei schließlich eine Seuche gefolgt.

Hiems durissima 3. Non. Novembr. exorta, usque 3. Non. Mai stetit, rarissimis intermissa diebus. Deinde pestiferis et frigidis flantibus ventis, noctibus plurimis pro rore hibernum cecidit frigus. Ad ultimum Non. Iulii grande est factum gelu, tantaque siccitas fluminum et penuria facta est pluviarum, ut in plerisque stagnis et pices morerentur, et in terris arbores plurimae penitus arescerent, et fruges perirent et linum. Subsequuta quoque est grandis pestilentia.

(Ann. Quedlinburgensium Cont., in: MGH SS 3, S. 72, Z. 21 ff. = Ann. Magdeburgenses, in: MGH SS 16, S. 158, Z. 62 ff.; s. weiterhin Ann. Corbeienses, in: MGH SS 3, S. 5, Z. 21 f.; Annalista Saxo, in: MGH SS 6, S. 638, Z. 51 ff.; Thietmar v. Merseburg: Chr. IV, Kap. 21, S. 136, Z. 29 f.)

Somit war das Jahr 993 und der darauffolgende Winter 993/94 nicht unähnlich den Geschehnissen 1783/1784.

Trotz aller Unwägbarkeiten lassen diese tabellarischen Übersichten Rückschlüsse auf Einzeljahre zu und runden das Gesamtbild der historischen Klimaentwicklung in Mitteleuropa wesentlich mit ab.

Prolog zum Mittelalterlichen Wärmeoptimum

Die immer wieder zitierten Hinweise auf die Wärmephase des Mittelalters, das „Mittelalterliche Wärmeoptimum" beziehen sich zunächst meist auf die Geschehnisse in Nordeuropa, insbesondere in Norwegen, auf Island und auf Grönland und stehen im Zusammenhang mit der Besiedlungsgeschichte und Expansion der Wikinger. Deren Möglichkeiten, Erdbestattungen in Regionen auf Grönland vorzunehmen, die heute im Permafrost liegen, werden ebenso als untrügliche Hinweise auf die deutlich höheren Temperaturverhältnisse gesehen, wie das Fehlen von Treibeis, oder die Verlagerung von Anbaugrenzen nach Norden sowie der Anbau von Getreidearten, deren Kultivierung mit Beginn der nachfolgenden Abkühlung eingestellt wurde. Um dies in Einklang zu bringen wird für diesen Raum eine Temperaturzunahme von rund 4 °C angenommen.

Mitteleuropa liegt bei diesen Betrachtungen etwas im Abseits, was an der weniger spektakulären Gesamtschau liegen mag. Die frühe Expansion der Wikinger mit der Entdeckung Nordamerikas war spektakulärer als die Folgen der etwas verhalteneren und später einsetzenden Erwärmung in Mitteleuropa. Trotzdem können gerade auch hier gravierende Veränderungen festgestellt werden. Die von Behringer (2007) so hervorragend dargestellten kulturellen Konsequenzen der zunehmenden Erwärmung gründen in einer stürmisch zu nennenden Bevölkerungszunahme in Europa mit einem Anstieg von 46 Millionen um 1050 auf etwa 73 Millionen um das Jahr 1300, die mit einer bis dahin nie gekannten agrarkulturellen Erschließung und Expansion einherging. Diese führte u.a. zu den geringsten je in Mitteleuropa bilanzierten Waldanteilen, verbunden mit starken Bodenverlagerungsprozessen (vgl. Bork et al. 1998). Das Hochmittelalter war auch die Zeit der Stadtgründungen. Zu erwähnen sind ferner zahlreiche Innovationen und technischen Leistungen in dieser Warmphase wie die der Papierherstellung, die Intensivierung des Mühlenbaus, einer vehementen Bautätigkeit mit vielen neuen Burgen-, Schloss- sowie Kirchenbauten und Klosteranlagen, schließlich dem Aufkommen eines neuen Baustils, der Gotik mit ihren großen Fenstern. Die günstigen Temperaturen erlaubten es in England kälteempfindlichen Käferarten, sich weit nach Norden zu verbreiten. Dies gilt auch für den Malariaüberträger, die Anopheles-Mücke, oder Heuschreckenschwärme, die man heute gemeinhin den warmen und heißen Regionen Afrikas zuordnet. Allerdings führte der Anstieg des Meeresspiegels weltweit zu Änderungen der Küstenlinie. Infolge von Sturmfluten kam es an der deutschen Küste zu Landverlusten. Als Reaktion auf die steigende Bedrohung errichtete man ab Ende des 11. Jahrhunderts erste Ringdeiche (Behre 2005). Alles in allem war die Warmphase eine Periode kultureller und wirtschaftlicher Blüte und kontrastiert damit signifikant mit der vorangegangenen und den noch folgenden Kältephasen.

Die Blüte der Wikinger verschwindet mit der Klimaverschlechterung im hohen Norden, die früher als in Mitteleuropa einsetzte. Ihre offensichtliche Weigerung, sich an die neuen Gegebenheiten anzupassen, in dem beispielsweise von der agraren auf eine marine, Fisch-bezogene Wirtschafts- und Ernährungsweise umgestellt hätte werden können, werden als mögliche Gründe diskutiert. Dass sich im globalen Umweltsystem in dieser Zeit nachhaltige Umstellungen ergaben, kann auch aus natürlichen Proxydaten abgeleitet werden. Die Fischpopulationen, wie sie sich aus marinen Bohrkernen erkennen lassen, weisen drastische Veränderungen um das Jahr 1000 auf (Holm 2003; Lotze 2004) – offensichtlich Hinweise auf grundlegende Umstellungen des Ozean-Atmosphäre-Systems.

Das Klima von 1000 bis 1500

Warme Zeiten – kalte Zeiten: Die Sommerverhältnisse von 1000 bis 1500

Die Angaben zu den Sommertemperaturen zeigen in den ersten Jahrhunderten überwiegend warme Verhältnisse an, die nur von kurzen Kaltphasen unterbrochen sind. Die überwiegende Mehrzahl der Sommer war offensichtlich warm oder heiß. Demgegenüber verhielten sich die Niederschlagsentwicklungen oftmals gegenläufig: warme und heiße Sommer waren in der Regel auch trocken. Seltener ist die Kombination warmer und feuchter Dekaden.

Die beiden ersten Jahrzehnte zwischen 1001 und 1020 lassen aufgrund der geringen Datenbelegung noch keine allgemein gültigen Aussagen zu. Auffallende Sommer waren in diesem ersten Abschnitt mehrfach aufgetreten. Äußerst niederschlagsreich verlief der von 1001, wie folgende Beschreibung zeigt: „*und hate solang dabey auch geregnet gar starck, daß sich die Leut umb Nürnberg einer Sündflut beförchtet haben*". (STAN Hss. 436)

Stürme und anhaltendes Regenwetter beeinträchtigten auch 1012 die Ernten, an der Elbe kam es zu einem Hochwasser. Ein schwerer Sturm machte am 17. Juli 1017 ebenfalls die Ernten zunichte und wenig sommerlich verlief auch der Juni 1018.

Eine erste Warmphase, die auch durch eine bessere Quellenlage abgesichert ist, trat zwischen 1021 und 1040 auf. Sie war zudem trocken. Als prägend kann beispielsweise der Sommer 1022 hervorgehoben werden. Aus Nürnberg werden geradezu dramatische Szenen geschildert, wobei die überzogenen Darstellungen als zeittypisches Stilelement angesehen werden müssen:

> „*daß viel Leuth umb Nürnberg auff den Strassen vor grosser Hiz verschmachtet und ersticket, deßgleichen sind auch alle Früchte auff den Feldern, Gärten und Wiesen auch Ackern verdorret und verbrenet, auch sein viel Brunen Flüsse Weyher und Bäche vertrocknet und versieget, wie dann umb Nürnberg alle Bäche und Weyher biß auff fünff vertrocknet und zwey Brunen vor grosser Hiz versieget, dardurch grosser mangel am Wasser entstanden ist*". (STAN Hss. 436)

Derartige Szenarien trocken-heißer Sommer wiederholten sich 1030, 1033 und 1039. Ganz anders gestaltete sich die Sommerwitterung in den zwei darauf folgenden Jahrzehnten 1041 bis 1060: Es überwogen kalte und nasse Sommer. 1043 herrschten nach einer Reichenauer Quelle beispielsweise den ganzen Sommer über geradezu winterliche Verhältnisse mit andauerndem Regen und stürmischem Wetter. Kein Wunder, dass die Ernte nicht geriet und vor allem der Wein sauer wurde. Bemerkenswert schlecht waren die Ernten auch 1049, das als nasses und hartes Jahr bezeichnet wurde. 1052 und 1053 waren nicht besser. Nach dieser Serie schlechter Ernten kam es zu einer Teuerung. Damit nicht genug: Im weiteren Verlauf traten Hungersnöte und Krankheiten auf, schließlich verließen viele Bauern ihre Dörfer.

Danach besserten sich die Sommerverhältnisse wieder. Eine zweite Warmphase folgte zwischen 1080 und 1120, die interessanterweise auch feucht war. Als herausragende Einzeljahre sind 1083, 1086, 1090 und 1095 zu nennen. 1083 führte die Hitze dazu, dass viele Fische in den Teichen eingingen. 1095 fiel in dem als gut eingestuften Sommer zumindest so viel Niederschlag, dass in Augsburg eine gute Ernte eingebracht werden konnte.

Diesen trockenen Sommern stehen auch nasse und niederschlagsreiche gegenüber, wie etwa 1094. Beschreibungen aus Bamberg belegen die regnerische und stürmische Witterung.

Auf ausgeglichene Verhältnisse lassen diejenigen Jahre schließen, in denen die Ernte gut ausfiel. 1097 war so ein Jahr, in Bamberg gab es im Sommer eine gute Ernte. Warme Sommer traten wiederum 1104, 1106 und 1107 auf, ebenso 1112 und 1113 und schließlich 1116. Im Sommer 1112 kam es durch die extreme Trockenheit zu Schäden an Bäumen und an den Anbaufrüchten. Im Juni 1113 entzündeten sich durch die große Hitze sogar die Wälder.

Nach dieser längeren Warmphase änderte sich die Sommerwitterung ab 1120 radikal. Es überwogen feuchte Sommer, was aus den Proxydaten abgeleitet werden konnte. Mehrere Jahre mit schlechten Ernten, wie z. B. 1125 in Franken, waren die Folge. Nur wenige Sommer hatten diese Bezeichnung auch verdient. Trockene Verhältnisse herrschten 1127 und 1130. In dem Jahr 1130 war der Sommer so trocken, dass man wieder durch den Rhein waten konnte. An manchen Stellen soll er sogar ganz trocken gefallen sein: „*In den iaren uns herren 1130 do was der rijn also cleyne, dat man druychs voys ouer rijn geync.*" (Kölnische Chronik 1087–1387, LHA Koblenz)

Da die Anbaufrüchte vertrockneten, mussten die Menschen wieder hungern.

Im darauffolgenden Jahrzehnt überwogen wieder die heißen und warmen Sommer. 1135 entzündeten sich die Wälder und die Donau war so seicht, dass man in Regensburg mit dem Bau der steinernen Brücke begann. 1137 herrschte eine außergewöhnliche Trockenheit in ganz Mittel- und Westeuropa.

Im nächsten Jahrzehnt änderte sich die Charakteristik der Sommerwitterung wieder grundlegend: Erneut dominierten die nassen und kalten Jahre. Schon der Sommer 1141 war so kalt, dass in Flandern die Ernten missrieten. Ähnliche Verhältnisse herrschten auch 1143, als es fast den ganzen Sommer hindurch regnete. Auch im Jahr darauf waren die Temperaturen alles andere als sommerlich. Bereits zwei Jahr später wurde durch den vielen Regen die Ernte geschädigt, nachdem bereits im Juni des gleichen Jahres die Reben erfroren.

Nach dieser nassen und niederschlagsreichen Dekade setzte ein Trend zunehmend warmer und trockener Sommer ein, der zunächst in dem Jahrzehnt 1181–1190 gipfelte. Danach folgten bis 1250 überwiegend warme und heiße Sommer, nur unterbrochen durch die ausgeglichenen Jahrzehnte 1191–1200 und 1221–1230. In dieser bemerkenswert langen Warmphase gab es folgende auffälligen Ereignisse: Entgegen dem beschriebenen Trend verlief der Sommer 1151 nach Quellen aus Braunschweig regnerisch, stürmisch und kalt. Aus Ottobeuren wird gemeldet, dass es im Juni und Juli nahezu fortwährend regnete und die Ernte missriet. Schwere Hungersnot, Teuerung und Krankheiten waren die unmittelbare Folge. Nicht ganz so verregnet war der Sommer 1155, denn erst nach einer länger anhaltenden Trockenphase beeinträchtigten Stürme und Regen die Ernte. Stellenweise verfaulten die Früchte auf den Feldern und der Hafer konnte nicht geschnitten werden. Erst danach setzte eine Folge warmer und heißer Sommer ein. 1156 führte die Trockenheit zu Ernteausfällen und auch 1157 herrschte den ganzen Sommer über große Hitze. Ein schweres Hagelunwetter zerschlug im gleichen Jahr Felder und Weingärten und 1158 waren die Erntetermine deutlich verfrüht, was ebenfalls für eine entsprechend warme Witterung spricht. Zudem konnte in diesem Jahr ein sehr guter Wein gekeltert werden, ein weiterer Indikator für eine ausreichende Wärmesumme.

Der Sommer 1159 war dagegen zu kühl und feucht, ebenso der des Jahres 1163. Ab Mitte August regnete es beständig, wodurch ein Teil der Ernte auf den Feldern verfaulte. Anfang September gab es nach einem Unwetter Hochwasser in Erfurt und in anderen Regionen. Auch 1166 wurde die Ernte durch den andauernden Regen im Sommer in der Gegend von Braunschweig geschädigt. Warme Sommer folgten erst wieder 1167 und 1168, wo hingegen der von 1169 wieder sehr nass wurde. Das Wechselspiel setzte sich fort: Heiß und trocken waren nach Aufzeichnungen aus Braunschweig die Sommer 1170 und 1173, der in Franken aber als niederschlagsreich geschildert wurde. Solche regionalen Unterschiede sind aus klimatologischer Sicht plausibel und müssen nicht zwangsläufig auf Quellenfehler zurückgeführt werden. Kälte und Regen prägten auch den Sommer 1174, in dem es zudem sehr windig war, was insgesamt zu schlechten Ernten führten. Die Zeitgenossen quittierten dies mit einem „*schlechte Zeiten*".

Bemerkenswert waren die Verhältnisse im Jahr 1177: Extreme Trockenheit und große Hitze bestimmten das Witterungsgeschehen in ganz Europa. Es gab Schäden an den Anbaufrüchten und die Ernte begann erheblich früher als sonst üblich. Wegen der Trockenheit konnte man die Wintersaat nicht gut ausbringen. Es gab wenig Heu und Früchte, aber einen guten Wein. In den beiden nächsten Jahren waren die Sommer eher durchschnittlich, 1779 nach Kölner Quellenaufzeichnungen stürmisch. 1181 kann ebenfalls als normal gelten, 1182 war hingegen so kühl, dass noch Anfang Juni die Früchte erfroren. Der einzige Trost in diesem Jahr war, dass es viel Wein gab. Warme Sommer folgten 1185, 1188 und 1189. Aufzeichnungen aus Köln beschreiben den des Jahres 1192 zunächst als heiß, aber nicht dauerhaft, der August wurde dann schon wieder kalt. 1195 folgte ein regenreiches Jahr, 1197 sogar wieder ein kalter Sommer. Dagegen wurde der Sommer 1198 heiß und vor allem trocken. Angeblich hielt die Trockenheit 15 Wochen lang an und führte schließlich zu Schäden an den Anbaufrüchten, was wiederum zu einer schlechten Ernte und einer geringen Weinmenge führte. Das Wechselspiel in den 1190er-Jahren weist nur eine ausgeglichene Sommerbilanz auf.

Im nächsten Jahrzehnt dominierten wieder die heißen und trockenen Sommer. Zu diesen zählen 1204 und 1205, wie in Kölner Quellen festgehalten ist, sowie 1208. Im Sommer zuvor, 1207, war es trocken.

Ganz anders verhielt es in den folgenden Jahren zu: Quellen aus Köln berichten 1209 von einem stürmischen und gewitterreichen Sommer. 1210 gab es nach Berichten aus Melk zwischen dem 16. und 23. August eine langanhaltende Regenperiode, die schließlich zu einem Hochwasser an der Donau führte. Durch den Regen und das Hochwasser wurden Weinberge und Felder zerstört. Dagegen war es im nächsten Sommer 1211 so heiß und trocken, dass in Nürnberg die Felder, Gärten und Wiesen in Mitleidenschaft gezogen wurden. Auch 1212 war ein warmer Sommer und so richtig heiß und trocken wurden die Sommer 1216 und 1217, in denen sogar Waldbrände auftraten. Und obwohl der Sommer 1219 von den Zeitgenossen als kalt und feucht eingestuft wurde, war das Jahrzehnt in seiner Bilanz sehr warm. Dagegen wurde das Nächste ein ausgeglichenes Jahrzehnt, in dem sich die Anzahl warmer und heißer Sommer mit den kühlen und kalten die Waage hielt.

1221 war der Sommer trocken, jedoch im nächsten Jahr schon wieder kühl und feucht. Im Juni zerschlugen Hagelunwetter in Süddeutschland Wiesen, Felder, Gärten und Obstbäume und am 6. August kam es nach einem schweren Unwetter zu einer Überschwemmung in Eisleben. Schon im nächsten Jahr, 1223, verursachten starke Regenfälle im August erneut Überschwemmungen. Das Wasser stand längere Zeit auf den Feldern, wie auch in folgender Quelle zu lesen ist:

„Es kam denkwürdig den 15.8., an dem nach der feierlich errichteten Messe durch eine Überschwemmung durch Regenfälle die Gräben und die niedrig gelegenen (Gebiete) der Länder wie Seen gefüllt wurden, und die Felder in stehende Gewässer verwandelt worden sind.“ (MGH SS 23, Emonis Chr.)

Die Reihe ungünstiger Sommerwitterung riss auch im nächsten Jahr nicht ab. Wieder war nach Quellenangaben aus Wierum und Erfurt der August 1224 verregnet, schließlich führte ein Sturm zu Schäden an den Ernten. Gegensätzliche Witterungsverhältnisse prägten auch 1225. Der Sommer brachte zunächst Wärme, vor allem der Juli war zunächst heiß. Ende des Monats änderte sich das Wetter aber. Es wurde regnerisch und der Regen hielt den August über an. Erst 1228 folgte wieder ein heißer und trockener Sommer.

In den nächsten beiden Jahrzehnten dominierten die warmen und heißen Sommer das Witterungsgeschehen. Trockenheit bestimmte das ganze Jahr 1231, was auch die schlechte Getreideernte in Passau erklärt. Im darauf folgenden Jahr, 1232, herrschten im Juli und August erneut große Trockenheit und Hitze. Ganz andere Verhältnisse bestimmten 1233 das Geschehen, als nach Berichten aus Köln die Ernte und Weinlese verregnet waren. Diese Aussagen stimmen sehr gut mit anderen regionalen Befunden überein: Auch in Friesland sind ab dem 1. Juli starke Regenfälle verzeichnet und in Erfurt gab es Überschwemmungen, wobei unklar ist, wann genau diese auftraten. Erst 1236 war der Sommer wieder warm, was auch dem Wein zugute kam. Schon im nächsten Jahr, 1237, war es bis Anfang August kalt und regnerisch. Dann fiel große Hitze ein. Der Heuernte kam dies zugute, das Gras wuchs in Hülle und Fülle, während die anderen Feldfrüchte unter der schlechten Witterung litten. Auch der Wein geriet in diesem Jahr wegen der schlechten Witterung nicht.

Interessanterweise stellen die Quellen in den 1240er-Jahren verstärkt die Trockenheit dar. Sie bestimmte den Sommer 1241 und auch 1242; diesen allerdings nur zu Anfang, da ab dem 1. Juli eine längeranhaltene Regenperiode einsetzte. Der Sommer 1244 wird ebenfalls als heiß und trocken beschrieben, während der von 1246 eine ähnliche markante Zweiteilung aufwies wie 1242, da es nach einem trockenen Sommeranfang gegen Ende regnerisch wurde. 1248 folgte erneut ein trockener Sommer. Dieser ‚Zweiertakt‘ setzte sich fort, denn auch 1250 wurde die erste Sommerhälfte trocken.

Nach dieser lang anhaltenden Warmphase verschlechterte sich die Sommerwitterung im nächsten Jahrzehnt für kurze Zeit. Es überwogen nun wieder die verregneten und kühlen Sommer, wie z. B. im Jahr 1252. Im Sommer 1253 herrschten *„ungestüme Winde“*, die Schäden an Gebäuden und Menschen anrichteten, und 1255 war die kalte und nasse Witterung dafür verantwortlich, dass es einen sauren Wein gab. Ebenfalls zu niederschlagsreich war der Sommer 1256. Mitten im August zerschlug der Hagel in der Gegend von Ottobeuren das Getreide. In fast all diesen Jahren konnten nur schlechte Ernten eingebracht werden. Gegen Ende dieses Jahrzehnt besserten sich die Sommerverhältnisse wieder. 1257 zählt zu diesen warmen Vertretern und nach vielen Quellenangaben, u. a. aus Worms, war 1259 ausgesprochen heiß und trocken, wobei es von März bis August keinen nennenswerten Niederschlag gab.

Im weiteren Verlauf überwogen wieder die warmen Sommer. Zwischen 1261 und 1310 sowie zwischen 1321 und 1400 traten die längsten Abschnitte anhaltender Sommerwärme auf. Nur in der Dekade 1311 bis 1320 gab es eine kurze Verschlechterung mit nassen und kühlen Sommern. In der Regel waren diese warmen Phasen auch trocken. Eine Ausnahme bildet der Abschnitt 1321 bis 1350 mit feuchteren Verhältnissen. Schon die ersten Jahre 1261 und 1262 zeichneten sich durch eine ausreichende Sommerwärme aus. Die Feldfrüchte und der Wein gerieten 1261 überwiegend gut. 1262 wurde die Trockenheit, die zu einer schlechten Ernte führte, u. a. in Melk beklagt. 1263 gab es schwere Unwetter in Thüringen, wobei Jena und Apolda besonders stark betroffen waren.

„Am 30.6., als sich ein Sturm mit Überschwemmung durch gewittrige Regenfälle in Appolde und in den nahen Dörfern und in Jena zur nächtlichen Zeit erhob, sind 35 Menschen verschiedenen Geschlechtes ertrunken, die Wohnstätten sind fortgeführt worden, und das meiste Vieh ging zugrunde. Ebenso am 12.8. nach der neunten Stunde ist eine Sonnenfinsternis allgemein gewesen, wie sie am 12.8. beinahe bis zur Abendstunde in jenem teutonischen Gebiet gesehen wurde.“ (MGH SRG 42, Chr. Minor) … *„Des selbin jares an sente Johannes des touferes abende da wart ein ungewittere bie Appolde in Doringen unde bie Jhene bie der Sale in der nacht, da irtrunken fu(e)nf unde drißig mensche, unde daz waßir vu(e)rte vil hu(e)sere enweg unde irtrankete ußir maße vil vihes.“* (MGH SRG 42, Chr.Sax.Cont.Erphord.)

Auch im nächsten Sommer kam es durch Starkregenereignisse zu lokalen Überschwemmungen. Sehr heiß und sehr trocken wurde der Sommer 1267, wie Quellen aus Erfurt berichten. Auch im nächsten Jahr herrschte im Raum Colmar zwischen dem 3. März und dem 17. Juli eine 12 Wochen anhaltende Trockenheit und Hitze, was offenbar keine negativen Auswirkungen auf die Anbaufrüchte hatte, denn es gab eine gute Ernte.

1270 kam es im Juli zu Überschwemmungen am Oberrhein und an der Donau. Ansonsten war der Sommer zumindest in Süddeutschland warm und trocken, was sich auch in einem sehr guten Wein niederschlug. Anders als in Friesland, denn dort regnete es viel und die Ernte war schlecht. Auch 1271 war wieder ein niederschlagsreiches Jahr mit einem nassen Sommer, in dem es zu Seuchen und Hungersnöten kam und durch eine Überflutung der Dollart entstand. Durch die anhaltende Nässe verfaulten die Trauben auf den Stöcken. 1274 kann ebenfalls als ein regenreicher Sommer eingestuft werden, da es nach einem Unwetter in Basel am 3. Juli ununterbrochen bis zum 1. August regnete. Danach setzte sich eine länger anhaltende Hochdrucklage mit schönem Wetter und Wärme durch und endlich gab es auch wieder eine reiche Ernte. Auffallend kalt und regnerisch wurde 1275. Seit Anfang Mai regnete es, viele Flüsse traten wegen des Dauerregens über die Ufer, so beispielsweise der Main oder die Elbe am 24. August. Die Trauben wurden nicht rechtzeitig reif und mussten im Schnee gelesen werden, aber der Wein war sauer. Erstmals seit vielen Jahren war der Sommer 1277 wieder heiß und trocken und es konnte eine gute Ernte eingebracht werden. Auch im darauf folgenden Jahr 1278 berichten Quellen aus Konstanz von einem trockenen Sommer, in dem die Anbaufrüchte nicht geschädigt wurden, denn die Ernte fiel gut aus.

Eher durchschnittlich verliefen die Sommer 1279 und 1280, wobei 1280 erneut als niederschlagsreiches Jahr eingestuft werden kann. Dann folgte eine Reihe trockener und zumeist warmer Sommer: Auffallend war 1282 der frühe Eintritt der Baumblüte und die sehr frühe Ernte, was auf einen warmen Witterungsverlauf in der ganzen ersten Jahreshälfte zurückzuführen ist. Auch im nächsten Jahr war der Sommer wieder warm und es gab Unwetter und Hagelschäden wie in Erfurt: „*Des selbin jares was solch gro(e)z ungewetere an haile unde an slozen, daz iz den pherrer von Zimmern unde vil andere lu(e)te irtrenkte.*“ (MGH SRG 42, Chr.Sax.Cont. Erphord.)

Die warm-trockene Witterung setzte sich fort, denn auch 1284 war vor allem am Ende des Sommers sehr warm und trocken. Zwischen dem 24. August und dem 30. November soll es im Elsaß kaum geregnet haben, was sich auch in einer sehr guten Weinlese niederschlug. 1285 war nach Quellen aus Friesland ein trockener, aber gewitterreicher Sommer. Ähnliche Verhältnisse herrschten auch 1287, wobei es auch in diesem Jahr viel und guten Wein gab. 1288 zerschlugen schwere Hagelschauer am 10. Juli im Stuttgarter Raum Felder und Wälder, wobei Esslingen, Weil im Schönbuch und Butzbach besonders betroffen waren, und um den 15. August gab es schwere Stürme auf See, einen weiteren Mitte September, durch den viele Schiffe untergingen. In der Folgezeit wechselten warme und kühle Sommer wieder ab, der von 1289 wurde warm, der von 1290 wieder regnerisch und kühl, wie es in Quellen aus Passau und Colmar beschrieben ist.

Einen weiteren herausragenden Sommer gab es 1293. Am 3. August richtete ein heftiges Gewitter mit Sturm und Hagel große Verwüstungen im süddeutschen Raum an. Betroffen waren das Getreide, Obst- und Waldbäume und sogar Häuser im Stuttgarter Raum sowie im Rhein- und Donaugebiet. Eine etwas seltenere Kombination trat 1294 ein: Die warm-feuchte Witterung bot geradezu ideale Voraussetzungen für Gewitter. Kein Wunder, dass es beispielsweise im August in der Gegend von Mainz gleich mehrfach Unwetter gab. Extreme Verhältnisse herrschten auch im Sommer 1295 als durch die Hitze und Dürre Brunnen und Gewässer austrockneten. Als angenehm werden die Temperaturen im Jahre 1297 beschrieben, was sich auch in guten Ernten äußerte.

Wenige Jahre später, 1301, folgte erneut ein heißer Sommer, doch schon im nächsten Jahr schlug das Pendel wieder in die entgegengesetzte Richtung: 1302 wurde kalt und am 12. August gab es schwere Überschwemmungen am Rhein. Basel, Straßburg, Neuenburg und Breisach waren besonders stark in Mitleidenschaft gezogen. 1304 folgte ein Jahrhundertsommer mit extremer Trockenheit. Weil diese das ganze Jahr über anhielt und das Wasser fehlte, konnte nicht gemahlen werden. Donau und Rhein hatten sehr niedrige Wasserstände und auf dem Rhein konnten keine beladenen Schiffe mehr verkehren. Die Donau konnte beinahe trockenen Fußes gequert werden, der Rhein an vielen Stellen ebenso. Die Ernte konnte sehr früh eingebracht werden, bereits Ende Juni wurde neue Gerste verkauft und am 1. Juli wurden im Elsaß reife Trauben gesehen. Kein Mensch erinnerte sich an eine so frühe Ernte. Ganz anders verhielt es sich 1305 als in einem trockenen Jahr der Sommer zu kühl war und die Ernte missriet. 1310 folgte ein kalter und nasser Sommer, in dem die Ernte erneut schlecht ausfiel und es zu Teuerungen kam. Nach andauernden Regenfällen traten im Juli Flüsse, wie die Neiße, über die Ufer. Die Menschen sprachen schon von einem „*Sündfluss*“. Besonders die Trauben reiften in der stürmischen und regnerischen Witterung nicht, in manchen Regionen wurden sie gar nicht gelesen.

Das folgende Jahrzehnt war in der langen Warmphase das einzige mit einer negativen Sommerbilanz. Ungewöhnlich waren vor allem die hohen Niederschläge. Bereits im ersten Jahr, 1311, wurde der Sommer nicht richtig warm und zu feucht. Wieder gab es beispielsweise im Raum Passau und in Landau an der Isar eine schlechte Ernte. Auch 1312 sprechen die Quellen, ebenso wie in den folgenden drei Jahren, von ungünstiger Witterung und misslungenen Ernten, die Hungersnot zur Folge hatten, durch die viele Menschen starben. Eine drastische Beschreibung findet sich in der Bad Windsheimer Chronik 1315:

„Sahe man zwen Cometen, und war ein naßer Sommer, große hungersnot, so an etlichen orten die leüt gezwungen, das Sie allerleyß, hund, pferd, und dieb von Galgen gefreßen, und galt zumß hoff in Waitlandß ein Schöffel korns 32 fl. und weilen es sonsten den ganzen Sommer

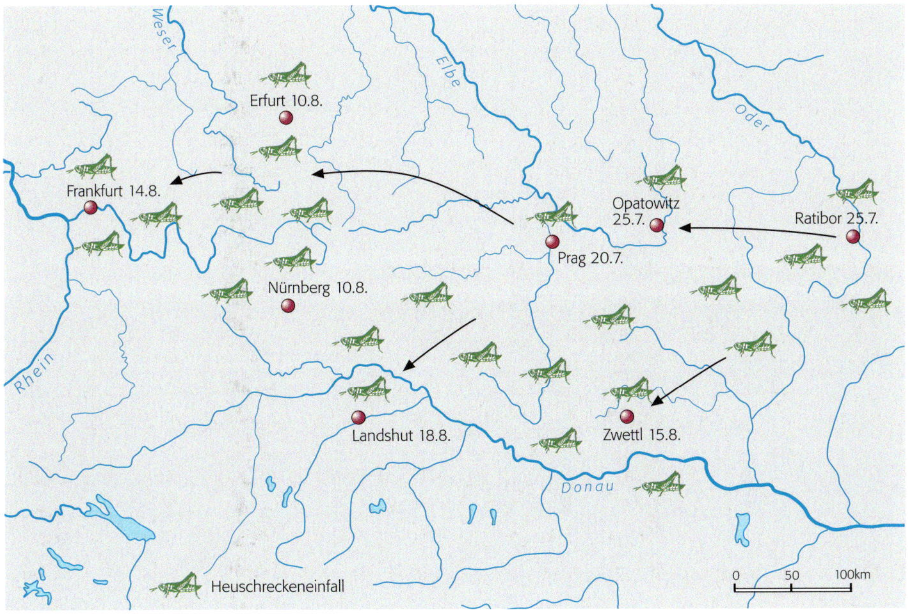

Abb. 24: Heuschreckeneinfälle in Mitteleuropa 1338: Die Heuschrecken zogen aus dem Osten kommend über Bayern und Schwaben in Richtung Rheingebiet und führten zu erheblichen Schäden an den Anbaufrüchten. Erst durch einen frühen Schneeeinbruch Mitte Oktober wurden sie gestoppt. Angegeben sind Ort und erste Erwähnung.

über geregnet, sint weit und breit, den Menschen, Viehe, und Getraid, durch die anlauffente Waßer, großer schaden geschehen, Zum gedachtnus dießer großen Sündflut, und hungersnot, sind dieße Verßlin gemacht worden: Ut lateat nullum tempus Famis, ecce CVCVLLVM Albani festa de narvant tristia gesta, Terxam portentis tetigit manus Omnipotentis, Imbribus in numeris, merguntur senina qua vis, Brutaque cum stabulis pereunt, atque oppida villis.“ (Chr. von Bad Windsheim, StA Bad Windsheim)

1316 kam es durch die starken Niederschläge zu Überschwemmungen, beispielsweise an der Donau, die gleich dreimal im Mai und Juni über die Ufer trat. In Bayern und Österreich glaubte man eine zweite „*Sündfluth*“ erlebt zu haben. Auch an der Elbe und in Thüringen kam es zu Hochwasserschäden, wie z. B. in Grimma, wo die Mühlen ganz zerstört wurden. Um die außergewöhnlichen Temperaturen zu vergegenwärtigen soll noch ein weiteres Ereignis genannt werden: 1318 gab es am 30. Juni in Köln Schneefall! Nach dieser niederschlagsreichen Dekade setzte sich die Warmphase weiter fort. Zunächst folgte aber 1321 ein regenreiches Jahr mit schlechten Ernten, wie Quellen aus Braunschweig und Würzburg zu entnehmen ist. Dagegen war 1323 wieder heiß, Mitte August gab es ein Unwetter in Norddeutschland. 1325 folgte wieder ein heißer Sommer, der von 1326 war trocken und 1329 kann durchweg als mildes Jahr eingestuft werden.

1331 trat in einem ohnehin schon recht warmen Jahr eine mehrere Wochen anhaltende Trockenphase ein. Mitte Juli fielen in Frankfurt und wenige Tage später auch in Koblenz Hagelkörner, welche die Größe von Hühnereiern hatten. Der Wein wurde nach Angaben aus Köln wie in den nächsten beiden Jahren gut. Der Sommer des Jahres 1333 wird ebenfalls als ein heißer Sommer mit längeren trockenen Abschnitten bezeichnet. Allerdings gab es am 30. Juli an der Mosel bei Trier und auch bei Würzburg eine Überschwemmung. 1335 war der Sommer ausgesprochen kalt und niederschlagsreich. Nach diesem Witterungsverlauf wundert es nicht, dass der Wein sauer wurde und die Ernte fehlschlug, wie Quellen aus Erfurt und Würzburg beschreiben. Unwetter am 29. Juni 1336 führten zu einer Überschwemmung in Heilsbronn und im darauf folgenden Jahr konnte man immerhin wieder mit der Ernte zufrieden sein.

1338 sahen sich die Menschen mit geradezu biblischen Plagen konfrontiert: Heuschrecken fielen in Europa ein. Sie zogen aus dem Osten kommend über Bayern, Schwaben in Richtung Rheingebiet und machten sich gefräßig über Teile der Ernte her (Abb. 24).

Erst durch einen frühen Schneeeinbruch Mitte Oktober wurde ihnen der Garaus gemacht. Allerdings wurden durch den Schneeeinbruch auch die Trauben geschädigt und viele Bäume erlitten Schneebruch. In Quellen aus Erfurt wird ausgeführt:

„In demselben Jahr … ist bei der Tauber und bei der Stadt Würzburg und in den benachbarten Gebieten eine ungeheure und erstaunliche Menge an Heuschrecken von einer innehabenden Größe gesehen worden, die die Frucht des Bodens in den meisten Orten abfraßen, aber die Weinberge nicht beschädigten, einige Städte für einige Tage bedeckten, daß in ihnen (= in den Städten) die Sonne ihre Strahlen nicht zu Boden werfen konnte.“ (MGH SRG 42, Chr.S.Petri Erphord.Cont.I)

Abb. 25: Hochwasserkatastrophe von 1342 in Nürnberg. StA Nürnberg, F/1/49.

1339 und 1340 gab es erneut Heuschreckeneinfälle, wobei sie 1340 durch eine Regenperiode im August, durch die beispielsweise der Main Hochwasser führte, wieder vertrieben wurden. 1341 wurde der Sommer schön warm. Das folgende Jahr brachte eine der schwersten Umweltkatastrophen in den letzten 1000 Jahren: 1342 war das Jahr mit dem Jahrtausendhochwasser (Abb. 25), als im Juli durch mehrtägige intensive Regenfälle eine derartige Flutwelle entstand, dass die Brücken in Regensburg, Bamberg, Würzburg, Frankfurt, Dresden und Erfurt zerstört wurden (Bork et al. 1998). Wegen dieses Hochwassers wurde später am Maria-Magdalenen-Tag (22. Juli) jährlich eine große Prozession abgehalten. Nach dem außergewöhnlichen Hochwasser, das bis zu 14 Meter tiefe Schluchten gerissen hatte und die ganze Landschaftsoberfläche veränderte, brach, nachdem die gesamte Ernte zerstört war, eine Hungersnot aus.

1343 war die Sommerwitterung wieder von einigen ungewöhnlichen Phasen durchsetzt. Durch andauernden Regen im Juni und Juli wurde zunächst die Rebenblüte Anfang Juni beeinträchtigt. Dann traten fast zur gleichen Zeit wie im Vorjahr Hochwasser u. a. in Eichstätt auf. Anfang August gab es wieder acht Stunden lang Dauerregen, dann wieder Ende August und Anfang September. Die gewaltigen Regenmassen trieben Anfang August den Bodensee und die Flüsse über das Ufer. Der Rhein führte Hochwasser und zerstörte Brücken und Gebäude, betroffen waren Basel, Breisach, Schaffhausen, Laufenburg, Säckingen, Rheinfelden und Straßburg. Zwischen dem 24. August und dem 1. September überflutet der Bodensee in der Gegend von Lindau und Konstanz zum zweiten Mal die Ufer, ein weiteres Mal am 14. September während eines Sturmes. Kein Wunder, dass die Ernte schlecht ausfiel und der Wein nichts wurde. 1344 beeinträchtigten große Hitze und Trockenheit die Ernte in Franken, wobei es einen sehr guten Wein gab. Demgegenüber war 1346 ein kaltes Jahr, in dem es bis Anfang Juni kaum wärmere Abschnitte gab. Erst Ende Juli wurde es nach Angaben aus Lindau heiß. Die Blüte hatte sich entsprechend verspätet, die Ernte geriet schlecht und trotz der späten Wärme blieben auch die Trauben hart. Auch 1347 war wieder ein niederschlagsreiches Jahr, in dem sich die Blüte und Ernte verspäteten. Der ganze Sommer war verregnet, die Ernte wurde wieder sehr schlecht. Beispielsweise konnte der Hafer gar nicht eingebracht werden und die Weinlese wurde sehr spät, zum Teil erst im November durchgeführt. Trotzdem gab es nur einen sauren Wein, den niemand trinken wollte. Folgende Beschreibung stammt aus Zwettl:

„In demselben Jahr ist der ganze Sommer so kalt und regenreich gewesen, daß alle Früchte des Landes / des Bodens später gediehen und geerntet wurden, und in der

Folge (sind) alle Früchte unreif (geblieben). Denn auch die Früchte der Weine, nämlich die Trauben, waren so hart, daß man (sie) nicht nur nicht essen, sondern auch kaum kosten konnte. Nicht anders sind die Weine so bitter gewesen, wie sich irgendeiner erinnert, und dieses Jahr ist ähnlich dem zweiten Jahr nach dem Erlaßjahr gewesen, in dem damals auch solch bittere Weine und späte und unreife Früchte gedeihten." (MGH SS 9, Ann. Zwetlenses)

Ab 1350 gab es eine Reihe warmer und angenehmer Sommer. 1351 konnte man beispielsweise in Speyer und Worms sehr früh ernten und wegen der großen Trockenheit war es möglich, den Rhein bei Mainz zu Fuß zu durchwaten. Es gab in diesem Jahr einen guten Wein. 1352 folgte wieder ein heißer und trockener Sommer und 1353 war die zweite Jahreshälfte angenehm warm, wobei vor allem im Juni in Konstanz große Hitze herrschte. In Mainzer Quellen wird der Sommer 1356 schlicht als kalt und ohne jede Hitze beschrieben. Der erste schlechte Sommer seit längerer Zeit. Entsprechend fiel die Ernte in Hessen, im Rheinland und in Westfalen aus. Genau das Gegenteil im nächsten Jahr 1357. Langanhaltende Wärme bestimmte den Sommer, im Rheingau gab es nach einem Unwetter am 23. Juni Überschwemmungen. Wenig Sonne und viel Regen prägten den Sommer des Jahres 1359, wobei es zwischen dem 2. Juli bis zum 16. September in Mainz ununterbrochen regnete. Am 7. Juli gab es im Raum Eichstätt nach einem Unwetter Überschwemmungen. Ausgeprägte Sommerwärme 1361 war schließlich den Chronisten in Bremen, Konstanz und Mainz eine Meldung wert. In Preußen verdorrte viel Getreide auf dem Feld. Die Ernte und Weinlese konnte erheblich früher als sonst üblich eingebracht werden. Am Ende des Sommers kam ein großer Regen. Bemerkenswert war auch, dass in Mainz die sonst üblichen Unwetter fehlten.

Danach wechselten warme und kühle Sommer einander ab. 1364 waren Juni und Juli kalt, der August hingegen warm. Im August fielen wieder Heuschrecken ein. Am 31. August beobachtete man sie in Frankfurt/Main, in Ellwangen nach dem 23. August. 1365 setzten Stürme am 21. August den Anbaufrüchten um Straßburg zu. Der ganze Monat wird auch in Mainz als stürmisch, kalt und regnerisch bezeichnet. Ähnlich schlecht war die Sommerwitterung im folgenden Jahr 1366 mit wenig Sonne und viel Regen von April bis Ende August. 1366 fielen im August erneut Heuschrecken ein und fraßen Teile der Ernte auf. Zwei Jahre später, 1368, war der Sommer endlich wieder warm und – wie Quellen aus Mainz berichten – ohne Hagelunwetter vorübergegangen. Die Ernte und Weinlese wurde entsprechend gut.

Als kalt und verregnet wird der Sommer 1370 in Mainz beschrieben. Schon im nächsten Jahr 1371 war er aber wieder heiß und trocken. Vor dem 9. August wurde in München eine Brücke durch Wasser zerstört. Dafür wurden 2 ½ Flöße Holz gebraucht und der Fuhrmann erhielt für vier Wochen Lohn bezahlt. Auch 1373 wurde wieder trocken und heiß. Eine Ausnahme in dieser langen Reihe warmer Sommer gab es 1374. Nach länger anhaltenden Regenfällen wurde es erst im August warm. Schon im nächsten Jahr setzte sich aber das warme und heiße Wetter fort. Zwölf Wochen soll es nach Angaben aus Limburg nicht geregnet haben und im Rheingau vertrockneten die Beeren. Allerdings fiel in Konstanz die Ernte gut aus und die Weinqualität wurde erwartungsgemäß sehr gut. Erst 1377 bezeichnen Quellen aus Augsburg den Sommer wieder als kalt. Die Kälte dauerte bis in den Juni an, dann setzte sich das schlechte Wetter in einem regenreichen Jahr fort. 1379 war die Hitze dann wieder so stark, dass die Beeren vertrockneten und in Preußen das Getreide erheblich früher als sonst erntereif war.

1380 wird regional unterschiedlich dargestellt: Während es in Mainz bei nicht allzu großer Kälte regnete und stürmte, war es in Augsburg warm und schön. Als besonders kalt wird der Juni 1382 geschildert. 1383 war die zweite Augusthälfte sehr trocken und 1384 war der Sommer bis zum 10. August schön, dann setzte sich eine Hitzephase durch, bis Ende des Monats Kälte einfiel. Die nächsten Sommer waren nicht sonderlich auffällig. Erst wieder 1387 war der ganze Sommer nach Angaben aus Mainz und Augsburg verregnet, windig und kalt. Dagegen soll das ganze nächste Jahr schön gewesen sein. Die neue Dekade begann wieder mit einem trockenen und heißen Sommer, wie Quellen aus Bamberg und Nürnberg belegen:

„*Anno 1391. War so ein sehr heisser dürrer und trockner Somer, daß an vielen Orten umb Nürnberg herumb die Brunnen und Bäche versieget, und die Wyher eingetrucknet sein, dardurch das Wasser sehr klein worden, daß man nicht hat mahlen können, und ist an ettlichen Orthen das Wasser imbs geld verkaufft worden, umb Bamberg aber und im franckenland wuchse der allersüsseste Wein, dergleichen bey Menschengedencken, niemahls gewachsen war. Darauff folgte ein Jäher Kalter Winter und starcke gefrost, daß man den Wein kaum vor Kält konte ablössen, gleichwoll blieb er süß.*" (STAN Hss. 436)

1392 war der Wein wegen dem anhaltenden Regenwetter schlecht. Extreme Trockenheit führte 1393 zu Niedrigwasserständen an Rhein, Mosel, Lahn und allen anderen Flüssen. Am 2. Juni gab es ein Unwetter mit Überschwemmungen in Eisenach. Zahlreiche Unwetter bestimmten den Sommer 1395. Anfang Juni zerschlug Hagel die Felder im Rheingau und im Rheintal bei Koblenz, Oberwesel und St. Goar. Am 11. August führte ein Unwetter bei Oppenheim zu Überschwemmungen. 1397 kam es sehr früh zur Blüte und auch die Ernte konnte bedeutend früher als sonst eingebracht werden. Auch die verbleibenden Sommer dieses Jahrzehnts waren in der Tendenz warm.

Nach diesen sommerlichen Warmphasen, die zu Recht mit dem Begriff des Mittelalterlichen Wärmeoptimums bezeichnet werden können, akzentuierte sich das Temperaturgeschehen. Ähnlich wie schon 1121 bis 1150 gab es nach 1400 über mehrere Jahrzehnte hinweg starke Schwankungen. Diese Phase dauerte bis 1460 an, gefolgt von einem kürzeren wärmeren Abschnitt zwischen 1461 und 1480. War die erste Dekade noch feucht, wurde die zweite sehr trocken. Nach einem erneuten Temperaturrückgang im darauf folgenden Jahrzehnt erholte sich die Sommertemperatur nochmals für eine Dekade mit überwiegend trockenen und heißen Sommern. Diese Abfolge wechselnder und vergleichsweise kurzer Temperaturumschläge kann als eigene Klimaphase herausgestellt werden, die den Übergang zur nächsten markanten Klimaepoche markiert. Wieder sollen einige typische und prägende Sommer dieser Phase vorgestellt werden.

Das neue Jahrhundert begann mit einer Dekade, in der die nassen und kühlen Sommer überwogen. Schon das erste Jahr 1401 entspricht mit einem regnerischen Sommer diesem Muster. Nach einer Quellenangabe aus Magdeburg soll es von März bis Ende September geregnet haben. Dem stehen die Angaben von Klosterneuburg gegenüber, dass es heiß und trocken war. Diese gegensätzlichen Aussagen könnten Ausdruck regionaler Unterschiede sein. 1402 wurden die Isarbrücken in München wieder vom Hochwasser beschädigt und in Bruchsal gab es Mitte August durch ein Unwetter Überschwemmungen. 1403 wütete ein Sturm um den 3. Juni an der Wartburg bei Eisenach. 1404 führte der Rhein bei Straßburg gegen den 24. Juni Hochwasser. Danach wurde der Rhein sehr klein. In Münstereifel kam es am 27. August ebenfalls zu Überschwemmungen und Ende August begann auch hier eine längere Trockenphase. Der Sommer 1405 war sehr niederschlagsreich, was an der Donau schwere Überschwemmungen verursachte. Im nächsten Sommer 1406 war es im ganzen Rheingebiet sehr nass, so dass in Köln im August sogar Prozessionen mit der Bitte um besseres Wetter stattfanden. Nach einer Paderborner Quelle soll es von Mitte April bis Mitte September unaufhörlich geregnet haben, mit der Folge, dass die Ernte fehlschlug. Im Juni gab es Hochwasser am Rhein bei Straßburg.

Die übrigen Sommer dieses Jahrzehnts verliefen unauffällig. 1407 konnte eine gute Ernte eingebracht werden, 1408 traten Stürme während der Erntezeit auf, wie Quellenangaben aus Magdeburg melden. Anschließend regnete es fortwährend. 1410 führt der Stadelhofer Bach in Konstanz am 18. August Hochwasser. Diese Angaben machen deutlich, dass die Sommerwitterung nicht sonderlich warm und angenehm ausfiel. Dies änderte sich im nächsten Jahrzehnt, in der die warmen Sommer wieder häufiger auftraten. Im ersten Jahr, 1411, erinnerte man sich allerdings eher an die kalten Verhältnisse. Bis Mitte Juli verlief der Sommer nach Angaben aus Bamberg kalt und regnerisch, dann aber bis in den Herbst trocken. Im Sommer 1412 gab es viele Gewitter mit Hagelschäden in Bayern und Sachsen. Im darauf folgenden Jahr 1413 kam es infolge andauernder Regenfälle in Bautzen zu einem Hochwasser an der Spree. Die große Trockenheit im Sommer 1414 schädigte Dortmunder Quellen zufolge die Anbaufrüchte. Anhaltende Regenfälle bestimmten die Verhältnisse im Jahr 1415. In ganz Bayern und im Elsaß war die Ernte schlecht, alle Wiesen wurden überschwemmt und das Heu verwüstet. Bis auf eine Überschwemmung in Münstereifel am 15. Juli sind keine weiteren Klimahinweise überliefert worden. Vermutlich war es ein durchschnittlicher Sommer. Einen sehr guten Wein konnte man 1418 lesen, was für überdurchschnittliche Wärme spricht. 1419 verlief der Sommer aber schon wieder kalt, was in Magdeburg dazu führte, dass das Getreide sehr spät reifte. Nach dem beständigen Auf und Ab muss das Jahr 1420 wie ein Segen erschienen sein. Es war das ganze Jahr über warm und schön. Alle Früchte wurden sehr früh reif, beispielsweise Erdbeeren, aber auch das Getreide und der Wein. Zudem konnte eine große Menge geerntet werden, es war also ausreichend Feuchte vorhanden.

Nach diesem in der Gesamtbilanz positiven Jahrzehnt folgte eine Dekade, in der wiederum die kalten und nassen Jahre überwogen. Das Jahr 1423 kann beispielhaft erwähnt werden. Es regnete beständig von Ende Juni bis in das Spätjahr hinein, was schließlich zu Hochwassern im Rhein- und Wesergebiet führte. Bereits im nächsten Sommer 1424 schlug das thermische Verhalten in die andere Richtung um. Große Trockenheit wird aus Dortmund und Magdeburg gemeldet. Drei Monate lang soll es nicht geregnet haben. Das Gras auf den Weiden vertrocknete. In Basel kam es aber zwischen dem 31. Juli und dem 2. August zu einem Hochwasser. Was sich wie ein Widerspruch anhört, lässt sich durch starke Abschmelzvorgänge im Alpenraum erklären, die in trockenen und heißen, also strahlungsreichen Sommern besonders stark sind. Auch 1425 und 1426 waren die Sommer nach Angaben aus Klosterneuburg trocken und heiß. Kälte und Nässe prägten hingegen die Sommer in den Jahren 1428 und 1429. 1428 trat an der Elbe ein Sommerhochwasser auf.

Das nächste Jahrzehnt war wieder durch überwiegend warme und trockene Sommer gekennzeichnet. Bereits 1431 war warm, der darauf folgende Sommer trocken. Mitte Juni richtete ein Sturm im Raum Augsburg Schäden an. Im August wüteten in ganz Deutschland Unwetter und es kam zu Überschwemmungen. Die Angaben zu 1433 lassen auf einen nasseren Sommer schließen: Der Main führte im Juni Hochwasser, in Thüringen gab es ebenfalls Überschwemmungen, durch die Mühlen in

Grimma weggerissen und fast alle Klosterteiche zerstört wurden. In Augsburg regnete es im gleichen Monat 11 Tage hintereinander. Die folgenden drei Sommer waren witterungsklimatisch unauffällig. 1437 und 1438 lassen sehr gute Weinqualitäten auf eine entsprechende Wärme schließen, was durch Quellenaussagen aus Süddeutschland auch bestätigt werden kann.

Das folgende Jahrzehnt zählt zu den eher ausgeglichenen. 1441 war der Sommer nach süddeutschen Quellen warm und trocken. Es gab eine gute Ernte sowie viel und guten Wein. 1442 wurde der heiße und warme Witterungsverlauf im Sommer in Konstanz beschrieben:

„Des jaurs, so vorstat, was es so ain haisser sumer, das groß gebrest an wasser was, das man an etlich enden uff dem land das vech müßt ain mil wegs triben ze tränkend und erwand der habern, höw, omd und schmalsat und ward futer tür. Item die clainen bäch wurdent als lär an vischen und krebsen von klaine der wasser, das man sy alle uff vieng, und ward der win als honig süß und winnet man zu unser froentag ze herbst (08.09.) und ward vil win.“ (Konstanzer Chronik, Mone 1848)

Anders waren die Verhältnisse 1445. In den Kölner Chroniken finden wir diesen Sommer als nass verzeichnet. Selbst die Ernte war verregnet, so dass Mangel an Getreide und allen anderen Früchten entstand und erneut gab es schwere Unwetter, wie folgende Quelle aus Limburg belegt:

„1445 Und des selben sumers do chom ain groß ungestüms weter, daz man mainet, ez wär chain sölichs weter nie gebesen seit Crist purd. Daz selbig weter chom an sant Stheffans (03.08.) tag als er gefunden ward, und der selb sant Stheffans tag der ist am achtetem tag nach sand Jacobs tag. Ez hub in Sbabenland an. Daz selbig weter daz tailt sich von ainander und ge nach der Tunau zi tal und erschlug allesdaz traid daz auf den veldern da was, es vellet auch zu Kelham und zu Regenspurg sölich groß stain, daz man si schaczet in der gröz an phuntstain und flösset den leuten ir weingärten hin und füret ain gute festen an der Altmül hin mit grund mital.“ (Deutsche Chr. u. a. Geschichtsbücher des Mittelalters 1877)

Recht warm war auch der Sommer 1447. Ausgesprochen heiß und trocken wurde es aber 1448. Durch die Wasserarmut versiegten die Quellen und Mühlbäche, die Brunnen trockneten aus und die Mühlen standen still. Da kein Getreide gemahlen werden konnte, kam es zu Brotmangel. Dafür wuchs ein vortrefflicher Wein heran.

In der Dekade 1451–1460 ging die Sommerwitterung wieder deutlich in den Keller: Nasse und kalte Sommer überwogen. Der Sommer des Jahres 1451 wird als gewitterreich beschrieben. Im Juni führte der Main bei Bamberg Hochwasser und beschädigte Brücken, Häuser und

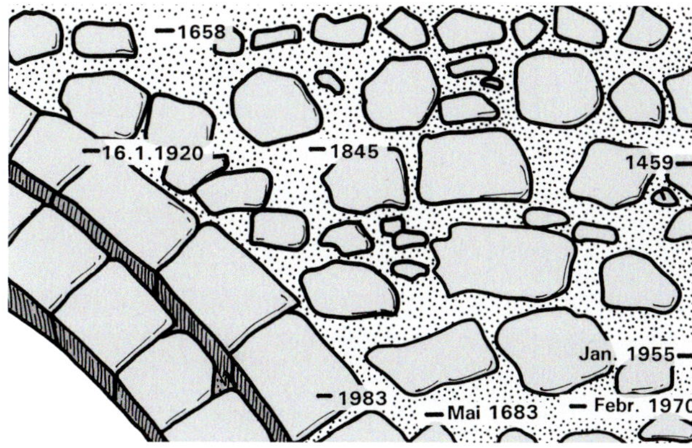

Abb. 26: Hochwassermarken am Stadttor von Linz am Rhein.

Mühlen. 1453 fiel im Sommer fast fortdauernd kalter Regen. Im Juni fror es sogar Eis. Am 13. Juli fiel Schnee mit Regen und wegen des andauernden Regens wurde die Ernte sehr weit hinausgeschoben. Auch 1454 und 1455 waren insgesamt nasse und unfruchtbare Jahre. Es gab viel, aber schlechten Wein. 1456 regnete es von Mitte Juli in einem fort bis in den Herbst. Kein Wunder, dass die Trauben verfaulten. Erst 1457 folgte auf starke, anhaltende Platzregen eine große Dürre. Ein großes Hochwasser an der Isar drohte in München Anfang Juni die Brücke wegzureißen. Der Starkregen am Valentinstag setzte Keller in Oberbayern unter Wasser und Unwetter und Hagel wüteten Anfang August im Breisgau (Abb. 26). 1458 verregnete die Rebenblüte, überhaupt war der Sommer sehr regnerisch. Ähnliche Verhältnisse herrschten 1459. Durch die starken Regenfälle kam es zu Überschwemmungen. In beiden Jahren geriet der Wein sauer.

In den beiden nächsten Jahrzehnten 1461–1480 besserte sich die Sommerwitterung erheblich. Schon 1461 konnte ein guter Wein gelesen werden, die Ernte war ebenfalls gut. Die Quellen sprechen von einem dürren Sommer, in dem die Lese trocken eingebracht werden konnte. Im Jahr 1462 war die Donau so groß, dass sie die Donaubrücke wegriss. Im Juli wurde in München wieder *„gearbait am wasser“*, vielleicht ein Hinweis auf ein Hochwasser. Noch im selben Monat gab es in Augsburg einen Sturm, der die Hälfte des Obstes von den Bäumen fegte. Nachdem der Sommer 1463 in einem niederschlagsreichen Jahr nicht weiter auffällig war, wurde der von 1464 wieder trocken und heiß. Nach Angaben aus Nürnberg und Augsburg regnete es Ende Mai bis Ende Juli überhaupt nicht und eine Raupenplage setzte den Hecken und Bäumen zu. Im Böhmerwald soll es wegen der Dürre zu Waldbränden gekommen sein. Anfang Juni stand auch die Isar in München wieder hoch und Anfang Juli zerstörte ein Hagelunwetter die Getreidefelder um Arnstadt in Thüringen. Nach Angaben aus Heilbronn fiel das Jahr 1466 so nass aus, dass die Hafererernte und die Heuernte nur schwer eingebracht werden konnte. Darüber hinaus wurde der Wein sauer. Genau das Gegenteil trat im darauf folgenden Jahr ein. 1467 war der Sommer trocken und heiß, was sich auch in der sehr guten Weinqualität niederschlug. Mit kalt, nass und unfruchtbar wird der Sommer 1468 umschrieben. Das Getreide konnte nicht richtig reifen, der Wein war ungenießbar. Hafer und Heu musste zum Teil auf dem Feld liegen gelassen werden und auch im nächsten Sommer wurde es nicht viel besser. Die Reben sollen am Neckar und in Franken mitten im Sommer erfroren sein.

Erst 1470 konnte wieder eine gute Ernte und ein guter Wein eingebracht werden. 1471 war in allen Jahreszeiten anhaltend warm und trocken. Die Vegetation entwickelte sich rasch, Getreide, Heu und Wein konnten erheblich früher als sonst geerntet werden. Eine Göttinger Quelle erwähnt den Wassermangel:

„1471 Item dieser Sommer war heiß und drucken undt auch der Herbst biß auf Trium Regii, heilig drey Könnig dagen war wenig Regen, daß die Brunnen undt fließende Wasser sehr kleine waren, daß Obst war sehr wormstiches". (Göttinger Chr., StaBi Göttingen, 8° Histor 250)

Selbst den Mummelsee im Schwarzwald grub man an, um in der Acher genug Wasser zum Mahlen zu haben:

„Anno dom 1471 was der durre somer und was wassers mangel, das man den Momelsee us must graben uff dem Grinten, das man uff der Acher malen möcht." (Jahrgeschichten von Ober-Achern, Mone 1863)

Keine Frage, in diesem Jahr gab es einen sehr guten Wein. Ähnlich gute Verhältnisse herrschten auch 1472 und 1473. Folgende Beschreibung stammt aus Augsburg:

„da was gar ein frues jar vnnd gar ein haisser sumer, man hett die kers drey wochen fayl vor s. veits tag vnnd ward alle ding fruezeittig vnnd vmb sant vlrichs tag fieng man an das koren zue schneiden gemainklich vber al bey der stat vnnd waß der sumer gar thur, das es von pfingsten bis ann sant barthlomeus tag gar wenig regnet vnnd was vast hais vnd was also thur, das das vich nit zue essen fannd auff dem veld vnnd wuchs kain waid, das etliche leutt wolten verzagen mit irem vich vnnd was grosser mangel an wasser in derffern, dan es besigen gar vil prunen vnd da gieng man allenthalb mit dem creytz in der stat vnd auf dem lannd vnnd galt ein klaines fuder hew 2 fl vnnd mer dar nachs gross wassess wurden auch vil weld prenen vnd möser das sie nyemand erretten mocht vnd geschach grosser schad an ettlichen orten vnnd der behmer wald bran bey 14 wochen an ein annder vnd bran der diringer wald vnd der schwartz wald vnd in dem birg vnd vil dorffer vnd vor s. jacobs tag da verpran der wald sant otilien mynster bey strasburg vnd verdarben rhüben vnd krawt vnnd war gar theuer". (StaBi Augsburg, Peutinger, 2° Cod. Aug. 73)

Drei heiße Sommer in Folge sind an sich schon eine Besonderheit. Die Szenarien gleichen sich: Das Heu verdorrte auf den Feldern, Getreide und Gartenfrüchte wuchsen nicht richtig, Bäche und Brunnen trockneten aus, man konnte gefahrlos durch die größeren Flüsse waten, die Mühlen hatten nicht genug Wasser zum Mahlen, es kam zu Waldbränden. Erst 1474 war wieder ein normaler Sommer, der in manchen Regionen auch als zu kalt eingestuft wurde. Ein schwerer Sturm Anfang Juli, den man später den Peterswind nannte, führte zu Schäden an Gebäuden und in den Wäldern. Meist konnte nur ein mittelprächtiger Wein gekeltert werden. Auch 1475 und 1476 waren eher durchschnittlich ausgefallen, wohingegen 1477 wieder kalt und nass war, in diesem Jahrzehnt eher eine Seltenheit. 1478 und 1479 verlief der Sommer heiß und trocken, was einen sehr guten Wein zur Folge hatte. 1479 verdorrte eine Menge Trauben an den Stöcken und das Viehfutter wurde knapp. In diesem Sommer fehlte das, was man damals einen Grundregen nannte völlig. Auch 1480 war der Sommer schön, in der Erntezeit fiel eine lange andauernde Regenperiode ein, durch die es zu Überschwemmungen kam. Im Juli führte beispielsweise der Rhein Hochwasser, wodurch Teile von Mainz unter Wasser gesetzt wurden und erheblicher Sachschaden am Rhein entstand.

Auf diese sehr warme Dekade folgte ein deutlich feuchteres und kälteres Jahrzehnt. Die Sommerwitterung verschlechterte sich katastrophal. Das Jahr 1481 war kalt und nass, die Reben hatten eine schlimme Blüte, viel Regen und Überschwemmungen verdarben das Futter, der Wein wurde sauer. Wie der Regen und das Hochwasser Bauarbeiten an einem Brückenpfeiler in Würzburg behinderten, schildert folgender Text:

„Item a. (14)81 darnach am montag post … hat man wider angefangen zu arbeiten zu dem obgeschribenen pfeyler … Undt am dinstag nach Pfingsten (12.06.1481) wardt der Meyn aber so groß, daß man abermaln darvon mußt lassen bis uf mittwochen für Corporis Christi (20.06.), hub man wider an zu arbeiten bis uf sontag (vor) Visitationis Marie (1.07i) … undt am dinstag fruhe wuchs der Meyn also groß, daß man im grundt nicht gemauren kundt, undt must aber darvon lassen bis uf dinstag nach Kiliani (10.07.) und wart also vollfurt bis uf donnerstag vigilia Mathei apostoli et evangelistae a. 1481 (20.09.). Aber es war vollfürt des gewessers halben durch kunst undt anbringen des erfahrnen Hendrich Kolben, den man sonst nent Heinthe Schencken … undt war dasselbe wasser dismals des obgeschriben großen Meyns des pfeylers in 8 uhren, minder oder mehr, ungeferlich ausgeschopft undt gezogen bis zum grunde des obgedachten pfeylers undt wart also wasser halben mit der kunst vollfürt bis zum ende, als obstett (14)81." (Engel 1950)

1482 war der Sommer wieder warm, ebenso im darauf folgenden Jahr. 1483 kam es zu erheblichen Waldbränden im Schwarzwald. In Göttingen musste man wegen der unerträglichen Hitze in der Erntezeit den Roggen nachts binden und der Hafer wurde viel früher als sonst geerntet. Ganz anders waren die Verhältnisse im Sommer 1484, der als nass beschrieben wurde. In Würzburg konnte die Kilians-Prozession im August wegen Überschwemmungen am Main nicht den gewohnten Weg gehen. Immerhin fiel die Ernte reichlich aus, wobei die Chronisten vor allem die große Weinmenge erwähnen. Auch der nächste Sommer brachte nicht die gewünschte Wärme. Er war bis Mitte August sehr nass und kalt, erst dann wurde er warm. In München gab es Juni und Juli große Hochwasser an der Isar, weswegen die Wachen verstärkt wurden. Die kalten Sommer setzten sich auch 1486, 1488, 1489 und 1490 fort. 1490 wuchs im Raum Göttingen wegen dem vielen Regen das Getreide aus, die Ernte verspätete sich und Heu konnte keines mehr gemacht werden. Auch 1491 änderte sich nichts: erneut ein verregneter und kalter Sommer mit den üblichen Verspätungen der Vegetation, Überschwemmungen und saurem Wein. Erst 1493 gab es wieder einen heißen Sommer. Nicht ganz so warm wurden die darauf folgenden Sommer 1494 bis 1496. 1496 gab es ein schweres Oderhochwasser, Teiche wurden zerrissen und Seuchen brachen aus. Auch die Sommer der Jahre 1497 und 1498 werden als durchschnittlich oder warm bezeichnet. Damit verabschiedet sich dieses Jahrhundert mit einer Dekade angenehmer Sommerwitterung.

Aus der Kältekammer ins Treibhausklima: Die Winterverhältnisse von 1000 bis 1500

Auch in den Wintertemperaturen dokumentiert sich ein deutlicher Klimawandel. Die Zusammenschau zeigt eine Entwicklung von langanhaltenden Kaltphasen über ausgeglichenere Verhältnisse hin zum Treibhausklima des 20. Jahrhunderts. Insgesamt ist ein Übergewicht negativer, d. h. kalter und strenger Winter in den Jahrzehnten festzustellen. Offensichtlich wurden durchschnittliche Winter ihrer Grundprägung nach als kalt empfunden wurden.

Auffällig ist auch der Verlauf der Niederschläge. Sie zeigen durch die Jahrhunderte ein Übergewicht niederschlagsreicher Winter, die ab 1741 von trockeneren Verhältnissen abgelöst wurden. Erst Mitte des 20. Jahrhunderts änderte sich die Niederschlagsprägung erneut: wieder ist ein Trend zu feuchteren Bedingungen erkennbar. Dass es sich hierbei nicht um einen Quellentrend handelt, dokumentiert der Kurvenverlauf ab 1730. Er beruht auf Messdaten und reicht noch in die feuchte Phase zurück. Aufgrund der einfachen Niederschlagsstruktur wird in den folgenden Passagen überwiegen auf die Temperaturverhältnisse eingegangen.

Die Witterungsverhältnisse im Winter können für das 11. Jahrhundert, ähnlich dem Gang der Sommerwitterung, nur auf der Basis lückenhafter Daten rekonstruiert werden. Interessanterweise zeigen die vorhandenen Aufzeichnungen im ersten Abschnitt von 1000 bis 1180 überwiegend kalte Winterverhältnisse an. Es handelt sich um die längsten zusammenhängenden kalten Winterperioden in den letzten 1000 Jahren, unterbrochen nur von dem milden Jahrzehnt 1081–1090. Da im gleichen Zeitabschnitt fast nur warme und heiße Sommer überliefert sind, könnte man daraus eine stärkere kontinentale Prägung ableiten.

Der erste belegbare Winter 1003 passt sehr gut in das Gesamtbild, denn er war streng. Weniger kalt verlief der von 1010. Quedlinburger Quellen zufolge gab es mehrere Unwetter. Der nachfolgende Winter wird hingegen wieder als lang und streng beschrieben. Kälte, Eis und Schnee setzten den Menschen so zu, dass einige umkamen. 1013 traten im Dezember schwere Hochwasser an der Donau auf, 1014 war der Winter wieder kalt. Ein Sturm am 16. Februar 1016 richtete schwere Schäden an Häusern, aber auch in den Wäldern an, was für Merseburg belegt werden kann. Wenige Jahre später melden die Quellen erneut einen sehr strengen Winter, der länger als sonst üblich dauerte. Durch die große Kälte kamen viele Menschen zu Tode. Schließlich folgte durch den Eisgang noch ein verheerendes Hochwasser beispielsweise in Regensburg. Weitere kalte Winter sind aus Nürnberger Quellen für die Jahre 1029 und 1033 belegt. 1029 war zudem sehr schneereich gewesen. 1036 folgte erneut ein heftiger und sehr langer Winter, bei dem auch viele Bäume vertrockneten und die Anbaufrüchte in Mitleidenschaft gezogen wurden.

Weitere kalte Winter gab es 1040 und 1042. Nach Beschreibungen aus Nürnberg konnte man 1042 wegen der Kälte und dem Frost drei Wochen lang nicht mahlen. 'Mannsdickes' Eis musste aus den Wasserläufen herausgeschnitten werden. Die Kälte dauerte 11 Wochen kontinuierlich an. Schon zwei Jahre später, 1044, gab es erneut einen harten und schneereichen Winter. Ihm fiel ein Teil der Weinberge und Anbaufrüchte zum Opfer, die Ernte missriet, es kam zu einer Hungersnot. Der nächste strenge Winter folgte 1047. In diesem Winter fiel so viel Schnee, dass es an Bäumen im Raum Köln zu Schneebruch kam. Sehr anschaulich wird in einer Quelle vermerkt, dass der viele Schnee sieben Wochen lang „*die länder mit den Häusern gleich machte*" und auch die Flüsse „*sind durch das Eis gebunden worden*". (MGH SS 19, Ann. Dunelmenses) 1050 gibt es bis auf einen Sturm im Januar keine weiteren Hinweise.

Die nächsten Angaben beziehen sich auf den Winter 1056, der nach Augsburger Quellenhinweisen sehr warm verlief. In den folgenden Jahren mehren sich die Quellenangaben. 1057 war kalt, der darauf folgende Winter 1058 eher durchschnittlich, 1059 hingegen wieder zu kalt. Einen Rekordwinter verzeichneten die Quellen 1060, so beispielsweise in Nürnberg:

„Anno 1060 Ist widerumb ein sehr grimkalter Winter gewessen, in deme die Wölffe allenthalben umb Nürnberg grossen Schaden gethan haben.“ (STAN Hss. 187)

Zudem gab es schwere Hochwasser:

„Der Winter verhielt sich so hart im Königreich der Deutschen, daß durch die Unermeßlichkeit und durch die lange Dauer des Schnees und der Kälte viele Sterbliche des Lichtes beraubt wurden. Bald folgte ein solches Ausgießen der Gewässer, wie man kaum oder niemals berichtet, daß es in jenem Reich aufgetreten sei.“ (MGH SS 20, Ann. Altahenses Maior.)

Der Reigen strenger Winter setzte sich 1063 fort, der bei starkem Schneefall bis in den März andauerte. Die darauf folgenden Winter verliefen eher durchschnittlich, mitunter auch zu kalt. 1066 war der Winter wieder völlig anders. In Augsburger Quellen wird er als sehr mild eingestuft, was in diesem Zeitabschnitt ein seltenes Ereignis war. Dagegen wurde 1069 wieder so kalt, dass Menschen und Tiere unter der Kälte litten. In Franken und Bayern erfroren die Reben, so dass es nicht einmal zum Messwein reichte, wie in Nürnberger Quellen zu lesen ist. Regnerisch und stürmisch und damit zu mild wurde der Winter 1071. Sehr streng geriet schließlich 1074. In diesem Winter setzte die Kälte zum Jahreswechsel ein und viele Flüsse froren bis auf den Grund durch, was relativ selten geschieht.

Was dann aber 1077 folgte, kann man getrost als Jahrhundertwinter bezeichnen. Er begann früh im November des Vorjahres und dauerte auch sehr lange bis in den März an. In Augsburg schildern die Chronisten diesen Winter und seine Auswirkungen:

„Beständige Strenge des Winters und eine Schroffheit an Schneefällen/Schneemassen vom 1.11. bis nach dem 1.4., so daß die Bäume vertrockneten; dann (war) solch eine Unfruchtbarkeit an Feldfrüchten, daß auch der Samen versagte.“ (MGH SS 3, Ann. Augustani)

Eine andere Quelle beschreibt die Verhältnisse am Rhein:

„Die Stärke und Härte des Winters hatte sich in diesem Jahr so sehr lebendig und strenger als gewöhnlich erhoben, so daß vom 11.11. der Fluß Rhein, nachdem er durch die eisige Kälte gebunden worden war, beinahe bis zum 1.4. als Fußweg passierbar blieb, und in sehr vielen Orten die Weinberge ganz und gar vertrockneten, nachdem sie durch die Kälte mit der Wurzel ausgetrocknet worden waren ... Nicht nur die kleineren Flüsse, sondern auch der Rhein fror zu. Selbst in Oberitalien war die Kälte so stark, daß dort viele Reben erfroren.“ (MGH SS 5, Lamberti Hersfeldensis Ann.)

Die große Zahl von Quellen aus Brauweiler, Mainz, Hersfeld, Bamberg, Augsburg, Reichenau, Nürnberg und St. Blasien ist an sich schon ein Indiz für die Besonderheit dieses Winters. Kalte Winter folgten schließlich 1079 und 1080; Weihnachten 1081 tobte so ein starker Sturm, *„dass der Untergang der ganzen Welt drohte“.* (MGH SS 16, Ann. Yburgenses)

In den folgenden Jahren sind nur wenige Hinweise auf die Winterverhältnisse überliefert. 1086 gab es in Nürnberg viel Schnee und 1088 war der Winter nach den Quellenbeschreibungen dunkel gewesen, was sich mit trüb, wolkenreich und damit eher milderen Bedingungen erklären lässt. Diese Einschätzung stimmt auch mit dem nächsten Quellenbefund überein: Mitte Januar gab es an allen Flüssen große Überschwemmungen. Erst in den 1090er-Jahren werden wieder mehrere Winter in den Quellenüberlieferungen greifbar. Den Anfang macht der Winter 1093, der als kalt beschrieben ist. Schon der nächste wurde mild, gefolgt von einem eher durchschnittlichen Winter, während 1097 und 1098 wieder zu mild wurden. Milde und feuchte Winter wie 1097 wurden in den zeitgenössischen Quellen oft auch als ungesund bezeichnet, weil man sie als krankheitsfördernd ansah. Richtig kalt wurde nach Mainzer und Augsburger Angaben der Winter 1100. Die Folge unterschiedlicher Winterprägungen setzte sich auch im nächsten Jahrzehnt fort, ohne allerdings besondere Extreme aufzuweisen. Regnerisch und damit mild war der Winter 1102, während die Winter 1104 bis 1106 etwas zu kalt bis durchschnittlich ausfielen. Zu mild geriet der von 1107, etwas zu kalt der des Jahres 1109.

In den nächsten beiden Jahrzehnten sanken die Wintertemperaturen weiter. Die meisten Winter in diesem Zeitraum waren kalt. Geradezu makaber mutet eine Beschreibung zum Winter 1115 an:

„Es war zu der besagten Zeit gekommen, und an dem Ort, der Welfesholz genannt wird, wurde auch daselbst wegen der Strenge des Winters und der Härte der Schneefälle der Krieg auf den folgenden Tag verlegt.“ (MGH SS 16, Ann. Pegavienses)

Gegensätzlichere Winterverhältnisse prägten die nächste Dekade ab 1121. Mild, regnerisch und stürmisch wurde der Winter 1122. Regenfälle hatten schon an Weihnachten des Vorjahres keine winterliche Stimmung aufkommen lassen. Auch der darauf folgende Winter wurde nur durchschnittlich, in Tschechien sogar erneut warm. Danach folgten drei kalte Winter: Der Winter 1124 war sehr kalt und sehr schneereich. Sogar der Rhein fror zu und war begehbar. Es kam zu Schäden an nahezu allen Anbaufrüchten. Am Ende des Jahres meldete sich der nächste Winter mit strengem Frost. Heftiger Schneefall und ein kalter Winter 1125 führten zu den gleichen Verhältnissen wie im Vorjahr. 1126 folgte erneut ein schneereicher Winter, in dem die Kälte sechs Wochen anhielt. An der Weser gab es infolge des Eisgangs Hochwasser und durch den Frost Schäden an Baumkulturen und Anbaufrüchten. Schlechte Ernten waren die Folge, zumal auch die Witterungsverhältnisse in den anderen Jahreszeiten nicht sehr günstig waren, Krankheiten brachen aus, schließlich melden die Quellen Hungersnot. In den darauf folgenden Wintern setzte sich das Wechselspiel zu kalter und zu milder Verhältnisse fort, ohne dass aber nennenswerte Extremsituationen auftraten.

Auch im nächsten Jahrzehnt kamen die Wintertemperaturen nicht aus dem Keller. Kalte Winter wie 1132 und wenige durchschnittliche wie 1134 bestimmten diese Dekade. Wesentlich akzentuierter verliefen die Wintertemperaturen ab 1141. Wechselhaft und zu mild war 1141, 1143 sehr streng und vor allem lang und schneereich. Er dauerte bis in den April hinein an. In Straßburg erfroren die Reben. Ebenso die nicht einheimischen Bäume. Durch die Schneeschmelze kam es zu Überschwemmungen. Ganz anders waren die Verhältnisse im nächsten Winter, 1144, der wieder sehr mild wurde. Schwere Stürme verwüsteten im Januar und Februar das Land, im Februar gab es Wolkenbrüche:

„*Anno 1144 in der Fasten kam ein solcher Wolckenbruch in Ulm, daß die Blau in einer Viertel Stund so groß worden, daß in die Berberhauser geloffen, ihnen viel Häut weggeschwemt, auch in den Mühlen grossen Schaden gethan, und die Säcken hinweg geschwemt.*“ (StA Augsburg Chr. 57)

Schon Ende des Jahres kündigt sich die nächste außergewöhnliche Witterungskonstellation an. Um Weihnachten wehte ein so starker Ostwind, dass Menschen mit ihren Fuhrwerken in Augsburg umgerissen wurden. Das windige und stürmische Wetter hielt offensichtlich länger an. Ein Orkan wütete Mitte Januar 1145 über Europa, was in den Quellen facettenreich dargelegt ist.

Weitere Besonderheiten waren die großen Schneemassen 1147, die in den Wäldern zu Schneebruch führten, und die Stürme, Gewitter sowie eine sehr große Überschwemmung 1149. Am 20. Februar kam plötzlich ein starker Wind und heftiger Regen, der Überschwemmungen mit sich brachte. Zum Abschluss dieser Dekade gab es 1150 einen Jahrhundertwinter: Durch die bis Mai dauernde strenge Kälte gingen fast alle Bienen zugrunde. Der Winter soll so kalt gewesen sein, dass es zu Auswinterungsschäden am Getreide kam und „*die Frucht der Bäume und die Fruchtbarkeit der Weinberge ganz zugrunde ging*“ (MGH SS 16, Ann. Brunwilarenses), so dass es in den nächsten drei Jahren kaum zum Messwein reichte. Wölfe kamen in die Siedlungen und der Rhein ist betretbar gewesen.

Im weiteren Verlauf des Jahres traten Unwetter, Stürme und starke Regenfälle auf. Nach diesem ungünstigen Witterungsverlauf wundert es nicht, dass wieder eine Hungersnot ausbrach.

Wesentlich günstiger verlief das nächste Jahrzehnt. 1152 gab es im Januar an einigen Teilabschnitten des Rheins Überschwemmungen. Mitte Februar traten Gewitter und Stürme auf, was für einen nicht allzu kalten Winter spricht. 1153 herrschte am 1. Januar ein warmer Wind und auch 1156 war der Winter durchschnittlich. Ende Dezember gab es Gewitter und erneut starke Regenfälle. Was sich im Dezember bereits ankündigte, setzte sich im nächsten Jahr fort: Auch 1157 wurde ein normaler Winter. Erst 1158 fiel wieder aus dem Rahmen: Im Januar fingen die Bäume an zu blühen, im Februar brüteten Waldvögel, was für geradezu frühlingshafte Temperaturen spricht. Erst 1159 und 1160 folgten wieder kalte Winter.

Das neue Jahrzehnt war in der Gesamtbilanz wieder etwas kälter als das vorangegangene. Zu den kalten Wintern zählt beispielsweise 1163. Im Dezember des selben Jahres tobte eine Sturmflut an der Küste, im Binnenland gab es in Sachsen Überschwemmungen. Der folgende Winter wurde nur durchschnittlich kalt. Mitte Februar 1164 gab es erneut eine Sturmflut:

„*Eine sehr große Aufregung der Luft, Wirbelwinde, Blitze an Blitze erschienen schrecklich in vielen Orten. Indessen stiegen in Massen (die Wellen) in den Fluten des Meeres, (und) drohten den Untergang all denjenigen, die um das Meer verblieben. Als von (Nord-)Osten aber ein Wirbelsturm heranstürmte, erschütterte es die Massen der Gewässer völlig, (und) verursachte, daß die ganzen Meeresfluten die Gewässer überfluteten, infolge dessen unzähligen Inseln mit den Menschen, Zugtieren, Häusern, Gebäuden, Besitzungen, Kirchen und mit den Orten der Kirchen gänzlich zerstört und ausgelöscht worden sind. Die Menschen aber, die der Zahl nach im ganzen gestorben sind, indem sie durch die Gewässer ertranken, durch die Kälte getötet worden sind, füllten die Küsten der Strömungen durch Leichname. Einige auch, die sich entweder an Hölzer von Gebäudenoder an Gefäßen festgehalten hatten, sind durch die Kraft der Winde und der Fluten weit in andere Regionen, Länder lebend verschlagen worden; und es war das größte Elend, das Stöhnen und das Geschrei derjenigen, die umkamen, zu hören und zu sehen. Dieses eben beklagenswerte berichtete heimliche Elend, das hat sich gegen Westen und (Nord-) Osten am (16./17. 02.) ereignet … Man sagt, daß einige Zeichen in der Sonne und in den Wolken gesehen worden seien.*“ (MGH SS 16, Ann. Palidenses)

Strenge Winter folgten 1165, 1167 und gleich im darauf folgenden Jahr 1168. Die beiden letzten Winter dieses Jahrzehnts wurden dagegen mild.

Die nächste Dekade brachte erneut eine deutliche Verschlechterung der Wintertemperaturen. Bereits 1171 traten nach dem kalten Winter durch einen Eisgang die Flüsse über die Ufer. Gleich im nächsten Jahr folgte einer der wenigen milden und zugleich regnerischen und windigen Winter. Es soll kaum länger anhaltende Kaltphasen mit Minustemperaturen gegeben haben. Aus Braunschweig melden die Quellen Stürme im Januar und Gewitter im Februar, die Vegetation ging entsprechend früh auf. In allen weiteren Jahren waren die Winter mehr oder weniger kalt. Nach Quellenangaben aus Straßburg, Klosterneuburg, Kremsmünster und Heilsbronn war 1373 ein sehr kalter und schneearmer Winter. In den Wäldern wurden Menschen von Wölfen attackiert. Auch war die Donau bei Klosterneuburg zwischen dem 1. Januar und dem 19. Februar zugefroren. Die Kälte kann aber nicht lange gedauert haben, da im Dezember des Vorjahres noch von Regen und Wind gesprochen wurde und nach dem Eisaufgang Mitte Februar alle größeren Flüsse über die Ufer traten.

Die folgenden Winter waren durchschnittlich oder etwas zu kalt. Besonders streng wurde 1779. Nach Quellen aus Braunschweig begann der Winter früh im letzten Jahr. Um den Jahreswechsel fiel eine große Menge Schnee, der bis Anfang Februar liegen blieb. Durch die Schneeschmelze gab es schließlich ein Hochwasser, das an Brücken und Mühlen schwere Schäden anrichtete.

Nach diesem markanten Kälteeinbruch erholten sich die Wintertemperaturen, die milden Winter nahmen wieder zu. Diese milde Phase dauerte zwei Jahrzehnte an, so dass neben dem starken Gegensatz zur vorangegangenen Zeit und der absoluten Höhe auch die Dauer als besondere Kennzeichen in diesem Abschnitt gelten können. Dem Absolutbetrag nach handelte es sich zwischen 1181–1190 um eine der wärmsten Winterdekaden überhaupt. Vor allem der Kontrast zu der vorangegangenen kalten Dekade ist bemerkenswert. Für die Menschen, die ihn erlebten, war es ein Temperatursprung ohnegleichen. Noch im Winteroptimum 1181–1200 deutete sich aber wieder ein negativer Trend an, der ab 1200 ein Übergewicht kalter Winter aufwies. Erst in den 1230ern wurde dieser Negativtrend von einem Dezennium mit einem Übergewicht milder Winter abgelöst.

Das Winteroptimum war durch ein Übergewicht milder Winter bestimmt. Beispielhaft kann der von 1182 genannt werden: Anfang Februar trugen die Bäume bereits Früchte. Nennenswert kalt und schneereich war in diesem Jahrzehnt eigentlich nur der Winter 1183. In Nürnberg hat es *„fünff und dreysig Schnee auffeinander heraußgeworffen und geschneyet"*. (STAN Hss. 187) Milde Temperaturen bestimmten dann wieder den Witterungsverlauf des Winters 1185. Völlig aus dem Rahmen fiel schließlich 1187, als im Januar und Februar geradezu sommerliche Verhältnisse herrschten und nach Straßburger Quellenangaben Bäume im Dezember 1186 und im Januar 1187 blühten. In Köln sprach man treffend davon, dass der Sommer den Winter ersetzt hatte. Erst gegen Ende Februar fiel Kälte und Schnee ein. 1190 gab es erneut einen milden und auch trockenen Winter.

In den ersten Jahren des neuen Jahrzehnts gibt es nur spärliche Hinweise über die Winterverhältnisse. 1193 führte Tauwetter zu einem Eisgang und Hochwasser an der Donau, 1197 regnete es in einem stürmischen Februar sehr viel, was zu überdurchschnittliche Temperaturen schließen lässt. Auch 1198 kann als milder Winter eingestuft werden.

In den folgenden Jahrzehnten wurden die Winterverhältnisse wieder zunehmend strenger. Zu den herausragenden Wintern zählt ohne Zweifel 1205, der nach Kölner Quellenangaben lang und kalt war, während der darauf folgende dagegen zu mild wurde. Große Überschwemmungen im Dezember 1206 werden für Mainz beschrieben:

„Im folgenden Monat Dezember brach eine sehr große Überschwemmung der Gewässer aus dem Unvermuteten los, die den Einsturz von Mühlen, Brücken und nahen Häusern verursachte, auch sehr viele Besetzer tötete und die Felder um die Ufer der Flüsse zugrunde richtete." (MGH SS 23, Albrici Monachi Triumfontium Chr.)

In der Folgezeit wechselten milde und kältere Winter einander ab. Ein Jahrhundertwinter folgte schließlich wieder 1210. Die strenge Kälte erstreckte sich bis nach Westeuropa, begann mit dem Jahreswechsel und hielt zwei Monate an. Ein großer Teil der Winterfrüchte und die Reben erfroren, was zu einer Teuerung führte. Eine Quelle aus Erfurt schildert die Folgewirkungen sehr treffend:

„1210. Der Winter war hart, langwierig und sehr unerträglich, so daß bejahrte Leute einstimmig bezeugten, daß eine so unmäßige Kälte ihres Gedenkens nicht gewesen sei. Sehr viele Menschen erlagen dem übermäßigen Frost, Vieh und Bienen gingen großentheils zu Grund, Weinberge und alte Bäume litten so, daß sie bis zu den untersten Wurzeln dürr wurden." (STA Erfurt, Wattenbach o. J.)

Im Dezember 1210 deckten die Stürme Dächer ab und entwurzelten große Bäume. Schließlich kennzeichnen schwere Schneefälle und erneut strenge Kälte auch diesen Winter. Die folgenden Winter waren eher durchschnittlich. 1216 war die Kälte nur von kurzer Dauer, die Elbe und der Bodensee sollen trotzdem zugefroren sein. Der nächste Winter, 1217, war wieder kalt, 1219 nach Beschreibungen aus Regensburg ebenfalls. In diesem Winter fiel eine Menge Schnee, die Reben erfroren und mussten in

Franken herausgehauen werden. Die Kälte war stärker als gewöhnlich und dauerte auch länger als sonst üblich an. Durch einen schweren Südweststurm im Januar kam es zu erheblichen Schäden an Gebäuden und in den Wäldern. Als der Sturm nach Nordwesten drehte, gab es eine Sturmflut mit verheerenden Überflutungen.

1220 war wiederum warm, 1221 dagegen etwas zu kalt, was an dem sehr kalten Januar lag. 1223 schädigte der lange und kalte Winter das Getreide. Außergewöhnlich kalt geriet auch der Winter 1225, was erneut zu Schäden an den Anbaufrüchten und Bäumen führte, wodurch es zu einer Teuerung und schließlich zu Todesfällen kam. Die folgenden Winter wurden alle durchschnittlich kalt, einige auch zu kalt, wie 1230, der sehr streng wurde.

Nach den drei zurückliegenden Jahrzehnten zunehmender Winterkälte, wurde in der folgenden Dekade der Negativtrend gebrochen. 1232 war einer dieser milden Winter, die diesem Jahrzehnt ihre Prägung gaben. Am 13. Februar war ein äußerst starker Wind und nahe bei Ilmenau sind *„Donnerschläge gehört und Blitze gesehen worden"*. (MGH SRG 42, Ann.Erphord.Frat.Praed.) Ganz ohne kalte Winter ging es aber auch in diesem ansonsten wintermilden Jahrzehnt offenbar nicht. 1234 war einer der großen Jahrhundertwinter. Durch die strenge Kälte gingen alle Reben und viele Bäume zugrunde und *„und sind (die Leute) einestheils in beth ligend erfroren"*. (Chr. von Bad Windsheim, StA Bad Windsheim) Die Mühlen wurden unbrauchbar, der Wein fror in den besten Kellern und es folgte eine große Hungersnot. In und um Nürnberg überfroren alle Gewässer, es kam zu Wassermangel. Das Auffällige an diesem Winter war auch seine räumliche Ausdehnung, denn die Kälte hatte fast ganz Europa fest im Griff.

Ganz anders die milden Vertreter wie 1237, der nicht nur warm, sondern auch niederschlagsreich verlief, und 1239, in dem es nach Erfurter Quellen zwischen dem 28. Dezember und dem 9. Februar ohne Schnee und Eis gewesen sein soll.

Nach dieser kurzen Erholungsphase dominierten in den darauf folgenden Jahrzehnten wieder die kalten Winter. Einige dieser Winter sollen mit ihren Besonderheiten schlaglichtartig vorgestellt werden. 1241 herrschte erst am Ende des Winters große Kälte. 1245 trat ab Ende Februar große Trockenheit ein, dann begann es aber lang anhaltend zu regnen, was zu Schäden an den Anbaufrüchten führte:

> *„In demselben Jahr fing vom (22.02.) an, sich eine Trockenheit zu erheben, wobei der Frost zu Beginn das Land fesselte, so daß (es) mit den Pflügen äußerst einfach zerrieben wurde, und so die Mühe der Bauern vermindert worden ist."* (MGH SS 23, Menkonis Chr.)

1246 kam es am Rhein zu einem Winterhochwasser. Der Winter 1249 war äußerst mild und regnerisch, in Köln zählte man nur zwei Frosttage und um den Jahreswechsel gab es Sturmfluten an der Küste.

In den folgenden Jahrzehnten hielt die etwas kühlere Winterphase an. Insgesamt gingen aber bis 1430 die lang andauernden, extremen Kaltphasen zurück. Die Wintertemperaturen wurden milder, die einzelnen Phasen kürzer, die Veränderlichkeit nahm zu.

Eines dieser nicht allzu kalten Jahrzehnte folgte in den 1250er-Jahren. Zwischen 1251 und 1260 gab es nur drei strenge Winter, nämlich 1253, 1256 und 1258. Ausgesprochen mild waren hingegen 1257 und 1260. 1255 gab es im Januar Überschwemmungen an der Lahn und am Rhein. Der Winter 1257 war zunächst sehr mild, gegen Ende aber sehr kalt. Die Kälte hielt den Frühling über an. Als durchschnittlicher Winter kann auch 1258 angesehen werden. Am 3. März entstand durch die plötzliche Schneeschmelze in Worms ein reißendes Gewässer.

Auch im nächsten Jahrzehnt hielten sich die extremen Winter in Grenzen. Ausgesprochen streng wurde 1263 und nach Erfurter Angaben 1267, der auch als recht trocken beschrieben ist. Im Jahr 1264 traten im Januar Stürme auf, die zu Schäden führten. Ende des Jahres, im Dezember, kam es wegen der vielen Regenfälle in Magdeburg und in Erfurt zu Überschwemmungen. Sehr mild und niederschlagsreich war auch 1266 und 1269. Am Jahresende gab es erneut zahlreiche Überschwemmungen, unter anderem in Regensburg.

Eine ähnliche Anzahl auffallender Winter gab es auch in den 1270er-Jahren. So wurde 1274 in Basel als sehr warm beschrieben, 1276 hingegen als lang und streng. In den Mittelgebirgen lag der Schnee ab dem 12. Dezember, in der Ebene vom 31. Dezember bis zum 19. Februar. Im darauf folgenden Winter war der Rhein bei Rheinfelden bis zum 20. Januar zugefroren. Und im ebenfalls kalten und strengen Winter 1278 überfror nach Konstanzer Quellenangaben der Bodensee am 21. Februar. 1279 wurde nach Angaben aus Prag und Colmar ausgesprochen warm. Es soll nur nachts gefroren haben, tagsüber taute es dann wieder. Ende Januar gab es in Ellwangen Gewitter.

Milde und warme Winter bestimmten die nächsten beiden Jahrzehnte. Es sollte für längere Zeit die letzte zusammenhängende milde Winterphase sein. Gar nicht in dieses Bild paßte der Winter 1281, der kalt und schneereich wurde. In Colmar fiel am 8. Februar sehr viel Schnee, der bis zum 19. März liegen blieb. Auch im nächsten Jahr gab es viel Schnee, wie in Colmar am 20. Januar erwähnt ist. Richtig warm, und damit prägend für das Jahrzehnt, wurden 1283 und auch 1285, das zudem niederschlagsreich beschrieben ist. Durch die vielen Niederschläge blieb das Wasser in Friesland auf den Wiesen und Feldern stehen. Kalt und schneereich verlief hingegen 1286. In Friesland lag zwischen dem 1. Januar und dem 1. März Schnee, an der Emsmündung kam es zur Eisbildung und am Rhein führte der Eisstau zu einem Hochwasser. Alle nachfolgenden Winter in diesem Jahrzehnt waren durchschnittlich oder zu mild. Am 11. Februar tobte ein Unwetter in Colmar und 1290 war nach Quellenangaben aus Regensburg, Passau, Reutlingen und Colmar warm.

Dieses Übergewicht milder Winter setzte sich in der darauf folgenden Dekade fort. Auch wenn keine direkten Hinweise zum Winter 1291 vorhanden sind, deuten Gewitter und ein Sturm in den ersten beiden Monaten darauf hin, dass er nicht allzu streng gewesen sein kann. Auch der nächste Winter 1292 wurde mild. Erst Ende des Winter fiel die Kälte ein, die zum Überfrieren des Oberrheins führte:

„Es (ist) ein gemäßigter Winter bis zum 02. 02. (gewesen), anschließend kam Frost auf, so daß der Rhein in Brisaco auf jeder Seite der Brücke zugefroren ist, so daß sie (den Rhein) mit den Pferden und Zweigespanne allgemein überqueren konnten. Die Bürger gaben 10 Lire, wo das Eis aufgebrochen wurde, damit die Schiffe durchfahren konnten. Die Störche kamen nicht am 22. 02, sondern einige wenige kamen um den 12. 03. nach Columbaria, weil viele durch die Kälte zugrunde gingen.“ (MGH SS 17, Ann. Colmarienses Maior.)

1294 gab es am 23. Januar einen Kälteeinbruch, durch den Linden und andere Bäume geschädigt wurden und Reben in der Gegend von Hagenau erfroren.

In der Folgezeit verschlechterten sich die Winterbilanzen wieder. Das neue Jahrhundert begann mit einem kalten Winter. 1301 traten am 2. Februar Unwetter in Colmar auf. 1302 folgte ein warmer Winter, in dem es in Franken nur zwei kalte Tage gegeben haben soll. Die reichten aber aus, um die Reben zu schädigen. Auch in Colmar gab es nur am 1. und 2. Februar Frost.

1303 überfroren in einer kurzen Frostphase zwischen Mitte Dezember und Anfang Januar die Flüsse. Einige Abschnitte des Oberrheins waren davon betroffen. Trotzdem kann man diesen Winter insgesamt als durchschnittlich klassifizieren. Ein äußerst warmer, frostfreier und sehr trockener Winter trat 1304 auf. Anfang Februar fiel Hagel in Brandenburg. Die Trockenheit hielt das ganze Jahr über an, so dass die Donau und der Rhein beinahe trockenen Fußes gequert werden konnten und schließlich den Mühlen das Wasser fehlte. Nach diesen eher warmen Wintern gerieten die nachfolgenden in dieser Dekade sehr kalt. Man musste Stroh an die Schafe und andere Tiere verfüttern, Störche und viele andere Vögel gingen durch Hunger und Kälte zugrunde. Das ganze Jahr war sehr trocken. Auch 1306 wird in Kants Schriften als sehr kalt beschrieben (Kants Phys. Geog. I. a. 212). Durch den Eisgang Anfang Februar kam es zu schweren Überschwemmungen in Köln, Limburg und Frankfurt/Main, die am 9. Februar zu Schäden an den Brücken in Frankfurt führten. 1310 folgte erneut ein sehr strenger Winter, was in Limburg am 2. Januar zu Schäden an den Reben führte.

Relativ wenig lässt sich über die Winter im nächsten Jahrzehnt sagen. Entweder waren sie normal ausgebildet oder die Chronisten wurden durch andere Ereignisse in den Bann gezogen. Die überlieferten Angaben belegen kalte Winterverhältnisse in den Jahren 1311, 1314 und vor allem 1317, der einzige lange und kalte Winter mit viel Schnee. 1318 gab es Ende Dezember einen Schneesturm. 1320 trat die Trave in Lübeck am 6. Dezember über die Ufer, zwei Wochen lang wiederholte sich dieses Schauspiel. Da dieses Jahrzehnt in eine auffallend niederschlagsreiche Phase fällt, könnte es sich um eine zirkulationsdynamische Anomalie gehandelt haben, in der die zonale Komponente verstärkt war. Diese Konstellation führt zu niederschlagsreichen und kühlen Sommerhalbjahren und zu milden und ebenfalls regenreichen Winterhalbjahren.

Im folgenden Jahrzehnt waren die Winterverhältnisse wieder akzentuierter, wobei die strengen Winter häufiger vertreten waren als die milden. 1322 war zunächt kalt, am 23. Februar gab es Überschwemmungen am Main bei Frankfurt, bei der das Wasser bis zum Bartholomäus-Dom reichte. Bereits 1323 folgte ein strenger und schneereicher Winter, in dem zumindest die küstennahen Bereiche an der Ostsee überfroren. Man konnte sechs Wochen lang von Lübeck bis Danzig und Königsberg über das Eis reisen. 1324 geriet durchschnittlich, in Böhmen zu mild und trocken. 1326 froren in einem sehr strengen Winter Teile des Bodensees und der Rhein bei Konstanz zu und 1328 hatte es auf der Donau bei Klosterneuburg mehrere Monate lang Eis gegeben.

Das Wintergefüge änderte sich auch im nächsten Jahrzehnt nicht wesentlich. Erneut dominierten die kalten Winter. 1331 wurde allerdings mild, 1333 war der Winteranfang hart, 1334 schädigte der Schnee nach Quellenaussagen in Erfurt die Bäume und 1339 bildete sich zweimal Eis auf dem Main bei Frankfurt.

Ganz anders das folgende Jahrzehnt: Es überwogen die milden und warmen Winter. Um Weihnachten 1340 war es frühlingshaft warm. Auch 1342 fiel die Kälte erst recht spät, nach Konstanzer Quellen erst ab dem 18. Februar ein. 1343, 1344 und 1345 waren allesamt zu mild. 1344 gab es überhaupt kein Eis auf der Donau und dem Main und in Konstanz melden die Chroniken eine gute Zeit zu Anfang des Jahres. 1345 wunderten sich die Chronisten darüber, dass der Main bei Würzburg ohne Eis oder Schnee über die Ufer trat, ebenso in Eichstätt nach einem Unwetter und in Halle an der Saale. Eine ganz andere Variante kann für den Winter 1348 angenommen werden, der in Würzburg als sehr trocken eingestuft wurde. Ansonsten war der Anfang des Jahres nach einer Quelle aus Konstanz eine „*gute Zeit*“ (Alexandre 1987), was damit zusammenhing, dass es dort bis zum 18. April keinen einzigen Schneefall gab. 1350 fiel zum Jahresende zwischen dem 8. und 14. Dezember viel Regen, dann fror es bis Anfang Februar nächsten Jahres.

Deutlich kühler wurde die Phase 1351–1370. 1351 soll es im Winter in Konstanz bis Mitte Januar keinen Wind und keinen Schnee gegeben haben. Erst ab Mitte Januar bis zum 9. Februar fiel eine große Menge Schnee. Danach folgte wieder eine Woche regnerisches und milderes Wetter. Quellen aus Mainz beschreiben den Winter 1354 als so kalt, dass sich auf dem Rhein Eis bildete. Strenge Kälte gab es schon im nächsten Winter, was dazu führte, dass bei Bonn und Köln der Rhein bis Ende Januar zufror und bei Frankfurt gegen den 29. Januar auch der Main. Am 19. Februar ereignete sich ein Unwetter und in der darauf folgenden Woche eine Überschwemmung vieler Gewässer, wodurch Mühlen in Grimma zerstört wurden und viele andere Orte nicht nur in Thüringen betroffen waren. 1356 war ein extrem trockener Winter, wie aus Klosterneuburg berichtet wird. Die Donau überfror nicht richtig und führte auch kein Hochwasser, in Nürnberg kam es dagegen im Januar noch zu Überschwemmungen.

1357 wurde sogar richtig mild. So soll es nach Quellen aus Mainz wenig Eis gegeben haben. Konstanzer Beschreibungen lassen den Ablauf genauer fassen: Bis zum 13.Februar gab es keinen Schnee und kein Eis. Am selben Tag fiel sehr viel Schnee, der bis zum 4.März liegen blieb. Aus Limburg werden für den gleichen Monat Gewitter gemeldet.

1358 wurde Frankfurt am Main am 17. Februar von einem Unwetter heimgesucht. Streng wurde der nächste Winter, immerhin bildete sich drei Wochen lang Eis auf dem Rhein bei Mainz. Am 13. Februar gab es in Bremen an der Weser eine Überschwemmung und in Konstanz hatte es wenige Tage zuvor, nämlich am 10. Februar, sehr stark gefroren, woraufhin es dann aber angenehm wurde. Mild und temperiert verlief hingegen der Winter 1360.

In der nächsten Dekade ergaben sich wieder einige Auffälligkeiten: 1361 wurde kalt, wie Quellen aus Bonn verraten. 1364 war der Winter rekordverdächtig kalt, schneereich und lange andauernd. Eine Quelle aus Nürnberg umschreibt ihn:

„Anno 1363 fiel allenthalben ein grimmkalter Winter ein, es gefroren alle Wasser, daß man schwerlich mahlen konnte. über alle schiffreiche Wasser kunnte man mit großen Lastwägen fahren. In dieser unerhörten Kält gingen die wilden Enten und ander Wasservögel in die Stadt ohne Scheu und suchten bei den Menschen ihre Nahrung, weilen sie im Wasser nicht bleiben kunnten. Sie hielten sich um die Rohr-Brunnen, und ließen sich mit den Händen fassen.“ (Braun 1648)

In Mainz war der Rhein vom 13. Januar bis zum 25. März so stark gefroren, dass man auf dem Eis Markt abhielt. Bei Köln konnte man über den Rhein gehen und in Regensburg waren alle Wasserläufe vom 3. Januar bis zum 3. März mit Eis überzogen. Auch aus Straßburg liegen Angaben vor, die besagen, dass der Rhein dort noch viel länger, nämlich vom 29. Dezember bis zum 12. März zugefroren war, selbst der Zürichsee war zu Eis erstarrt. An manchen Orten verfütterte man Stroh von den Dächern an die Tiere. Ganz mild wurde hingegen der nächste Winter 1365; zumindest in Mainz gab es fast keinen Schnee und kein Eis. 1366 war wieder kalt, 1367 noch kälter und zumindest in Regensburg schneereich. Dagegen wurde 1368 sehr mild und nach Mainzer Quellen gab es erneut keinen Schnee und kein Eis. Dieses Wechselspiel setzte sich fort: 1370 war der Winter wieder lang und ziemlich kalt.

Das nächste Jahrzehnt brachte wieder eine Überzahl milder Winter, in der Bilanz vergleichbar den 1980er-Jahren. Bereits die ersten beiden Winter wurden warm. In Mainz gab es 1371 kein Eis und Ende Februar war es angenehm mild. 1372 war nach Augsburger Angaben ebenfalls warm, während die Mainzer Quellen von einem harten Winter sprechen. Besondere Aufmerksamkeit verdient der Winter 1374. Er war extrem niederschlagsreich, windig und ebenfalls viel zu mild. Augsburger Quellen lassen seinen Verlauf relativ genau rekonstruieren: Bis zum 2. Januar war es warm und regnerisch. Dann setzte Dauerregen ein, der bis zum 14. Januar anhielt. Schließlich kam die erwartete Kälte, die aber nur bis zum 25. Januar andauerte. Dann folgten wieder fünf Wochen Regenwetter, wobei der anhaltende Regen in ganz Deutschland noch im Januar zu schweren Überschwemmungen führte. Es regnete so stark weiter, dass im Februar noch eine zweite Hochwasserwelle auftrat, wie aus den folgenden regionalen Angaben ersichtlich wird: Der Rhein bei Basel führte am 11. Januar Hochwasser, Colmar meldete Überschwemmungen am 14. Januar, Straßburg am gleichen Tag für die Ill, dann nochmals am 29. Januar und am 22. Februar. An der Donau nahezu das gleiche Bild. In Ulm zerstörte das Hochwasser die Brücke. Auch die Lahn trat am 14. Januar über die Ufer. Weitere und schwerere Hochwasserwellen folgten dort am 17. und 22. Februar. Aus Minden werden am 18. Februar ebenfalls Überschwemmungen der Weser gemeldet, Bremen erreichte die Hochwasserwelle am 22. Februar. In allen Flussgebieten kam es zu schweren Schäden. Nach diesen folgenschweren Ereignissen hatte man verständlicherweise keinen Sinn mehr für die Annehmlichkeiten dieses warmen Winters, durch den im Februar bereits Blumen blühten.

Richtig kalt wurde es wieder im Winter 1378. Diesmal fror sogar der Bodensee vier Tage lang vom 4. bis zum 8. März zwischen Konstanz und Meersburg sowie zwischen Hagnau und Buchhorn zu. Auch 1379 überzog das Eis wieder die größeren Flüsse. Bei Mainz war der Rhein acht Tage lang vom 6. bis zum 13. Januar überfroren. In Konstanz blieb der Schnee aber nie allzu lange liegen.

Die 1380er- und 1390er-Jahre waren der Winterbilanz nach nicht sehr aufregend. Vergleichbar sind sie mit den 1960er-Jahren. Trotzdem gab es einige auffällige Jahre. Schon 1381 war sehr wechselhaft, insgesamt zu mild. Aus Mainzer und Augsburger Quellenangaben lassen sich die Verhältnisse recht genau rekonstruieren. Bis zum 21. Januar war es in Mainz regnerisch und es gab keinen nennenswerten Frost. Dann fror es bis zum 9. Februar, der Rhein ging zwischen dem 30. Januar und dem 9. Februar zu. Danach folgte bis März wieder regnerisches Wetter. In Augsburg war es bis zum 1. Januar mild. Ein kurzer Schneeeinbruch an diesem Tag war das einzige winterliche Ereignis bis zu diesem Zeitpunkt. Bis zum 21. Janaur folgten wieder Wärme und Regen. Von diesem Tag an gab es strenge Kälte und Schnee bis zum 2. April.

Im nächsten Jahr, 1382, überfror der Rhein unterhalb von Bingen bis nach Bacharach. Ende Februar 1384 war es so warm, dass schon die ersten Blumen herauskamen. Man fühlte sich wie im Mai. In Augsburg wurde dieser Winter allerdings als kalt eingestuft. Da beide Quellen als verlässlich eingestuft werden können, müssen regionale Unterschiede angenommen werden. 1385 war wieder mild und Anfang Dezember hatte der Rhein einen sehr niedrigen Wasserstand. 1389 gab es wieder einen kalten Winter.

In den folgenden Jahren lassen die zahlreichen Quellenangaben eine nahezu lückenklose Bewertung der einzelnen Winter zu, die hier schlaglichtartig vorgestellt werden sollen: 1393 wurde kalt, zwischen dem 14. und 17. Dezember überfror der Rhein bei Mainz. 1396 soll es sieben Wochen lang bis zum 22. Februar Eis auf der Donau gegeben haben. Im Februar traten Lahn und Mosel über die Ufer. 1398 wurde so unbeständig, dass man wegen den aufgeweichten Wegen im Osten nicht reisen konnte. 1399 folgte wieder ein strenger Winter, in dem vor dem 17. Februar der Rhein bei Mainz acht Tage lang zufror. Offensichtlich waren in diesem Winter die Küstenbereiche vereist und da auch die Belte zugefroren waren, konnte man übers Eis nach Dänemark reisen, wie folgende Quelle zum Ausdruck bringt:

„In den jaren Cristi 1399 do was so grot vrost in deme wintere, alse ye bi den daghen unses levendes was vornomen; men mochte in der tit wanderen up deme yse van Rostoke bet in Dennemarken; dat sulve dede men van Lubeke ut over ys went to dem Sunde.“ (CDS 26, Lübeck, Detmar-Chronik)

Deutlich akzentuierter als die vorhergehenden Dekaden fiel das Jahrzehnt 1401–1410 aus. Was die Gesamtbilanz angeht, so ähnelt es den 1950er-Jahren sehr stark. Milde Winter überwogen deutlich. Im Grunde traten nur zwei kalte Winter auf, der erste 1405, der zweite 1408. Dieser wurde aber so kalt, dass er wieder als Rekordwinter eingestuft werden kann. Zwischen dem 20. November und dem 5. Februar war der Rhein bei Köln gefroren. Vermutlich war damit das Auftreten von Randeis gemeint. Bei Koblenz war er zwischen dem 25. Januar und dem 8. Februar überfroren. Für den gleichen Zeitraum melden auch Magdeburg, Eisenach und Minden strengen Frost. Aus Brandenburg stammt eine Quelle, in der dieser Winter als streng bezeichnet wird. Eine Quellanangabe aus Köln schildert die näheren Umstände:

„1408 In dem vurß iair do was zo maill eyn sere kalt wynter ind began zo vriren van sent Mertyns mysse an bis des vrydages nac sent Paulus dach Conuersionis vmb trint. vj wechen lanck ind der Rijn vroir zo dat men dair ouer gynck an der Saltzgassen. Ind as der vurß dach quam brach dat ijss bynnen tzwen vren dat sich niemantz vermoit hadde. Ind asso quam eyn groiss ijss vur die Stat Coellen dat vill schiff groiss ind cleyn zobrachen die dae alle enwech druen van den ijss ind erdrocke. Dae geschach groiss schade an dem Rijn an moylen vnn an alle dem dat an dem Rijne hielt dat lant vp ind neder.“ (Die Chronica van der hilligen Stat vo Coelle, Stadtbib. Köln)

Vor Köln wurden durch den Eisgang Schiffe und Boote zermahlen. Wegen des Eisstaus kam es an der Lahn am 7. Februar zu einem Hochwasser, ebenso am Rhein und am Main. In Regensburg hielt die strenge Kälte bis zum 11. Februar an. Durch den Eisgang gab es auch an Donau und Regen Überschwemmungen. In der Gegend von Ingolstadt blieb der Schnee vom 20. November bis zum 11. März liegen, in Augsburg sogar bis zum 15. März. Selbst der Bodensee fror zu.

Die beiden nächsten Jahrzehnte 1411–1430 waren wieder ausgeglichen. Als typisch für diese Zeit kann der Winter von 1414 genannt werden. Nach Schilderungen aus Nürnberg war er bis Weihnachten warm, dann folgten heftige Schneefälle. Ganz andere Temperaturverhältnisse bot 1417: Strenger Frost herrschte seit Dezember. 1420 war der Februar nach Angaben aus Limburg wie auch die nachfolgenden Monate warm und trocken. Ansonsten wird dieser Winter aber als kalt und streng beschrieben. Bei Klosterneuburg war die Donau zwischen dem 15. Dezember und dem 15. Februar gefroren. Schwere Unwetter wüteten am 25. 11. 1420 zwischen Augsburg, Speyer, Konstanz und Straßburg.

Die Angaben werden im weiteren Verlauf spärlicher. Zunächst wird aus Colmar ein Rheinhochwasser am 22. Dezember 1421 gemeldet. Im darauf folgenden Jahr kam es im Winter zu einem Hochwasser an der Elbe. Der Winter 1423 wurde in Nürnberg als sehr streng empfunden. Die folgende Textpassage lässt Aussagen zur Dauer der Kälte zu:

„Anno eodem waß ock ein hart groth Winter in dussem Landen, wente idt hoff an thor freren up St. Elisabethen dach (10.11.) und warede de Frost beth 4 Wecken in de Vasten.“ (Stadtbib Stralsund HS 39)

Schon im nächsten Jahr folgte ein völlig gegensätzlicher Winter. Bis zum 3. Januar herrschten geradezu frühlingshafte Temperaturen, danach fiel aber strenge Kälte ein. In diesem Zeitraum gab es aber noch ganz andere Katastrophen. In der so genannten Cäcilienflut, am 21. November 1412, kamen viele Menschen um. Ob es tatsächlich über 30 000 gewesen sind, wie in den Quellen erwähnt wird, kann nicht verifiziert werden. Folgender Quellenauszug schildert die Ereignisse:

„In deme jare des heren 1412 in deme hilligen avende sunte Cecilien, alse de lude wolden to bedde gaan, do weijde id so starken groten storm, dat des geliken nement dencken mochte. unde dede der stadt van Bremen mer wen uppe dre dusent mark to schaden an kerken, an husen, an daken. de walkenmole und korenmole, de wandages Johan Drakenborch buwede, weiede umme. unde do vell ene watermolen in de grundt, dat dar nicht heel van en bleff. unde vele windemolen weieden umme, unde darto an schepen, de dar vorgingen uppe der Wesere. de doem de nam allene meer wen hundert marck to schaden. unde weiede de schone berchvrede umme to deme Langwedele in cleinen stucken, also men ene bernen mochte. de torne to Bucken weyde aff. de torne to der Berne weide ock aff. also grot schade schude in mennegen steden unde uppe deme lande, dar altovele van to schrivende were.“ (CDS 37, Bremer Chr. v. Rinesbach, Schene und Hemling)

Wie die schweren Schäden, die von allen Küstenregionen übermittelt wurden, genau aussahen und wie sie bilanziert wurden, verdeutlicht die nachfolgende Textpassage:

„Anno 1412 am Avend S. Cecilien do de Liede wolden schlapengahn, do ereyede idt ein grüersam Storm und dede der Statt Bremen mehr d. 300 Mark Schaden de Walk- und Kohren Möhle. de ehrdages Johan Brakenboves hadde dehüeret de Weyede immer und fell eine Waternöthe mit in Grundt. Idt vergiengen viele Schepe up der Weßer de Dohm nam alleine mehr den 500 Marcktheken tho Schaden.“ (StaBremen 2-P.1.-226)

Auch im Binnenland waren die Schäden beträchtlich. In Gelnhausen riss der Orkan wie in anderen Orten den Kirchturm ab, in Augsburg und Nürnberg verursachte er in den Wäldern schwere Windwurfschäden. Nach 1431 kam es für vier Jahrzehnte zu einem regelrechten Kälteeinbruch, der den vorangegangen Kaltphasen zwischen 1201 und 1230 ähnelt.

1431 überfroren zumindest Teile des Bodensees bei Lindau und auch 1432 wurde nach vielen Quellenangaben ebenfalls sehr kalt und schneereich. Erneut froren alle größeren Flüsse, wie Donau und Rhein zu. Auf der Pegnitz in Nürnberg hielt man sogar einen Hochzeitstanz ab. Die strenge Kälte trat schon im November ein und dauerte lange. Durch einen Wetterwechsel kam es schließlich zu einem Hochwasser. Aus Amberg ist folgende Textpassage überliefert, die die Situation treffend umschreibt:

„In demselben iar an sand Andres abent (29.11.1431) hub sich an eyn kalt czeit und eyn ungefüger sne daryn lewte und vih verdurben, daz kain mensch dy czeit so alt waz, der gedächte also vil snybs aufenander mit stater kelt. Dy tunaw waz hertlich überfrorn lenger dann ailff wochen pys czu sand Mathias abent (23.02.1432). Darnach am nähsten eritag kam eyn ungestümes wasser mit praiten dicken eyse auf der tunaw mit eynem ungesügen gdreng und absties dy holczen pruck und hinfurte dy wolkmöl, fleismöl und rantinger möl czenähst pey der stayern pruck zu Regenspurg. Und tat grosse verderpliche schäden in steten und in dörffern in pawmgarten und auf äckern pey der tunaw mer dann ich geschreiben mag. Eyn möl mit irm gaczen obdach und vil czerissen häwser und pawme runnen durch dy ober pruck. Auch waz dy see, darynn venedig stet, so starck uerfrorn, daz man dar über dy sw“ren pallen czuch und vih traib; daz hat kein mensch bpey unsern czeiten mer gesehen. In demselben iare 1432 an sand paul tag (25.01.) am freitag früe kam eyn säwsender ungestümer wint mit eynem sne daz nymand gedencken muchte an kainen sand pauls tag eyns sulhen schedlichen weter.“ (Will 1901)

Bei Köln gab es sechs Eisfahrten auf dem Rhein, wodurch viele Schiffe zerstört wurden. Auch an der Donau kam es, wie dargestellt, durch den Eisgang zu Schäden an Brücken und Mühlen. Zu guter letzt erfroren Ende Januar im Stuttgarter und Esslinger Raum die Rebstöcke, in Augsburg sogar Bäume. Auch das Wintergetreide hatte unter der Kälte gelitten. Im Februar 1434 gab es in Nürnberg eines der seltenen Wintergewitter. 1435 war erneut ein sehr strenger Winter, in dem das Wintergetreide und die Reben erfroren und alle Gewässer zu Eis erstarrten. Nicht nur die kleineren Bäche und Flüsse waren bis auf den Grund durchgefroren, sondern auch der Rhein bei Köln fror zu. Das Eis war dort so tragfähig, dass man nicht nur darüber gehen und reiten konnte, sondern auch mit schweren Lasten darüber fuhr. Wie immer in strengen Wintern hielt man Markt auf dem Eis ab, Handwerker errichteten Buden und es herrschte ein buntes Treiben. Das dicke Ende kam aber noch, denn durch den Eisgang wurden zahlreiche Mühlen zerstört. Folgender längerer Textauszug aus Köln verdeutlicht dies gut:

„1435 Anno dnni MCCCCxxxv was eyn so kalt winter dat nieman desgelij chen gehoirt off gelefft hadde ind duerde by drij maende lanck Ind ervroir allet dat bouen erden

stoynt korn vp den velde vruch te wijngarden ind bussche Alle cleyn wasser in desen landen vroiren tzo grunde Der Rihn vroir tzo vnden ind ouen dat men in allen enden beneden … ind vur Coellen ouer den Rijn reit indginck. He vroir so dick ind so hart dat men degelichs viij wechen lanck mit swaren wijngetzauwen ind houltz dair ouer voir gelijch eynre harder leyen Dat volck ginck ouer den gevroren Rijn so dick ind mit huyffen recht off enwere idt niet wasser geweist off ensuldet nunmehr wasser werden. Ind dat volck dreiff wunder vp dem Rihn dat was keute veill vp dem ijse Dacsaessen Scholepper ind lapden schoy Men dobbelde ind spielde mit quackbrederen ind mit mancher Bande spiele. Item dat erslagen houltz dat der grois se wint. van den vurß is affgeslagen hadde. Dat quame euen in desen kalden winter Ind ervroir ouch manich morgen busch ind ander vill boume as vurß . Der Houltzmart was tzo Molenhyem ind men voirte dat burnehoultz van Molenheym mit karren ind perden zwers ouer dat ijss bis vur die Stat Coelne. Item in dem angange des winters veill eyn groiss snee ind voir alle dage ind nacht den winter an ind vyff Der snee was so grois dat men nauwer vur der snee vp der Strais sen geuaren enkunde ind men hadde eynen ganck durch den snee gemacht. Die lude maichdevan dem snee, huyser, burge, Turne ind mancherhande bilde as beren Leuwen ic. Item der winter nam eyn besser ende dan men sich vermoide als van der vruchte wegen want die vruchten ind die vnder gelachten wijngarden inthielde sich redelich ynd den snee ouch hatten die ludesorge vur eyn groyss gewesser so wanne der snee smeltzen wurde doch want dat ertrijch vervroir niet vnder dem snee ind hadde sich wail gehalden. So leiff dat gewesser des sneyes in die erde so dat beyn groyss gewesser wart ind dat ijss ind der snee sunder schade fleyss Ind also quam der kalde winter tzo eyme goiden ende. Item dat vurß ijss in dem Rijn brach in der nacht Cathedra Petri. Item in dem seluen jair quam eyn shcedelich Meyvorst dat doe wojngarden ervroiren, nus, beume ind ander vruchtberbeume Ind daruumb wart der wijn tzo maill duyr. Eyn quart redelichs wihns Šgalt iij ind xx haller ind an eyn deyl enden iiij ß ind v. ß. Man galt in dem somer eyn voyder affgayits wihns vur vvv gulden ind eyn quart essichs galt viiij off vvj hallet.“ (Die Chronica van der hilligen Stat vo Coelle, Stadtbib. Köln)

1436 hingegen war ein durchschnittlich kalter Winter. Schon 1437 folgte aber erneut ein strenger Winter. Das Szenario erfrorener Reben, von Auswinterungsschäden am Getreide und zugefrorenen Gewässern wiederholte sich (Abb. 27).

Im nächsten Jahrzehnt wurden die strengen Winter seltener und es kamen auch wieder milde hinzu. 1441 war erneut sehr kalt und vor allem schneereich, wodurch erneut Schäden an Reben und Bäumen entstanden. In Schweinfurt zählte man 36 Schneefälle aufeinander, was

Abb. 27: Die strengen Winter 1437 und 1443 in Nürnberg. StA Nürnberg, F/1/49.

für diese Region bemerkenswert viel ist. Die starken Schneefälle behinderten den Reiseverkehr und durch die Schneeschmelze Mitte bis Ende Februar kam es zu schweren Überschwemmungen. Auch 1443 war so streng, dass viele Obstbäume erfroren und die Leute das Stroh von den Dächern nahmen, um es an das Vieh zu verfüttern.

1444 war zumindest im Westen Deutschlands nach Quellenangaben aus Dortmund zunächst als „*weech winter*“ (CDS 20, Dortmund, Chr. d. Dietrich Westhoff) beschrieben, die Lippe trat aufgrund des vielen Regens über die Ufer. Ende Januar wurde es dann aber kalt und es schneite viel. Auch 1446 hielt die Kälte nach Augsburger Quellenangaben lange an, nämlich von Anfang November bis Ende Januar. Es lag sehr viel Schnee und die Gewässer waren zugefroren. Ende Januar gingen die Gewässer wieder auf, es konnte wieder gemahlen werden. Das Wintergetreide war unter dem Schnee erstickt und der größte Teil musste umgebrochen und mit Gerste nachgesät werden. Durch die Kälte erfroren auch die Baumknospen und die Reben. Der Dezember 1447 war im Norden mild, 1449 gab es sogar wieder einen warmen Winter. In Augsburg fiel wenig Schnee, der sofort wieder schmolz. Erst im Februar gab es eine Kälteperiode, die aber nicht lange anhielt, sondern erneut durch wärmeres Wetter abgelöst wurde.

Ende Februar/Anfang März 1451 machte ein schweres Winterhochwasser den Menschen zu schaffen. Im nächsten Winter wurden von den Chronisten in Augsburg 46 Schneefälle gezählt. Der Lech, die Donau und alle anderen Flüsse überfroren. 1454 herrschten ebenfalls tiefe Temperaturen. Bereits zwei Jahre später, 1456, soll die Ostsee zumindest in Teilen zugefroren gewesen sein. Allerdings war die extreme Kälte erst nach dem 25. Januar aufgetreten, hielt dann aber lange an – ein Beispiel für einen späten Winter. Die nachfolgenden Winter in diesem Jahrzehnt wurden alle kalt und streng, besonders der Winter 1460. Im Stuttgarter Raum erfroren die Reben, die nicht bedeckt waren, im Januar konnte man wegen der zugefrorenen Wasserläufe nicht mahlen. Die Donau blieb zwei Monate zu und auch die Ostsee war überfroren, so dass man mit Pferdeschlitten über das Eis reisen konnte. In Stralsund wurden die Wasservögel, die sich wegen der Kälte leicht fangen ließen, sehr günstig verkauft. Die Kälte hielt nach Augsburger Quellenhinweisen bis Ende März an und aus Greifswald stammt folgende Beschreibung:

„Anno 1460 is en sehr lang vnd hart winter gewesen, desgliken in langen jahren nicht gedacht is; denn, wie etlicke willen, is en so stard frost gewesen, dat man hafft könen reisen vth Prüssen hier in alle seestede, mit schleden vnd perden. Und dat idt ken geringe frost gewesen, kann menniglick hirvth ermeten, dat de duickvögel vth knapheit des waters sick nicht hedden bergen könen; denn wenn waken wor gehauwen wurden, sund desuluen so vull gekamen, dat men vnderwilen en voder, anderwilen twe daruth fangen konnde.“ (ST HGW, HSS)

1461 zerstörte die Blau im Februar viele Brücken, Badstuben, eine Reihe Häuser und Mühlen und auch die Donau trat über die Ufer. In Memmingen gab es ebenfalls ein großes Hochwasser und in München zahlte man am 8. Februar wieder Löhne für das Ausrufen von Sturmwarnungen aus. Allzu kalt kann dieser Winter demnach nicht gewesen sein. Auch 1463 gab es im Januar in München mehrere Sturmwarnungen, ebenso im Februar. In Stuttgart wütete am 16. Februar ein heftiges Unwetter mit Sturm und Hagel. Auch in Nürnberg und Würzburg notierte man dieses Unwetter, das in Würzburg Dächer abdeckte. In Nürnberg zählte man in diesem Winter 31 Schneefälle. 1464 wurde der Winter wieder schneereich und so kalt, dass man in Mecklenburg über die zugefrorene Elbe reiten konnte. Von der Schneelast wurden Dächer eingedrückt, das Reisen war erheblich behindert:

„Item 1464 jar vieln am nehsten pfintztag nach dem jarstag (05.01) pis auf liechtmeßs 39 schnee (02.02.) und was so ein grosser schnee, das kain man in 40 jarn gedacht, das man geschirr auf der sraßs must steen lassen und die pfert an den wegen absetzen. item der erst schnee viel Galli (16.11.1463) und pis auf den jarstag vieln davor 12 schnee, das warn in dem jar 51 snee. es geschah bei Plawen, das wegen versneit waren, das man pan über die wegen gemacht het, das leut dar über giengen.“ (Jahrbücher des 15. Jhd., Deichsler Chr., Nürnberg)

Der Winter des folgenden Jahres wurde so kalt, dass zumindest Teile des Bodensees zufroren:

„Als man von der geburt Christi zalt 1465 jare an sant Agnesentag und aubend (20. und 21.01.) ward es vast kalt, das der Bodensee von dem Aichorn bis gen Regikoven überfror als sechs vinder dick yß und das man daruff gieng och von Überlingen gen Dingeldorf und Walhusen. Man gieng und rait über das yß und bin ich Gebhard Dacher von Dingelsdorf gen Überlingen uff dem yß und see gegangen uff dem nechsten zinstag vor sant Valentinstag (12.02.) in dem jar, als obstat.“

Die anderen Quellentexte ergänzen dieses Bild:

„Item anno 1465 jar an sant Agnesentag (21.01.) do was der Bodensee überfroren, das man gieng von Münsterlingen unz gen Hufen uff dem iß. Und ain scheffman fur den see abher von Lindow unz an ds Aichorn, do gestund er am iß, wan er fürt issen und 3 groß schiben wachs und ander kofmansschatz. Und dem kam man ze hilf mit ainem fegner, darin warent 16 knecht, die brachent den see unz ze im, denen gab der statt seckler 1 guldin ze lon. Anno 1465 jar do was Überlingersee überfroren unz gen Dingelsdorf, do luff ainder uff dem iß und fiel ainen arm ab von Dingelsdorf gen Überlingen ind die statt.“ Ebenso das nächste Zitat: „Item anno d.1465 jar an sant Angnesen tag (21.01.) do waz der Bodense uberfroren, daz man gieng von Munsterlingen untz gen Hussen uf dem iss. Und ain schefman für den se abher von Lindow untz an daz Aichhorn, da getsund er am iss, won er fürt issen und 3 gross schiben wachs und ander kofmanschatz. Und dem kam man ze hilf mit ainem segner, dar in warent 16 knecht, die brachent den se untz zu im, denen gab der stat sekler 1 guldin ze lon.“ (Konstanzer Chronik, Mone 1848)

1466 bezeichnet ein Augsburger Chronist den Winter als kalt mittleren Maßes: *„der winter kalt was ze mitler maß und vil schnees“* (CDS 5, Augsburger Chr. v. Zink) und schneereich. Was in der Handelsstadt besonders interessierte, war der Zustand der Straßen und Wege: Es gab eine gute Winterbahn, d. h., der Boden war gefroren, was das Reisen erleichterte. In Danzig war dieser Winter nicht sonderlich kalt, denn die Gewässer froren nicht zu und Anfang Februar gab es einen Sturm, der an der Ostseeküste in Lübeck, Rostock, Wismar und Danzig zu schweren Schäden führte. 1467 war zumindest in Norddeutschland ein milder, 1470 hingegen wieder ein sehr strenger

Winter, in dem der Untersee erneut zufror. Damit verabschiedete sich diese Kaltphase standesgemäß.

Im nächsten Jahrzehnt überwogen wieder die milden Winter. 1471, 1472 und 1473 waren nur durchschnittlich kalt oder mild, wobei es 1472 zahlreiche Gewitter gab und die Blumen blühten. 1474 war eher kalt, einen großen Winter gab es erst wieder 1477. Er wurde in ganz Deutschland als sehr hart und äußerst lang beschrieben. Die nachfolgenden waren dagegen wieder allesamt durchschnittlich oder sogar mild. 1479 ist als stürmisch, warm und regnerisch beschrieben, 1480 ebenso, was durch zahlreiche Sturmwarnungen in München unterstrichen werden kann.

Bis zum Ende des Jahrhunderts verschlechterten sich die Winterverhältnisse wieder etwas. Zunächst gab es noch eine ausgeglichene Winterbilanz, dann überwogen wieder die kalten und strengen Winter. 1481 wird in mehreren Chroniken als kalt beschrieben. Der nächste Winter, 1482, kann durch tägliche Wetterbeobachtungen sehr genau analysiert werden. Während der Dezember und Januar noch recht durchschnittlich verliefen und vor allem im Januar die üblichen Kaltperioden auftraten, war der Winter im Februar bereits vorbei. Er war überwiegend warm, regnerisch, dann wieder windig. So ist auch verständlich, was in weniger spezifizierten Chroniken über diesen Winter geschrieben wurde: Er war zu warm, im Februar begann schon die Vegetation auszutreiben und die Vögel sollen gebrütet haben. Auch der nächste Winter wurde mild, man sah zumindest im Kölner Raum keinen Schnee, in Dortmund bezeichneten die Schreiber den Winter sogar als ‚unlustig und nass'. Ebenfalls recht feucht und windig wurde der Winter 1484. Im Göttinger Raum konnten die Fuhrleute wegen den aufgeweichten Wegen nicht gut fahren, das Holz wurde daraufhin teuer. Mitte Januar fiel dann aber Kälte ein. Auch der Winter 1485 hatte immer wieder regnerische und windige Phasen im Januar und Februar. Auffallend viele Sturmwarnungen wurden im Winter 1486 abgerechnet, was für einen durchschnittlichen bis zu milden Winter spricht. Ähnlich verliefen auch die nachfolgenden Winter. Erst 1490 wurde wieder so kalt, dass sich alle Gewässer in Württemberg und in Sachsen mit Eis überzogen und selbst die Brunnen ausfroren, wodurch Wassermangel entstand. Hinzu kam, dass der Winter niederschlagsarm war. Es fiel kaum Schnee und die Bäche und Flüsse führten wenig Wasser. Schließlich musste man Eis stückweise verkaufen, um an Trinkwasser zu kommen.

Sehr kalt wurde auch der folgende Winter 1491. Der Rhein bei Köln fror acht Tage lang zu, was längere Zeit nicht mehr geschehen war. Schaulustige liefen auf das Eis, eine Scholle löste sich, der Rückweg war abgeschnitten bis sich das Eis wieder zusammenschob. Es kam aber glücklicherweise niemand zu Schaden. In Rostock wurde wegen der Kälte das Feuerholz knapp. Die darauf folgenden Winter waren nicht besonders auffällig. Erst 1496 kann wieder den kalten und schneereichen Wintern zugerechnet werden, obwohl der Januar nicht sehr kalt gewesen war. Mitte des Monats wütete ein schwerer Sturm, der an Gebäuden und an Bäumen große Schäden verursachte und zur gleichen Zeit führte der Rhein Hochwasser. Im Februar herrschten dann aber strenge Minusgrade, was zur Folge hatte, dass man von Danzig nach Hela über das Eis fahren konnte und die Reben erfroren. Im folgenden Jahr wurde der Winter mild und feucht. Alle Niederschläge fielen als Regen und nur selten als Schnee. Wenn welcher fiel, dann blieb er zumindest in Würzburg keine drei Tage liegen. Zu dieser Beschreibung passt auch, dass der Januar sehr sturmreich war und in München sehr viele Sturmwarnungen abgerechnet wurden. Die Winter von 1498 und 1499 waren dagegen wieder sehr kalt.

Im Märzen der Bauer? Die Frühlingsverhältnisse von 1000 bis 1500

Ein erster zusammenschauender Überblick über die Frühlingsverhältnisse lässt zunächst ähnliche Grundtendenzen erkennen, wie sie schon für die beiden anderen Jahreszeiten gelten. Neben den längerfristigen Trends gab es mittel- und kurzfristige Schwankungen mit schnellen Wechseln sowie extreme Abweichungen zur positiven wie auch zur negativen Seite. Kühle und kalte Frühjahre waren häufiger oder wurden zumindest öfter von den Chronisten erwähnt. Die Quellenhinweise machen deutlich, dass der Grundcharakter eines Frühlings in nicht wenigen Fällen vom Witterungsverlauf des Märzen bestimmt wurde. War er zu kühl oder hatte dieser – was recht oft geschah – noch den Charakter eines Wintermonats, dann wurde dieser Umstand als spätes Jahr beschrieben, auch wenn sich die beiden folgenden Frühlingsmonate durchschnittlich verhielten. Zumindest in diesen Abschnitten hatten die Bauern nicht immer die Möglichkeit zur Feldbestellung. Ähnlich haben die häufigen Kaltlufteinbrüche im April, vor allem aber auch Spätfröste im Mai zur negativen Bewertung von Frühjahren beigetragen. Grundsätzlich sind auch bedeutend weniger direkte Hinweise auf die Frühlingsverhältnisse überliefert als zu Sommer und Winter. Die Rekonstruktion für diese Jahreszeit basiert daher in viel stärkerem Maße auf Proxydaten, vor allem auf Baumringanalysen und dem allgemeinen Vegetationszustand, wie Aufgang oder Blüte, den phänologischen Phasen.

In der Niederschlagsentwicklung sind ebenfalls markante Unterschiede zu erkennen. Es dominieren in den ersten Jahrhunderten bei insgesamt sehr wechselhaften Bedingungen die feuchteren Frühlingsdekaden. Länger anhaltende feuchte Phasen gab es 1101 bis 1200, 1251 bis 1350 und 1531 bis 1610. Ab 1611 ist ein Übergewicht trockener Dekaden festzustellen. Besonders deutlich wird dies in den trockenen Phasen 1611 bis 1710, vor allem aber 1751 bis 1820, der trockensten Phase überhaupt. In der Folgezeit nahm die Variabilität wieder zu, wobei gegen Ende des 20. Jahrhunderts wieder sehr feuchte Dekaden wie 1961–1970 und 1981–1990 auftraten. Die Temperaturentwicklung der ersten Jahrzehnte soll aufgrund der zu geringen Belegung nicht weiter interpretiert werden. Folgende Auffälligkeiten können aber festgehalten werden: Warme Frühlingsverhältnisse herrschten beispielsweise in den Jahren 1011 und 1014. 1013 hatte es im Mai schwere Unwetter gegeben.

Auch 1018 wütete Mitte März ein starker Sturm. 1035 gab es nach Aufzeichnungen aus Trier eine länger anhaltende Überschwemmung an der Mosel und 1057 schädigen am 1. Mai Schnee und Frost die Reben in der Gegend von Reichenau. Aus der gleichen Quelle stammt auch die Feststellung, dass 1063 Mitte April vier Tage lang im Zuge eines Kälteeinbruchs winterliche Verhältnisse herrschten. 1068 war der Frühling verregnet und wenige Jahre später, 1077, dauerte der Winter bis Ende März. Schon das nächste Frühjahr war zu trocken, ähnlich der Frühling im Jahr 1086. Nach den Überlieferungen aus Augsburg fehlte auch 1095 trotz windiger Verhältnisse der Niederschlag.

Nach und nach bessert sich die Quellenlage, so dass verlässlichere Aussagen möglich sind. Mit dem Übergang vom 11. zum 12. Jahrhundert zeichnete sich ein auffälliger negativer Trend ab. Dieser hielt bis 1130 an und wurde durch einen raschen Umschlag abgelöst, auf den zwei Dekaden mit überdurchschnittlichen Verhältnissen folgten. In der kalten Frühlingsphase kam es zu folgenden Auffälligkeiten: 1102 war nach Augsburger Quellenangaben ein trockener und windiger Frühling, 1106 dagegen warm. 1109 wurde verregnet, ebenso 1114. Dieser Wechsel setzte sich weiter fort. 1116 wurde zu kühl, 1117 warm und 1118 wieder zu kühl. Im Frühjahr 1125 schädigte strenger Frost vom 27. bis zum 29. Mai Reben, aber auch die anderen Anbaufrüchte. Den März hindurch wehten heftige Winde. Schon im nächsten Frühling richteten die Fröste erneut Schäden an den Anbaufrüchten und den Obst- und Nussbäumen an und ungünstige Witterung bestimmte auch das Frühjahr 1127. Auch die nachfolgenden Frühjahre waren überwiegend kühl, was in der erwähnten kalten Dekade 1121–1130 zum Ausdruck kommt. Die weiteren Jahrzehnte bis 1180 zeigen nur geringe Schwankungen. 1137 und 1141 waren ausgesprochen warm und im Mai 1144 gab es Hagelunwetter. Noch im gleichen Monat kam es in Erfurt zu einer großen Überschwemmung. 1150 ist ein typischer Vertreter für die kalten Frühjahre, die sich aus einem langen Winter ergaben, in denen der März noch winterlichen Charakter hatte. In Braunschweig blieb der reichlich gefallene Schnee noch bis in den April hinein liegen. 1157 war es wieder ein später Kälteeinbruch, der in Süddeutschland gegen den 29. März noch mit Schneefällen verbunden war. Fröste setzten auch 1159 der Vegetation zu. 1168 war das Frühjahr wieder mild und 1172 ging die Vegetation früh auf, was sich auch nur mit der entsprechenden Wärme erklären lässt. Schon im nächsten Jahr, 1173, gab es in der Gegend von Braunschweig am 20. Mai einen Kälteeinbruch, der mit Schneefällen verbunden war. Er führte zu schweren Schäden am Getreide und den Obstbäumen. 1176 wüteten im April Stürme. Der kalte Winter 1179 verlängerte sich auch in diesem Jahr in den Frühling hinein. Bis zum 8. April hielten sich Kälte und Schnee in Braunschweig. Den März und April hindurch wehte ein starker Ostwind, so dass die Bäume erst sehr spät ausschlugen und die Blüte ebenfalls viel später als sonst stattfand:

> *„(Es hat sich) eine Sterblichkeit unter den Schafen und unter den anderen Zugtieren wegen dem sehr langandauernden Winter (ereignet). Denn lange zum Festtag zu Ostern selbst dauerte der schreckliche Schnee, daß sich auch die Vögel mit uns beklagten, so daß wir kaum eine österliche Freude besaßen, da der triste Frost noch nich tvertrieben worden war. Späte Ernte; der Wein ging zugrunde.“* (MGH SS 16, Ann. Pegavienses Cont.)

1184 gab es ein kaltes und niederschlagsreiches Frühjahr mit einem Sturm im Mai. 1187 waren der März und der Mai so kalt, dass die zu früh aufgegangene Vegetation verdarb, was Ernteausfälle zur Folge hatte. In Straßburg gab es am 24. Mai noch Schneefälle. Die Kälte soll dort ebenfalls das ganze Frühjahr über angehalten haben. 1190 verwüstete ein Hagelunwetter die Gegend von Mainz. 1194 blühten nach Kölner Quellenhinweisen bereits im Mai die Reben, früher als sonst üblich und auch 1197 war der Frühling warm. April und Mai 1198 waren dagegen zumindest im Westen Deutschlands kalt und feucht.

Welchen Verlauf nahm die mittelfristige Temperatur- und Niederschlagsentwicklung? Wie die einzelnen Jahre verdeutlichen, akzentuierte sich ab 1181 das Geschehen. Noch im gleichen Jahrzehnt erfolgte ein Temperaturrückgang, gefolgt von einer ausgeglichenen Bilanz, abgelöst von einem markanten Temperatursturz in den 1210er-Jahren. Bis 1250 wiesen die Jahrzehnte einen leicht positiven Trend auf, waren aber ansonsten wenig auffällig.

Schon 1201 war ein sehr ansprechendes, warmes Frühjahr gewesen. Auffallend ist auch die Folge trockener Frühlingsverhältnisse in den Jahren 1204, 1206, 1207 und 1208. Kalt waren in diesem Jahrzehnt 1205, 1207 und 1210. In den meisten Fällen lag das an den langen kalten Wintern, die in den März hinein andauerten. Alle Hinweise auf die Frühjahre 1211–1220 deuten auf kühle und kalte Verhältnisse hin. Hervorzuheben ist die Phase 1212 bis 1215, in der alle zu kalt ausfielen. 1217 gab es Anfang Mai nochmals Schneefälle, nachdem die Winterkälte auch in diesem Frühling bis in den März hinein angedauert hatte. Erst im nächsten Jahrzehnt melden die Chroniken auch wieder warme Frühjahre, etwa 1224 und 1228. Trotzdem blieben die kalten Frühjahre nicht aus. Wie sehr sie das Wohl und Wehe mitbestimmten und welche Auswirkungen dies auf die Agrarwirtschaft und welche Konsequenzen es für die Menschen hatte, belegt folgender Quellentext aus Friesland für das Jahr 1225:

„*Auch in diesem Jahr … am heiligsten Ostertag, nämlich am (30.03.) schwellte der Südostwind von Osten her mit den Wolken an, und am (06.04.) bedeckte er mit strahlendweißem Schnee sowohl die Dächer als auch die Wiesen, und so trat der April in grau gefaßter Kälte ein, (und) noch nicht nach dem Wunsch vieler, die auf Heu und Futter und Getreide verzichten mußten. Und in jenen Tagen ist eine große Teuerung aller Dinge gewesen. Das Vieh ist wegen dem Mangel an Heu und die Lämmer sind wegen der Kälte gestorben, und schwach waren die Schafe. Drei (Dinge) sind nämlich zusammengefallen, die ungewöhnliche Kälte, die Sterblichkeit unter den Tieren und die furchtbare Teuerung des Getreides.*" (MGH SS 23, Emonis Chr.)

Die wenigen Hinweise in den folgenden Jahren lassen keine eindeutige Struktur erkennen. Mal sind es wie 1228 warme Verhältnisse, mal ist es die Trockenheit wie 1231, 1242 und 1245 oder Unwetter in Mainz wie am 25. April 1233 und am 31. Mai 1233 sowie im März 1236, die eine Meldung wert waren. Bemerkenswert war auch, dass 1249 die Feldbestellung bis zum 26. März nicht möglich war, weil die Felder unter Wasser standen. Schließlich war nach einem heftigen Frost der Boden gefroren. Kein Wunder, dass es nur eine schlechte Ernte gab.

Ab 1251 folgten wieder drei Jahrzehnte mit negativer Bilanz. Alle Informationen zu den Frühlingsverhältnisse in den 1250er-Jahren deuten auf kalte Verhältnisse hin. 1252, 1255, 1257 und 1260 waren schlicht kühl oder kalt. 1258 und 1254 weisen immerhin Kälte- und Frosteinbrüche auf, wodurch immer wieder Reben und Bäume geschädigt wurden. Dagegen waren 1251 und 1252 sowie 1255 und vor allem 1259 viel zu trocken. Nach einer Wormser Quellenangabe soll es zwischen März und August 1259 fast keinen Regen gegeben haben.

Das nächste Jahrzehnt brachte nur wenige extreme Frühlingsverhältnisse: Das herausragendste Frühjahr, 1268, war durch eine lang anhaltende Trockenheit geprägt. Nach Hinweisen aus Basel soll es in der Gegend von Colmar zwischen dem 2. März und Mitte Juli sehr heiß und trocken gewesen sein. Etwas aufregender wurde das nächste Jahrzehnt. 1272 ließ sich zunächst noch recht positiv an, am 22. Februar begann man mit den Feldarbeiten. Dann regnete es ab dem 12. März fast sieben Wochen in einem fort. Kein Wunder, dass die Ernte missriet und bereits im Herbst die Sterblichkeit erhöht war. Auch im folgenden Jahr behinderten hohe Niederschläge die Agrarwirtschaft. 1274 war es nach Baseler Quellenangaben bis in den Sommer hinein kalt. Ein Kälteeinbruch am 14. und 15. April 1276 und im darauf folgenden Frühling 1277 am 1. April, der von Schneefällen begleitet war, ließ die Reben im Elsaß erfrieren. Nach Konstanzer Angaben war der Frühling 1278 sehr trocken.

Erst in den beiden darauf folgenden Jahrzehnten besserten sich die Frühlingsverhältnisse wieder. Warme und milde Frühjahre prägten nun das Gesamtbild, auch wenn immer wieder Fröste und Kaltlufteinbrüche auftraten. 1281 blieb nach Angaben aus Colmar der Schnee noch bis Mitte März liegen. 1283 zerstörte Frost am 20. Mai die Weinberge im Raum Sindelfingen. Dennoch war der Frühling 1283 insgesamt sehr warm, so dass die Vegetation entsprechend früh aufging. Ähnlich auch 1284, als der Frühling erneut sehr mild war. Im darauf folgenden Jahr 1285 setzten erneut Spätfröste am 30. Mai den Reben im Raum Sindelfingen zu. Ungünstig waren auch die Verhältnisse 1286 in Friesland: Es regnete zwischen dem 1. und 19. März beständig und um den 12. März fror der Boden.

In den 1290er-Jahren setzte sich die positive Bilanz fort. Ab 1300 verschlechterten sich die Frühlingsverhältnisse wieder. 1301 wird als kühles Frühjahr beschrieben, 1303 schädigten Spätfröste am 3. April und am 10. Mai Reben und Blüten. Auch in Franken gab es Anfang Mai einen Kälteeinbruch mit Schneefall, der den Reben zusetzte. 1304 war der Frühling hingegen sehr warm, aber zu trocken, 1305 und 1306 war er dann wieder zu kühl, ebenso Ende dieser Dekade. 1315 regnete es von Mai an fast ununterbrochen bis in den Herbst.

In den folgenden zwei Jahrzehnten waren die Verhältnisse wieder recht ausgeglichen. 1321 war der Frühling zu trocken, 1322 zu kalt und 1323 schädigten Spätfröste im Mai die Reben. 1324 herrschten im Frühling wieder sehr hohe Temperaturen und auch 1328 war die Vegetation früher als sonst aufgegangen. 1329 war ebenfalls mild und auch das nächste Jahrzehnt verlief ähnlich positiv. 1332 war warm und trocken, 1333 gab es im Mai wieder einen Kaltlufteinbruch. Ungemütlich kalte Temperaturen bestimmten 1334. Ende April gab es Schneefall und starken Frost, der die Reben schädigte und 1338 trat bei Frankfurt Ende Mai der Main über die Ufer.

Erst im nächsten Jahrzehnt waren die Witterungsverhältnisse wieder deutlicher akzentuiert, wobei die erste Hälfte fast durchgehend nur kühle oder kalte Frühjahrsverhältnisse aufwies, die zweite hingegen durchschnittliche oder milde. 1341 wurde der Frühling sehr kalt, vor allem zwischen April und Mai herrschte strenge Kälte. Den Zeitgenossen kam es vor, als seien Winter und Frühling vertauscht worden. 1343 folgte erneut ein kühles und feuchtes Frühjahr, in dessen Verlauf ein Sturm Ende März in Trier Schäden anrichtete und in Augsburg am 22. Mai

Hagel für Verwüstungen sorgte. Durch den andauernden Regen war die Baumblüte beeinträchtigt. 1346 war insgesamt ein kaltes Jahr, wobei vor allem im April, Mai und Anfang Juni kaum wärmere Abschnitte zu verzeichnen waren. Auch 1347 war wieder ein niederschlagsreiches Jahr, in dem sich die phänologischen Phasen erneut verspäteten. Und 1349 war der Frühling, obwohl Kälteeinbrüche im März aufgetreten waren und Fröste am 27. und 29. April die Reben in Würzburg geschädigt hatten, warm.

Was sich Ende der letzten Dekade angekündigt hatte, setzte sich im nächsten Jahrzehnt fort. Die Frühlingstemperaturen stiegen wieder an, was sich 1351 beispielsweise in einer frühen Rebenblüte im Mai auswirkte. 1353 waren die Temperaturen im Frühling gegensätzlich, denn nach einer wärmeren Phase im April und Mai, in der die Vegetation bereits aufging, wurde es wieder recht kalt. Durch einen Sturm im April und Schneefälle Ende Mai in Süddeutschland, die eine Woche liegen blieben, fürchtete man schon um die Ernte. Dann änderten sich die Temperaturen, warmer Wind bestimmte das Witterungsgeschehen, der Schnee schmolz und es regnete. 1355 herrschte in Thüringen von April bis Mai schlechtes Wetter und eine Überschwemmung an der Elbe am 29. März verursachte schwere Schäden. Danach soll es nach einer Koblenzer Quelle von Mai bis Mitte Oktober sehr trocken und heiß geworden sein. 1358 gab es in Frankfurt/Main am 1. April ein Unwetter und 1360 war der März nach Quellenangaben aus Mainz angenehm warm. Ähnliche Verhältnisse werden auch aus Konstanz gemeldet, allerdings brachte ein Kälteeinbruch am 6. April Schnee und Frost, der den Reben nicht sehr gut bekam.

Die beiden nächsten Jahrzehnte zeigten wiederum ein Übergewicht kühler und kalter Frühlingstemperaturen. 1361 gab es Anfang Mai ein schweres Unwetter, in dem zahlreiche Schiffe untergingen. Nach Augsburger Quellenangaben waren April und Mai 1364 sehr warm gewesen, was durch Straßburger Aufzeichnungen bestätigt wird. 1366 war ein völlig verregnetes Jahr, in dem es ab dem 13. April nach Angaben aus Mainz fortwährend bis in den Sommer regnete. Im nächsten Jahr gab es in Nürnberg am 19. März Überschwemmungen, ebenso in Amberg und am 24. März durch die Schneeschmelze in Regensburg. Ein zweites Hochwasser kam in Nürnberg Ende Mai. Auch 1369 war das Frühjahr verregnet. Im darauf folgenden Jahr herrschte von April bis Mai eine derartige Trockenheit, dass man in Mainz Prozessionen mit der Bitte um Regen durchführte. In Augsburg erfroren Anfang Mai die Reben. 1371 war der März nach Beschreibungen aus Mainz sehr angenehm gewesen, wodurch die Baumblüte entsprechend früh einsetzte. 1372 fiel in Preußen am 26. März eine Menge Schnee, 1378 wurde bis zum 8. März Eis auf dem Bodensee beobachtet. Auch im nächsten Jahr 1379 werden im März erneut große Überschwemmungen am Rhein gemeldet und Nachtfröste schädigten in Konstanz am 14. und 15. April die Bäume und einen Teil der Rebstöcke.

Dem Jahrzehnt 1381–1390 kommt eine besondere Stellung zu. Es war für sehr lange Zeit die letzte Dekade mit einer positiven Frühlingsbilanz. 1382 waren die Temperaturen sehr hoch, ebenso in den folgenden Jahren, was sich in einem sehr frühen Aufgang der Vegetation und einer sehr frühen Blüte äußerte. In einer Reihe weiterer Jahre war es ähnlich.

Mit dem darauf folgenden Jahrzehnt verschlechterten sich die Frühlingstemperaturen und blieben bis 1750 negativ, was eine einmalige Situation bedeutet. Es drängt sich die Frage auf, ob dahinter ein Quellentrend verborgen ist oder ob es sich tatsächlich um einen klimatischen Trend handelt. In der Zusammenschau mit anderen morphologischen und anderen naturwissenschaftlichen Befunden ist Letzteres wahrscheinlich. Zudem kann dieser Trend ab 1700 durch Instrumenten-Messdaten verifiziert werden. In der Verschlechterung der Frühjahrsverhältnisse muss daher eine der wesentlichen Ursachen für das Zustandekommen der ‚Kleinen Eiszeit' gesehen werden.

Das folgende Zitat beschreibt treffend die negativen Witterungseinflüsse und das nicht gerade erbauliche Szenario für die landwirtschaftliche Betätigung in diesem Zeitabschnitt, es bezieht sich auf das Erzgebirge. Bei der Bewertung ist zu beachten, dass in den Hochlagen der Mittelgebirge Grenzertragsstandorte durch Klimafluktuation und negative Witterungsverläufe stärker betroffen waren als in den tiefer liegenden Bereichen:

> *„Von Frost = Schäden in der Blüthe und Erndte. Es ist gar nicht seltsam in diesem Gebirge (gemeint ist das Erzgebirge) / daß es in die Blüthen im Frühling / und im Herbst in die Erndte schneiet / die Bäume und Obst erfröret / der Schnee und kalte Regen drücken das Getreide nieder / daß es taub und unreiff bleibet / die Nässe verdumffet das Heu und andere Feld = Früchte / offt schneiet es im Junio und Julio / daß das Getreide nicht kan reiffen/ und wenn es gleich reiff wird / schneiet oder regnet es drein / daß mans nicht loßmachen und einbringen / halb ersäuffts / wächst aus und verfaulet / vom Strohe erkrancket das Viehe / im Frühling verdirbet der Frost die Pflantzen und im Herbst das Kraut / daß alles verdirbet / im Felde bleibt und den wilden Thieren zu theile wird. Das ist geschehen / so viel ich gelesen und observieret / Anno 1430. 1468. Anno 1505. 1508. 1510. 14. 15. 18. 20. 24. 65. 69. 77. 80. 92. 94. und auff Anno 1600. 1601. 1609. 1611. 14. 22. 23. 27. 28. 29. 33. 35. 39. 41. 42. 43. 45. 47. 48. 51. 52. 64. 65. 68. 70. etc. wie meine Annales ausweisen und einen mehrern Bericht darvon geben.“* (Lehman 1699)

In den folgenden Abschnitten sollen einige der auffälligen Frühjahre vorgestellt werden, die für die kühle Prägung verantwortlich waren, 1392, 1394, 1399 und 1400 zählen dazu. Immer wieder gab es Unwetter wie am 8. Mai 1395 in Koblenz, das an den Obstbäumen und Weingärten viel Schaden anrichtete, ebenso in Limburg. Ende des Monats, um den 30. Mai, berichten die Chronisten auch von Schäden aus Mainz. 1397 war ein frühes Jahr, in dem das Wintergetreide und der Wein sehr früh blühten, 1399 war es in Norddeutschland noch bis in den April hinein hart gefroren. 1401 gab es in Mainz am 23. März ein Unwetter *„wie im Sommer"*. In Magdeburg wurde das Wintergetreide durch einen strengen Frost am 10. Mai geschädigt. 1402 war nach Angaben aus Köln der Mai sehr warm und trocken. Damit gingen die wärmeren Frühjahre dieses Jahrzehnts zu Ende. Fortan bestimmten die kühlen und regnerischen das Geschehen, so wie 1406, als es nahezu unaufhörlich von Mitte April bis in den Herbst hinein regnete. Zwei Jahre später, 1408, führte der lange Winter dazu, dass in Augsburg bis Mitte März noch Schnee lag. Nach Beschreibungen aus Colmar dauerte der Winter bis in den April. 1409 trat der Rhein zwischen dem 4. und 8. März über die Ufer. 1411 war der Mai gewitterreich und nach Angaben aus Nürnberg regnete es im Mai 1412 sehr viel, was schließlich zu einem Hochwasser an der Pegnitz führte. 1413 führte die Pegnitz am 12. März schon wieder Hochwasser, ebenso der Main bei Würzburg. Überschwemmungen gab es in Folgezeit immer wieder in den Frühjahrsmonaten, so in Breslau am 9. April 1415. 1418 wurde in München im Mai Sturmwarnung gegeben werden. Die vier Helfer bekamen eine Extrazuwendung *„von ainem grossen wind zu rüffen vor dem aufarttag"*. (Stahleder 1995)

Seltener waren die warmen und milden Vertreter wie 1420, als vermutlich in Soest warme und sehr trockene Verhältnisse in allen drei Frühjahrsmonaten herrschten. Die Bäume blühten schon im April, wie auch Angaben aus Stuttgart bestätigen. 1421 fegten, nach den Sturmwarnungen in München zu urteilen, zwischen dem 9. und 15. März starke Stürme über das Land und am 25. April erfror der Wein in Würzburg. Warm und trocken verlief der Frühling 1424 nach Angaben aus Dortmund. Das Wechselspiel von Frosteinbrüchen, Unwettern, zu kalten und warmen, trockenen und feuchten Phasen wiederholte sich immer wieder. Um den 17. Mai 1425 gab es in ganz Deutschland schwere Hagelunwetter, die das Getreide zerschlugen. Warme und milde Phasen waren seltener.

Verheerende Folgen hatte der Frost Mitte Mai 1430 in ganz Süddeutschland an den Rebanlagen. Der Wein wurde teuer, obwohl sich die Reben an manchen Orten im Sommer wieder erholt hatten. 1432 blieb es nach dem langen und harten Winter auch im Frühling kalt. Anfang Frühling kam es zu Überschwemmungen beispielsweise an der Donau. Im Jahr 1433 gab es einen so warmen Frühling, dass die Blumen vor der Zeit verwelkten. 1434 war nach Augsburger Aufzeichnungen der Frühling stürmisch, Spätfröste Ende April schädigte Pflanzen und Rebkulturen und am letzten Maitag setzte lange anhaltender Regen ein. Auch im nächsten Jahr, 1435, setzten Spätfröste im Mai den Reben zu. 1436 musste der Kaiser in München wegen anhaltender Regenfälle und Hochwasser an der Isar auf eine geplante Floßfahrt verzichten, er zog die Weiterreise mit dem Pferd vor. Die Flößer verlangten trotzdem eine Entschädigung von der Stadt München, Lohn für die Bereitstellung der Flöße

„desmals do der kayser hie was und auf dem wasser abwerts faren wolt und am leczten rait er zu den newen vesten in aim grossen regen aws. Actum montag vor Letare 1436". (Stahleder 1995)

Auch in diesem Mai erfroren die Reben in Franken, ebenso im nächsten Jahr 1437. 1443 schmolz durch das warme Wetter im Mai der den Winter über gefallene Schnee rasch und führte zu einem Hochwasser am Main, das in Würzburg und Frankfurt etliche Häuser mitnahm. Im Jahr 1444 geriet der März recht trocken. 1446 kündigte sich mit scharfem Nordwind der Kälteeinbruch schon am 10. April an. Wieder waren durch den Frost und Schnee die Reben in ganz Mitteleuropa betroffen. Schon 1448 schien sich dieses Szenario Mitte März zu wiederholen, nur lag der Schnee diesmal drei Tage lang im Stuttgarter Raum, in Oberbayern sogar bis Anfang Mai. Die Reben wurden diesmal ausnahmsweise nicht geschädigt, denn Getreide und Wein gerieten in diesem Jahr sehr gut.

1459 stürmte es den Monat März über und am 22. Mai erfror der Wein in Würzburg, am Neckar und an der Tauber, wobei vor allem die Tallagen betroffen waren, die Hänge jedoch nicht. In Augsburg war es um diese Zeit eine Woche lang bei Minustemperaturen recht kalt, weswegen die Obstbäume Frostschäden davontrugen und der Wein teuer wurde.

Im nächsten Jahrzehnt zwischen 1461 und 1470 fiel die Bilanz der Frühlingstemperaturen besonders schlecht aus. Die meisten waren kalt wie 1461, als das Frühjahr verregnete und wieder die Reben erfroren. Auch 1462 gab es während des Frühlings viele schädliche Fröste, so erfroren am 5. Mai die Weinreben bei Stuttgart. Erst 1464 war wieder warm und trocken. Aber schon im nächsten Jahr kamen die Temperaturen nicht so richtig aus dem Keller. Folgender Quellentext beschreibt die Verhältnisse in Augsburg für das Jahr 1466:

„Item hie will ich schreiben von dem jarmarkt auf das gegenwärtig jar anno 66. man soll wißen, daß der winter kalt was ze mitler maß und vil schnees und was guete winterban und gar wegsam den gantzen winter und zergieng der schnee und das eise on alle güsse und on schaden; das glentz was guet und warem und rengnet und wuchsen die

samen fast und alle frucht, die pem knopften fast und plüeten nach allen wunschen: aber es kamen gar vil miltau in dem maien, als die pem in voller plüe stuenden, darzu kamen auch etlich nebl, damit verdarb der merer tail alles opß." (CDS 5, Augsburger Chr. v. Zink)

Offensichtlich war es ein ein warmer Frühling, der zumindest witterungsklimatisch keine weiteren Probleme mit den Anbauprodukten und Obstbäumen brachte. Mitte Mai 1470 fiel wieder eine Menge Schnee, der mehrere Tage liegen blieb.

Im nächsten Jahrzehnt besserten sich die Temperaturen im Frühling wieder, allerdings fehlten recht häufig die Niederschläge. 1471 war der Winter so warm, dass am 7. März die Veilchen blühten. Auch 1473 war der Frühling sehr warm. Danach verschlechterten sich die Frühlingstemperaturen wieder für mehrere Jahre. 1776 war nach Augsburger Quellenhinweisen ein kaltes und spätes Frühjahr, in dem es nicht genügend Viehfutter gab. 1479 regnete es so wenig, dass die Mühlen Probleme bekamen.

In der nachfolgenden Dekade verschlechterten sich die Temperaturen wieder. Dafür überwogen die niederschlagsreichen Frühjahre. Einige wenige Beispiele sollen die bemerkenswerte Ereignisse verdeutlichen: Gegen diesen Trend verhielt sich zunächst 1482, der zu trocken ausfiel. 1485 erfroren die Reben völlig, 1486 war der Frühling nass, schließlich kamen auch noch Fröste hinzu. Es waren nicht die einzigen witterungsklimatischen Auffälligkeiten, denn im April 1486 führten Rhein und Main starkes Hochwasser. 1488 litten nach Stuttgarter Quellenangaben die Reben erneut unter den häufigen Frösten im Mai, im nächsten Jahr, 1489, fehlte wiederum der Regen. 1490 war der Frühling anfangs nass, Ende April herrschte überwiegend raue Witterung und noch im Mai schneite es häufig.

Das letzte Jahrzehnt in diesem Jahrhundert brachte eine weitere Temperaturverschlechterung, diesmal wieder bei etwas trockeneren Verhältnissen. Aus Rostock wird gemeldet, dass der Mai 1491 kalt war, was sich auch durch Quellen aus Köln bestätigen lässt. 1493 erfroren die Pflanzen nach einem frühen Vegetationsaufgang durch einen Kälteeinbruch im März. Zehn Tage lang hielt die Kälte mit Schnee und Frost selbst in Köln an. Warm und trocken war dagegen 1497, das nächste Jahr dagegen schon wieder kalt und feucht.

Altweibersommer oder Herbststürme? Die Herbstverhältnisse von 1000 bis 1500

Sonnige Tage, bunte Wälder und Federweißer erleichtern seit Anfang des 20. Jahrhunderts den Abschied vom Sommer. Schönwetterperioden und nicht nur der Altweibersommer haben vor allem in den letzten Jahren immer wieder für manch verregneten Sommer entschädigt. Die Kurvenverläufe machen jedoch deutlich, dass auch in dieser Jahreszeit nachhaltige Umstellungen der Temperaturverhältnisse in den letzten 1000 Jahren stattgefunden haben. Dabei ist auch die Quellenbelegung zu berücksichtigen, die in den ersten beiden Jahrhunderten lückenhaft ist. Interpretationsfähige Angaben liegen erst ab 1200 vor, also später als für die anderen Jahreszeiten.

Welchen Blick richteten die Chronisten auf den Herbst? Zunächst interessierten die Beobachter die für diese Jahreszeit typischen Witterungsereignisse wie Stürme, das frühe Einsetzen des Winters im November, Frühfröste und selbstverständlich auch außergewöhnliche Niederschlagsphasen und Trockenheit. Besonderes Augenmerk galt auch dem Wein: Wann fand die Lese statt? Wie gut wurde der Wein, wie viel gab es? Weinangaben wurden in vielen Jahren festgehalten und lassen sich mit charakteristischen Witterungsverläufen in Beziehung setzen.

Ein erster Überblick macht deutlich, dass Tendenz und Verlauf der Herbsttemperaturen dem der Frühlingstemperaturen recht ähnlich ist. Die Gesamtbilanz ist deutlich negativ geprägt, d. h., die Herbsttemperaturen lagen meist unter dem Niveau des 20. Jahrhunderts. Zu diesem Temperaturgefüge passt auch, dass die Dekaden ein Übergewicht feuchter und nasser Verhältnisse anzeigen. In nur wenigen Dekaden und Phasen gab es trockene Verhältnisse. Die herausragendste ist die 1571 bis 1640, eine zweite folgte 1701 bis 1730. Wegen der eindeutigen Niederschlagsstruktur soll im weiteren Verlauf überwiegend auf die Temperaturverhältnisse eingegangen werden.

In den ersten Jahrhunderten sind nur sporadisch Angaben überliefert: 1014 gab es eine schwere Sturmflut im Oktober, die vielen Menschen das Leben kostete:

„*Erschreckende Wolken sind erschienen, die für drei Nächte auf wundersame Weise unbewegliche, drohende (Wolken) den Betrachtenden gaben. Am dritten Tag aber wühlte ein ungeheures Getöse an Donner die Meere auf, so daß sie schrecklich anschwollen, und unglaubwürdig durch das Wachstum mit den Wolken zusammenhingen. Und als die stöhnenden Einwohner das Elend des plötzlichen Unheils in der Größe einer solchen Überschwemmung erblickten, … hatten sie durch die Furcht vor dem Tod begonnen, auf den Rücken zu legen; indessen …, kamen viele tausende Menschen um, weil sie nicht dem zornigen Blick des Herrn entkommen konnten.*" (MGH SS 16, Ann. Magdeburgenses)

1042 wurde am 2.November erneut die Küste überflutet. 1057 und 1070 war es im Herbst warm. Eine recht typische Konstellation stellte sich 1077 ein, als die winterlichen Verhältnisse bereits im November einsetzten, wie beispielsweise aus Augsburg gemeldet wurde. In St. Blasien blieb der Schnee ab dem 7. November liegen. 1086 gab es überdurchschnittlich viele Niederschläge. Feuchter wurde es dann in den 1090er-Jahren, wie 1093 oder 1095 oder 1097, was wiederum in den Augsburger Quellen nachzulesen ist. 1141 gab es erneut Überflutungen an der Küste und 1143 regnete es den Herbst hindurch. Die wenigen Hinweise lassen keine Verallgemeinerung zu. Bei vorsichtiger Einschätzung der vorliegenden Befunde war der erste Abschnitt aber eher von feuchteren Herbstverhältnissen geprägt. Die erste auffällige Temperaturphase war das Minimum 1151–1160 und eine längere Temperaturerniedrigung zwischen 1201 und 1230. 1152 war der Herbst recht windig. Zwei Jahre später konnte viel Wein gelesen werden. 1157 war nach Angaben aus Ottobeuren der September sehr warm gewesen. Aus einigen Regionen werden 1155 Überschwemmungen gemeldet und 1156 verlief wieder zu kühl und niederschlagsreich. Insgesamt ein recht kaltes Jahrzehnt hinsichtlich der Herbsttemperaturen. Die darauf folgenden Jahrzehnte verliefen aus Sicht der Temperaturen unauffällig, Ausnahmen sind Jahre wie 1174, in dem der Herbst als niederschlagsreich und stürmisch bezeichnet wird, oder 1181, in dem es ebenfalls stark regnete, ebenso die kühlen Verhältnisse 1205 und 1213.

In der Zusammenschau mit der Niederschlagsentwicklung ist dann wieder die nasskalte Phase 1201 bis 1240 hervorzuheben. Prägend für diesen Abschnitt waren Jahre wie 1225, als in Friesland ab dem 3. November durch den anhaltenden Regen das Land unter Wasser stand. Durch einen Sturm im November 1228 stürzten viele Eichen und Buchen in den Wäldern um. 1229 kündigte sich der nächste Winter auch schon im November an und 1233 weisen Kölner Quellen darauf hin, dass während der Weinlese regnerisches Wetter herrschte. Ebenfalls aus Köln stammen die Hinweise, dass der ganze Herbst 1246 verregnet war.

Die folgenden Jahrzehnte zeigen sehr ausgeglichene Verhältnisse, wobei fast keine Hinweise über die Herbste vorliegen. Die wenigen Überlieferungen deuten darauf hin, dass es 1255 eine schlechte Lese gab, 1258 der Herbst zu kalt und 1259 die Lese nach Quellenhinweisen aus Worms, Speyer und Straßburg dagegen gut war.

Erst nach 1271 verdichtete sich die Quellenlage wieder, wobei die Befunde diesmal auf eine länger anhaltende und drei Jahrzehnte andauernde Warmphase hindeuten. Zudem war es trockener als im 20. Jahrhundert. Zunächst ließen die ersten Herbste keine Warmphase vermuten: 1272 regnete es fortwährend im Herbst, was schließlich zu Überschwemmungen führte. Auch 1275 regnete es im Herbst so viel, dass die Trauben nur schlecht reiften, was nach Angaben aus Erfurt auch mit an dem zu kalten Sommer lag. 1276 setzte eine längere Phase mit trockenen und schönen Herbstabschnitten ein, so 1276, 1277 und 1278. Schon im nächsten Jahr, 1279, führten die schlechten Witterungsverhältnisse dazu, dass im Elsaß erst später als sonst üblich die Weinlese stattfinden konnte. 1282 fand sie dagegen drei Wochen früher statt, was auf eine entsprechende Wärmesumme in den vorangegangenen Monaten schließen lässt. 1285 gab es in Friesland um den 18. November so viel Regen, dass das Wasser längere Zeit auf den Feldern stand. 1287 freute man sich wieder über eine frühe und sehr gute Lese, was auf warme Witterung rückschließen lässt. 1290 war der Herbst in Friesland verregnet, wodurch die Wintersaat geschädigt würde. Über die 1290er-Jahre liegen nur wenige Hinweise vor. Mild und angenehm waren die Herbsttemperaturen im Jahre 1297, bis am 24. November starke Schneefälle einsetzten.

Nach dieser warmen Herbstperiode verschlechterten sich die Verhältnisse bis 1370, wobei mehr die Dauer dieser Phase als die Intensität heraussticht. 1302 erfroren die Reben in den Hochlagen des Elsasses schon am 9. September. Ein kalter Sommer und die ungünstige Herbstwitterung ließen keinen guten Wein wachsen. Wegen der stürmischen und regnerischen Witterung reiften 1310 die Trauben überhaupt nicht, so dass man sich gar nicht erst die Mühe einer Weinlese machte. Auch 1311 gab es in Augsburg am 9. September Frostschäden an den Feld- und Gartenfrüchten und 1315 kam es durch langanhaltende Regenfälle im September zu Überschwemmungen an der Wertach und am Lech. Die Liste ungünstiger Ereignisse setzte sich fort: 1319 folgte im November eine Sturmflut und 1321 war, wie in Braunschweiger Quellen zu erfahren ist, das ganze Jahr verregnet, was wiederum erklärt, warum in Würzburg die Ernte schlecht war.

1323 war der Herbst schlichtweg kalt, 1325 hingegen wieder angenehm warm, allerdings gab es in diesem Herbst einen Sturm. 1327 fehlten die Niederschläge, 1329 war der September insgesamt recht stürmisch. In dieser insgesamt eher ungünstigen Phase gab es dann aber immerhin Trost durch die guten Weinlesen 1332 und 1333. 1332 melden gleich Köln, Würzburg und Bamberg eine gute Lese. Im Gegensatz dazu reiften die Trauben 1335 nach Erfurter Angaben wegen des anhaltenden Regens nur schlecht. Ein Sturm Anfang November 1335 verursachte u. a. in Würzburg Schäden. Bäume wurden entwurzelt, von Kirchen riss er die Kreuze ab und Storchennester wurden von den Dächern gefegt, in Erfurt stürzte der Turm von St. Peter ein. Nach diesem Witterungsverlauf wundert es nicht, dass der Wein sauer wurde. Nachdem sich 1338 Heuschrecken über die Anbaufrüchte hergemacht hatten, beendeten heftige Schneefälle am 18. Oktober zumindest diese Plage. 1339 gab es im Raum Basel Überschwemmungen.

Ab 1340 verbesserte sich die Quellenlage. 1341 wurde der Herbst zu kühl und im darauf folgenden Jahr gab es in Münster eine längere Regenperiode von Anfang August bis zum 9. November, was die Einschätzung als nasser Herbst wohl rechtfertigt. 1343 trat nach Konstanzer Quellenhinweisen der Bodensee am 4. September über die Ufer. In Lindau war das Gleiche schon drei Tage zuvor geschehen, was mit einem Unwetter und nachfolgenden Überschwemmungen in dieser Region zusammenhing. 1346 fiel am 22. September plötzlich eine ungewöhnliche Kälte ein, durch welche die noch unreifen Trauben und Weinstöcke in Franken, am Rhein und an der Mosel erfroren. 1347 kam es bereits am 7. Oktober in Oberschwaben zu Schneefällen, die bis zu 10 Tagen liegen blieben. In Würzburg schädigten Fröste am 15. September die Trauben. Wegen der schlechten Witterung wurde die Weinlese sehr spät, zum Teil erst im November durchgeführt. Es nützte nichts, denn in allen Chroniken wird von einem sauren Wein gesprochen, den niemand trinken wollte. 1349 wütete Mitte November ein heftiger Sturm.

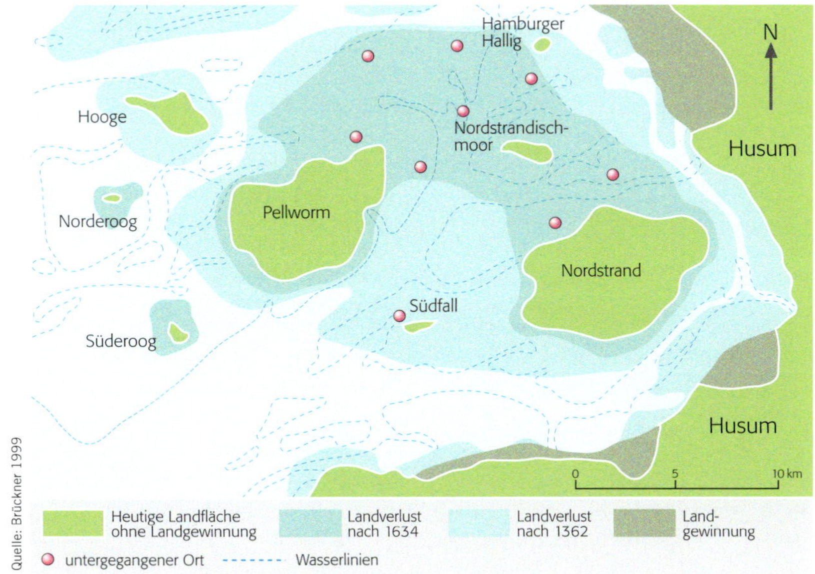

Abb. 28: Landverluste durch die Sturmfluten 1362 und 1634: Durch die verheerenden Sturmfluten gingen große Teile der Insel Strand unter.

Gute Lesen vermelden die Zeitgenossen in den Jahren 1351, 1353 und 1355. Im September 1355 gab es in ganz Schwaben, am Rhein, im Elsaß und in Franken schwere Hagelunwetter, mit Körnern, die zum Teil die Größe von Nüssen hatten und die schon reifen Trauben an den Weinstöcken zerschlugen. 1353 deckte im Oktober ein Sturm Dächer ab und entwurzelte Bäume. Auch 1359 war der Herbst kalt. Am 9. September begann 1361 die Lese in Konstanz und als am 29. September Frost einfiel, war sie schon beinahe beendet. In Niederalteich fiel am 21. September 1362 so viel Schnee, dass er drei Tage lang liegen blieb.

Die vielleicht folgenschwerste Katastrophe trat schließlich 1362 ein, eine verheerende Sturmflut, die *„grote Mandrank"* (Kuß 1825), in der zahlreiche Kirchspiele in Nordfriesland untergingen (Abb. 28). Nicht mit letzter Sicherheit kann der Termin dieser Flut geklärt werden. Nach verschiedenen Quellen wird sie entweder auf Marcellus, den 16. Januar, oder auf den 8. und 9. September datiert. An biblischen Plagen war damit aber noch nicht genug: Im September 1364 machten sich Heuschrecken über die Feldfrüchte her. 1368 war die Witterung nach Mainzer Angaben zwischen dem 16. September und dem 7. Oktober stürmisch, regnerisch und kalt. Im Jahr 1370 gab es einen Kaltlufteinbruch vor dem 8. September mit zahlreichen Frösten und einen Zweiten um den 16. Oktober. In Konstanz soll es trotz weiterer Fröste am 29. Oktober aber dennoch einen guten Wein gegeben haben.

> *„Anno 1370 Ist ein heisser und dürrer Somer gewessen, wurde an der Füderung ein grosser mangel, sonderlich an heu und Grumat, aber Wein und Korn war auffs beste gewachsen, aber es gieng alles sehr genau zusamen. Den 4. Sevtember, ist eine so unverhoffte starck Kält und grosse gefrost eingefallen, daß die Weyher umb Nürnberg alle bey einer halben Manns dick zugefrohren, darauff hat es auch ettliche grosse Schnee auffeinander geschneyet, die haben gehalten, biß auff den ersten November, als dann sind sie schnell miteinander von den warmen Regen fortgangen und ein großgewasser komen, welches aber nicht lang gewehret, sondern sich bald wider verloffen hat. Auff diese jählings Kält ist hernach eine so liebliche und warme Zeit erfoget, daß es umb Weyhnachten so schön und anmutig, als wie in der wärmesten Früelingszeit gewessen, hat auch an vielen Orthen an den Bäumen Blühe gegeben."* (STAN Hss. 187)

Im Dezennium 1371–1380 nahm die Herbsttemperatur wieder zu. Diese positive Prägung hielt noch in der darauf folgenden Dekade an und äußerste sich unter anderem in einer Reihe guter Weinjahre, wie beispielsweise 1371. Allerdings gab es im Herbst desselben Jahres auch schwere Unwetter, wie Augsburger Quellen für Anfang Oktober berichten:

> *„1371. An der nechsten mittwoch darnach (bezogen auf aftermentag vor sant Michels) do komen groz döner und plitzen und groz stain und ain grozzer regen in der stat als vor in 20 jarn ie komen was. und daz beschach in ander or des ages und was darnach warm und naz denselben winter piz an den obresten abent, do kom ain grozzer schne und lag serr in daz jar und ward lützel roggen und grozz urliug."* (CDS 4, Augsburg, Chr. v. 1368 bis 1406)

1373 erntete man Nürnberger Aufzeichnungen zufolge einen guten Wein, was mit Hinweisen aus Augsburg übereinstimmt, wonach dieser Herbst heiß und trocken verlief. Im nächsten Jahr änderte sich das Witterungsbild wieder, der Herbst war nass und warm, eine seltenere Kombination. 1375 und 1376 folgten wieder gute Weinjahre. Mitte November 1375 gab es an der Küste einen schweren Sturm: „*In deme sulven jare in sunte Brixius nachte do was en stede grot wint; de dede groten schaden.*" (CDS 19, Lübeck, Detmar-Chr. v. 1101–1395).

In den Augsburger Quellen wird die Witterung im Herbst 1377 bis zum 24. Oktober mit schlecht' umschrieben. 1380 war es nach Mainzer Aufzeichnungen im September schön, während es im darauf folgenden Jahr, 1381, an gleicher Stelle ab dem 29. September regnerisch wurde und in Augsburg am 19. November Frost und Schnee einfielen, die sich bis Anfang Dezember hielten. Den nächsten Herbst bezeichnen die Augsburger Quellen als windig und nass.

Aus Münstereifel melden die Quellen eine weitere Auffälligkeit für das Jahr 1383: Der Rhein hatte zwischen Bonn, Köln und Neuss extremes Niedrigwasser. Wie regional unterschiedlich die Verhältnisse sein können, zeigen die Aufzeichnungen aus Augsburg, wo dieser Herbst als regnerisch und windig eingestuft wird. Ebenso wird der darauf folgende 1384 in Straßburg charakterisiert. Das Wechselspiel guter und schlechter Weinerträge setzte sich schließlich 1386 fort. 1386 melden Köln und Limburg gute Weine, 1387 Mainz schlechte. Auch die Hinweise auf Hoch- und Niedrigwasserstände setzten sich fort: 1388 führte der Rhein Kölner Quellen zufolge erneut wenig Wasser, während es in Augsburg das ganze Jahr über eine gute Zeit gegeben hatte. Im nächsten Jahr 1389 fiel im Raum Bamberg Mitte November viel Schnee.

1390 gab es nach Limburger Angaben wieder gute Weine und in Aufzeichnungen aus Bamberg wird der Herbst als temperiert bezeichnet. Die Folgezeit war wieder von einem Übergewicht negativer Herbsttemperaturen und ungünstiger Witterungsereignisse gekennzeichnet. 1392 fiel in Mainz vor dem 7. Oktober Frost ein und nach Angaben aus Limburg hatte es bereits zuvor am 29. September an Rhein, Lahn und Mosel Frost gegeben. Auch in Nördlingen gab es zu diesen Terminen Frostschäden an den Trauben. In Nürnberg fiel am 25. November sehr viel Schnee. Auch 1399 setzten sich die ungünstigen Verhältnisse fort, in Münstereifel hatte es eine schlechte Weinlese gegeben.

Im neuen Jahrhundert hielt das Übergewicht kühler und regnerischer Herbste zunächst an. 1401 regnete es nach Magdeburger Quellenangaben vom 21. März bis zum 26. September. 1403 begann die Lese in Straßburg erst spät am 8. Oktober, was für kühle und schlechte Witterungsverhältnisse spricht. Der Herbst 1404 wird in den Konstanzer Quellen als trocken bezeichnet. Wenige Jahre später, 1408, herrschte in Köln bereits ab dem 20. November strenge Winterkälte. Auch aus Magdeburg wird dieser frühe Winterbeginn gemeldet, in Eisenach datierte man ihn ein paar Tage später auf den 28. November. 1409 war es sowohl im September als auch im Oktober kalt und neblig.

1411 war es in Bamberg vom Sommer bis in den Herbst sehr trocken, zwischen dem 20. November und dem 4. Dezember 1411 litt man dort aber unter strengem Frost. Danach setzte Tauwetter mit viel Regen und Stürmen ein und wie immer bei feuchter Witterung erkrankten viele Menschen. Im nächsten Jahr gab es Ende November die so genannte Cäcilienflut, bei der weite Bereiche der Küste überschwemmt wurden und viele Menschen umkamen:

„*In deme jare des heren 1412 in deme hilligen avende sunte Cecilien (30. 11.), alse de lude wolden to bedde gaan, do weijde id so starken groten storm, dat des geliken nement dencken mochte. unde dede der stadt van Bremen mer wen uppe dre dusent mark to schaden an kerken, an husen, an daken. de walkenmole und korenmole, de wandages Johan Drakenborch buwede, weiede umme. unde do vell ene watermolen in de grundt, dat dar nicht heel van en bleff. unde vele windemolen weieden umme, unde darto an schepen, de dar vorgingen uppe der Wesere. de doem de nam allene meer wen hundert marck to schaden. unde weiede de schone berchvrede umme to deme Langwedele in cleinen stucken, also men ene bernen mochte. de torne to Bucken weyde aff. de torne to der Berne weide ock aff. also grot schade schude in mennegen steden unde uppe deme lande, dar altovele van to schrivende were.*" (CDS 37, Bremer Chr. v. Rinesberch, Schene und Hemeling)

Die Verhältnisse des Herbstes 1413 können wieder recht genau rekonstruiert werden. Nach einer dreiwöchigen Regenperiode, die in Nürnberg am 10. September einsetzte, gab es am vor dem 29. September vier Tage schönes Wetter, das durch einen Frosteinbruch am 7. Oktober beendet wurde. Von da an war der Herbst sehr trocken. In der Gegend von Meißen setzte am 14. September nach einen Sturm Dauerregen ein. 1414 gab es in Franken einen reichen Herbst, also eine große Menge Wein, was eher für gemäßigte Temperaturen und ausreichenden Niederschlag spricht. 1419 zerstörte ein Hagel am 6. September im Raum Stuttgart die Trauben und Ende des Monats fiel im Raum Basel eine Menge Schnee, der liegen blieb. Im nächsten Herbst, 1420, war das Wetter wieder schön, allerdings gab es am 25. November im Raum Augsburg, Konstanz, Speyer und Straßburg ein Unwetter. Anhaltende Regenfälle ließen die Weser zwischen dem 30. Oktober und dem 10. November 1423 über die Ufer treten. Klosterneuburg meldet 1425 eine gute Weinlese, 1426 Nürnberg das Gleiche.

Erst ab 1430 änderte sich diese Grundtendenz wieder. Die folgenden Jahrzehnte weisen positive Werte auf, so

Abb. 29: Reiche Ernte 1439 in Nürnberg. StA Nürnberg, F/1/49.

dass man insgesamt von einer relativen Gunstphase sprechen kann. 1431 gab es ein ausgesprochen gutes Weinjahr, in dem sowohl die Menge als auch die Güte hervorragend waren. Allerdings melden die Münchener Quellen wieder Ausgaben für Stürme im Oktober. In Süddeutschland fror es erst vergleichsweise spät Ende November. Über das regionale Muster geben tschechische Quellen Auskunft: In Tschechien verlief der Herbst kühl und regnerisch. 1434 war in Nordeutschland der Oktober unstet, ebenso 1435 als nach Quellenangaben aus Bad Windsheim ein *„ungestümer herbst von Geweßern, und Sturmwinden"* (Chr. von Bad Windsheim, StA Bad Windsheim) herrschte. Eine reiche Ernte und viel Wein konnte 1439 in Nürnberg eingebracht werden (Abb. 29). Im November 1442 fiel sehr viel Schnee im Rheinland, während in Süddeutschland dieser Herbst als kalt und trocken eingestuft wurde:

„Des jars ward es so kalt um den herbst und das ertrich so trucken, das der stat Costenz wasserstuben großen bresten an wasser hettent und kunt man daby nit pfächten und must zu Stadelhofen und am see pfächten." (Konstanzer Chronik, Mone 1848)

1445 wüteten Hagelunwetter und Stürme, für die Hexen verantwortlich gemacht, verurteilt und schließlich hingerichtet wurden:

„1445 In diesem Jahr war ein sehr großer Hagel und Wind als vor nie gewesen, thät großen Schaden, ihro wegen fing man allhier etliche Weiber, welche den Hagel und Wind gemacht haben sollen, die man auch mit Urthel und Recht verbrennt." (Bayer. Stabi, Cgm 2008)

Im nächsten Jahr war der Herbst verregnet:

„Item (1446) es hueb an zu regnen am hörbst und regnet also teglich biß nach sant Martins tag, und hueb darnach an zu schneiben und viel ain schnee über den andern. und nach weihennechten kam ain würme in den schnee und zergieng aller auf den äckern; und als der schnee hin was, da lag es überall voller frösch uffden äckern, die frösch waren in dem regen herab kommen. und desselben mals waren lützel meus in den äckern, sie waren all ertrunken in dem regen." (CDS 5, Augsburger Chr. v. Zink)

1448 gab es in Augsburg am 21. September ein Hagelunwetter mit hühnereigroßen Hagelkörnern und großen Schäden an Bäumen und den Anbaufrüchten. 1450 machte Anfang November an gleicher Stelle ein schwerer Frost der Vegetation zu schaffen.

Ab 1451 fielen die Temperaturwerte wieder deutlich, mit einem bemerkenswerten Minimum 1481–1490. Diese Abkühlungsphase war der Vorbote der Temperatureinbrüche in den nächsten zwei Jahrhunderten. Hierin kann man den Übergang in die Kleine Eiszeit sehen. Das in der Jahrhundertmitte aufgetretene Temperaturminimum endete mit dem Jahrhundertwechsel und ab 1450 nahmen auch die Niederschläge wieder zu. Folgende auffälligen Einzeljahre können herausgestellt werden: 1452 fiel ab dem 10. November in Augsburg ein Schnee nach dem anderen, bis die starken Schneefälle schließlich die Verkehrssituation beeinträchtigten. 1453 wurde die Lese durch Fröste im Frühjahr und zur Lesezeit sehr schlecht. Mangelnde Niederschläge prägten 1458 den Herbst, der als sehr trocken beschrieben wird. 1459 gab es in Augsburg schon wieder ein schweres Hagelunwetter, das große Schäden anrichtete.

1462 war es zunächst die Trockenheit, die bereits im Sommer eingetreten war, dann aber der Frost, der in diesem Herbst Probleme bereitete, was für den Raum Regensburg zu folgender Darstellung führte:

„Es war vorherzu ein dürrer Sommer gewesen, es regnete im Lesen gar nicht. Es kam ein Gefrür, daß die Weine an den Stöcken gefroren und wirden nichts desto erger. Die Tunau gestieß bald vor Nicolai, wann si was kleiner, denn jemant gedacht oder gesehen hat und so versiegen so viele Brunnen, davon es vor nie gesehen war von den Leuten, die dazumal waren, und war die Dürre hierum in umgelegenen Städten und weniger etwa ferrer." (Prov. Bib. Amberg, N 208, Gemeiner)

1464 war ein stürmischer Herbst, weswegen in München mehrfach Sturmwarnungen gegeben werden mussten und auch in Lindau die Schifffahrt schwer behindert

Abb. 30: Rekordweinernte 1484 in Franken. StA Nürnberg, F/1/49.

war. Zudem blieben die Temperaturen niedrig und es schneite viel, was durch Angaben aus Nürnberg, wo die einzelnen Schneefälle genauestens notiert wurden, nachvollzogen werden kann:

> „*Und desselben jars (1464) am freitag nach Galli da viel der erst schnee (19.10.–20.10.) und lag zwen tag; und am freitag vor Simon und Judas viel der ander schnee und wert einen tag (2.11.); und darnach am freitag nach allerheiligen tag da viel der dritt schnee (02.11.); und darnach an dem suntag da viel der viert schnee, und an der suntag nacht Martini, das ruben und kraut auf dem veld verdarben. (14.11.) und regnet auf die obgeschriben mitwoch naht pis auf freitag vor Katherina (23.11.) umb 3 stund gen tag, da plitzet es rechts plitzens und donert und vielen stain als groß als die knörrlein und was die selben nacht auch ein grosser wint. und darnach an der montag naht nach Katherine da viel der 6. schnee (26.11.); und darnach an sant Endres tag zu naht (30.11.) da geviel der 7. schnee; und darnach am mitwoch vor sant Niclas (05.12.) da viel der 8. schnee; und am freitag nach Lucie (14.12.) viel der 10. schnee und lag einen tag; und was gar warm pis auf sambstag nach sant Thoman (22.12.), da viel der 11. schnee und was von cristag gar kalt pis an den sambstag nach kindlein tag in der nacht, (da) viel der 12. schnee und was vast groß pis auf freitag vor obersten (4.1.1465), da viel der 13. schnee. Und in dem selben winter im gener da was es gar kalt, das man den Bispach ab must slahen, wann man must scheden an der statmaur warten, als er herein get, mit hinter spulen, das vormals ein stück nider geworfen hat. auch so fiel er in dem obgeschriben winter ein die heuser zu Nürmberg.*“ (Jahrbücher des 15. Jhd., Deichsler Chr., Nürnberg)

Die ungünstigen Witterungsbedingungen setzten sich fort. 1465 erfroren Mitte Oktober die Reben, im November wüteten die fast schon obligatorischen Stürme und auch 1466 war der Herbst nass und kalt. In den beiden folgenden Jahren gab es immerhin einen reichen Herbst, obwohl 1468 schon sehr früh im Herbst Schnee gefallen war. 1468 regnete es so lange und viel, dass der Bodensee im Oktober über seine Ufer trat und durch den Dauerregen beziehungsweise den fehlenden Sonnenschein die Trauben nicht reiften. Erst 1470 gab es wieder ein frühe Lese, was für einen warmen Witterungsverlauf spricht, und auch 1471 war der Herbst heiß und trocken. 1476 tobten wieder schwere Stürme, die an der Küste zu Überflutungen führten. 1480 wurden die Trauben im Rheinland durch die frühe Kälte nicht mehr reif und im Jahr 1482 war es zur Zeit der Wintersaat sehr trocken. 1484 gab es eine außergewöhnliche große Menge Wein (Abb. 30). Alle weiteren Herbste waren in diesem Jahrzehnt auch zu kalt, nur 1489 zeigte zumindest am Anfang die heute üblichen Schönwetterperioden. Allerdings war auch in diesem Jahr der November recht stürmisch und Ende des Monats führte der Rhein bei Köln Hochwasser. Von Klimakatastrophen kann man auch 1483 sprechen, als gleich zwei Sturmfluten Mitte Oktober vor allem auf Nordstrand und Pellworm zu schweren Überflutungen führten. Auch im nächsten Herbst, 1484, gab es wieder sehr viele Sturmwarnungen in München und 1490 war der Herbst schon wieder kalt. In den 1490er-Jahren nahm die Anzahl der kalten Herbste dann erheblich ab, es fehlen aber die ausgesprochen warmen Vertreter.

Das Klima von 1500 bis 2000

Nach der Darstellung der langfristigen Klimaentwicklung der ersten 500 Jahre auf der Basis der Dezennienindizes steht nun die witterungsklimatische Prägung der Einzeljahre zwischen 1500 und 1700 im Mittelpunkt. Grundlage sind dabei die monatlichen gewichteten Indizes, die auf jahreszeitlicher Ebene in Temperatur- und Niederschlagswerte umgesetzt wurden. Wenn nun die Kurvenverläufe der rekonstruierten Klimazeitreihen und der Dezennienindizes in wenigen Abschnitten graduelle Abweichungen aufweisen, liegt das daran, dass in der Dezennienreihe stärker die Anzahl der Ereignisse, in der Zeitreihe ab 1500 aber die Intensität der Temperaturen und Niederschläge der einzelnen Jahre betont wird. Da die Reihen selbsterklärend sind, soll mit Ausnahme der Jahresbilanz auf eine weiterführende Diskussion verzichtet werden. In ihr lassen sich drei Phasen überdurchschnittlicher Temperaturen herausstellen. Zunächst – etwas verhalten – die Phase zwischen 1520 und 1550, dann einzelne Abschnitte von 1720 bis 1870 und die moderne Erwärmung ab 1900 (Abb. 31).

Während die erste Phase durch mildere Winterverhältnisse, ausgeglichene Frühjahre und leicht überdurchschnittliche Sommertemperaturen geprägt war, kam die zweite Warmperiode durch eine andere Konstellation zustande. Zwischen 1720 und 1870 erklären sich die einzelnen wärmeren Perioden saisonal recht unterschiedlich. Das moderne Klimaoptimum ist hingegen durch milde Winter und eher durchschnittliche Sommer sowie erhöhte Temperaturen in den Übergangsjahreszeiten gekennzeichnet. Daraus kann gefolgert werden, dass diese Phase eher von zonalen Zirkulationsverhältnissen bestimmt wurde.

In den jährlichen Witterungsprofilen wird zunächst die allgemeine thermische und hygrische Prägung der einzelnen Jahre vorgestellt. Die sprachlichen Einschätzungen folgen dem in Tab. 7 dargelegten Schema. Besonderes Augenmerk fällt dabei auf Anomalien und Wetterextreme, wie Stürme, Hochwasser, Frosteinbrüche, Verfrühungen oder Verspätungen der Erntetermine und die Entwicklung der Baumringe. Wenn es die Datenlage zulässt, sollen auch regionale Unterschiede dargestellt werden.

Der jährliche Witterungsgang von 1500 bis 1750

1500: Auf den Winter, der in allen Regionen kalt war, folgte ein feucht-kaltes Frühjahr, was durch fränkische Fichtensignaturen bestätigt werden kann. Ende Mai schädigten Fröste die Rebenblüte. Für den Sommer lassen sich in den „Nordländern" aus den frühen Ernteterminen und den verschiedenen direkten Quellenaussagen trockene Verhältnisse rekonstruieren. In Süddeutschland waren die Sommer äußerst gewitterreich. Zusammenfassend lassen sich die Verhältnisse und Auswirkungen mit dem Zitat aus einer Würzburger Chronik beschreiben:

> *„Item am montag post Ambrosii anno, ut supra, 1500 (05.04.) was ein groß erschreckliches wetter von donnerschlegen ob dieser statt (Würzburg), also daß es zweymahl einschlüg ohne regen hertiglichen, aber wohin, kont niemandt erfahren. Und fürter das jahr hinaus bis nach Laurentii (10.08.) kamen alle wochen würckhlichen solche sturmwetter, zum minsten eins oder zwey mit großen schleg, regen undt donner, als in manchem jahr darfür nit gehört war; dardurch jederman meynt, daß weinwachs und andere frucht schaden würden nehmen, das dan die ewige fürsichtigkeit wohl versorgen kunt, und alle frucht frue im jahr zeitigten und wohl gerythen, ausgenommen der haber schlug auf, dar malter 8 und 9 pfund. Und war das weinwachs so zeitig, daß man an s. Michelstag (29.09.) eynigen müßt, undt wehret der herbst beylaufig bis zu aller heyligen tag (1. November). Und war gemeiniglich, reich und arm, sonderlich noch sovil weins als das forder jahr, undt wurden grobe, starckhe wein. Item es mußt zu zeiten der thumprobst die laub hinter sich schlagen und feyren, daß er den zehent geschir halber nit gefassen oder behalten kunt, sunder vil alt faß kaufen und entlehnen mußt, damit sich der herbst solang verziehen müßt. (Der Main) der war lang erfrorn und dawet uf am 28. tag, nach abgang Jeörgen Suppans seligen, wiewol das wetter sonst kalt was; dan es fing am mittag nach Martini (11.11.) an zu früsen, und wart alle tag undt nacht je lenger je kälter bis uf mittwoch nach Luciae (16.12.), sein gewest 4 wochen 1 tag. Was auch tag und nacht hell undt schön, also daß die dunckheln tag vor Weyhenachten vergingen."* (Engel 1950)

Um den 20. August gab es im Osten an der Oder, an der Neiße und an der Elbe schwere Hochwasser:

> *„1500. Den 16. August war zu Ramslau ein groß Wetter, Währete den ganzen Tag und die Nacht, erschütterte und erbebete die Häuser, daß man nicht anders meinte, denn die ganze Stadt würde untergehen. Den 20. August vom gewaltigen Regen, war zu Breslau, Neiße, Liegnitz, dergleichen in 40 Jahren nicht erhöret. Zur Neiße bei den Bernhardiner Mönchen, ging es über den hohen Altar. Bei Strehlen ris es aus den großen Teich H's Friedrich. Zur Schweidnitz konnte man von 11 000 Jungfrauen bis an Standberge beim Hundsfelde mit Schiffen fahren. Die Räder in den Stadtmühlen stunden stille. In der Neustadt*

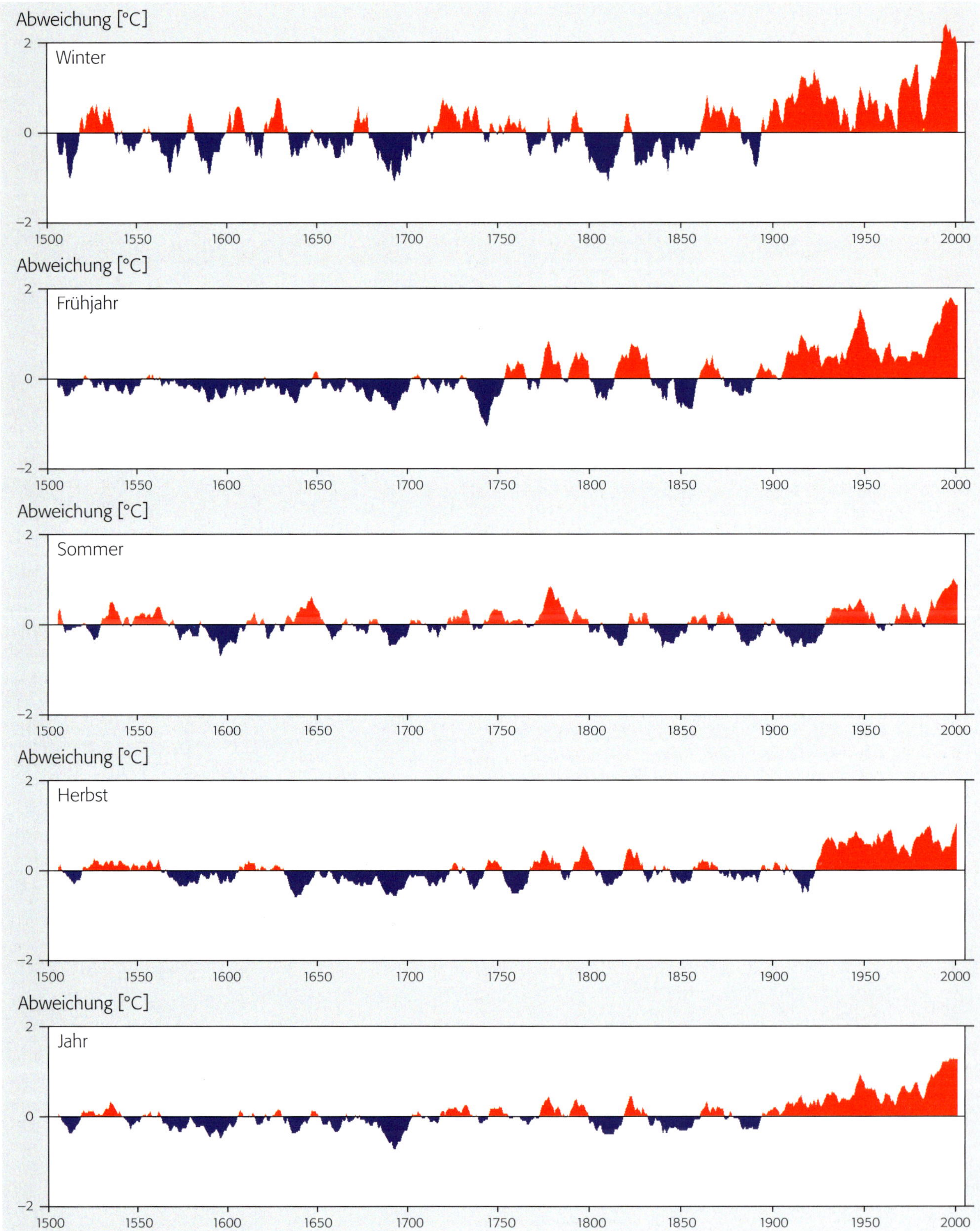

Abb. 31: Temperatur- und Niederschlagsentwicklung seit 1500.

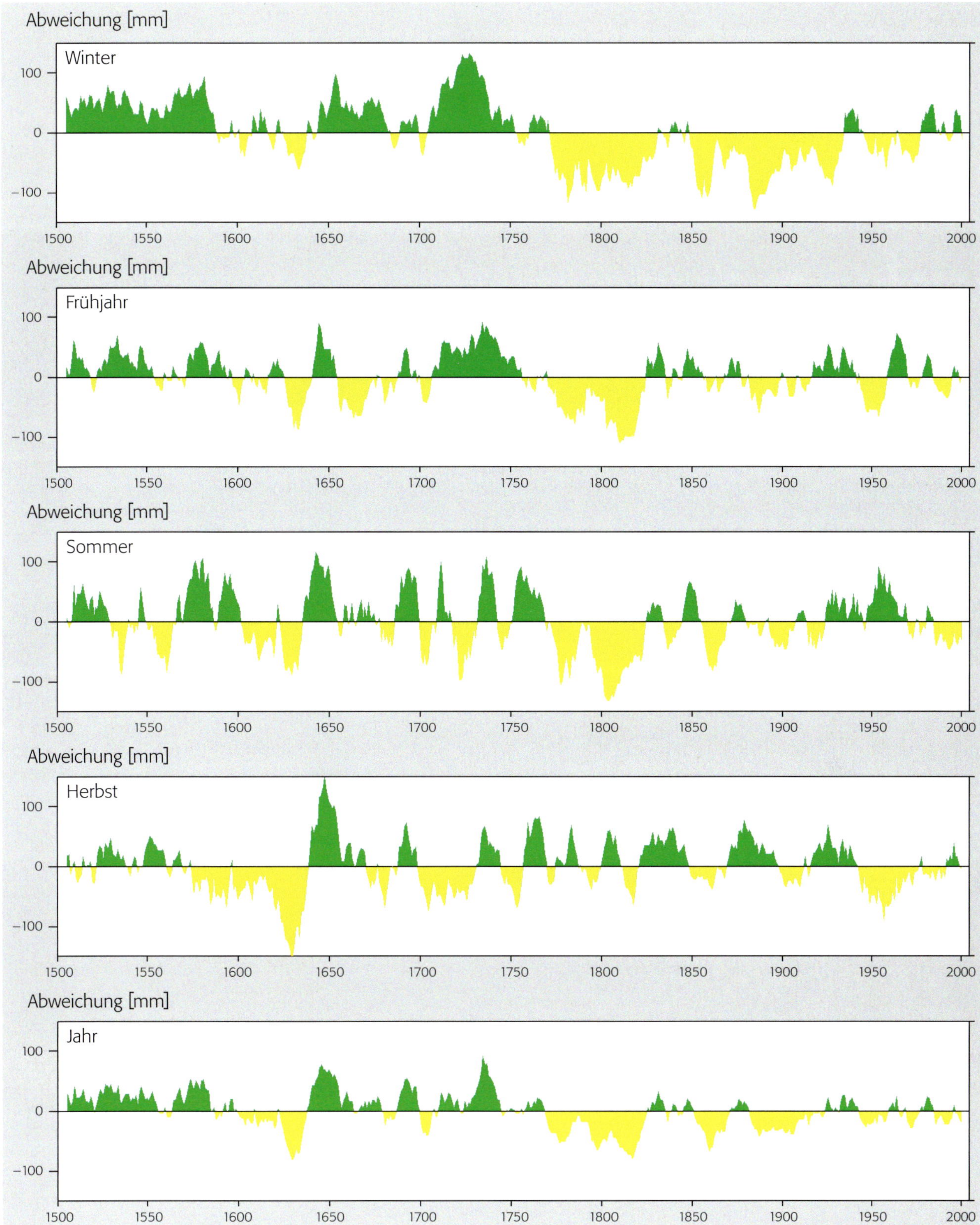
Abweichung [mm]
Winter
100
0
−100
1500
1550
1600
1650
1700
1750
1800
1850
1900
1950
2000
Abweichung [mm]
Frühjahr
100
0
−100
1500
1550
1600
1650
1700
1750
1800
1850
1900
1950
2000
Abweichung [mm]
Sommer
100
0
−100
1500
1550
1600
1650
1700
1750
1800
1850
1900
1950
2000
Abweichung [mm]
Herbst
100
0
−100
1500
1550
1600
1650
1700
1750
1800
1850
1900
1950
2000
Abweichung [mm]
Jahr
100
0
−100
1500
1550
1600
1650
1700
1750
1800
1850
1900
1950
2000

ging es in der Rosengasse, von der Färberstube herum, um St. Klement=Kirche; die Olau flos in der Ziegengasse herfur, also, daß Oder und Olau an der Ecke zusammen traten. Sonnabends vor Bartholomäus und Sonntags darnach ris das Wasser aus zween Enden, bei aller Heiligen und bei der Schmiede zu St. Vinzenz." (Büsching 1813)

Aus einer Augsburger Quelle erfahren wir noch von einem frühen und extremen Kälteeinbruch im November, der in ganz Mitteleuropa nachgewiesen werden kann:

„*Eben noch dises 1500 Jars von aller seelentag an bis Mitwoch vor S. Thomas tag fiel ein solche Kälte an, das man vermeint in 100 Jaren kein solche Kelte und so streng an ein ander vil gewesen seie, darnach kam regenwetter darein also das sich der wintter enderte und die kelte sehr nachliesse.*" (StaBi Augsburg, Chr. 24)

1501: Der Winter wies durchschnittliche Temperaturen auf, war regional auch zu mild, wobei der Dezember des Vorjahres zu kalt, Januar und Februar jedoch zu warm ausfielen. Ende Januar gab es schwere Hochwasser in Franken. Der Frühling war durchschnittlich und feucht. Erst im Sommer kam es zu nachhaltigen Ausnahmesituationen: Er war insgesamt betrachtet kühl und feucht, wobei letzteres durch mehrere, tagelang andauernde Niederschlagsperioden im Juli und August begründet werden kann, die in allen Flusssystemen Mitteleuropas zu schweren Hochwassern führten:

„*Auch in disem 1501 Jar, an Sant Lorentzen Nacht, da sindt alle Wasser sehr groß worden, eß regnet vier Tag und vier Nacht anainander (10.–14.08.) und ist ain Erdtbrucht khomen, der hat bei drey wochen geweret, alß das hie in Augspurg in ettlichen Heussern und Kellern ist Wasser aufgangen und ist ain solliches Wasser gewest, daß zuvor khein Mensch nie gedacht hat, der Lech ist so groß gewessen, das er gangen ist herein biß zu Sant Sebastian und hinauß in das Dorff Lechhausen. Auch war die Werttach so groß, daß sie bei Sant Ratta auch herab ließ auf den Wißmad und lieff bei dem Galgen uber die Hechen herab und zu Oberhaussen durch das Dorff hin.*" (StA Augsburg, Chr. 11b)

Differenziert verlief der Herbst; nach einem warmen September wurde es im Oktober und November kalt, was in der Gesamtbilanz einen kühl-feuchten Herbst bedeutet.

1502: Nach dem durchschnittlichen und regional auch milden Winter des Vorjahres kam es in diesem Jahr wieder zu einem strengen und schneereichen Winter.

Auf ihn folgte ein sehr kalter Frühling und ein Sommer, der allgemein als sehr heiß, trocken und gewitterreich beschrieben wird:

„*Im selben Jare 1502, den 27ten des Monats Juny nach Middage zwischen 3 und 4 ist ein sehr hefftig und großes Ungewitter gekommen mit Donner und Blitzen über die Stadt Cassel mit einem greulichen Windtbrusen in der Luft. Es sein mit großen Ungestüm sehr viel Hagelstein gefallen, so groß als ein Dauben oder Hüner Ey, der Hagel hat alle Fenster entzwey geschlagen, man hat zuvon von sodanen Hagel nie mehr gehöret noch gesehen.*" (StaBi Göttingen, Lubecus-Chr.)

Die negativen Eichenringsignaturen, die in Franken durch die Sommertrockenheit hervorgerufen wurden, stützen diesen Befund. Eine gegensätzliche Witterungsprägung wies der Herbst auf: Die erste Hälfte war zu nass, die zweite Hälfte zu trocken. In der Gesamtprägung muss der Feuchte größeres Gewicht zuerkannt werden. Insgesamt ein sehr auffälliges Jahr, das eine extreme und gegensätzliche Witterungsprägung aufwies.

1503: Als ausgesprochen streng und niederschlagsreich kann der Winter klassifiziert werden. Die Winterkälte hielt zunächst noch bis in den März hinein an, wurde dann aber von einer trockenen und warmen Phase abgelöst, so dass der Frühling als trocken bewertet werden kann. Trockenheit und Wärme setzten sich den Sommer über fort, ein Rekordsommer, der durch einen Hochdruckkeil über Mitteleuropa ausgelöst worden war. Die außergewöhnliche Hitze und Trockenheit blieb nicht ohne Folgen für Mensch und Umwelt: Neben den üblichen Reaktionen der betroffenen Menschen (Einrichtung von Rossmühlen oder Verbot von Getreideexport) kam es sowohl bei Eichen wie auch bei Fichten zur Ausbildung einer Negativsignatur. Aus den Fichtensignaturen konnte die Niederschlagsmenge im Zeitraum November bis Juni für Mainfranken rekonstruiert werden. Danach fehlten

Index	≤–6	–5/–4	–3/–2	–1/0/+1	+2/+3	+4/+5	≥+6
Winter	Rekord–	streng	kalt	normal	mild	warm	Rekord+
Frühling	Rekord–	sehr kalt	kalt	normal	mild	warm	Rekord+
Sommer	Rekord–	kalt	kühl	normal	heiß	sehr heiß	Rekord+
Herbst	Rekord–	kalt	kühl	normal	warm	heiß	Rekord+
hygrisch	Rekord–	nass	feucht	normal	trocken	sehr trocken	Rekord+

Tab. 7: Bezeichnungen der saisonalen thermischen und hygrischen Indizes.

rund 15% der sonst üblichen Niederschlagsmenge, oder – um einen weiteren Anhaltspunkt zu geben – dem Absolutbetrag nach die Regenmenge eines ganzen Monats. So gesehen machen auch die Quellenhinweise auf eine siebenwöchigen Trockenheit Sinn. Genauere Zeitangaben zur Trockenheit gibt eine Quelle aus Koblenz:

> *„Hat es von Ostern an biß Ahscemptiones Mariae nit gerechnet (16. April – 15. August) und war vorhin die Moßell im Merte so groß, daß in Menschengedenck nie gewesen."* (LHA Koblenz, Abt. 70i Nr. 93).

Bis auf den kalten November blieb es im Herbst ansonsten bei durchschnittlichen Temperaturen. Er war insgesamt zu feucht, was in der Bewertung mit nass klassifiziert werden kann.

1504: Auch dieser Winter muss zu den kalten in Mitteleuropa gerechnet werden, so überfror unter anderem der Überlinger See. In allen Regionen Deutschlands wurde er zudem als schneereich beschrieben. Stellenweise lässt es die Datendichte zu, einige Witterungsregelfälle zu identifizieren: Hochwinter I trat beispielsweise termingerecht und idealtypisch ein. Während der März noch von wechselhaften und zum Teil kalten Abschnitten geprägt war, in dessen Verlauf auch immer wieder Tauphasen mit Schneeschmelze und Hochwasser auftraten, kam es nach einer Milderung um den Monatswechsel zu einer langanhaltenden Trockenphase, die zumindest für die Regionen Ost, Süd und West belegt ist. Die Wertung für den Frühling lautet zusammenfassend mild und sehr trocken. Die außergewöhnliche Wärme und die Trockenheit setzten sich fast den ganzen Sommer über fort und führten zu Einbrüchen in der Ertragssituation. So konnte im Osten kein Heu oder Grummet geerntet werden. In der zweiten Augustdekade wird vom Ende der Trockenperiode berichtet. Der Herbst verlief durchschnittlich.

1505: Mit dem Winter dieses Jahres begann eine dreijährige Phase warmer Winter, die in allen Regionen belegt ist. Im Südschwarzwald konnten im Januar die Viehherden ausgeführt werden, einige Frühjahrsblumen blühten bereits.

> *„Item des selbigen jars fiel kain schne bis uff Anthonientag (17. Januar), und ging hirtt und hertt uß den gantzen winter bis uff den zwaingzigosten tag nach winechten. Item uff den achtoden tag nach winechten was es so warm, das der ober schauffhirtt ussfur mit den schauffen on hossen in aim wißen badhemd und hat ain gren krenzlin uff sim hopt; das sach ich."* (Roder 1883)

Der Winter kann als feucht klassifiziert werden. Erst zum März hin gab es offenbar eine kühlere Phase, in der Gesamtwertung verlief der Frühling jedoch durchschnittlich. Darauf folgte in den meisten Regionen ein feuchtnasser Sommer, wobei im Osten Deutschlands das Getreide ausfaulte und sich in größeren Flusssystemen Hochwasser ereigneten. Ende Juli traten Stürme auf. Der Herbst war warm und feucht. In der auf das ganze Jahr abzielenden Einschätzung der Chronisten werden die Witterungsverhältnisse überwiegend mit nass und kalt umschrieben, was im Grunde eine Überbewertung der sommerlichen Verhältnisse bedeutet.

1506: Entgegen den Verhältnissen in den Vorjahren war der Winter regional sehr unterschiedlich ausgeprägt: Während er im Süden, Westen und auch Osten als warm eingestuft wurde, verlief er im Norden kalt, entsprechend groß war die Eisbedeckung an den Küsten. Für den Süden bedeutete dieser Winter somit den zweiten warmen Winter in Folge. Auf den Frühling gibt es kaum Hinweise, außer dass an vielen Orten die Reben erfroren sind, ein immer wieder auftretendes Phänomen. Es war ein normaler Frühling. Erst im Sommer hatten die Chronisten Anlass zum Schreiben: Er war heiß und trocken, was schließlich auch in frühen Ernteterminen zum Ausdruck kam. Wieder gab es schwere Gewitter, die diesmal – zumindest im Würzburger Raum zu Erosionsschäden in den Weinbergen führten:

> *„am dinstag nach s. Kylianistag, des heyligen bischof (14. 07) … umb 4 uhre kam ein fast grausames undt ungesenes wetter mit donner und plitzen und zum letzten mit einem erschröckhlichen grausamen regen, also daß es mercklichen schaden mit flossen an bergen und thal thet umb Würtzpurg an den weingarten, und was die bach am marckh so groß daß man kaum den marckh gesehen mocht".* (Engel, 1950)

Die Herbstmonate hingegen verliefen insgesamt durchschnittlich.

1507: Auch dieser Winter war in allen Regionen warm, die größeren Flüsse froren nicht zu. Damit kommt es zum dritten Mal in Folge zu einer positiven winterlichen Temperaturabweichung, ein Umstand, der vor dem Hintergrund der aktuellen Klimadiskussion besonderes Gewicht erhält. Zumindest im Westen folgte ein trockener Frühling. Nach dieser ersten, überwiegend milden Jahreshälfte änderten sich die thermischen Verhältnisse im Sommer: Er wurde kühl. Zudem traten in der ersten Julidekade schwere Stürme auf. Für die Eichen scheint dieser Witterungsgang günstig gewesen zu sein, denn es kam in den fränkischen Beständen zu einem signifikanten Baumringzuwachs, der die deskriptiven Angaben verifiziert. Ein etwas zu trockener Herbst schloss dieses Jahr ab.

> *„Item in demselven jair anganck ende in den jare dairbevoeren in den vurwinter was't ein seir weick ende tomail warm winter, also dat men geinen snee an sach, dan eins op einen dach veil en wenich sneis, der so vort versmolz."* (CDS 24, Duisburg, Wassenberch-Chr. v. 1474–1517)

1508: Nach den drei warmen Wintern, die zumindest im Süden und Westen ausgebildet waren, folgte in diesem Jahr erstmals wieder ein kalter Winter, der bis in den März, regional sogar bis in den April hinein andauerte, so dass auch der Frühling allgemein als sehr kalt und zudem als feucht beschrieben wurde. Diese deskriptiven Befunde werden durch eine Reihe phänologischer Angaben bestätigt. Der Sommer reihte sich dem Charakter nach dem der vorausgegangenen Jahreszeiten ein, auch er war kühl und feucht. Mitte August kam es durch einen mehrtägigen Dauerregen großräumig zu Hochwassern, während man im Westen von einer gewitterreichen Zeit sprach. Die Tendenz eines kalten und nassen Jahres wurde auch zu Ausgang des Jahres nochmals unterstrichen: In der letzten Novemberdekade wird die Küstenregion von einer Sturmflut heimgesucht, so dass auch in der rückschauenden Einschätzung zu Recht von einem kalten und nassen Jahr gesprochen werden kann.

1509: Dieser Winter wird in den Quellen sowohl in Nord- wie auch in Süddeutschland als hart bezeichnet und kann nach unserem heutigen Klimaverständnis zu den kalten Wintern gerechnet werden. Eine Temperaturrekonstruktion von Flohn (1979) für den Raum Ingolstadt/Eichstätt stützt dieses Ergebnis. Die Winterkälte war nicht das einzige herausragende Witterungsereignis dieses Jahres, denn alle Hinweise sprechen dafür, dass der Sommer heiß gewesen sein muss, wobei im August eine Trockenphase auftrat. Die Trockenheit, die ganz Deutschland erfasst hatte, führte zu Problemen mit der Wasserversorgung. Mancherorts dauerte die Trockenheit bis in den Herbst hinein an. Bei allen negativen Folgen gab es einen Aspekt, der die Zeitgenossen wieder etwas versöhnlich gestimmt haben mag: die Weinqualität war vorzüglich geraten. Schon sehr früh fiel – zumindest in Norddeutschland – die Kälte ein. Zudem traten Mitte November und nochmals Mitte Dezember am gesamten Küstenbereich schwere Stürme auf.

1510: Für den Winter weisen die rekonstruierten Werte auf einen durchschnittlichen bis eher milden Winter in Süddeutschland hin, der zudem trocken war. Nur im Osten Deutschlands sprechen einige Quellen von einer langen und strengen Kälte. Für Süddeutschland kann aus den täglichen Aufzeichnungen von Stoeffler in Tübingen gefolgert werden, dass der Februar zu mild war. Dies stimmt mit den rekonstruierten Werten überein. Ein nasses und kaltes Frühjahr sind weitere Charakteristika dieses Jahres. Dies gilt insbesondere für den März, der sehr kalt, und den Mai, der sehr niederschlagsreich war. Im Grunde verdarb der schlechte März die Ernte, wie auch folgende Quelle vermerkt.

„Anno 1510. ist ein guts Weinjahr gewesen / aber die liebe Früchten sein von der Gfröre / Schnee vnd Regen im Mertzen außgesogen / daß gar wenig Winter vnd Sommerfrüchten gewachsen / daher die Thewrung jmmer höher gestigen / vnd die Früchten auffgeschlagen / daß der Scheffel Rocken auff 3. fl. 1 Orth / der Dinckel 2. lb. 3. ß. golten." (Ginschopf 1630 und 1631)

Für den Sommer gibt es widersprüchliche Angaben, da er im Voralpenraum als kalt, im Südwesten aber insgesamt als warm beschrieben wird. Leider weisen die Aufzeichnungen von Stoeffler in diesem Zeitraum erhebliche Lücken auf. Die zweite Dezemberhälfte fiel wiederum sehr niederschlagsreich aus, und nachdem vor allem die erste Hälfte kalt war, gab es zumindest in diesem Jahr weiße Weihnachten.

1511: Für den Winter stimmen die Befunde wieder sehr gut überein. Alle Quellen sprechen zumindest für den Westen und Süden von einem strengen und langen Winter, der in Süddeutschland auch noch sehr schneereich war. Mit –1,5 °C in Franken lag die Temperatur schon sehr nahe an der Standardabweichung. Der Frühling war ebenfalls feucht. Ein außergewöhnlich kühler und nasser Sommer bedingte vor allem in Süddeutschland starke und lang anhaltende Überschwemmungen am Bodensee und im Rhein-Main-Gebiet, die von Sturmböen begleitet wurden. Die Ernte missriet, was in der pauschalen Einschätzung „unfruchtbares Jahr" zum Ausdruck kommt. Im September folgte noch eine Sturmflut an der Küste. In der Jahresbilanz erweist sich dieses Jahr als feucht bis nass und kalt.

1512: Auch dieser Winter verlief streng und trocken. Aus dem Wettertableau von Stoeffler können die einzelnen Witterungsphasen abgeleitet werden. Die erste Märzdekade war noch durchgehend winterlich, für den April sind sehr wenige Niederschlagstage vermerkt, der Mai war eher mild und niederschlagsreich. Die Hinweise auf den Sommer sind widersprüchlich. Zum einen wird von einem heißen und trockenen Sommer berichtet, andere Quellen sprechen insgesamt von einem nassen Jahr. Folgt man den verlässlicheren täglichen Angaben von Stoeffler, dann war der Juni feucht, der Juli aber trocken. Auch der August war leicht unterdurchschnittlich. Die negativen Eichensignaturen in Franken sind offensichtlich eine Reaktion auf die Winterstrenge und die trockeneren Phasen. Dieses Beispiel zeigt auch, wie die Chronisten einzelne Phasen zum Anlass nahmen, übergreifende Beurteilungen abzugeben. In der saisonalen Zusammenschau mitteln sich die Akzentuierungen jedoch heraus. Der Herbst war wieder von zu kühlen Temperaturen und feuchten Verhältnissen geprägt. Vor allem der September war zumindest in Süddeutschland extrem nass. Insgesamt wird zu Recht von einem unfruchtbaren Jahr gesprochen.

Wie genau die einzelnen Angaben teilweise sind, zeigt das folgende Beispiel eines schweren Gewitters im Raum

Mansfeld, das in der Spangenberg-Chronik detailliert besprochen wird. Es korrespondiert mit einem Gewitter in Tübingen am 13. Juni und zeigt somit an, dass die Atmosphäre großräumig labil gewesen sein muss.

„Jn jetzgedachtem 1512. Jar / ist den 12. tag Iunij gleich im Mittage ein grosses Vngewitter gewesen / da ein Donderschlag in den andern gangen / mit blitzen vnd Wetterleuchten / das viel Leute anders nicht gemeinet / denn es würde der Jüngste tag komen / vnd hat zu gleich mit gewaltig geregnet / vnd Schlossen so gros als die Welschen Nüsse geworffen / was dieselbigen getroffen haben / an stehendem Korn im felde ist alles zu boden geschlagen / vnd hat sonderlich dieses Wetter dem Weine trefflichen schaden gethan / denn derselbige des mehrentheils am Stocke aller verdorben / das folgendes Jahrs eine Kanne 2. pfennige gegolten / welchs dazumal für ein thewren kauff geachtet worden.“ (Spangenberg 1572)

1513: Für den Winter weist die Quellenlage auf einen regional differenzierten Temperaturverlauf hin. In Norddeutschland war der Dezember bereits zu mild, im Süden streng. Erst im Januar war in der zweiten und dritten Dekade eine regional einheitliche, längere Wintermilderung eingetreten, an deren Ende beispielsweise das Maineis bei Frankfurt brach. Der Februar verlief dann wieder sehr kalt, so dass es wegen der Vereisung zur Wasserverknappung kam. Die Kälte hielt bis in die erste Aprildekade hinein an, um sich nach einer kurzen Milderung, durch nördliche Winde fortzusetzen. Insgesamt kann der Winter erneut als streng und nass klassifiziert werden, der zumindest in Süddeutschland relativ spät einsetzte und sehr lange andauerte. Ein weiterer eklatanter Kälteeinbruch zum Monatswechsel April/Mai führte erneut zur Eisbildung in Süddeutschland und schädigte die Reben und Obstbäume so stark, dass Ernteeinbußen bis hin zu Totalverlusten auftraten. Ende Mai herrschte stürmisches Wetter. Zusammenfassend kann der Frühling als kalt eingestuft werden. Den ganzen Sommer über hielten die unterdurchschnittlichen Temperaturen an. Er fiel auch zu trocken aus. Aus den täglichen Aufzeichnungen von Leib für den süddeutschen Raum kann die Trockenheit als prägend für den Monat August ausgedeutet werden. Der Herbst fiel erneut kalt und sehr trocken aus, was durch Kaltlufteinbrüche im Oktober und das Zufrieren der größeren Flüsse Mitte November entsprechend belegt werden kann. In der Jahresbilanz erscheint dieses Jahr als ausgesprochen kalt.

1514: Für diesen Winter deuten alle Quellenbefunde wieder in die gleiche Richtung: Er war streng. In Süddeutschland war dies bereits der vierte strenge Winter in Folge. Mitteleuropa stand ganz unter dem Einfluss kalter kontinentaler Luftmassen (Abb. 32). Die Arbeit der Mühlen war sowohl durch den niedrigen Wasserstand als auch durch die Eisbildung stark beeinträchtigt. Das offensichtliche Wasserdefizit wird auch durch eine Niederschlagsrekonstruktion aus Fichtensignaturen in Franken bestätigt, für die sich die Trockenheit ebenfalls auswirkte. Im Zeitraum November bis Juni fielen in Mainfranken anstelle der sonst üblichen 350 mm lediglich 300 mm Niederschlag, damit fehlte die Regenmenge eines ganzen Monats. Der Frühling kann als kalt und feucht eingestuft werden. Die Hitze und Trockenheit des Sommers trat offenbar nicht in allen Regionen Deutschlands gleichermaßen auf, sie betraf in Franken die erste Julidekade und die zweite Augustdekade im besonderen Maße, was auch in den Leibschen Aufzeichnungen zum Ausdruck kommt. Auf monatlicher Basis muss die von Leib verzeichnete Zahl der Niederschlagstage als durchschnittlich bis leicht überdurchschnittlich eingestuft werden. Auch der Juni war zu kühl und brachte gleich zweimal längere Frostpe-

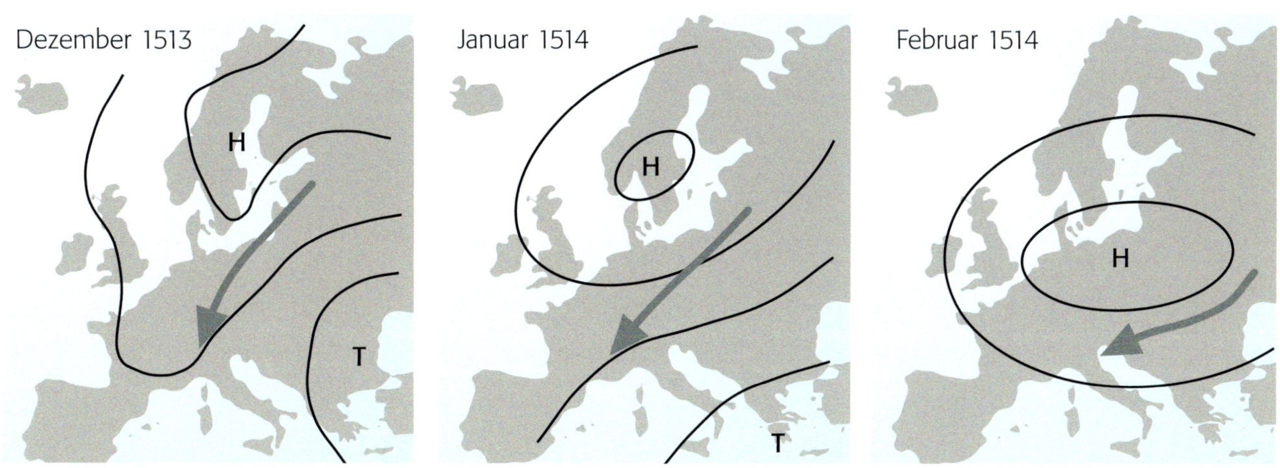

Abb. 32: Rekonstruktion der Druckverhältnisse zum Winter 1514: Der Pfeil zeigt die Hauptströmungsrichtung der Luftmassen an. Nach Jacobeit et al. (1999).

rioden, die zu Rebschäden führten. Nach heutigen Maßstäben gab es einen eher kurzen Sommer mit zwei längeren Trockenphasen. Im Gegensatz dazu war der Sommer in Tschechien feucht. Diese regionalen Unterschiede kommen in dem zusammenfassenden Index, der normale Verhältnisse angibt, nicht zum Ausdruck. Erst der Herbst wies wieder ein regional einheitliches Gepräge auf, er war in ganz Deutschland extrem nass und kühl: Bereits Ende September traten die Flüsse über ihre Ufer und an der Küste wird von Sturmfluten berichtet. Die große Zahl von Niederschlagstagen vor allem im Oktober kann bereits als echte Anomalie eingestuft werden. Nach dem kühlen Juni sind die Herbstverhältnisse dafür verantwortlich zu machen, dass die Lese misslang und der gekelterte Wein sauer war.

1515: Der Kontrast des Winters 1514/1515 zu dem vorangegangenen hätte nicht größer sein können. Nach der kalten Winterphase schlug das Pendel diesmal in die andere Richtung aus: Der Winter war mild und sehr niederschlagsreich. Dies war nicht die einzige Auffälligkeit in diesem Jahr. Der Frühling war sehr kalt und ebenfalls nass. Auch der Sommer kam nicht so recht in Gang, es blieb kühl und so wurde er einer der niederschlagsreichsten Sommer des 16. Jahrhunderts! Insbesondere der Juli und August waren anomal nass, so dass alle größeren Flüsse über die Ufer traten und langanhaltende Überschwemmungen verursachten. Bis zu zehn Wochen hatte der Rhein nach Quellenaussagen Hochwasser. Eine andere Quelle beschreibt die Wetterverhältnisse sehr drastisch mit „*keine drei Tage schön aneinander*" (Bayer. StaBi, *Straßburgische Chr.*, Bib. Regia Monacensis Cod. Germ 1222), eine Aussage, die man zunächst als stilistische Übertreibung interpretieren mag. Aus den täglichen Beobachtungen von Leib ist aber ersichtlich, dass dem tatsächlich so war und sich erst im September wieder ausgesprochene Hochdruckwetterlagen einstellten. Damit nicht genug: Im August tobte eine Sequenz von Stürmen über Mitteleuropa, die regional zu erheblichen Waldschäden führte. Sturm und Regen waren die herausragenden Kennzeichen dieses Sommers. Auch der Herbst war feucht. Kein Wunder, dass auch in diesem Jahr der Wein sauer wurde. Einzig die Eichen machen durch eine Positivsignatur deutlich, dass der Niederschlagsreichtum für sie von Nutzen war.

1516: Gleich der nächste Winter war wieder mild – eine weitere Anomalie. Quellenangaben aus dem Osten zufolge soll nur an wenigen Tagen überhaupt Frost geherrscht haben. Nicht nur in thermischer Hinsicht verlief der Jahresanfang bemerkenswert, auch die Niederschlagsentwicklung war – den Daten von Leib zufolge – sehr auffällig: Während im Januar zunächst nur die Hälfte der üblichen Niederschlagstage auftrat, folgte mit dem Februar ein ausgesprochen niederschlagsreicher Monat. Im März wurde das normale Mittel knapp übertroffen. Ansonsten war – im Gegensatz zum Vorjahr – der Frühling trocken. Der Sommer wurde allgemein als heiß und dürr beschrieben, eine Konstellation, der zufolge im Herbst eine qualitativ gute Lese erwartet werden durfte, was schließlich auch eintrat. Leider lässt sich die Sommertrockenheit nicht exakt bilanzieren, denn wie sich aus Leibs täglichen Aufzeichnungen dieser Zeit erkennen lässt, befand er sich das ein oder andere Mal auf Reisen in Süddeutschland. Trotz der daraus resultierenden Unwägbarkeiten machen die Daten aber deutlich, dass es vor allem Ende Juni und in den Monaten Juli und August zu einer längeren Trockenphase gekommen war, die auch in allen anderen Regionen Deutschlands beschrieben wird. Sie war eine Folge des lang anhaltenden Hochdruckeinflusses über Mitteleuropa (Abb. 33), der zumindest in Süddeutschland fast den ganzen Herbst über andauerte, was nicht nur durch die

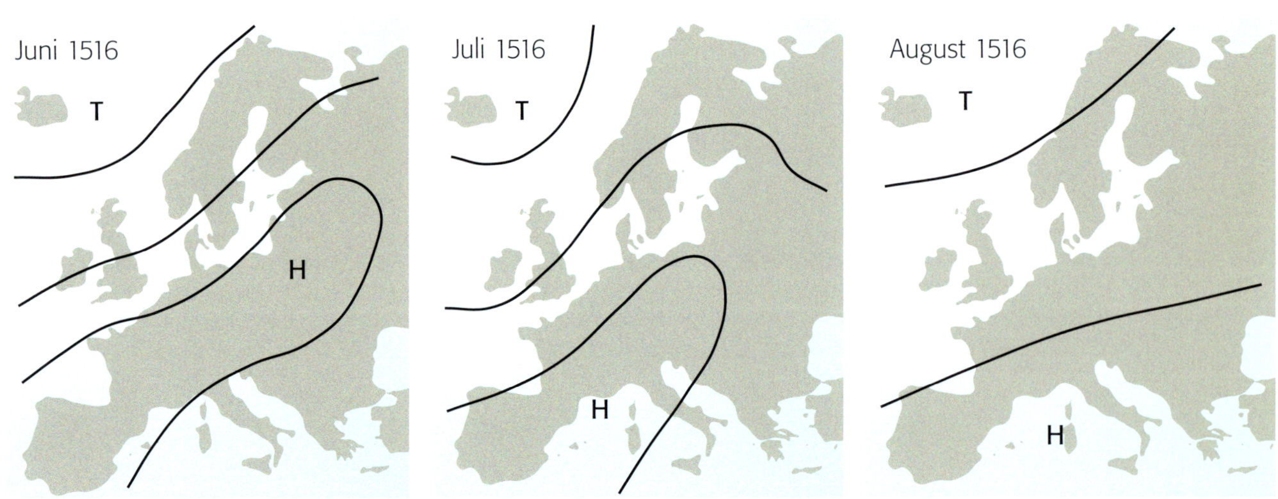

Abb. 33: Rekonstruktion der Druckverhältnisse zum Sommer 1516. Nach Jacobeit et al. (1999).

Aufzeichnungen von Leib, sondern auch durch Meldungen über Niedrigwasserstände am Main und der expliziten Erwähnung von Trockenheit Anfang Oktober in verschiedenen Quellen mit den üblichen Hinweisen auf Wassermangel und Versorgungsprobleme vor allem der Mühlen gekoppelt war. Der Herbst war damit ebenfalls sehr trocken. Somit zählt das Jahr 1516 zu den warmen und trockenen.

1517: Die beiden milden Winter 1515 und 1516 boten nur eine kurze Erholung in einer sonst eher von Winterstrenge geprägten Phase, denn 1517 wurde der Winter wieder streng und diesmal auch feucht. Alle Quellenbefunde bestätigen dies einhellig für alle Regionen Mitteleuropas. Nach diesem Kälteschock stellte sich in den meisten Regionen aber ‚schöne' und anomal warme Frühlingswitterung ein, in deren Verlauf der Vegetationsaufgang früh eintrat. Vor allem Anfang April herrschten zumindest in Süd- und Westdeutschland sommerähnliche Zustände, die aber bereits von zunehmender Trockenheit begleitet waren, bis schließlich die Wasserknappheit bedrohliche Ausmaße annahm. Es sollte eines der trockensten Frühjahre des gesamten Jahrhunderts werden. Zum Monatswechsel wurde diese Witterung von den obligatorischen Frühjahrsfrösten abrupt und nachhaltig unterbrochen. Die Fröste führten zu großen Schäden an Reben und Baumfrüchten. Nach diesem folgenschweren Einbruch setzten sich Wärme und Trockenheit in den ersten Sommermonat fort. Folge dieser großen Hitze und Trockenheit waren Ertragseinbußen beim Heu, Mangel auf den Weiden und eine negative Eichensignatur in Franken. Erst ab der zweiten Julidekade änderte sich diese Grundtendenz entscheidend. Der lang erwartete Regen fiel nun fast täglich und Stürme traten auf. Die Witterung muss den Menschen wie umgeschaltet erschienen sein. Juli und August weisen aufgrund dieser lang anhaltenden Regenperiode ungewöhnlich viele Niederschlagstage auf. In der Gesamtbilanz war es ein feuchter Sommer. Erst Mitte September änderte sich die vorherrschende Wetterlage. Auch diesmal kontrastierte der Wetterverlauf sehr stark zu der vorangegangenen Feuchtperiode: Erneut dominierten lang anhaltende Hochdrucklagen mit nur wenigen Niederschlagstagen bei entsprechender Wärme, die schließlich zu einem schönen Saataufgang und mancherorten noch im Oktober zu einer zweiten Blüte führte. Der Oktober wies, ebenso wie der November, eine anomal geringe Zahl von Niederschlagstagen auf, so dass der Herbst als trocken klassifiziert werden kann.

Für die nächsten drei Jahre verbessert sich die Quellensituation erheblich. Neben den Aufzeichnungen aus Ingolstadt und Eichstätt konnten weitere tägliche Beobachtungen aus dem Rheingau hinzugezogen werden.

1518: Auf die großen regionalen Unterschiede in den Wintertemperaturen wurde bereits hingewiesen. In der Gesamtbilanz erscheint ein ‚gemittelter' normaler Winter, der allerdings niederschlagsreich war. Auch die gegensätzlichen Prägungen im Frühling treten in der zusammenschauenden Bewertung nicht hervor. Erst der Sommer und der Herbst werden insgesamt als kühl eingestuft.

1519: Nach dem Jahreswechsel kam es am 2. Januar bei kalter Witterung zu Schneefällen. Auf eine wechselhafte Phase vom 4. Januar bis zum 13. Januar folgte eine Kaltperiode, welche die Regelfälle Hochwinter II und III über anhielt. Die letzte Dekade war von milderer Witterung und mehreren Regentagen geprägt und entsprach damit dem heutigen Witterungsablauf. Insgesamt lagen die Niederschlagstage im Januar und Februar im Bereich heutiger Werte. März und April waren mit 50 % weniger Niederschlagstagen trockener. Ende März brachten vorherrschende Ostlagen im Rheingau meist schönes, in der Fränkischen Alb bei Eichstätt aber bereits kaltes und frostreiches Wetter. Der April machte seinem Ruf alle Ehre. Windiges bis stürmisches Wetter dominierte zwischen dem 7. und 14., abgelöst von einer schöneren Phase, die erneut von Ostlagen bestimmt war und bei Eichstätt zu entsprechender Kälte führte. Windigere Verhältnisse mit Niederschlägen am Ende des Monats leiteten zur ersten Warmphase zwischen dem 1. und dem 4. Mai über. Abgelöst wurde dieser Abschnitt von einer kühleren Phase mit einigen Niederschlagstagen, ehe zur Mitte des Monats die gefürchteten Maifröste auftraten. Bei meist kühlem Wetter mit Regen, zum Teil starkem Wind und Gewittern endete der Mai, der in der Wertung von Indagines für den Rheingau überwiegend als kühl und kalt beschrieben wird; bis auf die ersten vier Tage fehlen Hinweise auf warme und milde Tage völlig.

Im Juni setzte sich das wechselhafte Wetter fort. Zwischen dem 5. und 7. leiteten windige und stürmische Tage zu einer langen Warmphase über, die zwischen dem 8. und 14. sowie zwischen dem 21. Juni und 1. Juli andauerte, unterbrochen von einer kurzen Abkühlung mit Niederschlägen. In der zweiten Hälfte des Junis fiel kein Regen. Dem stehen ganz andere Verhältnisse in der Fränkischen Alb entgegen. Hier regnete es in der letzten Junidekade fast täglich. Sehr wechselhaft waren die Witterungsverhältnisse im Juli. Bei Eichstätt vermerkte Leib extrem viele, nämlich 23 Niederschlagstage. Der Sommer war insgesamt zu niederschlagsreich. Ende August und Anfang September folgten mehrere Niederschlagstage hintereinander, was für den Rheingau zu dieser Jahreszeit eher eine Ausnahme darstellt. In Eichstätt wurde von Leib im August immerhin noch an 20 Tagen Regen beobachtet, Ende September gab es bereits Frost. Bei wechselhafter Witterung traten im Rheingau bis zum Monatsende und in der ersten Oktoberhälfte zahlreiche Niederschlagstage auf. Mitte des Monats folgten bei Ostwind mehrere Tage mit Frost. In der Gesamtbilanz war der Oktober

1519 aber etwas trockener als normal. Ende des Monats traten mehrere Nebeltage auf. Der ganze November war seinem Charakter nach heutigen Verhältnissen vergleichbar. Die Anzahl der Niederschlagstage lag im Bereich heutiger Werte. Mitte des Monats trat Frost auf und bei meist trübem Wetter pendelten die Temperaturen um die 0 °C, da sich nach dem ersten Schneefall am 19. November sogleich wieder Tauwetter durchsetzte und dieses Wechselspiel bis zum 26. anhielt. In der letzten Novemberdekade fiel in beiden Regionen der Niederschlag ausschließlich als Schnee. Zusammenfassend kann auch der Herbst als feucht klassifiziert werden. Die erste Dekade im Dezember blieb zunächst mit Regenfällen und zum Teil stürmischem Wetter mild, ehe sich ab dem 13. Dezember überwiegend kalte Witterung durchsetzte. Diese wurde allerdings zwischen dem 25. und 27. Dezember vom klassischen Weihnachtstauwetter unterbrochen. Das Bemerkenswerte dieses Jahres waren die hohen Niederschläge in der zweiten Jahreshälfte sowie die markante regionale Differenzierung im Juli.

1520: Erst nach dem Jahreswechsel setzte sich wieder eine mildere Phase mit Regenfällen durch. Nur wenige kühlere und kalte Abschnitte im Januar mit Niederschlägen, die im täglichen Wechsel als Schnee, dann wieder als Regen oder Schneeregen fielen, deuten darauf hin, dass die Temperaturen um die Nullgrad lagen. Die Singularität ‚Tauwetterperiode Januar' trat 1520 termingerecht ein. Mitte Februar kam es wieder zu einer kurzen Abkühlung, in der die Niederschläge wieder als Schnee fielen, mit einem erneuten Wechsel zum Ende des Monats. Der Winter kann insgesamt als durchschnittlich bezeichnet werden. Im März setzte sich das unbeständige Wetter fort, mit einer längeren auffälligen windigen und stürmischen Phase zur Mitte des Monats. Ab dem 11. April folgte dann eine erste längere warme Phase, die ab dem 24. April wiederum in eine kühlere, bis in den Mai hinein anhaltende Phase überging. Vom 9. Mai an traten immer wieder einzelne Hagelschauer auf. Nach einer windigen Phase kam es ab dem 17. Mai zu nachhaltigen Frostschäden in ganz Deutschland. Die Kältewelle wurde von starken Gewittern eingeleitet, wobei die Kälte in Thüringen die Menschen dazu veranlasste, wieder einzuheizen. Erst zum Monatswechsel wurde es wieder wärmer. Alles in allem war das Frühjahr kalt. Nach einer kurzen, dreitägigen Regenperiode im Mai setzte sich dann eine sehr lange Warmphase durch, in der immer wieder Gewitter auftraten. Diese Gewitterschauer führten dazu, dass die Anzahl der Niederschlagstage im normalen Bereich lagen. Zum Monatswechsel folgte eine viertägige Regenperiode, bevor sich schließlich das warme und zwischen dem 12. und 16. Juni sogar heiße Wetter wieder durchsetzte. Am 9. Juli kam es zu Unwetterschäden. Im August waren die Witterungsverhältnisse wieder äußerst wechselhaft mit vielen, zum Teil starken Regenfällen. Insgesamt war der Sommer heiß und feucht. Auch im September setzte sich das wechselhafte Wetter fort, wobei eine lange Regenperiode zwischen dem 12. und 20. September bei meist stürmischen Winden dafür sorgte, dass der September wie auch der August weit überdurchschnittliche Niederschlagswerte aufweisen. Offensichtlich war ganz Süddeutschland von dieser regenreichen und wechselhaften Witterung betroffen, denn in einer Quelle aus Süddeutschland berichtet der Chronist von zwei Monaten mit starken Regenfällen. Zusammen mit dem milden und windigen Wetter „*(Wind) Beständig aus Westen*" (Kuß 1825) im Winter lässt sich diese Witterung in der Tat mit einer verstärkten zonalen Zirkulation erklären. Auch die letzte Septemberdekade war deutlich kühl und kalt, auch wenn Niederschläge fehlten. Leider setzen dann die täglichen Aufzeichnungen wieder aus, der Chronist gibt nur noch übergreifende Einschätzungen, nach denen der Oktober „*schier den ganzen Monat schön*", der November „*fast durchaus dunckhel, stürmisch und Regenwetter*" und im Dezember „*ein dunckles finstres Wetter mit vil Regen*" herrschte, so dass zusammenfassend von einem kühlen und feuchten Herbst gesprochen werden kann.

1521: Im Jahre 1521 folgte ein sehr warmer Winter, der zu den wärmsten des Jahrhunderts zu zählen ist. Eine Münchener Quelle bringt es auf den Punkt:

> „*1521 Kalt Ostern (31.03.). Die Osstermetten war kälter dann die Weinnacht Metten, es schneit auch dießen Ostertag mehr dann den gantzen Wintter. Item im Februarij haben die Kerschen geblüet und sein sonsten die Proß an den Päumen groß geschwollen gewest.*" (Bayer. StaBi, Widmann, Chr. v. Regensburg)

Mehrfach wird auf die windigen Verhältnisse hingewiesen, die mitunter Sturmcharakter aufwiesen und sehr gut mit den Hinweisen an der Küste zu einer Sturmflut passen:

> „*1521 den 26 February war eine sehr hohe fluth; es lief das Waßer zu Bergedorf über die Gassen, und von Geisthocht über die Marschländer; wodurch denn an Teichen und in hamburg großen Schaden geschahe. darauf folgte eine grosse Pest, welche sich um Jacobi anfing, und bis Nicolai wehrte.*" (StaHH VII Liz Lb No 36a Vol. 1)

Neben diesen allgemeiner gehaltenen Quellen kann auch in diesem Jahr wieder auf die täglichen Aufzeichnungen von Stoeffler zurückgegriffen werden.

Für die meisten Regionen Mitteleuropas war dies der vierte normale oder zu milde Winter hintereinander. Nicht nur die Wintertemperaturen, sondern auch die Frühlingswerte konnten ermittelt werden. Aus den Rekonstruktionen ergab sich ziemlich genau der Durchschnittswert: ein normaler und trockener Frühling. Noch im März kam es an der deutschen Nordseeküste zu Sturmfluten. Nach einem zu kühlen Juni setzte sich eine lang anhaltende Erwärmung durch, die bis in den Herbst hinein anhielt. Der Sommer fiel dementsprechend sehr trocken aus, der Herbst warm und sehr trocken, was nicht zuletzt einen sehr guten Wein zur Folge hatte.

1522: Der Winter war kalt und sehr trocken. Durch die Kälte blieb der Main von Mitte Januar bis Anfang März zugefroren und selbst der Rhein bei Köln stand fast den ganzen Februar über fest. Die Kälte war im Januar und Februar außerordentlich groß und dauerte bis in den März hinein. Auch die Niederschlagsentwicklung blieb deutlich hinter den sonst üblichen Werten zurück. Es war ein extrem trockener Winter. Erst der Frühling war wieder feucht, im Mai gab es ein großes Oderhochwasser. Ebenfalls im Mai ereignete sich ein großer Sturm, der für den Raum Mansfeld belegt werden kann:

> *„Anno 1522 Freitag nach Philipi Jacobi (2. Mai), dieser tag nemlich Philipi Jacobi ist auf einen donnerstag nach Quasimodogeniti gefallen / ist ein groß wetter von donner unnd blitzen gewesen, daß es auch umb Merseburgk großen Schaden an häusern, fenstern unnd an Vieh gethan, auch nach etzlichen Tagen sinnd menschen in großen winde verlohren worden. Es hat auch dieser große Sturmwindt so sich am Sonnabent nach Mittage mit wenig Regen erhoben wircklichen Schaden an Weitzen unnd Korn gethan, die halme an weitzen unnd haber entzweij geschlagen, und das Obst verderbet.“* (Ldbib. Halle, Sign. TH.S.G.V. 3136)

Die erste Junihälfte war sehr nass und auch der übrige Sommer war insgesamt feucht und zudem gewitterreich. Für den zu feuchten Herbst ist mehrfach eine Sturmfolge in der letzten Oktoberdekade belegt.

Zum Abschluss dieses witterungsklimatisch so ereignisreichen Jahres gab es einen viel zu milden und vor allem niederschlagsreichen Dezember, der erneut zu Hochwassern führte:

1523: Die Quellenbefunde für den Winter machen einen regional differenzierten Temperaturgang deutlich. Während im Süden auf durchschnittliche bis milde und feuchte Winterbedingungen geschlossen werden kann, wurde der Winter im Norden als hart und kalt beschrieben. Der Frühling war bereits trocken. Außergewöhnlich trocken muss auch der Sommer im Norden und Osten Deutschlands verlaufen sein, im Süden war es dagegen zunächst regnerisch, dann aber ebenfalls trocken und heiß. Noch im Juni gab es im Westen schwere Gewitter. In einigen Regionen Süddeutschlands blühten die Blumen zum zweiten Mal. Im Osten führte der Wassermangel zu Mahlproblemen. Im Oktober wurde ganz Deutschland von heftigen Unwettern heimgesucht.

1524: Einheitlichere Winterverhältnisse herrschten im Winter 1524. Aus allen Regionen werden ungewöhnlich hohe Niederschläge gemeldet, die zum Teil als Schnee fielen. Infolge der hohen Niederschläge und der bereits früh im Januar einsetzenden Schneeschmelze kommt es in allen Flusssystemen zu Hochwassern. Die Niederschläge erreichten Rekordhöhe. Die Hochwassersituation in und um Hamburg beschreibt die folgende Quelle:

> *„Item anno domini 24 do quam so grot wter von bauen dacht in der Elve, ßo dat water van Geystachede auer alle de Marsklands herlept bet ti Hamborch, und das wart eyen brak wol rog vadem deep, dar schyr de Wunßertorne nyr dem dare ommegefallenwere, unde dar drenen en wech beyde hußе unte gardene.“* (Lappenberg 1865)

Die Temperaturen lagen vor allem im Januar zu hoch. Es war ein milder Winter. Allerdings folgte darauf ein kaltes Frühjahr. Vor allem der Mai war viel zu kalt und auch zu trocken. Ein Kälteeinbruch in der letzten Maidekade setzte den Reben zu, im Osten bildete sich wieder Eis. Anschließend waren es die Temperaturverhältnisse im Sommer, die den Chronisten überlieferungswürdig erschienen. In der Zeit der Rebenblüte regnete es ständig, wie überhaupt der Sommer auch kalt war. Insgesamt wird dieses Jahr im Hinblick auf die Ertragslage als unfruchtbar beschrieben. Nur die Eichen weisen einen positiven Ringzuwachs auf, was die überlieferten feuchten Verhältnisse bestätigt. Der Herbst war trocken. Das Jahresende wurde erneut sehr kalt.

1525: Dieses gesellschaftspolitisch so wichtige Jahr kann als thermisch durchschnittlich eingestuft werden. Trotzdem sind einige markante Auffälligkeiten festzuhalten: Nach dem sehr kalten Dezember des Vorjahres und einem überdurchschnittlich kalten Februar muss dieser Winter als kalt bezeichnet werden (Abb. 34). Anfang Januar traten sehr viele Flüsse, wie Werra, Saale und Elbe, über die Ufer. Ende des Monats gab es in Norddeutschland einen Sturm, der allerdings in den täglichen Wetteraufzeichnungen von Stoeffler in Tübingen nur als Wetterwechsel zu erkennen ist. Der Frühling fiel trocken aus, der März war zu kalt. In der ersten Maidekade fiel kaltes Wetter ein, das Reben und Nussbäume schädigte. Die Angaben von Spangenberg aus dem Raum Mansfeld/Harz verdeutlichen dies:

> *„Es fiel in diesem Jahre / viertzehen tage für Pfiengsten (6. Mai) eine kalte Frost ein / die thet dem Weine trefflichen schaden / vnd erfroren die Nüsse hie am Hartze aller dinge / das auch etliche Bewme in dreyen Jaren keine Nüsse trugen / so war das Holtz erfroren.“* (Spangenberg 1572)

Am 7. Mai meldet Stoeffler ‚unbeständig‘ und am darauf folgenden Tag bis zum 11. Mai ‚kalt‘. Wenig konkretisierbar ist anschließend der Sommer, der im Osten und Süden als ‚gut‘ bezeichnet wird, die Ernte war ‚fruchtbar‘.

Abb. 34: Kalter Winter 1525 in Nürnberg. StA Nürnberg, F/1/49.

Insgesamt war der Sommer *„ein gar guter Sommer gewesen / des Gewitters (Witterung) halben / darumb auch der Wein trefflich wol gerathen“.* (Spangenberg 1572)

Diese Angabe aus dem Raum Mansfeld kann durch weitere Hinweise aus Annaberg und durch ganze Folgen von Gewittern Anfang und Mitte Juli und dann wieder Anfang August anhand der Aufzeichnungen von Stoeffler in Tübingen bestätigt werden. Der Herbst hingegen war warm. Der kalte Winter und die längere Trockenphase im Frühling und im Frühsommer führten zu einer negativen Eichensignatur in den süddeutschen Chronologien.

1526: Kalt und offenbar auch schneereich verlief der Winter 1526. Vor allem im Februar war es sehr kalt. Ein Sturm im Februar verursachte große Schäden:

„Van eym groissen Wynde. In dem Jair unsr Heren MV und XVI (1526) des VIII dages in dem spurkel erhoiff sich ein vorferlick groys ungestür Wynd tzo Coellen und umbher in dison landen und derselve Windt was also starck und ungestuir, so dat ghein Schyff sich moicht up dem Wasser authailden und niemandtz over Welt wandelen moicht und warp dat Volik up den Straissen und in dem Velde noder tzo der Erden, hey warp manch Hyuss tzo grunde neder und manchen starcken Eychen Boum und andere Beume mit dem Wurzelen uis der Erden. Des gelichen warp hey manche Wnadt und Brytze und manchen gevell und Schoir (unleserlich) in und summyge Huyser bynnen der Stat Coellen neder und dede groissen Schaiden.“ (StA Köln, Chr. u. Darst. Nr. 30)

Im darauf folgenden Frühling waren keine thermischen Auffälligkeiten zu beobachten, er war aber feucht. Die fast schon obligatorischen Maifröste traten bereits in der zweiten Maidekade auf. Aus der regional etwas lückenhaften Quellenlage kann auf einen kühlen Sommer geschlossen werden. Besonders häufig wurde das nasse Wetter während der Rebenblüte hervorgehoben. Über den Herbst lassen sich keine Hinweise auf herausragende Witterungsverhältnisse finden.

1527: Für den Winter weisen die Quellen auf durchschnittliche bis etwas zu milde Temperaturen hin, die vor allem durch den zu warmen Januar zustande kamen, er war zudem niederschlagsreich. Der Frühling war unauffällig, der Sommer trocken, in den Höhenlagen der Mittelgebirge auch zu kühl. Der Frühherbst verlief zu kalt, hervorgerufen durch einen Kälteeinbruch im September. Der Herbst war damit insgesamt kühl und feucht. Kein Wunder, dass die Weinqualität sehr schlecht ausfiel.

Durch einen Frosteinbruch in der Nacht vom 22. auf den 23. September erfror in Österreich und in Franken der Wein, so dass gar nicht gelesen wurde.

1528: Im Winter waren die Temperaturen durchschnittlich bis regional zu mild, wobei der Januar zu warm war. Ansonsten verlief das ganze Jahr aus thermischer Sicht ebenfalls durchschnittlich. Aus Württemberg wurde gemeldet, dass durch Frosteinbrüche und kalte Witterung im April die Anbaufrüchte litten. Hagelunwetter führten im Mai zu Schäden in Augsburg:

„*Ittem wie man zalt von der geburtt cristi 1528 jar ist am tag petter vnd pauly vmb vesper zeit so ain grosser hagel vnd vngewitter zue Augspurg vnd darbei, auch bis in das Bayrlandt raichent, gewesen, das man besorgtt hat, die statt vnd das vmbgegendt werd vndergehnn, hatt gar nach bei ainer vierttel stundt geweret, vnd hat vast groß vnd mercklich stain geschlagen, dardurch vnerhörtten schaden schier allen gläßern fännstern geschehenn ist, hat auch dem korn, früchtten, bäummen vnd auch den holtzen mercklichenn schadenn gethonn.*“ (StA Augsburg Chronik 11a)

Dabei war der Sommer feucht, der Herbst nass. Vor allem der August war zu nass, im Oktober gab es mehrere Schiffsuntergänge, der November verabschiedete sich mit einem schneereichen Kälteeinbruch. Es sind wiederum die fränkischen Eichensignaturen, die diesen Witterungsgang durch eine positive Signatur am besten reflektieren.

1529: Für die nächsten Jahre besserte sich die Quellenlage deutlich. Der Winter 1529 war regional sehr unterschiedlich ausgeprägt: Im Süden und Osten sehr kalt, im Norden und Westen hingegen milder mit einer geringen Eisproduktion an der Küste. Der Frühling war in den meisten Regionen normal. In den Quellenbeschreibungen traten diese Anomalien aber hinter denen des Sommers zurück. Überall in Mitteleuropa war der nasskalte Sommer ‚die Meldung'. Rekordniederschläge führten zu einer signifikanten Ernteverspätung und zu Ertragseinbußen, regional wurde auch von völligem ‚*Misswachs*' gesprochen. Quellen geben an, dass von Mitte Mai bis Mitte Juli keine vier schöne Tage geherrscht hätten. In allen Flussgebieten kam es zu Hochwassern, so am Rhein und am Neckar, bereits im Juni, Anfang August erneut am Neckar. Die Elbe soll sich 16-mal ergossen haben. Der Wein geriet überhaupt nicht, sondern war sauer. Insgesamt betrachtet waren alle Sommermonate zu kalt. Diese fast die ganze erste Jahreshälfte andauernde kalte Phase setzte sich bis in den September hinein fort, als schließlich sogar der Wein erfror. Erst im Oktober stellten sich wieder normale Verhältnisse ein. Als einzige Positivanomalie kann der zu milde Dezember vermeldet werden. In der Zusammenschau aller Monate muss 1529 zu den kalten, vor allem aber extrem nassen Jahren gezählt werden. In vielen Quellen wird 1529 daher auch als unfruchtbar bezeichnet.

1530: Nach den strengen Temperaturverhältnissen von 1529 folgten zwei Winter mit gegensätzlicher Temperaturprägung. 1530 und 1531 waren in den meisten Regionen äußerst mild, der von 1530 sogar warm (Abb. 35). Das hatte zur Folge, dass das Vieh den ganzen Winter über auf der Weide bleiben konnte. Als Grund dieser Milde sind richtigerweise beständige Winde aus westlicher Richtung in den Quellen vermerkt, die Ende Januar zeitweilig Sturmcharakter aufwiesen und zu Windwurfschäden führten. Der Winter war feucht. Anfang Mai herrschte ein zweitägiger Dauerregen, ansonsten war der Frühling normal. Die Quellenlage zu den Sommerverhältnissen, die im Norden als trocken, im übrigen Deutschland als nass und feucht beschrieben werden, deuten auf regional unterschiedliche Witterungsverhältnisse hin. An einigen Flüssen in Thüringen und in Süddeutschland trat Hoch-

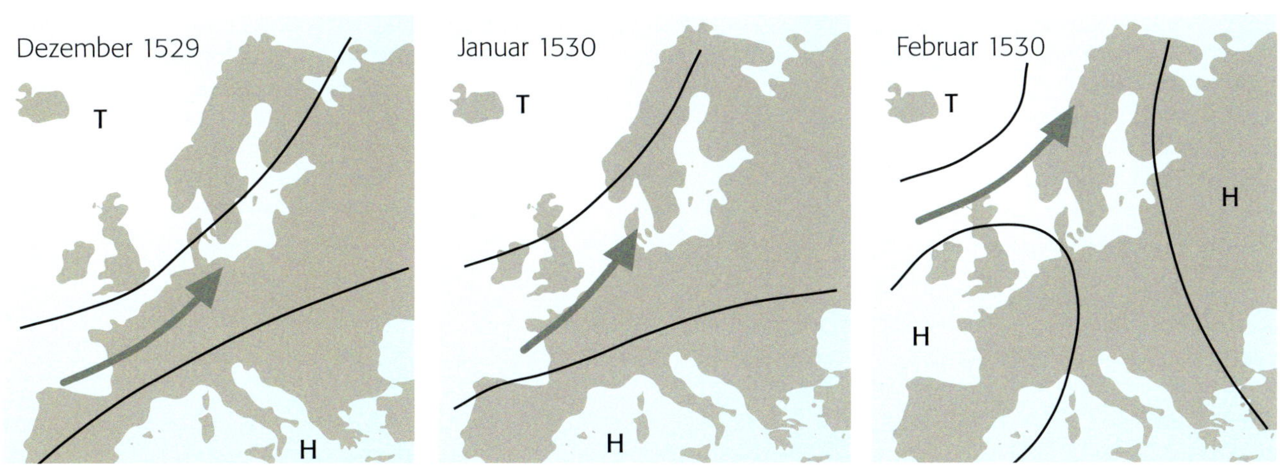

Abb. 35: Rekonstruktion der Druckverhältnisse zum Winter 1530: Der Pfeil zeigt die Hauptströmungsrichtung der Luftmassen an. Nach Jacobeit et al. (1999).

wasser auf. Der Herbst blieb ebenfalls feucht, im November gab es in Nordfriesland eine Sturmflut.

1531: Der Winter verlief mild. Auf der Donau bildete sich kein Eis, für die damalige Zeit ein bemerkenswerter Umstand: „*Es war (1531) ein warmer Winter, das kain eys, weder klain noch groß, disen winter in der Donau nie ran.*" (CDS Bd.15, Widmanns Chr. über Regensburg)

Besonders auffällig war in diesem Jahr der Frühling: Rekordkälte und nass: „*noch vmb Pfiengsten hat einheitzen müssen*" (Spangenberg 1572 umschreibt treffend die Situation). Auch den Sommer über blieb es kühl. An manchen Orten heizte man bis in den Juni hinein. Erst im Juli herrschten die sonst üblichen Temperaturen, der August war hingegen wieder zu kühl. Dabei kam es aber immer wieder zu niederschlagsfreien Abschnitten. Die Ernte konnte bei trockenem Wetter eingebracht werden. Diese Wärmeschübe waren des öfteren von ergiebigen Gewittern begleitet, so dass es bei noch ausreichender Wärme- und Niederschlagsversorgung keinen Anlass gab, über die Ernteergebnisse zu klagen, denn es gab über die Maßen viel Wein, Getreide und Obst, wie die folgende Quelle bestätigt:

„*Item es was ein gar warmer winter und gar wenig schne und guter frid in allen landen, und ward im selben jar allenthalb fast uß der maußen fill wins und aller frucht genug und fyruß fill ops, aber der fürkouff hatt allenthalb oberhand, der wolt sich nit laußen temen.*" (Roder 1883)

Der Herbst hingegen wartete in ganz Deutschland mit sommerlichen Abschnitten auf und war so heiß, dass im Norden die Apfelbäume ein zweites Mal blühten. Die Herbstwärme reichte offenbar auch dazu aus, dass trotz des kalten Sommers noch ein guter Wein in die Fässer kam. Nach den obligatorischen Novemberstürmen, die im Nordosten zu Überschwemmungen führten, kam es Anfang Dezember zu einer großräumigen Störung, welche empfindliche Kälte, in den Hochlagen des Schwarzwaldes einen Schnee nach dem anderen und an der Küste Sturmfluten mit Menschenverlusten brachte. Mit dem Jahr 1531 endet auch eine mehrjährige Phase kühler Sommer.

1532: Das Jahr war regional nicht so einheitlich wie die Vorjahre. In Süddeutschland war der Winter durchschnittlich und in den Hochlagen des Südschwarzwaldes äußerst schneereich. Stellenweise schädigte der Schnee das Wintergetreide, so dass nachgesät werden musste. Es war insgesamt nass. Im Osten war der Winter kalt und hart. Auch die Frühlingsverhältnisse zeigen einen akzentuierten Temperaturgang auf, waren aber in der Zusammenschau durchschnittlich. Ähnlich wie im vorangegangenen Winter wiesen die Sommertemperaturen dieses Jahres eine anomale und regional differenzierte Prägung auf. Im Süden und im Osten wurde dieser Sommer als sehr heiß und dürr bezeichnet, wobei die Hitze und die Trockenheit im August am stärksten waren. Im Norden war die Temperaturabweichung nicht so spektakulär, allgemein wird dort von einer schönen warmen Witterung gesprochen. Auch der Herbst war nicht frei von bemerkenswerten Wettererscheinungen: Diesmal waren es mehrere Stürme, die sich an der Küste als Sturmflut auswirkten, wobei die vom 1. November eine der höchsten überhaupt gewesen sein soll. In der Zusammenschau war der Herbst aber thermisch und hygrisch normal. Trotz dieses unwirtlichen Jahresausganges war 1532 das Jahr, das zum ersten Mal seit langer Zeit in der Gesamtbilanz als warm eingestuft werden kann.

1533: 1533 ist zu den Jahren zu rechnen, die durch ausgewogene thermische und hygrische Verhältnisse geprägt waren. Eher durchschnittliche Temperatur- und erhöhte Niederschlagsverhältnisse im Winter und Frühling mit vereinzelten Stürmen und Hochwassern, etwas zu kühlen Sommertemperaturen bei überdurchschnittlich hohen Niederschlagswerten und ein kühler Herbst mit schweren Stürmen in der ersten Novemberdekade, die zu Deichbrüchen führten, zählen zu den wesentlichsten Merkmalen. Dieses einheitliche Gefüge wird überlagert von einer regionalen Abweichung in den Wintertemperaturen. Nach allgemeiner Einschätzung war der Winter in Norddeutschland eindeutig kalt und zumindest am Küstensaum eisreich.

1534: Des Winter war nass, die Temperaturverhältnisse können einheitlich als streng klassifiziert werden. Die intensivste Kälteperiode herrschte von Mitte Dezember bis Anfang Februar. In ganz Mitteleuropa froren die größeren Flüsse zu, der Eisaufgang führte an vielen Orten zu Hochwassern. Nach einem milden Frühling folgte ein äußerst trockener und heißer Sommer. Aus allen Regionen liegen einschlägige Meldungen vor, die von Ertragseinbußen und Wassermangel und Niedrigwasserständen der Flüsse berichten. Die Oder trocknete fast aus. Über die fränkischen Fichtensignaturen ließen sich die Niederschlagswerte im Zeitraum November bis Juli rekonstruieren. Sie lagen fast 30% unter dem sonst üblichen Wert. Dem Absolutbetrag nach entspricht das einem Ausfall von drei Monatswerten. Damit kann diese Sommertrockenheit ebenso wie die Hitze als Rekordereignis eingestuft werden. Erwartungsgemäß weisen auch die Eichen eine Negativsignatur auf. Wie in vielen anderen Jahren auch, korreliert die negative Eichenringsignatur signifikant mit sehr guter Weinqualität. Die Rekonstruktion der europäischen Druckverhältnisse zeigt im Juni eine Hochdruckbrücke und auch im Juli und August anhaltenden Hochdruckeinfluss (Abb. 36).

1535: Das Jahr begann mit normalen Winterverhältnissen. Relativ früh, Mitte Januar, traten die ersten Hochwasser auf. Gegen Ende des Monats folgte eine schadensreiche Sturmsequenz. Nach diesem ‚bewegten' Auftakt

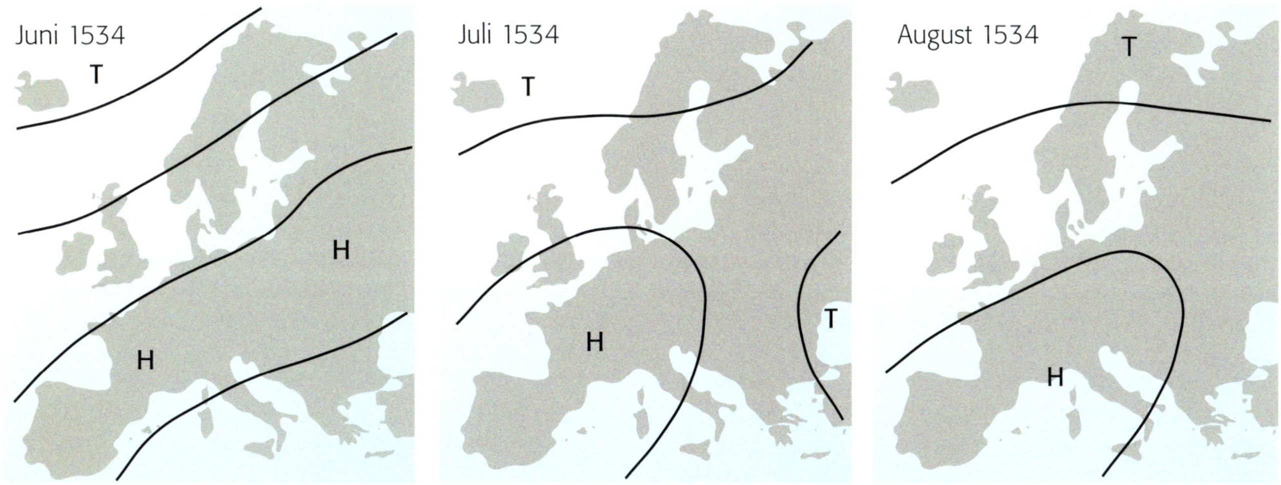

Abb. 36: Rekonstruktion der Druckverhältnisse zum Sommer 1534. Nach Jacobeit et al. (1999).

kam es auch im Frühling zu keiner Wetterbesserung – im Gegenteil, er wurde sehr kalt und sehr nass, so dass schließlich den ganzen April und Mai über immer wieder Überflutungen auftraten. Erst mit dem Sommer fiel, regional unterschiedlich stark, große Hitze ein, wobei gegen Ende feuchte Perioden zunahmen, so dass in der Bilanz die erwartete Trockenheit nicht auftrat. Im Herbst war es feucht bei ansonsten durchschnittlichem Temperaturverlauf.

1536: Das Jahr verlief wieder regional differenzierter als die vorangegangenen: Der Winter war vor allem im Norden deutlich kälter als im Vorjahr, im Süden nicht ganz so streng, wobei hier die einzelnen Hochwinterphasen termingerecht auftraten. Er war insgesamt kalt. Alle darauf folgenden Jahreszeiten waren zu trocken, was zu nachhaltigen Rückgängen im Baumringzuwachs bei Eichen und Fichten führte. Der Frühling kann als mild und trocken eingestuft werden, der Sommer wies Rekordhitze und Rekordtrockenheit auf und selbst der Herbst war warm und sehr trocken. In Mitteleuropa hatte sich nachhaltiger Hochdruckeinfluss durchgesetzt. In Mainfranken fielen zwischen November 1535 und Juli rund 25 % weniger Niederschläge als in diesem Zeitraum üblich. Heuschreckenschwärme überzogen die Felder und verstärkten die durch die Wasserknappheit hervorgerufene angespannte Versorgungslage noch zusätzlich. Wieder schildern die Quellen das komplette Szenario des Wassermangels mit Stillstand der Mühlen, dem Einrichten von Rossmühlen, dem Austrocknen der Brunnen, der Nahrungsmittelverknappung, der Verhängung von Ausfuhrverboten für Getreide und vieles mehr, das die Not in einem sehr drastischen Bild erscheinen lässt. Diese Situation dauerte bis in den Oktober hinein an und erst im Dezember, der insgesamt zu kühl ausfiel, kam es zu nachhaltigen Niederschlägen, die selbst in Norddeutschland als Schnee fielen. In der Gesamtbilanz ist 1536 als ein warmes und trockenes Jahr einzustufen.

1537: In diesem Jahr verliefen die Winterverhältnisse wieder überdurchschnittlich mild. Nach den starken Schneefällen im Dezember des vorigen Jahres war der Winter hygrisch durchschnittlich. Erst als zum Monatswechsel Februar/März an mehreren Tage Stürme tobten, kam es zum Eisaufgang und zu Überschwemmungen an den Flüssen. Der Wechsel war offenbar grundlegend, denn danach ließ eine lange Periode mit starken Niederschlägen, zum Teil als Dauerregen immer wieder die Flüsse anschwellen. Der Frühling verlief kalt und nass. Diese Prägung hielt bis in den Sommer hinein an und kulminierte im Juni, in dem fast jeden Tag Niederschläge auftraten und die Temperaturen derart niedrig waren, dass wieder eingeheizt werden musste. Nach dem Juni mit seiner extrem hohen Zahl von Niederschlagstagen blieb der Sommer kalt und extrem nass. Erneut Rekordniederschlag für den Sommer. Erst zum Herbst hin besserte sich die Wettersituation wieder. Im November, vor allem aber im Dezember kam es zu einer ausgesprochenen Wärmeanomalie, die in den Quellen mit *„herrlich Sommerwetter“* oder *„Jst es zu Ende des Jahres so warm gewesen, dass die Jungfern die Weynacht-Feyertage über, Kräntze von mancherley Blumen getragen“* (Mörbitz 1726) eindrucksvoll umschrieben wurde.

1538: Die Wintertemperaturen waren regional unterschiedlich ausgeprägt, im Norden durchschnittlich, im übrigen Deutschland sehr mild. Vor allem im Januar herrschten geradezu frühlingshafte Temperaturen. Erst im Februar trat die sonst übliche Winterkälte ein. In Thüringen und anderen Regionen gab es durch das Tauwetter im Februar Hochwasser: *„Den 21. Februarij / sind die Wasser gros worden / vom Tawwetter / vnd hat sich die Wippra (Wipper) ergossen / das man nicht hat vberkomen können.“* (Spangenberg 1572)

Der Winter war insgesamt warm und trocken. Anschließend blieb es dann aber die ersten beiden Frühlingsmonate über zu kalt. So kam es während eines typischen Kälteeinbruches Ende April zu einer frostreichen Phase, in deren Verlauf die Reben erfroren. Der Frühling kann als sehr kalt eingestuft werden. Der Sommer war wiederum heiß und trocken, was durch fränkische Eichennegativsignaturen gestützt werden kann. An einigen Orten brachen Waldbrände aus. Unauffällig sind die Befunde, die für den Herbst vorliegen. Konkreter wird die Datenlage wieder zum Ende des Jahres, als es termingerecht zum Nikolaustauwetter kam, in diesem Jahr mit lang anhaltenden Niederschlägen. Mitte des Monats wurde die Küstenregion erneut von einer Hochwasserkatastrophe heimgesucht.

1539: Nach dem Jahreswechsel hatte es zunächst den Anschein, als gäbe es einen strengen Winter. Hochwinter I war deutlich und extrem kalt ausgebildet. Danach änderte sich das Wetterregime grundlegend. Anstelle der sonst üblichen Hochwinter-II-Phase trat, begleitet von mehreren Stürmen, nachhaltiges Tauwetter ein. Die Flüsse gingen auf und es kam zu Überschwemmungen. Erst im Februar ‚normalisierten' sich die Winterverhältnisse wieder, wobei gegen Ende des Monats erneut Stürme auftraten, die auch in den Hochlagen der Mittelgebirge das Ende der Winterzeit bedeuteten. Damit war dieser Winter mild und zugleich auch niederschlagsreich. Die Nässe sollte zum prägenden Charakteristikum dieses Jahres werden, denn auch der Frühling verlief nass. Vor allem in der zweiten Aprildekade gab es eine mehrtägige Regenperiode, die aber von dem sehr nassen Mai noch übertroffen wurde. Es folgte ein überwiegend nasser Sommer, der allerdings im Westen und Osten nicht ganz so niederschlagsreich ausgeprägt war. Auffällig sind auch die vielen Hochwasser am Lech und an anderen Alpenvorlandflüssen in allen Sommermonaten: In kaum einem anderen Jahr sind derart viele Hochwasser aus dem Alpenvorland überliefert. Erst Anfang August kam es zu einer längeren Regenperiode, in deren Verlauf auch andere Flüsse über die Ufer traten, etwa die Donau bei Ulm, aber auch Saale und Elbe. Mit dieser langen niederschlagsreichen Phase sollte aber noch kein Ende sein: Die Nässe kulminierte im Herbst: An fast allen größeren Tieflandflüssen in Mitteleuropa traten Hochwasser auf. Es gab nur sehr wenige regenfreie Phasen in dieser Jahreszeit. Als schließlich in der letzten Novemberdekade schwere Stürme auftraten, wurde damit erneut ein Umschwung zu kälteren Bedingungen eingeleitet. Der Herbst war kühl, sein Niederschlagsreichtum bedeutete Rekord. Die erste Dezemberdekade war, ebenso wie die zweite, kalt und schneereich; erst mit dem termingerecht einsetzenden Weihnachtstauwetter, wiederum durch eine Sturmfront akzentuiert, gab es Tauwetter.

1540: Das Jahr war eines der herausragendsten des gesamten Jahrtausends. Schon in den ersten beiden Monaten trat eine deutliche Wärmeanomalie auf, begleitet von mehreren Stürmen, die im Februar, März und April deutliche Cluster ausbildeten. Die Wintermilde und die Stürme gingen einher mit sehr starken Niederschlägen. Dies war aber nur der Auftakt zu einem der bemerkenswertesten Ereignisse dieses Jahrhunderts: die extreme Wärme und außergewöhnliche Trockenheit. Über mehrere Wochen hinweg regnete es kaum noch, nach Quellenaussagen soll es in 26 Wochen nur an fünf Tagen ‚Tropflesregen' gegeben haben. Die Hitze des Sommers von 1540 ist das am besten belegte Ereignis im 16. Jahrhundert und kann als eines der Jahrtausendereignisse angesehen werden. Die kaum zu beschreibende Wasserverknappung führte zu einem Schreckensszenario und dokumentiert sich auch in markanten Negativsignaturen der verschiedensten Baumringe. Aus ihnen konnte die Niederschlagssumme zwischen November und Juni rekonstruiert werden: Das Niederschlagsdefizit betrug nach diesen Werten im Juni bereits 25 %. Nachdem auch der Herbst zu trocken ausfiel, wurde der Wein durch den extrem hohen Zuckergehalt zu einem Jahrtausendwein, für den man, wie in der Würzburger Hofkellerei heute noch zu sehen ist, eigene Prunkfässer baute (Abb. 37). Durch den hohen Zuckergehalt muss der Wein noch sehr lange genießbar gewesen sein, denn man kredenzte ihn zu besonders festlichen Anlässen noch in späteren Jahrhunderten. Es ist davon auszugehen, dass dieser Wein jedoch entsprechend geschönt und gestreckt wurde. Fortan wurde die Qualität dieses Weines zum unerreichten Standard, der noch zwei Jahrhunderte später als Bezugsmaßstab zitiert wurde. Als die Schweden 1631 Würzburg einnahmen, fahndeten sie nach diesem Wein, konnten ihn aber, da das Fass eingemauert war, nicht finden. Im 19. Jahrhundert ersteigerte ein englischer Weinhändler diesen Wein, füllte ihn in Flaschen und verkaufte diese. Letzte Flaschen dieser Kollektion sind heute noch – mit Inhalt – im speyerischen Weinmuseum und weitere im Bürgerspital in Würzburg zu sehen als ein außergewöhnliches Dokument eines einzigartigen Jahres. In den 1960er Jahren verkostete man nochmals diesen Wein von 1540, wobei für wenige Sekunden der „Spirit" dieses Weines zu erahnen gewesen sein soll, bevor er zu Essig verfiel.

Es gibt aber noch weitere Belege für die extreme Trockenheit: In Regensburg nutzte man den niedrigen Wasserstand, um für den Kranen neue Fundamente zu errichten:

Rekordtrockenheit im Frühling sowie Rekordhitze und Rekordtrockenheit im Sommer lautet die nüchterne Klassifizierung. Der Hochdruckeinfluss war im Sommer in weiten Bereichen Osteuropas, in Mittel- und in Westeuropa wirksam gewesen. Erst in der ersten Novemberdekade kam es zu einem Kälteeinbruch, der den lange herbeigesehnten Regen brachte. Auch wenn sich zunächst Parallelen zum Hitzesommer 2003 aufdrängen, so verlief die Witterung in Mitteleuropa 1540 Ende des Sommers anders. Nach der Hitzewelle gab es Anfang August derart starke Regenfälle, dass schwere Überschwemmungen von

Abb. 37: Schmuckfass für den Jahrtausendwein 1540 in der Hofkellerei Würzburg.

der Donau und vom Main sowie von der Elbe nachgewiesen werden können. Der Herbst war wohl warm, aber hygrisch normal. Ende November querten mehrere Sturmtiefs Europa und Ende der ersten Dezemberdekade fror die Elbe bereits zu. Dieses Jahr zählt zu den wärmsten des gesamten Jahrhunderts.

1541: Der Winter zeigte große regionale Unterschiede: Im Norden wurde er als kalt, im Osten und Süden hingegen als mild beschrieben. Im Osten und Süden war diese Milde mit einer außergewöhnlichen Frequenz von Stürmen verbunden und für einige Tage sind auch die in historischer Zeit vergleichsweise selten belegten Wintergewitter überliefert. Eine besonders herausragende Sturmphase gab es Anfang Februar. In der Bilanz kann – bei allen regionalen Unterschieden – ein kalter und feuchter Winter festgehalten werden. Nach einem zu kalten März erwies sich der Frühling im weiteren Verlauf als trocken. Die Frühjahrstrockenheit setzte sich zunächst in den Juni hinein fort. In Regionen wie Franken wurde diese Trockenheit auch mehrfach in den Quellen hervorgehoben. Während der Erntezeit hingegen war es wie die gesamte zweite Sommerhälfte hindurch nass, in Ostpreußen zerstörten Dauerregen die Teiche, ein Umstand, der einige Chronisten zur Gesamtwertung ‚nasser Sommer' veranlasste. In der zusammenfassenden Wertung lassen sich die regionalen Unterschiede nicht herausstellen: der Sommer wird als durchschnittlich geführt. Feucht waren die Verhältnisse im Herbst. Vor Weihnachten war es für die Jahreszeit zu mild.

1542: Anfang des Jahres setzte sich die vorherrschende zonale Steuerung des Witterungsgeschehens fort. Im weiteren Verlauf war auch dieser Winter mild und feucht, zudem stürmisch. Grundsätzlich blieb anschließend das einmal in Gang gesetzte großräumige Steuerungssystem das ganze Jahr über erhalten, besonders markant war dabei eine Sturmsequenz Mitte März, die einen Kälteeinbruch mit Schnee brachte. Insgesamt blieb der Frühling sehr kalt und nass, denn bereits im April folgte erneut eine längere Niederschlagsperiode, verbunden mit einer deutlichen Abkühlung, wobei auch noch Spätfröste der Vegetation zusetzten. Auch den Sommer über blieb diese Grundtendenz erhalten, denn es war kalt und nass. Vor allem in Juni wurde eine nordwestliche Strömung über Mitteleuropa bestimmend. Im Juli traten mehrfach Unwetter auf:

„Jm Jar 1542 in der Erne (wahrscheinlich am 21.07.) fiel ein großer Hagel hir zu Magdb. war als gros fast als hünereyer und zerschlug und vartarbe viel kornes im felde."
(CDS 27, Magdeburger Schöffenchronik)

„Den 22. Julij entstund nach gehörtem Wetter ein grawsamer Wind / so auch nicht an allen orten wol haußgehalten / darnach regnete es den 23. vnd 24. zwene tage an einander.“ (Spangenberg 1572)

Ende des Monats Juli häufen sich die Hinweise auf starke Stürme mit den üblichen Verwüstungen. Die häufigen Regenfälle führten vor allem im Osten zu Überschwemmungen. Einzig den fränkischen Eichen schienen diese Witterungsverhältnisse hervorragend bekommen zu sein, sie wiesen erwartungsgemäß eine signifikante Zuwachsleistung auf. Alle phänologischen Phasen traten verspätet ein, was in den Chroniken mit *„war ein spätes Jahr“* (Braun 1892) zum Ausdruck kommt. Schließlich erfroren auch noch die Reben im Herbst, so dass ein einheitlich als *‚sauer‘* bezeichneter Wein die Folge war. Der Herbst war ansonsten normal.

1543: Entgegen den Verhältnissen des Vorjahres stellte sich im Winter 1543/44 bereits im Dezember 1542 eine nachhaltige Kälteperiode ein, die noch vor den eigentlichen Weihnachtsfeiertagen von einem verfrühten und verkürzten Weihnachtstauwetter unterbrochen wurde. Es folgten erneut lang anhaltende Kältephasen, die sich auch in Tieflagen bis in den März hinein nachweisen lassen. Das Getreide winterte stellenweise aus und musste nachgesät werden. In der Zusammenschau war es ein strenger und nasser Winter. Auch den Frühling hindurch setzte sich die zu kalte Witterung fort, die Maifröste traten diesmal in der Mitte des Monats auf. Der Frühling war kalt. Nachdem schließlich auch der Sommer kühl und feucht ausfiel, muss die Prägung dieses Jahres eindeutig mit kalt und nass beschrieben werden. Daran änderte auch der trockene Herbst nichts mehr.

1544: Auch der Winter dieses Jahres war mit ausgeprägten Hochwinterphasen und dem Ausfallen der Tauperiode Anfang Februar kalt. An der Küste kam es zu einer entsprechend großen Eisproduktion. Frühling und Sommer müssen ebenfalls als kalt beziehungsweise kühl eingestuft werden. Im Frühling erfroren die Fruchtbäume. Im Sommer kam es zu einer lang anhaltenden Niederschlagsphase. Er war ausgesprochen nass. Nur der Herbst war ohne nennenswerte Abweichung verlaufen, so dass in der Gesamtbilanz erneut ein nasses und kaltes Jahr konstatiert werden kann, das thermisch exakt die gleiche Prägung aufwies wie das Vorjahr.

1545: Das Jahr begann wieder mit einem bemerkenswerten Winter, der im Gegensatz zu seinen Vorläufern diesmal mild und feucht ausfiel:

„Anno M.D.XLIV. Weicher Winter / Regenwetter. Von Weihenachten regnete es des meisten theils den gantzen Nachwinter. Den einen tag war es gut wetter / des anderen oder dritten tags regnete es wider / und fror nit von Weinachten biß uf Paschen / daß kein mensch gedachte solche Schlag- und Regenwetter als war / daß sich ein jeder beforchtete / daß das korn werde vertrincken in dem Felde / als es auch geschahe. Und kam darnach, daß ein Scheffel rocken zu Lubeck galt / 1. Marck.“ (Fausten & Gerstenberg 1619)

Vor allem der Februar wich deutlich vom sonst üblichen Temperaturgang ab. Sieht man von einigen Unwettern, stürmischen Phasen und Starkregen einmal ab, dann war der Frühling in der Bilanz normal, obwohl schon im Mai sommerähnliche Verhältnisse herrschten. Dieser Umstand wird von verschiedenen Quellen bestätigt, wobei sehr anschaulich von einem viermonatigen Sommer gesprochen wird. Ohne Zweifel gab es – erstmals nach drei Jahren mit unterdurchschnittlichen Temperaturverhältnissen – einen ‚richtigen‘ Sommer, der als sehr heiß und sehr trocken eingestuft werden kann. Nachdem schließlich auch der Herbst warm und als ‚lang‘ beschrieben war, was sich auf die Dauer der Wärme bezog, war 1545 ein durchweg mildes bzw. warmes und heißes Jahr.

1546: Der milde Winter des Vorjahres stellt offenbar nur eine kurze Unterbrechung kalter und strenger Winter dar, denn der von 1546 war eindeutig streng und trocken. Man fuhr von Kopenhagen bis nach Rostock über die vereiste Ostsee. Die Ende Januar und Anfang Februar aufgetretenen Hochwasser waren durch die plötzliche Schneeschmelze und den durch einen Tauwettereinbruch ausgelösten Eisgang bedingt. Am Main riss das Hochwasser zahlreiche Brücken mit. Nach den vorliegenden Quellenbefunden fiel anschließend der Frühling im Osten zu mild und sehr feucht, im Westen aber kalt aus. Aus Franken kann diese deskriptive Einschätzung über eine negative Fichtensignatur verifiziert und für den Zeitraum November bis Juni mit rund 10 % weniger Niederschlägen auch bilanziert werden. Damit fehlte in diesen Zeitraum die Niederschlagsmenge von einem ganzen Monat. Zumindest für das Westsegment setzte sich die trockene Witterung den Sommer über fort, wo auch mehrfach von häufigen Winden berichtet wurde. Erstaunlicherweise kam dennoch ein überwiegend guter Wein in die Fässer, wie man überhaupt von einem fruchtbaren Jahr sprach.

1547: Der Winter war in den meisten Regionen kalt. Frühling und Sommer fielen in Franken zu trocken beziehungsweise sehr trocken und heiß aus, was durch eine negative Eichenringsignatur bestätigt wird. Andere Quellen berichten davon, *„dass man reiten und gehen kondte durch die Elbe und Weser / etliche Wochen.“* (Fausten & Gerstenberg 1619) Auch im Raum Lübeck trockneten alle Teiche und Flüsse aus. Im April hatte die Sonne eine blutrote Farbe, was Chronisten nicht nur in Deutschland, sondern auch in Frankreich bemerkten. Es gab mehrere schwere Gewitter und einen Nordweststurm Anfang Juni. Schließlich stand im Oktober Nordfriesland unter Wasser.

1548: In diesem Jahr ist die regionale Quellensituation durch ein sehr detailliertes Wetterjournal aus Wittenberg abschnittsweise sehr gut. Belege aus West- und Norddeutschland weisen diesen Winter als kalt aus. Die Auflösung der Daten ist so gut, dass die Tauwetterperiode der letzten Januardekade nachgewiesen werden kann: Bei zum Teil stürmischen Winden regnete es an einigen Tagen. Auch andere Witterungsregelfälle lassen sich deutlich erkennen. So kam es termingerecht in der ersten Aprildekade zur Vormonsunwelle I, die in weiten Teilen Ostdeutschlands lang anhaltende Schneefälle brachte. Der Frühling war feucht. Andere Regelfälle wie Frühsommer Anfang Juni blieben aus oder verspäteten sich, wie die um einige Tage verschobene Hochsommer-I-Phase, die in diesem Jahr zwischen dem 13. und 20. Juli als markante Hitzeperiode ausgebildet war. Hingegen traten Hochsommer II Anfang August und Spätsommer I am Monatswechsel August/ September termingerecht auf. Der Sommer kann als sehr heiß und feucht klassifiziert werden, eine eher seltene Kombination. Noch im September sollen Rosen geblüht haben. Unter Hinzuziehung weiterer Daten ergibt sich daraus in der Gesamtbilanz ein durchschnittlicher und feuchter Herbst.

1549: Auch für 1549 ist die Quellenlage ähnlich differenziert und detailliert wie die des Vorjahrs. Aus ihr ergibt sich zunächst ein normaler, regional zu milder Winter, während der Frühling etwas zu warm und feucht war. In der zweiten Maidekade wird explizit von schwüler Witterung berichtet. Diese Phase fällt zeitweise mit dem Spätfrühling zusammen, wobei eine Sturmfront um den 20. Mai als Monsunwelle gedeutet werden kann. Es folgte ein insgesamt durchschnittlicher Sommer, wobei der Siebenschläfer Regen brachte und im Juli mehrere Hochwasser belegt sind. Sie dürften allesamt auf ergiebige Starkregenereignisse zurückzuführen sein. Ähnlich dem Vorjahr erscheint auch in diesem Jahr die Hochsommer-I-Phase als sehr markante, aber etwas verspätete Hitzeperiode in den Aufzeichnungen. Im Zuge der deutlich auszumachenden darauf folgenden Monsunwelle mit starken Winden, Gewittern und Regen kam es zu einem Hochwasser an der Elbe. Stellt man nun wieder auf die Anomalien ab, dann müssen gegen Ende des Jahres die zahlreichen Stürme, die faktisch den ganzen Oktober und November über andauerten, hervorgehoben werden. Wie nicht anders zu erwarten, waren sie mit sehr häufigen Niederschlägen verbunden.

1550: Der Winter war zunächst kalt und gerade auch in den Hochlagen der Mittelgebirge schneereich, wurde dann aber in der zweiten Februardekade durch lang anhaltendes stürmisches Wetter milder. Das ‚unruhige' Wetter hielt mit mehr oder weniger starken Akzentuierungen im Grunde bis in den Juni hinein an. Da auch die phänologischen Phasen, wie die Apfelblüte, verspätet auftraten, kann dieser Frühling als zu kalt und feucht eingestuft werden. Zusammen mit der Winterkälte bot er offenbar auch den Eichen, zumindest in Franken, nur schlechte Wuchsbedingungen. Die etwas zu kühle Witterung setzte sich nach einem normalen Sommer im Herbst fort, dieser war zudem feucht. Gegen Ende des Jahres stellte sich eine Milderung ein.

1551: Der sich im Vorjahr abzeichnende durchschnittliche Winter war im Dezember noch unauffällig, im Januar aber zu mild ausgefallen. Lang anhaltende Regenfälle führten Mitte des Monats zu großen Überschwemmungen und 23. Januar kam es in ganz Deutschland zu schweren Gewittern. Erst im Februar trat die sonst übliche Kälte ein, die bis Anfang März, der zudem feucht war, anhielt. Über den weiteren Verlauf des Frühlings liegen nur wenige exakte Angaben vor, es wird aber deutlich, dass er insgesamt kalt und feucht war. Die im Zuge der Monsunwelle Ende Mai aufgetretenen Stürme und Gewitter führten zu großen Schäden. Den darauf folgenden Sommer klassifizierten mehrere Chronisten als geprägt von Starkregen und Überschwemmungen. Es ist in der Tat auffällig, wie viele Gewitter und Stürme in diesem Jahr belegt sind. Es zogen ganze Serien über Mitteleuropa hinweg. Zu den besonders schweren und räumlich Übergreifenden zählten jene Anfang und Mitte Juni und Juli. Erst in der zweiten Augusthälfte schwächte sich diese Tendenz wieder ab. Damit war beispielsweise die sonst übliche Hochsommer-I-Phase stürmisch und regenreich, während die Mitte des Monats aufgetretene kühle und regnerische Phase mit einer der Monsunwellen korreliert.

„*Sommerzeit waren schreckliche Wetter undt eine schreckliche ergisung der Waßer, ersauffung menschen wiee Vihe, wie etlichen andern in Voigtlande, Duringen undt Francken, gehoret danen viel früchte im feld verdorben undt verschlemmet worden.*" (STA Erfurt Sign. 5/100/ 18)

Obwohl der Herbst in einigen Quellen summarisch als kalt bezeichnet wird, kann er nach den vorliegenden Befunden als normal eingestuft werden, denn innerhalb dieser vorherrschenden Grundtendenz kam es, zumindest in einigen Abschnitten, zu dem auch heute so charakteristischen von Hochdrucklagen bestimmten Herbstwetter. Geradezu idealtypisch war 1551 beispielsweise der Mittherbst Anfang Oktober mit warmer und trockener Witterung ausgebildet.

1552: Wie schon im Vorjahr war auch der Winter des Jahres 1552 in der Gesamtbilanz zu mild, wobei nach einem vergleichsweise kalten Dezember die ersten beiden Monate des Jahres nicht die üblichen Kältephasen aufwiesen. Eine lang anhaltende Regenperiode, die zum Teil von schweren Stürmen begleitet war, bestimmte das Wettergeschehen fast den ganzen Januar über. Zwischen dem 20. und 23. Januar kulminierten diese Zustände in einem Szenario aus schweren Stürmen, Gewittern und Dauerregen in allen Teilen Mitteleuropas, was für die Zeitgenossen geradezu apokalyptische Zustände bedeutete, zumal durch die starken Niederschläge alle Flüsse über die Ufer traten. Hochwinter II und III traten praktisch nicht ein, die milde Phase ging vielmehr ohne Unterbrechung in die Tauwetterperiode Ende des Monats über. Auch Spätwinter I kam nicht zur vollen Entfaltung, sondern war phasenweise von mildem und regnerischen Wetter bestimmt. Der Frühling war ebenfalls zu warm und viel zu trocken, was sich schließlich auch in einer negativen Fichtensignatur in Franken dokumentiert. Im Zeitraum November bis Juni fehlten über 15 % der sonst üblichen Niederschlagsmenge. Auffällig prägnant war in diesem Jahr auch die Vormonsunwelle III ausgebildet: Sie bestimmte fast die ganze erste Maidekade. Eine räumlich sehr weit ausgreifende Sturm- bzw. Gewitterfront Ende Mai ist für längere Zeit das letzte überlieferte schwerwiegende Niederschlagsereignis und markierte zugleich den Beginn einer längeren Trockenphase. Trotzdem fällt in der Zusammenschau der Frühling in die Klasse ‚normal'. Die Verhältnisse änderten sich schließlich ab der zweiten Julidekade grundlegend, denn ein mehrere Tage anhaltender Dauerregen kehrte die bisherigen Verhältnisse um. Hervorzuheben ist eine Ende August im Zuge der Monsunwelle aufgetretene Sturmsequenz, die zumindest in Norddeutschland zu schweren Schäden führte. Der Sommer wartete in diesem Jahr mit Rekordniederschlägen auf und war insgesamt kühl. Im Herbst zeigten sich starke Fröste im September und eine erneute Regenperiode über den Monatswechsel Oktober/November hinweg. Diese Hinweise sollen aber nicht darüber hinwegtäuschen, dass der Herbst wohl feucht, insgesamt aber ausgesprochen warm verlaufen war.

1553: Auch in diesem Jahr war der Winter regional unterschiedlich ausgeprägt, im Norden mild, im Süden dagegen kalt, was zu Schäden an den Rebstöcken führte. Von einigen Stürmen in der letzten Januardekade und Mitte Februar abgesehen, gab es offenbar weniger als sonst über diesen Winter zu berichten. Dies änderte sich im März, der nach mehreren Quellen aus Süd- und Ostdeutschland als anomal kalt eingestuft werden muss.

„*Es was ein gruasamlicher merz (1553), gwaltiger gfrüer, das es allenthalben abtrug, ein gewaltiger schne, was grosser mangl am fuetter viech und leutten, es fiell ein schne am sontag reminiscere und lag mit grosser kelten, es war schier einunnerhörte zeit im jar, wan es gleich umb weinachten wer gewesen, wer es kalt gnug, man khunt zu weingartten nicht hauen und zu feld nicht ackern.*" (CDS Bd. 15, Widmanns Chr. über Regensburg)

Der immer wieder hervorgehobene Schneereichtum des März war sicherlich auch durch eine mehrere Tage andauernde, mit Gewittern und stürmischen Wind verbundene Störung Mitte des Monats begründet. Dieser Quellenbefund wird auch durch die fränkischen Fichtensignaturen bestätigt. Anfang Mai dauerte die Vormonsunwelle länger als sonst üblich an, was durch die täglichen Aufzeichnungen aus Freiburg/Breisgau belegt werden kann. Der Frühling war damit kalt und feucht. Die Freiburger Quelle lässt auch Rückschlüsse zu einigen Sommerphasen zu: Geradezu idealtypisch war die Hochsommer-I-Phase ausgebildet, die Monsunwelle II trat um zwei Tage zu spät ein und verlief kürzer als sonst üblich. Überhaupt war dieser Sommer zumindest in Süddeutschland warm und nur im Westen zu feucht. Zusammenschauend wird er als normal eingestuft. Über den Herbst liegen Quellenbefunde aus Franken vor, die ihn als warm klassifizieren. Aus den Freiburger Angaben ist ersichtlich, dass die Herbstmilderung II termingerecht eintrat. Nach diesen günstigen Witterungsverhältnissen fiel die Lese gut bis sehr gut aus. Die geringe Menge kann mit den Frostschäden im vorausgegangenen Winter erklärt werden.

1554: Dieser Winter wird als durchschnittlich, regional auch als kalt beschrieben. Über eine Temperaturrekonstruktion aus den Mainvereisungsdaten kann für Mainfranken auf entsprechend tiefe Temperaturen geschlossen werden. Sie erreichen einen Wert, der unterhalb der einfachen Standardabweichung liegt. Der Frühling war sehr trocken. Neben einschlägigen Quellenbefunden weisen auch die Naturarchive auf diese Trockenheit hin. Sowohl in den Eichen- als auch in den Fichtenringserien sind Negativsignaturen ausgebildet. Wiederum können über diese Daten konkrete Angaben zur Niederschlagssumme berechnet werden. Sie wiesen beispielsweise in Mainfranken ein Defizit von über 15 % gegenüber dem Vergleichswert von 1951 – 1980 auf. Analysierte man die täglichen Aufzeichnungen aus Freiburg, dann ergaben sich weitere Anhaltspunkte für diese extreme Trockenheit: Nach dem termingerechten Mittfrühling fehlte die Vormonsunwelle II völlig. An ihrer Stelle etablierte sich eine weitere trockene und warme Hochdruckphase. Auch die Monsunwelle I brachte nicht die sonst üblich Anzahl an Niederschlagstagen. Schließlich setzte sich die Trockenheit in den Sommer hinein fort. Besonders hervorzuheben ist weiterhin ein markanter Kälteeinbruch Anfang Juni, in dessen Folge die Reben stark geschädigt wurden. Im August war die Hochsommer-III-Phase weit länger als sonst üblich ausgebildet. Sie umfasste schließlich auch den Zeitraum, der sonst durch die Monsunwelle III geprägt ist. Somit kann auch der Sommer als sehr trocken eingestuft werden. Erst im Herbst gab es wieder umfangreiche Niederschläge, die schließlich über das durchschnittliche Maß hinausgingen, so dass diese Jahreszeit als feucht eingestuft werden kann.

1555: Zunächst war der Winter im Norden zu mild, in den anderen Regionen aber durchschnittlich. Das Niveau der Frühlingstemperaturen lag, zumindest in Mainfranken, um den Durchschnitt, in einigen Regionen jedoch darunter. Widersprüchlich ist die Quellenlage für die Sommerwitterung. Manche Quellen sprechen von einem heißen und dürren Sommer, die Mehrheit stellt jedoch auf einen unsteten Witterungsgang und damit kühlen und feuchten Sommer ab. Die Gründe in der unterschiedlichen Einschätzung, die nicht an klimatischen Regionen orientiert ist, könnten in der starken Gewitterneigung dieses Sommers liegen. Lokal aufgetretene Starkregen führten zu kurzfristigen und kleinräumigen Überschwemmungen, die vielleicht mehr ins Blickfeld der Chronisten rückten als die Sommerwärme. Neben diesen immer wieder eingeschobenen Unwetterereignissen traten auch mehrfach Stürme auf. Insgesamt herrschte wohl eine zu kühle Witterung vor. Hingegen verlief der thermische Witterungsgang im Herbst durchschnittlich, von denen aufgrund hochauflösender Quellenüberlieferungen einzelne Phasen, wie Altweibersommer oder Mittherbst, klar abgegrenzt werden konnten. Während der Herbstmilderung I kam es im Osten Deutschlands lokal zu Überschwemmungen und auch Herbstmilderung II brachte erneut langanhaltende Regenfälle. Der November war niederschlagsreicher als sonst und deutlich zu kalt. Alles in allem ein feuchter Herbst. Ende des Jahres traten mehrere Gewitter auf. Das vom 29. Dezember 1555 über Altenburg wurde wegen seiner Schäden und weiterer „*Wunderzeichen*" in einer Flugschrift festgehalten (Abb. 38).

1556: Der Winter 1555/1556 war mild und feucht. Wie oft in dieser Konstellation lag auch die Zahl der Sturmtage über dem Durchschnitt, wobei regelrechte Sturmsequenzen in der ersten Januardekade zusammen mit den eher seltenen Wintergewittern auftraten. Selbst im Osten Deutschlands fiel der überwiegende Teil des Niederschlags in Form von Regen und erst zum Monatswechsel als Schnee. In Polen belegen Quellen aus dem ehemaligen Ostpreußen dagegen einen harten Winter. Deutliche regionale Unterschiede prägten den Frühling. Im Osten war er feucht, im Süden zeichnete sich bereits die Trockenheit ab, die dann für den Sommer bestimmend wurde. Negativsignaturen der Fichten lassen ebenfalls deutliche Rückschlüsse auf die Trockenheit dieser Phase zu. Das Frühjahr war trocken. Die Trockenheit kulminierte zunächst im Juni und dauerte bis Anfang Juli, als erstmals nach längerer Zeit wieder Niederschläge fielen, die regional so stark waren, dass es zu Überschwemmungen kam. Im Zeitraum November bis Juni betrug das Niederschlagsdefizit in Mainfranken bereits über 15%. Der Juli wird als sehr windig geschildert, bevor im August die zweite Hitzewelle auftrat. Die extreme Sommertrockenheit erfasste schließlich ganz Deutschland, führte zu Ertragseinbußen, Niedrigwasserständen und dem bekannten Szenario des Wassermangels. Bäche und Sümpfe trockneten aus. Über den Herbst liegen nur wenige Quellenbefunde vor. Hervorzuheben sind die Stürme in der letzten Oktoberdekade und der Kälteeinbruch Anfang November, der zu einer negativen Temperaturbilanz im Herbst führte.

1557: Nach den beiden vorangegangenen normalen beziehungsweise milden Wintern kam es in diesem Jahr erstmals wieder zu einem ausgesprochen strengen Winter. Wie schon angesprochen, begann die Winterkälte im November und Dezember des Vorjahres mit markanten Kälteperioden und setzte sich über den Jahreswechsel zunächst fort, wurde dann aber bereits in der ersten Woche von einer Tauperiode abgelöst. Gewitter, lang anhaltende Regenfälle und milde Temperaturen, in deren Folge Schneeschmelze auftrat, führten schließlich zu Hochwassern. Anschließend folgte erneut eine Kälteperiode, und erst um den 11. Februar, termingerecht in der Tauwetterperiode, brach das Eis auf den größeren Flüssen, wie der Elbe, was zu einem erneuten Hochwasser führte. Die kleineren Flüsse, so z. B. die Pegnitz, folgten erst Ende Februar. Im Osten dauerte die Kälte noch bis Mitte März an. Über den Frühling gab es nur spärliche Angaben. Sie deuteten darauf hin, dass er normal war. Die Angaben für den Sommer belegen heiße Bedingungen. Auch im Herbst gibt es Anzeichen für eine positive Temperaturabweichung. Er war ebenfalls heiß. Einhellig sprechen regional unterschiedliche Quellen von einer zweiten Baum- und Rosenblüte. Es soll noch in dieser Zeit frische Erdbeeren gegeben haben. Mitte November kam es in Ostdeutschland zu einem ersten Kälteeinbruch. Noch im selben Monat traten Stürme auf, die sich Mitte Dezember wiederholten.

1558: Mit 1558 begann eine dreijährige Phase normaler Winter. Es herrschte meist *dunkles* und trübes, mitunter nebeliges Wetter. Derartige Witterungsverhältnisse blieben nicht ohne Auswirkungen auf die Verkehrswege und wurden von den Zeitgenossen mit ‚böse Wege zum Reisen' umschrieben. Offenbar war die Nässe so groß, dass der Winterroggen ausfaulte. Des öfteren fegten Stürme über Mitteleuropa hinweg, wobei Mitte Januar eine Sequenz auftrat und es in der ersten Februardekade an der Ostsee zu einer Sturmflut kam. Der Winter war feucht. Die positive Temperaturabweichung der ersten beiden Monate setzte sich in den Frühling hinein fort, der als mild klassifiziert werden kann. Alle phänologischen Phasen setzten viel zu früh ein, durchschnittlich kann ein Wert von zehn Tagen genannt werden. Hinzu kam auch regionale Trockenheit. Dass sie sich nicht übergreifend ausbreitete, lag an den Gewitterregen und auch längeren Dauerregenphasen vor allem im Mai, die der Vegetation zugute kamen. Es scheint dabei eine sehr günstige Verteilung der Niederschläge gegeben zu haben, denn obwohl der Sommer als heiß und mitunter trocken und dürr bezeichnet wurde, fehlen Angaben zu Ertragseinbußen oder sonstigen Wassermangelerscheinungen. Der einzige direkte Einfluss des Wetters auf die Agrarproduktion war ein viel zu früher Erntetermin. Für den August sind auffällig viele Gewitter überliefert, die zu Hochwassern führten. Der Herbst kann als normal eingestuft werden, ob-

Eins grausames Erschröcklichs war vnd Glaubhafftigs wunder zeychen / Mit einem erbermlichen Wetterleichen / Donner vnnd plitzen vnd vngestümbt hat sehen lassen / im negsten verschinen Sontag den 29. December abent vmb 10. vnd 11. vhr im 1 5 5 5. Jar.

NAchuolgend ist auch meniglichen wol wissent / wie sich vnser lieber Herre Gott im nechst verschlenen Sontag den 29. December / abents vmb 10. vnd 11. vhr / mit einem erschröcklichen vnnatürlichem / vnd diser zeit vngewonlichem wetterleuchen / donnern vnd plitzen / vnd vngestüm hat sehen lassen / Also das dazumal nicht an wenig orten / als zu Aldenburg / Schleitz im Voitland vnd anderswo / Das Wetter eingeschlagen vnd angezündet / zu Zedlitz bey porn Die Kirchen verprennet hat / Damit vns ja vnser lieber Herre Gott / vrsach vnd zeit zu besseren nicht vergeben / vnd er vnsers verderbnus keine schuld haben noch tragen wölle. Gott gebe das vns dise vnd dergleichen wunderliche geschichte zur Buesse vermanen.

Es solten je billich alle Christglaubige / menschē solche grausame wunderzeychen zu hertzen nemen / vnd dieselbige hertzlich bedencken vnd erwegen / mit inprünstiger / hertzlicher vnd hochfleysiger teglicher bit / Dann Gott der almechtig / solche hefftige, vnd sichtige wunder zeichen allen Christen menschen zu einer warnung sehen lest.

Abb. 38: Flugschrift zum Gewitter am 29. Dezember 1555 in Altenburg, Sachsen.

wohl er regional auch als trocken und warm beschrieben wird. Herausragendes Wetterereignis war ein Sturm Anfang Oktober, der größere Windwurfschäden verursachte. Anfang Dezember trat eine kurze Frostperiode ein, die aber termingerecht vom Nikolaustauwetter abgelöst wurde. Alles in allem kann dieses Jahr wegen seiner ausgesprochenen Wärme zu den auffälligen, positiven Temperaturjahren gerechnet werden.

1559: In diesem Jahr gab es im Süden einen kalten Winter, im Norden und Osten war er durchschnittlich und eher zu mild (Abb. 39). Wie fast immer war er von Stürmen begleitet, die diesmal Anfang Januar und Anfang Februar auftraten. Der Frühling war zu trocken. Über die Fichtenringsignaturen konnte ein Defizit von über 10% rekonstruiert werden. Dieses Niederschlagsdefizit verstärkte sich im Sommer, der als sehr trocken klassifiziert werden kann. Er war zudem sehr gewitterreich und durch unterschiedliche und extreme Phasen geprägt. Deutliche Warmphasen gab es im Juni, eine kürzere im Juli, dann wieder im August. War die erste Warmphase noch mit einem zeitigen und warm-trockenen Sommeranfang umschrieben worden, häuften sich während der zweiten Warmphase bereits die Klagen über den Wassermangel. Vermehrt traten sie schließlich in der dritten Periode auf, als die Wasservorräte gänzlich aufgebraucht waren. Zwischen die zweite und dritte Phase trat eine niederschlagsreiche Periode, in der insbesondere durch Starkregenereignisse aber auch durch einige Dauerregen regional Hochwasser auftraten. Fränkische Quellen sprechen in diesem Abschnitt von nassem Wetter. Auch den August über sind überdurchschnittlich viele Gewitter belegt. Durch Häufungen von Starkregen kann es lokal auch zu recht feuchten Verhältnissen gekommen sein, für die es gerade im heutigen Baden-Württemberg einige Belege gibt. Über den Herbst schweigen sich die Quellen weitgehend aus, was als Hinweis auf durchschnittliche Verhältnisse gewertet werden kann. In der Gesamtbilanz ein Jahr mit einer positiven Temperaturprägung.

1560: Was sich aus den überlieferten Angaben für das Jahr ausdeuten lässt, ist zunächst ein normaler Winter, der in der ersten Januardekade die für diese Witterungssituation typischen Stürme zeigte. Der Frühling war in seiner Gesamtheit durchschnittlich. Besonders markant und erwähnenswert war schließlich ein Sturm- und Un-

Abb. 39: Kalter Winter in Nürnberg 1559. StA Nürnberg, F/1/49.

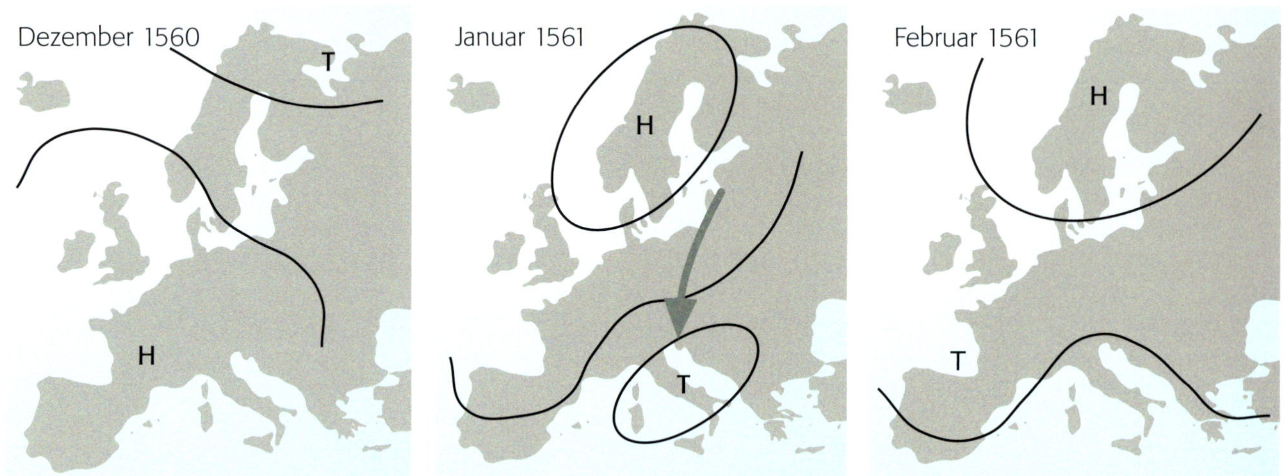

Abb. 40: Rekonstruktion der Druckverhältnisse zum Winter 1561: Der Pfeil zeigt die Hauptströmungsrichtung der Luftmassen an. Nach Jacobeit et al. (1999).

wetterereignis um den 9. Mai. Die Quellenlage für den Sommer ist nicht eindeutig, weist aber auf starke regionale Unterschiede hin: Im Norden und Osten sprechen die Quellen von einem zeitigen und trockenen Sommer, im Süden deuten die Angaben und auch die Eichensignaturen auf kühl-gemäßigte und feuchte Verhältnisse hin. Die erste Junihälfte ist in ganz Deutschland sehr gewitterreich. Um den 10. Juni herum melden Quellen aus allen Regionen Gewitter, stürmisches Wetter, Starkregen und schließlich Hochwasser. In Franken kam es in der letzten Junidekade zu einem mehrtägigen Dauerregen. Der Herbst kann als kühl, regional sogar als kalt eingestuft werden, denn im Osten kam es bereits sehr früh zu einem ersten Schneeeinbruch. In Franken fand die Lese sehr spät statt, der Wein wurde allgemein als sauer, frisch bis maximal mittelmäßig klassifiziert. Die große Menge spricht ebenfalls für feuchtere Witterungsverhältnisse in der südlichen Hälfte Deutschlands. Damit kann dieses Jahr in der Zusammenschau wieder als kühles Jahr klassifiziert werden, zu dessen Besonderheiten auch eine außergewöhnliche Himmelserscheinung am 28. Dezember zählt.

1561: Erstmals nach drei zu milden Wintern war es 1561 in ganz Deutschland wieder sehr kalt geworden. Zudem dauerte der strenge Winter lange an (Abb. 40). Im Voralpenraum gab es große Schneefälle. Dies lässt sich mit der Kollision warm-feuchter und kalter Luftmassen erklären. Größere Stürme fehlten erwartungsgemäß, lediglich in der letzten Januardekade vermelden die Quellen ein Sturmereignis. Anfang Frühling erlitten die Reben Frostschäden, im April trat eine Reihe von mittelschweren Stürmen auf. Nach einem durchschnittlichen Frühling folgte ein heißer und extrem trockener Sommer. Die Trockenheit bedeutete Rekord. Der Juni war viel zu trocken, was sich schließlich auch in einer negativen Fichtensignatur niederschlug. Ein Grund für diese Trockenphase waren ‚trockene Windstürme'. Auch der Erntebeginn war windig, diesmal aber nass, mehrere Gewitter führten schließlich zu Getreideschäden. Die gewitterreiche Phase dauerte bis Mitte August an, bis erneut eine trockene Periode eintrat, so dass in der Gesamtbilanz insgesamt eine viel zu trockene Sommerwitterung festgestellt werden kann. Frühe Lesetermine im Westen und mittlere im Süden Deutschlands sowie eine längere Schönwetterperiode Ende November lassen den Herbst als warm erscheinen. Lediglich ein schadensreichen Sturmereignis zum Monatswechsel Oktober/November trübte die schöne Herbstwitterung.

1562: Nachdem der letzte Winter streng war, muss der nun folgende nach den vorliegenden Befunden in allen Regionen als warm und mild eingestuft werden. In Ostdeutschland hielt das feucht-trübe und regnerische Wetter über den Jahreswechsel die ganze erste Januarhälfte über an. Der Februar wird als stürmisch bezeichnet. Aufgrund des sehr trockenen Dezembers war der Winter in der Bilanz durchschnittlich. Die unruhige Witterung setzte sich den ganzen März über fort. Mitte des Monats kam es durch mehrere Stürme zu flächenhaften Schäden an Wäldern und Gebäuden. Selbst die erste Aprildekade wird durchweg als unstet beschrieben. Das Außergewöhnliche des Witterungsganges bestand also nicht nur in der Wintermilde, sondern auch in einer extrem langen sturmreichen Phase. Im Frühling kam es zu einem frühen Aufgang der Vegetation. Mitte Mai traten erneut Unwetter auf. Insgesamt kann das Frühjahr als feucht eingestuft werden. Im Sommer, der ansonsten unauffällig war, gab es mehrere schwere Gewitter beziehungsweise Unwetter. Über den Herbst wurden keine bemerkenswerten Anomalien gemeldet, was die durchschnittlichen und regional auch vorgezogenen Leseterminen bestätigen. Dazu ein Quellenzitat aus Stuttgart:

„*Anno (1562). hat sich Korn / Wein /Obs / vnnd alles dessen der Mensch geleben soll / vber die massen reichlich vnnd schön erzeygt / vnd frühe auff der bahn gewesen / aber vmb Lorentzj (10.August) gab es ein Hagelwetter / welchs 4. Meil brait / Korn vnd Wein / die Vögel in der Lufft / die Hasen / auch alles anders auff dem Feld in grund erschlagen.*“ (Ginschopf 1630 und 1631)

Besondere Bedeutung kommt diesem Hagelunwetter auch bei der Hexenverfolgung zu.

„*Man schrieb dies Ungewitter einer Hexenversammlung auf der Feuerbacher Heide zu und verbrannte deswegen in Stuttgart mehrere alte Weiber.*“ (Stuttgart Chronikschreiber 1275–1846)

1563: Der Winter des Jahres 1563 war insgesamt normal, obwohl er zumindest im Süden phasenweise sogar sehr kalt und äußerst schneereich verlief. Am Bodensee erlebten die Menschen eine der vielbeachteten Seegfrörne. Entgegen dem sonstigen Trend kalter, aber relativ sturmarmer Winter kam es Mitte Februar zu einer orkanartigen mehrtägigen Sturmsequenz, die zu enormen Schäden an Vegetation und Gebäuden führte. Bisweilen hatten die Schäden verheerende Ausmaße angenommen und sind entsprechend eindrucksvoll in den Quellen beschrieben. Auch im Frühjahr setzt sich die Reihe ungünstiger Witterungsumstände fort. Im März kam es noch öfter zu Stürmen, Mitte April trat eine längere Kälteperiode ein, die für die Zeitgenossen den Anschein eines erneuten Wintereinbruchs hatte, so dass man zu Recht von einem späten Jahr beziehungsweise von einem kalten und trockenen Frühling sprechen konnte. In Ostdeutschland wurde die Trockenheit im Mai ebenfalls als merkliche Ungunst empfunden, wie sich der weitere Witterungsgang insgesamt regional sehr unterschiedlich anließ. Im Norden sprechen die Quellen von einem schönen und fruchtbaren Sommer, das übrige Deutschland litt hingegen unter den sehr nassen und kalten Bedingungen. In diesen Regionen war der Sommer dazu noch stürmisch oder zumindest sehr windig und setzte damit die Tendenz der vorangegangenen Monate fort. Mehrere Hochwasser an allen größeren Flusssystemen Anfang Juni und Anfang Juli, tagelange Regenperioden im Juni, vor allem aber im Juli und die Notwendigkeit, erneut im Juli einheizen zu müssen, sprechen eine klare Sprache. Bereits im Oktober setzten wieder längere Sturmphasen ein, regnerisches Wetter herrschte in diesem Monat vor und auch die späte Lese im Westen und Süden nützte nichts mehr, der Wein war sauer, oder wie die Quellen umschreiben, „saurer Wein erwachsen“ (Köster 1892). Der überwiegend milde Dezember konnte die durch eine schlechte Ernte beanspruchte Bevölkerung wohl auch nicht mehr versöhnen, in der Gesamtbilanz war 1563 ein kaltes Jahr.

1564: Die Milde des vorangegangenen Dezembers setzte sich nicht fort, denn mit dem Jahreswechsel trat strenge Winterkälte ein, so dass insgesamt ein kalter Winter bilanziert werden kann. Eine Quelle beschreibt diese Zweiteilung sehr treffend mit „*warmer Winter, endlich große kält*“ (StA Rothenburg, Albrecht-Chr.) Im Frühling, der insgesamt als durchschnittlich und feucht charakterisiert werden kann, sind ebenfalls einige markante Wetterwechsel und Abweichungen festzustellen. Anstelle der Vormonsunwelle I etablierte sich Anfang April, nach einem Sturm, eine längere Schönwetterperiode. Sie wurde von einer ebenso langen Regenphase abgelöst, die bis in den Mai hinein mit ungestümen Wetter andauerte. Gegen Ende dieser unwirtlichen Phase kam es Mitte des Monats zu einem Frosteinbruch, der die Reben erheblich schädigte. Begleitet war dieser Einbruch von Hagelschauern. In den Tieflagen führte er schließlich zu lang anhaltenden Regen-, in den Hochlagen aber zu Schneefällen, was zu erheblichen Baumschäden führte. Zu Anfang des Sommers setzte sich zunächst warme, schließlich heiße und trockene Witterung durch. Die fränkischen Eichen reagierten mit einer Negativsignatur, die als Summation der Winterkälte, den ungünstigen Frühlingsverhältnissen, dem Frosteinbruch und der Trockenheit im Frühsommer interpretiert werden muss. Die zweite Hälfte des Sommers ab Juli verlief konträr, nämlich äußerst regenreich. Diese Zweiteilung kommt in den übergreifend angelegten Bewertungen nicht zum Ausdruck. Aus der Mittelung ergibt sich ein normaler Sommer. Der September zeigte überwiegend die auch heute übliche Dominanz von Hochdrucklagen. Ab Mitte Oktober traten Stürme auf, die Lese begann früher als sonst üblich. Ende des Monats änderte sich mit einem Kälteeinbruch und ersten Schneefällen selbst in Mainfranken diese Grundtendenz völlig, in der Folgezeit herrschte „*gar ein unsawbers böses Wetter*“ (Spangenberg 1572) vor und bereits Mitte November froren die größeren Flüsse zu. Es deutete sich ein Winter an, der wiederum als Anomalie eingestuft werden muss und, wie die folgende Quelle zeigt, Schäden an Anbaupflanzen und Bäumen zur Folge hatte und schließlich auch eine Teuerung bewirkte:

„*Anno 1564. seynd abermal viel schreckliche Fewerflammen am Himmel gesehen worden. Im Wintermonat dieses Jahrs ist eine grosse Kälte eingefallen / welche sich biß mitten im Hornung erstrecket. Uberfroren nicht allein kleine Bächlein / und Wasser /sondern auch die Elbe / Mulda / und andere fliessende Wasser / daß man an etlichen Orten bey zwey Monaten darüber gehen / und mit grossen Lastwägen fahren konte. Diese WinterKälte thet allenthalben grossen Schaden an Weinstöcken / in den Thälern / daß man sie biß auff Boden abhawen / und das folgende Jahr auch aller Nutzung davon mangeln muste / darauß in kurtzer Zeit hernach eine Theurung in Wein kam. Deß-gleichen erfroren auch Nußbäume / und andere zarte ewächs / daß man sie entweder sehr verstümmeln / oder gar abhawen muste.*" (Heydenreich 1635)

1565: Der Winter zählt zu den großen Jahrhundertereignissen. Das durch die Winterkälte in Gang gesetzte Szenario beinhaltete alle Facetten, angefangen von überfrorenen Flüssen mit den gängigen Volksbelustigungen, der Seegfrörne, aber auch existentielle Bedrohungen, Hunger und Kältetode, Probleme mit der Wasserversorgung, dem Auftreten von Wölfen in Siedlungen und Schädigungen des Wintergetreides. Letzteres war vor allem durch den außergewöhnlichen Schneereichtum verursacht worden, Folge der Luftmassenkollision über Mitteleuropa. Die zahlreichen Daten machen deutlich, dass die Kälte nicht kontinuierlich andauerte, die sonst üblichen Tauphasen fehlten aber ganz oder waren erheblich verkürzt, wie die Tauwetterperiode in der ersten Februardekade. Es war in diesem Winter vor allem auch die Dauer der Kälte, die Mensch und Umwelt zu schaffen machte. Nach den sonst üblichen Eisaufgängen Mitte/Ende Februar, die auch in diesem Jahr auftraten, überfroren die Flüsse erneut bis Mitte März. Beide Eisgänge waren mit Hochwassern verbunden, wobei der Letztere folgenschwerer war. Um die mentale Dimension dieser Kälte richtig einordnen zu können, seien noch zwei Aspekte hervorgehoben: Es war mit Sicherheit einer der kältesten Winter des gesamten Jahrhunderts. Vor diesem Hintergrund erhält auch die oft als Stereotyp aufgefasste Bemerkung in den Quellen ‚Kälte wie seit Menschengedenken nicht mehr' eine andere Bedeutung. Durch die lange Dauer des Winters, die bis in den Frühling hinein anhielt, war auch diese Jahreszeit zu kalt. Hinzu kam ein Kälteeinbruch im Mai, der vielerorts mit Schneefällen verbunden war. Der Frühling kann außerdem als feucht eingestuft werden. Erst der Sommer brachte die lange herbeigesehnte Erwärmung. Der Juni verlief normal, die Schafskälte trat termingerecht ein und auch im Juli zeigten sich Hitzeperioden, nachdem die Monsunwelle I – im Norden von Stürmen begleitet – verfrüht eingetreten war. Vor allem in der ebenfalls verfrühten Hochsommer-II-Phase, die zudem länger als sonst üblich andauerte, kam es zu einer nachhaltigen Erwärmung mit großer Hitze und Trockenheit. Im Zuge lokaler Gewitter auftretende Starkregen führten an einigen Orten zu Hochwassern, die sich aber in den größeren Flusssystemen verliefen. Der Herbst erschien mit einer ersten trockenen und warmen Hälfte und einem regenreichen und kühleren zweiten Abschnitt zweigeteilt. Immerhin führten die längeren Warmphasen im Sommer und Anfang Herbst zu einer reichen sowie recht guten bis sehr guten Lese. Die ansonsten so kälteempfindlichen Eichen bildeten in diesem Jahr keine Negativsignatur aus, was vermutlich an den starken Schneefällen und der isolierenden Wirkung der Schneedecke lag.

1566: Das Jahr begann mit einem milden und feuchten Winter. Vor allem im Dezember des Vorjahres herrschte durchweg regnerisches und zu mildes Wetter. Erst nach dem Jahreswechsel, rechtzeitig zum Hochwinter I, trat Kälte ein. Ende Januar und Ende Februar gab es im Küstenraum Stürme. Eisaufgang und Hochwasser traten bereits in der ersten Februarhälfte ein. Die dazugehörige Konstellation der steuernden Drucksysteme kann aus Abb. 41 ersehen werden. Ab Ende Mai zeichnete sich eine längere Trockenphase ab, die regional bis Mitte des Sommers andauerte. Der Frühling war bereits zu trocken, im Sommer steigerte sich dies aber noch, so dass er mehrfach

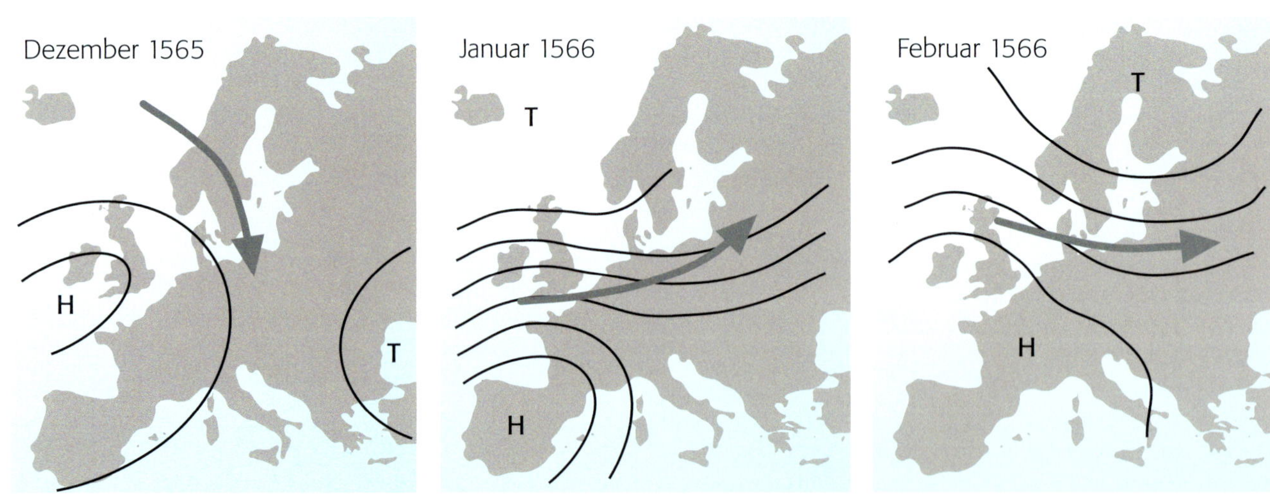

Abb. 41: Rekonstruktion der Druckverhältnisse zum Winter 1566: Der Pfeil zeigt die Hauptströmungsrichtung der Luftmassen an. Nach Jacobeit et al. (1999).

als sehr trocken und dürr bezeichnet wurde. Trotz dieser allgemeinen Charakterisierung sollte nicht außer Acht gelassen werden, dass es zu starken Gewittern kam, Rhein und Bodensee Hochwasser führten, was durch stärkere Abschmelzbeträge im Alpenraum hervorgerufen wurde, und dass Ende Juni ein Sturm auftrat. Da aber auch der Hochsommer termingerecht eintrat, erscheint die Einordnung als überdurchschnittlich heißer und sehr trockener Sommer gerechtfertigt. Auch der Herbst wird als warm und sommerlich beschrieben. Noch im September sollen die Rosen wieder angefangen haben zu blühen. Da auch der Wein mit köstlich, sehr gut und Hauptwein umschrieben wurde, kann davon ausgegangenen werden, dass dieser Herbst durch heute vergleichbare Temperaturverhältnisse und Trockenheit geprägt war.

1567: Über die Witterungsverhältnisse 1567 liegen nicht allzu viele Daten vor. Es gibt aber Hinweise, dass der Winter gerade auch im Osten mild war. Es kam schon früh an größeren Flüssen zum Eisgang mit Hochwassern. Quellenhinweise und Signaturen von Eichen und Fichten deuten auf einen kalten, vor allem aber sehr trockenen Frühling hin. Anhand der Niederschlagsrekonstruktionen aus diesen Signaturen konnte festgestellt werden, dass im Zeitraum November bis Juni ein Defizit von über 15 % aufgetreten war. Offensichtlich hielt die Trockenheit auch die zweite Hälfte des Jahres über an, denn sowohl für den Sommer als auch für den Herbst liegen einschlägige Quellenhinweise vor. Bereits im Juni kam es zu Waldbränden im Thüringer Wald und im Harz:

> *„Im Junio hat man von grossen Brünsten gesagt auff dem Thüringer Wald / und auff dem Hartze / so sich sollten von der Hitze verursachet haben … Denn es war ein sehr dürre zeit / und sider Ostern (30. März) kein Regen gewesen / biß auff den 21. Julij / da fing es an / einen sanfften schönen fruchtbaren Regen zuthun / drey tage aneinander / und war den vierden tag darauff ein ungestümmer sehr grosser Wind.“* (Spangenberg 1572)

Der Sommer war demnach von einer außergewöhnlichen Rekordhitze und sehr trockenen Verhältnissen geprägt. Eine gute Lese bestätigt diese Grundtendenz zusätzlich, so dass dieses Jahr als zu warm und zu trocken charakterisiert werden kann.

1568: Gegenüber dem Vorjahr hat sich die Quellenlage erheblich verbessert. Nach den vorliegenden Befunden war der Winter eher durchschnittlich, mit einer außergewöhnlich milden Phase in der ersten Januardekade. Im Februar gab es mehrere Stürme, ansonsten war dieser Monat streng. Der Frühling kann ebenfalls als normal eingestuft werden. Den März über herrschte meist unbeständiges Wetter und nach einem Kälteeinbruch in der ersten Aprildekade machte sich Mitte April der Mittfrühling als warm-trockener Abschnitt deutlich bemerkbar. Ab Mitte Mai setzte sich eine länger anhaltende Trockenperiode durch, die erst durch die Schafskälte kurz unterbrochen wurde. Danach etablierte sich aufs Neue eine längere Hochdrucklage über Mitteleuropa, die große Hitze brachte. Anschließend änderte sich das Witterungsregime grundlegend, mehrtägige Dauerregen bei eher kühlen Temperaturen veranlassten manche Chronisten sogar, von einem nassen Sommer zu sprechen. Die Mehrzahl derartiger Aussagen bezieht sich auf den Süden. Den Herbst über dominierte regnerisches und stürmisches Wetter, die Weinlese setzte etwas später als üblich ein, die Ernteergebnisse waren sehr unterschiedlich. Bereits ab November kam es zu langanhaltenden Frostperioden und ab Anfang Dezember überfroren zumindest in Süddeutschland die Flüsse. Der Herbst war kühl. 1568 blieb auch das Weihnachtstauwetter aus.

1569: Dieses Jahr muss aus thermischer Sicht dem ganzen Verlauf nach als anomal eingestuft werden. Den Auftakt machte ein sehr strenger und niederschlagsreicher Rekordwinter. Mitteleuropa lag während der Wintermonate im Einflussbereich eines skandinavischen Hochs, durch das beständig kalte Luftmassen nach Deutschland advehiert wurden. Das Datenmaterial ist so differenziert, dass sich die einzelnen Witterungsregelfälle sehr gut nachvollziehen lassen. So traten alle Hochwinterphasen termingerecht ein und dauerten länger als gewöhnlich. Auch die Tauwetterperiode Ende Januar war rechtzeitig eingetreten, dauerte aber erheblich kürzer als gewöhnlich und wurde sehr schnell und abrupt von kalten Phasen abgelöst. Tauwetterperiode II, die gewöhnlich Anfang Februar einsetzt, fehlte, an ihrer Stelle gab es erneut eine markante Abkühlung, die scheinbar ohne Unterbrechung in die Spätwinter-I- und -II-Phase überging. Anstelle von Märzwinter I trat eine längere Tauwetterperiode ein, erst Märzwinter II und III zeigten sich wieder lehrbuchhaft. Ende März gab es Hochwasser und eine Sequenz verheerender Stürme über Mitteleuropa. Anfang April brach nach einer längeren feucht-milden Periode das Eis auf den Flüssen. Kurze Zeit später gab es erneut eine Reihe von Stürmen. Der kühle Charakter dieses Frühlings wurde durch einen Kaltlufteinbruch Ende Mai, der von stürmischen Winden, langanhaltenden Regenfällen und Frost begleitet war, nochmals unterstrichen. Nachhaltige Folgen dieses Spätfrostereignisses, das der Monsunwelle I entsprach, waren eklatante Schäden an den Rebstöcken. Danach folgte die vermutlich einzige längere Hitze- und Trockenperiode des ganzen Jahres. Sie dauerte bis zum Ende der ersten Junidekade an und kann als verlängerte Frühsommerphase interpretiert werden. Alle weiteren Befunde sprechen dafür, dass die Folgezeit überwiegend von längeren Regenperioden bei meist stürmischem und kühlerem Wetter geprägt war. Frühling und Sommer waren kalt, der Sommer zudem auch noch nass, der Herbst kühl und feucht. An weiteren herausragenden Witterungsereignis-

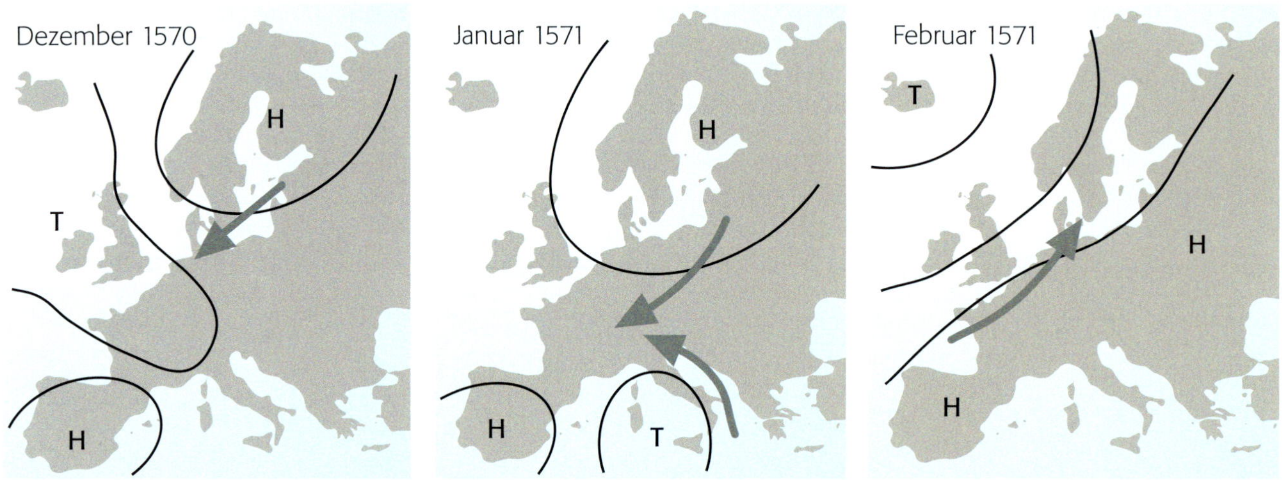

Abb. 42: Rekonstruktion der Druckverhältnisse zum Winter 1571: Der Pfeil zeigt die Hauptströmungsrichtung der Luftmassen an. Nach Jacobeit et al. (1999).

sen sollte noch das Weihnachtstauwetter genannt werden, welches in diesem Jahr von mehrtägigen Stürmen begleitet war. 1569 kann insgesamt als kaltes Jahr bezeichnet werden, das in der Klassifizierung den minimalsten Wert des ganzen Jahrhunderts aufwies. Die Folge waren Missernten und Teuerung.

1570: Zunächst hatte es nicht den Anschein, als sollten sich die in vielerlei Hinsicht ungünstigen Witterungsverhältnisse des Vorjahres wiederholen. Der Winter war durchschnittlich, Anfang Februar kam es während eines Dauerregens zur Schneeschmelze. In Verbindung mit örtlichen Eisstaus gab es vor allem im Osten Deutschlands verheerende Hochwasser an der Elbe und ihren Nebenflüssen. Für Mitte Februar lässt sich ein sehr markanter Frontendurchgang über Mitteleuropa rekonstruieren. Auch Mitte März traten bei stürmischem Wind mehrere Hagel- und Regenschauer auf. Während der Vormonsunwelle Anfang April kam es erneut zu einem Kälteeinbruch mit Dauerregen, in den höheren Lagen führte dies zu Schneefall und in der Folge zu Hochwassern. Anstelle des Mittfrühlings etablierte sich eine längere Kältephase. Die erste Maihälfte war äußerst regenreich, dann folgten warme und schöne Tage, die zum Monatswechsel in eine heiße Periode übergingen. Der Frühling war durchschnittlich warm und nass. Nach den vorliegenden Befunden wies der Sommer eine deutliche Zweiteilung auf. Nach einer eher trockenen und bisweilen von heißen Phasen geprägten ersten Hälfte verlief der zweite Abschnitt regenreich und zu kalt. Mehrere Flüsse in Ost- und Süddeutschland traten in dieser Phase über die Ufer, das Getreide wuchs aus, es kam zu einer Missernte und in deren Folge zu einer Teuerung, die sich bereits im Vorjahr abgezeichnet hatte. In der saisonalen Zusammenschau kann der Sommer ebenso wie zuvor der Frühling als normal eingestuft werden. Die feuchten Witterungsverhältnisse, die dem Wirtschafts- und Sozialleben der Menschen erhebliche Probleme bereiteten und zu zahlreichen Krisen führten, waren für die fränkischen Eichen äußerst positiv, sie verzeichneten einen signifikanten Ringzuwachs. Der Reigen außergewöhnlicher Witterungsabläufe setzte sich bedingt auch im Herbst fort: Im Oktober kam es erneut an zahlreichen Flusssystemen zu Hochwassern, Mitte des Monats kündigten sich die ersten Herbststürme an, die Weinlese erfolgte rund 10 bis 15 Tage später als sonst üblich, der Wein wurde – wie nicht anders zu erwarten – überwiegend sauer. Im November kulminierte die stürmische und regnerische Herbstwitterung in einer Sequenz von Stürmen und Regenfällen, die schließlich in der verheerenden Allerheiligenflut gipfelten. Begleitet von Sturm, Gewittern und Regenschauern brachen an der Küste die Deiche und viele Menschen mussten in der sinnflutartigen Katastrophe ihr Leben lassen. Es waren auch immense Sachschäden zu beklagen. Der Herbst kann damit als nass klassifiziert werden. Mitte November fiel in Tieflagen der erste Schnee, ab Anfang Dezember trat eine strenge Kälte ein, die Auftakt zu einem sehr kalten Winter werden sollte.

1571: Was sich bereits im Dezember vorigen Jahres abgezeichnet hatte, setzte sich im Jahr 1571 fort. Der Winter war kalt und schneereich (Abb. 42). Am Bodensee kam es zur Seegfrörne. Vor allem im Januar fiel, immer wieder von Stürmen begleitet, eine anomal große Menge Schnee, wodurch das Wintergetreide Schaden nahm. Die Witterung in Mitteleuropa wurde die ersten beiden Wintermonate über von einem skandinavischen Hoch bestimmt. Vor allem im Januar kollidierten diese sehr kalten Luftmassen mit warm-feuchten Luftmassen aus südlichen Richtungen, ehe sich im Februar eine südwestliche Strömung durchsetzte. Dies hatte zur Folge, dass es an einigen

Flusssystemen gleich mehrmals zum Hochwasser kam. Bereits Anfang März trat aber schöne und vor allem trockene Witterung ein. Mit diesem Winter hat man das seltene Beispiel einer strengen Kälte, die früh begann, aber nicht sehr lange anhielt. Der Frühling war überwiegend trocken und mild. Erwähnenswert ist noch eine mehrtägige Gewitterphase, die zu lokalen Überschwemmungen führte. Der Einfluss von Winter und Frühling auf die Umwelt war so markant, dass die fränkischen Eichen eine Negativsignatur ausbildeten. Es muss offen bleiben, ob diese Signatur auf die Winterstrenge oder auf die Trockenheit des Frühjahrs zurückzuführen war, oder eventuell eine Kombination aus beiden zur Wuchsbeeinträchtigung beigetragen hatte. Auch der Sommer hatte einige Auffälligkeiten: Er war insgesamt zu feucht und zu kühl. Hinzu kamen ab Juli immer wieder Stürme, so zum Beispiel ab dem 10. Juli oder zwischen dem 23. und 27. Juli die, begleitet von Gewittern und Hagelschauern, zumindest im Raum Göttingen größeren Schaden anrichteten. Eine weitere Sturmsequenz folgte in der ersten Augustdekade. Schließlich setzte Ende des Monats nach einer kürzeren trockeneren Phase ein mehrtägiger Dauerregen ein. Im ansonsten durchschnittlichen Herbst vermeldeten die Chronisten ab Mitte Oktober erneut eine sturmreiche Phase, die um Allerheiligen erneut zu Sturmfluten an der Küste führte.

1572: Zu diesem Jahr ist die Quellenlage weniger dicht; bisweilen deuten die Quellen eine regionale Differenzierungen an, in den meisten Regionen war der Winter aber kalt und niederschlagsreich. Auffällig ist eine lang anhaltende Trockenperiode, die von Ende März bis Mitte April dauerte. Die üblichen Fröste traten diesmal in der ersten Maidekade auf und schädigten die Reben. Damit kann der Frühling als trocken eingestuft werden. Für den Sommer deuten die Angaben auf durchschnittliche Verhältnisse hin, wobei im Juli eine trockenere Phase auftrat. Bereits der Oktober war kühler als gewöhnlich, ausgeprägte Kälteeinbrüche im November waren Vorboten für einen weiteren Strengwinter. Der Herbst war insgesamt kühl und feucht.

1573: In den 70er-Jahren des 16. Jahrhunderts traten gehäuft kalte und strenge Winter auf. Das Jahr 1573 zählt zu diesen außergewöhnlichen Rekordwintern: Deutschland stand die gesamten Wintermonate hindurch im Einflussbereich eines skandinavischen Hochs (Abb. 43). Eindrucksvolle Berichte über diesen Winter bestätigen dies. Für den Frühling lassen sich deutliche regionale Unterschiede erkennen: Im Norden und Osten war es kalt, regional sogar sehr kalt, während das Temperaturniveau im Süden durchschnittlich war. Anfang April kam es zu mehrtägigen Stürmen im Küstenbereich. Einheitlich ist die Beurteilung der Sommerwitterung: Nass, unfruchtbar, unstet, windig und kühl sind die Begriffe, mit denen die Chronisten diesen Sommer charakterisieren. Stürme und Hochwasser, vor allem in der letzten Augustdekade unterstreichen dies eindrucksvoll. Die feucht-kühle Witterung setzte sich fast den ganzen Herbst hindurch fort. Mitte Oktober führten Main und Rhein Hochwasser, einige Tage später folgte erneut eine Sturmsequenz. Die Winzer versuchten die Lese durch Hinauszögern des Lesebeginns zu retten; vergebens, der Wein war sauer und nicht mehr zu genießen. So bleibt in der Gesamtbilanz erneut ein ungünstiges Jahr, das zu den kältesten des ganzen Jahrhunderts gerechnet werden kann und vor allem für die Ernährungslage Probleme aufwarf.

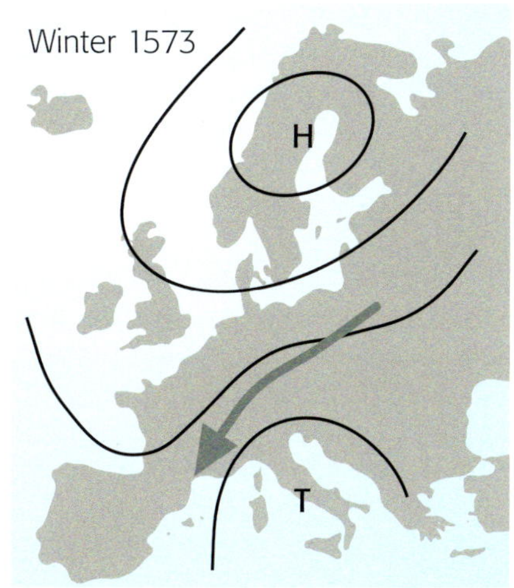

Abb. 43: Rekonstruktion der Druckverhältnisse zum Winter 1573: Der Pfeil zeigt die Hauptströmungsrichtung der Luftmassen an. Nach Jacobeit et al. (1999).

1574: Nach den Extremen der vorangegangenen Jahre verlief das Jahr 1574 durchweg durchschnittlich. Die Winterverhältnisse lagen überwiegend im normalen Bereich, lediglich der Dezember war zu kalt. Es folgte ein durchschnittlicher Frühling und ein ebensolcher Sommer, der zumindest phasenweise heiß und trocken ausfiel, was sich letztlich auch in einer negativen Eichensignatur in Franken niederschlug. Im Juli gab es aber markante Temperatureinbrüche, trotzdem waren bereits Mitte August etliche der kleineren Oberflächengewässer ausgetrocknet und selbst die größeren Flüsse hatten Niedrigwasser. Über den Herbst lassen sich aus den verschiedenen Befunden ein zu kühler September, ein durchschnittlicher Oktober und ein zu warmer November ableiten. Mit dem dargelegten Witterungsverlauf korrespondiert auch vorzüglich, dass die Weinlese einen sehr guten Wein aber nur geringe Mengen ergab. Der Herbst war ebenfalls trocken.

1575: Das Witterungsprofil des Jahres 1575 ist etwas akzentuierter als das des Vorjahres. Zunächst war der Winter wieder durchschnittlich. Auch der Frühling war wenig auffällig, in der Bilanz jedoch etwas zu kühl, was durch entsprechende Witterungsverhältnisse im April bedingt war. Erst in der zweiten Hälfte des Jahres häuften sich die anomalen Witterungskonstellationen. Der Sommer war sehr heiß und trocken. Vereinzelt kam es durch Gewitter beziehungsweise Starkregen zu lokalen Hochwasserereignissen, die sich schädigend auswirkten. Die Trockenheit setzte sich in den Herbst hinein fort, lokal entstanden Engpässe in der Wasserversorgung, so dass Rossmühlen eingerichtet werden mussten. Die Lese war entsprechend verfrüht, der Wein sehr gut. In der Jahresbilanz kann von einem warmen und zu trockenen Jahr gesprochen werden.

1576: Die Wintertemperaturen lagen unter dem Durchschnitt, es war kalt. Auch der Frühling war überwiegend kalt. Ende der ersten Maidekade schädigte ein Kälteeinbruch die Reben in ganz Deutschland. Selbst der Sommer brachte keine Wetterbesserung, er wird als nass und kühl beschrieben. Anhand täglicher Wetteraufzeichnungen lassen sich einige Abschnitte von Juni und August genauer differenzieren. So trat die Schäfskälte termingerecht ein, während Hochsommer II und III überwiegend verregnet waren. Alle dazwischenliegenden Bereiche waren ebenfalls verregnet, so dass die allgemeine Einschätzung eines nassen und feuchten Sommers den Verhältnissen entsprach. Erst Ende des Sommers und Anfang des Herbstes trat eine kurze Wetterbesserung ein, die sich in der gewählten Darstellungsebene aber nicht äußerte. Anschließend folgten im Herbst zahlreiche Stürme und ab Mitte November bereits Schneefall, was darauf hindeutet, dass es auch in diesem Jahresabschnitt zu kühl war. Das stürmische und regnerische Wetter setzte sich im Dezember fort. Insgesamt gesehen war 1576 ein kaltes Jahr.

1577: Ausgesprochen mild und sehr niederschlagsreich war der Winter 1577. Mitteleuropa lag durchweg im Einflussbereich westlicher und damit warmer Luftmassen. Das stürmische Wetter setzte sich anschließend fast den ganzen Frühling hindurch fort, so dass auch die Blüte verregnete. Besonders sturmreiche Phasen gab es Anfang Januar und Anfang März, eine mehrtägige und sehr starke Sturmhäufung nochmals in der ersten Aprildekade. Der Frühling war insgesamt kalt und nass. Erst der Sommer brachte die erhoffte Wärme, er verlief normal. Ähnlich gestaltete sich auch der Herbst, der durchschnittlich verlief. Die Weinlese fand entsprechend spät statt, die Qualitäten wurden regional sehr unterschiedlich bewertet. Der wohl eher mäßigen Lese stand aber eine ausgesprochen gute und ergiebige Getreideernte gegenüber. In der Jahreszusammenschau – vor allem aufgrund der milden Winterverhältnisse – ist die Temperaturbilanz positiv.

1578: Der Winter war kalt. Während des Frühlings, der ebenfalls kalt und feucht ausfiel, kam es zu mehreren schweren Stürmen. Eine erste Sturmflut trat Mitte März auf. Eine mehrtägige Sturmsequenz in der ersten Aprildekade brachte eine markante Temperaturdepression mit Schneefall auch in den Tieflagen mit sich und führte schließlich zu einigen Hochwassern im osteuropäischen Raum. Im Juni verzeichneten die Chronisten eine längere Trockenphase, dagegen war der Juli zumindest der erste Abschnitt der Hochsommer-II-Phase verregnet und auch im August fiel wieder eine Regenperiode ein. Zusammenfassend wurde dieser Sommer trotzdem als heiß eingestuft. Die Herbstwitterung war durchschnittlich.

1579: Mit diesem Jahr begann eine längere Phase durchschnittlicher oder zu milder Winter. Wie fast immer in zu milden Wintern, so war auch dieser stürmisch und feucht. Der Frühling kann als normal und feucht eingestuft werden, auch wenn der März, der in den Quellen als schön beschrieben wird, zunächst noch eine Ausnahme machte. Darauf folgte aber in ganz Deutschland feuchte und kühle Witterung. Die Blüten, Bäume und Reben erfroren oder erlitten Frostschäden, schließlich kam es zu Hochwassern. Auch den Sommer über herrschte Regenwetter vor. Eine länger anhaltende Regenperiode, die von Mitte Juni bis in den nächsten Monat hinein andauerte, brachte erneut Hochwasser. Mitte August führte ein Sturm zu erheblichen Schäden. Dieser Sommer war nicht nur kalt, es waren auch Rekordniederschläge zu verzeichnen. Der Grundcharakter der Witterung änderte sich auch im Herbst nicht, der als nass, regnerisch, unstet und kalt beschrieben wird. Wie in vergleichbaren Jahren auch versuchte man die Weinlese so lange wie möglich hinauszuzögern. In Franken wurde erst Mitte November gelesen, rund einen Monat später als zu dieser Zeit üblich. Es nützte jedoch nichts, der Wein war sauer. Wiederum erlebten die Menschen ein kaltes Jahr:

> „*Der Frühling / Sommer und Herbst dieses Jahrs ist gantz unstätt und feucht gewesen / davon die Früchte grossen Schaden erlitten / und ist wenig Korn und Weitzen / aber ziemlich Gersten / Hafer / Erbeiß und Linsen worden / so hat auch das Gewässer Heu und Grummet an vielen Orten gar verschwemmet / so ist auch der Wein gantz aussen blieben.*“ (Güthen 1676)

1580: Die Angaben zum Wetterablauf sind sehr dicht und lassen Rückschlüsse auf alle Regionen zu. Nach einem durchschnittlichen Winter folgte ein kalter und trockener Frühling. Während im Norden die Trockenheit schon im Frühling explizit Erwähnung fand und zu einem eklatanten Heumangel führte, wurde in Franken der frühe Vegetationsaufgang positiv vermerkt, wobei durch späte Kälteeinbrüche erhebliche Schäden entstanden. Es kommen zwei Phasen für diese Frosteinbrüche in Frage, zunächst im Osten eine kalte Periode in der letzten Märzdekade, vor allem aber ein Frosteinbruch um den 20. April, der auch in Ostdeutschland Roggen und Reben schädigte. Im Sommer setzte sich im Süden die Trockenheit, die sich in einer Fichtensignatur nachweisen lässt, fort und wird nun auch im Osten erwähnt. Demgegenüber fiel der Sommer im Norden nass aus. Im Süden und Osten setzte sich die Trockenheit bis in den Herbst hinein fort, die fränkischen und sächsischen Weine fielen entsprechend gut aus. Das Rückgrat der Bewertung bilden die täglichen Aufzeichnungen von Kurfürst August in Dresden. Aus ihnen ist ersichtlich, wann und in welcher Dimension die Trockenheit im Osten auftrat. In der Tat ist, wie die anderen Quellen für Ostdeutschland vermelden, der Winter mit Ausnahme der etwas unterdurchschnittlichen Niederschläge im Januar nicht weiter auffällig, wenn man die Werte der Niederschlagstage über 1,0 mm zugrunde legt. Ein deutliches Unterschreiten der mittleren Niederschlagstage findet sich im Mai, wohingegen Juni und Juli eher durchschnittlich ausfielen. Die Bezeichnung eines dürren und heißen Sommers relativiert sich im Vergleich mit diesen Daten. Wie oft in historischen Angaben, kann die Gesamteinschätzung einer Jahreszeit auf der Prägung eines einzelnen Monats beruhen, wie offenbar auch im vorliegenden Fall. Die Wertung für die Monate Oktober und November stimmt hingegen mit der Datenlage aus Dresden überein. Der Herbst war wiederum sehr trocken.

1581: Den Quellenaufzeichnungen zufolge muss der Winter den heutigen durchschnittlichen Verhältnissen entsprochen haben. Einzige Ausnahme war der Schneereichtum im Februar, der sich regional unterschiedlich auch noch im März einstellte. Nachdem der April etwas wärmer und weniger wechselhaft als sonst verlief, war der Mai wieder durchschnittlich ausgefallen. Insgesamt ein durchschnittlicher, aber feuchter Frühling. Der Sommer begann mit eher temperierten Verhältnissen. Nur nord- und wenige westdeutsche Quellen sprechen auch von einer ausgedehnten Trockenheit. Alle übrigen bezeichnen den Sommer als feucht oder nass, wobei der Juni von dieser pauschalen Beurteilung ausgenommen werden muss. Eine positive Eichensignatur untermauert die These eines eher moderaten, vor allem aber niederschlagsreichen Sommers. Erst im September kam es zu einer Wetterbesserung mit schönen Abschnitten. Im Oktober gab es in der ersten Dekade in den Hochlagen der Mittelgebirge bereits Schnee und in den Weinbauregionen Frost. Die Lese wurde später als üblich angesetzt, was neben vielen, auch administrativen Einflüssen als Ausdruck des Wärmemangels interpretiert werden darf. Gegen Ende des Jahres herrschte wieder feuchte und mitunter kalte Witterung, wobei vor allem in Norddeutschland im Dezember Regen und Schnee des öfteren einander abwechselten. Alles in allem war es ein durchschnittlicher Herbst.

1582: Der Witterungsgang soll ebenfalls in der Zusammenschau der kursächsischen Wetteraufzeichnungen mit den allgemeinen Quellen analysiert werden, bevor auf die von Lenke aus den Fabricius Daten gewonnenen Erkenntnisse eingegangen wird. Zunächst fiel der Januar niederschlags- und schneereich aus, alle Werte liegen über denen der Vergleichsperiode. Ein außergewöhnlicher Schneereichtum ist auch für Franken belegt, wo es zu nachhaltigen Behinderungen im Handels- und Reiseverkehr kam. Der Februar fiel ebenfalls zu mild, in einigen Regionen aber auch durchschnittlich aus. Daraus lässt sich ein durchschnittlicher, aber nasser Winter ableiten. Während die norddeutschen Quellen von einem sehr schönen Frühling sprechen, verlief die Niederschlagsentwicklung in Sachsen im April zunächst unterdurchschnittlich, dann aber im Mai weit über den üblichen Werten. Um den 17. Mai kam es im Süden und Osten Deutschlands zu schweren Unwettern mit Gewitter und Hagel, ein weiteres Mal gegen Ende des Monats. Alles in allem handelte es sich aber um einen durchschnittlichen Frühling. In den Sommermonaten gab es reichlich Niederschläge. In Norddeutschland wurde der Sommer sogar als nass bezeichnet. In der Tat schien sich, von der angesprochenen Niederschlagsprägung abgesehen, ab Mitte Juli über mehrere Tage hinweg die Witterung grundlegend umgestellt zu haben, was sich in einer Häufung von Gewittern und gehäuften Meldungen über starke Winde äußerte. Um den 23. Juli herum kam es zu großräumigen Gewittern, die zumindest in Thüringen, Franken und Tschechien zu Hochwassern führten. Eine ähnliche Situation trat am 10. August ein, denn seit Anfang August herrschte in Norddeutschland nahezu ununterbrochen Regenwetter. Auch in den Aufzeichnungen für Sachsen liegen die Niederschlagstage überdurchschnittlich hoch. Hinzu kommt, dass ab September noch ungewöhnlich viele Hinweise auf stürmisches Wetter enthalten sind. Für einzelne Abschnitte, vor allem im November, kann dies zusätzlich noch mit süddeutschen und tschechischen Quellen belegt werden. Auch der Herbst kann als extrem niederschlagsreich eingestuft werden. Zusammenschauend muss daher von einem ausgesprochen niederschlagsreichen Jahr gesprochen werden, kein Wunder, dass die Ernte – mit Ausnahme von Süddeutschland – in vielen Regionen missriet.

1583: Nach den sehr detaillierten, täglichen Quellenbefunden für die vorausgegangenen Jahre verschlechtert sich die Situation für das Jahr 1583 wieder etwas. Aus den vorliegenden Überlieferungen kann geschlossen werden, dass der Winter durchschnittlich, regional zu mild ausgefallen war. Zu Anfang der dritten Januardekade gab es einen schweren Sturm. Der Frühling wurde als trocken und mild eingestuft. Allerdings kam es um den 10. April infolge hoher Niederschläge und der Schneeschmelze zu Hochwassern, vor allem im Osten Deutschlands. Die Trockenheit setzte sich in den Sommer hinein fort. Von dieser allgemeinen Einschätzung muss aber die letzte Junidekade ausgenommen werden, da in diesem Abschnitt mehrere Stürme, zum Teil begleitet von Hagelschauern und Starkregen, auftraten. Über den Herbstanfang schweigen sich die Quellen aus. Da die Weinqualität in diesem Jahr überwiegend als gut und die Menge als überreichlich bezeichnet wurde, kann davon ausgegangen werden, dass zumindest keine schädlichen Witterungseinflüsse wie

Frühfröste, Dauerregen o. Ä. aufgetreten waren. Im November häuften sich wieder die Stürme, mehrere Flüsse, wie z. B. der Main, traten über die Ufer. Alles in allem kann für dieses Jahr eine positive Temperaturbilanz gezogen werden.

1584: Auch im nun folgenden Jahr fiel der Winter durchschnittlich, regional zu mild und feucht aus. Nach einer schneereichen Phase Anfang Januar trat anhaltendes Tauwetter ein. Durch die Schneeschmelze, dann aber auch infolge des häufigen Regens schwollen Bäche und Flüsse an, bis schließlich auch an den größeren Flüssen Hochwasser auftraten. Der Frühling war kalt und feucht, obwohl von allen Winterphasen nur Märzwinter II ausgebildet war. Ein mehrtägiger Dauerregen Anfang April war das zweite bemerkenswerte Witterungsereignis in diesem Frühling. Über die Sommerausprägung ergeben sich keine einheitlichen Quellenbefunde. Die überwiegende Zahl deskriptiver Angaben bezeichnet ihn als trocken und heiß. Andere verweisen auf starke Regenfälle in der Erntezeit und auf gute Ernteergebnise, wie sie bei extremen Trockenjahren eigentlich nicht auftreten. Zieht man weitere Indikatoren in Betracht, dann ergeben sich auch aus ihnen konträre Hinweise. Beispielsweise sind die überlieferten Heuschreckeneinfälle gewöhnlich mit trocken heißen Witterungsverhältnissen assoziiert. Demgegenüber weisen die positiven Eichenringsignaturen in Mainfranken auf moderat bis feuchte Frühlings- und Sommerverhältnisse hin. Die gute Weinqualität ist hingegen das Resultat einer entsprechenden Wärmesumme, der Lesetermin fand zu einem als durchschnittlich anzusehenden Zeitpunkt statt. Ein sinnvolles regionales Muster unterschiedlicher Witterungsausprägung lässt sich aus den unterschiedlichen Daten ebenfalls nicht ableiten, so dass im Grunde Stimmenthaltung geübt werden muss. Die Quellensituation verbessert sich wieder für den Herbst: Er wird einheitlich als schön bezeichnet, so dass es zu einer zweiten Blüte gekommen sein soll. Offenbar waren die Verhältnisse den heutigen vergleichbar.

1585: Die Reihe zu milder Winter setzte sich fort. Es sollte aber für längere Zeit der Letzte sein, denn nachdem in den vorangegangenen Jahren häufig durchschnittliche Winter aufgetreten waren, gewannen nun die kalten und strengen Winter wieder die Oberhand.

Aus den Quellen lässt sich ein milder Winter ableiten. Dies bestätigen auch die zahlreichen Stürme und überregionalen Hochwasser. Darüber hinaus spricht eine Reihe von weiteren Indikatoren gegen einen kalten und eisreichen Winter. Hierzu zählen die frühen Hafenöffnungen und die hohe Anzahl von Schiffspassagen durch die Belte. Weniger gut ließ sich hingegen das Frühlingswetter an. Offensichtlich blieb die stark ausgebildete zonale Komponente bestehen, was, wie 1995, zu milde Winter-, aber eben auch zu feuchte Frühlingsverhältnisse nach sich zog. Entsprechend schlecht wurde der Frühling auch von den Zeitgenossen beurteilt. Er war regional zu kühl und zu feucht, wobei vor allem das schlechte Blühwetter hervorgehoben wurde. Häufige Hagelschauer und Gewitter taten ihr Übriges, um diesen negativen Gesamteindruck zu rechtfertigen. Das niederschlagsreiche Wetter setzte sich den ganzen Sommer hindurch fort, wobei der regionale Schwerpunkt im Osten Deutschlands lag, wie eine Quelle aus Erfurt belegt:

„*Auch haben wir diß 1585 Jahr einen naßen Sommer gehabt nicht fest hitzig, doch ist das liebe getreijde /: gott lob :/ einner zimlichen notturfft erwachsen undt eingebracht worden. Dergleichen auch nicht einen warmen Herbst gehabt undt man hat den 15 Octob: angefangen Weinbeer zu lesen undt ist der Wein sauer worden, doch sindt gleichwol /: gott seij danck :/ in Erffurdt 1764 Leiten mosts einkomen und man hat auch ein Viertel desselben Weins Anno 1586 umb 4 d auch umb 3 d geben.*“ (STA Erfurt Sign. 5/100/20)

Er war nass und kalt. Eine Reihe von Hochwassern, Auswachsen des Getreides und Missernten waren die Folge. An der grundlegenden, stark zonal geprägten Tendenz änderte sich auch im Herbst nichts mehr. Selbst im September setzte sich das regenreiche Wetter fort und schon früh, Anfang Oktober traten die ersten schweren Herbststürme auf, die bis Ende November immer wieder für Schäden sorgten. Der Herbst war feucht. Nach diesem Witterungsverlauf verwundert es nicht, dass der Wein sauer geriet.

1586: Nach mehreren Jahren mit durchschnittlichen oder gar milden Wintern war der von 1586 erstmals wieder streng. Er hatte im Vorjahr bereits früh begonnen, dauerte vergleichsweise lange und war zudem niederschlagsreich. Länger anhaltende schwere Schneefälle gab es auch während der ersten Märzdekade im Alpenvorland. In der Zusammenschau blieb es auch im Frühling zu kalt. Noch Anfang Mai fiel selbst in Göttingen Schnee. Der Hinweis auf eine schlechte Rebenblüte in Süddeutschland unterstreicht die Gesamtsituation nochmals deutlich. Gegensätzliche Verhältnisse prägten den darauf folgenden Sommer: Im Osten Deutschlands und im ehemaligen Ostpreußen war er warm und ausgesprochen trocken, im Westen und Süden hingegen feucht und kühl. Hier brachte erst der Herbst die erwünschte Wärme und Trockenheit, während sich in Ostpreußen die Verhältnisse umkehrten. Dort war der Herbst nass. Um das offenbar immer noch vorhandene Wärmedefizit auszugleichen, wartete man zumindest in Franken mit der Weinlese noch zu. Diesmal half es, denn der Wein wird überwiegend als gut eingestuft. Bereits Mitte November setzte dann allerdings wieder strenge Kälte ein, in deren Verlauf die Flüsse zufroren. Mitte Dezember kam es im Zuge einer Tauwet-

Die Jahre 1587–1612: Wettertagebücher von Fabricius, Treuttwein und de Brahe

Durch mehrere Wettertagebücher, die Fabricius, Treuttwein und de Brahe verfasst haben, lässt sich der Zeitraum 1587–1612 besonders gut analysieren. Das Datenmaterial wurde bereits von Lenke (1968) bearbeitet und witterungsklimatisch in einer Form interpretiert, die in weiten Belangen auch heute noch Bestand hat. Diese Auswertungen wurden hier durch die Bezugnahme auf das deutlich revidierte Vorstellungsbild der Singularitäten ergänzt. In besonderem Maße wurden auch die Anomalien angesprochen und die regionalen Unterschiede erläutert.

Vergleicht man die Werte mit denen der rezenten Vergleichsperiode 1881 und 1925 bzw. 1930 (Reichsamt für Wetterdienst 1939) fallen markante Unterschiede auf.

Aus den mitunter recht differenzierten Eintragungen von Treuttwein aus Fürstenfeld in Oberbayern in den Jahren 1587 bis 1593 lassen sich mehrere Klimaelemente analysieren und Vergleichsdaten gegenüberstellen. Die Zahl der Frosttage liegt, auf das Jahr bezogen, im historischen Zeitraum über den Werten der rezenten Periode, wobei sie im Januar leicht unter, in den Monaten Februar bis Mai aber zum Teil deutlich über den Vergleichswerten, im September ebenfalls darüber, in den anderen Herbstmonaten und im Dezember jedoch darunterlagen. Wertet man die Angaben zu Niederschlag aus, dann weisen die Tage mit Schneefall in aller Regel die verlässlichsten Informationen auf, da sie leichter als Regenereignisse erkennbar und insbesondere auch nächtliche und kleinere Schneefälle noch am Morgen sichtbar waren.

Die Zahl der Tage mit Schneefall (zuzüglich der Anzahl von Tagen mit Regen und Schnee) lag höher als die im Vergleichszeitraum. Dies gilt für den Zeitraum November bis Februar, wobei die deutlichsten Unterschiede im Februar auftraten.

Eine Analyse der Niederschlagstage hängt sehr von der Genauigkeit des Beobachters ab.Treuttwein hat vergleichsweise gut beobachtet, denn die Zahl der Tage mit Niederschlag liegt größenordnungsmäßig im Bereich der Vergleichsperiode, in den Monaten Februar, Juni und September war sie zum Teil deutlich größer, im Januar und August lag sie nur geringfügig darüber. Bezieht man die Tage mit Tau, Reif- und Nebeltage mit ein, kommt man auf ganzjährig höhere Werte. Weit unter den heutigen Vergleichszahlen liegt die Zahl der Gewittertage, ein Phänomen, das in fast allen Auswertungen von Wettertagebüchern auftritt. Es verwundert etwas, dass die einfach zu erkennenden Gewitter nicht häufiger vermerkt wurden, denn nicht immer kann davon ausgegangen werden, dass es – wie im vorliegenden Fall – tatsächlich weniger Gewitterereignisse gegeben hat. Diese Befunde sprechen für eine Tendenz zu größerer Unbeständigkeit und kühlerer Witterung im Sommer und kälteren sowie schneereicheren Wintern. Neben dieser allgemeinen Entwicklung gab es in den einzelnen Jahren zum Teil erhebliche Abweichungen. Die lange Reihe täglicher Aufzeichnungen kann dabei durch monatliche und jahreszeitenbezogene Angaben aus anderen Quellen und Regionen ergänzt werden.

terperiode zu einem ersten Eisbruch und Eisgang. In der Gesamtbilanz ist 1586 als zu kalt einzustufen.

1587: Die Aufzeichnungen dokumentieren einen Rekordwinter. Verantwortlich war ein über Mitteleuropa etabliertes Hochdrucksystem (Abb. 44). Offensichtlich hatte die Winterstrenge ganz Deutschland erfasst, denn in allen Regionen wurde von einem grausam harten und strengen Winter gesprochen. In den Aufzeichnungen von Treuttwein waren im Januar und Februar fast alle Niederschlagstage als Schneefalltage vermerkt. Gleichzeitig liegen im Januar sowohl die Zahl der Niederschlags- wie auch die Zahl der Schneefalltage über der Grenze einer Standardabweichung. Im Februar liegt dieser Wert erheblich über dem der Moderne, so dass, auf heutige Verhältnisse bezogen, der Januar anomal, ebenso der Februar als überdurchschnittlich schneereich eingestuft werden kann. Auch die allgemeinen deskriptiven Einschätzungen für die Wintermonate deuten auf kalte Verhältnisse hin. Sie werden durch das Auftreten der Singularitäten bestätigt, denn von den sonst üblichen Witterungsregelfällen sind die Tauwetterperioden I und II nur andeutungsweise ausgebildet, wo hingegen die Winterphasen exakt eintraten und länger als gewöhnlich andauerten. Auch die Länge des Winters war bemerkenswert. Nachdem im Februar unterdurchschnittlich viele Frosttage auftraten, lag der Wert für den März überdurchschnittlich hoch. Dieses überdurchschnittliche Niveau setzte sich bis in den Mai hinein fort, der zudem eine anomal niedrige Zahl von Niederschlagstagen aufweist, so dass dieser Monat als trocken-kalt klassifiziert werden kann. Die Quellen beschreiben die Frühlingsmonate als kühl oder kalt, so dass der Frühling insgesamt als kalt und trocken bewertet wird. Im Norden fiel auch der Sommer schlecht aus, er war zu nass und zu kühl. Im Süden kann, bezogen auf die Periode 1881–1930, nach den Treuttweinschen Daten auf eine überdurchschnittlich hohe Anzahl von Niederschlagstagen geschlossen werden. Nachdem der Juni bei leicht unterdurchschnittlichen Niederschlagstagen keine weiteren Auffälligkeiten zeigte, kam es im August zu einer deutlichen Trockenphase. Die Zahl der Niederschlagstage

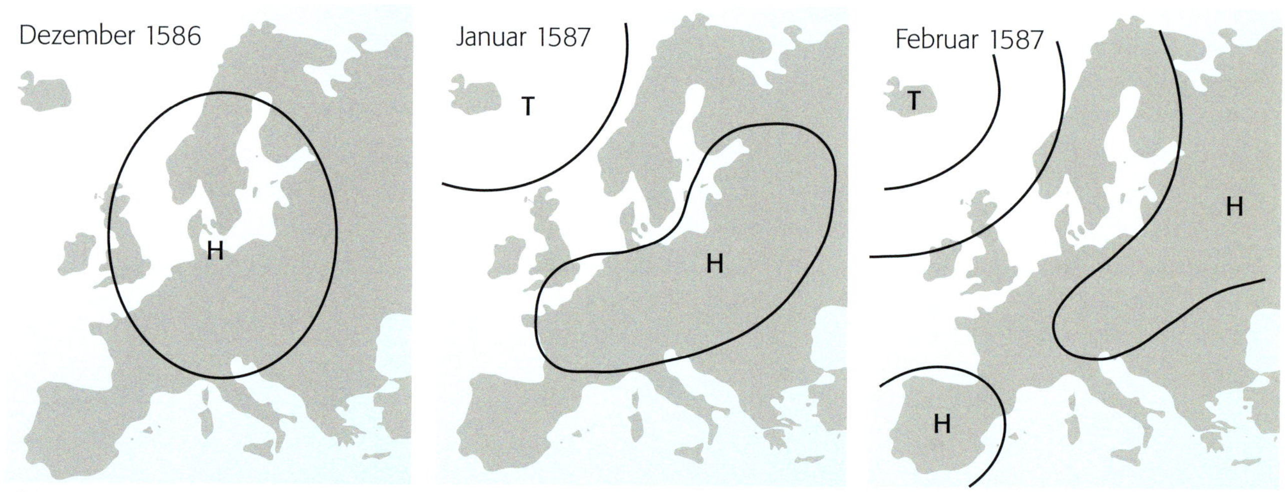

Abb. 44: Rekonstruktion der Druckverhältnisse zum Winter 1587. Nach Jacobeit et al. (1999).

lag deutlich unter der Anomaliegrenze. Aus Sicht der Witterungsregelfälle war auffällig, dass die Hochsommer-I-Phase nicht ausgebildet war und erst Hochsommer II die sonst übliche Sommerwärme brachte. Alle warm-trockenen Phasen, die gewöhnlich im September auftreten (Spätsommer I und II, Altweibersommer), fielen aus, ebenso Anfang Oktober der Mittherbst. Beide Monate waren überdurchschnittlich feucht, der Oktober noch zu kühl. Nach diesem Witterungsablauf verwundert es nicht, dass die Weinlese in allen Regionen miserabel ausfiel: Die Qualität wurde einheitlich als sauer und schlecht bewertet. Damit kann der Herbst als kühl und feucht eingestuft werden. Der Vorwinter war in diesem Jahr eher nass und mild, während der Frühwinter und das Weihnachtstauwetter nicht als solches in Erscheinung traten, wie insgesamt die zweite Jahreshälfte kaum mehr mit dem allgemeinen Verlauf in Übereinstimmung zu bringen war. Der Dezember fällt in Treuttweins Aufzeichnungen gemäßigt und mild aus, was durch Quellen aus Franken bestätigt werden kann, die von viel Regenwetter sprechen. Für die Region um Fürstenfeldbruck kann aufgrund der Datenlage von Treuttwein in der Gesamtbilanz auf ein anomal trockenes Jahr geschlossen werden. Hinsichtlich der thermischen Jahresbilanz muss von einer außergewöhnlichen negativen Abweichung gesprochen werden.

1588: Die Hinweise auf die Winterwitterung des Jahres sind nicht eindeutig: Einerseits konnte ein Wert rekonstruiert werden, der den Zeitraum Dezember und Januar als ausgesprochen kalt erscheinen lässt (Abb. 45). Andererseits ergab die Rekonstruktion für Oberbayern nur einen durchschnittlichen Wintertemperaturwert. Dieses Ergebnis lässt sich auch anhand der Passagen durch die Sunde stützen. Da im Januar noch reger Schiffsverkehr herrschte, kann für den Norden ebenfalls auf eher milde Verhältnisse geschlossen werden. Erst im Februar wurde es deutlich kalt, fast alle Niederschläge fielen als Schnee. Im März sind es immerhin noch 80 % und selbst im April vermerkte Treuttwein noch Schneefall. Die Kälte im Februar lässt sich auch durch den Witterungsgang und das Auftreten beziehungsweise Ausbleiben der Regelfälle aus den täglichen Aufzeichnungen belegen. Die Tauperiode II fehlte, dagegen waren alle Winterphasen im Februar und März idealtypisch ausgebildet. Der Vorfrühling I, Ende März, war nur andeutungsweise vorhanden, aber Vorfrühling II war ausgeprägt. Die Vormonsunwelle I trat idealtypisch auf, der Mittfrühling überhaupt nicht, die Witterung in diesem Abschnitt war vor allem im April zu mild und nass, was durch eine anomal große Anzahl von Niederschlagstagen zum Ausdruck kommt. Auch im Norden weisen die Angaben aus den Tagebüchern für den April eine überdurchschnittlich hohe Anzahl von Niederschlagstagen auf. Der Spätfrühling im Mai war nur andeutungsweise vorhanden. Insgesamt fiel der Mai viel zu trocken aus, der Wert für die Zahl der Niederschlagstage liegt unter der einfachen Standardabweichung und war zu kühl, wie anhand der anomal großen Zahl von Frosttagen angenommen werden kann. Der Frühsommer zeigte sich wohl warm, durch einige Gewitterereignisse aber auch feucht. In der monatlichen Bilanz erschien der Juni als anomal nasser Monat, im Norden wurde er hingegen in der Niederschlagsprägung als durchschnittlich eingestuft. Von den üblicherweise folgenden drei Hochsommerphasen war nur die zweite als solche ausgebildet, die beiden anderen waren nass und zeitweise kühl, was in einer anomal hohen Zahl von Niederschlagstagen für den August zum Ausdruck kommt. Auch im Norden lagen die Werte für die Zahl der Niederschlagstage über dem Durchschnitt, überschritten aber die Schwelle der einfachen Standardabweichung nicht. Fast der gesamte Sommer, insbesondere Juni und August, waren überdurchschnittlich nass, wie

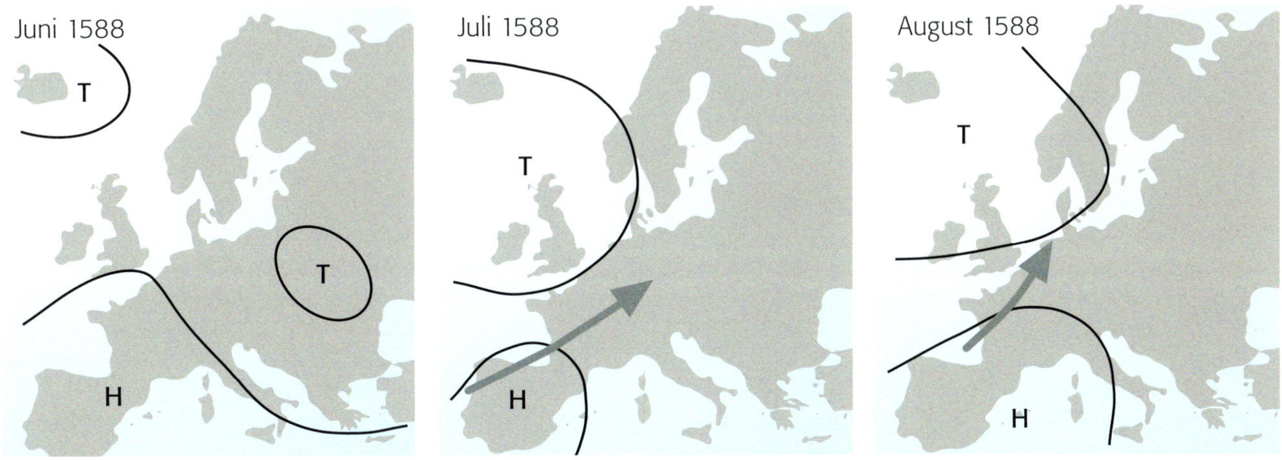

Abb. 45: Rekonstruktion der Druckverhältnisse zum Sommer 1588: Der Pfeil zeigt die Hauptströmungsrichtung der Luftmassen an. Nach Jacobeit et al. (1999).

Quellen aus allen Regionen belegen. Im Untersuchungsgebiet traten schließlich Hochwasser auf, die zu Dammbeziehungsweise Deichschäden führten. Offensichtlich fehlten die sonst üblichen Hochdruckphasen. Erst der Altweibersommer trat als Warmphase in Erscheinung. Trotzdem blieb der Herbst zu kühl. Der Wein fiel daher – wie im Jahr zuvor – schlecht aus, die Fichten bildeten hingegen eine positive Signatur aus. Gegen Jahresende normalisierte sich der Witterungsgang wieder, Vorwinter und Nikolaustauwetter traten auf, wenn auch etwas verspätet. Das Weihnachtstauwetter war in diesem Jahr nicht ausgebildet, der Dezember war insgesamt ungestüm. Bilanziert man die Jahreswerte, dann kann 1588 als anomal niederschlagsreiches und kaltes Jahr eingestuft werden.

1589: Nach dem Jahreswechsel waren Januar und Februar im Süden äußerst kalt. In beiden Monaten lag die Zahl der Frosttage anomal hoch, fast alle Niederschläge fielen in diesem Zeitraum als Schnee, wobei der Februar zusätzlich noch durch extreme Niederschlagsarmut gekennzeichnet war und damit als auffälligster Monat hervorgehoben werden kann. Alle vorliegenden deskriptiven Quellen vermelden durchgehend kalte Tage. Eine Temperaturrekonstruktion für die Monate Dezember bis Februar ergibt für den Voralpenraum einen anomal niedrigen Temperaturwert, der in der Größenordnung einer eineinhalbfachen Standardabweichung vom Vergleichswert 1951–1980 liegt. Im Norden weisen im Januar die vielen Schiffspassagen keinesfalls auf extreme Bedingungen hin. Die Gesamteinschätzung als strenger Winter, die vor allem für den Osten und Süden gegeben wird, könnte mit regionalen Unterschieden gerechtfertigt werden. Der März ist mit über 50 % Schneefallanteil an den Niederschlagstagen, zugleich aber auch durch eine weit unterdurchschnittliche Anzahl von Frosttagen tendenziell eher als mild einzustufen und somit günstiger als in den beiden Jahren zuvor. Auf der Basis der Witterungsregelfälle bestätigt sich dieses Gesamtbild, da die Tauwetterperioden I und II nur kurz und eher schwach ausgebildet waren, während die charakteristischen Kaltphasen sehr deutlich und meist verlängert auftraten. Insgesamt waren die Frühjahrsverhältnisse zumindest im Süden Deutschlands kalt, was durch Schneefalltage bis in den Mai und eine überdurchschnittlich hohe Zahl von Frosttagen zum Ausdruck kommt. Im Norden war der gesamte Abschnitt windig und stürmisch, an der Nordsee trat um die Fastenzeit eine Sturmflut auf. Erst im Sommer kam es zu einer nachhaltigen Erwärmung, die den Charakter einer ausgeprägten Hitzeperiode trägt und sich bis in den Herbst hinein erstreckte. In Augsburg belegen die Quellen überdurchschnittlich viele Gewitter, wobei diese Quellen explizit schwül-warmes Wetter erwähnen, womit ideale Bildungsvoraussetzungen gegeben waren. Auswertungen aus dem Treuttweinschen Tagebuch bestätigen dieses Witterungsbild, denn sowohl im Juni wie auch in Juli liegt die Zahl der Gewittertage anomal hoch. Daraus ergibt sich das seltenere Gesamtbild eines heißen und feuchten Sommers. Interessanterweise war trotz der langen Hitzeperiode die August-Monsunwelle deutlich ausgeprägt. Sie trat verfrüht am 15. August ein und dauerte termingerecht bis zum 24. August. Im Süden führte das dabei herrschende anhaltende Regenwetter zum Anschwellen der Flüsse und schließlich zu Hochwasser. Auch der Herbst wartete in diesem Jahr mit einigen anomalen Witterungserscheinungen auf. Zunächst lag die Zahl der Niederschlagstage im Oktober weit unter dem Durchschnitt und unterschritt die Grenze der Standardabweichung. Bereits im November kam es zu einem markanten Wintereinbruch, der sich in einer ungewöhnlich hohen Zahl von Frosttagen dokumentiert. Der Herbst kann damit als trocken eingestuft werden. Auch im Dezember setzt sich die Serie von Anomalien fort: Die Zahl der Niederschlagstage und der Tage mit Schneefall lag weit über dem Durchschnitt. Durch den sporadisch einsetzenden Regen, der zeitweise an den Bäumen gefror, kam es zu erheblichen Baumschäden.

1590: In der Gesamtbilanz wurde der Winter als streng und niederschlagsreich, der Frühling als kalt und sehr trocken klassifiziert. Der Sommer war infolge des Hochdruckeinflusses extrem heiß und trocken auch der Herbst war sehr trocken. Analysiert man die Anomalien im Süden auf Monatsbasis, dann lassen sich die Monate März, April, Juni und Juli sowie November als trocken einstufen. Im Norden unterschritten März, Juni und Juli das Kriterium der einfachen Standardabweichung, nur der Dezember lag anomal hoch. So kann sowohl im Süden als auch im Norden Deutschlands das gesamte Jahr als trocken bezeichnet werden. Aus Sicht der Frosttage müssen die Monate Januar und Februar zusammenfassend als unauffällig und durchschnittlich beschrieben werden. Legt man aber das Kriterium der Schneefallanteile an der Zahl der Niederschlagstage zugrunde, dann ergeben sich für den Süden bei 75 % im Januar und 100 % für den Februar relativ hohe Werte, die auf eher kalte Winterverhältnisse hindeuten, was sich durch die Rekonstruktion auch bestätigen ließ. Für den Norden sind die Angaben für den Januar unvollständig, im Februar tritt hingegen eine deutliche Unterbelegung der Schneefalltage auf. Offensichtlich waren hier die Winterverhältnisse bei einer ansonsten durchschnittlichen Zahl von Frosttagen eher mild. Dieser erste Eindruck lässt sich durch die Rekonstruktion der Wintertemperturen für Ostfriesland bestätigen. Der errechnete Wert liegt mehr als 2 °C über denen der Vergleichsperiode. Es kann aber davon ausgegangen werden, dass dieser Winter – selbst nach heutigen Kriterien – als anomal mild eingestuft werden kann. Auch im Frühling traten Anomalien auf: Im Süden wies der März überdurchschnittlich viele Frosttage auf, im Norden blieben sie durchschnittlich. Neben der eingangs erwähnten Niederschlagsanomalie im Sommer lassen sich weitere Auffälligkeiten feststellen: Zunächst war die Zahl der Gewitter im Juli auffällig, im Norden aber unter dem Durchschnitt. Der Herbst kündigte sich im Süden mit einer großen Zahl von Frosttagen im September und Oktober an, die wiederum als regionaler Befund gewertet werden müssen. Im Süden kam es an zwei Tagen im September zu Schneefällen, die zusammen mit anderen Befunden darauf schließen lassen, dass es ein kalter Herbst war. Alles in allem wies dieses Jahr große regionale Unterschiede auf.

1591: Es folgte auf einen kalten Winter ein milder, aber nasser Frühling, dann ein kühl-nasser Sommer und schließlich ein trockener Herbst. Dabei sind wieder regionale Unterschiede zu berücksichtigen. Fasst man zunächst die Befunde für den Süden zusammen, sind folgende Anomalien zu erkennen: leicht überdurchschnittliche Niederschläge im Januar und Februar, dann ungewöhnlich hohe im März und erneut überdurchschnittliche im April. Das Jahr begann also feucht, mitunter nass. Hinsichtlich der Niederschläge gleichen sich die süddeutschen und norddeutschen Befunde. Die Zahl der Niederschlagstage liegt Januar bis einschließlich März über dem Durchschnitt, im März und April sind sie anomal hoch. Aus der Zahl der Frosttage ergeben sich Hinweise auf die Temperaturverhältnisse, die im Januar weit unterdurchschnittlich ausfielen. Februar und März lagen im Durchschnitt, erst der April wies wieder überdurchschnittlich hohe Belegungszahlen auf. Im März und April gab es auch eine anomal hohe Zahl von Schneefalltagen. Insgesamt kann hieraus gefolgert werden, dass der Januar eher mild, der Februar durchschnittlich kalt, die ersten beiden Frühlingsmonate aber zu kühl ausfielen. Die Temperaturrekonstruktion für diesen Winter bestätigen diese Einschätzung, denn der errechnete Wert liegt im durchschnittlichen Bereich. Auffällig, weil in den Quellen sonst nur äußerst selten vermerkt, ist die hohe Zahl der Gewitter im März und auch im Mai. Im Norden gab es in thermischer Hinsicht zum Teil gravierende Abweichungen von diesem Verlauf. Keine Entsprechung findet die im Süden ausgebildete Milde im Januar. Der Januar kann im Norden ebenso wie der Februar als durchschnittlich eingestuft werden, die Temperaturrekonstruktion ergab eine Wintertemperatur, die ebenfalls noch erheblich über dem Durchschnitt und nur knapp unterhalb der Standardabweichung der Vergleichsperiode 1951–1980 lag. Anomal wenige Schneefalltage im Januar sind ein weiteres Charakteristikum im Norden. Aus den Aufzeichnungen wird deutlich, dass der Sommer im Süden nass war. Juni und Juli weisen anomal hohe Belegungen der Niederschlagstage auf. Leider schweigen die Quellen für den Norden, so dass kein regionaler Vergleich angestellt werden kann. Im August traten ebenso wie im September viele Gewittertage auf, so dass für dieses Jahr insgesamt eine anomale große Zahl festzustellen ist. Weiterhin kann die Trockenheit im Dezember und die große Zahl von Frosttagen genannt werden.

1592: Auch im nun folgenden Jahr können für den Süden Deutschlands gleich mehrere Auffälligkeiten benannt werden. Im hygrischen Gang kam es im Januar zu einer unterdurchschnittlichen, anomal geringen Zahl von Niederschlagstagen. Nachdem die folgenden Monate keine Besonderheiten zeigten, lag die Zahl der Niederschlagstage im Mai weit über dem Durchschnitt. Von besonderer Bedeutung ist die Sequenz von drei aufeinander folgenden Positivanomalien in den Herbstmonaten. In der Gesamtbilanz erscheint 1592 als feuchtes Jahr. Leider fehlen, bis auf die ersten Monate, die keine Besonderheiten zeigen, die Quellenangaben aus Norddeutschland. Die Zahl der Schneefalltage lag im Januar unter dem Durchschnitt, im November darüber. Hinsichtlich der Gewittertage sind keine markanten Abweichungen festzustellen; die Aufzeichnungen zeigen aber, dass die Gewitter sehr breit streuten und in einer Spanne von März bis September auftraten. Nutzt man die Zahl der Frosttage zur Darstellung des Jahresverlaufes, dann gab es im Süden durch den frostreichen Dezember des Vorjahres und die durchschnittlichen Belegungen im Januar und Februar einen eher kalten Winter, der sich auch anhand der Temperaturrekonstruktion mit einem auffällig niedrigen Wert bestätigen lässt. Die Frühlingsmonate hingegen waren von anomal wenigen Frosttagen im März und unterdurchschnittlichen Belegungen im April gekennzeichnet, so dass ein rascher und nachhaltiger Übergang in ein mildes Frühjahr angenommen werden kann, das dann aber die üblichen Warmphasen missen lies und zu kühl geriet. Die lückenhaften Daten aus Norddeutschland zeigen ein leicht modifiziertes Witterungsmuster: im Februar und März überdurchschnittlich viele Frosttage, allerdings auch geringe Schneefallratios. Die Rekonstruktion der Wintertemperaturen ergibt für Ostfriesland einen durchschnittlichen Wert, wobei diese Aussage nur unter Vorbehalt zu behandeln ist, da die Daten unvollständig sind. Mit einem sehr kalten Dezember, der in thermischer Hinsicht fast das Niveau des Vorjahres erreichte, zeigte sich zu Ende des Jahres erneut eine Anomalie. Zusammenfassend kann bei allen regionalen Unterschieden von einem normalen und sehr trockenen Winter, einem kalt-feuchten Frühling, einem kühlen Sommer und einem kühl-nassen Herbst ausgegangen werden. Eine Textpassage aus der Limburger Chronik beschreibt einige dieser Aspekte:

„Anno 1592. Zu pfingsten 1 malter korn 2 gulden, wein 20 pfund. Es waren zwo nachten sehr kalt, daß die noßbeum und reben etwas an den spitzen erfrorn. Es hatten sich die weinstocke hie zuland wenig angehenks, daß wenig wein zu hoffen. Das unserer sunden schuld.Es war immer kalt bis zu s. Johannis baptistae, di hatte noch kein traub verbluhet wegen stetigen regenwetter. Ein nasser vorsommer, stetigs regen, aber wie das heu gemaht, word es schon gut wetter. Die frucht kame auch wol ein, allein das obs in der bluhet verdarf von dem emsigen regen. In dem nachsommer ward das malwerk benochen.“ (Mechtel 1909)

1593: Die Kälte im Dezember des Vorjahres und die überdurchschnittlich große Zahl von Frosttagen im Januar und Februar ließen auch den Winter des Jahres 1593 im Süden Deutschlands als kalt erscheinen. Dieser Befund konnte über die Temperaturrekonstruktion bestätigt werden. Der Wert weicht in der Größenordnung von über einer Standardabweichung vom rezenten Vergleichswert ab. Demgegenüber ist in Norddeutschland von einem eher durchschnittlichen Temperaturgang auszugehen, wobei der Februar als streng eingestuft werden muss, was sich auch aus der anomal hohen Zahl von Frosttagen ableiten lässt. Der Februar verlief zudem überdurchschnittlich niederschlags- und schneereich. Neben der Strenge des Winters ist vor allem auch die Dauer der Kälte ein entscheidendes Kriterium für die Beurteilung von Auswirkungen und Einschätzungen der Chronisten. Die Kälte dauerte im Süden noch die ersten beiden Frühlingsmonate an, wobei die Zahl der Frosttage im März in Nord- und Süddeutschland und auch im April im Norden überdurchschnittlich ausgeprägt waren. Während für den Süden keine weiteren Auffälligkeiten zu vermelden sind, fällt der Mai im Norden ausgesprochen nass aus – insgesamt ein kaltes und feuchtes Frühjahr. Im Sommer gibt es in Süddeutschland keine weiteren Auffälligkeiten, allerdings sprechen die überdurchschnittlichen Niederschlagswerte für eine feuchte und überwiegend kühle Saison, im Norden gilt das für Juli und August. Offenbar waren auch die Voraussetzungen für Gewitterbildung schlecht, denn die Zahl der Gewitter blieb den Sommer über extrem niedrig. Die ersten beiden Herbstmonate waren im Süden zu trocken, wobei im September äußerst geringe Niederschläge auftraten, im Norden war es hingegen überdurchschnittlich feucht. Im Süden wurde erst im November der Durchschnitt an Niederschlagstagen überschritten, eine auffallend geringe Zahl von Frosttagen und eine unterdurchschnittliche Anzahl von Schneefalltagen deuten auf einen milden November hin. Auch in den Dezemberverhältnissen zeigten sich einige Auffälligkeiten: Im Süden waren sie anomal trocken, im Norden etwas zu feucht, eine geringe Zahl von Frosttagen im Süden und sehr niedrige Werte im Norden lassen auf einen moderaten Dezember schließen.

1594: Der Niederschlagsgang verlief in Norddeutschland weitgehend durchschnittlich. Ausnahmen traten nur im Juli und Oktober mit einer anomal großen Zahl von Niederschlagstagen und im Juni sowie Dezember mit einer unterdurchschnittlichen Belegung auf. Erstmals fiel in dieser ostfriesischen Reihe der rekonstruierte Wintertemperaturwert deutlich ab. Er lag mit einer Abweichung von −2,2 °C gegenüber der Standardperiode 1951–1980 noch unterhalb der einfachen Standardabweichung, wobei die Kälte offenbar im Februar kulminierte, was aus der anomal hohen Zahl von Frosttagen gefolgert werden kann. Auch der Winter kann als trocken eingestuft werden. Auffällig hoch war die Zahl der Schneetage im Mai, wobei ansonsten aufgrund der sehr geringen Zahl von Frosttagen im Frühling auf eher milde Verhältnisse geschlossen werden kann. Im großräumigen Vergleich dominieren aber Befunde, die auf ein sehr kaltes Frühjahr hinweisen. Nach dem zu kühlen Sommer war auch der Herbst überwiegend kühl. Im Dezember weist eine anomal große Zahl von Frosttagen bei der erwähnten geringen Zahl von Niederschlagstagen auf einen sehr kalten und trockenen Jahresausgang. Die Dominanz von Ostrich-

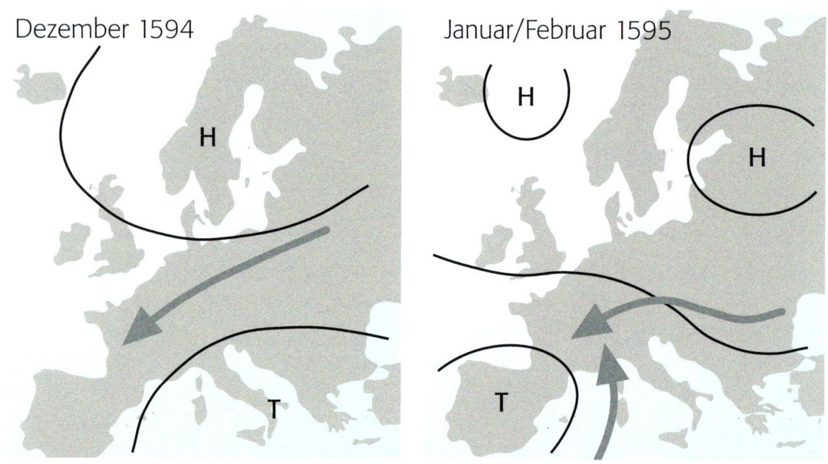

Abb. 46: Rekonstruktion der Druckverhältnisse zum Winter 1595: Der Pfeil zeigt die Hauptströmungsrichtung der Luftmassen an. Nach Jacobeit et al. (1999).

tungen spricht dafür, dass es sich um einen kontinental geprägten ‚Dezember-Winter' gehandelt haben könnte.

1595: Auch das Jahr 1595 verlief in thermischer und hygrischer Hinsicht sehr unterschiedlich. Auf einen sehr strengen und sehr trockenen Winter folgte ein nasses und sehr kaltes Frühjahr. Für die extremen Winterverhältnisse war erneut der Einfluss des skandinavischen Hochs verantwortlich, wobei sich im Januar und auch Februar zunehmend südliche Luftmassen auswirkten (Abb. 46). Die extreme Nässe im ansonsten auch kalten Sommer bedeutete Rekord. Erst der Herbst wurde warm und zu trocken. Die folgenden Monate waren für diese Prägung entscheidend: Der Februar wies eine anomal niedrige Anzahl von Niederschlagstagen auf, obwohl gerade in diesem Jahresabschnitt eine Reihe von extremen Hochwassern auftraten. Demgegenüber waren die drei Sommermonate überdurchschnittlich belegt und überschritten die Schwelle der Standardabweichung, woraus auf extrem nasse Sommerverhältnisse geschlossen werden kann. Anders verhielt es sich in thermischer Hinsicht. Die bereits im Dezember des Vorjahres konstatierte strenge Kälte setzte sich zunächst mit nur leicht überdurchschnittlichen Werten im Januar fort, blieb im Februar auf normalem Niveau, um dann aber im März erneut und schließlich im April ein weiteres Mal deutlich negativ abzuweichen. Die thermische Anomalie des Winters hielt bis in den Frühling hinein an und lässt sich durch die hohe Zahl von Schneefalltagen im April unterstreichen. Gegen Ende des Jahres, im Dezember, liegen die Werte für die Frosttage erneut hoch, sind aber dem Absolutbetrag nach noch nicht als Anomalie einzustufen.

1596: Das Jahr kann in der Jahresbilanz ebenfalls als feuchtes Jahr eingestuft werden. Interessanterweise ergeben sich auf der monatlichen Ebene keine signifikanten Abweichungen. Nur der Februar, die Sommermonate, der September und, etwas abgeschwächt, auch der Oktober weisen für den Norden Deutschlands überdurchschnittliche Belegungen auf. Der Juli kann als sehr feucht angesprochen werden, hingegen waren März und Mai auffallend trocken. In den Windverhältnissen zeigt sich eine überdurchschnittlich große Zahl von Südwestbelegungen, während die Nordrichtungen unterrepräsentiert sind. Auch in thermischer Hinsicht war 1596 ein bemerkenswertes Jahr: Es hatte die geringste Zahl von Frosttagen im gesamten Untersuchungsabschnitt, wobei anomale Unterbelegungen in den Monaten Januar, März und Dezember zumindest in den Monaten März und Dezember zusätzlich mit einer geringen Anzahl von Niederschlagstagen korrespondieren. Damit ergeben sich gleich mehrere Hinweise auf milde Winterverhältnisse bei niederschlagsreichen Sommerbedingungen, also insgesamt ein idealtypisch ausgeprägtes zonal geprägtes Jahr. Die Temperaturrekonstruktion der Winterverhältnisse in Ostfriesland belegt eine positive Abweichung. Es sollte für eine ganze Reihe von Jahren der letzte durchschnittliche bis milde Winter dieser Region sein. Zusammenfassend kann der Frühling als mild, der Sommer als kalt und der Herbst als warm eingestuft werden.

1597: Als anomal feucht wurden die Monate Januar, August, September und Dezember klassifiziert. Unterdurchschnittliche Belegungen der Niederschlagstage traten hingegen im März, April und Oktober auf. Die Temperaturentwicklung verlief demgegenüber akzentuierter und weist wieder in einigen Monaten Besonderheiten auf. Zunächst folgte auf den sehr milden Dezember des Vorjahres ein milder Januar, dann ein durchschnittlicher Februar und schließlich ein markanter Temperatureinbruch im März. Aus der Temperaturrekonstruktion für Ostfriesland kann hingegen auf kalte Winterverhältnisse geschlossen werden: Mit einer Abweichung von – 1,4 °C erreichte die Winterkälte nicht ganz die Grenze der negativen Standardabweichung, musste aber in ‚historischer Sicht' als anomal eingestuft werden. Auf das kalte Frühjahr folgte ein kühler Sommer. Nach dem feuchteren Abschnitt im August und September trat bereits im Oktober überdurchschnittliche Kälte ein, die in diesem Monat wie auch im November anhand der Frosttage als Anomalie angesprochen werden kann. In der Jahresbilanz der Frosttage erhalten wir einen Wert, der nur leicht unterhalb des Grenzwertes von einer Standardabweichung liegt und somit noch nicht als besonders markant angesprochen werden kann. Der Herbst kann dagegen ebenfalls als kalt bezeichnet werden.

1598: Im diesem Jahr können die Niederschlagsverhältnisse aufgrund von Quellenlücken nur unvollständig beschrieben werden. Trotzdem kann davon ausgegangen werden, dass die Niederschlagsverhältnisse in den Monaten Januar und Februar überdurchschnittlich hoch lagen. Es war ein extrem niederschlagsreicher Winter. Im März und Mai folgten trockene Bedingungen, wobei im März anomale Verhältnisse eintraten. Der April war sehr feucht. Die Sommerverhältnisse waren durchschnittlich, wobei für den Juni die Daten nicht vollständig sind. Im September gab es hingegen nur sehr wenige Niederschlagstage.

Aus thermischer Sicht muss der Winter als kalt bewertet werden, denn die rekonstruierten Temperaturwerte liegen deutlich unter der einfachen Standardabweichung. Diese Berechnungen korrespondieren mit einer überdurchschnittlich großen Zahl von Frosttagen im Januar. Im Februar sind aus den Aufzeichnungen nur wenige Frosttage abzuleiten. Zudem waren die ersten beiden Monate des Jahres durch eine große Zahl von Schneefalltagen gekennzeichnet. Der Sommer war wie in den Jahren zuvor ebenfalls kühl. Der Oktober verlief übermäßig kalt und schneereich, wobei beide Größen in dem als anomal definierten Wertebereich lagen, trotzdem war der Herbst insgesamt trocken. Eine überdurchschnittlich hohe Zahl von Schneefalltagen kennzeichnete auch den November und Dezember. So verwunderte es auch nicht, dass 1598 in der Jahresbilanz als anomal schneereich eingestuft wird.

1599: Vor der Jahrhundertwende treten erneut einige Anomalien auf. Zunächst kann 1599 aufgrund der hygrischen Jahresbilanz als ein trockenes Jahr eingestuft werden. Mit nur acht Niederschlagstagen im Juli wird noch nicht einmal 50 % der sonst üblichen Zahl erreicht. Allerdings wies bereits der August wieder sehr viele Niederschlagstage auf. Auch im Zeitraum Oktober bis Dezember waren anomal wenige Niederschlagstage gemeldet worden. Am stärksten machte sich das Defizit im November bemerkbar, wo nur etwas mehr als 50 % der sonst üblichen Niederschlagstage verzeichnet wurden. Ein sehr trockener Herbst! Die Form des Niederschlags ist hingegen wenig auffällig, lediglich im Februar lag die Zahl der Schneetage sehr hoch.

Analysiert man den thermischen Jahresgang, so sind wiederum einige Auffälligkeiten zu bemerken: Der Winter kann als streng eingestuft werden. Die Temperaturrekonstruktion ergab einen Wert, der um –2,9 °C vom Mittel der Vergleichsperiode abwich und damit über der Schwelle der Standardabweichung lag. Dieser Befund konnte auch durch die Anzahl der Tage mit Frost nachvollzogen werden. Nachdem im Dezember des Vorjahres noch unterdurchschnittlich viele Frosttage ausgezählt werden konnten, lag die Zahl für den Januar außerordentlich hoch und auch für Februar noch überdurchschnittlich. Da die Anzahl der Frosttage im März und April unter dem Vergleichsmittel lag, kann dieser Winter wohl als kurz, aber streng klassifiziert werden. In den Frühjahrsmonaten war es milder als sonst üblich, kennzeichnend für den Mai war eine anomal hohe Zahl von Gewittern. Die Vegetation ging deutlich früher als üblich auf. Auch der Sommer erfüllte alle Erwartungen, er war sogar sehr heiß. Dabei konnte die hygrische Auffälligkeit des Juli durch den niederschlagsreichen August und den Juni ausgeglichen werden. Die ersten beiden Herbstmonate verliefen milder als üblich, im September trat eine anomal hohe Zahl von Gewittern auf. Gegen Ende des Jahres stieg die Zahl der Frosttage wieder auf die sonst üblichen Werte an. Eine Quelle aus Thüringen beschreibt die regionale Situation:

> *„Diß Jar hatte jederman Sorge / der grosse Schnee würde für Ostern (08.04.) / oder an etlichen Ortern wol für Pfingsten (27.05.) nicht abgehen … Es hat aber der Allmächtige gnädig geschickt / daß er am Ende deß Februarii, sich fast in acht Tagen verloren / und drauff ein sehr schöner und truckener Mertz erfolget / daß auff Ostern nicht allein die Kirschbäume / sondern auch ander Obs und der Rübesame im Felde blühete. Wiewol auch der tieffe / langwirige Schnee den Rocken hin und wider erstickt hatte / daß das Winterfeld an vielen Ortern sehr geringe stund: schaffte doch der Allmächtige nach Ostern gute fruchtbare Regen / die das dürre Erdreich erfeuchteten / daß sich das liebe Getreide fein erholete / und umb Pfingsten im Felde gar herrlich sehen ließ.“* (Becherer 1601)

1600: Nach dem vorangegangenen trockenen Jahr war wieder eine durchschnittliche Zahl von Niederschlagstagen zu verzeichnen. Im Januar und April lag ihre Zahl anomal niedrig, im September dafür anomal hoch. Auffällig groß war auch die Zahl der Schneetage, die in der Jahressumme den Grenzwert einer Standardabweichung überschreitet. Auf monatlicher Basis fielen dabei die hohen Werte im Februar, März und Mai auf. Dies deutet bereits auf Auffälligkeiten in der thermischen Entwicklung: Sowohl die Zahl der jährlichen Frosttage als auch die Winterratio liegen über dem Durchschnitt. Aus der Temperaturrekonstruktion kann geschlossen werden, dass der Winter extrem kalt war. Die Rekordkälte blieb in diesem Jahr aber nicht nur auf die Wintermonate beschränkt, sondern setzte sich in den Frühling hinein fort. So trat eine anomal hohe Anzahl von Frosttagen auch im April, Mai und schließlich im Dezember auf. In allen anderen Monaten, in denen Frosttage verzeichnet waren, lag die Zahl über dem langjährigen Durchschnitt. Auch der Sommer und der Herbst blieben kühl (Abb. 47). Insgesamt kann 1600 als schneereiches und sehr kaltes Jahr deklariert werden. Darüber hinaus blieb auch die Zahl der beobachteten Gewitter weit unterhalb des Grenzwertes, obwohl im August eine positive Anomalie aufgetreten war.

Abb. 47: Beschreibung einer großen Teuerung in Nürnberg im Jahr 1600: StA Nürnberg F/1/49.

1601: Auch dieses Jahr kann aus hygrischer Sicht als normales Jahr eingestuft werden. Lediglich in den Monaten Februar, September und Dezember traten sehr hohe, im November sehr wenige Niederschlagstage auf. Durch Restriktionen in der Quellenlage kann über die Monate Mai und Juni keine definitive Aussage getroffen werden. Wie schon im Vorjahr lag auch in diesem Jahr die Zahl der Schneefalltage anomal hoch und erreichte im Untersuchungsabschnitt 1586–1612 die Rekordmarke. Dies gilt insbesondere für die Monate Februar und April, und auch für November und Dezember. Der Jahreswechsel 1600/1601 war äußerst schneereich. Auch hinsichtlich der Frosttage erreichte 1601 den höchsten Wert des Beobachtungszeitraumes. Da im Jahr zuvor der zweithöchste Wert zu beobachten war, ähneln sich 1600 und 1601 sowohl unter dem Aspekt des Schneereichtums als auch der Frosthäufigkeit sehr. Als außerordentlich frostreich traten dabei die Monate Februar, April, November und Dezember hervor. Die Winterratio erreichte in diesem Winter im Beobachtungszeitraum 1590–1612 ihren maximalen Wert. Entsprechend niedrig ist auch der auf diesem Kriterium fußende Temperaturwert: Eine Abweichung von –5,5 °C, was einer fast zweieinhalbfachen Standardabweichung entspricht, bedeutete zumindest in Ostfriesland den vierten kalten und extremen Winter in Folge. Ein Befund, der nicht außer Acht gelassen werden sollte, verstärkten sie doch die Negativfolgen für die Umwelt und Gesellschaft erheblich. Zieht man über die täglichen Beobachtungsangaben hinaus weitere Quellenbefunde hinzu, dann lassen sich diese Ergebnisse auch für andere Regionen bestätigen. Allgemein wird von einem kalten und schneereichen Winter gesprochen. Im Süden war die Winterkälte etwas abgemildert, zumal Mitte Januar während eines Warmlufteinbruchs Hochwasser auftraten. Wegen der sehr kalten Verhältnisse im Frühling verspäteten sich die Pflugarbeiten. Nach einer verregneten Blüte wurde der Sommer trocken und es blieb überwiegend kalt, so kalt, dass schließlich das Sommergetreide erfror und eine schlechte Ernte eingeholt wurde. Anstelle der eher warmen Septemberwitterung fiel Regenwetter ein und es wurde kalt. Auch in den darauf folgenden Monaten änderte sich in thermischer Hinsicht nichts und schon früh stellte sich Winterkälte ein. Der Herbst war kalt. Die Weinlese verspätete sich erheblich und der Wein wurde sauer. In der Summation war 1601 erneut ein durch und durch kaltes und schneereiches Jahr.

1602: Nach den beiden schneereichen, aber ansonsten durchschnittlich feuchten Jahren kann dieses Jahr als nass eingestuft werden, wobei vor allem die Monate Januar, April und September als anomal feucht hervortraten. Alle anderen Monate wiesen überdurchschnittlich viele Niederschlagstage auf, mit Ausnahme des Juli und des Dezember, der als Trockenanomalie einzustufen ist. Eine grundsätzliche Änderung zu den Vorjahren trat auch in Form des Niederschlags und der Anzahl der Frosttage auf. Die Zahl der Schneefalltage lag unter dem Grenzwert der einfachen Standardabweichung, kann also als Anomalie gelten. Geringe Werte im Februar und März wurden auch nicht durch die besonders hohen Novemberwerte kompensiert. Die geringe Anzahl von Schneefalltagen deutete bereits auf eine niedrige Winterratio hin und ist ein relativ verlässlicher Indikator für mildere Winterverhältnisse. Entsprechend hohe Werte ergab auch die Rekonstruktion der Wintertemperaturen, die nicht ganz das Niveau der einfachen Standardabweichung erreichte. Damit kontrastierte dieser Winter in thermischer Hinsicht stark mit dem vorangegangenen kalten Winter. Zugleich war auch der über mehrere Jahre andauernde Negativtrend gebrochen. Die Milde dieses Winters kann auch über andere Parameter nachvollzogen werden. Die Zahl der Frosttage im Februar war anomal gering. Überhaupt läßt die sehr geringe Zahl von Frosttagen, die in der Jahresbilanz unter 50 % des Vorjahreswertes lag, auf ein vergleichsweise mildes Jahr schließen. Wie fast immer in milden Wintern kam es durch beständiges Regenwetter zu zahlreichen Hochwassern, schließlich traten mehrere Stürme auf, so dass es Ende Februar zu einer Sturmflut kam, der Anfang März noch eine zweite folgen sollte. Im Frühling setzte sich die Wärme zunächst fort, schon früh war die Blüte beendet. Spätfröste Anfang Mai schädigten aber einige Kulturpflanzen nachhaltigst und scheinen auch für die negative Eichenringsignaturen in Franken verantwortlich gewesen zu sein. Ende Mai trat schließlich nochmals eine Sturmsequenz auf. Auch der Sommer blieb stürmisch, aber dank einer längeren Trockenphase wie auch der Herbst durchschnittlich.

1603: Auch im folgenden Jahr brach die Serie anomaler hygrischer Bilanzen nicht ab. Im Gegensatz zu den vorangegangenen schneereichen und kalten Jahren war in diesem Jahr die extreme Trockenheit auffällig. In mehreren Monaten, so im Januar, Februar, Mai, Juni und November, lagen die Belegungen deutlich unter den Durchschnittswerten und nur im Juli und Dezember darüber. Der Winter war extrem niederschlagsarm, Rekord. Auch im Frühling besserten sich die Verhältnisse nicht wesentlich und der Herbst geriet wieder sehr trocken. Zudem wurde der Sommer als heiß eingestuft, wobei es regional zu Einbußen bei den Sommerfrüchten kam: Nach dem milden Winter 1602 zog die Winterkälte in diesem Jahr wieder an. Sowohl Januar wie auch Februar waren durch eine überdurchschnittliche, wenn auch nicht anomal hohe Anzahl von Frosttagen charakterisiert. Über die Mainvereisungsdaten ergab sich ein Wert, der unter dem Durchschnittswert, aber noch oberhalb der als auffällig angesehenen Schwelle lag. Mehrfach machten die größeren Flüsse in Süddeutschland den Wechsel von Eisaufgang und Wiedergefrieren durch. Insgesamt war die Winterkälte aber durchschnittlich. Auch im März lag die Anzahl der Frosttage sehr hoch, wobei Quellenlücken vermuten lassen, dass bei einem vollständigen Datenset in diesem Monat wahrscheinlich eine Anomalie erkennbar gewesen wäre. In Ostfriesland lagen die Wintertemperaturen unter dem Durchschnitt und erreichten dabei fast die Schwelle der einfachen Standardabweichung, so dass dieser Winter im Norden insgesamt als kalt einzustufen ist. Im April wie auch in den Sommermonaten Juli und August gab es außerordentlich viele Gewitter, wie auch die Jahresbilanz der Gewittertage über dem Grenzwert liegt und als weitere Auffälligkeit hervorgehoben werden kann. Die Temperaturverhältnisse im Herbst wurden als äußerst günstig beschrieben. In der Tat wurde die Weinlese zwei Wochen früher als in dieser Zeit üblich angesetzt und die Weinqualität war durchweg gut. Darüber hinaus traten die Herbststürme seltener als sonst üblich auf, nämlich nur Mitte Oktober und dann erst wieder Mitte Dezember. Schließlich endete das Jahr mit einer sehr großen Zahl von Frosttagen im Dezember, wobei in diesem Jahr das Weihnachtstauwetter idealtypisch ausgebildet war.

1604: Nur wenige hygrische Auffälligkeiten waren für das Jahr 1604 kennzeichnend. Die Jahressumme der Niederschlagstage lag größenordnungsmäßig im Bereich des Mittelwertes der Beobachtungsreihe. Nur im Februar waren sehr wenige, im April und Dezember hingegen anomal viele Tage mit Niederschlag aufgetreten. Für den August muss wegen unvollständiger Beobachtungsdaten Stimmenthaltung geübt werden. Auch die Form des Niederschlags gibt keinen Anlass, weitreichende Schlüsse zu ziehen. Analog zu den monatlichen Niederschlagstagen lag der Jahreswert im Bereich des Mittels, lediglich im März erreichte der Wert eine anomale Höhe. Über den thermischen Verlauf lassen sich folgende Aussagen treffen: Der Winter war etwas zu mild. Die Zahl der Frosttage lag im Januar unter dem Durchschnitt, war dagegen im Dezember des Vorjahres und im Februar überdurchschnittlich hoch. Darauf folgte ein durchschnittlich warmer, regional aber auch zu kühler Frühling, wobei vor allem der April sehr viele Frosttage aufwies: Sie lagen mehr als 100 % über den sonst üblichen Werten. Nach einem ausgeglichenen Sommer wurde es im Herbst kalt. Die Weinlese fand etwas später statt, die Qualität wurde mit mittel bis gut angegeben.

1605: Auch dieses Jahr ist in seiner hygrischen Bilanz als normal zu bezeichnen, lediglich drei Monate weichen erheblich vom durchschnittlichen Gang ab. Eine unterdurchschnittliche Anzahl von Niederschlagstagen trat im März und September auf. Überdurchschnittlich hohe Niederschläge hatte hingegen der Dezember des Vorjahres, so dass es insgesamt ein nasser Winter wurde. Frühling und Sommer waren unauffällig, der Herbst trocken. Hinsichtlich der Schneefalltage waren die anomal niedrigen Belegungen im Januar und März sowie die anomal hohen Werte im April bemerkenswert. Über den thermischen Verlauf lassen sich folgende Aussagen treffen: Der Winter war durchschnittlich: Vor allem im Januar traten nur äußerst wenige Frosttage auf und selbst im Februar erreichten sie nur unterdurchschnittliche Werte. Diese Befunde stimmen auch mit den übrigen Quellenhinweisen überein, in denen der Winter als mild bezeichnet wird, wobei die Temperaturrekonstruktion für Ostfriesland überdurchschnittliche Wintertemperaturen ergibt. Ähnlich positiv lauteten auch die Bewertungen des Frühlings. Als bemerkenswertes Ereignis muss in dieser Jahreszeit das Auftreten eines Kälteeinbruches zwischen dem 8. und 13. April hervorgehoben werden, der von einer Sturmsequenz begleitet war. In der Gesamtbilanz handelte es sich um einen durchschnittlichen Frühling. Obwohl auch im Sommer ein Wärmeüberschuss angenommen werden kann, verregnete in Süddeutschland die Ernte. Frühe Weinlesetermine korrepondieren schließlich auch im Herbst mit einer entsprechenden Wärmesumme.

1606: Nach den beiden vorangegangenen hygrischen Normaljahren zeigt 1606 erstmals wieder in der Jahresbilanz nahezu anomale Verhältnisse an. Auch wenn der ausgewiesene Wert das Kriterium der einfachen Standardabweichung nicht erfüllte, kann wegen der lückenhaften Quellenlage davon ausgegangen werden, dass bei einem vollständigen Datensatz diese Grenze überschritten worden wäre. So kann der Winter als normal, der Frühling als trocken, der Sommer als nass und der Herbst wiederum als unauffällig eingestuft werden. Auch in thermischer Hinsicht ergaben sich einige Auffälligkeiten. Dieser Winter war nach immerhin zwei aufeinander folgenden milden Jahren wieder durchschnittlich, ebenso der Frühling. Ende März erfassten schwere Stürme Mitteleuropa, die zu erheblichen Schäden führten, eine zweite Sturmsequenz Ende Mai verursachte weniger starke Schäden. Der Sommer wird in allen Quellen als regenreich und kalt bezeichnet. So waren beispielsweise im August die Hundstage zu kalt, stürmisches Wetter bestimmte des Rest des Monats. Auch der Herbst gab keinen Anlass zur Freude: Es blieb kühl; Ende September erfror der Wein, die Lese begann in diesem Jahr zu unterschiedlichen Terminen. Der gekelterte Wein wurde einhellig als sauer bezeichnet. Insgesamt war 1606 ein nasses und kaltes Jahr.

1607: Dieses Jahr begann mit einer thermischen Anomalie: Der Winter war extrem warm und sehr trocken – ein Rekordwinter. Zeitgenossen sprachen sehr drastisch von ‚keinem Winter' mit wenig Frost und Schneefalltagen, selbst kleinere Bäche blieben eisfrei. Bereits im Februar wurde die Aussaat verrichtet, in der gleichen Zeit sollen schon Veilchen geblüht haben. Für Ostfriesland lassen sich diese Aussagen auch quantifizieren. Der rekonstruierte Temperaturwert lag in der Tat über dem Durchschnitt der Vergleichsperiode. Die Frühlingsverhältnisse waren normal aber feucht, Kälteeinbrüche führten zu Schäden an den Rebkulturen. Im Sommer sprechen die Befunde für regional unterschiedliche Verhältnisse: Während im Norden von einem trockenen Sommer berichtet wird, bildeten die Eichen in Franken eine positive Signatur aus, die auf feuchte und moderate Bedingungen hinweist. Zudem traten in Thüringen Hochwasser auf, die letzteren Befund bestätigen. Auch im Herbst blieben die regionalen Unterschiede bestehen. Im Osten wird er als heiß und trocken beschrieben, was zumindest für die erste Hälfte auch für Süddeutschland angenommen werden kann. Eine frühe Weinlese und gute Qualitäten unterstreichen dies. Danach änderten sich die Verhältnisse zumindest im Süden nachhaltig; es fiel länger anhaltendes Regenwetter ein. Ende des Jahres deutete sich bereits ein kalter Winter an: Nach einem stürmischen Auftakt in der zweiten Dezemberdekade fiel strenge Kälte ein, die im Alpenvorland zum Jahreswechsel von äußerst starken Schneefällen begleitet war.

1608: Nach dem milden Winter des Vorjahres änderten sich die Verhältnisse erneut grundlegend. Über die Temperaturrekonstruktion konnte ermittelt werden, dass die Werte in Süddeutschland ebenso wie in Ostfriesland für diesen Winter weit unter der einfachen Standardabweichung lagen, es herrschte also ein sehr strenger Winter. Auch die allgemeine Quellenlage machte die extremen Verhältnisse deutlich. Es wird einmütig von einem heftigen, langen und sehr kalten Winter gesprochen, der offensichtlich in ganz Mitteleuropa ausgebildet war. Vor allem im Januar fehlten die sonst üblichen Tauwetterphasen völlig. Erst Ende des Monats setzte sich eine kürzere stürmische Phase durch, die zu katastrophalen Überschwemmungen im Binnenland und zu Hochfluten im Küstenbereich führte. In der Bilanz war der Winter feucht. Im Frühling herrschten zwar normale Temperaturen, es blieb aber weiterhin feucht. Als schließlich auch der Sommer kalt wurde, hatte das nachhaltige Auswirkungen auf die Umwelt. Die Wuchsbedingungen im ersten Halbjahr waren so schlecht, dass die Eichen in Franken eine Negativsignatur ausbildeten. Die schlechten Sommerverhältnisse erstreckten sich bis ins ehemalige Ostpreußen. Nachdem auch im Herbst keine längeren Wärmeperioden auftraten, sondern regenreiche Verhältnisse mit entsprechend späten Leseterminen beim Wein vorherrschten, kann dieses Jahr zu den eindeutig nassen und kalten gerechnet werden. Nur im Norden waren die Witterungsbedingungen in der zweiten Jahreshälfte günstiger und bewegten sich auf eher durchschnittlichem Niveau. Insgesamt war es wieder ein sehr kaltes Jahr. Für den Stuttgarter Raum kann man die Entwicklung anhand des folgenden Quellentextes nachvollziehen:

„Es hat verschienen Winter (1607/08) sehr viel Schnee gelegt / vnd war so grimm kalt / daß nicht allein die Weingarten / sondern auch die Bäum inn warmen Thälern erfroren / vnd das Wasser also geschwellt / daß im gantzen

Neckerthal von einem Berg zum andern Eiß ward / die Früchten in Bayern / auff den Alben vnd Wälden verstöckten vnder dem Schnee / daß man Sommerfrüchten an deren statt säen müssen / vmb S. Johanns gab es kalt Regenwtter / daher Wein vnd Korn vbel geblühet / daß die Kämb vnd den Stöcken gefallen / vnd wenig Wein worden / auch die Früchten auffgeschlagen. Der Scheffel galt vor der Erndt 6. darnach 7. fl." (Ginschopf 1630 und 1631)

1609: Die nun schon mehrere Winter andauernde Tendenz jährlich wechselnder und gegensätzlicher Wintertemperaturen hielt auch im Jahr 1609 an. Das Pendel schlug in diesem Winter wieder in die andere Richtung, denn dieser war überdurchschnittlich warm. Mitte Januar gab es nachweislich starke Stürme und große Überschwemmungen. Der Frühling blieb unauffällig. Anders der Sommer, der kühl und sehr trocken war. Allerdings führten die zahlreichen Starkregen auch zu Überschwemmungen. Infolge der misslungenen Ernte kam es zu einer Teuerung. Zumindest in Süd-, West- und Ostdeutschland entschädigte eine Hochdrucklage mit schönem und trockenem Wetter für die Unbilden der vorangegangenen Monate. Die Lese wurde trotzdem erst verspätet begonnen. Offenbar konnte aber der Wärmemangel des ersten Halbjahres nicht mehr kompensiert werden, der Wein wurde sauer. In Norddeutschland war der Herbst hingegen sehr frostreich und damit zu kühl.

1610: In diesem Jahr verlief der Winter in Norddeutschland kalt. Die Temperaturrekonstruktion ergab einen Wert im Bereich der halben Standardabweichung, was die Zeitgenossen regelmäßig dazu bewog, von einem kalten Winter zu sprechen. Es war der letzte Winter einer sehr wechselhaften Phase. Im übrigen Mitteleuropa kann er als mild eingestuft werden. Eine ungewöhnlich lange Sturmphase Anfang Januar und in der zweiten Januarhälfte, begleitet von Hagelschauern, sowie etliche Hinweise auf Gewitter und Hochwasser dokumentieren eindrucksvoll die Wechselhaftigkeit, die sich bis Mitte Februar in einer Häufung dieser Wettererscheinungen zeigte. Sehr kalte und feuchte Verhältnisse waren wetterbestimmend für den Frühling, wobei eine Dauerregenperiode Mitte Mai zu einem Hochwasser in Franken führte. Der Sommeranfang wurde zumindest in Süddeutschland von einer lange andauernden Hochdrucksituation bestimmt, so dass er sehr heiß geriet. In Norddeutschland herrschten hingegen eher durchschnittliche Verhältnisse. Auch der Herbst kann insgesamt als warm klassifiziert werden. Die Weinlese wurde in diesem Jahr früher als gewöhnlich angesetzt, die Weinqualität war erwartungsgemäß gut, regional sogar sehr gut. Ende der ersten Oktoberdekade setzte, zumindest in Süddeutschland, zusammen mit einem Sturmtief länger anhaltendes Regenwetter ein, in dessen Folge die Flüsse erneut über die Ufer traten. Für den Raum Eichenbühl und das Erftal wird die Situation beschrieben:

„*Anno 1610, den 18. Januar hat es den gantzen Tag und Nacht geregnet und der Wind grausam erschröcklich gewehet und ist die Bach so groß worden, daß sie hoch über den Gassensteg gangen ist. Im Februario ist sie wieder fast größer gewesen, von wegen Abgang des Schnees und Regens. In diesem Jahr hat das Gewittter an gar vielen Orten grausamen Schaden zum dritten mal gethan an Korn, Dinkel, Haber, Wein, Obst, Kraut. In summa alles, was zu Felt gewesen, in Grundt und Boden erschlagen. Düren (Walldürn), Hardtheim, Külsheim, Werdtheim ganz bis in die „Nihe", wie man sagt, sambt dem beygelegenen Dörffern und Hofen haben es mit großem Jammer erfahren. Umb Pfingsten zuvor und hernacher hat das Malter Korn 6 und 5 fl. golten. Und ist an allen Orten gar wenich worden. In diesem Jahr ist viel und guter Wein gewachsen und der Eymer von der Kelteren 4 fl. 3 kr. golten. In diesem Jahr ist gar ein warmer Winder gewesen, hat nie über 2 Tag aneinander gefroren.*" (Schmitt 1987)

1611: Im Jahr 1611 blieben die Wintertemperaturen auf einem weitgehend durchschnittlichen Niveau, regional lagen sie jedoch darunter. In Ostfriesland setzte sich beispielsweise der leicht negative Trend fort und lag unterhalb der halben Standardabweichung der Vergleichsperiode. Die Kälte dieses Winters kulminierte vor allem im Januar. Es hatte den Anschein, als würde ein strenger Winter folgen. Im Februar änderte sich der Charakter aber, es wurde milder als sonst üblich. Anfang März kam es, selbst in Süddeutschland, nochmals zu einer schneereichen Kälterückfall, der dann aber von sehr warmen und trockenen Verhältnissen abgelöst wurde. Ein Kälteeinbruch am Ende der ersten Maidekade unterbrach diesen positiven Verlauf erheblich und schädigte die Vegetation sehr stark. Der Frühling geriet zudem sehr trocken. Über den Sommer lassen sich aus den täglichen Wetterbeobachtungen sehr heiße Verhältnisse ableiten. Für die erste Sommerhälfte sind zudem zahlreiche Gewitter überliefert, über die auf eine entsprechende Feuchte zumindest rückgeschlossen werden kann. Am Ende des Sommers trat eine längere Regenperiode ein, die sich in der letzten Septemberdekade nachweislich in Süddeutschland fortsetzte. Während in Norddeutschland eher durchschnittliche Verhältnisse bestimmend waren, gab es im Süden bereits Mitte Oktober einen Kälteeinbruch. Wenige Tage später traten verheerende Stürme auf, die vor allem den Baumbeständen erheblichen Schaden zufügten. Danach bestimmte eine länger andauernde Hochdrucklage das Wettergeschehen. Insgesamt kann der Herbst als kühl-feucht klassifiziert werden. Die Angaben zur Weingüte sind in diesem Jahr sehr unterschiedlich, wobei die Quellen darauf hindeuten, dass überwiegend mittlere Mengen geerntet werden konnten.

1612: Das letzte durch tägliche Beobachtungen von Fabricius belegte Jahr begann mit einem strengen Winter (Abb. 48). Neben der Kälte fiel den Chronisten vor allem auch die außergewöhnliche Schneemenge auf, durch die es offenbar zu Schäden am Wintergetreide kam. Aus der Temperaturrekonstruktion kann ersehen werden, dass die Abweichung die Schwelle der einfachen Standardabweichung unterschritt. Die Frühlingsverhältnisse waren kalt und trocken. Den Sommer über herrschten gegensätzliche Verhältnisse. In Franken war während der Rebenblüte Regenwetter eingefallen, so dass die Blüten zum Teil abfielen. Wegen der danach eingetretenen Hitze und Trockenheit gab es bei Hafer und Gerste Probleme. Anschließend folgten erneut Sturm und Regen. Im Alpenvorland weisen die Quellenbefunde hingegen auf länger anhaltende Trockenheit und Hitzeperioden hin. Zum Ende des Jahres tobten – früher als gewöhnlich – auffallend häufig Stürme über Mitteleuropa. Ende September gab es eine Sturmflut, schwere Stürme führten in der letzten Oktoberdekade und Anfang November zu schweren Schäden. Der Herbst fiel ebenfalls zu trocken aus. Ende des Jahres erlebte Mitteleuropa, zeitlich mit dem Weihnachtstauwetter zusammenfallend, ein Sturmszenario, das mehrere Tage andauerte und schließlich, von starken Gewittern begleitet, zu einem regelrechten Inferno anwuchs.

1613: Die extreme Sturmphase zu Weihnachten des Vorjahres kann in diesem Winter als Ausdruck eines stark zonal geprägten Systems interpretiert werden, das sich nach dem Jahreswechsel weiter fortsetzte. Lang anhaltendes Regenwetter bei viel zu milden Temperaturen mit überregionalen Hochwassern, vereinzelten Gewittern und Stürmen blieben den ganzen Winter über bestimmend (Abb. 49). Der Frühling verlief durchschnittlich, war aber trocken. Die obligatorischen Spätfröste traten diesmal bereits Ende April auf, im Mai gab es mehrere Gewitter, die erheblichen Schaden verursachten. Ein Sturm Ende des Monats führte schließlich zu Windwurfschäden. Im gesamten Süden tobten schwere Gewitter mit Starkregen, in deren Folge die Flüsse anschwollen und regional schwere Hochwasser verursachten. Das wohl Folgenschwerste ereignete sich in Thüringen, das als ‚Thüringische Sintflut' in die Annalen einging (vgl. Militzer & Glaser 1994) und in den damals verfügbaren Medien nachhaltigsten Niederschlag fand. Der Sommer war insgesamt feucht. Trotz

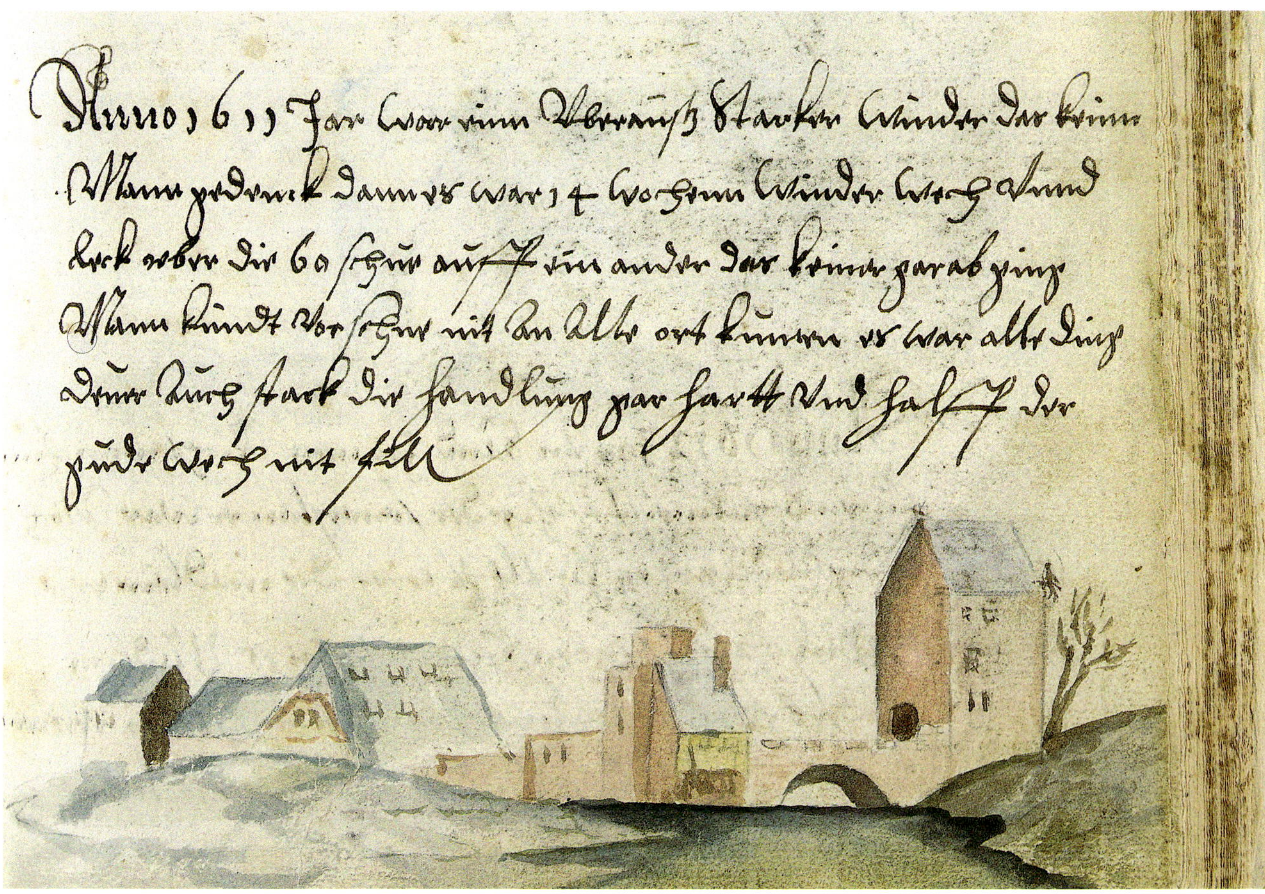

Abb. 48: Winterkälte in Nürnberg 1612. StA Nürnberg F/1/49.

Abb. 49: Flugschrift zu den Stürmen, Regenfällen und Hochwassern 1612/1613. Schloßmuseum Gotha, Kupferstichkabinett Sign. 18/39.

des phasenweise trockenen Herbstwetters im September wurde der Wein nur mittelmäßig oder war sauer. Hochwasser in Thüringen Anfang Oktober, eine späte Weinlese und besagte Weinqualitäten sind weitere Kennzeichen des Witterungsganges. Anschließend erlebten die Menschen das, was man einen frühen Wintereinbruch nennt. Bereits in der zweiten Novemberdekade fiel, begleitet von heftigen Schneefällen, strenge Kälte ein.

1614: Der Winter war streng und äußerst schneereich. Einige Chronisten versuchten, die Schneemenge durch Aufzählen der einzelnen ergiebigen Schneefälle zu verdeutlichen, ein stilistisches Mittel, das sich noch öfter wiederholen sollte. Ein weiterer Stereotypsatz wurde bemüht, um den außergewöhnlichen Charakter dieses Winters zu dokumentieren; er soll kalt ‚wie seit Menschengedenken nicht mehr‘ gewesen sein. Weitere nichtklimatische Hinweise beweisen aber die Winterstrenge und den Schneereichtum: Das Getreide wurde erheblich geschädigt, es verfaulte unter dem Schnee. Folglich missriet die Ernte und es kam zu einer Teuerung. Die Kälte hielt den Frühling über derart lange an, dass die Vegetation im Mai noch nicht aufgegangen war. Mitte Mai schädigten Fröste das Getreide, das den Winter überstanden hatte, aufs Neue. Eine Negativsignatur in den fränkischen Fichten untermauert den außergewöhnlichen Witterungsverlauf dieses Jahres. Auch die zweite Hälfte verlief zu kalt und zu nass. Der Sommer war feucht, der Herbst kühl und nass. Die Weinlese wurde erst Mitte November angesetzt, der Wein war trotzdem sauer. Anfang Dezember fiel eine mildere Phase ein, danach wurde es kalt und so blieb es auch über die Weihnachtstage. Ende des Jahres gab es den ersten Schnee. Alles in allem war 1614 wieder ein sehr kaltes Jahr. Eine Quelle aus Crailsheim gibt folgende Darstellung:

„*27. Febr. 1614 als ein beharrlicher schnee gelegen und das erdtrich zugefroren, hat es auf der bleich allhie raupen in zimlicher anzahl geschnyen, welche von den vilen aufgehebt und von den vögeln aufgefressen worden. Dergleichen umb Geildorf und nach Enßlingen hinab auch gespürt. Verschiner winter so hart gewesen, dergleichen in mans gedenken nie. Dann umb Martini angefangen zu schneyen und fürthin immer ein andern, das der alt nie abgangen und hat gewehrt bis 20. Martii, da in den veldern der schnee allgemach abgangen. Aber in den welden und gegen Ellwangen zu und Welsen ist, wie auch an andern orten, der schnee so tief gewesen noch umb 20. Martii, das ich Sontheim und Geildorf allein in der straß bleiben müssen. Eh der schnee gar abgeangen, hat man 20. Martii das viertel kernen umb 12 batzen geben. 16. Apr., da man gespürt, das der samen dahinden bliben, hat mans umb 1½ fl. geben. Hat man umb uns weit und breit alles, eas den winter gesehet, umbackern oder egen müssen und habern oder gersten drein sehen. Umb Georgii (23.04.) ist noch weder laub noch graß gewesen, und hat man dann zumal erst noch heftig geackert und gesäht.*“ (Hist. Verein f. Württ. Franken 1962)

1615: Der Winter war so kalt, dass an einigen Orten die Brunnen versiegten. Mitte bis Ende Januar war die Kälte von den üblicherweise eintretenden Tauwetterphasen unterbrochen. Mehrere Stürme mit Sturmfluten und Gewittern in den Tieflagen beziehungsweise an der Küste sowie schwere Schneefälle in den Hochlagen des Schwarzwaldes waren die wesentlichsten Akzente dieses Abschnittes. Auch in diesem Jahr hielt die Kälte den Frühling über an. So dass dieser als sehr kalt eingestuft werden kann. Ein schwerer Kälteeinbruch Anfang Mai hatte katastrophale Folgen für die Vegetation. Die Quellen sprechen davon, dass Bäume und Wein erfroren. Eine negative Eichensignatur in Franken war vermutlich das Resultat der Winterkälte und des starken Kälteeinbruchs im Mai. Ein weiterer Grund könnte auch im Witterungsgang des darauf folgenden Sommers gewesen sein, denn dieser war heiß und extrem trocken. Im Norden war der Sommer äußerst gewitterreich, ansonsten beklagten die Chronisten in einer sehr drastischen Sprache die Auswirkungen der Dürre. Neben den Beeinträchtigungen am Getreide und anderen Anbauprodukten standen die Mühlen wegen Wassermangel still, Bäche trockneten aus. Mitte August rasten Stürme über Mitteleuropa hinweg, die schwere Schäden in den Wäldern verursachten. Gewitterschauer taten ihr Übriges, es kam regional zu Hochwassern. Der Herbst verlief ebenfalls trocken und warm, so dass zumindest die Weinqualität gut war. Die Lese fand dieses Jahr zu frühen bis durchschnittlichen Terminen statt. Im November beklagten die Müller erneut den Wassermangel, was zu dieser Jahreszeit sonst sehr selten geschah. Die üblichen Herbststürme traten erst Ende November auf. Das milde Wetter hielt bis Anfang Dezember an. Ende der ersten Dezemberdekade kam es an der Küste zu einer schweren Sturmflut. Was in der Gesamtbilanz der meisten Regionen in Mitteleuropa als trockenes Mangeljahr beschrieben wurde, galt im Voralpenraum als gute und fruchtbare Zeit.

1616: Die Milde des Dezembers setzte sich zunächst noch zum Jahreswechsel hin fort, der sonst übliche Hochwinter I trat erst Mitte Januar auf. Im Norden und Osten fiel die Kälte früher ein, sie war dort auch strenger und hielt länger an. Im Westen froren schließlich gegen Ende des Monats auch die größeren Flüsse, wie Main und Rhein, zu. Aus Mainvereisungsdaten lassen sich die Wintertemperaturen rekonstruieren. Sie liegen im Bereich der einfachen Standardabweichung. Nach dem Auftreten von Stürmen Ende März setzte Mitte April eine lang anhaltende Trockenperiode ein, die den Sommer über andauerte. Der regionale Schwerpunkt dieser Trockenphase lag diesmal im Osten, dehnte sich schließlich aber dann auch auf das übrige Mitteleuropa aus. Über die Quantifizierung von fränkischen Fichtensignaturen konnte das Niederschlagsdefizit bilanziert werden: Im Zeitraum November bis Juni fehlten in Franken fast 40 % der sonst üblichen Menge. Kein Wunder, dass die Getreide- und vor allem auch die Heuernte missrieten. So traten alle phänologische Phasen viel zu früh ein, auch die Weinlese wurde einen ganzen Monat früher als üblich angesetzt. Der Wein geriet sehr gut, obwohl die Reben durch die Fröste Anfang Mai Schaden genommen hatten. In der Gesamtbilanz kann auf einen milden und trockenen Frühling, einen sehr heißen und extrem trockenen Sommer sowie einen trockenen Herbst geschlossen werden, insgesamt ein bemerkenswertes Trockenjahr. Ende des Jahres wollte sich keine richtige Winterkälte einstellen.

1617: Der Winter war warm und trocken. Es schneite nur an wenigen Tagen, selten gab es Frost. Ende Januar fegte eine Folge von Stürmen über Mitteleuropa hinweg, an der Küste kam es zu Sturmfluten. Die phänologischen Phasen traten extrem früh ein, so erschienen die Blüten in vielen Regionen schon im Februar. Selbst im Alpenvorland fiel Anfang des Monats Tauwetter ein und die Flüsse führten Hochwasser. Im Süden verlief der Winter eher trocken, im Nordteil hingegen unruhig und feucht. Die Temperaturen lagen im Frühling im normalen Bereich. In hygrischer Hinsicht traten regionale Unterschiede auf: Im Osten war es zu trocken, im Süden fiel zunächst eine Regenphase ein, die, später als im Osten, von einer Trockenperiode abgelöst wurde. Zum Sommer hin änderte sich die vorherrschende Prägung grundlegend. Der Juni war stürmisch und durch lang anhaltendes Regenwetter überdurchschnittlich nass. Ähnlich verlief auch der August. Eine mehrere Tage andauernde Sturmsequenz fegte über Norddeutschland hinweg, begleitet von Dauerregen, so dass der Sommer insgesamt als nasskalt beschrieben werden kann. Die Weinlesetermine streuen in diesem Jahr erheblich, insgesamt wurde der Wein überwiegend als schlecht eingestuft. In witterungsklimatischer Hinsicht ‚sprechen' die Quellen erst wieder Ende des Jahre: Das Weihnachtstauwetter war diesmal von einem heftigen Sturm begleitet. Der folgende Quellenauszug schildert die Situation im Stuttgarter Raum:

„*Anno 1617. Jm eingang diese Jahrs war es so warm / daß man in der fünfften Wochen mit pflügen vnd hacken das Feld angriffen. Den 9. Mertzen haben die Reben sich angefangen zutreiben / war so dirr / daß grosser Mangel an Wasser zum mahlen vnd anderm entstund / dann alle Bäch schon zwey Jahr versiegen. Die Weinblüht ist mit Regen vnd vermischtem Sonnenschein verhindert worden / daß es 4. Wochenlang geblüht / folgte doch zur Häwet vnnd Erndte gut dirr Wetter. Vmb Bartholomej gab es Regenwetter / auch setzte es den 1. October mit Reiffen vnd Gefröre an / darumb man den 8. angefangen zulesen / welches biß auff den 18. im nidern Feld gewähret / darnach hat man erst die Berg angriffen. Das kalt Wetter setzte jmmer fort / vnd waren die Trauben gefroren / darumb man vor 10. Vhr nicht lesen kundt / deßwegen auch am Sontag zulesen vergundt worden / hat man also 3. Wochen mit zugebracht. … Jst also dieses 1617. ein fruchtbars guts Vols Jahr / da alles wol gerahten / was zum Menschlichen Leben dienet / ohne deß Obs ist wenig worden. Deß Weins wurd so vberflüssig / daß man zum theil in Züber einschlagen mußt / er war im nidern Feld so saur / daß man jhn 3. Jahr vmb geschlaifft / vnd nicht zu Gelt bringen kundt / biß daß er woll erlegen. Es gab ein herrliche gute Erndt / Der Scheffel Kern galt 4. fl.*" (Ginschopf 1630 und 1631)

1618: Die Befunde für den Winter deuteten darauf hin, dass es sich um einen durchschnittlichen, im Norden eher milden und im Süden kalten und schneereichen Vertreter handelte. Einige Stürme Anfang Januar und eine Tauwetterphase im Voralpenraum Mitte Februar machen aber deutlich, dass auch dort die Kälte nicht allzu extrem ausgebildet gewesen sein konnte. Der Frühling war unauffällig, der Sommer erneut kühl und feucht, so dass die fränkischen Eichen eine Positivsignatur ausbildeten. Besonders der Juni wurde als ungestüm und regnerisch beschrieben, infolge dessen traten im Osten Deutschlands Überschwemmungen auf. Der Herbst hatte offenbar wieder einen durchschnittlichen Temperaturgang, er war aber ebenfalls feucht. Den Wärmemangel aus der ersten Jahreshälfte wollte man bezüglich der Weinlese auch in diesem Jahr durch einen späten Lesetermin ausgleichen, trotzdem wurden die Erträge meist als mittel beschrieben. Mitte November gab es im Voralpenraum schwere Schneefälle, die zu Schäden am Baumbestand führten.

1619: Auch der Winter dieses Jahres kann als durchschnittlich, trocken und regional sogar als zu mild klassifiziert werden. Bis Ende Februar fiel, zumindest im Osten Deutschlands, sehr wenig Schnee. Dies änderte sich erst im März, als eine längere kalte und äußerst schneereiche Phase eintrat. Mitte Mai kam es, im Norden von Stürmen begleitet, zu einem Kälteeinbruch. Ende Mai fiel eine längere Hitzeperiode ein, die bis Mitte Juli andauerte. In Regionen wie Mainfranken, in denen die Wasserbilanz eher angespannt ist, reichte diese vergleichsweise kurze Phase offenbar aus, um in den Eichenringen eine negative Signatur zu hinterlassen. Insgesamt war das Frühjahr kalt. Mitte Juli änderte sich die Prägung des Sommers grundlegend, denn von nun an herrschte stürmische und regenreiche Witterung vor. Bisweilen steigerten sich die starken Winde zum Sturm, so z. B. in der letzten Julidekade und nochmals Mitte August, als an der Küste Sturmflut gemeldet wurde. Die starken Regenfälle führten vielerorts zu Überschwemmungen. Erst Ende August trat wieder eine etwas längere Warmperiode ein. Die gegensätzliche Prägung dieses Sommers führte zu unterschiedlichen Einschätzungen in den Chroniken: Einige stuften ihn als dürr ein, andere stellten mehr auf die Feuchtphasen ab und klassifizierten ihn als nass. Regional waren die Niederschläge so hoch, dass das Getreide auswuchs. Die Weinlesetermine lagen etwas später als gewöhnlich, Ende des Herbstes blühten einige Pflanzen zum zweiten Mal. Die Wärmeschübe in diesem Jahr hatten offenbar ausgereicht, um einen Wein mittlerer Qualität in die Keller zu bringen. Ende November gab es erneut eine Sturmflut.

1620: Auch in diesem Jahr war der Winter durchschnittlich und feucht, der Frühling unauffällig. Als eher durchschnittlich müssen auch die Sommerverhältnisse und der Herbst eingestuft werden. Die Weinqualität wurde überwiegend mit mittelmäßig angegeben. Weitere Differenzierungen ließen die Befunde in diesem Jahr nicht zu.

1621: Das Jahr begann, wie anhand vielfacher Belegungen aus ganz Deutschland nachvollzogen werden kann, mit einem strengen Winter. Die Zahl der Frosttage war nach den Aufzeichnungen von Hermann IV. im Januar und Februar allerdings nur leicht unterdurchschnittlich und deutete damit auf entsprechende regionale Temperaturverhältnisse hin. Erfahrungsgemäß ist in der Anfangszeit von historischen Beobachtungen noch mit größeren Unsicherheiten zu rechnen. So wies die Temperaturrekonstruktion für die Mainvereisungen bei Würzburg einen unterdurchschnittlichen Temperaturwert aus, der noch in das Intervall einer Standardabweichung fiel, allerdings die halbe Standardabweichung unterschritt. Alle größeren

Die Jahre 1621 – 1650 – Aufzeichnungen des Landgrafen Hermann IV. von Hessen

Das einzigartige Datenmaterial, das von Hermann IV. von Hessen in der aus Sicht der Wetterbeschreibungen so schweigsamen Zeit des 30-Jährigen Krieg verfasst wurde, liegt in einer von Lenke (1960) vorbildlich geführten Auswertung vor. Seine Ergebnisse sollen nur kurz referiert werden, da die entsprechende Literaturstelle gut zugänglich ist, die historischen Angaben methodisch überzeugend umgesetzt wurden und die Arbeit über einen umfassenden Tabellenteil verfügt.

Analysiert man beispielsweise die Zahl der jährlichen Niederschlagstage zwischen 1621 und 1650 (Tab. 8), fällt zunächst auf, dass die niederschlagsärmeren Jahre in der ersten Hälfte des Beobachtungszeitraums, nämlich zwischen 1621 und 1634, lagen, während die niederschlagsreicheren Jahre allesamt in der zweiten Hälfte ab 1637 auftraten. Offensichtlich vollzog sich in diesem Zeitraum ein Wandel von trockeneren Bedingungen mit dem absoluten Minimum in den Jahren 1631 und 1632 zu feuchteren Verhältnissen mit dem Maximum im Jahre 1650. Ein quellenbedingter Trend kann ausgeschlossen werden, da auch andere Wetterelemente für eine tatsächliche Umstellung der Witterungsverhältnisse sprechen. Lenke sieht als wesentliche Ursache der Niederschlagszunahme eine Aktivierung der sommerlichen Monsunvorstöße. Bilanziert man die Anzahl anomal feuchter und trockener Monate, dominiert im Abschnitt 1621 bis 1637 die Zahl der Monate mit negativer Abweichung, abgesehen von Januar und Dezember. Dabei lag das Maximum dieser Abweichung in den Monaten September und Oktober, die deutlich zu trocken ausfielen. Demgegenüber zeigte der zweite Abschnitt von 1638 bis 1650, wiederum mit Ausnahme von Januar und Dezember, ein Übergewicht von Monaten mit positiver Abweichung. Nach einem ersten relativen Maximum im Mai schwächte sich die Zahl anomal feuchter Monate kontinuierlich ab, um dann aber in den Monaten Oktober und November ein zweites Maximum zu erreichen.

Neben der Bearbeitung der Niederschlagsangaben wurde eine Temperaturrekonstruktion aus den Frostangaben abgeleitet. In die Regressionsanalysen gingen die korrigierten Frostangaben von Hermann IV. ein. Als geeigneter Korrekturfaktor wurden 20 % der Originalangaben angesehen, in etwa der Anteil, der auf die schwachen Fröste zwischen – 0,9 °C und – 0,1 °C entfällt. Eine Absicherung der aus diesem Verfahren abgeleiteten Temperaturwerte folgte aus einem Vergleich von Temperaturrekonstruktionen anderer, unabhängig erhobener Werte und der Zusammenschau mit den deskriptiven Angaben, die zumindest die Tendenz der Temperaturentwicklung abschätzen ließen.

Eine erste übergreifende Analyse der winterlichen Temperaturangaben zwischen 1621 und 1650 machte deutlich, dass zwischen dem jährlichen Auf und Ab ein Trend erkennbar ist, der stark vereinfacht eine Zweiteilung in eine erste, von mehr milden Wintern geprägte Phase und einen zweiten, von mehr kalten Wintern geprägten Abschnitt aufweist. Vergleicht man die Dezennienwerte der korrigierten Frosttage, dann erkennt man einen Anstieg der Mittelwerte, ausgehend von einer unterdurchschnittlichen Dezennienbelegung über eine durchschnittliche, die fast exakt auf dem Niveau der Vergleichsperiode 1890 – 1930 liegt, gefolgt von einem dritten, überdurchschnittlichen Wert. Interessanterweise weisen die Vergleichswerte der Temperaturen zwischen 1951 – 1980 fast genau den gleichen Wert, nämlich 0,6 °C auf. Lediglich die Standardabweichung im historischen Untersuchungszeitraum ist etwas größer.

Flüsse waren zugefroren, die Schifffahrt auf den Flüssen und an der Küste kam zum Erliegen, mancherorts froren die Mühlen ein. Die Kälte war im Wesentlichen auf die ersten beiden Monate beschränkt. Über die Verhältnisse im Frühling liegen einige Befunde aus Süddeutschland vor, nach denen der Frühling schön gewesen ist. Die Niederschlagsentwicklung verlief nach den Angaben von Hermann IV. im Januar und Februar unterdurchschnittlich, für den Rest des Jahres, mit Ausnahme der äußerst geringen Novemberniederschläge, normal. Der Herbst kann damit als trocken klassifiziert werden. Dieser Befund steht im Widerspruch zu anderen Quellenbefunden, die für den Sommer feuchte, stellenweise sogar nasse Bedingungen beschreiben. Alle Regionen waren anscheinend von der ab August einsetzenden Feuchte betroffen, dabei sollen die Niederschläge so hoch gewesen sein, dass das Getreide auswuchs. Im Westen sind auch für den Herbst sehr nasse Verhältnisse überliefert, im Norden soll es zu einem frühen Wintereinbruch gekommen sein. Leider sind diese Befunde nicht mit dem durchschnittlichen Verlauf der hessischen Daten in Einklang zu bringen. Am ehesten scheint noch eine Unterbelegung der hessischen Daten möglich, da sich alle anderen Befunde sehr gut zur Deckung bringen lassen. Ansonsten kann der Sommer als kalt und der Herbst als kühl eingestuft werden. Insgesamt war es ein sehr kaltes Jahr.

1622: Für das folgende Jahr lassen sich in den Quellenangaben wiederum auffällige Winter- und Schneeverhältnisse erkennen. Die täglichen Beobachtungen von Hermann IV. weisen für den Januar überdurchschnittlich vie-

Jahr	Jan	Feb	Mar	Apr	Mai	Jun	Jul	Aug	Sep	Okt	Nov	Dez	Jahr	Wi	Fr	So	He
1621	8	10	15	12	10	11	15	14	13	11	6	13	138		37	40	30
1622	14	9	21	19	13	14	21	15	9	14	14	16	179	36	53	50	37
1623	8	8	10	8	21	25	3	9	14	9	6	15	136	32	39	37	29
1624	16	8	19	10	7	14	18	16	10	14	20	25	177	39	36	48	44
1625	16	12	19	17	10	17	13	11	10	15	9	10	159	53	46	41	34
1626	16	3	13	11	2	12	18	19	6	11	9	11	131	29	26	49	26
1627	22	17	11	16	16	19	10	12	16	9	11	14	173	50	43	41	36
1628	16	9	10	16	13	15	21	11	12	12	15	21	171	39	39	47	39
1629	15	13	11	13	15	8	19	7	14	8	8	18	149	49	39	34	30
1630	11	16	11	15	9	7	8	8	12	17	8	7	129	45	35	23	37
1631	14	12	14	8	8	10	9	11	10	5	9	13	123	33	30	30	24
1632	9	9	9	10	5	13	11	15	11	15	3	13	123	31	24	39	29
1633	8	4	13	10	9	26	10	21	8	15	15	18	157	25	32	57	38
1634	16	15	12	10	10	9	10	12	5	11	8	8	126	49	32	31	24
1635	6	22	17	15	16	9	12	17	14	9	15	20	172	36	48	38	38
1636	17	18	12	7	2	11	26	15	19	9	19	17	172	55	21	52	47
1637	9	13	16	15	10	10	20	18	18	13	16	20	178	39	41	48	47
1638	17	14	10	15	7	18	17	15	19	17	15	16	180	51	32	50	51
1639	13	13	8	14	18	14	25	22	9	5	14	18	173	42	40	61	28
1640	12	20	18	22	18	13	19	15	10	23	22	11	203	50	58	47	55
1641	14	19	16	16	13	16	19	16	10	11	19	19	188	44	45	51	40
1642	8	20	12	14	10	14	21	13	9	17	10	10	158	47	36	48	36
1643	19	18	16	13	13	15	14	14	21	11	12	9	175	47	42	43	44
1644	9	24	14	8	16	23	8	18	17	20	13	16	186	42	38	49	50
1645	13	8	14	14	12	16	21	18	19	16	11	13	175	37	40	55	46
1646	11	10	17	19	13	25	13	17	19	23	15	20	202	34	49	55	57
1647	16	4	9	16	16	19	21	20	12	14	13	16	176	40	41	60	39
1648	10	16	24	12	18	20	23	21	20	15	20	7	206	42	54	64	55
1649	17	9	20	11	19	15	13	18	15	23	14	14	188	33	50	46	52
1650	18	13	25	14	20	23	23	13	25	19	15	18	226	45	59	59	59

Tab. 8: Anzahl der Niederschlagstage nach den Aufzeichnungen des Landgrafen Hermann IV. von Hessen 1621–1650.

le Schneefalltage aus, die das Mittel 1621–1650 um über 100 % übersteigen. Im Westen deuten einige Quellen ebenfalls auf viel Schnee hin, während aus dem Norden eher schneearme Verhältnisse gemeldet wurden. Der Winter war streng, der Frühling kalt und nass. Die aus den Daten von Hermann IV. ersichtlichen hygrischen Anomalien werden in anderen Quellen allerdings nicht erwähnt. Die zweite Hälfte des Jahres war wiederum überdurchschnittlich warm.

1623: Die thermische Bilanz dieses Jahres lässt sich zusammenfassen: Auf einen durchschnittlichen Winter folgten ein zu kalter Frühling und heißer Sommer. Erst der Herbst zeigte wieder normale Verhältnisse. Ähnlich akzentuiert verlief auch der hygrische Jahresgang. 1623 werden aus dem Süden und Westen trockene bis dürre Sommerverhältnisse gemeldet, lediglich für den Norden sprechen die Quellen von einer mehrwöchigen Regenperiode. Nach den Beobachtungen des Landgrafen kam es in diesem Jahr zu einem Trockenjahr. Im Jahresgang traten noch einige weitere interessante Über- und Unterschreitungen auf. Die Monate Januar bis April waren zu trocken, Mai und Juni zu feucht, Juli und August lagen mit 3 bzw. 9 Niederschlagstagen weit unter dem Durchschnitt von 16 bzw. 15 Tagen. Auch Oktober und November waren deutlich zu trocken. Die übergreifenden Quellen beziehen sich jedoch nur auf den Sommer. Deutlich wird der generalisierende Charakter der Quellen, die den ganzen Sommer als dürr bezeichnen, obwohl im Juni sogar überdurchschnittliche Niederschläge gefallen waren. Die Gesamteinschätzung ist aber stimmig. Der Herbst war trocken. Ende des Jahres zeigte sich erneut eine auffällige Abweichung: Fränkische Quellen sprechen von einer Häufung von Schneefällen. Die täglichen Aufzeichnungen von Hermann IV. vermelden 13 Tage mit Schneefall anstelle der fünf üblichen Ereignisse und bestätigen damit diese Anomalie.

1624: Die außergewöhnlich zahlreichen Schneefälle dauerten bis in das nächste Jahr an. Im Januar 1624 traten in Hessen fast doppelt so viele Ereignisse wie sonst üblich auf. Im Februar und März waren die Verhältnisse nicht auffällig. Im April verzeichnete der Landgraf jedoch immerhin noch vier Tage mit Schneefall, bereits ein Hinweis auf die Strenge und Länge des Winters, der vor allem im Februar eine überdurchschnittlich hohe Zahl von Frosttagen brachte. Der aus den Frosttagen rekonstruierte Temperaturwert für die Region Kassel lag auch nach heutigen Maßstäben einer zweifachen Standardabweichung im Bereich einer echten Anomalie. Für Mainfranken ergab sich ebenfalls ein Wert, nach dem dieser Winter als streng eingestuft werden kann. Angaben aus dem Osten, die besagten, dass es bis Ostern 60 Schneefälle gab, unterstreichen den Schneereichtum, wobei die Zahl wohl nicht als numerische exakt, sondern als Untermalung der außergewöhnlichen Situation gedacht war. Der Frühling verlief zu mild. Während die Angaben von Hermann IV. mit Ausnahme der sehr geringen Mainiederschläge und überdurchschnittlich vielen Regentagen im Juli keine weiteren Auffälligkeiten vermelden, sprechen Quellen aus dem Osten und aus dem Norden von einer großen Hitze und Trockenheit. Der Sommer war sehr heiß, die Trockenheit aber offenbar nur auf die beschriebenen Regionen beschränkt. Frühe Traubenernten und überwiegend gute bis sehr gute Weinqualitäten im Westen und Süden stärken die These eines eher warmen Sommers. Das in Franken als warm und trocken empfundene Herbstwetter kann wiederum durch unterdurchschnittliche Regentage im September bestätigt werden.

1625: In diesem Winter setzte sich die Serie überdurchschnittlich niederschlagsreicher Januare fort. Die Temperaturverhältnisse waren in diesem Monat aber derart mild, dass der überwiegende Teil in Form von Regen fiel. Einige Flüsse, wie z. B. die Kocher, traten über die Ufer. Ende Januar kam es an der Küste zu einer Sturmflut. Erst im letzten Februardrittel trat die jahreszeitenübliche Kälte ein, die aber nur kurz bis Anfang März anhielt, so dass im gesamten Mitteleuropa ein warmer und nasser Winter zu verzeichnen war. Die Temperaturrekonstruktion ergibt für die Region Kassel einen Wert, der diese allgemeine Einschätzung bestätigt: Dieser lag über der einfachen Standardabweichung und kann als anomal mild bewertet werden. Gleich mehrfach traten in diesem Monat an Ost- und Nordsee Sturmfluten auf. Die dritte Sequenz von Stürmen um den 20. Februar blieb auch im Binnenland nicht ohne Auswirkungen. Nordweststürme entwurzelten im Osten und Süden Bäume, die danach einsetztende strenge Kälte führte in Franken zu Schäden an den bereits aufgegangenen Blüten. In der weiteren Einschätzung des hygrischen Ablaufes ist ein Gleichklang festzustellen, wie man ihn sich nicht besser wünschen kann. Fränkische Quellen sprechen von einem anhaltenden Regenwetter im Frühling. Eine überdurchschnittlich hohe Anzahl von Niederschlagstagen im März und April (positive Abweichung in der Größenordnung einer Standardabweichung) korrespondiert ebenso mit den allgemeinen Quellenbefunden wie die im Osten und Süden gleichermaßen beschriebene Sommerwärme, die durch unterdurchschnittliche Belegungen von Niederschlagstagen von Juli bis September ihre Entsprechung fand. Im Westen führte die Großwetterlage zu zahlreichen Gewittern, so dass eine meridionale Anordnung einer wetterbestimmenden Hochdrucklage im Süden und Osten angenommen werden kann. In der Gesamtbilanz war die erste Jahreshälfte nass, die zweite fiel trocken aus.

1626: Der Winter ähnelte in thermischer Hinsicht sehr dem vorangegangenen, auch wenn er nicht ganz dessen hohes Temperaturniveau erreichte. Die Auffälligkeiten blieben auch in diesem Jahr nicht auf die Temperaturentwicklung beschränkt. Die überdurchschnittlich hohen Januarniederschläge in Hessen fielen überwiegend als Regen, während im Februar nur drei Niederschlagstage verzeichnet sind. Über diese beiden Abweichungen finden sich keine Quellenbefunde. Auch die äußerst geringen Niederschläge im Mai scheinen die Chronisten nicht beschäftigt zu haben. Vielleicht lag es daran, dass Ende Mai ein Kaltlufteinbruch mit Frost, Schneefall und Sturmwinden in allen Teilen Deutschlands zu erheblichen Schäden an der Vegetation führt, ein Ereignis, dass in fast allen Quellen Erwähnung fand. Die nächste hygrische Anomalie, eine länger anhaltende Regenperiode im Juli und August, wurde wieder in zahlreichen Quellen beschrieben. Vor allem in Franken und im übrigen Süddeutschland scheinen überdurchschnittlich lange Regenperioden aufgetreten zu sein. Allerdings zeigte der Witterungsverlauf im Norden sowohl hygrisch wie auch thermisch oft eine Gegenläufigkeit. Ab September lag die Zahl der Niederschlagstage der hessischen Daten in allen Monaten unter dem jeweiligen Monatsdurchschnitt von 1621–1650. Insgesamt muss 1626 daher als Trockenjahr bezeichnet werden, wobei der Winter, der Frühling und der Herbst als sehr trocken eingestuft werden können. Dabei war der Winter warm, der Frühling durchschnittlich, der Sommer kühl und der Herbst wiederum warm.

1627: Das Werturteil der fränkischen und anderen süddeutschen Chronisten für das Jahr 1627 fällt kurz und prägnant aus: nass und kalt. Nachdem im Süden durch den vielen Schnee, der explizit auch aus den Hochlagen gemeldet wird, bereits die ersten Schäden am Wintergetreide aufgetreten waren und auch der April kalt und frostreich verlief, waren Sommer und Herbst von stetigem Regenwetter geprägt. Folge dieser nasskalten Verhältnisse waren verspätete phänologische Phasen, schlechte, meist saure Weine, Ernteeinbußen und Hochwasser. In den Beobachtungen von Hermann IV. erreicht die Anzahl der Niederschlagstage im Januar mit 22 Ereignissen Rekordhöhe. An 15 Tagen fiel Schnee und auch im Februar lag die Zahl der Niederschlagstage wie auch die der Schneefalltage über dem Durchschnitt. Die Wintertemperaturen blieben unter dem Durchschnitt. Im April traten noch elf Frosttage auf, was zu Schäden an den Reben führte, die zudem erst spät blühten. Die einzelnen Kälteschübe waren selbst Ende Juni noch groß: „*Im Junio stett regen wetter, so kalt, das wir 12. Junii und folgents die stuben einwermen müssen.*" (Hist. Verein f. Württ. Franken 1962)

Nach unterdurchschnittlich vielen Niederschlagstagen im März waren sowohl April als auch Mai und Juni in Hessen zu nass. Erst in der zweiten Jahreshälfte traten im Juli, im August und im Oktober wieder unterdurchschnittlich viele Regentage auf, während der Süden anderen Quellenbefunden zufolge immer noch im Einfluss feuchtebringender Luftmassen blieb. In der Beurteilung der hessischen Daten fiel das Jahr 1627 durchschnittlich aus. Stürme im November und Dezember, von denen einige Anfang bis Mitte November tobten und zu Sturmfluten an der Nordsee führten, schlossen den Reigen von Witterungsanomalien und auffälligen Witterungsereignissen für dieses Jahr ab.

Die Temperatureinschätzung der Chronisten kann bestätigt werden. Nach einem durchschnittlichen Winter war der Frühling sehr kalt, der Sommer sogar extrem kalt und der Herbst immerhin noch kühl.

„*der Winter ward temperirt, der früling feücht, und kalt, der Weinstock war umb Walburgis noch ganz blind, der ganze Sommer ist feücht geweßen, und gar ein bößer Ernd, der Herbst dergleichen, und hat man den haber erst im September und Octobr. geschnitten, ist viel habern, und Grumat gar draußen geblieben, und verfaulet: die Aicheln sin sohl; und die bratwürst auff den beümen geraten, Wie ingleichen Obst, Kraut, rüben, fütterung, auch das liebe Getraid, so war daoch alles zimblich theüer, und wuchs ein sarer Wein, das Getraid galt Korn 4; dinckel 5. und der habern 4.f. die Mez 36.X.*" (Chr. von Bad Windsheim, StA Bad Windsheim)

1628: Im nun folgenden Jahr schienen sich für den Süden Deutschlands die Witterungsverhältnisse des Vorjahres zu wiederholen. Zunächst führte schneereiche, dann nasskalte Witterung zu einem verspäteten Ablauf der phänologischen Phasen sowie Frostschäden und Ernteeinbußen. Auch in Hessen verlief der Januar überdurchschnittlich niederschlags- und vor allem schneereich. Im Gegensatz dazu waren Februar und März eher trocken und zu mild, was auch in süddeutschen Quellen Erwähnung findet. In der Zusammenschau der Temperaturentwicklung kann trotz der Kaltphasen auf einen insgesamt zu milden Winter geschlossen werden. Der April war wieder zu feucht, dann folgen unauffällige Befunde und erst der Juli fiel mit 21 Regentagen nass aus. Hierin stimmen die Quellen überein. Die Niederschlagsanomalie war offensichtlich überregional ausgebildet. Danach folgte ein Bruch in der Quellenüberlieferung, was mit chronistischer Unschärfe oder aber auch mit der regionalen Witterungsprägung zu erklären ist. Der August war nach den Aufzeichnungen des Landgrafen zu trocken, September und Oktober dagegen durchschnittlich. Neben den bereits erwähnten Erklärungsansätzen kommt eine weitere Möglichkeit in Betracht: Die Witterungsprägung des Erntemonats könnte stellvertretend für den ganzen Sommer gegolten haben. Die Sommermonate waren aus Sicht der Chronisten sicherlich wichtiger als die Herbstmonate, in denen die für die Ernährungslage bedeutsamen Abläufe bereits beendet waren. Insgesamt fiel der Herbst auch in diesem Jahr kalt aus. Im November und Dezember traten nach den hessischen Daten wieder überdurchschnittlich viele Niederschlagstage auf. Aus allen Regionen Mitteleuropas wird berichtet, dass diese beiden Monate außergewöhnlich mild und nahezu frostfrei waren.

1629: Januar und Februar waren aus thermischer Sicht überdurchschnittlich mild, der Winter insgesamt warm und feucht. Im März weisen die hessischen Angaben eine unterdurchschnittliche Belegung der Niederschlagstage auf. Für den Mai ist die Quellenlage widersprüchlich: Während fränkische Quellen von einem warm-trockenen Mai sprechen, zeigen die hessischen Aufzeichnungen eine überdurchschnittlich hohe Zahl von Niederschlagstagen. Offensichtlich handelte es sich um regionalklimatische Effekte. Andererseits lassen sich auch die fränkischen Angaben überzeugend belegen. Die Fichten bildeten in diesem Jahr eine deutliche Negativsignatur bzw. ein Weiserintervall aus. Für Süddeutschland wurde einheitlich von einem heißen und sehr trockenen Sommer gesprochen. Im Juni weisen übrigens auch die hessischen Beobachtungen nur sieben Niederschlagstage auf. Im Zeitraum 1621–1650 bedeutet das einen Negativrekord. Nach überdurchschnittlich vielen Regentagen im Juli erfolgte im August erneut ein Einbruch: Nur sieben Regentage bedeuten wiederum Minusrekord. Nach ebenfalls unterdurchschnittlichen Belegungen im Oktober und November, die zu einer negativen Herbstbilanz führten, konnten erst im Dezember wieder überdurchschnittlich hohe Niederschläge verzeichnet werden, überwiegend in der Form von Schnee. Zieht man eine Bilanz für dieses Jahr, dann kann man 1629 den trockeneren und warmen Jahren zuordnen.

1630: Mit diesem Jahr setzte sich die Folge von fünf Trockenjahren weiter fort. Nach einem milden Winter mit deutlich reduzierten Frosttagen im Januar und nur sehr wenigen im Februar (5 anstelle der durchschnittlich 13, die Zahl der Schneefalltage ist ebenfalls um 50 % reduziert) fielen im März weniger Niederschläge als üblich. Der April wies erneut durchschnittliche Feuchtebedingungen auf, dann aber folgte eine ausgesprochene Trockenperiode von Mai bis August. Alle diese Monate erhielten weit weniger Niederschläge als üblich, die negative Abweichung liegt unterhalb der Standardabweichung.

Auch andere Chronisten vermerkten diese extreme Trockenheit, wobei sie sich nach der Quellenlage vor allem im mittleren Teil Deutschlands ausgebildet hatte. In Franken wiesen die Fichten eine Negativsignatur auf. Die Rekonstruktion der Niederschläge ergibt für den Abschnitt November bis Juni nur 70% der sonst üblichen Niederschläge. Eine Hitzeperiode begann Mitte Juni. Um den 10. Juli setzte sich eine großräumige Störung durch, die zu Hagel- und Gewitterschäden führte. Der Wein war gut bis sehr gut ausgefallen. Interessanterweise melden Augsburger Quellen, ebenso wie einige norddeutsche Chronisten, ein gutes, fruchtbares Jahr. Die Herbstniederschläge waren im September durchschnittlich, im Oktober zu hoch und im November ebenso wie im Dezember wieder zu niedrig. Der Dezember wurde allgemein als kalt eingestuft. Dass sich die Verhältnisse aus dem Raum Kassel und dem Raum Stuttgart gut korrelieren lassen, zeigt der folgende Quellenauszug:

„Anno 1630. Jm Eingang dieses Jahrs hat sich der Winter gantz glimpffig vnd warm erzaigt / vom Spätling an / biß Liechtmeß mit gutem Temperierten Wetter. … Es gab ein bequemen Lentzen / daß man im Eingang deß Aprillen schon Samen auff den Ackern geschnitten / Es hat sich mit allem Gewächs / was der Mensch zu seiner Leibs auffenthaltung Nothwenig sehr schön erzaigt / das alles was die grosse hitz nicht verhindert / frühe auff der bahn war. … Sonst ist dieses ein zimblich Fruchtbars Jahr / was die grosse Hitz nicht verhindert hat / dann in ettlichen Orthen ein (ge)ringe Ernd / war dün vnd taub gewesen / auff der Alb aber ein Reiche Ernd erwachsen. Den Wein betreffendt / so ist der May Rauh mit kühlen Nächten vnd kalten Winden hart gnug gewesen / da doch wider alles verhoffen so ein Reichlicher Herpst vnd guter Wein erwachsen / daß man an vielen orthen nicht allen fassen / sonder vmb ein (ge)ring Gelt hingeben müssen / Zu Stutgarten wurd ein Aimer vmb 7. auch 6. fl. geben / Jnn der Pfaltz galt ein Ohm von 14. biß auff 23. batzen / man füllt eim ein faß vmb ein lehrs / ein Maß galt inn der Pfaltz 1. Kreutzer / vmb Durlach 2. kr. zu Stutgart 3. kr. auch 1. b. Am End dises Jahrs den 25. Decemb. am newen Christag / ist es so grimm kalt gewesen / daß die eingät in gantz Württemberg hoh vnd niders was nicht bezogen vom Winter erfroren.“ (Ginschopf 1630 und 1631)

1631: Das Jahr gehört zusammen mit 1632 zu den beiden trockensten Jahren im Zeitraum 1621–1650. Die Quellenlage für dieses Jahr ist besonders ergiebig, da neben den Beobachtungen des Landgrafen auch aus Nürnberg für einige Abschnitte des Jahres tägliche Aufzeichnungen vorliegen. Hieraus ist ersichtlich, dass Januar und Februar bei durchschnittlicher Niederschlagsentwicklung offensichtlich sehr kalt waren. Alle Niederschläge fielen als Schnee, die Zahl der Frosttage lag weit über dem Durchschnitt. Durch die unterdurchschnittliche Anzahl von Frosttagen im Dezember des Vorjahres ergab die winterliche Temperaturrekonstruktion einen unterdurchschnittlichen Wert; dieser erreicht aber nicht die Qualität einer Anomalie. Im März trat eine rasche Erwärmung ein, was sich in den hessischen Daten in nur einem Schneefalltag anstelle der sonst üblichen fünf Tage dokumentiert. Darauf folgte im April und Mai eine Trockenphase. Während im Juni regional auch wieder normale Zustände herrschten, erreichte im Juli, wie in den vorangegangenen Trockenmonaten, die Zahl der Niederschlagstage wieder Werte unter der Grenze einer Standardabweichung. Nachdem im August in einigen Regionen erneut durchschnittliche Niederschläge fielen, war der Abschnitt September bis November von unterdurchschnittlichen Niederschlagstagen geprägt. Erst im Dezember war wieder die sonst übliche Menge erreicht. 1631 und 1632 zählen zu den Jahren, in denen ausschließlich negative Abweichungen auftraten. Die Trockenheit schien diesmal auf ganz Deutschland ausgegriffen zu haben. Alle überlieferten phänologischen Phasen wiesen eine Verfrühung in der Größenordnung von zwei Wochen auf. Vor allem im Juni hatten sich Hitze und Trockenheit ausgebildet, nachdem der Mai bereits warm und gewitterreich verlief. Um den Monatswechsel Juli/August kam es im süddeutschen Raum zu einigen Unwettern. Insgesamt war der Sommer sehr heiß, auch der Herbst war warm. Deutlich warm ausgeprägt verlief auch der Nachsommer im September. Um Nürnberg war diese ausgesprochene Schönwetterperiode nur zwischen dem 21. und 25. September von einigen Regentagen unterbrochen. November und Dezember waren ebenfalls zu mild. Ein einziger Hinweis auf Frost im Dezember in den hessischen Aufzeichnungen bedeutet den absoluten Minusrekord.

1632: Die allgemeine Quellenlage für das Jahr 1632 ist relativ dürftig und nicht immer eindeutig. Nach Angaben aus dem Norden und Osten soll der Winter dort hart und schneereich gewesen sein. Die Angaben des Landgrafen lassen auf einen eher zu milden Winter schließen, wobei die Zahl der Schneefalltage im Januar und Februar tatsächlich über den durchschnittlichen Werten lag. Durch die sehr geringe Belegung im Dezember des Vorjahres kann insgesamt jedoch ein Temperaturwert im Bereich einer Positivanomalie rekonstruiert werden. Insgesamt verlief die Niederschlagsentwicklung in Hessen während der ersten fünf Monate unterdurchschnittlich. Dazu kam im Frühling außergewöhnliche Kälte, noch im Mai fiel in Hessen Schnee. Kälte und Trockenheit machten auch den Feldfrüchten zu schaffen, zumal auch die Sommerverhältnisse nicht sehr günstig waren. Von den Sommermonaten wies in Hessen der Juli eine unterdurchschnittliche Anzahl von Niederschlagstagen auf, die beiden anderen Monate verliefen eher durchschnittlich. Im Norden wurde der Sommer als kalt und nass eingestuft, was dazu geführt hatte, dass die Feldfrüchte nicht reifen konnten. Auch kam es in Hessen nicht zu der sonst im Juni üblichen Sommerwärme. Dagegen wurden Juli und August im Osten und in Hessen als warm deklariert. Die Trockenheit im September korrespondiert mit überdurchschnittlich hohen Temperaturen. Zusammenfassend bleibt festzuhalten, dass 1632 von kalt-trockenen Bedingungen geprägt war.

1633: Erst in diesem Jahr normalisierte sich die Niederschlagsentwicklung wieder, auch wenn es in der Gesamtbilanz noch immer wenig Niederschlag gab. Ausgesprochen niederschlagsarm waren Januar, Februar, April und Mai. In dieser Hinsicht ähnelte 1633 sehr dem Vorjahr. In den ersten beiden Monaten fiel auch vergleichsweise wenig Schnee. Nach den rekonstruierten Temperaturwerten im Raum Kassel war dieser Winter zu mild, was sich auch in der hygrischen Gesamtprägung äußert. In Franken führte eine längere Regenperiode Mitte Januar zu Hochwasser, im Februar waren auch die Donauanrainer bei Ulm betroffen. Im März, der insgesamt sehr kalt verlief, normalisierten sich die Niederschlagsverhältnisse. In den Hochlagen des Südschwarzwaldes kam es zu starken Schneefällen. Während in Hessen bereits im April und Mai wieder normale Temperaturverhältnisse herrschten, blieb es in Norddeutschland so kalt, dass das Vieh erst nach dem Maitag auf die Weide getrieben werden konnte. In einigen Chroniken wird eine Frühjahrstrockenheit im Westen erwähnt, ein Befund, der sich allenfalls auf regionale Verhältnisse beziehen kann. Im Sommer, der kühl und nass war, lagen die Niederschlagstage über dem Durchschnitt. Zahlreiche Quellen bestätigen diese Feuchte, was vor allem nach den vorangegangenen trockenen Sommern auffällig gewesen sein musste. Eine Akzentuierung der Niederschläge gab es in Süddeutschland vor allem im Juni mit einigen Unwettern sowie zum Monatswechsel Juli/August und Ende August. Diese Phasen korrespondieren mit der Niederschlagsentwicklung in Hessen. Nach dieser Gesamtentwicklung verwundert es nicht, dass die Weinlese einen guten Ertrag, aber schlechte Qualitäten ergab. Ansonsten gab es eine gute Getreideernte, da die intermittierenden Feuchteschübe offenbar genügten, um eine ausreichende Erntemenge sicherzustellen. Auch im September verlief die Niederschlagsentwicklung unterdurchschnittlich, im Oktober wieder normal, um dann in den letzten beiden Monaten des Jahres wieder auf hohe Werte anzusteigen. Für den Dezember wird zumindest aus Franken wieder von strenger Winterkälte berichtet. Aus Quellenbeschreibungen von Gaisser kann für den Raum Villingen sehr gut nachvollzogen werden, wie die Witterungsentwicklung auf die Kriegshandlungen Einfluss nahm:

„Den 23. August war ein erschröckliches unerhörtes Donnerwetter. Kam den 16. wieder in der Nacht, giengen aber gottlob ohne Schaden ab.“ Am 26.: „Und es ist kein Zweifel, daß das an die Körbe angelegte Feuer weiter um sich gegriffen hätte, wenn nicht das eintretende heftige Gewitter mit stärkstem Regenguß gelöscht hätte.“ Und am 27.: „Wegen des starken Regens wurde das Kämpfen beiderseits eingestellt ....“ Wenige Tage später am 31.: „... und führten die Geschütze vor der Stadt mit größter Mühe, die noch durch reichlichen Regen erhöht wurde, in Sicherheit zurück.“ Dann am 1. September: „... weil gewaltige Regengüsse das Gelände bereits überall für Reiter unpassierbar gemacht hatten und längere Dauer erwarten ließen.“ (Gaisser 1621–1655)

1634: Es folgte das vorerst letzte Jahr der mehrjährigen Trockenphase. Im Januar fielen zunächst noch überdurchschnittlich hohe Niederschläge, davon 50 % als Schnee. Mitte des Monats erfolgte nach einer Sequenz stürmischer Tage, die für den Süden und Osten vermerkt wurden, die Umstellung auf kalte Winterwitterung. In thermischer Hinsicht konnte kein einheitliches Bild abgeleitet werden: Während die Rekonstruktion auf der Basis der hessischen Daten einen anomal hohen Wert erbrachte, weisen die Befunde aus anderen Regionen auf eher durchschnittliche Verhältnisse hin. Von den übrigen Monaten waren März, April und Juni bis Dezember zu trocken, alle anderen Monate erhielten durchschnittliche Niederschläge. Die Trockenheit dieses Jahres zeigte sich auch wieder in den Fichtensignaturen der fränkischen Dendroreihen. Die Niederschlagsrekonstruktion ergab für den Zeitraum November bis Juni nur etwas mehr als 80 % der üblichen Niederschlagsmenge, in den Hochlagen des Südschwarzwaldes kam es allerdings Mitte Juli zu mehrtägigen Starkregenfällen. Der August scheint eher wechselhaft gewesen zu sein. Während vor allem im Süden das Niederschlagsdefizit prägend war, wurde die Sommerwitterung in Norddeutschland positiv beurteilt. Der Sommer war heiß und sehr trocken. Alles in allem fiel die Weinlese gut aus. Ende des Jahres, in der letzten Oktober- und Novemberdekade sowie zu Anfang Dezember kam es zu mehreren Sturmfluten an der Nordsee. Ab Mitte November setzte sich Winterkälte durch, die im Dezember mit doppelt so vielen Frosttagen wie sonst üblich zu einer außergewöhnlichen Strenge anwuchs. Zusammenfassend kann der Herbst als kühl und extrem trocken eingestuft werden.

1635: Die extreme Winterkälte hielt über den Jahreswechsel an, so dass der Winter 1635 erstmalig seit mehreren Jahren in allen Regionen als äußerst grimmig eingestuft wurde. Nach der Temperaturrekonstruktion auf der Grundlage der hessischen Beobachtungsdaten kann dieser Winter tatsächlich zu den Strengwintern gerechnet werden. Auch die größeren Flüsse und Küstenbereiche überfroren und führten zu Behinderungen des Wirtschaftslebens und an der Elbe sogar zu Toten:

„(Naumburg) Anno 1635 ist ein so harter Winter gewesen, daß an der Wethau die Mühlen eingefroren. Und haben die Bäcker zu Freyburg mahlen müssen. Das Eis ist ellendicke gewesen." (Köster 1892), oder *„Anno 1635. stunden die Hämmer und Mühlen im harten Frost stille. Den 15. Tag Maji warffs einen Schnee Ellen tieff/ und erfroren etliche Leute im Gebirge."* (Lehman 1699)

Die Schifffahrt durch die Belte musste eingestellt werden, der Wein gefror in den Kellern und die Reben nahmen Schaden. Im Januar fielen sehr wenig Niederschläge, nämlich gerade einmal 50% der sonst üblichen Menge. Durch die Angabe der Windrichtung in den Beobachtungen des Landgrafen von Hessen hat man die Möglichkeit, Aussagen zu den Windverhältnissen zu treffen. Die Winterstrenge und die Trockenheit standen erwartungsgemäß mit einer außergewöhnlichen Dominanz von Ostlagen in Zusammenhang. Sie liegen rund 200% über den Vergleichswerten von 1635–1650. Auch Februar und März waren noch recht kalt, wobei die Zahl der Frosttage wieder sehr nahe bei den Durchschnittswerten lag. Die Zahl der Niederschlagstage lag in beiden Monaten, wie auch noch im April und Mai, über dem Durchschnitt. Ende März traten starke Stürme aus westlichen und südwestlichen Richtungen auf, die auch in Franken zu Schäden führten; Ende April kam es bei vorherrschenden Westrichtungen zu einer Springflut. Damit war der Frühling sehr kalt und feucht. Erst im Juni und Juli fielen weniger Niederschläge als sonst üblich, so dass der Sommer als trocken klassifiziert werden kann. Offenbar fiel der Einbruch in der Niederschlagsentwicklung derart drastisch aus, dass es zumindest in den fränkischen Fichten zu einem signifikanten Ringwachstumsrückgang kam. Die auf der Basis dieser Fichtensignatur rekonstruierten Niederschlagswerte betragen für den Zeitraum Mai bis Juli 90% der sonst üblichen Menge, was für diesen Raum dem Absolutbetrag eines ganzen Monats entspricht. Die Aufzeichnungen von Hermann IV. weisen deutlich höhere Belegungen der Calmen im Juni auf, was für eine stärkere Ausbildung von Hochdrucksystemen spricht. Der Rest des Jahres wurde, mit Ausnahme des Oktobers, von eher feuchten Verhältnissen bestimmt.

1636: Auch wenn die Jahresbilanz hinsichtlich der Zahl der Niederschlagstage einen durchschnittlichen Wert ergab, zeigte die jahreszeitliche Verteilung signifikantes Über- und Unterschreiten der Normalität auf. Im Januar und Februar fielen nach den Angaben des hessischen Landgrafen überdurchschnittlich viele Niederschläge (die Werte liegen über der einfachen Standardabweichung), wobei es wenig Schneefalltage gab. Der Anteil der Süd- und Westlagen war deutlich größer als in der Vergleichsperiode. Im Norden wie im Süden sprechen die Quellen bis Anfang Februar von einem sehr gelinden Winter. Die Zahl der Frosttage liegt in Hessen für den Januar unter, für Februar und März jedoch leicht über dem Durchschnitt. In der Zusammenschau konnte ein Mittelwert berechnet werden, der sehr nahe beim Durchschnittswert der Vergleichsperiode liegt. Der Umschwung vollzog sich mit einer Sequenz von Unwettern, die beispielsweise in Thüringen Anfang Februar zu großen Überschwemmungen führten. Insgesamt war es ein nasser Winter. Anschließend folgte von März bis Juni eine Trockenphase, die durch die Jahresbilanz völlig kaschiert wird. Im April und Mai fällt die Zahl der Niederschlagstage auf ihr absolutes Minimum. Aus allen Regionen liegen Meldungen über Trockenheit vor. Es kam zu Schäden am Getreide, die Mühlen standen still, in den fränkischen Fichtenchronologien tauchte eine negative Weisersignatur auf. Die Niederschlagsmenge lag demnach im Zeitraum November bis Juni bei nur 67% des Vergleichswertes. Auch wenn das Intervall nicht optimal auf die Trockenperiode beschränkt ist, vermittelt dieser Wert doch deren Ausmaß recht gut. Eine Analyse der Windverhältnisse macht die Ursachen dieser Trockenheit deutlich: die Reduktion der Südwest- und Westlagen bei entsprechend häufigerem Auftreten der Calmen, die als Hinweis auf stabile Hochdruckwetterlagen angesehen werden können. Auch wenn es in Hessen im Juli fast jeden Tag regnete – 26 Tage mit Niederschlag sind der absolute Rekordwert in der Vergleichsperiode –, konnte das Wasserdefizit nicht mehr ausgeglichen werden. Ähnliche Zustände werden aus allen anderen Regionen Deutschlands vermeldet. Im Norden war der Nachsommer sehr feucht, was im Großen und Ganzen auch für den Süden bestätigt werden kann, beispielsweise fiel in Franken im Juli lang anhaltender Regen ein, Ende Juli führte der Lech Hochwasser. Der weitere hygrische Jahresgang kann als feucht eingestuft werden. Insgesamt war es ein sehr wechselhaftes Jahr mit großen Gegensätzen und vielen Extremen.

1637: Das Jahr war aus Sicht der Jahressumme von Niederschlagstagen ebenfalls durchschnittlich ausgeprägt, wesentliche Akzentuierungen ergaben sich erst auf saisonaler Ebene. Auffällig war zunächst die geringe Zahl von Niederschlagstagen im Januar, weiterhin das Defizit im Juni. In der zweiten Hälfte des Jahres wiesen alle Monate bis auf Oktober überdurchschnittlich viele Niederschlagstage auf. Nach den rekonstruierten Wintermitteltemperaturen lag das Niveau unter dem Durchschnitt und kann so aus historischer Klimaempfindung heraus als streng eingestuft werden. Der Winter war in der Gesamtbilanz trocken, der Frühling regional unterschiedlich. Im Norden wurde die Trockenheit im Frühjahr mit Ernteschäden in Zusammenhang gebracht, im Voralpenland berichteten Augsburger Quellen von einem guten und heißen Sommer, obwohl es gerade in Hessen nur halb so viele Sommertage gab wie gewöhnlich. Die hohe Zahl von Niederschlagsereignissen in Hessen korrespondierte mit einer deutlich gesteigerten zonalen Komponente, in der die West- und Südwestrichtungen deutlich über dem Durchschnitt lagen. Insgesamt war es ein kühl-feuchter Herbst.

1638: Die Quellenlage weist auf einen stark differenzierten hygrischen Jahresgang hin. Zunächst lag die Zahl der Niederschlagstage in Hessen über dem Durchschnitt, pendelte sich dann aber im Februar und März auf einem mittleren Niveau ein, um im April erneut hohe Werte zu erreichen. Der Januar war insgesamt recht kalt, Februar und März aber milder als gewöhnlich. Die Quellen in Nord- und Süddeutschland berichten von der Milde des Winters, nur im Südschwarzwald wurde ungewöhnlicher Schneereichtum vermeldet, der mit der Befundlage in Hessen übereinstimmt. Der für die Region Kassel rekonstruierte Temperaturwert erreicht in diesem Jahr fast das langjährige Mittel. Bemerkenswert sind auch die Stürme und Unwetter Anfang Februar und ein Kaltlufteinbruch Ende der ersten Aprildekade. Erst die sehr geringe Anzahl von Niederschlagstagen im April gab Anlass zu einigen Bemerkungen auch in anderen Quellen. Im Norden wurde Anfang Frühling eine ungewöhnliche Hitze konstatiert, insgesamt war das Vorjahr gut, aber trocken. Ende April setzte sich eine Hitzeperiode durch, die fast den ganzen Mai über anhielt. Da in den hessischen Aufzeichnungen die Juniniederschlagstage überdurchschnittlich hoch ausfielen und auch die Augustniederschläge ein durchschnittliches Niveau erreichten, muss es alleine an der Trockenheit des Mai gelegen haben, dass die fränkischen Fichten ein weiteres Mal eine Negativsignatur ausbildeten. Die entsprechende Niederschlagsrekonstruktion weist im Zeitraum November etwas über 80 % der sonst üblichen Menge auf. In Norddeutschland wurde der ganze Sommer als trocken bezeichnet, was im Gegensatz zu den hessischen Befunden steht und, eine quellensichere Datenlage vorausgesetzt, auf eine deutliche regionale Akzentuierung hinweist. Im Herbst schien sich die Witterungslage wieder zu vereinheitlichen. Quellen aus Nord-, Ost und Süddeutschland sprechen einhellig von kühlen und regenhaften Bedingungen, die unter anderem die Weinlese zu einem feuchten Erlebnis werden ließen. Die Auswertung der Windrichtungen zeigt, dass im Herbst 1638 die Nord- und Nordwestrichtungen zum Teil 100 % über den Vergleichswerten lagen.

1639: Die Reihe durchschnittlicher Jahresbilanzen hinsichtlich der Niederschlagstage setzte sich 1639 fort, gleichwohl ergaben sich, wie in den anderen Jahren auch, auf monatlicher Ebene auffällige Abweichungen. In einer insgesamt wieder reicheren und differenzierteren Quellenlage wurde zunächst die Wintermilde in Norddeutschland hervorgehoben, ein Befund, der dem aus der durchschnittlichen Anzahl von Frosttagen in den Beobachtungen des hessischen Landgrafen rekonstruierten winterlichen Temperaturwert nur bedingt entspricht. Es handelt sich in dieser Region um einen leicht unterdurchschnittlichen Winter. Auch die geringe Zahl von Niederschlagstagen im März ist in anderen Quellen nicht belegt. Sie geben dagegen Auskunft über ein zu kaltes Frühjahr und Frostschäden zumindest in Süddeutschland. Ebenfalls keine Erwähnung fand die außergewöhnlich große Zahl von Niederschlagstagen im Mai. Erst für den Juni wurde aus dem Alpenvorland von ‚vielem und kaltem Regenwetter' berichtet, das schließlich zu einem Lechhochwasser führte. Dies war nur der Auftakt für den weiteren Gang der Niederschläge im Sommer. Einhellig sprechen Quellen aus Süd-, Ost- und Norddeutschland von einem nass-kalten Sommer, was im Osten zum Auswachsen des Getreides führte. Wenngleich der Juni in den hessischen Aufzeichnungen noch nicht die weiter im Süden überlieferten Auffälligkeiten zeigte, so waren doch auch in den Beobachtungen des Landgrafen die Monate Juli und August deutlich zu nass und wiesen eine Abweichung von über einer Standardabweichung auf. In beiden Monaten traten westliche Windrichtungen fast doppelt so häufig wie in normalen Jahren auf, so dass eine deutliche Akzentuierung der zonalen Komponente als wesentlicher Grund für diese Anomalie festgestellt werden kann. Die kalte Frühlings- und schlechte Sommerwitterung sind auch der Grund für eine miserable Weinlese, die überall nichts als sauren Rebensaft brachte. Auffallend wenige Niederschlagstage im September und Oktober deuteten auf überwiegend schöne und warme Witterung hin. Während der November eine mittlere Anzahl von Niederschlagstagen aufwies, lagen die Werte im Dezember bereits wieder höher. Insgesamt war es ein sehr trockener Herbst.

1640: In diesem Jahr lag die Zahl der Niederschlagstage erstmals über der als auffällig beschriebenen Grenze einer Standardabweichung. Nachdem der Januar in der Niederschlagsentwicklung durchschnittlich, aber zu mild verlaufen war, folgte ein kalter und zugleich niederschlags- und schneereicher Februar und März. In der allgemeinen Quellenwertung wird, mit Ausnahme einiger Quellen aus dem Westen, der Winter überwiegend als kalt beschrieben. Diese Einschätzung kann aufgrund der Temperaturrekonstruktion aus den hessischen Daten nicht bestätigt werden, denn die Wintertemperaturen erreichten den Durchschnittswert der Vergleichsperiode, was für einen durchschnittlichen Winter spricht. Die beiden folgenden Monate April und Mai waren überwiegend nass und kalt. Im Norden wurden die Kühe so spät wie noch nie auf die Weide getrieben. Das Frühjahr war insgesamt extrem nass und kalt:

> *„In diesem 1640ten Jahre war der Frühling überaus feucht und kalt, so daß erst am 29ten May die Kühe auf die Bürgerweide haben getriben werden können, welches vorhin*

noch niemals geschehen. Am 10. May war ein sehr hohes Wasser, aber am 31. Julii und 1. Aug. noch größer, welches vielen Schaden an Korn und Früchten auch Weideland ober- und unterhalb Bremen gethan, weile es sonderlich in Niederviehland eingebrochen und die Einwohner ihrer Weide und Korne beraubet hatte. Auch war den ganze Sommer hindurch so naß und kalt, dergleichen wenige gedenken können." (StaBremen 2-P.1.187)

Abrupt folgte dann im Mai ein Witterungswechsel zu warmen, zeitweise sogar heißen Bedingungen, was auch durch Quellenbefunde aus dem Osten bestätigt wird. Die große Zahl von Niederschlagstagen resultierte aus der hohen Anzahl von Gewittern, die doppelt so häufig wie sonst üblich auftraten. Nach den Beobachtungen des Landgrafen war auch der Juli überdurchschnittlich ausgefallen. Zahlreiche Hochwassermeldungen aus allen größeren Flusssystemen weisen darauf hin, dass die Einschätzung der Chronisten richtig war, die von feuchten Bedingungen sprachen. Nach wenigen Niederschlagstagen im September liegen die Werte für Oktober und November wieder sehr hoch, so dass von einem kalten und nassen Herbst gesprochen werden kann. Die Weinlese erfolgte mit rund zehn Tagen Verspätung, wobei in allen Regionen trotzdem nur ein überwiegend saurer Wein heraus kam. Die Zahl der Niederschlagstage in Hessen war im Dezember unterdurchschnittlich, während die Zahl der Frosttage überdurchschnittlich hoch lag. Aus der Verteilung der Windrichtungen kann geschlossen werden, dass eine Häufung von Südostwinden und das weit geringere Auftreten von Südwestwinden die Ursache für diese Anomalie war:

„*Sonsten war in dießem Jahr ein harter kalter Winter, darinnen die Welschen Nußbäum, und ander sachen erfroren, der Früling war nas, und feücht, und dahero ein böße habersaat, … Es gab um Johans über die maßen viel Erd: Hohl: und Schwarzbeer, Wie auch Weichßel Kirschen, und dergleichen, So in vielen Jahren nicht geschehen. gern 3.f. dinckel 2¾.f. habern 24.25. pazen Gersten 4.f. die mas Wein 6.7.X. das bier 2.X. die mas Milich 3.d. die mas Schmalz 18.X. 10.Ayer 4 X. die mas Schön Melb 2.X. die mez Rucken melb ½.f. … gab auch im Sommer viel ungeziffer, als brennen, Schnacken etc. War ein naße Ernd, Vermischter herbst, Saurer Wein, und wenig, galt der Aymer 2.f. auch 2¼f. Wuchs gut und viel Getraid.*" (Chr. von Bad Windsheim, StA Bad Windsheim)

1641: Die bereits im Dezember des Vorjahres eingefallene Winterkälte setzte sich 1641 fort. Die Zahl der Frosttage lag im Januar, vor allem aber im März, April und Mai über dem Durchschnitt und lediglich im Februar leicht darunter. Einhellig wurde in den Quellen von einem langen und strengen Winter berichtet, der nach einer Angabe in Augsburg fünf Monate gedauert haben soll. Als rezenter Vergleichswinter kann der von 1961/62 herangezogen werden, da dieser fast den gleichen Temperaturwert aufweist. Die gräflichen Beobachtungen lassen auf eine durchschnittliche Niederschlagsausprägung im Januar und März und eine überdurchschnittliche im Februar und April schließen. Vor allem im Süden konnten für Februar, aber auch für den März hohe Schneefälle bestätigt werden. Mai und Juni verliefen hinsichtlich der Anzahl der Niederschlagstage ebenfalls durchschnittlich, aber zu kühl. Aus den fränkischen Fichtendaten ergab sich für den Zeitraum März bis Mai ein negative Temperaturabweichung von etwas mehr als 1 °C. Die Sommerverhältnisse waren in den Monaten Juni und August normal, im Juli zu feucht. In der Gesamteinschätzung wurde dieser Sommer in Franken als kalt, im Alpenvorland als nass und kalt eingestuft, wobei es im Oberland sogar geschneit haben soll. Auch im Osten war die ganze Ernte durch das regnerische Wetter zurückgeblieben. Mehrfach finden sich Quellen, die von einer scharfen Kälte im Juli berichten, sowohl im Osten wie auch im Süden soll es sogar zu Eisbildungen gekommen sein. Vor allem in Süddeutschland gab es gleich mehrfach Hochwasser, einige davon durch die zahlreich aufgetretenen Gewitter beziehungsweise Starkregen. Aus dem Gesamtbefund kann man schließen, dass es sehr häufige starke Wechsel gegeben haben muss, die zu regional unterschiedlich ausgeprägten Verhältnissen führten. In der Zusammenschau gleichen sich diese leider aus, so dass mehr oder weniger normale, mittlere Bedingungen bilanziert werden müssen. Eine Quelle aus Ostdeutschland spricht davon, dass es im ganzen Jahrhundert keine derartige Witterung gegeben hatte. Aufgrund der Windangaben des Landgrafen ist davon auszugehen, dass vor allem die Nordwestkomponente überdurchschnittlich stark, die Südwestrichtung dagegen sehr schwach ausgebildet war. Nur September und Oktober weisen eine Unterbelegung mit Niederschlagstagen auf, hier gab es auch immer wieder wärmere Phasen, die noch Hoffnung auf einen guten Wein aufkeimen ließen, diese Hoffnung erfüllte sich aber nicht. Ein Frosteinbruch Ende September hatte zumindest in Franken den Wein sehr früh vollends geschädigt. November und Dezember verzeichneten in Hessen wieder überdurchschnittlich viele Niederschlagstage, was durch entsprechende Quellenbelege auch für ganz Süddeutschland belegt werden kann. Eine markante Regenperiode trat in der zweiten und dritten Novemberdekade auf. Nach einem Kälteeinbruch um den 10. Dezember, der mit starken Schneefällen verbunden war, gab es um die Weihnachtszeit das obligate Tauwetter. Insgesamt lag die Anzahl der Niederschlagstage in diesem Jahr höher als in durchschnittlichen Jahren. 1641 war wieder ein kaltes Jahr.

1642: Die Quellenlage belegt für die verschiedenen Regionen Deutschlands unterschiedliche hygrische Verhältnisse. Zunächst kann aufgrund der hessischen Aufzeichnungen auf einen zu trockenen Januar und März, August bis September sowie Dezember geschlossen werden. Demgegenüber lag die Zahl der Niederschlagstage im Februar, Juli und Oktober über dem Durchschnitt. In der Jahresbilanz gab es in diesem Jahr weniger als im langjährigen Durchschnitt von 1621–1650. Es ist nach diesen Befunden das schlechteste Jahr seit sieben Jahren, die allesamt leicht überdurchschnittlich bis nass waren. Dieser Umstand muss bei der weiteren Quelleninterpretation berücksichtigt werden. Der Winter war den schriftlichen Hinweisen zufolge überwiegend durchschnittlich oder mild. Eine Quantifizierung der Wintertemperaturen aus hessischen Daten bestätigt die deskriptiven Einschätzungen der Chronisten, denn der Temperaturwert dieses Winters überschritt die einfache Standardabweichung und ähnelte der Mitteltemperatur des Winters 1971/72. In der ersten Februarhälfte traten in allen Regionen Deutschlands mehrfach Stürme auf, vor allem im Norden kam es zu zahlreichen Überschwemmungen. Der März verlief kühl, zumindest in Süddeutschland wurde der Frühling als kalt und eher trocken beschrieben. Vor allem der lange und starke Kälteeinbruch in der ersten Maihälfte fügte der gesamten Vegetation, insbesondere auch den Feldfrüchten und dem Wein, erheblichen Schaden zu. Auch im Osten wurde die Kälte im Mai, ebenso im Juni explizit erwähnt. Die Sommerverhältnisse waren regional sehr unterschiedlich. Im Osten wurde die Trockenheit beklagt. Dagegen soll es im Alpenvorland ziemlich viel geregnet haben, während für den Westen – zeitlich nicht einzuordnen – häufig Regen gemeldet wurde. Andere Quellen sprechen von einem heißen Sommer. Nun könnte man witterungsklimatisch durchaus ein derartiges Muster der Niederschlagsentwicklung erklären, möglich erscheint auch eine unterschiedliche Gewichtung der Chronisten: Während die einen auf den Niederschlagsüberschuss des Juli abstellen, ist für andere das Defizit im August bestimmend. Es bleibt also offen, ob es tatsächlich eine starke Differenzierung des Niederschlags gegeben hat oder ob die Subjektivität der Beobachter der Grund für die unterschiedliche Gewichtung war. Einheitlicher wird die Quellenlage wieder für den Herbst, der im Norden und Süden als schön und trocken bezeichnet wurde. In Franken kam es im September aufgrund der großen Trockenheit zu Problemen mit der Wasserversorgung. Auch hier scheint die Prägung eines einzelnen Monats das Gesamturteil bestimmt zu haben. Immerhin wies der Oktober in Hessen überdurchschnittlich viele Niederschlagstage auf. Insgesamt kann man aber von einem eher ausgeglichenen Jahr sprechen.

1643: Das Jahr begann bereits im Januar mit einigen Auffälligkeiten. Die Zahl der Niederschlagstage lag über dem Durchschnitt, wobei der Anteil der Schneefalltage gering ausfiel. In der ersten Dekade folgte eine Sequenz von Stürmen über ganz Deutschland. Infolge der starken Regenfälle traten überall die Flüsse über die Ufer. Auf nahezu identische Verhältnisse treffen wir Anfang Februar, wobei es an der Nordsee zu einer Sturmflut kam. Im gesamten Februar gab es überdurchschnittlich viele Niederschlagstage, gleichzeitig lag der Anteil der Schneefalltage, ebenso wie im März, höher als gewöhnlich. Die Temperaturrekonstruktion aus den hessischen Daten ergibt einen Wert, der den Vergleichswert um fast eine Standardabweichung überschreitet, so dass von einem milden Winter ausgegangen werden kann. Das Frühjahr war hingegen sehr kalt. Die Zahl der Frosttage lag im April dreimal so hoch wie sonst üblich, im Mai sorgte ein von Nord bis Süd durchgreifender Kälteeinbruch um den 15. mit Frost, Schneefall und Sturmwinden für erhebliche Vegetationsschäden. Die Niederschlagsentwicklung in Hessen verlief im Zeitraum März bis August durchschnittlich, was an sich schon wieder eine Besonderheit darstellt, denn mit Ausnahme des Jahres 1621 findet sich kein Beispiel für eine derart lange normale Phase. Im Juli und August bestimmten ausgeprägte Sommerphasen das Witterungsgeschehen, die Zahl der Sommertage lag über dem Durchschnitt, offenbar war es ein heißer Sommer. Erst im September zeigte die Niederschlagsentwicklung mit einer überdurchschnittlichen Anzahl von Regentagen wieder Auffälligkeiten, der Oktober wies eine unterdurchschnittliche Belegungen auf. Eine ausgeprägte Regenperiode in der ersten Septemberdekade, die nicht nur in Hessen, sondern auch im Osten Deutschlands belegt ist, Stürme im Norden und einzelne Kaltlufteinbrüche in Franken ließen den September überall zu feucht und zu kalt erscheinen. Erst im Oktober änderte sich die Witterung zu überwiegend warm-trockenen Verhältnissen. Zum Monatswechsel kam es mit Sturmwinden und Schneefall zu einem Witterungsumbruch, der zu überdurchschnittlich kalten Verhältnissen im November überleitete, die in den Hochlagen Süddeutschlands und im Osten mit viel Schnee verbunden waren. Der Dezember dagegen war wieder von durchschnittlichen, in Hessen zu trockenen, im Süden zu milden Verhältnissen geprägt.

1644: Die überdurchschnittlich feuchte Witterung hielt an. In der Jahresbilanz für Hessen traten insgesamt 18 Niederschlagstage mehr als sonst üblich auf. Der Januar war zu trocken und zu kalt, der Februar hingegen äußerst niederschlagsreich. Nach den beiden vorangegangenen durchschnittlichen beziehungsweise milden Wintern fiel der diesjährige ebenfalls normal, regional aber auch kalt aus. In Hessen erreichte die Zahl der Niederschlagstage mit 24 Ereignistagen Rekordhöhe, die in keinem anderen Jahr zwischen 1621 und 1650 erreicht wurde. In Bezug auf die hygrische Entwicklung blieb der März unauffällig, der April wies unterdurchschnittlich viele Niederschlagstage auf, Mai und Juni zeigen hingegen wieder größere

Belegungen. Auffällig groß war die Zahl der Frosttage bis einschließlich Mai, dies nicht nur in Hessen, sondern in ganz Deutschland. In einer in der allgemeinen Quellenlage sonst kaum wieder zu beobachtenden räumlichen und inhaltlichen Dichte belegen die Chronisten den Frosteinbruch in der ersten Maidekade, verbunden mit starken Schneefällen und Eisbildung in allen Teilen Deutschlands. Diesem Frost fiel die gesamte Obst- und Rebenblüte zum Opfer. Noch im Mai wechselte die Witterung, ähnlich abrupt wie zuvor, auf zu warme, stellenweise sogar heiße und trockene Verhältnisse. So erklärten sich auch die aus den Beobachtungen des Landgrafen errechneten hohen Belegungszahlen für die Frost- und die Sommertage. Während in Hessen und in Süddeutschland eher warme Verhältnisse herrschten, war es in Nord- und Ostdeutschland ausgesprochen heiß, in Ostdeutschland trat infolge dieser Hitze eine große Trockenheit ein. Auch fränkische Quellen sprechen von einem hitzigen Sommer, in dem es keinen durchgehenden Regen gab. Die hessischen Aufzeichnungen weisen für den Juli einen eklatanten Einbruch in den Niederschlägen auf, die Monate August bis Oktober waren hingegen von überdurchschnittlichen Niederschlagsverhältnissen geprägt. Weiter im Süden zeugen die Quellen von einem schönen und warmen Herbst, was durch überdurchschnittlich viele Sommertage im September und Oktober grundsätzlich auch für Hessen galt. Die phänologischen Phasen traten früher als üblich ein. Aus Sicht der Niederschlagstage blieben der November und Dezember unauffällig, in der Temperaturentwicklung ist der starke Wintereinbruch im November mit einer sehr hohen Zahl von Frosttagen bemerkenswert.

1645: Der Winter war durchschnittlich bis zu mild. Im Januar gab es eine kurze Kältephase, durch die schließlich der Main zufror. Infolge eines Warmlufteinbruchs Ende des Monats, der von starken Stürmen begleitet war, brach das Eis und es kam zu einem Hochwasser. Die Niederschlagsentwicklung des Jahres 1645 weist eine markante Zweiteilung in eine durchschnittlich bis trockene erste und eine überdurchschnittlich feuchte zweite Hälfte auf. Die erste, normal geprägte Jahreshälfte zeigt nur im Februar unterdurchschnittliche Werte. Ab Juli folgten allerdings vier Monate mit überdurchschnittlich vielen Niederschlagstagen. Der Winter war durch einen geringen Anteil von Schneefalltagen, jedoch eine große Zahl von Frosttagen gekennzeichnet. Die aus den Frosttagen abgeleitete Mitteltemperatur ergab einen Wert noch unterhalb der halben Standardabweichung, was in der Regel von historischen Beobachtern bereits als kalter Winter bezeichnet wurde. Demgegenüber sprechen die übrigen Quellen mehr von einem durchschnittlichen Verlauf. Herausragendes Witterungsereignis waren die im März in zwei Schüben aufgetretenen Sturmphasen, die über ganz Deutschland ausgebildet waren. Der Frühling wird ansonsten als schön und normal beschrieben und kann als mild eingestuft werden. Im Sommer hatten sich deutliche regionale Unterschiede herausgebildet. Den hessischen Quellenbefunden nach zu urteilen verlief der Sommer eher feucht. In Süddeutschland hingegen wurde aus Franken von einem trockenen Sommer berichtet, der bereits zu Problemen mit der Wasserversorgung führte und die Erträge der Heu- und Grummeternte negativ beeinflusste:

> *„Ist sonsten an früchten mittelmeßig, und den ganzen Sommer durch keinen regen, der gefrüchtet hat, gethan, Ist die Aysch schier ganz aus getrocknet, also das ein große noth ann Mahlwaßer war, der dinckel ist gar genau zusammen gangen, habern ist noch Zimblich, gar kein Obst, oder flachs, aber ein guter Trunck Wein, doch nicht so viel und gut, als der fertig geweßen,“* (Chr. von Bad Windsheim, StA Bad Windsheim)

Ein weiterer, unabhängiger Bioindikator weist ebenfalls auf die trockenen Verhältnisse hin: Die Fichten bildeten in diesem Jahr nur einen sehr schmalen Ring aus. Die Umsetzung dieser Weisersignatur in Niederschlagsmengen ergibt einen Wert von nur etwas über 80% der üblichen Menge im Zeitraum November bis Juni. Während viele Quellen in Süddeutschland die Trockenheit als wesentliches Merkmal der Sommerwitterung betonten, wurde der Sommer im Alpenvorland als gut bezeichnet. Die überdurchschnittliche Niederschlagsentwicklung im Herbst fand in den anderen Quellen keine Erwähnung. Erst in den beiden letzen Monaten des Jahres 1645 gab es überdurchschnittlich viele Schneefalltage. Zu einem kühlfeuchten Herbst kam im Dezember ein strenger Wintereinbruch, der in allen Regionen Deutschlands verzeichnet wurde.

1646: Die im Dezember eingefallene strenge Winterkälte dauerte bis 1646. Im Januar und Februar lag die Zahl der Frosttage über dem Durchschnitt, die Zahl der Niederschlagstage blieb aber in beiden Monaten unter dem Normalwert, wobei im Januar wiederum der Anteil der Schneefalltage besonders hoch war. Eine Temperaturrekonstruktion aus den Vereisungstagen des Mains bei Würzburg ergab für den Winter einen Durchschnittswert von – 0,9 °C. Dieser Wert unterschreitet bereits die Grenze der halben Standardabweichung. Die aus den hessischen Beobachtungsdaten abgeleiteten Wintertemperaturen lagen etwas unter der einfachen Standardabweichung und bestätigten die allgemeine deskriptive Einschätzung eines strengen und zudem trockenen Winters. Aus den Tagebuchaufzeichnungen von Hermann IV. kann auch für März und April auf überdurchschnittlich hohe Werte in der Niederschlagsentwicklung geschlossen werden, dagegen blieb der Mai im Bereich normaler Werte, so dass für Hessen auf einen nassen Frühling geschlossen werden kann. In Süddeutschland gab es „einen warmen geschlachten früling" (Chr. von Bad Windsheim, StA Bad Windsheim), Hinweise auf eine zu große Feuchte fehlen in den Quellen. Erst für den Sommer liegen wieder Angaben zum Temperatur- und Niederschlagsverlauf vor. Nach hessischen Angaben war der Juni zu feucht, der Juli zu trocken und der August durchschnittlich. Fränkische Quellen bestätigten dieses indifferente Gesamtbild. Ihren Angaben zufolge gab es 1646 einen gemischten Sommer mit häufigen, aber wenig ergiebigen Regenfällen. Im Juli wurde die Hitze und Trockenheit so groß, dass Ertragseinbußen bei Kraut, Rüben, Heu und Grummet entstanden. Quellenberichte aus dem Westen stimmen mit diesen Befunden überein. Alle Herbstmonate wiesen überdurchschnittlich viele Niederschlagstage auf, auch in Norddeutschland wurde von beständigem Regenwetter berichtet, wobei es warm gewesen sein soll. Das Jahr endete äußerst mild, da sowohl im November als auch im Dezember nur halb so viele Frosttage wie sonst üblich auftraten. Beide Monate waren wiederum überdurchschnittlich nass. 1646 kann in der Gesamtbilanz daher als nasses Jahr verbucht werden.

1647: Das Jahr lag in hygrischer Hinsicht auf mittlerem Niveau, wenn man die Gesamtzahl von Niederschlagstagen zugrunde legt. Der Januar war zu feucht, Februar und März hingegen erheblich zu trocken. Die nachfolgenden Monate waren bis einschließlich August wiederum zu feucht, die übrigen Monate lagen im mittleren Bereich. Im Januar korrespondiert die hohe Zahl von Niederschlagstagen mit niedrigen Temperaturverhältnissen. Auch in den beiden Folgemonaten ging die geringe Zahl von Niederschlagstagen mit kalten Bedingungen einher. Insgesamt konnte aufgrund der Temperaturrekonstruktion für Hessen auf leicht überdurchschnittlich, aber ansonsten nicht weiter auffällige Wintertemperaturen geschlossen werden. Die ab Februar einsetzende Kälte und ungewöhnliche Trockenheit setzte sich bis in den April hinein fort, wurde dann aber durch eine Reihe von Niederschlagstagen in der zweiten Aprilhälfte kompensiert. Die Quellenlage aus Süddeutschland bestätigte einen weitgehenden Gleichklang der Witterungsverhältnisse. So wird aus Hanau Folgendes gemeldet:

„War der Früling sehr rauh und trocken und umbh Osten hat es angefangen, warm zu werden und folgente biß Pfingsten sehr hitiges und dörres Wetter gewesen, zuvor hat es einmahl ein gutten Regen gehebt, welches die Sommerfrüchte in etwas fort geholfen hat, sonsten währen nichts daraus gewonn. Auf Urbani regnet abermahl ein wenig, Pfingstsonn und montag war schön Wetter und hatten die Weintreubl umbh diese Zeit schon alle verblühet gehebt, hernacher hat es angefang auff Medartii zu regnen, so daß in etlich Wochen nichts als kalt Regenwetter gegeben d. 19. Juni that es ein starcken Reif, so daß man wegen der Kälte Feuer in den Off mach müssen und hat entlich noch dieses Jahr viel und guten Wein gegeben." (Archiv des Hanauer Geschichtsvereins, Dhein-Chr.)

Die Nässe im Sommer fand in Franken ebenfalls ihre Entsprechung. Das Wetter war meist feucht und fein temperiert. Ende Juni hatte man nach einer längeren kühlen Regenperiode wieder einheizen müssen. Dabei war es unklar, ob die Heu- und Grummeternte unter der zuvor herrschenden Hitzeperiode oder unter den zu starken Regenfällen gelitten hatte. Der Herbst kann insgesamt als warm bezeichnet werden, die Niederschlagsverhältnisse lagen, den Beobachtungen von Hermann IV. zufolge, im durchschnittlichen Bereich.

1648: Das gesellschaftspolitisch so wichtige Jahr 1648 war auch in klimatischer Hinsicht auffällig. 206 Niederschlagstage waren der zweithöchste Wert in der Beobachtungszeit des Landgrafen. Lediglich Januar und Dezember wiesen unterdurchschnittliche Belegungen auf, während für Februar, März, Mai bis September und November überdurchschnittlich viele Niederschlagstage verzeichnet wurden. Das deutsche Gesamtbild ist damit aber noch nicht hinreichend genau beschrieben, denn in Süddeutschland wurden die ersten Monate als schneereich bezeichnet. Erneut lag die Wintertemperatur überdurchschnittlich hoch, ohne jedoch das Kriterium einer Anomalie zu erfüllen. Die gleichen Quellen stellen im April und Mai auf die Wärme ab, Chronisten bezeichneten diesen Abschnitt als temperiert. Dieser Befund ließ sich wiederum durch das Quellenmaterial von Hermann IV. bestätigen. Die Zahl der Sommertage war vor allem im Mai sehr hoch, genau gesagt, fast doppelt so hoch wie üblich. Im ersten Jahresabschnitt kam es aber noch zu weiteren bemerkenswerten Wetterereignissen: Um den 10. Januar wüteten mehrere Sturmsequenzen, die an der Nordseeküste als Sturmflut in Erscheinung traten. Der nächste Sturm Mitte Februar führte zu Überschwemmungen im gesamten Küstenraum und ein weiterer um den 24. Februar war in ganz Deutschland zu spüren. In Franken herrschte während der Blüte kaltes und ungestümes Regenwetter, der gesamte Sommer wurde in diesem Raum als *„kalt und ungeschlacht"* (Chr. von Bad Windsheim, StA Bad Windsheim) bezeichnet. Dieser Befund korrespondierte sehr gut mit den hessischen Daten. Nachdem im süddeutschen Raum Anfang Herbst eine kurze Trockenperiode aufgetreten war, verlief das weitere Wettergeschehen ähnlich wie in Hessen. Insgesamt war es ein thermisch ausgeglichenes Jahr. Im Dezember setzte äußerst strenge Winterkälte ein, die bis in den März und stellenweise bis in den April des folgenden Jahres anhielt.

1649: Die Temperaturrekonstruktion zum Winter 1649 ergab einen Wert von –3,3 °C. Dies stimmt sehr gut mit

1621–1650: Eine Zwischenbilanz

Zusammenfassend kann festgehalten werden, dass hinsichtlich der Quellenlage eine weitgehende Übereinstimmung der regionalen Befunde gegeben ist. Abweichungen können, wo sie auftreten, durchaus mit regionalen Klimaausprägungen erklärt werden. Ferner ist zu erkennen, dass übergreifende Beurteilungen zum Witterungsgang ganzer Jahreszeiten in der Wahrnehmung der Chronisten oft von der Prägung eines einzelnen Monats bestimmt sind. Dies trifft vor allem dann zu, wenn diese Witterungsanomalien negative Auswirkungen auf die Agrarproduktion hatten. In witterungsklimatischer Sicht muss – auch wenn das zu Standardaussagen in Grundlagenlehrbüchern gehört – die Veränderlichkeit des mitteleuropäischen Klimas als das entscheidende Charakteristikum hervorgehoben werden. Die Kurzansprache der einzelnen Jahre, in die aus Platzgründen bei weitem nicht alle Anomalien eingebunden werden konnten, macht deutlich, wie wechselhaft die Witterungsabläufe wirklich waren. Ausschläge bzw. Anomalien in alle Richtungen, also Über- oder Unterschreiten von Grenzwerten, sind die Regel, dies betrifft alle Wetterelemente und Regionen. Auffällig sind auch die Häufungen und Gruppierungen gleichartiger Jahresgänge.

Die zusammenfassende Auswertung macht auch deutlich, wie notwendig eine monatliche Auflösung der Daten ist, denn Jahreswerte kaschieren in vielen Fällen signifikante Abweichungen in einzelnen Monaten oder Jahreszeiten. Als bemerkenswert bleibt festzuhalten, dass zwischen 1621 und 1650 eine graduelle Akzentuierung von eher trocken geprägten Jahren zu feuchten und nassen nachweisbar ist. Damit kann der Übergang in eine der Hauptphasen der Kleinen Eiszeit nachvollzogen werden, die sich in Mitteleuropa insgesamt als feuchtere Phaseinterpretieren ließ.

In der Bilanz erkannte man gut, dass in dem ersten trockenen Abschnitt von 1621–1637 in allen Monaten mit einer Ausnahme negative Niederschlagsanomalien (trockene) häufiger als positive (feuchte) auftraten. Nur im Dezember überwogen die positiven Abweichungen, in den Monaten Februar und März hielten sie sich die Waage. Im zweiten, ‚feuchteren' Abschnitt kehrte sich dieses Verhältnis um. Bis auf Dezember dominierten in allen Monaten die positiven Niederschlagsanomalien, wobei in einigen Monaten überhaupt keine negativen Abweichungen mehr beobachtet werden konnten. Besonders markante Verschiebungen traten im Februar, Mai, September und Oktober sowie letztlich in der Jahresbilanz auf. Die für die Prägung der Kleinen Eiszeit immer wieder hervorgehobene Steigerung der sommerlichen Niederschlagsverhältnisse ist auch in diesem Datenset vorhanden.

In der Zusammenschau mit der thermischen Entwicklung wird das Klimamuster differenzierter und komplexer. Es wurde deutlich, dass kaum ein Jahr dem anderen glich.

den übrigen Quellenhinweisen überein und spricht für einen strengen Winter. In der hessischen Reihe stellt dieser Wert den absoluten Tiefpunkt dar. Dieser Winter erfüllte damit die für einen Strengwinter geltenden Kriterien. Er ist in der modernen Periode noch am ehesten dem Winter 1962/63 vergleichbar, der mit –4,4 °C in der Region um Kassel noch etwas kälter war. Die außergewöhnliche Strenge hatte zur Folge, dass Wölfe erheblichen Schaden anrichteten, was tatsächlich nur in sehr strengen Wintern geschah. Während die Zahl der Niederschlagstage im Januar noch überdurchschnittlich ausfiel, lag sie im Februar weit darunter. Aber alle Februarniederschläge fielen als Schnee. Es war ein trockener Winter. Das Wechselspiel niederschlagsreicher und niederschlagsarmer Monate wiederholte sich in den beiden folgenden Monaten: der März lag dabei über dem Durchschnitt, der April darunter. Der Mai wiederum wies überdurchschnittliche Verhältnisse auf, was in der Bilanz einen feuchten Frühling bedeutete. Demgegenüber war der Juli trocken. August und Oktober waren schließlich wieder feucht, so dass 1649 in der Jahresbilanz als regenreiches Jahr eingestuft werden konnte. Die Sommer- und Herbstverhältnisse wurden von der allgemeinen Quellenlage, die sich primär auf Befunde aus Süddeutschland stützt, bestätigt. Der Sommer kann insgesamt als heiß, der Herbst als kühl und feucht eingestuft werden. Ähnlich dem Vorjahr stellte sich auch in diesem Jahr die Winterkälte im Dezember ein.

1650: Das letzte Jahr, über das tägliche Beobachtungsdaten von Hermann IV. aus Hessen vorliegen, war – als würde die Reihe einem dramaturgischen Konzept folgen – nach 16 Jahren mit ausschließlich durchschnittlichen und überdurchschnittlichen Niederschlägen das absolute Rekordjahr. An 226 Tagen fanden sich Eintragungen über Niederschlagsereignisse. Bis auf den August, der unter dem Durchschnitt blieb, sowie Februar und April, die Durchschnittswerte erreichten, lagen alle übrigen Monate über den Normalwerten. Auch die Quellen aus anderen Regionen Deutschlands sprechen von ungewöhnlich nassen Verhältnissen während des ganzen Jahres. Alle größeren Flüsse führten mindestens einmal Hochwasser, viele jedoch gleich mehrfach. Nach diesen sonnenarmen Witterungsverhältnissen verwundert es nicht, dass auch der Wein nicht zu ausreichender Qualität heranreifen konnte. Er blieb vielerorts sauer. Bleibt zu ergänzen, dass auch der

Kläglichе vnd erbarmliche newe Zeitung/

Von der vberauß schrecklichen vnd grossen Wasserfluth/ welche sich in diesem 1651 Jahr/nit allein im Röm. Reich/sonder auch zu Mörß vnd am Rhein begeben/ deren bey Menschen gedencken nicht geschehen. Wie jämmerlich vnd erbarmlich aber diese Wasserfluht gewesen/wird der Günstige Leser leichtlich auß diesem schliessen vnd erkennen können/in dem nicht allein die Menschen im Wasser vertruncken/sondern auff Bäum/Dach vnd Thürne gestiegen/ verhüngert/an kälte erfroren vnd gestorben. Auch ist solcher grosser schade an vberschwemmung der Länder/ertrinckung der Menschen/Vieh/schönen Gebäwen/Stätt vnd Vorstätten/Häusern/Kirchen/Klöstern/Mühlen/Brücken/vnd Feldfrüchten geschehen/ daß es nicht zu beschreiben noch außzusprechen ist.

Geschehen im Januarij. Zu singen auff die Weise: Allein auff Gott hoff vnd vertraw/ꝛc.

Abb. 50: Flugschrift zum Hochwasser 1651: Die großen Überschwemmungskatastrophen waren sehr häufig Anlaß für religiöse Belehrungen, in denen der Metapher der Sintflut weitergetragen wurde. Bayer. Staatsbib. München, Fl.-Nr. 03099.

Winter 1649/50 nach dem frühen und nachhaltigen Kälteeinbruch im Dezember des Vorjahres im Januar und Februar eher mild war. Der rekonstruierte Mittelwert für Hessen lag etwas unter dem Durchschnitt, was sich durch die außergewöhnlich große Anzahl von Frosttagen im Dezember erklären lässt. In der zweiten Dezemberhälfte gab es ebenfalls wieder einen markanten Kälteeinbruch, wobei die absolute Zahl der Frosttage unter dem hohen Niveau der beiden Vorjahre blieb.

1651: In der Zusammenschau kann der Winter als durchschnittlich, regional auch als kalt und nass eingestuft werden. Löst man über die Quellenaussagen das Wettergeschehen genauer auf, dann ist zu erkennen, dass der Januar sehr stürmisch und niederschlagsreich verlief. Mitte des Monats trat eine längere Tauwetterphase ein, begleitet von starken Niederschlägen, die in den Niederungen als Regen, in den Hochlagen und im Osten als Schnee fielen. Die Flüsse gingen auf, es kam an allen größeren Flusssystemen zu schweren Überschwemmungen, die in eindrucksvollen Flugschriften und Zeitungen festgehalten und verbreitet wurden (Abb. 50). Welch mentaler Stellenwert diesen Hochwassern zukam, belegt das Deckblatt einer so genannten Wasserpredigt aus Regensburg, in der eine religiös motivierte Erklärung und Belehrung wiedergegeben ist. Ende des Monats Januar fiel aber strenge Kälte ein, die Flüsse froren wieder bis Mitte Februar zu, belegt sind Eisgänge an Main und Weser und Hochwasser in Ostdeutschland. Zuerst hatte es den Anschein, als wäre der Winter damit beendet gewesen. Ende des Monats folgte aber eine erneut Kälteperiode, die diesmal von starken Schneefällen begleitet war. Anfang März tobten schwere Stürme an der Nordseeküste, in einigen Flüssen kam es erneut zum gefürchteten Eisgang, in den Hochlagen trat erst Mitte des Monats Tauwetter ein. Infolge länger anhaltenden Regenwetters kam es zum Monatswechsel erneut zu Hochwassern, die sowohl für das Rhein- als auch für das Weichselsystem überliefert sind. Die nasskalte Witterung hielt im Grunde den Frühling über an und verursachte so schwere Schädigungen am Getreide, dass im Norden die Wintersaat untergepflügt werden musste. Bemerkenswert sind zwei Kaltlufteinbrüche in der letzten Aprildekade und Mitte Mai, wobei Letzterer nochmals von Schnee-, Regen- und Hagelschauern begleitet war. Überhaupt war die Saat sehr verregnet. Die ungünstigen Wuchsbedingungen äußerten sich auch in den phänologischen Terminen dieses Jahres, die hinter den durchschnittlichen Eintrittsterminen zurück blieben. Im Juni hatte sich die feuchte Grundprägung zunächst fortgesetzt, Mitte des Monats führten der Rhein bei Köln und die Weser bei Bremen Hochwasser. Ende des Monats fiel erstmals ‚gutes Wetter' ein, die sonst vorherrschende nasskalte Witterung zu Siebenschläfer trat also nicht ein. Lediglich im Norden setzte sich das kühle Wetter fort. In der ersten Julidekade führten Nordweststürme zu Sturmfluten. Im Süden und im Osten dagegen wurden Juli und August als temperiert oder sehr warm bis sehr heiß beschrieben. Im Harz soll es sogar zur Selbstentzündung der Wälder gekommen sein. Nachdem in der ersten Septemberdekade der als Spätsommer I bekannte Witterungsregelfall noch idealtypisch ausgeprägt war, änderte sich das von Hochdrucklagen bestimmte Witterungsgeschehen grundlegend. Fortan bestimmte Regen das Geschehen: Lang anhaltende Niederschläge führten zu Überschwemmungen. Die Verhältnisse änderten sich kaum mehr bis in den Dezember: Immer wieder führten die Flüsse in Mitteleuropa Hochwasser, zuletzt Ende November und Anfang Dezember. Der Herbst wird daher als kühl und extrem nass eingestuft. Trotz des regenreichen Herbstwetters wurde die Weinlese in Franken nicht wesentlich verspätet angesetzt. Die Wärmephase im Sommer und zu Anfang September hatte offensichtlich auch ausgereicht, einen überwiegend als gut eingestuften Wein zu keltern.

1652: Nach dem durchschnittlich bis regional auch kalten Winter des Vorjahres, der vor allem durch seine Länge und Strenge im Norden auffiel, waren die Verhältnisse 1652 mild. Eine Temperaturrekonstruktion für Mainfranken bestätigte diese allgemeine Einschätzung. Mitte Februar wurde aus Ostdeutschland stürmisches Wetter gemeldet, ansonsten sind keine nennenswerten Auffälligkeiten überliefert. Nach allgemeiner Einschätzung verlief der Frühling in den ersten beiden Monaten zu trocken und kalt. Einige Chronisten weisen darauf hin, dass die Störche lange ausblieben. Im Mai fiel eine länger andauernde Hitzeperiode ein, die schließlich dazu führte, dass Futtermangel und Schäden am Getreide auftraten. Insgesamt war es ein extrem trockener Frühling. Über den Sommer können keine abschließenden Einschätzungen gegeben werden. Die Quellenlage ist unklar, da die Angaben von heiß und dürr bis sehr nass reichen. Offenbar war der Juni heiß, im Juli kam es wahrscheinlich durch schwere Gewitter regional zu starken Niederschlägen, während der August überwiegend als sehr warm eingestuft wurde. Davon weichen die Verhältnisse im Norden stark ab, denn hier war dieser Sommer eher zu nass. Nach einer kürzeren Schönwetterperiode Anfang September fiel in der zweiten Dekade, begleitet von Stürmen und Frost, Regenwetter ein. Danach schienen sich die Verhältnisse wieder normalisiert zu haben, denn die Lese wurde zumindest in Franken zu den sonst üblichen Terminen angesetzt. Der November wurde sogar schön und warm. Nach einem kalten Vorwinter trat, diesmal termingerecht, ein sehr stürmisches Weihnachtstauwetter auf.

1653: Das Wechselspiel regional unterschiedlich geprägter kalter und milder Winter setzte sich auch 1653 fort. Der Winter war zumindest in Süddeutschland kalt und lag größenordnungsmäßig im Bereich einer negativen Standardabweichung, wie die Temperaturrekonstruktion ergab. Im Norden weisen dagegen alle Indikatoren auf einen milden Winter hin. Während der Februar im Süden als kalt und schneereich beschrieben wird, traten an der Küste Stürme auf. Für den März deuten die Befunde in den Tieflagen auf einen feuchten Verlauf hin, in den Höhenlagen gab es noch reichlich Schneefälle. Für die Analyse des weiteren Jahresgangs stehen überwiegend süddeutsche Quellen und Befunde zur Verfügung. Aus ihnen geht hervor, dass ab April eine länger anhaltende Trockenperiode auftrat. Ende April gab es die gefürchteten Kaltlufteinbrüche, die in diesem Jahr relativ schwach ausgebildet waren und nur geringe Schäden verursachten. Rekonstruktionsversuche aus Fichtensignaturen ergaben für den Zeitraum November 1652 bis Juni ein Niederschlagsdefizit von über 25 %. Diese trockene und überwiegend heiße Phase setzte sich bis Juli fort. Nur im Juni gab es des öfteren kalte Nächte. Die etwas dürftige Quellenlage für den Norden vermeldete pauschal temperierte Witterung mit einer reichen Ernte. Ab August folgte eine länger anhaltende Regenperiode, die schließlich auch auf den Süden übergriff. Trotz eines überwiegend verregneten Herbstes wurde mit der Weinlese früher als sonst begonnen. Die Weinqualität wird überwiegend mit gut bewertet und nur regional melden die Chronisten ‚Misswachs'. Ende der ersten Novemberdekade traten die Herbststürme auf.

1654: In Winter waren die Temperaturverhältnisse wieder einheitlicher als in den Jahren zuvor. Sie lagen weit über dem Durchschnitt, was erneut durch eine Temperaturrekonstruktion in Mainfranken bestätigt werden konnte. Entgegen dem sonst üblichen Trend bei zu milden Wintern war jener diesmal eher trocken. Anfang Januar gab es schwere Stürme und Überschwemmungen. Erst Mitte Februar überfror der Main. Die Kälte hielt den März über an, was sich schließlich auch in einem Temperaturwert für den Frühling äußerte, der fast ein Grad unter dem Vergleichswert liegt. Eine nachhaltige Erwärmung trat termingerecht mit dem Mittfrühling ein. Im Zuge der darauf folgenden Vormonsunwelle II gab es derart lang anhaltende Regenfälle, dass in Süddeutschland die Flüsse über die Ufer traten. Danach folgte wiederum überwiegend warme Witterung. Mit Sommeranfang änderte sich diese Grundprägung hin zu einer eher feuchten Witterung. In diesem Abschnitt traten auffallend häufig Gewitter auf. Schließlich kulminierte diese ‚unruhige' Witterung Ende der ersten Julidekade in Stürmen. Mitte August folgte ein mehrtägiger Dauerregen. Eine nennenswerte Änderung gab es erst wieder ab der zweiten Augustdekade, als warmes Wetter einfiel. Nach einem kurzen Kälteeinbruch Anfang September wurde es Mitte des Monats wieder so warm, dass die Rosen geblüht haben sollen. Eine späte Lese kann als Reaktion auf die ungünstige Sommerwitterung gewertet werden. Wenigstens verlief der Oktober überwiegend warm und trocken, so dass die Weinlese noch einen mittelmäßigen bis guten Wein ergab. Mitte November setzte aber strenge Kälte ein. Zunächst froren die Flüsse im Osten, binnen weniger Tage setzte sich die Kälte in den Höhenlagen, dann auch in den Tieflagen durch und kündigte einen frühen und auch kalten Winter an.

1655: Wenn der Winter des Jahres in seiner Gesamtbilanz als kalt eingestuft werden muss, so liegt das am frühen Beginn und an der bereits im Vorjahr ausgebildeten Kälte. Im weiteren Verlauf gab es einen mehrfachen Wechsel von kalten Phasen und Tauwetterperioden. Nach der strengen Kälte Anfang Januar, die Hochwinter I und II umfasste, trat Mitte des Monats Tauwetter ein. Begleitet von starken Niederschlägen traten die Flüsse im Osten und Süden über die Ufer, wobei der Eisgang eine große Rolle spielte:

> *„1655. Sontag den 4. February zu früe vor zwey gen tagen, nach dem es ettliche tag vorhero starck geregnet, und der Berg Schnee zerschmolzen, kam ein unversehenes großes Waßer alhero, welches an Steegen, Mühlen, und in den Haußern alhier zimblich großen Schaden gethan, gieng am Marck biß zu unßer frauen Kirchen, deßwegen man keine Predigt darinnen halte könte, und ist dießes Waßer dem Ao. 1635 nicht viel ungleich geweßen."* (STAN HS 434)

Anschließend folgte erneut eine Kältewelle, die sich von Nord bis Süd erstreckte und wiederum von einer Tauwetterphase Mitte Februar abgelöst wurde. Das Szenario anschwellender Flüsse vom Vormonat wiederholte sich, vor allem die Elbe führte längere Zeit Hochwasser. Kein Wunder, dass auch dieser Winter als nass eingestuft wurde. Im März gab es erneut Eisbildung auf dem Main und auch aus der ersten Aprilhälfte sind überdurchschnittlich viele Frosttage überliefert. Erst Ende des Monats kam es zu einer länger anhaltenden Warmperiode. In der zusammenfassenden Bewertung für den Frühling kam die deutliche Zweiteilung nicht zum Ausdruck, die besonders auch in hygrischer Hinsicht zu verzeichnen war. Sie verlief im Osten akzentuierter als in den übrigen Regionen. Der Sommer war überwiegend feucht, nennenswerte Warmphasen traten lediglich Ende Juni und im Juli auf. Der Frühsommer Anfang Juni war verregnet, Mitte Juni traten in Süddeutschland erneut mehrere Flüsse über die Ufer und Ende August gab es, zumindest in den Hochlagen des Schwarzwaldes, bereits stürmisches Wetter. Trotz eines normalen Herbstwetters wurde erst spät mit der Weinlese begonnen. Offenbar rettete dies die Weinqualität, denn sie wurde überwiegend gut. Ende November fiel selbst in Tieflagen kaltes Wetter mit starken Schneefällen ein. Anfang Dezember fror der Main bereits zu und um den 20. Dezember, als mit Sturm und Regen das Weihnachtstauwetter termingerecht eintrat, gab es in den kleineren Flüssen den ersten Eisgang des Winters. Das Weihnachtstauwetter war in diesem Jahr nur von kurzer Dauer, denn bereits wenige Tage später kehrte die Kälte zurück.

1656: In diesem Winter war die Ausprägung der Temperaturen regional sehr unterschiedlich. Während alle Indikatoren im Norden für einen milden Verlauf sprechen, war die Kälte im Süden Deutschlands markant ausgeprägt und kann aufgrund der Temperaturrekonstruktion bereits als Anomalie gelten. Mitte Februar führte ein Kälteeinbruch mit Sturm und Schnee zu Schäden im Norden. Der Frühling verlief größtenteils gemischt, war insgesamt aber kalt und vor allem im Norden zu trocken. Als weitere Auffälligkeit kann die lang anhaltende stürmische und kalte Phase Mitte Mai angesehen werden. Die Schafskälte trat in diesem Jahr termingerecht und idealtypisch ausgeprägt ein. Auch der Siebenschläfer verlief erwartungsgemäß kalt, nass und stürmisch. Mit Ausnahme einer kühleren Periode zu Anfang der zweiten Julidekade war der Sommer sehr trocken. Eine Eichensignatur in den fränkischen Fichtensignaturen ist der objektive Beweis für derartige Umweltbedingungen. Im Norden war der Sommer zunächst überwiegend kalt und trocken. Erst während der Hundstage setzte sich warmes Wetter durch. Im Süden gab es durch den Wassermangel zu Ende des Sommers Probleme mit den Mühlen. Die Herbstverhältnisse können insgesamt als unauffällig eingestuft werden. Anstelle der Spätsommer-II-Phase trat diesmal eine ausgesprochene Kälteperiode auf, die zu Schäden an den Reben führte. Überhaupt wurde die Lese in diesem Herbst später als gewöhnlich begonnen. Anfang November gab es durch die einsetzenden Herbststürme erhebliche Baumschäden und nach einer Regenphase Mitte des Monats sanken die Temperaturen in der letzten Dekade, termingerecht zum Vorwinter. Etwas früher als gewöhnlich wurde diese Kälte vom Nikolaustauwetter abgelöst, das zumindest in Süddeutschland recht lange bis Mitte Dezember andauerte.

1657: Der Winter war mit Ausnahme zweier kurzer Kältephasen im Januar in allen Regionen Deutschlands mild und niederschlagsreich. In Ulm berichten Quellen davon, dass wegen starker Schneefälle ein Monat lang nicht gereist werden konnte. Der Main war in diesem Monat nur wenige Tage zugefroren und bereits Ende Januar gab es Überschwemmungen. Nur in Ostpreußen gab es einen strengen Winter. Mitte Februar folgten schwere Regenfälle, die in einigen Regionen auch in Form von Schnee fielen und ein zweites Hochwasser in diesem Jahr verursachten. Der Frühling verlief durchschnittlich und trocken. Nur Ende März sowie Anfang und Ende April gab es kältere Abschnitte, die im April von Stürmen begleitet waren. Auch der Mai wird überwiegend als zu warm und trocken beschrieben. Die Monsunwelle I trat erheblich später als sonst üblich ein, ebenso die Monsunwelle II. Trotz dieser beiden Schlechtwetterphasen wird der Sommer mitunter als heiß und dürr beschrieben. Andere Quellen stellen mehr auf die Schlechtwetterphasen ab und deklarieren ihn als kühl. Vor allem im Osten trockneten auch mittelgroße Bäche aus, Wassermangel trat ein und im Süden gab es wenig Heu und Grummet. In Aschersleben „*waren dis Jahr sehr dürre, darum das Getraide und sonderlich das Flachs nicht so wohl gerieth, wie im Vorigen*" (Abel 1732a). Diese Trockenphase wurde im August durch lang anhaltendes Regenwetter kompensiert, das sich in den September hinein fortsetzte. Besonders stark waren die Regenfälle im Westen. Das regnerische Wetter hielt den ganzen Herbst über an und führte Anfang Oktober und Mitte November zu zahlreichen Überschwemmungen. So verwunderte es auch nicht, dass der Wein in diesem Jahr missriet. Im Osten fiel bereits im November Kälte ein, während im Westen und Süden noch milde Witterung herrschte. Zusammenfassend kann von einem kalten und nassen Herbst ausgegangen werden. In diesen beiden Regionen deutete noch nichts darauf hin, dass ein Rekordwinter und ein insgesamt sehr kaltes Jahr bevorstanden.

1658: Was sich, zumindest im Osten Deutschlands, bereits im Vorjahr angedeutet hatte, wurde nach dem Jahreswechsel 1657/58 auch in den anderen Regionen Gewissheit: ein überaus strenger, lang andauernder und schneereicher Winter. Über die Mainvereisungen konnte für Mainfranken ein Wert von über –6 °C berechnet werden. Damit kann dieser Winter als Rekord- bzw. Jahrhundertwinter eingestuft werden. Die dadurch entfachten Szenarien reichen von der zugefrorenen Ostsee bis zum Auftreten von Wölfen und anderen Wildtieren in Siedlungen. Selbst die größten Flüsse und Ströme froren für lange Zeit zu, die Mühlräder standen still und die Menschen mussten Stroh von den Dächern an die Tiere verfüttern. Im Stall froren die Kühe fest und zahlreiche Menschen erfroren oder verhungerten. Folgende Quellenauszüge sollen die Zustände veranschaulichen. Zunächst aus Sachsen:

„*Anno 1658. war durch den Winter tieffer Schnee und mächtige Kälte / daß die grösten Wasser und Ströme zugefroren / daß man über den Belt und Suder = See fahren / reiten und gehen können. Die Gebirger fuhren in die 18 Wochen lang mit Schlitten nach Prag / Nürnberg / Leipzig und Pautzen in der besten Bahn / es kamen wilde Schwanen und Enten auf unsere Quellen und suchten ihre Nahrung / darvon 3 Stück geschossen worden.*" (Lehman 1699)

Eine andere Quelle aus Meiningen berichtet:

„*Dieses Jahr ist wegen der grossen und fast biß in Majum anhaltenden Winters nicht sogar fruchtbar gewesen / daher das Getraid sampt dem Wein ziemlich aufgeschlagen / denn dieser fast gantz erfrohren / also gar / daß man auch die Stöck gäntz-lich abwerffen / und von neuen müssen schieben lassen / die grossen Nuß-Bäum sind fast allenthalben erfrohren / und weil der Schnee sehr hoch gelegen / und nicht einmal abgegangen / ist viel Wildbrett / zumal Hasen und Vögel / gestorben / daß man sie hin und wieder tod funden. Und ob wol dieser Winter eben lang gewähret / ist er doch zu Außgang des Jahrs bald wieder angegangen / und gewähret biß Weinachten / da es auffgethauet.*" (Güthen 1676)

Klimatologisch kann der Ablauf dieses Winters regional differenziert nachvollzogen werden. Anstelle der üblicherweise eintretenden Tauperiode Mitte Januar verschärfte sich in diesem Jahr die Kälte, begleitet von schweren Schneefällen. Erst ab Mitte Februar und schließlich Ende des Monats kam es zu einer nennenswerten Tauperiode, in deren Folge ein erster Eisgang und Hochwasser an Rhein, Main und Elbe auftraten. Der Winter war damit noch nicht beendet, denn Mitte März überfror der Main erneut, zur gleichen Zeit führte der Rhein bei Köln Hochwasser und erst Ende März konnten die Schiffe an der Küste aussegeln. In Hamburg wurden zur gleichen Zeit noch die Stadtgräben aufgeeist. Die anomale Kälte dauerte schließlich noch die erste Aprildekade an. Die Bemerkung eines Chronisten aus Hanau verdeutlichte anschaulich die Kälte in dieser Zeit: Die Störche flogen wieder weg! Erst danach besserte sich das Wetter etwas, es wurde wärmer. Dies dauerte jedoch nicht allzu lange, noch in der ersten Maidekade fiel wieder ‚schaurig unfreundliches Wetter' ein und hielt den ganzen Monat über an. Sehr eindrücklich wird von den Zeitgenossen beschrieben, dass noch immer ‚die Stuben geheizt werden mussten'. Nach diesem extrem kalten Frühling und feuchten Frühsommer hatte man noch Hoffnung auf einen warmen Sommer, doch blieben zumindest die ersten beiden Monate kalt. Im Juli wurde in Franken noch geheizt! Erst Anfang August kam die erhoffte Wärme. Trotz dieser späten Warmphase blieb es insgesamt ein kühler Sommer, denn auch diese erste durchgehende Erwärmung war nur von

Abb. 51: Frost Fair auf der Themse. Privatbesitz.

kurzer Dauer. Der September begann mit Stürmen, Hagelschauern und schweren Gewittern. Anstelle der sonst üblichen sommerlichen Hochdruckphasen fiel erneut Kälte ein. Selbst eine späte Lese rettete in diesem Jahr den Wein nicht mehr, er wurde als schlecht und sauer beschrieben. Erst im November trat ‚gelindes Wetter' ein, zu diesem Termin ebenfalls eine Anomalie. Strenger Frost ab Mitte Dezember ließ im Süden den Main zufrieren. Im Norden gab es zeitgleich mehrtägigen Dauerregen. Auch im Süden setzte sich schließlich, rechtzeitig zum Weihnachtsfest, Tauwetter durch, der Main führte Hochwasser.

1659: Dieses Jahr ist aus historisch-klimatologischer Sicht ein Wendepunkt. Bis hierher reicht die von Manley (1974) zusammengestellte Temperaturreihe für Zentralengland zurück. In der Vergangenheit half diese Reihe bei vielen ‚Fernkorrelationen' Datenlücken überbrücken. Ihre Schwankungen wurden zum Maßstab der Kleinen Eiszeit schlechthin erklärt, obwohl die Reihe als regionaler Befund interpretiert werden sollte und in dieser Weise auch vom Autor vorgesehen war (Abb. 51). Als solche spielt sie natürlich eine gewichtige Rolle für synoptische Betrachtungen. Sie wird in den folgenden Beschreibungen vergleichend herangezogen: In Mitteleuropa war dieser Winter durchschnittlich und feucht. Anstelle des Hochwinters trat Anfang Januar eine Tauperiode mit lang anhaltendem Hochwasser auf. Der ganze Januar wurde in den Überlieferungen daher auch als feucht eingestuft. Erst in der zweiten Februardekade fielen die Temperaturen deutlich ab. Zum Monatswechsel trat Tauwetter ein, eine 14-tägige Kälteperiode beendete dies jedoch erneut. Mitte März folgte eine mehrtägige Warmphase, die dann aber immer wieder von kalten Abschnitten abgelöst wurde. Anfang Mai fiel den Chronisten in Norddeutschland eine gewitterreiche Phase auf, andere verwiesen auf die sehr späte Baumblüte. Noch Ende Mai hatte es in Franken etliche Male Eis gefroren. Es verwundert daher nicht, dass dieser Frühling insgesamt als zu trocken eingestuft wurde. Mangelnde Wärme und die Trockenheit waren vermutlich auch die Gründe, weswegen die fränkischen Eichen eine Negativsignatur ausbildeten. Der Sommer ließ sich in diesem Jahr zunächst gut an, wurde aber ab Mitte Juli von einer regenreichen und stürmischen Phase abgelöst, die den September hindurch anhielt. Es war insgesamt ein kühler und feuchter Sommer. Als Folge dieses Niederschlagsreichtums traten Flüsse, wie z. B. die Weser, über die Ufer. Mehrere Stürme mit lang anhaltenden Niederschlägen setzten diesen Grundcharakter auch Anfang Oktober fort. Die Weinlese fand in diesem Jahr zu dem auch sonst üblichen Termin statt, der Wein wurde überwiegend als sauer und schlecht bewertet. Auffallend kalt blieb es auch den Oktober und November über, ähnlich auch im Dezember, der im Osten bereits starke Schneefälle brachte. Im Norden wüteten um den 10. Dezember nochmals Stürme. Der in vielen Fällen gegenläufige Charakter der Witterung in Ostpreußen zeigte sich in diesem Herbst, der dort als lang und schön beschrieben wurde.

1660: Auch im folgenden Jahr wurde der Winter in allen Teilen Deutschlands streng. Die Mitteltemperatur liegt unterhalb der als Anomalie definierten Schwelle. Der Bodensee, zumindest aber der Untersee, fror zu. Die Frühlingsverhältnisse wurden unterschiedlich bewertet: im Alpenvorland eher als kühl, ansonsten im Süden und Osten als warm und regional zu trocken. Ende Mai kam es durch die Monsunwelle I zu einer kalten und nassen Periode. Auch im Juni gab es des öfteren kühlere und regenreiche Abschnitte. Im Osten musste wegen Dauerregens das traditionelle Vogelschießen verschoben werden. Mitte Juli erreichten die Windgeschwindigkeiten Sturmstärke. Danach trat eine sehr heiße und trockene Phase ein, die offensichtlich das Gesamturteil über diesen Sommer als warm und trocken beeinflusste. Während im Osten von einer guten Ernte und trockenen Erntebedingungen berichtet wurde, gab es im Süden durch die Trockenheit Einbußen beim Getreide. Schließlich betete man um Regen. Die Wärmephase hielt bis in den September hinein an, beispielsweise war Spätsommer I geradezu idealtypisch ausgebildet. Die weiteren Witterungsverhältnisse verliefen sehr unterschiedlich. Während im Osten bereits im Oktober Kälte und Schnee einfielen, setzten sich im Norden und Süden die günstigen Wetterverhältnisse fort. Erst nach einer mehrtägigen Sturmsequenz fiel auch in den anderen Regionen kaltes Wetter ein. Die Stürme dauerten anschließend den Rest des Jahres hindurch an, besonders markant waren sie Mitte Dezember. Eine Tauperiode mit Dauerregen führte zu Hochwassern. Eine Folge schwerer Stürme fegte anschließend über Deutschland hinweg und hinterließ in den Wäldern große Windwurfschäden. Sie leitete das diesjährige Weihnachtstauwetter ein, das im Norden eine starke Erwärmung, mehrfach Stürme und erneut Hochwasser brachte.

1661: Nach dem vorangegangenen strengen Winter stand dieses Jahr ein ausgesprochen milder und feuchter Winter bevor. Die bereits im Vorjahr ausgeprägte stürmische und milde Witterung hielt über den Jahreswechsel hinweg an. Eine Quelle aus Mühlhausen dokumentiert dies sehr schön:

„dieses Jahr war ein sehr gelinder winter ohne sonderlichen frost und Schnee, daß man fast fort und fort konte ackern. Beij Horsmar hat ein Baum im felde im Anfang des Decembris geblühet und um weijnachten Birn gewonnen als Erbißen.“ (Sta MHL; 61/39b)

Stürme, Hochwasser und viel zu milde Temperaturen waren die wesentlichsten Kennzeichen. Vor allem die Nässe setzte der Wintersaat derart zu, dass sie ‚verdorben‘ wurde. Besonders schwere Stürme, verbunden mit Sturmfluten am Küstenraum, gab es Mitte Januar, weitere folgten bis in den Februar hinein. Einige Chronisten berichten über das Aufgehen und Blühen von Frühlingsblumen. Was zunächst als Metapher eines milden Winters angesehen werden mag, fand vor allem im Frühling Bestätigung. Alle überlieferten Phänophasen traten erheblich zu früh ein, beispielsweise die Kirschblüte in Süddeutschland vier Wochen vor dem Durchschnittstermin. Die warme Witterung wurde Mitte April jäh von einem Kältewelle unterbrochen, durch den frühen Aufgang der Vegetation gab es erhebliche Schäden. Ende Mai musste wieder eingeheizt werden und infolge einer länger anhaltenden Regenperiode traten die Flüsse über ihre Ufer. Auch der darauf folgende Sommer wurde heiß, Mitte Juli sogar sehr heiß, wobei vor allem im Osten die sonst üblichen Niederschläge ausblieben. Mitte August kam es im Zusammenhang mit der Monsunwelle III zu lang anhaltenden Regenfällen, die Franken und Thüringen Hochwasser brachten:

„Nach dem nun der Sommer gar dürr geweßen, aber im Augusto, und gegen dem herbst ein continuirlich regenwetter, eingefallen, sind die Trauben beer gar gros worden, auch Viel gar auffgesprungen, und weilen es Viel Wepßen, große Mucken, und anders ungeziffer gab, die es gar außsaugenten, als geschahe den Leüten großer schaden, den mancher trauben endlich ganz dürr würde.“ (Chr. von Bad Windsheim, StA Bad Windsheim)

Die warme Witterung setzte sich auch den Herbst über fort. Nur Anfang Oktober vermeldeten die Chronisten eine länger anhaltende Regenperiode. Ansonsten waren die Lesetermine früher als üblich angesetzt worden, der Wein wurde erwartungsgemäß gut bis sehr gut. Selbst im November soll noch derart milde Witterung geherrscht haben, dass das Korn anfing zu schießen. Es war ein ausgesprochen warmer Herbst. Anfang Dezember sollen bereits wieder Blumen geblüht haben. Stürme in der zweiten Dezemberdekade deuteten darauf hin, dass das Ende dieses Jahres ähnlich mild wurde wie der Anfang. Im Überblick konnte 1661 als ein Jahr mit einem deutlichen Wärmeüberschuss ausgewiesen werden.

1662: Auch dieser Winter geriet viel zu mild, er kann sogar als warm klassifiziert werden. Wieder ereigneten sich eine Reihe von Stürmen, die Anfang März zu einer schweren Sturmflut führten. Im Gegensatz zum Vorjahr gab es diesmal aber einige längere Kaltphasen. Auch der März hatte nicht die Wärme wie im Vorjahr. Der Temperaturgang verlief im Frühling akzentuierter mit stürmischen Kaltlufteinbrüchen Ende April und vor allem Mitte Mai, als durch Frost und Schneefälle die Reben geschädigt wurden. Eine letzte Kaltluftwelle Ende Mai war weniger intensiv und schädlich gewesen. Idealtypisch war in diesem Jahr der Frühsommer ausgebildet, ansonsten wurde dieser Monat überwiegend als regnerisch und trüb beschrieben. Nur im Juli etablierten sich länger anhaltende Warmperioden, doch fiel Ende des Monats erneut regnerisches Wetter ein, das sich bis in den September hinein fortsetzte. Den Eichen kam das moderate bis etwas zu kühle, aber niederschlagsreiche Wettergeschehen entgegen, sie bildeten eine Positivsignatur aus. Aufgrund des unsteten Herbstwetters mit vielen Frösten und Regen sowie wegen des schlechten Sommerwetters wurde die Lese spät angesetzt. Der Wein war trotzdem überwiegend sauer. Eine stürmische Phase Ende November leitete zu strenger Winterkälte über, die fast den ganzen Dezember über anhielt, so dass Mitte des Monats bereits der Main gefroren war.

1663: Was bereits im Vorjahr mit strenger Winterkälte begann, sollte sich im Verlauf dieses Jahres erneut zu einem ausgesprochenen Rekordwinter entwickeln. Offenbar litten die Jungtiere besonders unter der Kälte:

> „*Es ist dießer Monat Januarius gar grim kalt geweßen, also, wie man nachmals erfahren, Viel beümen, Weinstöck, so nicht recht gedeckt geweßen, wie auch Garten gewuchs, sonderlich Viel iunges Viehe, als Schwein, und Lämer, in den Ställen erfroren, So hat auch die Sonne gar wenig geschienen, sondern ist mehrer theils trüb, und düfftig Wetter geweßen.*" (Chr. von Bad Windsheim, StA Bad Windsheim)

Eine weitere Quelle aus Jena berichtet:

> „*1663 ist bis den 22. Febr. so eine große Kälte gewesen, auf 13 Wochen, daß es nie gedauet, auch der Schnee, da es auf 30 oder 40 mahl geschneiet, nicht weggedauet, ia es seind die Weinstöcke vor den Häusern so bloß gewesen, nebenst vielen 1000 Pflaumen-Bäumen erfroren, daß man sie Scheiden machen müssen.*" (Koch 1914)

Und aus Bremen erfahren wir:

> „*Anno 1663 weile der Frost starckt continuirt seindt nicht allein die hiesiger Gegendt kleine Reviren, sondern auch der Weßerstrohmb biß Elßflinth 3 Meilen von hieren unterhalbt der Stadt zugefrohren und bin ich nebenst andern eingeladenen Freunden mit des Rhatts Caroshe auff den Weßerstrohmb biß Bühren, auff des Herrn Syndicus Wachmans Hoff daselbsten am Januar hin und wiedergefahren, wie dann auß verschiedenen unterhalbt auß der See ankommenden und eingefrohene Schiffern mit Lastwagen die Güther auff dem Eiße zur Stadt gebracht.*" (STA Bremen, 2-P.1.-65 u. 66, Meier Diarium)

Die Temperaturrekonstruktion ergab in Mainfranken die dreifache Standardabweichung. Trotz einiger Tauperioden, wie Mitte Januar, hielt die Kälte bis in den März an. Danach trat eine länger anhaltende Erwärmung ein. Bei den fränkischen Eichen dokumentiert eine Negativsignatur die ungünstigen Wuchsbedingungen. Der April machte in diesem Jahr seinem Ruf alle Ehre, er wurde regnerisch, stürmisch und meist kalt. Nachdem dieses ‚Aprilwetter' bis in die erste Maidekade hinein andauerte, wurde es zunächst von einer Schönwetterphase abgelöst, um dann wieder unstet, regnerisch und meist stürmisch zu werden. Regional kam es zu Hochwassern. So war es insgesamt ein kalter Frühling. Auch zum Sommer hin änderte sich diese Grundtendenz nicht mehr: Der Juni blieb regnerisch, trübe, stürmisch und kalt. Erst Anfang Juli wurde es für einige wenige Tage schön, um anschließend wieder in eine Schlechtwetterperiode überzugehen. Den Zeitgenossen blieb als einziger Ausweg die Bitte um göttlichen Beistand. Die Gebete um schönes Wetter, die über Wochen andauerten, hatten keinen Erfolg, denn Ende Juli führten zahlreiche Flüsse bereits wieder Hochwasser und man musste erneut einheizen. Das schlechte Wetter hielt weiter an und bis auf wenige Ausnahmen sind kaum schöne Tage belegt. Ende des Monats kam es noch schlimmer: Mehrere Stürme fegten über Mitteleuropa hinweg, Regenschauer und schließlich Dauerregen mit erneuten Hochwassern waren der bisherige Höhepunkt in diesem extrem niederschlagsreichen und auch kalten Sommer. Anfang September folgte noch eine Sturmflut. Dann änderten sich die Verhältnisse. Der Herbst wurde überwiegend warm und blieb weitgehend trocken, wobei der regionale Schwerpunkt dieser äußerst günstigen Witterung diesmal im Osten lag. Im Süden wurde es im Oktober wieder eher regnerisch und kühl. Der Wein war trotz des späten Erntetermins überall missraten. Der Dezember wurde von den Zeitgenossen als überwiegend mild beschrieben.

1664: Die milde Witterung des Dezembers hielt noch die erste Januardekade über an. Dann änderte sich, nach einem Frontendurchgang mit Sturmcharakter, diese Tendenz grundlegend. Strenge Winterkälte bestimmte die nächsten Wochen. Die heute übliche Tauwetterperiode in der letzten Januardekade blieb im Wesentlichen auf zwei Tage beschränkt, ehe sich die kalte Witterung fortsetzte. Vor allem im Norden war die Kälte so streng, dass die Elbe zufror. Im Süden fiel Mitte Februar Regenwetter ein, dass schließlich aber von einer Trockenperiode abgelöst wurde. Der April war in Süddeutschland von ungestümen Wetter bestimmt. Ende Mai begann hier aber eine länger anhaltende Schönwetterphase, die bis Ende Juli anhielt und einen trockenen Frühling bescherte. In Norddeutschland war diese Hitze- und Trockenperiode stärker und länger als im Süden ausgeprägt. Dort setzte schon Ende Juli regnerisches Wetter ein, das den August über andauerte. Der Herbst war regional einheitlicher ausgebildet und wurde als feucht und kalt eingestuft. Ein durchschnittlicher Lesetermin und sehr unterschiedliche Weinqualitäten, trotz der Frühfröste Ende September, reflektieren die regionalen Unterschiede im Sommer. Das regnerische Wetter setzte sich den November über fort, so dass Anfang des Monats die Donau bei Ulm Hochwasser führte und Mitte des Monats, nach einem Kälteeinbruch, die Flüsse in Thüringen folgten. Aufgrund des ungewöhnlich hohen Schneefalls gab es schließlich auch im Wesergebiet Überflutungen.

1665: Auch im folgenden Winter war die Kälte extrem groß. Hinzu kamen schwere Schneefälle, die selbst in den ansonsten wärmeren Regionen Süddeutschlands stellenweise bis Ende März liegen blieben, im Osten bis Anfang April. Entgegen seines sonstigen Charakters war der April sehr trocken. Der Mai war eher unauffällig, zumindest schweigen die Quellen über diesen Monat. Insgesamt war es ein kalter Frühling. Anfang Juni häuften sich die Hinweise auf schwere Gewitter in ganz Deutschland:

„*Es waren in dem Monat Junio hindurch, fast alle weg, über den andern, oder driten tag, hefftiger, und erschröckliche Gewitter, die in Vielen orten einschlügen, auch viel Getraid von hagel, sonderlich, umb Gunzenhaußen, Weißenburg, Neüenmarck, und andernorten, erschlagen ward, Wie dann Zu Kizingen in der Capuziner Kirche, do bey einen solchen großen Wetter, drey Menschen vor den Altar knieten, und betteten, der mitler also balden von einen Schlag, tod blieben, der ander auch bald her nach stürben, In die Pfarr Krichen darsaelbst, schlüüg gleicher gestalt ein Stral, und trüff das Marien bilde, Item schlüg das Stiffts Würzburg Wappen herab, dann den Weyhekeßel, Wie dann ein anderer Stral zu nechst bey der Brucken in den Main geschlagen, das das Waßer eines großen haus hoch, in die hohe gesprungen, und eitel feüer geweßen, davon die Leüt in großen Schrecken, und forcht, gerathen, Am end dießes Monats Junij, fielen viel Pferd, RindViehe, und Schwein, umb, und weilen es anden gewönlcihen ort, vor dem Seethor, alles voll lage, und ein grausamen Gestanck verursahcte, bis man hernahc draußen bey den Wilden waßer, ein gros Loch machen, und solches hinein werffen, Wie dann allenthalben in den Wäldern, Viel todes Wild, gefunden würde, Welches die Brandenburgischen mit haut, und haar, eingraben ließen, und gaben auch stetig wüste dicke nebel.*“ (Chr. von Bad Windsheim, StA Bad Windsheim)

Anfang Juli kam es immer wieder zu schweren Stürmen sowie zahlreichen Gewittern mit Hagel- und Regenschauern. Fast den ganzen Monat über regnete es, so dass erneut um schöneres Wetter gebetet wurde. Erst in der letzten Augustdekade trat schließlich eine Schönwetterperiode ein. Durch das langwierige Regenwetter war es zu Schäden an den Feldfrüchten und Gras gekommen. Eher unauffällig verlief die Herbstwitterung. Erwähnenswert waren nur Hochwasser Anfang September im Osten und Frühfröste mit Schneefällen auch im Tiefland in der letzten Oktoberdekade. Ein kühler und feuchter Herbst. In der Zusammenschau folgte 1665 erneut ein sehr kaltes und feuchtes Jahr.

1666: Nach dem strengen Winter des Vorjahres folgten in diesem Jahr milde beziehungsweise durchschnittliche Verhältnisse. Während es im Norden deutlich zu warm war, gab es im Süden einen mittelmäßigen Winter, der zudem zu trocken war. Bereits im April fiel eine längere Wärmephase ein, die sich bis in den Sommer hinein fortsetzte. Nur in der letzten Maidekade wurde die Wärme von einer stürmischen und regenreichen Phase unterbrochen. So blieb es ein insgesamt milder und sehr trockener Frühling. Das Herausragende in diesem Jahr waren aber die außergewöhnliche Sommerhitze und die extreme Trockenheit und in der Folge schlechte Getreide- und Heuernten. Erneut zeigte sich das schon mehrfach beschriebene Szenario der Trockenheit. Erst in der zweiten Septemberhälfte gab es wieder länger anhaltende und ergiebige Niederschläge. Ansonsten war der Herbst überwiegend zu kühl. Trotzdem begann die Lese viel früher als gewöhnlich, die Weinqualität wurde allgemein mit gut bezeichnet. Bemerkenswert waren auch die zahlreichen Gewitter im Oktober. Hinweise auf kalte Witterung und Frost finden sich für dieses Jahr erst in der letzten Novemberdekade. Nach allen Hinweisen war der Dezember trockener als gewöhnlich und kalt. In der Gesamtbilanz kann dieses Jahr als warm eingestuft werden.

1667: Dieser Winter war im Norden kalt, in den anderen Regionen unterschiedlich. Zunächst hielt fast überall die Kälte des Vorjahres den Januar über an, der darüber hinaus auch als schneereich beschrieben wurde. Im Süden und Osten gab es den Februar über anomal milde Witterung. Nach der Schneeschmelze Anfang des Monats – an der Küste kam es zeitgleich zu einer Eisflut – hatte es den Anschein, als wäre der Winter bereits vorüber. Als schließlich ‚liebliches Frühlingswetter' einfiel, begann man Ende des Monats mit der Aussaat – zu früh, wie sich nur wenige Tage später herausstellen sollte, denn Anfang März kehrte der Winter mit kaltem Wetter und Schneefällen im Tiefland zurück. Mitte des Monats gab es im Norden an der Weser einen Eisgang. Kurz danach folgte eine neue Kältewelle, während der die Elbe zufror und über längere Zeit überfroren blieb. Auch im Osten dauerte diese Kältephase noch in den März hinein an. Ein Chronist bringt ein interessantes Zitat: Er spricht von einem „*unvermuteten Nachwinter, der von den Nordischen der Märzwinter genannt wird*“ (Güthen 1676). In Franken waren die Reben erfroren und an fast allen Tagen gab es Frost, wobei tagsüber bereits milde Wärme eintrat. Meist war es dabei trocken. Mitte Mai erfolgte die fast schon obligatorische Kältewelle mit Sturm, Hagel- und Regenschauern sowie Frösten, so dass die ‚Stuben wieder eingeheizt werden mussten'. Winterkälte und Trockenheit im Frühling waren vermutlich die negativen Umwelteinflüsse, die bei den fränkischen Eichen zu einer Negativsignatur führten. Sicher haben auch die Sommerverhältnisse dazu beigetragen, denn im Norden wurde übergreifend von einem heißen und dürren Sommer gesprochen. Allerdings war es Anfang Juni noch zu Überschwemmungen im Weserbereich gekommen und Befunde aus dem Osten lassen den August eher als nass und trüb erscheinen, bis schließlich das Getreide auswuchs. Für den Süden konnten eine verspätete Traubenreife und verspätete Lesetermine angeführt werden, die als Reaktion der mangelnden Sommer- und Herbstwärme zu interpretieren waren. Immerhin erreichte der Wein meist noch mittelmäßige Qualitäten. In der ersten Oktoberdekade gab es schwere Oststürme, die an Elbe und Weser zu Überflutungen führten. Der erste markante Kälteeinbruch erfolgte anschließend Mitte November. Er war begleitet von heftigen Schneefällen, welche die Verkehrsverbindungen unterbrachen.

1668: Nachdem der Dezember des Vorjahres unauffällig verlief, gab es erst zum Jahreswechsel, durch stürmisches Wetter angekündigt, eine Abkühlung. Sie wurde bereits wenige Tage später von einer Tauperiode abgelöst, in deren Verlauf an der Küste eine Springflut auftrat und dem Binnenland ‚*liederlich Wetter*' brachte. Längere Regenphasen führten am Ende der zweiten Dekade bei stürmischem Wetter zu Hochwassern, auf die abrupt eine neue Kältewelle mit Schneefällen und Frost folgte. Ab Mitte Februar war der Winter im Süden vorbei, nachdem die Temperaturen zuvor meist um die 0 °C lagen, trat jetzt mit stürmischen, trüben Verhältnissen Regen ein, so dass von einem milden und feuchten Winter gesprochen werden kann. Erst im März hatte es „*richtig angefangen zu wintern*" (StA Rothenburg, Dehner-Chr.) Dieser späte Wintereinbruch war jedoch nur von kurzer Dauer. Trotz der immer wieder eingefallenen Fröste hatte die frühlingshafte Witterung früh eingesetzt und war im Osten besonders stark ausgeprägt. Der darauf folgende Sommer war kühl und derart verregnet, dass es regional zu Hochwassern kam und Schäden am Getreide auftraten. Die Ernte musste in den September hinein verschoben werden. Mitte August betete man um schönes Wetter. Einige Stürme Anfang Juli und Ende August erhöhten die negative Grundstimmung noch. Auch der September wurde als zu kalt beschrieben, erst ab Oktober traten die sonst so charakteristischen Schönwetterphasen auf. Bei meist trockenen Verhältnisse versuchte man durch eine spätere Lese den Wein zu retten, es half aber nichts. Er wurde überall schlecht. Anfang Dezember waren in Mainfranken Schneefälle belegt, die aber schon kurze Zeit später wegtauten. Im Osten waren die Verhältnisse so mild, dass Blumen hervorkamen. Zum Jahreswechsel überfror die Donau bei Ulm.

1669: Die Winterverhältnisse zeigten sich in diesem Jahr regional sehr unterschiedlich. Während im Süden der Winter kalt und relativ schneereich wurde, war er im Norden und Osten zu mild. Mitte Februar brachte eine Tauperiode bis Ende des Monats milde Verhältnisse in ganz Deutschland. Der Frühling blieb so kalt, dass die Vegetationsentwicklung über drei Wochen hinter dem sonst üblichen Entwicklungstand zurückblieb. Er war zudem zu trocken. Das herausragendste Witterungsereignis dieses Jahres sollte aber noch kommen: Der Sommer wurde ausgesprochen heiß und sehr trocken. Bereits Mitte Juni waren die Wiesen in Franken ausgetrocknet, die Fichten zeigten in diesem Jahr eine Negativsignatur. Aus ihnen konnte für Mainfranken im Zeitraum Mai bis Juli ein Niederschlagsdefizit von fast 25 % rekonstruiert werden. Als die Trockenheit bis in den Herbst anhielt, machten sich erste Mängel in der Wasserversorgung bemerkbar. Die Brunnen trockneten aus und selbst der Rhein wies Anfang Oktober einen extremen Niedrigwasserstand auf. Wegen der Trockenheit wurde die Wintersaat erst spät ausgebracht. Den Winzern kam die Hitze entgegen, entwickelte sich doch ein sehr guter Wein, der auch noch weit früher als sonst in die Fässer kam. Nur regional hatten Frühfröste Ende September die Trauben verdorben. Die Lesetermine lagen erwartungsgemäß früher als sonst üblich. Nach einem Sturm Mitte Oktober gab es einen erneuten Kälteeinbruch mit Frost, der sich Anfang November nochmals wiederholen sollte. Insgesamt fiel die Kälte in diesem Jahr früh ein, in Königsberg kam es bei anhaltenden Westwinden zu Überschwemmungen. Die Temperaturverhältnisse im Dezember blieben im Süden Deutschlands zu mild. Während des in diesem Jahr schon früh eingefallenen Weihnachtstauwetters kam es zu schweren Stürmen. Insgesamt war 1669 ein warmes und trockenes Jahr.

1670: Termingerecht zum Jahreswechsel war in diesem Winter strenge Kälte eingefallen. Infolge der Kälte froren die Brunnen und Mühlen ein. Erst Mitte Januar führte eine Tauwetterperiode zu einer Besserung der Lebensverhältnisse. Allerdings führten die dadurch ausgelösten Eisgänge in einigen Flusssystemen zu Hochwasser. Ende Januar froren mit einer neuen Kältewelle auch die größeren Flüsse, wie die Weser und Elbe, wieder zu, so dass Lastverkehr auf ihnen erfolgen konnte. Auch die Küstengewässer waren gefroren, im Binnenland gab es mitunter schwere Schneefälle. Erst in der ersten Märzdekade gab es im Zuge einer Tauperiode eine merkliche Temperaturzunahme. Durch den Eisgang wurden erneut zahlreiche Überschwemmungen ausgelöst. Die strenge Kälte hatte auch den fränkischen Eichen zugesetzt, die eine Negativsignatur ausbildeten. Über die Sommerverhältnisse schweigen sich die Quellen aus. Lediglich aus den meist guten Lesen kann geschlossen werden, dass es ausreichende Wärmephasen gegeben haben muss. Ende Oktober folgte eine Sequenz von schweren Stürmen, die, begleitet von Hagelschauern, Sturmfluten verursachten. Der November wurde in Franken als ausgesprochen warm eingestuft und auch im Dezember konnte es nicht allzu kalt gewesen sein, denn die Chronisten sprechen von andauerndem Regenwetter. Weitere Hinweise auf stürmisches Wetter aus Norddeutschland und die großräumig aufgetretenen Überschwemmungen Ende des Jahres deuteten darauf hin, dass sich keine rechten Winterverhältnisse einstellen wollten.

1671: Das milde Wetter hielt auch im neuen Jahr an. Wenige Schneefälle und Frosttage im Süden, geringe Küstenvereisungen und Quellenhinweise auf ‚liederliches Wetter' unterstreichen dies deutlich. Erst Mitte Februar soll es in Mainfranken gewintert haben, aber schon Ende des Monats erfolgte die Aussaat. Wie häufig in milden Wintern traten mehrere Stürme auf. Dieser Winter war warm. Über den weiteren witterungsklimatischen Verlauf lassen sich folgende Aussagen treffen: Der Frühling war zumindest in Süddeutschland etwas wärmer und auch trockener als gewöhnlich. Ähnliche Verhältnisse können auch für den Sommer angenommen werden. Er war heiß. Anfang August vermeldeten die Chronisten einen schweren Sturm im Nordosten. Der folgende, aus Rothenburg ob der Tauber überlieferte Text fasst die Witterungsverhältnisse sehr schön zusammen:

„*1. Jan. schön warm. Ist den gantzen Monat wenig Schnee gewesen, fast immer lidelich, ist noch kein Waßer so groß, daß es über die Brüken bei der Fuchsmühlen gienge. 4. 5. Feb. hats allererst angefangen zu wintern. 18. 19. schön warm, ohne Schnee, haben die Bauren allerorten angefangen, Habern zu sehen, die Weiber in den Gärten Peterl, Salat. Mart. schön warm, fast den ganzen Monat. April warm, grünt nun schon alles, Kirschen, Anbrellen. 18. April hats in der Nacht hart gefroren, weil aber alles trucken, hats am Weinstock, waß heraußen gewesen, ein wenig verbrannt und etliche Augen hin und her versengt. 4. May und die nachfolg. Ist ein grose Hitz gewesen. Alles sehr dürr. 26. Juny sind noch wenig Pflanzen wegen groser Hitz gesezt und waß gesezt gewesen, fast alles vedorrt. 26.27. Jun. Kirchweyhe schön warm. 29. Jun. überauß grose Hitz. Aug. warm, gut erndenwetter. 3. Sept. noch schön warm wie in Hundtstagen, sind die Zwetschken wohl gerathen. 18. 7bris (September) hat man wegen der Kält schon in der Cat. Schul einheizen müßen, welches vor diesem nie geschehen. 29. wider schön und warm. 9. Oct. hat man angefangen zu lesen. Im Spital nur 12 Butten, im Closter 16, Ist ein schlechter Herbst gewesen und sauer. Das Kraut gilt 100 in 6.7.8. Bazen. Ist im Stattfeld gar wenig Kraut und Haüper gewesen. 6. Nov. hat es angefangen zu schneyen und recht Winter worden. 7.8.9.10. Dec. Meßzeit, kalt und kein Schnee. Die Frucht gilt Gersten 1.2. fl., Korn 1fl., Dinkel und Habern 12 Bazen … Hat sich das Jar mit Kält beschloßen.*" (StA Rothenburg, Dehner-Chr.)

Diese Aussagen stimmen mit anderen Befunden überein: Im September war es so kühl, dass eingeheizt werden musste. Etwas verspätete Lesetermine weisen ebenfalls darauf hin, dass dieser Herbst etwas zu kühl gewesen ist. Mitte November setzte die erste längere Kälteperiode ein. 1671 war ein ausgesprochen warmes Jahr. Das letzte für längere Zeit.

1672: Dieser Winter wurde in ganz Deutschland streng, auch wenn er nicht allzu lange anhielt. Die Kälte blieb wohl im Wesentlichen auf Januar und Februar beschränkt, führte aber nach dem frühen Beginn im letzten Jahr zu erheblichen Einschränkungen vor allem der Mühlen, welche in Jena zwölf Wochen eingefroren gewesen sein sollen. Was diesen Winter neben seiner Strenge so besonders machte, war die Nachhaltigkeit der Kälte. Sie hielt ohne die sonst üblichen Tauperioden stetig an, ein Umstand, der schon den Zeitgenossen überlieferungswürdig erschien. Doch bereits im März änderten sich die Temperaturverhältnisse grundlegend. Er wird als ausgesprochen warmer Monat beschrieben, in dem die Saat ausgebracht werden konnte. Während im Westen der April zunächst noch durch stürmisches und regnerisches Wetter geprägt war, hatte sich im Osten bereits eine länger anhaltende Trockenperiode etabliert. Sie war dort so schwerwiegend, dass Getreide und Heu überhaupt nicht richtig wachsen konnten. Im Süden deuteten negative Fichtensignaturen in Franken darauf hin, dass es auch dort einen eklatanten Wassermangel gegeben haben muss. Über Rekonstruktionen der Niederschlagsmenge im Zeitraum November 1671 bis Juni konnte dieser Wassermangel bilanziert werden: Er betrug in Mainfranken über 15 % oder, dem absoluten Betrag nach, die durchschnittliche Niederschlagsmenge eines ganzen Monats. Nach diesem extremen Auftakt änderte sich Mitte Juli die Grundcharakteristik erneut. Von nun an bestimmte regenreiche Witterung das Geschehen, die schließlich mehrere Flüsse über die Ufer treten ließ. Insgesamt war es ein kühler Sommer. Stürme Anfang September unterstrichen den regnerischen und stürmischen Grundcharakter dieses Jahresabschnitts. Die Lese fiel entsprechend schlecht aus. Ende des Jahres gab es im Osten ‚gut Wetter', ein erster Hinweis auf einen zu milden Winter.

1673: Mit diesem Winter setzte sich die Wechselfolge aus kalten und milden Wintern weiter fort. Nach der strengen Kälte des letzten Winters schlug das Pendel diesmal wieder in die andere Richtung aus: Der Winter wurde ausgesprochen warm. Nachdem sich zum Jahreswechsel ‚gut Wetter' einstellte, das allerdings von stürmischen Tagen begleitet war, vermeldeten auch süddeutsche Quellen milde Temperaturverhältnisse. Erst Ende Januar gab es eine längere Kaltphase, nur sie verdiente den Begriff Winter. Sie war nicht von allzu langer Dauer, denn schon in der ersten Februardekade folgte eine Sturmsequenz, die, begleitet von Regenfällen, zu Hochwassern im Nordosten führte. Dagegen waren die ersten beiden Monate des Frühlings zu trocken. Ende April änderten sich die Verhältnisse aber. Vor allem im Süden war der Mai zu kühl, mitunter kalt und regnerisch. Diese Witterungsprägung setzte sich in den nächsten beiden Monaten fort. Schwere Regenfälle ließen die Flüsse das ein um das andere Mal über die Ufer treten. Ein zeitlicher Schwerpunkt lag um den Monatswechsel Juni/Juli sowie Mitte Juli, als noch stürmisch auffrischende Winde hinzukamen. Erst im August trat sommerliche Wärme ein. Insgesamt ein kühler und niederschlagsreicher Sommer. Der Herbst war ebenfalls weitgehend von kühlen und feuchten Verhältnissen bestimmt. Offenbar reichte die Wärmesumme in diesem Jahr nicht aus, um einen guten Wein sicherzustellen. Zu Ende des Jahres meldeten die Chronisten im Süden einen frühen Winter, während Quellen aus Norddeutschland von einem nassen und frostarmen Vorwinter künden.

1674: Das Wechselspiel zwischen kalten und milden Wintern hielt auch in diesem Jahr an. Nach den regional noch unterschiedlichen Verhältnissen im Vorjahr, wurden Januar und Februar, regional auch noch der März, als eindeutig kalt und streng eingestuft. Entsprechend flächenhafte und lang andauernde Küstenvereisungen führen die Winterkälte drastisch vor Augen. Die Frostphase hatte im Norden etwas später begonnen. Erst Ende März gab es infolge des Eisganges und der Schneeschmelze auf den größeren Flüssen Hochwasser, die noch bis Anfang April anhielten. Auch der Frühling muss als kalt eingestuft werden. Die Eichen reagierten auf diese ungünstigen Wuchsbedingungen in Mainfranken mit einer Negativsignatur. Über den Sommer und Herbst gibt es nicht sehr viele verwertbare Hinweise. Im Sommer müssen etliche Gewitter und verheerende Stürme gewütet haben, die nicht nur an Wäldern, sondern auch an Gebäuden großen Schaden anrichteten:

> *„1674 im Juni hat das Wetter fast in der gantzen Welt schaden gethan, und viel Häuser und scheinen eingerissen auch viel Obstbäume aus der Erden gerissen, daß kein Mensch dergleichen gedencket, es hat an vielen Orten das Geträude gantz weggeschlagen, daß nicht eine Handvoll zu genießen gewesen, wie wol es sonsten nicht wohl gerathen, daß ein Schock nur 1\4 oder 1\8 geben hat, und doch nicht gut."* (Chr. von Bad Windsheim, StA Bad Windsheim)

Eine weitere Sturmfolge ist für Anfang August belegt. Insgesamt kann man von einem kühlen Sommer sprechen. Sehr späte Lesetermine und schlechte Weinqualitäten deuteten darauf hin, dass auch im Herbst die notwendige Wärmesumme nicht mehr erreicht werden konnte. Belege aus dem Westen sprachen lapidar von ‚Misswachs an Wein und Frucht'. Damit kann dieses Jahr als ausgesprochen kalt eingestuft werden.

Kälte ohne Gnade: Das Maunder-Minimum von 1675 bis 1700

Der Zeitraum zwischen 1675 und 1715 wird in der Historischen Klimatologie als Maunder-Minimum bezeichnet. Zunächst war dieser Begriff für eine Phase verminderter Sonnenfleckenaktivität zwischen 1645 und 1715 verwendet worden, benannt nach dem Superintendent Maunder am Observatorium in Greenwich, der in den 1890er-Jahren als Erster auf die Klimabeeinflussung durch derartige Sonnenfleckenschwankungen hingewiesen hatte. Durch Langzeitbeobachtungen konnte man feststellen, dass das Auftreten der Sonnenflecken starken Schwankungen unterworfen ist. Neben dem Maunder-Minimum traten zwischen 1282 und 1342 das so genannte Wolf-Minimum und zwischen 1450 und 1534 das Spörer-Minimum auf. Für die Phase 1642–1644 konnte von Eddy, Gilman & Trotter (1976) nachgewiesen werden, dass eine verminderte Sonnenfleckenaktivität mit einer beschleunigten Rotation der Oberflächenschichten der Sonne zusammenfällt. Beide Sachverhalte werden als mögliche Ursachen für natürliche Klimaschwankungen diskutiert. Mit diesem, aus solaren Veränderungen abgeleiteten Maunder-Minimum korrespondiert innerhalb der ‚Kleinen Eiszeit' eine starke Temperaturdepression zwischen 1675 und 1700. Aus Sicht der langen historischen Messreihe von Manley (1974) handelt es sich um das stärkste jemals mit Messinstrumenten erfasste Temperaturminimum. Auch in den schriftlichen Quellen finden sich zahlreiche Belege für diese Temperaturdepression. So vermerkte ein kurbrandenburgischer Chronist für das Jahr 1689:

> *„fingen sich die kalte herbste und späte frühlinge, und mit denselben die lang anhaltende theurung an, ... Dann es weheten mehrentheils die jahre durch, oder doch zu den zeiten die nordwinde, da sie dem wachsthum am schädlichsten waren; und ward dadurch die wintersaat in dem herbst und die sommersaat in dem frühling geschrekket, daß sie nicht zu kräften kommen können. Der Weinwachs bekam auch seine anstöße, daß er nicht zu rechter zeit blühen, oder doch wegen der allzu zeitigen Fröste nicht völlig reifen können."* (Bekmann 1751)

Diese Einschätzung stimmt exakt mit den allgemeinen Befunden einer verkürzten Vegetationsperiode überein, die durch eine Verschlechterung der Frühjahrs- und Herbstverhältnisse hervorgerufen wurde. Hinzu kamen ungünstige Sommerphasen, die zu negativen Einflüssen in der Ertragsbildung der Kulturpflanzen und zu der erwähnten anhaltenden Teuerung führten.

Das Maunder-Minimum lässt sich mit einer außergewöhnlich guten Datenlage erfassen. Vielleicht hatte es mit der besonderen Klimaentwicklung zu tun, dass eine Reihe von Beobachtern gerade in dieser Zeit mit täglichen Wetteraufzeichnungen begann, die nach und nach durch

Messdaten ergänzt wurden. Daneben existieren zusammenschauende Arbeiten zu einigen Extremjahren, wie dem Strengwinter 1708/09, in denen europaweite Daten aufbereitet wurden. Aus den Daten verschiedener europäischer Forschungsprojekte hat die Arbeitsgruppe um Wanner (Wanner et al. 1994) und Luchterbacher (Luterbacher et al. 1999) in Bern zahlreiche Druckmusterkarten rekonstruiert.

1675: Nach den vorliegenden Befunden war dieser Winter in Süddeutschland warm, frostarm und stürmisch (Abb. 52). Mitte Januar sollen bereits Blumen aufgegangen sein. In Ostpreußen kam es im Verlauf des Märzen zu Überschwemmungen. Der Frühling kann in Deutschland über eine Temperaturrekonstruktion näher gefasst werden, die für diese Jahreszeit in Mainfranken immerhin 2 °C unter den Vergleichswerten liegt. Dabei war es anfangs zu trocken, gegen Ende zu feucht. Kühl-nasse Witterung bestimmte auch den ganzen Sommer. Eine länger anhaltende Regenperiode im Juni führte zu Hochwassern zumindest in Süd- und Ostdeutschland, im Juli traten die Voralpenflüsse über die Ufer, Anfang August die Weser. Auch im Herbst wollten sich die sonst üblichen Hochdruckwetterlagen nicht einstellen. Das Wetter blieb zu kalt und feucht, wobei anfangs noch Gewitter und Regenschauer, dann zunehmend kalte und frostreiche, schließlich winterliche Witterung einsetzte. Es überrascht nicht, dass der Wein in diesem Jahr schlecht wurde. Das zyklonal geprägte Wetter kulminierte Anfang November in einer Serie schwerer Stürme, die zu Sturmfluten führten. Mitte des Monats folgte ein Kälteeinbruch, der aber schon Ende des Monats von warmer Witterung abgelöst wurde. Durch die starken Niederschläge schwollen im Osten noch im Dezember die Flüsse an, während im Süden ,die Bienen geflogen' sein sollen.

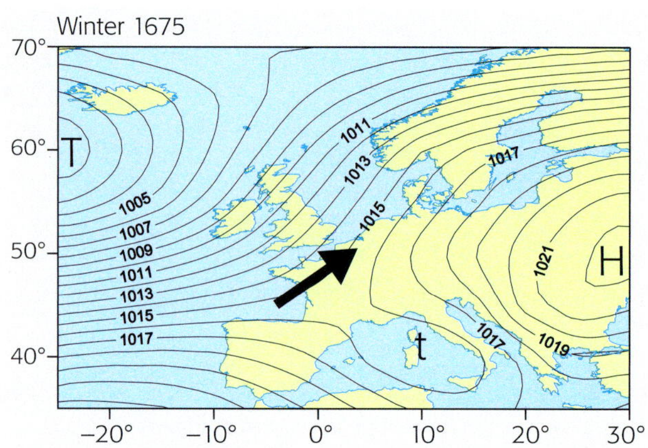

Abb. 52: Druckverhältnisse im Winter 1675: Der schwarze Pfeil zeigt an, dass milde Luftmassen nach Mitteleuropa herangeführt wurden. Nach Wanner et al. 1994, Luterbacher et al. 2000, Beck 2000.

1676: Im Januar setzte sich die für den Dezember prägend gewesene Wärme und Feuchte fort. Wie im Vorjahr wurde auch diesmal auf die Tierwelt verwiesen: Neben den schon zitierten Bienenflügen sollen die Frösche viel zu früh gelaicht haben. Ähnlich dem Vorjahr wurde auch dieser Frühling sehr kalt. Im Juni änderten sich die Verhältnisse, es kam erstmals zu länger anhaltenden Wärmephasen. Übergreifend wird der Sommer, vor allem im Norden, als trocken bezeichnet. Noch im Juli kam es im Süden zu längerem Dauerregen, der zu regionalen Hochwassern führte. Die Grundtendenz eines trockenen Sommers wurde dadurch offenbar nicht geändert, was anhand geringer Heu- und Grummeternten zumindest für Mainfranken bestätigt werden kann. Im Norden setzte sich die Trockenheit bis in den Herbst hinein fort, der zudem kühl war. Trotz dieser ungünstigen Herbstwitterung wurde der Wein überwiegend gut. Mitte November kam es auch im Tiefland zu den ersten nachhaltigen Kaltlufteinbrüchen, was die Chronisten als ,frühen Wintereinbruch' vermerkten. Mitte Dezember waren bereits die mittelgroßen Flüsse zugefroren.

1677: Der Winter war nicht einheitlich. Nach dem frühen Wintereinbruch im Vorjahr kam es bereits in der ersten Januardekade im Zuge einer Tauperiode auf den Flüssen zum Eisgang. Mitte des Monats erfolgte nach einer kurzen Abkühlung eine erneute Tauphase, die diesmal nachhaltiger verlief und, von stürmischem Wetter begleitet, zu mehreren Hochwassern führte. Im Februar fiel erneut länger anhaltende Kälte ein. In der Zusammenschau wird dieser Winter als kalt und nass klassifiziert. Anfang März gab es infolge schwerer Starkregen im Osten Hochwasser und Anfang April kam es ebenfalls im Zusammenhang mit einem Kaltlufteinbruch zu starken Regenfällen, im Osten zu Schneefällen. Der Frühling war insgesamt kalt. Quellenangaben aus dem Westen belegen für dieses Jahr einen kühl-feuchten Sommer, auch in Franken deuten positive Eichensignaturen auf einen moderaten und feuchten Sommer hin. Der September wurde trocken und warm, der Oktober hingegen zu kalt. Eine Sturmflut Mitte des Monats richtete zudem schwere Verwüstungen an. Die zu kühlen Witterungsverhältnisse spiegeln sich auch in späten Weinleseterminen wieder. Der Wein wurde trotzdem nur mittelmäßig, in einigen Regionen sogar sauer. Über den Dezember liegen nur sehr spärliche Quellenbefunde vor, von denen einige aus den Aufzeichnungen der Familie Kirch stammen. Insgesamt war es wieder ein sehr kaltes Jahr.

1678: Der Winter war regional unterschiedlich ausgeprägt. Im Süden und Osten war es mild, im Norden, vor allem aber im Nordosten, kalt. In Franken sind für den Januar stürmisches Wetter und die selten belegten Wintergewitter überliefert. Im Februar *„fuhren die bauren in acker"* (Chr. von Bad Windsheim, StA Bad Windsheim).

Noch im gleichen Monat gab es aber auch hier einen Kälterückfall. Zur gleichen Zeit fiel im Norden und Osten in der letzten Dekade noch Schnee; deskriptiven Quellenbefunden zufolge während eines erneuten Kälteeinbruchs Anfang April, was nicht zuletzt auch durch die Beobachtungen von Leibniz in Hannover bestätigt wird. Der Frühling war durchschnittlich. Demgegenüber erwies sich der Sommer als ausgesprochen heiß und trocken (Abb. 53). Im Juli kulminierte die Hitze, so dass es Probleme mit der Wasserversorgung gab. Quellen aus dem Osten vergleichen die Hitze mit der des Jahres 1666. Aus Leipzig wird Folgendes geschildert:

„Die Witterung dieses Jahrs belangend / so liesse sichs im Frühling zwar wohl an / und gerieth die Winter-Saat ziemlich / wegen des eingefallenen sehr hitzigen und dürren Sommers aber / da es theils Orte zu drey biß vier Monate weder witterte noch regnete / blieben die Sommer-Früchte aussen / wie auch das Wiesewachs / hingegen gerieth der Wein / so anfangs ein schlechtes Ansehen hatte / überaus reichlich. Darauf folgete ein ungewöhnlich harter und strenger Winter / daß in die 14. Wochen die Kälte anhielte / und an Futterung des Viehes grosser Mangel vorfallen wolte.“ (Vogel 1714)

Immerhin war es seit längerer Zeit die erste wirkliche Sommerwärme gewesen. Da in diesem Abschnitt auch die anderen Jahreszeiten oft zu kühl verliefen, kann die aus den Quellen sprechende Euphorie gut nachvollzogen werden. Die Trockenheit hielt zumindest im Süden Deutschlands bis in den September hinein an und erreichte Rekordwerte. Frühe Lesetermine und entsprechend gute Weinqualitäten sind weitere Indizien für die Wärmemenge in den vorangegangenen Monaten. Anfang Dezember kam es zu Gewittern, die Lahn führte Hochwasser.

1679: Nach den zum Teil erheblichen regionalen Unterschieden der Vorwinter waren die Temperatur- und Niederschlagsverhältnisse im Winter 1679 wieder einheitlich. Alle Befunde sprechen für einen kalten und zugleich extrem schneereichen Winter. Wieder hielt die Kälte bis in den Frühling hinein an, der im Süden anfangs noch zu trocken, im weiteren Verlauf jedoch zu feucht war. Auch die Sommerverhältnisse waren von stürmischen und regenreichen Phasen geprägt. Ihr Auftreten Anfang und Ende Juni, vor allem aber Anfang Juli führte zu Schäden an der Vegetation und zu Überschwemmungen. Im August waren die Verhältnisse eher durchschnittlich gewesen. Die sonst üblichen Hochdrucklagen Anfang September blieben aus. Erst die folgenden Schönwetterperioden brachten die übliche herbstliche Wärme. Allerdings war es nicht warm genug für den Wein, entsprechend überwiegen negative Wertungen. Mit Kälte und Schnee meldete sich noch im November der Winter wieder zu Wort.

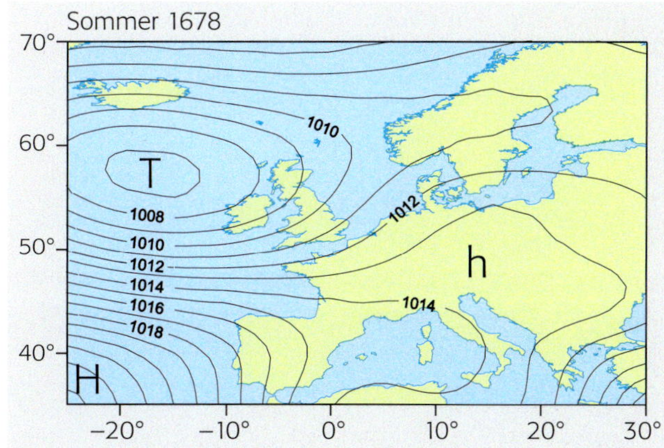

Abb. 53: Druckverhältnisse im Sommer 1678. Nach Wanner et al. 1994, Luterbacher et al. 2000, Beck 2000.

1680: Auch dieser Winter hatte in Mitteleuropa keine einheitliche thermische Prägung. Im Westen und Norden sprechen die direkten und indirekten Angaben für kalte und strenge Verhältnisse, dagegen weisen die Befunde im Süden auf eher überdurchschnittliche Temperaturen hin:

„Es ist dießes jahr eine solche schreckliche kaelt gewesen, daz die mosel ein gantz 4thel jar zugefroren von Coblentz bis obenhin, daß man auch von dar biß nach Trier ohne abwechslung über daß eiß auch mit einem schweren last haette fahren koennen. Es war die kaelt unterschiedlich mal so grimmig utetiam in administrandum catix congelaret, und ob man zwar sehr befürchtete es würde solche bey erfolgender authauung großen schaden thun, so ists doch ohne sonderlichen schaden abgelaufen, dieweile es stets weiß ist angebrochen, und das waßer sich nicht allzu hoch ausgehoben hatte.“ (LHA Koblenz, Grimm o.J.)

Über den Frühling liegen vergleichsweise wenige Befunde vor. Fasst man diese zusammen, dann war der Frühling durchschnittlich, regional auch zu kühl. Zum Sommer hin stieg die Wärme stark an, bereits im Juni gab es überdurchschnittlich viele Gewitter, der Monat wurde insgesamt auch zu feucht. Ab Juli häufen sich die Quellenhinweise auf zunehmende Hitze und Trockenheit. Durch die zahlreichen Gewitter kam es lokal zu Schäden an Getreide und anderen Früchten. Nachdem die Wärme auch in den September hinein anhielt, wurden die Trauben früher als gewöhnlich geerntet. Der Wein war erwartungsgemäß gut. Zum Monatswechsel Oktober/November verschlechterten sich die Bedingungen. Länger anhaltende Regenfälle, begleitet von einem Temperaturrückgang, der vor allem in Ostpreußen besonders stark war, stellten gewissermaßen den Auftakt des nächsten Winters dar. Im Dezember kam es durch die Kälte an einigen Flüssen zu Niedrigwasserständen, die beispielsweise in Ulm dazu führten, dass die Mühlen still standen.

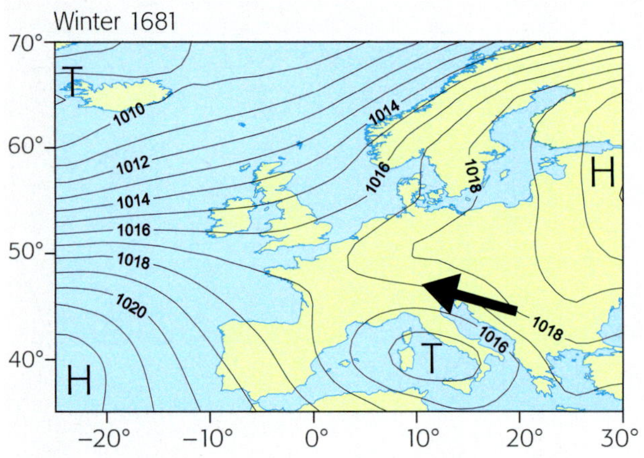

Abb. 54: Druckverhältnisse im Winter 1681: Der weiße Pfeil zeigt an, dass sehr kalte Luftmassen nach Mitteleuropa herangeführt wurden. Nach Wanner et al. 1994, Luterbacher et al. 2000, Beck 2000.

1681: Der durch die Kälte bereits im Dezember bedingte Wassermangel hielt den ganzen Winter über an. Die außergewöhnliche Kälte bestimmte 1681 in allen Teilen Deutschlands das Geschehen (Abb. 54). Einzelne Tauphasen führten im Februar zu Hochwassern an der Wied und an der Pleiße. Die strenge Kälte dieses Winters, aber auch der kalte und sehr trockene Frühling dokumentieren sich in den Negativsignaturen fränkischer Eichen. Über Fichtensignaturen kann die Trockenheit bilanziert werden: Für den Zeitraum November bis Juni fehlt in Mainfranken die Niederschlagsmenge eines ganzen Monats. Kein Wunder, dass die Chronisten auch den Frühling als sehr trocken beschrieben. Vor allem im Osten Deutschlands war es außerdem zu kalt. Der Sommer brachte ebenfalls nicht den erhofften Regen. In Franken gab es ausschließlich *„Zuckwetter mit kleinen Reglein"*, also Gewitter mit wenig ergiebigen Niederschlägen. Nach Quellenangaben aus Ulm regnete es nur vier- oder fünfmal. Es war ein sehr trockener Sommer. Erst im Herbst änderte sich die hygrische Prägung dieses Jahres, es regnete viel. Schon die Monsunwelle IV Mitte September war länger und nachhaltiger ausgebildet gewesen als sonst üblich. Aus den Berliner Kirch-Daten erfahren wir, dass es bei stürmischen Verhältnissen zu schweren Niederschlägen kam. Entsprechend spät wurde in diesem Herbst die Lese angesetzt. Offenbar hatte die Sommerwärme ausgereicht, einen überwiegend guten Wein reifen zu lassen. Infolge des stürmischen und regnerischen Wetters traten im November mehrere Flüsse über die Ufer, die erwartete Winterkälte blieb aber aus. Auch im Dezember hielt das stürmische und regnerische Wetter an. Im Westen wie auch in anderen Regionen sprechen die Chronisten bereits von einem milden Winter. Angeblich sollen um Weihnachten sogar Veilchen geblüht haben. Sicher belegt sind eine Reihe von Stürmen, die über ganz Mitteleuropa auftraten.

1682: Das einmal in Gang gesetzte System meist stürmischer und regnerischer Witterung bei zu milden Temperaturen setzte sich fort. Der Winter wurde durchschnittlich, regional auch zu mild und sehr nass. Ende Januar gab es durch eine längere Regenphase an allen mitteleuropäischen Flusssystemen schwere Hochwasser (Abb. 55). Betroffen waren insbesondere Elbe, Main, Rhein und deren Nebenflüsse. Wie oft nach milden Wintern wurde der Frühling ebenfalls zu feucht. Noch immer gab es Hochwasser in Ost und West, betroffen war beispielsweise auch Mitte Mai die Weser. Ein kühler und feuchter Sommer stand bevor. Aus den Kirch-Daten kann sehr gut das Auftreten der Monsunwelle III Ende August nachvollzogen werden. Im weiteren Verlauf verdichten sich die Daten, abschnittsweise liegen nun wieder tägliche Aufzeichnungen vor. Anhaltender Regen ließ im Niederrheingebiet die Flüsse anschwellen. Auch aus anderen Regionen wird von einem nassen Herbst gesprochen. Offenbar reichte die Wärme des Sommers und frühen Herbstes nicht aus, um einen genießbaren Wein gedeihen zu lassen, denn dieser wird als schlecht und sauer bezeichnet. Gegen Ende des Jahres dynamisierte sich das Wettergeschehen wieder. In zunehmendem Maße künden die Quellen von Stürmen, die oft in mehrtägigen Sequenzen auftraten. Erst Mitte Dezember fror es, den Beobachtungen Kirchs zufolge, das erste Mal in Leipzig. Ein erster Hinweis darauf, dass dieser Dezember nicht sehr kalt gewesen sein konnte. Auch andere Befunde dokumentierten einen viel zu milden Dezember. Mit Eintritt des Weihnachtstauwetters fegte erneut eine Sturmsequenz über Mitteleuropa hinweg, die kurz vor Jahreswechsel von den ersten Schneefällen in Leipzig begleitet war.

1683: Durch die Beobachtungen von Kirch in Leipzig, konnte für Ostdeutschland wiederum ein detaillierter Witterungsgang nachvollzogen werden. Die milden Witterungsverhältnisse setzten sich, abgesehen von einem kurzen Kaltlufteinbruch vor dem Jahreswechsel, fort. Bei stürmischem Regenwetter kann die erste Januardekade als zu mild eingestuft werden. Erst Ende des Monats trat Kälte ein. Mit Ausnahme einiger weniger Abkühlungsphasen war dieser Winter aber nur durchschnittlich kalt, regional auch zu mild. Fränkische Quellen sprechen von einem ‚frühen Jahr'. Mitte Februar kam es in Ostdeutschland zu lang anhaltenden Hochwassern im Elbesystem. Wie so oft lässt sich auch im Winter 1683 zwischen den mitteleuropäischen Regionen und Ostpreußen eine gegenläufige Temperaturentwicklung erkennen. In Ostpreußen war es eindeutig kalt. Im weiteren Verlauf blieb das stürmische und unbeständige Witterungsgepräge bestehen. Der März wurde im Osten zu trocken, wegen der Kälte Ende des Monats musste wieder eingeheizt werden.

Abb. 55: Hochwasser von 1682 in Nürnberg. Staatsarchiv Nürnberg, HS 434.

Mit dem April setzte sich in ganz Deutschland regnerisches und stürmisches Wetter durch, in Leipzig lag die Zahl der Niederschlagstage fast doppelt so hoch wie in der Vergleichsperiode. Das Wetter war so kalt, dass erneut eingeheizt werden musste. Zur gleichen Zeit meldeten die Chronisten in Wismar Stürme, der Main führte Hochwasser. Der Mai wurde wieder zu trocken, so dass auch fränkischen Quellen zufolge der Frühling insgesamt als zu trocken eingestuft werden muss. Über den Sommer sind die Befunde regional unterschiedlich: Während die Kirchdaten auf einen eher moderaten und niederschlagsreichen Verlauf schließen lassen, stellen eine Reihe von Quellen in Ost, West und Süd auf die Trockenheit dieses Sommers ab. Eine Reihe von Tagen hielt in Leipzig stürmisches Wetter an, so dass Kirchs abschließendes Urteil „*Sommer recht unbeständig*" gerechtfertigt war. Auch aus Sicht der Witterungsregelfälle kann die Kirch'sche Einschätzung bestätigt werden: Die Schafskälte trat termingerecht ein, ebenso der Siebenschläfer mit vorherrschend nasskalter Witterung. Hochsommer I war um einige Tage verkürzt und wurde durch schwere Stürme abgelöst, die als verfrühte Monsunwelle II angesehen werden können. Hochsommer II trat praktisch nicht in Erscheinung, sondern blieb vor allem im ersten Abschnitt verregnet. Das gleiche galt auch für den Hochsommer III. Der September unterschied sich nicht wesentlich vom September, wie wir ihn heute kennen, während Oktober und November zu kalt gerieten. Anfang Oktober ließ Kirch wieder einheizen. Befunde in West- und Süddeutschland bestätigten die unbeständige Witterung, berichteten aber im Gegensatz zu Kirch von eher trockenen Verhältnissen. Mitte November fiel in Leipzig der erste Schnee, es blieb daraufhin kalt, die sonst üblicherweise folgende Tauwetterperiode stellte sich nicht ein. Nur das Nikolaustauwetter war andeutungsweise ausgebildet, wurde dann aber gleich wieder von einer längeren Kaltphase abgelöst. Zwischen dem 21. und dem 24. Dezember gab es mit Regenfällen und milden Temperaturen ein ausgeprägtes, wenn auch etwas verfrühtes Weihnachtstauwetter.

1684: Die strenge Kälte setzte sich im Januar fort. Mitte des Monats spricht selbst Kirch, der sich ansonsten als vergleichsweise nüchterner Chronist erwies, von einer „*grausamen Kälte*", die auch von unzähligen anderen Quellen aus allen Regionen bestätigt wird. Auf der Themse in London gibt es die berühmten Frost Fairs, auch auf den mitteleuropäischen Flusssystemen fanden Volksbelustigungen statt. Der Bodensee fror ebenfalls zu. Die Zufuhr kalter Luftmassen muss auch im Februar nach Mitteleuropa angehalten haben. Er war schneereicher als üblich, außerdem fast durchgehend kalt. In den Quellen aus Bremen liest sich das so:

„*Am 6. (Februar) dieses begunte sich die bey 15 Wochen her starck anhaltende grausame Kälte / in ein liebliches Tauwetter zu jedermans Vergnügen dermahleins zu verändern / welches aber ohne Schaden nicht abgieng / allermassen zwischen Maastricht und Scheermase ein Berg durch den Eyßgang wegströmete / wobey wohl 1500 Stück Rind- und viel andern Vieh umbkam. Das loßbrechende Eyß nahm zu Bremen 2 Joch von der Brücken weg / und thäten sonst grossen Schaden an den Schiffen und Fortification. Zu Venlo versenckte das Eyß bey 20 beladene Schiffe in den Grund. Die Leute auff dem umliegenden Lande salvirten sich auff die Dächer und litten grossen Hunger. Ein Hauß gieng sambt den Hünern auff den Tach fort.*" (Happel 1690)

Selbst im März wurde aus vielen Regionen noch Frost, Eis, Schneefall und Kälte gemeldet. So war Ende des Monats in Königsberg noch Eis auf den Straßen. Im Westen wurde von einem ‚späten Frühjahr' berichtet, die Kirschblüte erfolgte erst im Mai. Die zunehmende Trockenheit setzte sich in den Sommer hinein fort und wurde schließlich in allen Regionen so groß, dass das übliche Kaleidoskop negativer Auswirkungen deutlich wurde. Kleinere Bäche trockneten aus, die Brunnen versiegten, es kam zu Schäden an Heu und Getreide. Man bat um göttlichen Beistand, was Kirch in seinen Tagebüchern genau vermerkte. So erfahren wir, dass in den Kirchen Leipzigs bereits am 14., dann wieder am 18. Mai und schließlich erneut drei Tage später um Regen und Ende der Dürre gebetet wurde. Auch die 'Naturarchive' reagierten auf diese Trockenheit. Sowohl in den fränkischen Fichten als auch in den Eichen sind Negativsignaturen ausgebildet, wobei zu beachten ist, dass durch die Kälte im Winter zumindest die Eichen bereits geschädigt waren, was fränkische Chronisten mit ‚viele Bäume erfroren' umschrieben. Es war ein extrem heißer und sehr trockener Sommer. Erst im September stieg die Zahl der Niederschlagstage wieder auf ein normales Niveau an, obwohl dieser Monat im Süden mit ‚schöner Sommerzeit' umschrieben wurde. Angeblich sollen die Bäume wieder geblüht haben. Die Weinlese erfolgte sehr früh, nämlich bereits Ende September und reflektierte damit die außergewöhnliche Wärmesumme des Sommers und Frühherbstes. Gegen Ende Oktober, der eher zu trocken ausfiel, war es mit der Wärme vorbei. Von nun an bestimmte stürmisches und niederschlagsreiches Wetter das Geschehen. Anfang November gab es in Leipzig den ersten Schnee. Im Dezember gab es anfangs eine kurze Sturmphase, die als Auftakt des Nikolaustauwetters interpretiert werden kann. Der weitere Verlauf geriet durchschnittlich, zumindest im Osten blieb die Milderung um Weihnachten in diesem Jahr aus, obwohl die letzte Dekade von stürmischen Wetter bestimmt war.

1685: Die Verhältnisse in diesem Winter waren erneut streng. Im Osten wurde vor allem der Januar im Gegensatz zum Süden als kalt empfunden. Allerdings gab es auch in diesem Jahr am Bodensee eine Seegfrörne. Zumindest der Februar blieb in Süddeutschland beständig kalt. Lange Küstenvereisungen lassen den Winter auch im Norden als insgesamt streng erscheinen. Eine überdurchschnittlich große Zahl von Schneefalltagen kann als weiteres Charakteristikum angeführt werden. Vor allem die erste Hälfte des Februars war äußerst schneereich, Mitte des Monats fiel bei stürmischem Wetter Regen. Erst jetzt kam es an der Pegnitz zum Eisgang und infolgedessen auch zu Hochwasser. Zeitgleich gab es im Osten Klagen wegen der Kälte, unter der besonders das Vieh leiden musste. Auch im weiteren Verlauf stellte sich keine richtige Wärme ein. Anfang April folgten erneut Stürme und Schneefall, Mitte des Monats gab es noch Eis auf den Straßen in Ostpreußen. Zur gleichen Zeit konnte man in Leipzig zum ersten Mal ohne Heizung bleiben. Insgesamt war es ein kaltes Frühjahr. Auch der Sommer kam in diesem Jahr 'nicht so richtig in Gang', der Frühsommer war verregnet, die Leute mussten schon wieder heizen. Die zweite und dritte Junidekade waren im Osten von regnerischem und stürmischen Wetter bestimmt. Im Westen Deutschlands war es hingegen zunächst noch warm und trocken, dann wurde es auch hier kalt. Die Beobachtungen von Kirch deuten darauf hin, dass der Juli im Osten ausgesprochen niederschlagsreich war. Auch fränkische Quellen weisen auf die große Zahl von Niederschlagsereignissen hin. Zusammenfassend muss man von einem nassen und kalten Sommer sprechen (Abb. 56). In der Folgezeit war es die anhaltende Trockenheit, welche die Chronisten in ihren Bann zog: Nach den rebschädigenden Frösten war es die früh eingefallene Kälte und die ‚Hoffnung auf Regen', die außerdem immer wieder angesprochen wurden. Die Trockenheit verstärkte sich im Osten bis Mitte November derart, dass es schließlich kein Wasser mehr zum Mahlen

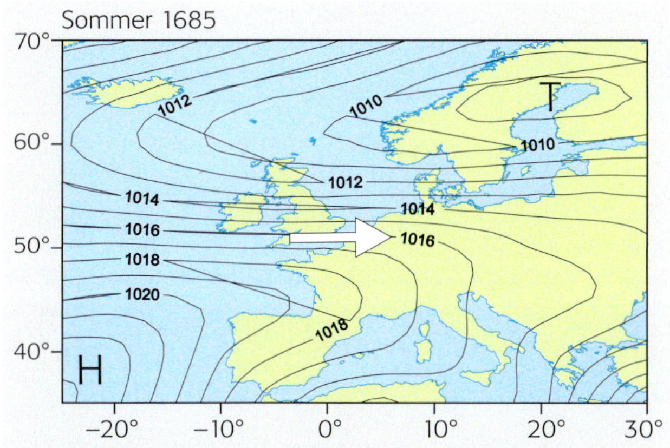

Abb. 56: Druckverhältnisse im Sommer 1685: Der Pfeil zeigt an, dass kühle Luftmassen nach Mitteleuropa herangeführt wurden. Nach Wanner et al. 1994, Luterbacher et al. 2000, Beck 2000.

gab. Eine späte Traubenlese, Fröste und das frühe Einheizen sind Indikatoren für einen kalten Herbst. Der Wein wurde überwiegend als schlecht bezeichnet. Im Dezember änderte sich das thermische Geschehen wieder. Dieser Monat wird in allen Regionen als zu mild charakterisiert. In der Niederschlagsentwicklung gab es aber große regionale Unterschiede. Während aufgrund der Hinweise und Befunde im Westen und Süden auf feuchte, stellenweise sogar auf nasse Verhältnisse zu schließen ist, blieb es im Osten weiterhin trocken. Erneut beschrieb Kirch die Probleme mit den Mühlen. Besonders hervorzuheben ist auch der stürmische Auftakt des Weihnachtstauwetters, das mit heftigen Niederschlägen, aber auch einer derartigen Erwärmung verbunden war, dass die Räume laut Kirch ungeheizt bleiben konnten. In der Zusammenschau war es aber ein sehr kaltes Jahr.

1686: Nach übereinstimmender Wertung der Zeitgenossen war dieser Winter zu mild. Während im Westen und auch im Norden eher nasse Verhältnisse herrschten, war es im Süden und Osten zu trocken. Die Zahl der Tage mit Schneefall blieb mitunter weit hinter den Vergleichswerten zurück. Diese regionale Prägung blieb auch den Frühling und Sommer über erhalten. Im März gab es bereits die ersten Auswirkungen der Trockenheit in Franken. Die ‚Quellen blieben klein' und es war nicht genügend Wasser für den Mühlbetrieb vorhanden. Mitte Juni „*ward in der Kirchen um Regen bethen und gesungen*", schrieb Kirch in sein Tagebuch. An anderer Stelle vermerkte er, dass das Landvolk über die große Dürre klagte. Die Trockenheit dieses Abschnitts kommt in der Zahl der Niederschlagstage nicht zum Ausdruck, denn die Werte liegen über dem Durchschnitt. Wie die Chronisten zu Recht bemerkten, gab es wohl zahlreiche, aber nur wenig ergiebige Niederschlagsereignisse. Im Gegensatz dazu wurde der Sommer im Westen als nass und sehr warm eingestuft. Hingegen setzte sich im Osten und Süden die Trockenheit bis in den Herbst hinein fort. Relativ spät, nämlich erst am 21. November, fiel in Leipzig der erste Schnee. Im gleichen Monat änderte sich auch im Süden die bisher vorherrschende hygrische Prägung: Es wurde unbeständig und so regnerisch, dass die Flüsse vereinzelt über ihre Ufer traten. Über den Dezember schweigen sich die allermeisten Quellen aus. Offenbar gab es nicht sonderlich viel Außergewöhnliches zu berichten. Die Wettereintragungen von Kirch lassen darauf schließen, dass dieser Monat durchschnittlich bis zu mild verlief.

1687: Erst mit dem Januar dieses Jahres fiel in diesem Winter die Kälte ein. Alle Niederschlagstage dieses Monats sind in Leipzig Schneefalltage. Ende des Monats kam es auch in Ulm bei stürmischem und sehr kaltem Wetter zu schweren Schneefällen. Anfang Februar gab es erneut Stürme, die starke Schneefälle und Kälte mit sich brachten. Mitte Februar war in den meisten Regionen Deutschlands dieser Winter bereits zu Ende. Im Zuge einer Tauwetterperiode kam es in vielen Flusssystemen zum Eisgang. Insgesamt war dieser Winter durchschnittlich, regional auch zu mild. Stürmisches Wetter prägte die nächsten beiden Monate, sie wurden als kalt und regenreich beschrieben, was sich anhand der Kirchschen Eintragungen auch bestätigen und quantifizieren lässt. Im April fiel in Leipzig während der ersten Dekade fast täglich Schnee, was die außergewöhnliche Temperaturentwicklung in diesem Abschnitt eindrucksvoll unterstreicht. Danach änderten sich die Verhältnisse grundlegend: Im Mai wurde es erstmals, vor allem im Westen, richtig warm, doch blieben die Niederschläge über lange Zeit aus. Allenthalben wurden Klagen über die Dürre laut, die sich bis in den Osten hinein erstreckte. Die kurze Erwärmung im Mai wurde in den darauf folgenden Monaten erneut von zu kühler, regnerischer und mitunter stürmischer Witterung abgelöst. Im Westen beschrieben die Chronisten die Situation mit ‚schreckliches Wetter mit Regen bis Ausgang des Jahres'. Die etwas zu kühle Witterung kam dem Eichenwachstum entgegen. In den fränkischen Dendroreihen sind signifikante Zuwächse zu verzeichnen. Ansonsten lassen sich die oben zitierten Verhältnisse durch weitere Befunde auch in den anderen Regionen bestätigen. Der Herbst war ebenfalls etwas zu kühl und regional auch feucht. Kein Wunder, dass der Wein, trotz einer späten Lese, als sauer und schlecht bezeichnet wurde. Die heute so charakteristischen Schönwetterphasen im Herbst fielen praktisch aus. Lediglich im Oktober erlebte man eine länger andauernde Schönwetterperiode. Was das Quellenzitat aus dem Westen Deutschlands beschrieb, kann durch die Beobachtungen von Kirch bestätigt werden. Es blieb auch im Dezember niederschlagsreich und für die Jahreszeit zu mild. Den ersten Schnee gab es in Leipzig erst am 19. Dezember.

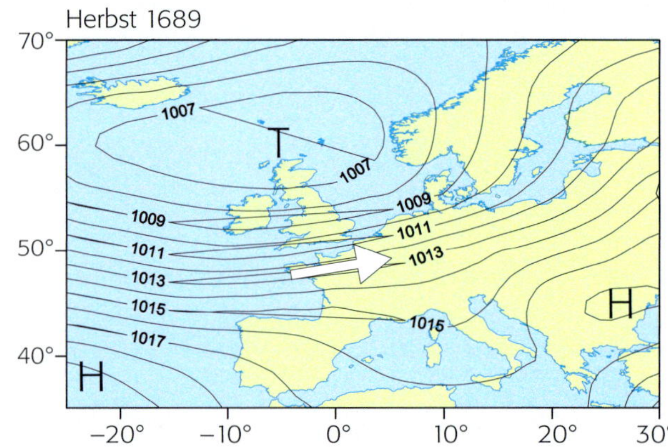

Abb. 57: Druckverhältnisse im Herbst 1689: Der weiße Pfeil zeigt an, dass kühle Luftmassen nach Mitteleuropa herangeführt wurden. Nach Wanner et al. 1994, Luterbacher et al. 2000, Beck 2000.

1688: Die Datenlage für den Witterungsgang des Jahres konnte durch die Aufzeichnungen von Arnold in Sommerfeld bei Leipzig noch weiter differenziert werden. Von Klemm (1976) wurde er etwas despektierlich als „*Bauernastronom, der sich aus Neigung und unwiderstehlicher Begeisterung insbesondere der Wissenschaft von den Sternen widmete*" beschrieben. Die Originale seiner Aufzeichnungen liegen nicht mehr vor, sondern nur in der von Kirch übernommenen Fassung. Die recherchierten Quellenbefunde deuten darauf hin, dass der Winter im Norden und Osten kalt, im Süden dagegen eher durchschnittlich verlaufen war. Zumindest im Osten fiel zu wenig Niederschlag. Den Frühling hindurch nahm die Zahl der Niederschlagstage auf einem überdurchschnittlichen Niveau wieder ständig zu. Er wurde kalt und feucht. Demgegenüber fehlte in den ersten beiden Sommermonaten der Regen, dabei blieb es vor allem im Westen warm. Im Süden war es, nach einer verregneten Heuernte, im Juli recht trocken, während die Aufzeichnungen von Arnold bei Leipzig erst für den August auf besonders trockene Verhältnisse schließen lassen. Im gleichen Monat wurde im Westen über die starken Regenfälle geklagt. Ein kühler und regional auch überwiegend trockener Sommer. Die spärlichen Quellenhinweise deuten für den Herbst auf zu feuchte Verhältnisse hin. Die Lesetermine lagen etwas zu spät, hingegen wiesen die Weinqualitäten ein breites Spektrum auf. Mitte Oktober fiel bei Leipzig der erste Schnee, ein vergleichsweise früher Termin. Im Dezember blieben, den Angaben Arnolds zufolge, die Niederschläge weit unter dem Durchschnitt der Vergleichsperiode. Ein Beispiel für den Einfluss des Klimas auf kriegerische Auseinandersetzungen gibt folgendes Zitat:

„Als endlich zum Abzug alles parat / und der lang verlangte Ost-Wind zu blasen begonnen / da lieff diese Flotte unter dem hohen Auspicio des Printzen von Oranien von Goree am 19 October in die volle See / aber gleich am folgenden Tage ward sie von einem Sturmwetter angegriffen / daß sie sich schier gäntzlich zerstreuete / und weil etliche kleine Schiff mit Pferden die Lucken nicht auffmachen könten / müsten die Pferde entweder ersticken oder in die See gesprengt werden / sind also solcher Gestalt 500 Stück jämmerlich ertruncken und umbkommen." (Happel 1690)

1689: Die Temperaturverhältnisse des Winters können aus den Mainvereisungsdaten rekonstruiert werden. Sie sind fast deckungsgleich mit dem Durchschnittswert der modernen Periode und werden von deskriptiven Quellenhinweise aus der gleichen Region bestätigt. Allgemein wird dieser Winter mit „*nicht streng, hatte lindes Wetter den Vorzug vor Frost*" (Chr. von Bad Windsheim, StA Bad Windsheim) umschrieben. Lediglich Mitte Januar gab es eine kurz anhaltende Kälteperiode, während der der Main zufror. Wenige Tage später brachten Stürme so schwere Regenfälle, dass viele Flüsse über die Ufer traten. Im Osten fielen die Niederschläge als Schnee. Auch im Februar wollte sich im Süden und Osten nicht die sonst übliche Kälte einstellen. Lediglich die Vereisungsdaten an der Ostsee lassen dort auf kalte Verhältnisse schließen. In der Gesamtbilanz kann dieser Winter als durchschnittlich klassifiziert werden. Die Grundtendenz stürmischer und regenreicher Prägung blieb den Frühling über bestehen und führte zu unterdurchschnittlich kalten und nassen Verhältnissen, was durch eine Temperaturrekonstruktion aus Fichtensignaturen für Mainfranken bestätigt wird. Besonders hervorzuheben sind aber die extremen Regenfälle im März, die von West nach Ost selbst die größten Flüsse über die Ufer treten ließen. Vom Rhein bis an die Weichsel standen alle Flusslandschaften Mittel- und Mittelosteuropas unter Wasser. In Franken, schreiben die Chronisten, gab es „*keinen Regenstaub, sondern Wassergüsse*". Die Beobachtungen von Arnold belegen auch in den nächsten beiden Monaten noch überdurchschnittlich viele Niederschlagstage. Bei diesen Umständen verwundert es nicht, dass die Chronisten von einem späten Frühjahr sprachen. Mitte Mai folgten die üblichen Kaltlufteinbrüche, die auch diesmal wieder Schäden an den Reben verursachten. Häufige Fröste taten ein Übriges, dass dieser Frühling als kalt und nass einzustufen ist. Was im Frühling zu viel an Regen fiel, fehlte im darauf folgenden Sommer. Die Hinweise auf trockene Verhältnisse spannen sich von schlechten Heu- und Grummeterträgen in Franken über deskriptive Einschätzungen bis hin zu den täglichen Beobachtungen von Arnold. Der Sommer war warm und zu trocken. Nach den einheitlichen Sommerbedingungen differenzierte sich das Witterungsgeschehen im Herbst wieder stärker aus. Im Westen war der September zu kühl. Im Süden wurde dieser Herbst als trocken, gegen Ende als zu kalt beschrieben, während er im Osten zwar auch kalt, aber nach den Daten von Arnold auch überdurchschnittlich nass wurde (Abb. 57). Entsprechend den Sommer- und Herbsttemperaturen wurden die Weinergebnisse unterschiedlich beurteilt: im Westen meist gut, im Süden mittel und im Osten kam der Wein nicht zur Reife. Auch die vergleichsweise frühen Schneefälle Ende Oktober und in den ersten beiden Novemberdekaden unterstreichen den kalten Witterungscharakter im Osten.

1690: Der Winter verlief zu mild, wie fast immer hervorgerufen durch eine verstärkte zyklonale Komponente. Als wesentliche Kennzeichen hierfür können die zahlreich überlieferten Stürme, eine überdurchschnittlich große Zahl von Regentagen und dadurch ausgelöste Hochwasser gelten. Selbst im Osten bei Leipzig lag der Anteil der Schneefalltage gerade einmal bei 50 %. Hinzu kommt eine Reihe von deskriptiven Aussagen, welche die Milde explizit hervorheben. Fasst man die Befunde für den Frühling zusammen, dann war er kalt und vor allem im Süden zu feucht. Nach den Aufzeichnungen von Arnold kann die Niederschlagsentwicklung im Raum Leipzig eher als durchschnittlich eingestuft werden. Auch den Sommer über setzten sich die regionalen Unterschiede fort. Während die Witterung im Süden eher durchschnittlich verlief, wurde es im Norden und im Osten ausgesprochen heiß und trocken. Die deskriptiven Quellen lassen sich wieder durch die täglichen Beobachtungen von Arnold bei Leipzig bestätigen und quantifizieren: Im Juni traten weniger als die Hälfte der sonst üblichen Niederschlagstage auf. Mehrere Quellen berichten im Norden von Getreideschäden, während im Süden die Heuernte, sonst ein niederschlagssensitiver Indikator, durchschnittlich ausfiel. Nach den großen regionalen Unterschieden des Sommers waren die Witterungsverhältnisse im Herbst wieder einheitlicher. Er kann als kühl und feucht eingestuft werden. Nachdem schon für den September eine größere Zahl von Niederschlagstagen überliefert ist, fielen im Oktober noch mehr Niederschläge. Von den sonst üblichen warmtrockenen Witterungsregelfällen war in diesem Monat kaum etwas zu spüren. Zwischen dem 7. und dem 21. Oktober regnete es bei Leipzig fast jeden Tag. Späte Lesetermine sollten helfen, die Weinqualität zu retten, die in diesem Jahr sehr unterschiedlich beurteilt wurde und somit die Unterschiedlichkeit der Sommerverhältnisse widerspiegelte. Im Dezember setzte sich das nasse Wetter fort. Durch die feuchten Herbstbedingungen und die starken Regenfälle kam es Anfang Dezember zu zahlreichen Überschwemmungen. Zumindest in den ersten beiden Dezemberwochen lagen die Temperaturen bei Leipzig um den Gefrierpunkt. Insgesamt war das Jahresende von Regen, stürmischem Wetter und Sturmfluten geprägt, Anzeichen, die zunächst auf einem milden Winter hindeuteten.

1691: Die Vorzeichen im Dezember des abgelaufenen Jahres, die allesamt auf einen milden Winter hoffen ließen, sollten sich nicht bestätigen. Wohl hielt das stürmische und zu milde Wetter noch einige Tage an und brachte erneut Stürme und Sturmflut an der Küste, danach wurde es aber kalt. Arnold vermerkte in seinen Aufzeichnungen, dass die Verhältnisse *„gut Reisen zu Fuß und Wagen“* zuließen, ein Hinweis, der darauf schließen lässt, dass der Untergrund gefroren und die Straßen nun nicht mehr durchweicht und morastig waren. Auch die Vereisungsdaten aus dem Binnenland und entlang der Küste belegten die Kälte in diesem Abschnitt. Nach den üblichen Tauwetterperioden, die meist kürzer als sonst üblich ausfielen, verstärkte sich gegen Ende des Monats die Kälte. Arnold schrieb in sein Tagebuch *„ist Haupt Winter“*. Aus den mainfränkischen Vereisungsdaten konnte die Winterkälte rekonstruiert werden, sie liegt unter dem als Anomaliegrenze definierten Wert. Auch den Frühling über herrschte kühle, abschnittsweise sehr kalte Witterung vor. Mitte April kam es im Verlauf der Vormonsunwelle I zu Frostschäden an den Kulturpflanzen. Eine zweite Kältewelle folgte Ende des Monats, dann trat termingerecht zum Monatswechsel die Vormonsunwelle II ein, der noch zwei weitere folgten, so dass neben den sonst üblichen drei Hauptvorstößen noch mindestens drei weitere markante Kältevorstöße angenommen werden müssen. In den meisten dieser Einbrüche wurden Kulturpflanzen geschädigt. Es gab schwere Schauer und Regenfälle, die Anfang und Ende Mai die Flüsse anschwellen ließen. Mitte Mai musste wieder eingeheizt werden. Die niederschlagsreichen Bedingungen setzten sich den Sommer hinein fort. Arnold notierte in seinem Tagebuch 18 Niederschlagstage. Kein Wunder, dass Ende des Monats zahlreiche Flüsse vor allem in Ostdeutschland Hochwasser führten. Dagegen wurde der Juli zu trocken. Neben den Beobachtungsdaten von Arnold liegen ab diesem Monat nun auch die Aufzeichnungen von Camerarius aus Tübingen vor, die ebenfalls eine unterdurchschnittliche Zahl von Niederschlagstagen belegen. Während die Zahl der Niederschlagtage im Osten im August wieder auf ein durchschnittliches Niveau anstieg, blieb im Süden die trockene Periode weiter bestehen und hielt bis einschließlich September an. Die Monsunwelle III war im Osten termingerecht eingetreten und brachte mehrere Tage hindurch Niederschläge. Nach einer kurzen Unterbrechung im August setzte sich auch im Osten die zu trockene Periode weiter fort und hielt bis in den November hinein an. Wie einigen Quellenangaben zu entnehmen ist, führten die Flüsse in Franken wenig Wasser. Dieser Umstand mag mit eine Rolle gespielt haben, dass der Main bereits Mitte November zum ersten Mal zufror. Die Verhältnisse im Dezember waren allem Anschein nach durchschnittlich, Nikolaus- und Weihnachtstauwetter traten termingerecht ein, auch die sonst üblichen Kältephasen waren ausgebildet.

1692: Im neuen Jahr hielt die Kälte in allen belegten Regionen lange, zum Teil bis in den März hinein an. Bei einer durchschnittlichen Anzahl von Niederschlagstagen war der Schneefallanteil überall sehr groß, ein Hinweis auf tiefe Temperaturen. Arnold benutzte in der ersten Januardekade sein Stereotyp zur Umschreibung kalter Verhältnisse, indem er die Bedingungen mit *„gut Reisen zu Fuß und Wagen"* beschrieb. Bei Bremen herrschte noch Mitte Februar auf dem Land reger Schlittenverkehr, der Main ging erst Ende Februar auf. Ihm folgten wenige Tage später die Flüsse im Osten und Westen nahezu zeitgleich. Aus den mainfränkischen Vereisungsdaten lässt sich auch dieser Winter bilanzieren. Er liegt weit unter der Anomaliegrenze, so dass zu Recht von einem Strengwinter gesprochen werden kann. Bestätigung findet dies auch in den Aufzeichnungen der Windrichtungen von Camerarius: Die Ost- und Südostlagen lagen im Januar erheblich, im Februar immer noch leicht über denen der Vergleichsperiode. Allerdings traten bereits im Februar auch die Westlagen häufiger als in der Vergleichsperiode auf. Anhaltende Kälte bestimmte auch den März, der vor allem im Osten noch vielfach das Erscheinungsbild eines Wintermonats aufwies. Während dort die Niederschlagsverhältnisse eher durchschnittlich verliefen, war es im Süden viel zu feucht. Zahlreiche Stürme, die regional zu Baum- und Waldschäden führten, Überschwemmungen der Flüsse im März, meist in Verbindung mit dem Eisaufgang der Flüsse, und die als Monsunwelle I einzustufende ausgeprägte Kältewelle, die vor allem den Reben zu schaffen machte, waren die herausragenden Wetterereignisse dieses Frühlings und machten seine Grundtendenz deutlich: überwiegend kalt und regional zu feucht. Diese Grundcharakteristik hielt auch den Sommer über an. Sowohl die Beobachtungsdaten von Arnold in Sommerfeld als auch die von Camerarius in Tübingen weisen überdurchschnittlich viele Niederschlagstage auf. In den Sommermonaten Juni und Juli korrespondierte in Tübingen die größere Zahl von Niederschlagstagen mit einer stärkeren Betonung der Westlagen, im Juni auch der Südwestlagen. Reduziert waren hingegen die Nordwest-, im Juni zusätzlich die Nordostlagen. Im August, der keine signifikante Änderung hinsichtlich der Anzahl der Niederschlagstage aufwies, waren die Ostwinde weit stärker vertreten als im Vergleichszeitraum. Auch die übrigen zahlreichen Quellenbefunde verweisen mit der eigenen bildhaften Sprache auf die Nässe und die daraus resultierenden Folgen: Das Getreide wuchs aus, Hochwasser traten auf und immer wieder fegten Stürme über das Land, die ihrerseits zu Schäden führten. Den fränkischen Eichen war dies ebenfalls nicht zuträglich gewesen, sie bildeten eine Negativsignatur aus. Insgesamt war es ein extrem nasser Sommer. Die kühle Witterung hielt den Herbst über an, was anhand der Camerarius-Daten nachvollzogen werden kann. Im September setzten sich Ost-, Südost- und Südwinde öfter durch als in der Vergleichsperiode, eine Tendenz, die sich im Oktober und November noch verstärkte. Zusammen mit den höheren Werten der Schneefalltage im Oktober und November kann man auf kühlere Verhältnisse schließen, wobei zu beachten ist, dass der Oktober unterdurchschnittliche Niederschlagstage aufweist, während für den November keine Änderungen gegenüber der Vergleichsperiode angezeigt waren. Späte Lesetermine retteten die Weinqualität nach den vorausgegangenen schlechten Bedingungen nicht mehr. Der Wein war mit ganz wenigen Ausnahmen nicht trinkbar. Im Dezember setzte sich zyklonales Wettergeschehen durch, so wurde das Weihnachtstauwetter in diesem Jahr von Sturmfluten und Unwettern begleitet.

1693: Nachdem bereits der Dezember des Vorjahres zu mild ausgefallen war, hielt in diesem Jahr die milde Witterung den ganzen Winter über an. Arnold vermerkte gerade einmal die Hälfte der Niederschlagstage als Schnee. Zu Anfang des Monats gab es mehrere Stürme, Hochwasser und Sturmfluten. Dieser Abschnitt war durch eine überdurchschnittliche Belegung der Westlagen geprägt. Erst Mitte Januar setzte in ganz Deutschland bei Schneefall kältere Witterung ein, in dieser Phase dominierten in Tübingen die Ostrichtungen. Auch der Februar verlief etwas zu mild, wobei in diesem Monat sowohl die Ost- als auch die Südrichtungen stärker vertreten waren. Die milde Winterwitterung hatte sich bis nach Ostpreußen erstreckt. Was sich in den Wintermonaten nicht an Kälte eingestellt hatte, holten die beiden ersten Märzwochen nach: In allen Teilen Deutschlands gab es überdurchschnittlich viele Schneefälle. Der April war in der ersten Dekade etwas zu trocken, verlief dann aber eher warm und niederschlagsreich, während der Mai den vorliegenden Befunden zufolge eher unauffällig war. In der Gesamtbilanz kann man von einem kalten und nassen Frühling sprechen. Der nachfolgende Sommer wird von den Chronisten einheitlich als feucht oder gar nass, von einigen zudem als zu kühl beschrieben. Aus den täglichen Beobachtungsdaten geht hervor, dass sich die Zahl der Niederschlagstage insgesamt auf einem überdurchschnittlichen Niveau befand. Lediglich im August notierte Camerarius unterdurchschnittlich viele Niederschlagstage, die mit einem verstärkten Auftreten von Ostwinden korrespondierten. Aus allen Regionen wurde außerdem eine auffällig große Zahl von Gewittern gemeldet, immer wieder führten schwere Stürme zu Schäden und Verwüstungen. So waren um den 10. August fast alle Regionen von schweren Unwettern betroffen. Wie so oft verlief auch in diesem Sommer der Witterungsgang in Ostpreußen konträr. Quellen vermelden einen trockenen Sommer. Das stürmische, gewitter-

und regenreiche Wetter hielt den Herbst über an. Aus den Tagebuchaufzeichnungen Arnolds können Rekordwerte von 20 Niederschlagstagen im September abgeleitet werden. Im Süden lagen die Werte ebenfalls über dem Durchschnitt. Dieser Herbst wurde nass; für kaum ein anderes Jahr sind eine derart große Zahl von Stürmen, Überschwemmungen und schweren Niederschlägen überliefert. Sturmfluten an den Küsten taten ihr übriges, um einen geradezu sintflutartigen Eindruck zu erzeugen. Die ganze zweite Jahreshälfte war von dieser Grundtendenz erfasst, wobei die Ursache der hohen Niederschläge im Herbst in einer stärkeren Westkomponente dieser Monate lag. Diese war bis zu 37 % stärker vertreten als in der Vergleichsperiode. Fast hatte es den Anschein, als verstärkte sich die zonale Komponente zum Ende des Jahres: Stürme zerstörten beispielsweise große Waldbereiche im Spessart. Insgesamt war es ein extrem nasser Herbst.

1694: Das einmal in Gang gesetzte sturm- und niederschlagsreiche Wettersystem hielt über den Jahreswechsel 1693/94 hinaus an. Es gibt kaum Jahre, in denen eine derartige Fülle von Stürmen, Sturmfluten sowie eine entsprechend große Zahl von Niederschlagstagen und Hochwassern auftraten. Die Beobachtungsangaben von Camerarius und von Arnold bestätigten dies eindrucksvoll. Dieser Niederschlagsreichtum lässt sich durch die höheren Anteile der West- und Südwinde, allerdings bei reduzierten Südwestrichtungen, in den Camerarius Daten erklären, was mit der gesamten Wettersituation übereinstimmt. Die etwas höheren Belegungen der Ostrichtungen deuteten auf die kühlere Prägung hin, wie sie Mitte Januar auftrat. Der Februar war in Tübingen aus Sicht der Niederschlagsentwicklung unauffällig, bei den Windrichtungen lagen die Werte für die Ostkomponente höher als in der Vergleichsperiode, was insgesamt für eine kühlere Prägung spricht. Die ebenfalls erhöhten Westrichtungen kompensierten das geringere Auftreten der Südwestrichtungen. Fasst man diese einzelnen Befunde zusammen, dann muss dieser Winter im Osten und Nordosten kalt, im Westen und Süden eher durchschnittlich und abschnittsweise zu mild gewesen sein.

Im Frühling setzte sich das feuchte und für die Jahreszeit zu kühle Wetter zunächst fort. Schwere Sturmfluten Anfang April stellten den Höhepunkt in dieser Serie dar. Zur gleichen Zeit traten den Beobachtungen von Camerarius zufolge in Tübingen weniger Niederschlagstage auf als üblich. Alle vorliegenden Quellenbefunde sprachen in den ersten beiden Frühlingsmonaten von einem ‚unsteten, stürmischen Wetter'. Erst im Mai gab es die lang ersehnte Erwärmung, zumindest in Franken blieb der Regen größtenteils aus. Mit dem Sommer setzte sich erneut die stark zyklonal geprägte Witterung durch. Er wurde kühl und feucht. In Ostdeutschland gab es zum Monatswechsel Juni/Juli Überschwemmungen und Mitte August in Ostpreußen schwere Stürme. Trotz dieser ungünstigen Sommerverhältnisse wurde von den Chronisten auf eher moderate Temperaturverhältnisse hingewiesen, erst zum Herbst hin änderte sich dies wieder. Die stürmische Witterung intensivierte sich nach einigen Vorboten Mitte August erneut. Ganze Sturmsequenzen führten an der Küste zu Sturmfluten, zudem wurde es ausgesprochen kalt. Ein früher Wintereinbruch schon im Oktober und das Überfrieren der Flüsse im Dezember unterstrichen die Kälte zu Ausgang des Jahres. Ein kalter und nasser Herbst bildete den Abschluss.

1695: In diesem Jahr gab es einen äußerst strengen Winter, der nach der Temperaturrekonstruktion den Begriff ‚Extremwinter' rechtfertigt (Abb. 58). Deskriptive Quellenaussagen bestätigten für ganz Mitteleuropa dieses Bild. Neben der Seegfrörne am Bodensee und dem Zufrieren von Donau, Elbe und Rhein, ein unzweifelhafter Indikator für die Winterstrenge, kamen in Norddeutschland sogar Wölfe in die Siedlungen, was ebenfalls eine recht typische Erscheinung in Strengwintern war. Häufiger als sonst finden sich auch Hinweise auf starken Schneefall, der auch noch lange liegen blieb, in Gera angeblich bis in den März hinein. Der Kern dieser Kälte lag zwischen Mitte Januar und Mitte Februar. Auch im Frühling änderte sich wenig an der sehr kalten Witterung (Abb. 59). War er anfangs noch zu trocken, stellte sich im Mai das Niederschlagsgepräge grundlegend um, es regnete fortan. Bei stürmischem Wetter gab es Hochwasser in Süd- und Ostdeutschland. Die phänologischen Phasen, insbesondere die Blüte der Obstbäume, traten erheblich später als sonst üblich ein. Das nass-kalte Wetter hielt praktisch den ganzen Sommer über an, meist herrschte stürmisches Regenwetter vor, was schließlich dazu führte, dass die Ernte bis zu drei Wochen verspätet und auch nur

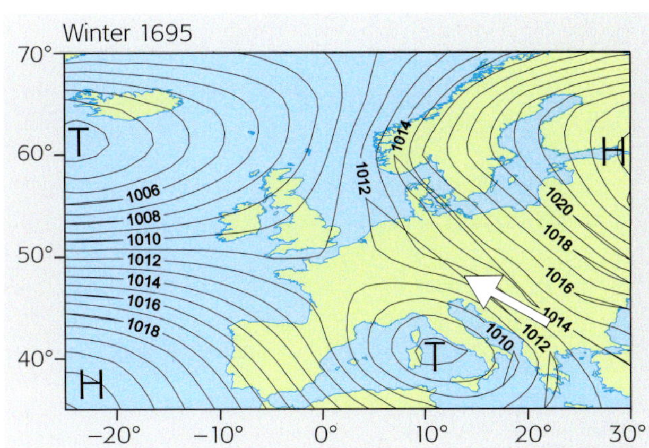

Abb. 58: Druckverhältnisse im Winter 1695: Der weiße Pfeil zeigt an, dass sehr kalte Luftmassen nach Mitteleuropa herangeführt wurden. Nach Wanner et al. 1994, Luterbacher et al. 2000, Beck 2000.

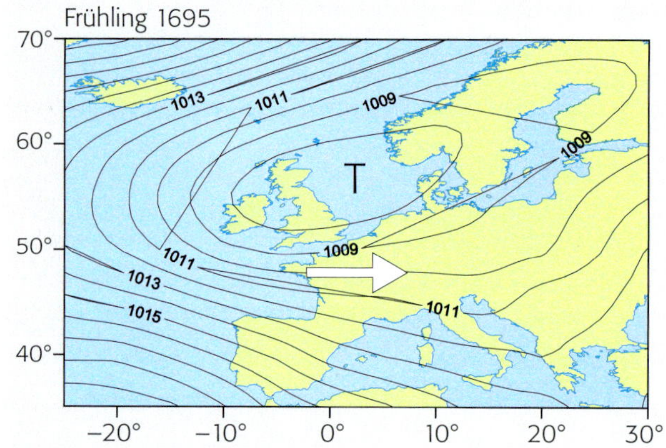

Abb. 59: Druckverhältnisse im Frühling 1695: Der weiße Pfeil zeigt an, dass kühle Luftmassen nach Mitteleuropa herangeführt wurden. Nach Wanner et al. 1994, Luterbacher et al. 2000, Beck 2000.

sehr langsam eingebracht werden konnte. Mehrere Hochwasser im Juni sowie mehrtägige Kaltlufteinbrüche mit Frost und Dauerregen waren für diesen Jahresabschnitt kennzeichnend. Auch in den fränkischen Eichen hinterließen diese ungünstigen Witterungsbedingungen ihren ‚Fingerabdruck': In den Chronologien gab es eine signifikante Negativsignatur, wobei sowohl die Winterstrenge als auch die ungünstige Witterung im Frühling und Sommer dafür verantwortlich gemacht werden können. Nach dem einheitlichen Witterungsgepräge in den ersten Jahreszeiten differenzierten sich die Verhältnisse im Herbst regional unterschiedlich aus. Immerhin brachte der Nachsommer im Osten gutes und warmes Wetter, was die extrem negative Wärmebilanz dieses Jahres jedoch nicht mehr änderte. Das Obst soll in einigen Regionen nicht zur Reife gekommen sein. In den anderen Gegenden schweigen sich die Quellen über eine derartige Warmperiode aus und vermeldeten lapidar, dass auch diese Jahreszeit nicht besser als die vorangegangenen war.

1696: Nach dem Rekordwinter des letzten Jahres änderte sich die Prägung 1696 schon wieder grundlegend. Es wurde ein milder, mitunter sogar warmer Winter. Lediglich die erste Januardekade hatte noch den Anschein eines normalen Witterungsverlaufes gehabt. Mit der zweiten Dekade fiel dann aber derart mildes Wetter ein, dass Zeitgenossen die Wärme mit ‚lieblich wie im Frühling' umschrieben. Im Februar zeigten sich bereits die ersten Frühlingsblumen und die Feldarbeiten, insbesondere die Aussaat konnte durchgeführt werden. Mit einer Serie schwerer Stürme zum Monatswechsel Februar/März wurde ein grundlegender Wetterumschwung eingeleitet: Bei immer wieder aufkommendem stürmischen Wetter mit Frost und starken Schneefällen wurde der März sehr kalt. Auch die anderen Frühlingsmonate verliefen zu kühl. Es war ein kaltes und nasses Frühjahr. Anhaltendes Regenwetter bestimmte anschließend den ganzen Juni, wobei diese Nässe offensichtlich in ganz Deutschland aufgetreten war, denn nicht nur im Süden, sondern auch im Norden wurde durch diese ‚alles verdorben'. Erst ab Juli konnte man längere Warmphasen vermerken, die im Süden bis in den September hinein anhielten. In der Zusammenschau war es ein kühler Sommer. Im Norden gab es im September eine mehrtägige Sturmsequenz, die bis Mitte des Monats andauerte. Der offensichtliche Wärmemangel im Sommer und Herbst konnte auch durch eine späte Lese nicht mehr kompensiert werden, der Wein erreichte nur mittlere Qualitäten. Regional wurde er auch als sauer und schlecht eingestuft. Beizeiten meldete sich Ende des Jahres Winterkälte an, die sich im nächsten Jahr erneut zu einem Rekordwinter entwickeln sollte.

1697: Wie bereits durch einen frühen Wintereinbruch im Vorjahr angekündigt, gab es 1697 erneut einen Rekordwinter. Wiederum ermöglichen die Vereisungsangaben des Mains eine Temperaturrekonstruktion, die einen Wert unterhalb der zweifachen Standardabweichung ergab. Damit kann dieser Winter als Streng- oder Rekordwinter gelten. Zahlreiche Quellenhinweise aus allen Teilen Mitteleuropas bestätigten dieses Ergebnis. Wie präzise mitunter selbst übergreifende Quellenangaben sein können, wird an der Beschreibung des Temperaturverlaufs besonders deutlich. Fränkische Quellen beschrieben den Temperaturgang: *„Des winters außgang war kälter, alß der anfang, und währete eine geraume Zeit in frühling."* (Chr. von Bad Windsheim, StA Bad Windsheim) Dieser Ablauf lässt sich durch die Beobachtungsdaten von Kirch in Guben sehr gut verifizieren: Im Januar und Februar fielen alle Niederschläge in Form von Schnee. Nach einer milderen Phase in den ersten beiden Märzdekaden kam es zum Monatsende erneut zu einem Kälteeinbruch mit Schneefällen, die bis Mitte April andauerten. Die Zahl der Schneefalltage lag daher auch für April weit über den Vergleichswerten und muss als regelrechte Anomalie angesehen werden. In den vorangegangenen Monaten war es nicht nur kalt, sondern auch zu trocken gewesen. In Mainfranken fehlte im Zeitraum November bis Juni die Niederschlagsmenge eines ganzen Monats. In thermischer Hinsicht war dieser Frühling in seiner Gesamtbilanz nach durchschnittlich, wobei der März als zu kalt und der Mai als zu warm eingestuft werden muss. Allem Anschein nach war der Sommer eher unbeständig, zur Erntezeit herrschte im Norden und Süden stürmisches und nasses Wetter vor. Im Osten war zumindest der Juni zu trocken. Kirch schreibt gar von einer Dürre, was aufgrund der geringen Zahl von Niederschlagstagen, die um mehr als 30% gegenüber den Vergleichswerten reduziert waren, richtig erscheint. Im Herbst hielt zumindest im Süden das unstete Wetter an, die Chronisten sprechen von einer kalten Jahreszeit. Die Lesetermine lagen in diesem Jahr im Westen früh, in Franken im Durchschnitt. Diese Termine korrelierten nicht mit dem Wärmedefizit des Sommers und des Frühherbstes. Eventuell wollte man durch eine frühe Lese Frostschäden vermeiden. Die Weinqualitäten werden überwiegend mit mittel angegeben. Noch im Oktober gab es die ersten starken Herbststürme, im Osten endete das Jahr mit starken Regenfällen und Hochwasser.

1698: In allen Regionen wird der Winter als kalt und lang beschrieben. Als weiteres Charakteristikum findet immer wieder die Trockenheit Erwähnung, die vor allem im Januar besonders groß gewesen sein muss. Zum Monatswechsel fiel Tauwetter ein, das zu Eisgang und lokalen Überschwemmungen beispielsweise an der Kleinen Weser führte. Danach wurde es wieder kalt. Noch Mitte März war die Donau gefroren. Mit diesem Monat änderte sich das großräumige Wettergeschehen, das fortan von Stürmen sowie heftigen Schnee- und Regenfällen bestimmt war. Der Monat wird in der Bilanz als rau, kalt und regnerisch eingestuft. Diese Grundprägung dauerte im Grunde den ganzen Frühling über an. In den ersten beiden Aprildekaden behinderte der hohe Schnee um Gera das Geschäftsleben. Kaltlufteinbrüche Mitte Mai führten in Süddeutschland zu Schneefällen und an mehreren Flüssen kam es zu Überschwemmungen. Dieser Frühling war eindeutig nass und kalt. Das nasse Wetter hielt schließlich auch noch den Sommer über an, vor allem Anfang Juni gab es infolge des Dauerregens schwere Hochwasser, die sich im Laufe des Sommers noch mehrfach wiederholen sollten. Fränkische Quellen belegten explizit eine späte Rebenblüte. Ähnlich waren die Verhältnisse auch in allen anderen Regionen Mitteleuropas. Im Zeitraum April bis September gab es in Ostdeutschland jeden Monat Hochwasser, was den außergewöhnlichen Niederschlagsreichtum wohl am eindrücklichsten dokumentiert. Erst im September konnten sich das ein oder andere Mal Hochdruckwetterlagen etablieren, die ‚warmes Wetter brachten'. Oktober und November wurden einheitlich als schlecht eingestuft. Eine späte Weinlese und durchweg als schlecht bezeichnete Weinergebnisse waren nach den vorangegangenen schlechten Witterungsverhältnissen kein Wunder. Den vorliegenden Befunden zufolge blieb die fast das ganze Jahr bestimmende, großräumige zonale Klimasteuerung auch im Dezember erhalten. Dies führte zu einem eher frostarmen, zu milden, stürmischen und niederschlagsreichen Monat. Einige Flüsse, wie die Weser, traten erneut über die Ufer.

1699: Die durchschnittliche, stellenweise auch zu milde Prägung setzte sich den ganzen Winter über fort: Trotz einiger Frosttage soll es 1699 in einigen Regionen fast nie geschneit haben. Auch der Frühling war allem Anschein nach eher durchschnittlich verlaufen. Über den Sommer lassen sich ebenfalls recht wenige Auffälligkeiten berichten: Den recherchierten Befunden zufolge war der Juni eher durchschnittlich, der Juli gewitterreich und der August zu kühl. Stürme in der Mitte des Monats führten zu Windwurfschäden. Erst der September wurde heiß, regional sogar sehr heiß. Durchschnittliche Lesetermine und mittlere Weinqualitäten korrespondieren mit dem weitgehend durchschnittlichen Witterungsgang in diesem Jahr. In der zweiten und dritten Novemberdekade folgten schwere Stürme und vereinzelt Hochwasser.

Das Maunder-Minimum im europäischen Kontext

Es steht unzweifelhaft fest, dass sich im Maunder-Minimum eine sehr markante und drastische Abkühlung vollzog. Die Dezennienwerte fielen vor allem im letzten Jahrzehnt des 17. Jahrhunderts extrem ab. Von diesem negativen Temperaturtrend wurden alle Jahreszeiten erfasst. Da sich mit dem Übergang ins neue Jahrhundert die thermischen Verhältnisse wieder besserten, wird im Folgenden auf den Kernbereich der Abkühlung zwischen 1684 und 1700 näher eingegangen. Es kann festgestellt werden, dass im gesamteuropäischen Vergleich die Hauptphase des Maunder-Minimums in allen Jahreszeiten als mehr oder weniger akzentuierte Abkühlungsperiode auftrat. Im europaweiten Vergleich war sie in West- und Mitteleuropa besonders stark ausgebildet. Größere Unterschiede ergaben sich bei den jahreszeitenbezogenen Bilanzen. Die Winterverhältnisse zeigten im Nordwesten Europas eine ausgeglichene Bilanz, während im kontinentalen Südosten Europas die stärkste Temperaturdepression auftrat. Dort gab es in keinem Jahr mehr milde oder durchschnittliche Winterverhältnisse. Alle übrigen Regionen waren ebenfalls von einer deutlichen Dominanz kalter und strenger Winter geprägt.

Demgegenüber war die Abweichung kalter und kühler Frühlingsverhältnisse über Gesamteuropa gleich stark ausgebildet. Lediglich die westeuropäischen Verhältnisse wichen von diesem Gesamtbild etwas ab. Größere Unterschiede ergaben sich aber in den Sommermonaten, was grundsätzlich auch dem heutigen Temperaturgeschehen entspricht. Auffällig war zunächst das Übergewicht warmer und heißer Sommer in Ungarn. Frankreich und die Schweiz wiesen, wie auch alle anderen Regionen, bereits ein Übergewicht kühler und kalter Sommer gegenüber den eindeutig warmen und heißen auf. Die höchste Belegung trat in beiden Regionen jedoch in den als ausgeglichen eingestuften Sommern auf. Deutliche Abweichungen kühl-kalter Sommer waren hingegen in Nordwest- und Mitteleuropa zu verzeichnen. Auffällig ist das Fehlen von heißen Sommern auf den Britischen Inseln.

Ähnlich differenziert wie die Sommerverhältnisse zeigten sich die Herbstbelegungen. Eher ausgeglichen, wenn auch mit einem leichten Übergewicht kühler Jahreszeiten, konnten die Temperaturen im Nordwesten und der Schweiz charakterisiert werden. Vergleichbare Verhältnisse lagen in Frankreich vor, auch wenn hier bereits die Gruppe kalter Herbstverhältnisse deutlich über der Anzahl der warmen liegt. Besonders markante Abweichungen traten jedoch erneut in Großbritannien und Mitteleuropa auf. Die Abkühlungsphasen verliefen in Teilen der hier behandelten Regionen wellenartig von West nach Ost. Augenfällig ist auch die gleich bleibende Grundtendenz der Sommer- und Herbstsituationen, die sowohl in der räumlichen Anordnung also auch in der Intensität hohe Übereinstimmungen aufwiesen. Für die weitere Analyse und synoptische Bezüge wird auf Band 13 der Paläoklimaforschung (Frenzel 1994) verwiesen, wo weitere regionale Befunde und Analysen diskutiert werden.

1700: Das Jahr 1700 kann durch die Aufzeichnungen von Friedrich Hoffmann aus Halle, der bereits Thermometer- und Barometermessungen durchführte, sehr genau analysiert werden (Glaser & Gutt 1996). Angaben über Herkunft und Konstruktion des verwendeten Quecksilberbarometers und -thermometers fehlen jedoch, ebenso ist die Skaleneinteilung nicht eindeutig. Somit weist das Wetterjournal von Hoffmann viele zeittypische Probleme auf, die jedoch im Kontext der täglichen Wettereintragungen zu konkreten Aussagen herangezogen werden konnten. Nach der Einschätzung von Hoffmann war das Jahr 1700 nach mindestens sieben Jahren mit eher kühlen und niederschlagsreichen Sommern das erste Jahr mit einer ausgeprägten Sommerwärme.

Schon der Winter 1699/1700 war insgesamt gesehen mild, bisweilen mäßig kalt, jedoch ohne dauerhaften Frost. März und April waren hingegen überdurchschnittlich kalt, erst ab Mitte April und den ganzen Mai über war es „auf das Angenehmste heiter, und die Hitze kam öfter vermischt mit sehr erwünschten Regenfällen". Überwiegend herrschten Winde aus Südsüdost und Südwest, welche für die warmen Luftmassen verantwortlich zeichneten. Hoffmann fährt in seinen Aufzeichnungen fort „übrigens gab es fast den ganzen Sommer nur heitere Tage voller Wärme (...) und weil der August und der Herbst sich fast immer als sehr schön erwiesen und das warme heitere Wetter sich auch im September – wenige Tage am Anfang ausgenommen – fortsetzte, haben nicht nur die Trauben ihre Säure abgelegt und angenehmste Süße (...) gewonnen, sondern auch Roggen und Weizen sind bereits im Monat Oktober zu einer unglaublichen Höhe herangewachsen".

1701: Die Winterverhältnisse werden regional unterschiedlich beurteilt: Während im Süden, insbesondere in Franken, immer wieder auf kaltes Schneewetter verwiesen wird, berichten Quellen aus dem Nordosten von milden Verhältnissen. Anfang Februar querte eine großräumige Störung Mitteleuropa, was sich in Hinweisen auf Stürme, Gewitter und Starkregen mit lokalen Überschwemmungen äußerte. Der April wird allgemein als kalt und vor allen Dingen auch frostreich beschrieben. Einige Chronisten schreiben von Dürre und Trockenheit. Anfang April gab es selbst im Süden nochmals Schneefall und eine länger anhaltende Frostperiode. Der Mai wird insgesamt als relativ stürmisch charakterisiert. Anfang Juni setzte warme und zunehmend trockenere Witterung ein. Häufig werden v.a. in Süddeutschland Gewitter gemeldet. Besonders hervorzuheben ist eine Meldung vom 12. August 1701 in Königsberg:

„1701 den 12sten Aug. Nachm. war zu Königsberg eine so gewaltige Eilung und grosser Sturm, daß die Fenster in den Häusern aufgerissen und zerbrochen, auch einige Gebäude umgeworfen und mehr als tausend Häuser und Wohnungen an Dächern beschädiget wurden. Der neue Kneiphöfische Krahn brach entzwey, die Bäume in den Gärten wurden aus der Erde gerissen und die Dachpfannen kräuselten in der Luft, schwere eichene Planken wurden aufgehoben, in der Luft fortgerücket und große Aeste, die kaum sechs Männer tragen können, von Bäumen abgerissen und bis 360 Schritte weggetragen. Der Sturm währete kaum drey Minuten, kam aus Südosten und hielt einen sehr schmalen Strich, indem man auf dem Haberberg und am Friedländischen Thor, auch in den Vorstädten kaum etwas davon spürete."

Unschwer ist in dieser Beschreibung das Auftreten eines Tornados zu erkennen. Der Herbst wird überwiegend als zu trocken eingestuft, obwohl es im Oktober ausreichend Niederschläge gab. November und Dezember verliefen unauffällig.

1702: Der Winter wird überwiegend als mild und wechselhaft beschrieben. Lediglich im Nordosten gibt es Hinweise auf kalte Verhältnisse. Mitte März erfroren die Reben im süddeutschen Raum, danach setzte eine kürzere heiße Periode ein. Bereits im April wurde diese erste Warmphase von kühler, bisweilen kalter Witterung abgelöst, im Osten wurden häufig Stürme gemeldet. Während im Mai regional von warmen Verhältnissen berichtet wird, fällt der Juni und Juli überwiegend regnerisch, windig und kühl aus. Die Herbstmonate waren insgesamt mild und schön, der November geriet jedoch kalt. Der Dezember brachte noch keine allzu strenge Winterkälte.

1703: Januar und Februar werden überwiegend als äußerst kalt und streng eingestuft. Es gab Beschränkungen im Handel, die zu Nahrungsengpässen führten. In vielen Städten, beispielsweise in Berlin und in Königsberg musste von den Räumdiensten Eis und Schnee weggeführt werden. Im Mai kam es regional zu Unwettern, einzelne Überschwemmungen führten Sand- und Kiesmassen in die Städte und Siedlungen entlang der Flüsse. Der Sommer war überwiegend unbeständig, mit mehreren Hochwassern, so z.B. Anfang Juli an der Kocher infolge von Dauerregen, nachdem bereits vorher im Juni immer wieder von Unwettern, von Gewittern und von Sturmwinden berichtet wird. Der September war geprägt durch mehrere Kaltlufteinbrüche, während der übrige Herbst eher normal verlief. Anfang Dezember gab es in der ersten Dekade schwere Stürme, die an der Küste zum Teil zu Deichdurchbrüchen und Überschwemmungen, so beispielsweise auf Pellworm und Nordstrandischmoor und Nordstrand führten. Erst mit der Weihnachtszeit wird es in diesem Jahr sehr kalt.

1704: Die in der Weihnachtszeit des Vorjahres eingetretene Kälte setzte sich den Januar über fort, wobei die größeren Flüsse, wie Mosel und Main im Laufe des Januars zufroren. Allerdings hielt die kalte Witterung nicht allzu lange an, da gegen Ende des Januars bereits die größeren Flüsse wieder aufgingen. Der Februar kann weitestgehend als normal eingestuft werden, der Frühling ebenfalls als durchschnittlich und regional zu mild. In der zweiten Maidekade traten häufiger Überschwemmungen auf. Die Sommerwitterung wird überwiegend als mild und warm umschrieben; in allen Regionen traten schwere Gewitter und Unwetter auf. Der Rest des Jahres verlief eher durchschnittlich. Anfang Dezember gab es schwere Stürme.

1705: 1705 begann mit einem sehr langen und strengen Winter, der in allen Regionen Mitteleuropas zu entsprechenden Behinderungen und Maßnahmen führte. Wieder mussten Schnee und Eis in vielen Städten geräumt werden und wiederum gab es Versorgungsengpässe. Die größeren Flüsse waren überfroren, der Eisgang führte regional zu Schäden an Brücken. Bis in den März hielt die kalte Witterung an, während der April eher durchschnittlich verlief. Der Mai war durch eine ungewöhnliche Kälte, vor allem im Osten von Deutschland geprägt, wobei die schweren Fröste in der letzten Maidekade zu erheblichen Schädigungen an den Anbaufrüchten führten. Die Kälteperiode hielt bis Anfang Juni an, so dass in zahlreichen Regionen die Reben vollständig abfroren. Nach dieser außergewöhnlichen Kälteperiode stellten sich Mitte Juni normale Bedingungen ein. Im weiteren Verlauf wurde der Sommer noch sehr warm und außerordentlich heiß. Immer wieder wird von entsprechenden Hitzeschäden in allen Regionen Mitteleuropas berichtet. Aufgrund der außergewöhnlichen Trockenheit im Spätsommer gab es immer wieder Waldbrände und eine schlechte Heuernte.

Der Herbst verlief durchschnittlich, der November etwas zu kühl, der Dezember hingegen unauffällig.

1706: Das Jahr 1706 ist vor allem aufgrund seiner Trockenheit bemerkenswert. Alle Jahreszeiten wiesen ein deutliches Niederschlagsdefizit auf, wobei vor allem Frühjahr und Sommer durch ihre extreme Trockenheit mit entsprechenden Folgewirkungen aufwarteten. Die Trockenheit begann bereits im Winter, der als kalt und trocken bezeichnet wird. Lediglich im März und April kam es zu einigen Niederschlägen. Einige Quellen berichten bereits zu dieser Zeit von einem dürren Jahr. In allen größeren Flüssen trat bereits im Juni Niedrigwasser ein, die Dürre setzte sich den Sommer über fort, so dass fast kein Heu mehr geerntet werden konnte und im September „das Obst vor Trockenheit abfiel“. Lediglich im Osten gab es immer wieder Regenfälle, die zu einem schönen und warmen fruchtbaren Witterungsgang im Spätsommer und Herbst führten. Durch die große Trockenheit und entsprechende Wärme im Sommer und im Spätjahr konnte ein überwiegend guter, bisweilen sogar ein sogenannter Hauptwein recht früh im Jahr gelesen werden. November und Dezember verliefen so mild, dass bis in die Weihnachtszeit Weidegang möglich war. Mitte Dezember gab es schwere Stürme und Mitte der letzten Dezemberdekade aufgrund des regnerischen Wetters Hochwasser, u.a. am Rhein.

1707: Die milde Witterung des Vorjahres setzte sich in diesem Jahr fort, so dass insgesamt von einem ungemein gelinden Winter berichtet wird. Lediglich im äußersten Osten und Nordosten war es ein durchschnittlich bis kalter Winter. Der April fiel durch seine außergewöhnliche Trockenheit auf. Es hatte im ganzen April nur wenig geregnet, in manchen Quellen wird davon berichtet, dass es gar nicht geregnet hätte. Nach einem unauffälligen Mai geriet der Juni bereits so warm, dass die Quellen von einer frühzeitigen Sommerhitze berichteten. Während der Juni aber immer wieder durch Regenfälle zu einem insgesamt „fruchtbaren Wetter“ geriet, verlief der Juli deutlich zu trocken. Im August schlug die Witterung um, er wurde in den meisten Regionen als nass oder etwas nasser Nachsommer bezeichnet. Der September verlief eher unauffällig, der Oktober geriet zu kühl und zu trocken, während der November wiederum etwas feuchter verlief und der Dezember zu mild ausfiel.

1708: Auch in diesem Jahr wird von einem äußerst warmen und milden Winter berichtet. Es soll so mild gewesen sein, dass bereits Ende Januar beispielsweise in Trier Blumen gefunden wurden. Erst Mitte Februar gab es eine kürzere Abkühlung, die aber das Gesamtbild des Winters nicht brechen konnte. Selbst in Ostpreußen gab es ab Anfang März keinen Frost mehr. Im Frühjahr war vor allem der Mai durch seine große Trockenheit auffällig. Thermisch war er offensichtlich eher durchschnittlich verlaufen. Der Sommer wird hingegen insgesamt als zu kühl und regnerisch beschrieben. Bereits im Oktober gibt es immer wieder Frosteinfälle, während der November bereits als kalt eingestuft wird. Der Dezember wird hingegen als sehr kalt und mit strenger Kälte umschrieben und leitet über zu einem der kältesten Rekordwinter, die nach Arbeiten von Camuffo & Jones (2002) als einer der kältesten Winter der letzten 500 Jahre eingestuft werden kann.

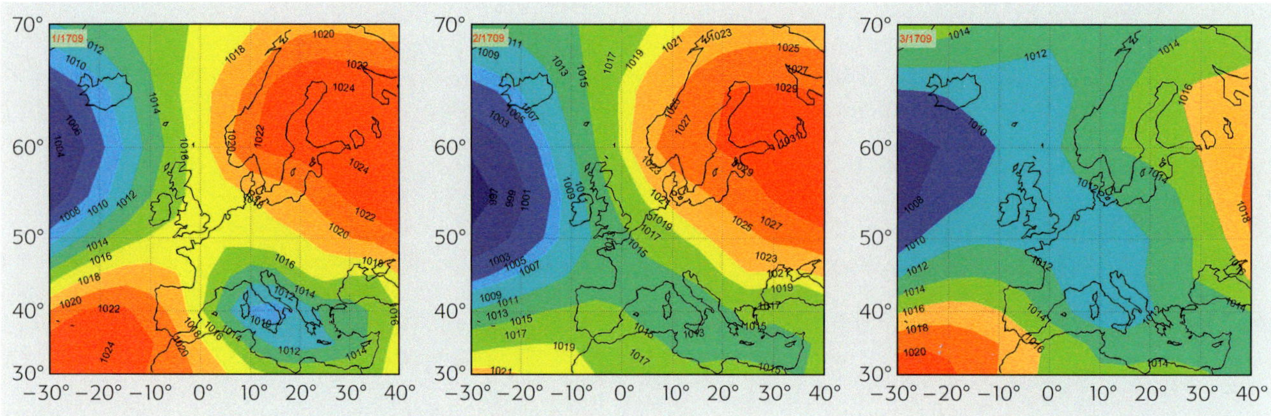

Abb. 60: Januar, Februar und März 1709 nach Luterbacher et al. 2002.

1709: Im Januar hielt die „grausame Kälte“, die im Dezember des Vorjahres eingesetzt hatte, weiter an. Am 17. Januar war die Donau derart überfroren, dass man mit schweren Wagen darüber fahren konnte. In den Kirchen wird bereits für das Ende der unbeschreiblichen Kälte gebetet und die Chronisten vergleichen die Winterkälte mit der von 1608. Mit den mittlerweile schon weiter verbreiteten Instrumentarien werden die Minustemperaturen festgehalten. Auch der Februar blieb deutlich unter den durchschnittlichen Temperaturen. Flüsse froren zu, auch wenn kürzere Tauperioden Mitte Februar bereits zum Aufgang des Mains geführt hatten. Das fennoskandische Hoch transportierte kalte Luftmassen nach Mitteleuropa (vgl. Abb. 60). Im März gab es immer wieder Kälterückschläge, bei denen die kleineren Flüsse wie die Kinzig Mitte des Monats erneut zufroren. Erst Ende März waren die Flüsse wieder vom Eis befreit. In der nassen und kalten Frühjahrswitterung 1709 hatte die Traubenblüte gelitten. Das unbeständige Wetter setzte sich den Sommer über fort. In Glückburg wüteten ein Gewitter und ein heftiger Wirbelwind am 17. 7., der in den dortigen Wäldern zu schweren Schäden führte. Der Herbst brachte keine Auffälligkeiten.

1710: 1710 kann anhand seiner Ausgeglichenheit charakterisiert werden. Fast alle Monate blieben thermisch und hygrisch durchschnittlich. Lediglich der Herbst wich von diesem mittleren Verlauf ab: Er wird insgesamt als schön und weitestgehend trocken beschrieben. Auch der Dezember wies offensichtlich einen Überschuss an Wärme auf, denn er wird insgesamt als viel zu mild, mitunter sogar als sehr mild und auch stürmisch beschrieben. Ende des Jahres waren in einigen Regionen bereits wieder Blumen zu sehen.

1711: Nach dem eher unspektakulären Jahr 1710 verlief 1711 wieder deutlich akzentuierter. Der Januar war deutlich zu mild, lediglich Anfang und Mitte Februar gab es eine längere Kälteperiode, in der auch die Brunnen gefroren. Mitte Februar führten die Niederschläge zu Hochwassern am Rhein. Der Mai wird als heiß und dürr bezeichnet. Diese Hitzewelle dauerte von Juni bis in den Juli über an, so dass schließlich von Heuschreckenplagen berichtet wird. Vor allem im Osten gab es Anfang August eine längere Regenperiode, die bis Mitte des Monats anhielt. Danach wurde es wieder schön. September und Oktober fielen durch anhaltendes Regenwetter und etwas zu kühle Verhältnisse auf. November und Dezember verliefen thermisch wieder unauffällig, der November war etwas zu feucht. Insgesamt kann 1711 als warmes, zugleich aber auch feuchtes Jahr eingestuft werden, was an der deutlichen hygrischen Zweiteilung im Jahresverlauf hing.

1712: Dieses Jahr begann mit einem kalten Januar und einem durchschnittlichen Februar. Das Frühjahr war insgesamt zu kühl mit starken Regenfällen im April, die bis Mitte Mai anhielten. Danach setzte unbeständiges Wetter ein, mal wird von Regen, mal wird von Sonnenschein berichtet. Der Juni wird mit „Aprilwetter“ charakterisiert. Im Osten wird der Regenmangel beklagt und es soll angeblich längere Zeit im Juni und Juli kaum Niederschläge gegeben haben. Starke Veränderlichkeit charakterisierte auch die nachfolgenden Monate. Immer wieder wechselten trockenere Phasen, so wie während der Heuernte im August, mit eher feuchteren Bedingungen wie Ende September einander ab. Auch regional werden sehr unterschiedliche und wechselhafte Bedingungen vermeldet. Der September geriet insgesamt zu kühl, die nachfolgenden Monate waren thermisch hingegen eher unauffällig. Der in weiten Bereichen Süddeutschlands zu trockene Witterungsverlauf begünstigte die Reben, der Wein dieses Jahres wird überwiegend als gut bezeichnet.

1713: 1713 verlief in der Gesamtbilanz ähnlich wie das vorausgegangene Jahr, nämlich insgesamt zu kühl und zu feucht. Wieder fällt auf, dass eine starke Variabilität und sehr ungestümes Wetter für das gesamte Jahr kennzeichnend war. Der Januar verlief etwas zu kühl, der Februar hingegen deutlich zu mild. Umschreibungen wie „warm wie im Frühling" bringen das signifikant zum Ausdruck. Der März war unbeständig und brachte sowohl Regen- als auch Schneetage und kann daher thermisch als zu kalt, aber insgesamt auch zu feucht eingestuft werden. Die Kälte setzt sich den April über fort, während der Mai durch die üblichen Frosttage geprägt war. Den Sommer über waren die Regentage derart dominant, dass das nasse sowie kühle und ungünstige Regenwetter immer wieder Gegenstand der Chronisten war. Im Juli wird explizit erwähnt, dass es keinen warmen Sonnenschein gegeben habe. Erst Mitte August setzt eine längere Schönwetterperiode ein, die auch als trocken bezeichnet wird. In anderen Regionen wird von durchgängigen Regentagen geredet, so dass fast an allen Tagen im Sommer Regen zu verzeichnen war. Diese Witterung führte auch dazu, dass Anfang September nur wenige weiche Beeren gefunden werden konnten, woran auch die nachfolgende Trockenperiode ab Mitte September nicht mehr viel ändern konnte. Insgesamt war auch der Herbst etwas zu feucht und zu kühl geraten. Einhellig wird der Wein dieses Jahres als sauer und ungenießbar eingestuft. Lediglich der Dezember wird wieder als zu mild beschrieben. Es hat „bei Mannsgedenken" in keinem Herbst so wenig und so schlechten Most gegeben wie in diesem Jahr.

1714: Dies sollte das dritte Jahr in Folge werden, das zu kühl ausfiel. Anders als in den beiden vorangegangenen Jahren war die hygrische Bilanz jedoch im Jahresgang ausgeglichen. Wieder gab es nach einem zunächst mild verlaufenen Winter einen sehr kalten Februar sowie sehr kalte und nasskalte Verhältnisse in den beiden nachfolgenden Frühjahrsmonaten. Mitte April musste man die Wohnungen wieder kräftig einheizen, es gab Schäden am Getreide. Die nasskalte, regnerische Witterung dauerte bis in den Mai hinein und setzte sich im Süden Deutschlands fort, jedoch fiel die Heuernte immerhin noch sehr gut aus. Im Gegensatz dazu war es im Nordosten zu trocken, so dass beispielsweise in Berlin bereits im Sommer von einem dürren Jahr gesprochen wird. Während sich Anfang September in den meisten Regionen noch eine Regenperiode mit mehreren Gewittern durchsetzte, folgte ab Mitte des Monats schönes Wetter und vor allen Dingen wieder eine länger anhaltende Trockenperiode, so dass insgesamt von einem trockenen Herbst gesprochen werden kann. Das hygrisch sehr differenzierte Muster führte dazu, dass in einigen Regionen von längerer Dürre gesprochen wurde, während andere die Dauer und die anhaltenden Regenfälle betonten. Der Dezember verlief insgesamt durchschnittlich, wobei es immerhin zu einer weißen Weihnacht reichte.

1715: 1715 kann thermisch als eher unauffälliges Jahr eingestuft werden, das insgesamt etwas zu trocken verlief. Hervorzuheben ist der zu milde Winter, insbesondere der Februar, der bereits Anfang des Monats mit „wechselhaft wie im April" charakterisiert wird. Um den 12. bis 14. Februar gab es schwere Stürme, die in den anhaltinischen, sächsischen und märkischen Holzungen viele tausend Bäume niedergerissen hatten und auch sonst in Deutschland großen Schaden anrichteten. Im süddeutschen Raum geht der Sturmdurchgang mit einem markanten Wetterwechsel einher. Eine weitere Sturmsequenz trat Anfang März auf, die diesmal in ganz Europa zu schweren Schäden führte, insbesondere auch in Holland, in Seeland und an der Niederelbe. Nach einer anfänglichen kalten, windigen und regnerischen Periode Anfang April setzte sich schließlich für den Rest des Monats überwiegend schönes Wetter durch, was sich in einem entsprechend schnellen Fortgang der Vegetation bemerkbar machte. Um Ostern, also um den 21. 4. sollen bereits die Bäume geblüht haben. Nach einem etwas zu trockenen Mai sind erneut zwei Sturmsequenzen Anfang Juni und um den 12. Juni die herausragenden Ereignisse dieses ersten Halbjahres. Der Sommer wird regional als fruchtbar eingestuft – mit immer wieder aufgetretenen Gewittern und zahlreichen Regentagen; regional, wie in Nordbaden, wird er auch als heiß bezeichnet. Im August setzten sich die auffallend häufigen Gewitter, Stürme und ganz allgemein die Unwetter weiter fort. Anfang September wird im Süden von Deutschland eine längere Regenperiode vermeldet, ansonsten kommt es aber im Verlauf des Septembers zu Wasserknappheit, was sich u.a. in einem Mangel an Mahlwasser niederschlägt. Der Dezember wird ab der zweiten Dekade bereits sehr kalt, so dass Mitte des Monats beispielsweise der Main zufriert und kalte und trockene Weihnachten anstanden.

1716: Das Jahr 1716 war insgesamt zu kalt und zu feucht. Besonders die strenge Kälte im Januar und die lang anhaltende Kälte im Februar führten zu der Einschätzung eines strengen und harten Winters. März und April verliefen wechselhaft. Im Mai setzte sich die zu kühle Witterung fort, bei vorherrschenden Ostwinden gab es insgesamt eine späte Blüte. Der Sommer kann als regnerisch charakterisiert werden. Im Spätjahr führten strenge Fröste zu einer schlechten Weinlese, zumal durch den kalten Winter 1715/1716 die Reben ebenfalls schon Schaden genommen hatten.

1717: Der Winter 1716/1717 kann insgesamt als durchschnittlich bis zu mild eingestuft werden. Vor allem der Februar wird als windig, regnerisch und zu mild beschrieben. Um den 11.02. gab es an der Ostseeküste einen Sturm. Das nachfolgende Frühjahr wird insgesamt als zu kühl beschrieben, wobei vor allem im Mai die Kälte zu einem späten Aufgang der Vegetation führte. Der Sommer verlief thermisch und hygrisch eher zweigeteilt. Während Juni und auch Juli überwiegend als regnerisch und etwas zu kühl umschrieben werden, wurde vor allen

Dingen im fränkischen Raum die lang anhaltende Dürre im August, die sich in den September hinein fortsetzte, immer wieder hervorgehoben. Bereits Ende August zeigten sich um Bad Windsheim Trockenrisse am Boden und es gab nach einer kurzen kühleren und regnerischen Periode Anfang September Mitte des Monats Mangel an Mahlwasser und Dürreschäden auf dem Feld. Die ersten beiden Oktoberdekaden werden als unbeständig beschrieben, bevor erneut schönes Wetter mit zu trockenen Witterungsbedingungen einsetzte. Ende November war der Mangel an Mahlwasser so groß, dass Rossmühlen eingerichtet wurden.

Das herausragende Ereignis dieses Jahres war aber die entsetzliche Sturmflut an Weihnachten, die in weiten Bereichen der Küste zu schweren Schäden und erheblichen Menschen- sowie Viehverlusten führten. Dieses Ereignis wurde von Jakubowski-Tiessen (1992) in einer lesenswerten Abhandlung entsprechend gewürdigt. In der Gesamtbilanz bleibt 1717 als zu kühl aufgrund der Verhältnisse im Sommer und zu trocken bilanziert werden.

1718: Im Jahr 1718 setzte Anfang Januar bereits strenger Winterfrost ein, der bis Ende Februar andauerte. Im süddeutschen Raum war beispielsweise der Main von Anfang Februar bis zur 3. Februardekade zugefroren. Um den 25. Februar wird in Wismarer Chroniken von einem Sturm berichtet. Der nachfolgende Frühling wird als fruchtbar eingestuft, der Mai insgesamt vor allem im Nordosten als zu kalt. Als augenfälligste Eigenheit dieses Jahres kann der heiße und zu trockene Sommer hervorgehoben werden, der fast in ganz Europa zu Dürreschäden und entsprechenden Folgen, wie beispielsweise Trockenrissen im Boden führte. Die Wärme hielt hauptsächlich während des Septembers über an. Eine frühe Lese führte überwiegend zu einem guten oder wie in den Chroniken oft beschrieben wurde, einem „Hauptwein". Der Oktober wird insgesamt als „unbeständig, voller Ungewitter" eingestuft. Mitte Dezember wird eine längere stürmische Periode wiederum an den Küsten vermeldet.

1719: Auch in diesem Jahr kann wie im Jahr zuvor die außergewöhnliche Hitze und Trockenheit im Sommer als das herausragende Wetterphänomen hervorgehoben werden. In der Kurmark Brandenburg hatte es bis zum 20. August elf Wochen lang so gut wie nicht geregnet. Die Oder war so niedrig, dass sie stellenweise nur noch aus einzelnen Tümpeln bestand und die Kähne in Frankfurt an der Oder festsaßen. Ansonsten wird das für extreme Hitze und Dürre übliche Szenario in den Quellen wortreich umschrieben. Neben den Mängeln und Ernteausfällen werden u.a. wieder die Selbstentzündungen von Wäldern beispielsweise in Hanau, aber auch in Brandenburg hervorgehoben, im August gab es durch die große Hitze Krankheiten. Durch die Hitze gab es offensichtlich auch in diesem Jahr wieder viele Mäuse, die dem ohnehin schon schwer geschädigten Getreide weiter zusetzten. Eine entsprechende Teuerung war die Folge und konnte an vielerlei Orten nur durch entsprechende Gegenmaßnahmen der Obrigkeit gelindert werden. Die Hitze und Trockenheit hielt den Herbst über an.

Eine Sturmflut in der letzten Maidekade ist als weiteres herausragendes witterungsklimatisches Ereignis zu erwähnen. Ansonsten führte die lang anhaltende Trockenheit und die damit einher gehende Wärme zu einem außergewöhnlich guten Weinjahrgang.

1720: Ganz im Gegensatz zu den beiden vorherigen Jahren war das herausragende Witterungsereignis 1720 ein kalter Sommer und die nasse Witterung führte fast das ganze Jahr über zu schwierigen Wuchs- und Ernteverhältnissen. Wiederum fiel die Ernte diesmal wegen der großen Nässe und der zu kühlen Witterung sehr schlecht aus, so dass die Teuerung auch in diesem Jahr anhielt. 1720 endete mit einer schweren Sturmflut am 31. 12., die immer wieder mit den vorangegangenen von 1717 und von Februar 1718 verglichen wurde.

1721: Am 1. Januar ging die Sturmflut des letzten Jahres bereits zurück, so dass an diesem Tag in den betroffenen Siedlungen an der Nordseeküste bereits wieder die Messe gelesen werden konnte. Januar blieb bei überwiegender west- und südwestlicher Windrichtung deutlich zu mild und in der ersten Februardekade wird aus vielen Regionen aufgrund des anhaltenden nassen Wetters von Überschwemmungen berichtet. Erst Mitte Februar setzte eine kalte Periode ein, die in Wismar bis zum 18. März andauerte. Das Frühjahr wird insgesamt als kalt und regnerisch eingestuft. Ihm folgte ein kühler Sommer, der vor allem Ende August bis Anfang September durch eine länger anhaltende Regenperiode abgeschlossen wurde. Erst der Herbst wurde warm, so dass an manchen Orten noch eine gute Lese, wie in Meersburg am Bodensee, eingebracht werden konnte. Nach einer kurzen Abkühlung in der ersten Dezemberdekade wurde auch der Dezember wieder zu mild.

1722: Die bereits im Vorjahr angedeutete milde Winterwitterung hielt den Januar bei überwiegend westlicher Windrichtung an. Auch der Februar war viel zu mild, so dass selbst in Wismar Ende des Monats bereits Blumen zu sehen waren. Das Frühjahr geriet wenig auffällig, hingegen wurde der Sommer zu kalt und zu feucht. Der August soll in Danzig fast bis auf zehn Tage ständig Regen gebracht haben. Ende August, Anfang September erfolgte erneut eine Regenperiode, danach überwiegend trockene Witterung. Anfang Dezember war die Witterung wechselhaft und wurde, die lediglich von einer kurzen Frostperiode im äußersten Nordosten Ende der ersten Dekade unterbrochen. Danach verlief die Witterung bei stürmischen Winden, begleitet von zahlreichen Gewittern und mit vielen Regenfällen zu mild.

1723: 1723 setzte sich die milde Winterwitterung den Januar über weiter fort. Erst in der Mitte der ersten Februardekade gab es eine längere Frostperiode, die allerdings Ende des Monats bereits wieder zu Ende ging. Das Frühjahr war in weiten Bereichen warm, im Westen zunächst von geringen Niederschlägen begleitet. Ende April, Anfang Mai gab es mehrere strenge Frostereignisse, die den Reben zusetzten, ansonsten hielt die zu trockene Frühjahrswitterung weiter an. Ende Mai erfroren in Franken die Reben und bis auf eine kürzere feuchtere Phase Anfang und Mitte Juni gab es für längere Zeit zu wenig Niederschläge. Die bereits im Frühjahr einsetzende Trockenheit hielt den ganzen Sommer über an und wird aus allen Regionen Mitteleuropas vermeldet. Erst Anfang September setzten wieder nennenswerte Niederschläge ein, die sich dann bei durchschnittlichen Verhältnissen den Oktober über immer wieder einstellten. Der November geriet sehr feucht und deutlich zu mild. Im Dezember setzte sich die gelinde Witterung weiter fort, so dass auch – wie aus Quellen in Danzig vermeldet wurde – wieder ein gelinder Winter anstand.

1724: 1724 folgte wiederum ein sehr milder Winter in allen Teilen Mitteleuropas. Beständige Westwinde führten zu einem „Wetter wie im Frühling“, in dem Mitte Februar bereits blaue Veilchen gefunden wurden.

„Dieses 1724te Jahr ist, sonderlich in allhieriger Gegend, ein solcher gelinder Winter gewesen, dergleichen sich kein Mann von 60. Jahren zu erinnern gewust, massen kein eintziger Pflocken Schnee gefallen, als in der Nacht zwischen den 22. und 23. Febr., in welcher es, der Thüringischen Redens= Art nach, ein wenig gekraupelt, ferner in der Nacht vom 23. biß den 24. Febr., da es einen dünnen Schnee geleget, welcher den 24. liegen blieben, worzu den 25. noch etwas Schnee gefallen; Je näher es aber zum Frühlings= Anfang, welcher dieses Jahr den 20. Martii gefallen, kommen, je kälter es worden, massen zwar der nurgedachte am 23. und 24. Febr. gefallene dünne Schnee gar bald und zwar annoch mit demselbigen Monath vergangen; […] In Summe: der Winter ist so leidlich und lieblich gewesen, daß man den 19. Febr. bereits die sogenannten Mertzen= Violen zum öffentlichen Verkauff bracht hat, derer man in verschiedenen vorigen Jahren doch kaum im Ende des Martii ansichtig werden können. […] Der Frühling, welcher den 22. Junii dieses Jahr sich geendiget, hat […] mit lauter guten, fruchtbahren Gewittern, und also, mit Regen und Sonnenschein abgewechselt; Im Sommer hingegen ist, bey abwechselnder Hitze und Kälte, grosse Dürre eingefallen, also daß die Fütterung fast angenehm und das Vieh wohlfeil worden; der Wein, samt dem meisten Theil des Obsts, und Getraide aber ist Gott Lob! ziemlich wohl gerathen. Diesem ohnerachtet ist das Getraide den Sommer über biß den 1. Nov. 1724. fast wöchentlich gestiegen, also, da der Jenaische Scheffel Rocken um Joh. annoch 2. Rthlr. gegolten, solcher, um Martini drauf, bereits 3. Rthlr. 16 Gr. bezahlet werden müssen.“ (Heller 1732)

Das Frühlingswetter verlief überwiegend wechselhaft, regional wird bereits im April von zu trockener Witterung berichtet. Der Sommer wurde insgesamt wieder zu trocken, wobei sich die Trockenheit zunächst bei kalten Nordwinden durchsetzte.

Gelegentlich traten schwere Gewitter auf.

„Den 4ten Julii 1724. frühe nach 2. Uhren entstunde über der Stadt Jena ein dermassen hefftiger Sturm und Wetterleuchten, worbey sich einige grosse Donnerschläge hören liessen, dergestalt, daß jederman vermeynete, es würde ein Erdbeben sich zeigen. […] Und weilen, laut Nachrichten, dieses den 4. Julii eingefallene schwere Gewitter fast durch ganz Deutschland gangen, und an verschiedenen Orthen Schaden gethan, so hat man, ob man gleich aliena einzumischen sonst eben nicht gesonnen, dennoch folgende merck-würdige Exempel hiervon zu annectieren, sich nicht entziehen mögen.“ (Heller 1732)

Die Trockenheit setzte sich in den Herbst über fort. Selbst der November wird als insgesamt zu trocken gemeldet.

1725: Ein in der Gesamtbilanz kaltes und vor allen Dingen auch nasses Jahr. Die Anbaufrüchte kamen schlecht voran, von vielen Orten wird von Misswuchs berichtet, der eine Hungersnot befürchten ließ. Der Wein wird wegen des vielen Regens und der kalten Witterung durchweg als sauer und schlecht beschrieben.

Januar und Februar verliefen durchschnittlich bis zu mild, insbesondere der Februar wird an vielen Orten als mild und geradezu unwinterlich eingestuft. Der März war in den meisten Regionen zu kalt, ebenso die restlichen Monate. Während der größte Teil Mitteleuropas unter der großen Regenmenge litt, war es im Nordosten zwischen Wismar und Danzig immer wieder auch zu trocken. Auch in Thüringen wird trotz der regnerischen Witterung, die an allen Orten vermeldet wurde, von Wassermangel berichtet, der dazu führte, dass es Probleme mit dem Mahlen und auch Probleme mit der Papier gab. Wie die Chronisten aber bemerkten, war das in der Mitte Deutschlands die Ausnahme. Im August begann man in Stuttgart wegen der regnerischen Witterung öffentliche Gebete anzustellen.

1726: 1726 war der Winter kalt und vor allen Dingen lang, was die Zeitgenossen mit einem harten Nachwinter umschrieben. Er dauerte regional bis in den März, wobei die ersten drei Monate des Jahres noch relativ schneereich bzw. niederschlagsreich ausfielen. Die nachfolgende Zeit war geprägt durch eine längere Trockenperiode, die bis in den Juni hinein andauerte, was zusammen mit der warmen, zum Teil heißen Witterung insgesamt als heißer, dürrer oder sehr trockener Sommer in den Chroniken beschrieben wurde. Der August wurde überwiegend als kalt und stürmisch beschrieben, war aber vor allem in der zweiten und dritten Dekade zu trocken. Die Herbstwitterung verlief unspektakulär und auch der Dezember war vor allen Dingen im Nordosten etwas kühler als normal, in den anderen Regionen jedoch durchschnittlich bis zu mild. Aufgrund der trocken-warmen Witterung während des Sommers und der durchschnittlichen Verhältnisse im Herbst konnte in der Regel ein guter bis sehr guter Wein geerntet werden.

1727: 1727 war insgesamt ein mildes und trockenes Jahr. Der Winter wird in den meisten Regionen als nicht sehr kalt oder gelinde eingestuft, lediglich im Nordosten war es in Ostpreußen sehr kalt. Anders die Monate März und April, die insgesamt als kalt, regional sogar als sehr kalt beschrieben wurden, so beispielsweise in Stuttgart. Nahezu einheitlich wird der Sommer als warm und vor allen Dingen sehr trocken, regional sogar als dürr eingestuft. Während in nahezu allen Regionen über die große Hitze und ausbleibenden Regen geklagt wird, ist im August in Ostpreußen ein nasser Monat in den Chroniken beschrieben. Auch in Thüringen war die Trockenheit nicht so ausgeprägt. Nachfolgend wird vor allem der September als sehr warm, wie überhaupt der gesamte Herbst als sehr warm eingestuft wird. November und Dezember hingegen wurden als unbeständig und im Dezember auch als etwas zu mild bewertet. Alles in allem wurde aus Sicht der Agrarproduktion von einem beglückenden und gesegneten Jahr mit einem Hauptwein berichtet.

1728: In diesem Jahr wird der Winter als sehr mild bezeichnet. Auch der Frühling war überdurchschnittlich warm, bisweilen windig, was insgesamt als guter Frühling bewertet wurde. Bemerkenswert war in diesem Jahr vor allem die Hitze und Trockenheit des Sommers. In der letzten Augustdekade gab es nach einem Wetterumschwung lang anhaltenden Regen, der in Thüringen zum Monatswechsel mehrere Überschwemmungen zur Folge hatte. Der Herbst wird als zu trocken, der September und Oktober als „warm bis hitzig“ eingestuft. Im November und Dezember änderte sich das thermische Gefüge dieses Jahres grundlegend. Beide Monate werden als insgesamt zu kalt und durchweg winterlich beschrieben, eine Grundcharakteristik, die sich über den Jahreswechsel hin fortsetzen sollte.

1729: Dieser Winter muss als strenger und vor allen Dingen als sehr langer Winter eingestuft werden. Vielfach wird er mit dem Extremwinter von 1709 verglichen, wobei vielerorts Thermometermessungen zur Beurteilung herangezogen wurden. Selbst größere Flüsse wie Oder und Elbe waren bereits seit dem 2. Advent des Vorjahres überfroren. Die Kälte hatte offenbar derart Eindruck auf die Zeitgenossen gemacht, dass die Königliche Sozietät der Wissenschaften in Brandenburg eine Winterkarte anfertigen ließ. Der Übergang in das Frühlingswetter begann mit einem Wetterumbruch am 11. und 12. April, der zur Folge hatte, dass aufgrund des schnell einsetzenden Tauwetters mehrere Überschwemmungen, u.a. in der Altmark, auftraten. Zusammenfassend wurde berichtet, dass der Frost 14 Wochen länger andauerte als 1709, dass die Kälte jedoch nicht die gleiche Stärke erreichte. Entsprechend geringer fielen die Schäden an Viehbeständen und an der Vegetation aus. Während der kürzeren Tauperioden, so Ende Januar, gab es am Main und am Rhein Hochwasser. Ansonsten war in den meisten Regionen Deutschlands im Sommer von großer Dürre die Rede, die zum Teil sehr lang andauerte, so dass an manchen Orten acht Wochen nur wenig Regen fiel. Lediglich der August wird im Osten als nicht sonderlich warm eingestuft. Noch am Ende des Jahres beklagte man den großen Wassermangel.

1730: 1730 war zunächst von relativ milden Temperaturen im Januar und Februar geprägt, so dass insgesamt ein gelinder Winter konstatiert wurde. Dagegen wurde der Frühling überwiegend als kalt, im März überaus stürmisch und rau bezeichnet. Im Mai und Juni traten häufig Nachtfröste auf. Die erste Hälfte des Jahres verlief zudem überdurchschnittlich feucht. Die kühle und feuchte Witterung hielt auch den Sommer über an. Im Oktober machte sich in weiten Teilen Mitteleuropas aufgrund der Hochdrucksituation über dem skandinavischen Raum kalte und trockene Witterung bemerkbar. Die Reben erfroren an den meisten Orten, so dass dieses Jahr als saures Weinjahr bzw. der Wein als „buntsauer“ beschrieben wurde. Im November wechselten die Verhältnisse nochmals. Aufgrund der vorherrschenden Westströmung kann der November als zu mild und zu feucht eingestuft werden. Der Dezember war nach einer anfänglichen stürmischen Phase, die zudem viel Regen brachte, in weiten Teilen Norddeutschlands kalt und zu feucht.

1731: Der Winter 1731 wird überwiegend kalt und schneereich beschrieben. Im Januar bestimmte Hochdruckeinfluss das Wettergeschehen (Abb. 61). Auch das Frühjahr wird insgesamt als zu kalt eingestuft. Selbst am Bodensee behinderten Frost und Schneefall Anfang März die Arbeiten in den Weinbergen. Nach einem kalten und trockenen Mai wird der Sommer schließlich warm und vor allen Dingen im Süden und Südwesten Deutschlands sogar – wie in Stuttgart – als heiß und trocken eingestuft. Dem gegenüber blieb er im Ostpreußischen vor allem im Juni/Juli überwiegend kalt. Erst im August setzte sich die warme und trockene Witterung bis nach Osteuropa hinein durch (vgl. Abb. 62). Der Herbst wird allgemein als warm und der Oktober sogar als ausgesprochen mild beschrieben. Klassische Hochdrucklagen mit vielen warmen Phasen prägten diesen Monat. Offensichtlich ein goldener Oktober. Der November fiel insgesamt zu mild aus, der

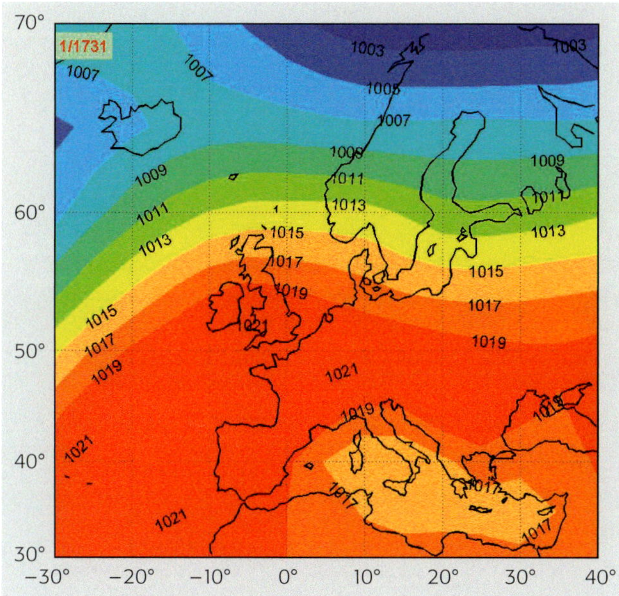

Abb. 61: Druckfeld im Januar 1731 nach Luterbacher et al. 2002.

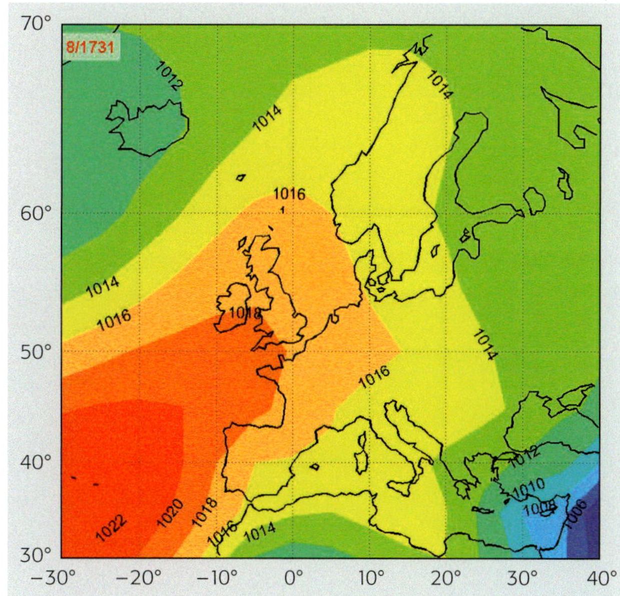

Abb. 62: Druckfeld im August 1731 nach Luterbacher et al. 2002.

Dezember wird überwiegend als unbeständig und sehr nass eingestuft.

1732: 1732 wird als milder und guter Winter beschrieben. Letztere Einschätzung basiert darauf, dass es immer wieder kältere Abschnitte gegeben hat, aber keine allzu strenge Kälte und vor allem keine allzu lange Dauer des Winters zu verzeichnen war. Ende Februar gab es in Thüringen nach der Tauperiode Hochwasser. Der Frühling war insgesamt mild, vor allem aber im März zu feucht. Der Sommer hingegen wird überwiegend als nass und zu kühl eingestuft. Dies kann auch aus den Druckdaten abgeleitet werden, die anzeigen, dass überwiegend Nordwest-Lagen, die mitteleuropäischen Witterungsverhältnisse in beiden Monaten geprägt hatten. Erst im August setzte sich etwas mildere Witterung durch, wie es auch in den Chroniken vermerkt ist. Der September geriet für den Westen und den Süden Deutschlands viel zu feucht und nass. Dies wird vor allen Dingen aus den Beschreibungen der großen Wasserflut, die Ende September eingesetzt hat, deutlich. Nach länger anhaltenden Regenfällen in der letzten Septemberdekade kam es vor allen Dingen in der Region um das Taubertal zu verheerenden Überschwemmungen (Abb. 63).

Die nasse Witterung setzte sich den Oktober über fort. In diesem Zeitabschnitt dominierten Südwest-Lagen. Lediglich im Süden Deutschlands wird von trockenen und guten Herbstbedingungen gesprochen. Der November geriet insgesamt zu kalt, zumal sich bereits das Hoch über Russland nach Mitteleuropa hinein auswirken konnte. Der Dezember war geprägt durch das Vorherrschen einer Nordwest-Lage, die insgesamt zu kühlen und etwas zu feuchten Bedingungen führte. Die schlechte Witterung vor allem im Sommer und im Herbst hatte einen schlechten Wein zur Folge. Das Jahr kann damit insgesamt als äußerst nass und zu kalt eingestuft werden.

1733: 1733 war Januar und Februar in Mitteleuropa witterungsklimatisch deutlich zweigeteilt. Während im Süden und im Westen überwiegend von einem kalten Winter und heftiger Kälte gesprochen wird, wurde in Ostpreußen und im Norden bei vorherrschender westlicher Wetterlage ein milder, bisweilen sogar warmer Winter verzeichnet. Die Zweiteilung setzte sich auch im März und April fort, während der März beispielsweise in Franken als schön bezeichnet wird, wurde er im Norden und in Ostpreußen aufgrund der Ostlagen als kalt eingestuft. Ähnliches gilt für den April, der durch die Nordlagen und Ostlagen vor allem im Norden und im Osten als sehr trocken eingestuft werden kann. Der Mai hingegen war aufgrund der durchgreifenden Nordlagen überall zu kalt und zu nass. Dieses Bild lässt sich wiederum sehr gut mit den Luterbacher Druckdatenfeldern in Einstimmung bringen. Der Juni blieb bei vorherrschenden Nordwestlagen zu kalt. Erst der Juli brachte zumindest für weite Teile des Westens und Südens warme Luftmassen, was schließlich zu trockenen Verhältnissen führte. Der Norden hingegen wurde überwiegend durch Westlagen beeinflusst. Im August beherrschte weiterhin die Westlage das Geschehen, was in weiten Teilen zu überdurchschnittlichen Niederschlägen führte. Im September muß wieder regional differenziert werden. Während der Süden überwie-

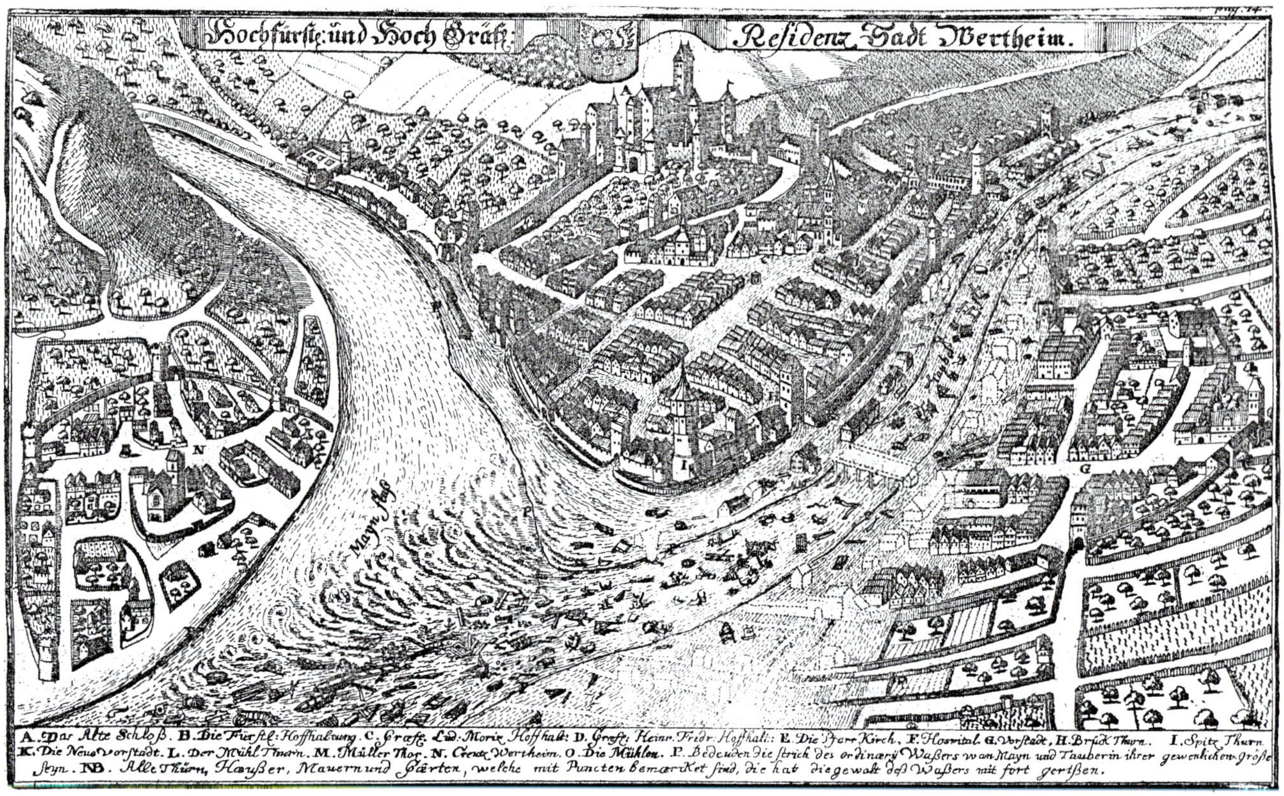

Abb. 63: Diluvium Franconium Magnum. Das schwere Hochwasser von 1732, die Michaelisflut. In der Beschreibung dieses Hochwasser erschließen sich die verschiedenen zeittypischen Erklärungsmodelle. Dargestellt ist die Situation in Wertheim, das am Mündungsbereich der Tauber in den Main gelegen, am schwersten von der Hochwasserwelle getroffen wurde. Zahlreiche Menschen kamen zu Tode, eine ganze Häuserzeile wurde weggerissen.

gend unter Hochdruckeinfluss blieb, wurde der Norden durch die vorherrschenden nördlichen und vor allen Dingen westlichen Wetterlagen zu feucht. Der Oktober war etwas zu kühl und zu feucht, der November bei starker westlicher Strömung oft stürmisch, regnerisch, aber insgesamt recht mild. Eine starke südwestliche Strömung blieb auch im Dezember vorherrschend. Mit Ausnahme weniger Frosttage war es insgesamt sehr stürmisch, deutlich zu mild und um die Weihnachtstage brachten die starken Niederschläge bereits mehrere Hochwasser, beispielsweise am Main. Insgesamt erreichte der Wein keine hohe Qualität, was vor allen Dingen an den schädigenden Frühfrosten und der sehr gegensätzlichen Witterung des restlichen Jahres hing.

1734: 1734 war ein „gelinder Winter", wobei vor allem der Februar viel zu mild ausfiel. Er war bestimmt durch südwestliche Luftmassen. Der März verlief hingegen durchschnittlich, der April war insgesamt bei vorherrschender Südweströmung zu mild und in den meisten Regionen auch zu feucht. Der Mai wird in weiten Teilen als warm, mild und feucht eingestuft. Der Juni verlief warm und feucht, im Juli machte sich zunehmend Hochdruckeinfluss bemerkbar, der auch den August über in Mitteleuropa anhielt. Im September gab es wieder deutliche regionale Unterschiede. Während im Süden der Hochdruckeinfluss dominant war, war im Norden eine Weströmung vorhanden, so dass die Witterungsverläufe sehr unterschiedlich ausfielen. Auch der Oktober wies im Osten noch Hochdruckeinfluss auf, während der Rest Mitteleuropas unter nördlichen Luftmassen als zu kühl und regnerisch eingestuft werden kann. Der November war insgesamt zu kalt und zu feucht, was vor allen Dingen am zunehmenden östlichen Hochdruckeinfluss lag. Der Dezember war insgesamt bei nördlichen und nordwestlichen Lagen zu mild und feucht.

1735: 1735 wird wieder als milder Winter eingestuft. Dies gilt vor allem für den Januar, der durch eine starke westliche Strömung deutlich zu mild und zu feucht ausfiel. Der Februar hingegen war regional unterschiedlich ausgeprägt. Während er im Osten und Norden phasenweise kalt und trocken verlief, blieb er im Süden und Westen noch zu mild. Der Frühling wird überwiegend als warm und hinreichend feucht beschrieben, im Osten gilt er sogar als der schönste seit langem. Südliche Strömungen, vor allen Dingen im März, aber auch im April, brachten dort überdurchschnittliche Temperaturen. Der Mai hingegen verlief zu kühl und zu feucht, im Süden wird er sogar als ausgesprochen nass und kalt bezeichnet. Der Juni wird als heiß und gewitterreich eingestuft. Regional gab es immer wieder Hochwasser, so wie am Neckar Ende des Monats oder in Thüringen bereits in der ersten Junidekade. Im Juli hielten die überdurchschnittlichen Regenfälle an, es wird von heftigen, anhaltenden Regenfällen und von vielen Gewittern berichtet. Insgesamt kann der Monat als zu feucht und zu kühl eingestuft werden, was an der vorherrschenden westlichen bis nordwestlichen Strömung lag. Der August wird in weiten Bereichen Mitteleuropas als sehr heiß und zu trocken bewertet. Im Nordosten gab es Mitte des Monats eine längere Abkühlung bei einer starken Gewitterneigung und nördlichen bis östlichen Winden. Der September verlief insgesamt zu feucht, wird aber in den meisten Regionen noch als mild, bisweilen sogar als warm eingestuft. Dem gegenüber verlief der Oktober deutlich zu kalt und zu trocken. Das Hoch über Russland hatte sich bereits fest etabliert und wirkte sich nach Mitteleuropa hinein entsprechend aus. Diese Zirkulationssituation setzte sich auch im November über fort, so dass auch der November als zu trocken und zu kalt bewertet werden muss. Die Meldungen über den Dezember lassen wieder eine regionale Differenzierung erkennen. In Hanau hatten die Chronisten Anfang des Monats noch etwas Frost vermerkt, der dann aber in eine mildere und eher regnerische Periode überging, so dass überhaupt keine Winterkälte für den Dezember mehr notiert wurde. Dem gegenüber setzte sich im Nordosten bereits Mitte der ersten Dekade eine östliche Strömung durch, die mit Kälte und zunehmender Winterstrenge bis zum Ende des Monats anhielt.

1736: 1736 war ein Jahr, das durch eine ganze Reihe von Extremen auffiel: Neben Sequenzen von Stürmen und Sturmfluten gab es zahlreiche Hochwasser und Unwetter. Es war von einer „allgemeinen Ergießung der Flüsse in Deutschland“ die Rede. Der Januar war durch die anhaltende Südwestströmung sehr mild. Anfang Januar gab es durch den Eisgang auf der Donau bei Regensburg Schäden an den Mühlen. In der letzten Dekade brachten Stürme beispielweise in Brandenburg schwere Schäden an Häusern und in den Wäldern.

Im Februar setzte sich die milde Witterung fort, allerdings waren durch die nordwestlichen Windrichtungen immer wieder auch kühlere Phasen eingebettet. Trotzdem wird der Monat als gelinde und durchschnittlich angesehen. Anfang Februar gab es bereits die ersten Störche in Hanau. Der März verlief kalt und zu trocken, was an dem Einfluss des Hochs über Russland lag. Mitte des Monats gab es Deichdurchbrüche an Elbe und Oder, Ende des Monats Stürme aus Norden. Während der April eher unauffällig verlief, war der Mai zu kühl und vor allem deutlich zu niederschlagsreich. Gleich mehrfach wird von tagelangem Dauerregen in vielen Regionen Mitteleuropas gesprochen. Auch im Juni setzte sich keine durchgehende Wärmeperiode durch. Der ganze Juni, aber vor allem das Ende dieses Monats, war durch langanhaltende Regenfälle geprägt. An Elbe und an Oder gab es immer wieder Überschwemmungen. Vor allem Ende des Monats trat eine lang anhaltende Regenperiode auf, die bis zu 14 Tage in den Juli hinein andauerte. Im Zuge dieser Regenperiode gab es an allen Flüssen, vor allen Dingen im Norden und Osten von Mitteleuropa zum Teil schwere Überschwemmungen. Insbesondere der Oderbruch stand längere Zeit unter Wasser, was zu Missernten, Teuerung und letztlich auch zu Epidemien führte. Mit der zweiten Julidekade setzte sich jedoch heiße und überwiegend trockene Witterung durch, die sich den August über fortsetzte. Während im Juli fast täglich noch über Gewitter und dementsprechend auch schwere Unwetter, beispielsweise Mitte August in Hanau, berichtet wurde, war Ende des Sommers die Trockenheit im Süden, u.a. in Franken, so groß, dass man von Trockenschäden und überhaupt von einem dürren Sommer sprach. Im August hatte sich eine sehr typische Hochdruckbrücke über Mitteleuropa ausgewirkt. Der September verlief wieder regional sehr gegensätzlich. Während sich im Süden eher warme und typische Altweibersommer-Wettersituationen bemerkbar machten, blieb es im Norden bei einer nordwestlichen Strömung überwiegend feucht. Ende des Monats gab es Sequenzen von Stürmen und die Flüsse traten erneut über die Ufer. Die großen Luftdruckmassen-Gegensätze führten um den 20./21. Oktober zu schweren Stürmen in ganz Europa. Während Anfang Oktober noch sehr nass verlief, dominierten in der zweiten Dekade bei einer Südströmung milde und trockene Verhältnisse, ehe durch die Sturmsequenz ein Wetterwechsel eintrat und sich eine kühlere Phase anschloss. Auch der November verlief wieder sehr wechselhaft, wobei sich immer wieder sehr gegensätzliche warme milde regnerische mit kalten Phasen abwechselten. Der Dezember geriet insgesamt zu mild und war extrem feucht, was an einer längeren Regenperiode Anfang Dezember und einer weiteren in der letzten Dekade lag. In der letzten Dekade gab es über längere Zeit stürmische Westwinde, die von schweren Regenfällen und Stürmen begleitet waren.

„Zu Anfang des Feb. hat man schon Störch in Hanau fliegen sehen, dergleichen sonst erst Medio Merz ankommen. […] Den 15 Aug mitwochs abents hat man allhier ein ensetzliche Ungewitter, es blitzt und donnert unauffhorlich, doch ging es in Hanau gottlobh glücklich vorüber, […]. Gegem 9 und 10 Uhr hat es hernahe in Gelnhausen

in daß Rathehaus in 3 Orthen eingeschlagen und die 2 untersten Stockwerk abgebrandt. Die daran stossent Bürgershäuser sindt durch die grausame Feuer auch angezündlet worden, aber durch die in lauffent viel Menschen noch gerettet worden, doch ist Früchte und Tabac so auf den Bödt gelegen, verbrandt und zunichte gemacht worden. In Octobre hat man wieder viele Nordtschein gehabt, welches sich die Physicus erkundigdt hatten, daß man viel nasses Wetter mit Durchbrechung der Damme bekommen werden, so auch geschehen und ist fast kein Wochen vergangen, da man nicht von überschwemmung der Landte und Durchbrechung der Damme in den Zeitung gehabt habe, wobey hin und wieder vil Menschen ertrunken, sonderlich sindt viel Scheff verunglück sindt. Diese Winther ist recht wunderbahe, dergleichen wenig Freudte haben, in dem von einer Equinoctio biß zu andernvon Septembre 1736 biß in Martio 1737 fast nichts anders als Südwestwinth gegangen, fast meistentheils in Sturm, welches hin und wieder große Gewässer gegeben hat und viele Menschen nur Schaden gemeldtet, dabey umbh ihr Leben gekommen sindt." (Zitat aus der Dhein Chronik, Hanau)

1737: 1737 war erneut ein milder, aber auch sehr stürmischer und regenreicher Winter zu verzeichnen. Bereits zum Jahreswechsel gab es Stürme, eine weitere Sequenz folgte zwischen dem 20. und 22. Januar. Die entsprechenden Schadensbilder zeigen abgedeckte Dächer, umgestürzte Bäume und Schäden an den Gebäuden.

Im Februar setzte sich das stürmische Wetter fort und vor allem in der ersten Dekade werden Sturmschäden u.a. aus Brandenburg vermeldet. Der März wurde insgesamt als zu kühl eingestuft, was vor allem an den häufigeren Nordlagen lag. Im Nordosten machte sich noch der Einfluss des Hochs über Russland bemerkbar. Der April wird eindeutig als kalt und regnerisch bewertet, sehr gut zu erklären durch die Dominanz von Nordwestlagen in diesem Monat. Anfang Mai gab es, nicht zuletzt durch die entsprechenden vorangegangenen Niederschläge im April, Hochwasser u. a. in Regensburg an der Donau. Der Mai war ansonsten sehr unterschiedlich geprägt, zumal es in der letzten Dekade eine längere Trockenperiode gab. Der Juni war insgesamt unauffällig, der Juli hingegen sehr warm und heiß. Immer wieder traten Gewitter und Unwetter auf, die Mitte des Monats, zwischen dem 18. und 22. in ganz Deutschland kulminierten. Von manchen Orten wird ein Tornado, oder wie in den Quellen ausgeführt „ein schrecklicher Windwirbel" gemeldet. Ende des Monats erfolgt eine erneute Sturmsequenz, die wiederum lokal von Starkregen und von Unwettern sowie von Gewittern begleitet war. Der August war insgesamt zu kalt und zu nass. Aus der Mitte Deutschlands wird in der zweiten Augustdekade von nahezu durchgängigem Regenwetter berichtet. In Thüringen wird beispielsweise ein Hochwasser vermeldet.

Dominant war in diesem Monat die West- und Nordwestlage, die zu dieser ungewöhnlichen Augustwitterung führte. Der September war eher unauffällig mit einer kürzeren Regenphase in der ersten Dekade. Einer warmen und trockenen in der zweiten Dekade folgte in der letzten bei Ostlagen eine kühle Witterung. Der Oktober verlief zweigeteilt. Die erste Hälfte war überwiegend warm und angenehm, in der zweiten folgte jedoch eine längere Regenperiode und am Ende eine erste markante Frostphase. Der November verlief eher unauffällig, aus manchen Regionen, vor allem im Nordosten, werden längere Regenperioden gemeldet. Der Dezember verlief ebenfalls eher unauffällig, regional etwas zu feucht.

1738: Die Einschätzungen zum Winter 1738 sind regional sehr unterschiedlich. Während Quellen aus dem Frankfurter Raum von einem milden Winter „mit Regen vermischt" berichten, sprechen die Quellen aus dem süddeutschen Raum um Meersburg und dem Bodenseegebiet von einem sehr kalten Winter. Die Analyse der Druckkarten zeigt – durchaus plausibel –, dass der Süden noch im Einflussbereich des Hochs über Russland gelegen haben könnte, während der Westen und auch der Norden bereits im Einflussbereich einer Südwestströmung lagen. Im März setzt sich eine westliche Strömung in weiten Bereichen durch, was mit meist milden, mit Regen vermischtem und von starken Westwinden geprägtem Witterungsgang umschrieben wird. In der letzten Märzdekade trat beispielsweise am Neckar Hochwasser auf. Der April zeigt die Witterungsverläufe, die klassischerweise vom April zu erwarten sind. Anfang Mai führen schwere Fröste zu Schädigungen der Reben in ganz Deutschland. Nachfolgend setzt sich eine längere kalte und regnerische Phase durch, die durch Nordlagen hervorgerufen wurde und zu Schäden an nahezu allen Fruchtbäumen führt. Erst gegen Ende wird das Wetter etwas milder. Anfang Juni setzt sich wieder kühle und regnerische Witterung durch. Mitte des Monats wird es warm, es kommt zu zahlreichen Gewittern. Die letzte Dekade wird als warm und nass eingestuft. Die aus dem Südwesten stammenden Hinweise auf einen heißen Sommer scheinen nur regional Gültigkeit zu haben, da weite Teile Mittel- und Norddeutschlands sowie Nordostdeutschlands eher unter westlichem und nordwestlichem Einfluss standen und deshalb für den Juni feuchte Verhältnisse melden. Im Juli hielt die warme Witterung zunächst an. Weite Bereiche Deutschlands kommen unter zunehmenden Hochdruckeinfluss, was sich in den entsprechenden Quellenbemerkungen eines heißen und trockenen Sommers niederschlägt. Lediglich der Bereich des Nordostens bleibt unter eher feuchten Verhältnissen. Im August zeigt sich ein ähnliches Muster, allerdings ist die Trockenheit weniger stark ausgeprägt und selbst in Franken wird von häufigen Niederschlägen gesprochen. Der September erscheint zweigeteilt, während die erste Hälfte überwiegend schwül mit häufigen Gewittern ausfällt, ist die zweite überwiegend trocken. Im Oktober steht der Osten und Nordosten weitgehend unter dem Einfluss des Hochs über Russland, während der Nordwesten und Westen immer wieder auch durch den Einfluss von Nordwestlagen gekennzeichnet ist. So sind über den Monat gemittelt durchschnittliche Temperaturen über die Gesamtregion bei etwas häufigeren Regenfällen zu konstatieren. Dem gegenüber fällt der November insgesamt sehr kalt und sehr trocken aus. Dies lässt sich durch die Etablierung des Hochs über Russland weit nach Mitteleuropa hinein belegen, so dass bereits Mitte des Monats Eis auf dem Main und sehr kalte und trockene Verhältnisse bis in den Bodenseeraum vermeldet werden. Anfang Dezember verändert sich die Wetterlage wieder grundlegend, südwestliche bis westliche Windsysteme mit z. T. stürmischem Charakter prägen die erste Dekade, während die zweite und dritte durch kürzere Frostperioden unterbrochen wird. Insgesamt kann der Dezember als etwas zu mild und überwiegend trocken eingestuft werden.

1739: 1739 war in den Chroniken zunächst ein milder Winter zu verzeichnen, wobei es Mitte des Januars in ganz Deutschland schwere Stürme und unwetterartige Zustände gab. Mehrere Flüsse, beispielsweise die Kinzig, aber auch Flüsse in Thüringen, führten Hochwasser. Den Februar über hielt diese Witterungsprägung weiter an, lediglich im Nordosten, in Ostpreußen, wurde es ab Mitte des Monats noch einmal kalt und es fiel tiefer Schnee.

Die Hochwasser, beispielsweise der Kinzig, wurden mit denen von 1682 verglichen. Den März über herrschte eine starke West- bis Westnordwestströmung vor, die stürmisches Regenwetter nach Mitteleuropa brachte. Wieder war dieser Monat zu kühl. Im April etablierte sich ein Tiefdrucksystem über dem Ostseeraum, das für weite Bereiche Europas erneut zu kühle und etwas zu feuchte Witterung mit sich brachte. Sehr unterschiedlich wird hingegen der Mai bewertet. Es folgten heiße und kalte Tage oft unmittelbar aufeinander, wobei in der Gesamtbilanz von eher trockeneren Verhältnissen ausgegangen werden kann. Im Juni wurde es in der ersten Dekade warm, ansonsten wechselten wieder kalte und warme Tage einander ab. Insgesamt wird dieser Monat als zu feucht, in manchen Regionen sogar als nass eingestuft. Auch der Juli kann als sehr wechselhaft eingestuft werden. Unwetterschäden in Franken, mehrere schwere Stürme Ende der ersten Dekade, dann aber auch wieder in der zweiten Dekade eine wärmere Periode, die schließlich von einer sehr heißen und von großer Dürre begleiteten dritten Dekade abgelöst wurden, prägten diesen Monat. Der August wird regional wieder sehr unterschiedlich eingestuft. Die erste Dekade war überwiegend schwül, mit sehr vielen Gewittern und fast täglichen Niederschlägen, die sich auch in die zweite Dekade hinüber fortsetzte. Die letzte Dekade war meist trocken, allerdings in der Gesamtbilanz doch zu nass und zu kühl. Auch im September wechselten die einzelnen Phasen sehr stark einander ab, eine erste warme Dekade wurde von einer eher kühleren und anschließend kalten Dekade abgelöst. Wiederum war auch dieser Monat insgesamt zu feucht. Im Oktober stellte sich in der letzten Dekade, nachdem die vorangegangenen bereits immer wieder stärkere Fröste und Hagelschauer sowie frühen Schneefall aufgewiesen hatten, die Witterung auf winterliche Verhältnisse um. Ein Hochdrucksystem des russischen Hochs hatte Mitteleuropa fest im Griff. Ende des Monats froren bereits die ersten Flüsse im Osten Deutschlands zu. Die Chronisten bemerkten lapidar keine angenehmen Tage und verglichen den Monat mit dem von 1709. Aufgrund der vielen Regenfälle gab es vielerorts Überschwemmungen. Die strenge Kälte, die Ende des Monats Oktober eingefallen war, setzte sich den November über fort. Fast alle mitteleuropäischen Flüsse froren zu. Lediglich der Dezember fiel wieder deutlich milder aus, einige Flüsse gingen wieder auf und es gab den Dezember über eher unbeständiges Wetter mit häufigen Südlagen.

1740: Danach folgte aber – die meisten Chronisten hatten bereits das Ende des Winterwetters vermutet – mit dem 4./5. Januar der Übergang in eine extrem kalte Phase, in der selbst Rhein, Main und Neckar zufroren und erst wieder Mitte März aufgingen. In Frankfurt, in Mainz, in Hanau folgten die nur bei extremer Winterkälte und bei überfrorenen Flüssen üblichen Jahrmärkte mit Fassbinden auf den überfrorenen Flüssen, dem Aufstellen von Krämerbuden und einem bunten Treiben, das in den bekannten Darstellungen der Frostfairs an der Themse immer wieder zitiert wird. Die Kälte hatte ganz Europa im Griff. Selbst der Bodensee war längere Zeit überfroren. Grund war das Hochdrucksystem, das sich über den Britischen Inseln etabliert hatte, das sehr kalte Luft aus Norden nach Mitteleuropa bis in den mediterranen Raum führte (s. Abb. 64). Diese Wetterlage hielt im Februar, in abgeänderter Form aber auch März und April über an und selbst im Mai gab es eine spektakuläre und außergewöhnliche Drucksituation über ganz Europa, die dazu führte, dass die Kälte bis in den Mai hinein andauerte.

Die besonderen Auswirkungen der Winterstrenge wurden von Deutsch et al. (1996) für die Stadt Halle an der Saale aufgearbeitet. Bereits Anfang Oktober 1739 waren Frostschäden in den Gärten auszumachen. Auf den Feldern war wegen der Bodengefrornis eine termingerechte Bestellung ebenfalls nicht mehr möglich. Die anhaltend niedrigen Temperaturen zwangen die Bürger ihre Stuben

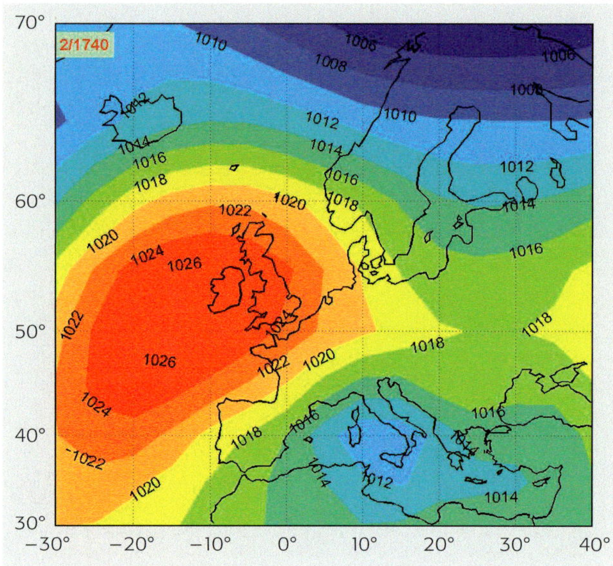

Abb. 64: Druckverhältnisse im Februar 1740 nach Luterbacher et al. 2002.

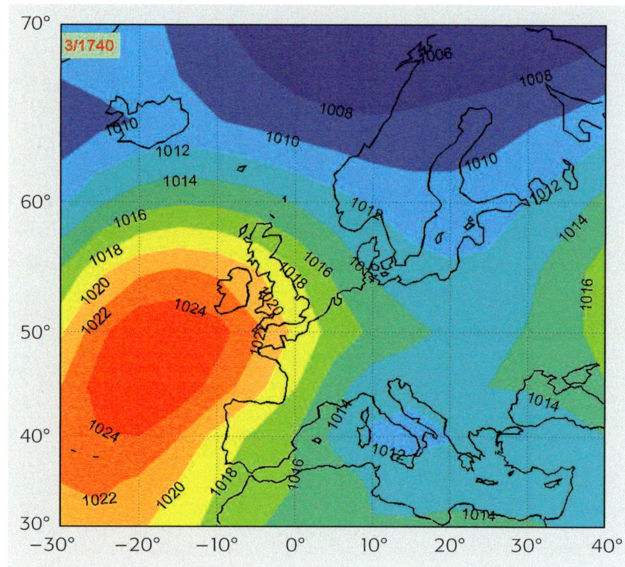

Abb. 65: Druckverhältnisse im März 1740 nach Luterbacher et al. 2002.

schon in diesem Monat täglich zweimal zu beheizen. Unmittelbare Folge war eine entsprechende Verteuerung der Brennstoffe. Durch den starken Schneefall waren die Straßen nur mit Mühe passierbar, so dass der Handel fast zum Erliegen kam. Nachdem die Saale eine dicke Eisschicht aufwies, musste auch die Schifffahrt eingestellt werden. Um den in Halle stationierten preußischen Regimentern das Desertieren über die gefrorene Saale zu unterbinden, musste der zugefrorene Fluss aufgeeist, d.h. bis zu einer bestimmten Breite vom Eis befreit werden. Die Kosten hatte die Kommune zu tragen. Zu den besonderen finanziellen Schäden führten auch die Verluste an Vorräten, insbesondere das Zersprengen von Wein- und Bierflaschen in den Kellern. Die tiefgreifende Bodengefrornis zerstörte auch die Wasserleitungen in der Stadt und erschwerte den Totengräbern ihre Arbeit. Mit der anhaltenden Kälte spitzte sich die Versorgungslage mit Brennstoffen weiter zu. Zunehmend litten vor allen Dingen die ärmeren Bürger unter diesen Umständen. Erfrierungen und schließlich Kältetode waren die Folge. Berichtet wird auch von der Bestrafung eines Holzdiebes, der für seine Tat drei Tage lang vor dem Rathaus im Halseisen am Pranger stehen musste. Die allgemeine Teuerung erreichte schließlich auch die Lebensmittel, so dass die Bevölkerung schließlich deutlich mehr Geld als in den Vorjahren für Grundnahrungsmittel ausgeben musste. Diese Beschreibungen verdeutlichen die Folgen derartiger Rekordwinter.

Zeitgenössische wissenschaftliche Abhandlungen beschäftigen sich auf der Basis von Temperaturmessungen auch mit der Rangfolge der kältesten Winter, die bis dato gemessen wurden. In diesem Zusammenhang wird dieser Winter mit dem von 1709, aber auch 1716 und 1731 verglichen.

Auch im Frühling änderte sich die kalte Wetterlage bzw. Witterung nicht mehr. Es blieb zu kalt und zu nass, so dass die Vegetation insgesamt eine deutliche Verspätung von vier bis sechs Wochen aufwies. Im Mai dominierten Nordlagen, die nicht nur kalte Luftmassen sondern auch viel Regen nach Mitteleuropa brachten. Der Sommer geriet nicht sehr viel besser. In den meisten Regionen wird er als kühl, sogar kalt und regnerisch eingestuft. Lediglich im äußersten Südwesten wird zumindest im Juli von einer kürzeren wärmeren sommerlichen Periode berichtet. In Brandenburg lassen die Beschreibungen in der dritten Dekade auf einen Tornado schließen, der zu entsprechenden Schadmustern führte. Erst der September brachte längere Wärmeperioden und wird schon von den Zeitgenossen als der Monat mit dem besten Wetter in diesem Jahr bezeichnet. Schon im Oktober ändern sich die Verhältnisse wieder grundlegend. Kalte Nordwestströmung dominierte, so dass auch dieser Monat insgesamt zu kalt und zu nass ausfiel. Auch im November bleibt diese Grundstruktur erhalten. Schwere Stürme werden immer wieder vor allen Dingen aus den nördlichen Regionen gemeldet. Der Dezember wird zunächst nach einer kühleren Dekade unbeständig und damit eher durchschnittlich bis etwas zu mild, wobei vor allen Dingen um den 20. bis 23. in ganz Deutschland schwere Überschwemmungen auftragen. Nach dieser Grundstruktur des Witterungsganges ist es nicht verwunderlich, dass allgemein von einem Missjahr gesprochen wird. Die ein-

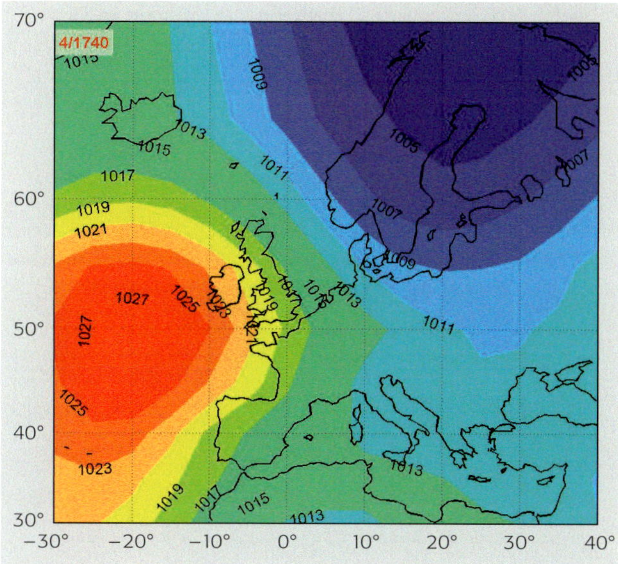

Abb. 66: Druckverhältnisse im April 1740 nach Luterbacher et al. 2002.

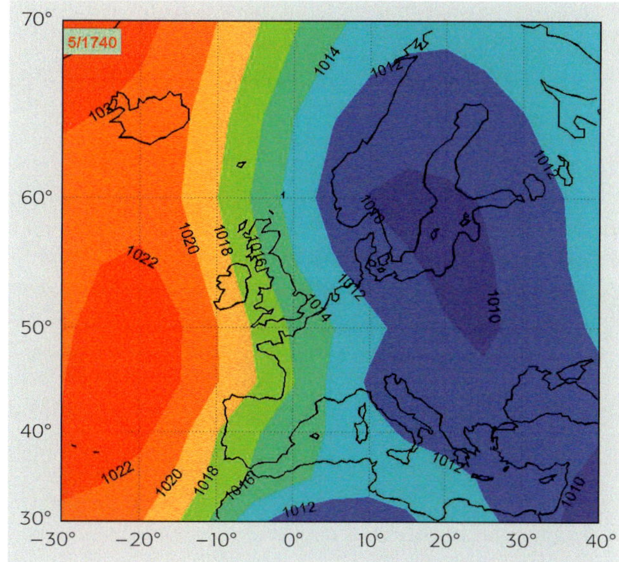

Abb. 67: Druckverhältnisse im Mai 1740 nach Luterbacher et al. 2002.

zelnen Facetten werden äußerst anschaulich vermittelt, die Bienenvölker waren ebenso betroffen, was zu einer Teuerung von Wachs und Honig führte, wie die Austernbänke, die durch die Kälte ebenso ruiniert wurden, wie viele Fruchtbäume, von den Reben ganz zu schweigen. Ein in allen Belangen desaströses Jahr.

1741: Der Januar war wie der Februar insgesamt zu mild. Ende Januar gab es bei Sturmfluten mehrere Deichbrüche an der Nordseeküste. Anfang Februar folgten zwischen dem 5. und 7. stürmische Tage, die eine deutliche Temperaturzunahme zur Folge hatten. Dadurch kam es auf den größeren, zugefrorenen Flüssen zum Eisgang und infolge des Eisganges zu einer ersten Hochwasserwelle. Trotz dieses Hochwassers war der Februar insgesamt zu trocken. Der März verlief äußerst gegensätzlich. Während im Süden, beispielsweise im Bodenseeraum, von einer „guten Witterung" gesprochen wird, die bis in den April anhielt und mitunter sogar von trockenen bis dürren Verhältnissen beispielsweise aus dem Frankfurter Main-Raum berichtet wird, wurde der März und der April im Norden als kalt, rau und regnerisch bezeichnet. In Ostpreußen gab es erst um den 12. April den Eisgang, beispielsweise an der Weichsel. Der Mai wird hingegen als durchweg zu kalt und feucht beschrieben, während der Juni wieder deutliche regionale Unterschiede aufwies. Der Westen und Süden war ausreichend warm und feucht. Dem gegenüber gab es im Nordosten länger anhaltende kühlere Phasen, die regional auch sehr trocken ausfielen. Im Juli blieb dieses Muster im Wesentlichen erhalten. Während einige Quellen aus dem Nordosten weiterhin von eher trockeneren Verhältnissen berichten, gab es beispielsweise in der Mitte Deutschlands eine längere Regenperiode, die bis in den Winter andauern sollte. Im August wird überwiegend von schwüler Witterung gesprochen, wobei es aufgrund zahlreicher Platzregen und Gewitter überdurchschnittlich feucht war. Nach einem insgesamt eher unauffälligen September geriet Mitteleuropa im Oktober in den Einflussbereich einer wärmeren südlichen Strömung, die zu trockeneren Phasen und lediglich im Westen des Landes zu schweren Regenfällen führte. Der November blieb bei vorherrschend westlicher bis südwestlicher Wetterlage milder und auch feuchter als im Durchschnitt. Der Dezember wird in den Quellen überwiegend als zweigeteilt beschrieben. Während sich die erste Hälfte durch eher unbeständige, bisweilen feuchte Witterungsverhältnisse auszeichnete, wurde es in der zweiten Hälfte eher kalt und trocken. Entsprechend den regionalen Prägungen wurde das Jahr mitunter als feuchtes Jahr bezeichnet, in anderen Regionen hingegen als zu trocken.

1742: 1742 war ein Jahr, das in der Gesamtbewertung als „böses Jahr mit schlechtem, saurem Wein" beschrieben wurde. Es war vor allen Dingen aufgrund der häufigen Nordlagen in fast allen Jahreszeiten deutlich zu kalt.

Der Januar war zum Teil sehr mild ausgefallen, wobei um den 8. Januar Sturmfluten an der Nordsee auftraten. Der Winter setzte relativ spät, nämlich erst in der ersten Februardekade ein und dauerte bis Mitte März. Der Februar war geprägt durch viel Regen und schwere Stürme aus Westen. Im März gab es noch vergleichsweise viel Schnee. Das Frühjahr blieb deutlich zu kühl, was sich in einem späten Vegetationsaufgang niederschlug. Wieder können die vorherrschenden Nordlagen für diese Witterungssituation verantwortlich gemacht werden. Auch der Sommer blieb thermisch hinter den Erwartungen zurück. Lediglich der Juni geriet durchschnittlich, auch wenn sich der Hochdruckkeil überwiegend über den Britischen Inseln etabliert hatte. Juli und August waren zu kühl und zu feucht. Auch der Herbst wurde vor allen Dingen im September und Oktober ebenfalls als zu kühl und als zu trocken eingestuft. Im Gegensatz dazu setzte sich Mitte November eine mildere Phase durch, wobei die häufigen Westlagen mit zum Teil stürmischem Charakter viel Regen brachten. Der Dezember wurde überwiegend als kühl beschrieben, wobei sich vor allen Dingen in der zweiten und dritten Dekade eine längere Kaltperiode durchsetzte, die mit der Etablierung des Hochs über Osteuropa zusammen hing.

Schwere Gewitter führten in diesem Jahr im Odenwald zu der Bildung von tiefen Schluchten, die nach den Quellenangaben stockwerktief und zwei Meter breit gewesen sein sollen.

1743: 1743 wird allgemein als fruchtbares und gesegnetes Jahr eingestuft, so dass „die Armen wieder guten Mutes waren". Das Jahr begann mit einem regional sehr unterschiedlichen Winter, der im Nordosten als viel zu mild, im Bodenseeraum jedoch als kalter Winter eingestuft werden kann. Der Februar hingegen wird in gesamt Mitteleuropa als mild und regnerisch eingestuft. Während der März noch vergleichsweise durchschnittlich verlief, war der April aufgrund seiner extremen Nordlage (Abb. 68) sehr kalt und regnerisch geprägt. Mitte des Monats erfroren die meisten Reben.

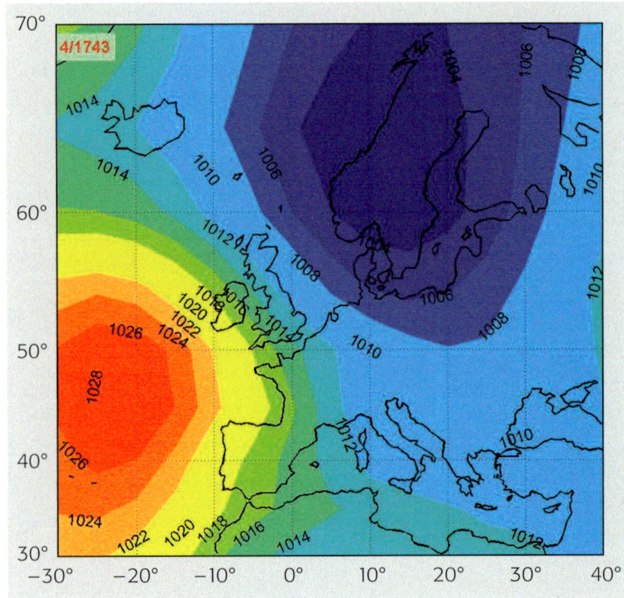

Abb. 68: Druckverhältnisse im April 1743 nach Luterbacher et al. 2002.

Mai und Juni verliefen eher unauffällig, der Juni in manchen Regionen zu trocken. Der Juli geriet wieder regional sehr gegensätzlich: während im Bodenseeraum von beständiger Hitze die Rede war, wurde im Nordwesten von rauer Witterung gesprochen, was an der starken nordwestlichen Strömung lag. Der August war durchschnittlich und insgesamt etwas zu trocken, vor allen Dingen in der zweiten Monatshälfte. Auch der September verlief eher durchschnittlich, in der ersten Dekade jedoch zu nass, danach überwiegend trocken. Auch in diesem Monat traten die regionalen Unterschiede hervor. Der Nordosten, der Bereich um Königsberg lag meist unter kalter nordwestlicher Strömung, während sich über dem restlichen Mitteleuropa ein Hochdruckkeil bemerkbar machte. Der Oktober wird wieder als zu kühl und zu feucht beschrieben, im November dominierte die zu milde Witterung bei zum Teil sehr starker Luftbewegung. In der Grundtendenz hielt diese Witterung auch den Dezember über an, wobei in der ersten Dekade von schweren Stürmen aus westlicher Richtung die Rede war.

1744: 1744 begann mit einem sehr kalten und strengen Winter, der Januar und Februar über durch ein markantes Hoch über Russland geprägt war. Im März änderte sich die Wetterlage grundsätzlich. Ab sofort dominierte eine nordwestliche Strömung, die allerdings immer noch zur Folge hatte, dass die Temperaturen unterdurchschnittlich blieben, wenngleich zahlreiche Stürme und um den 11. März herum auch Deichdurchbrüche bei Bremen gemeldet wurden. Die stürmische Witterung hielt den gesamten Monat über an. Im April herrschte die nördliche Strömungsrichtung vor, brachte aber für einige Regionen, wie den Nordwesten, überdurchschnittliche Temperaturen, vor allen Dingen in der letzten Aprildekade. Der Mai wird überwiegend als zu kühl und meist zu trocken eingestuft. Der Juni verlief wiederum sehr unterschiedlich. Während im Süden und Südwesten, beispielsweise im Bodenseegebiet, von einem heißen Sommer die Rede war, brachten im Nordosten und im Norden kühle Westwinde nicht die erhoffte Wärme. Ähnlich unterschiedlich verlief auch die hygrische Entwicklung. Im Süden wird überwiegend von trockenen Verhältnissen, im Norden von regnerischer Witterung berichtet. Ähnliches gilt auch für den Juli bei einem insgesamt höheren Temperaturniveau. Auffallend viele Gewitter werden aus dem Norden und Nordosten gemeldet. Wiederum sind die hygrischen Unterschiede mit trockenen Verhältnissen im Süden und sehr feuchten Verhältnissen im Nordosten äußerst gegensätzlich. Die Tendenz setzte sich auch den August über fort, er wird im Nordosten als zu kühl und äußerst regenreich eingestuft, was letztlich zu Überschwemmungen führte. Im Süden und im Südwesten hingegen blieb die anhaltend warme und trockenere Witterung bestehen. Die Witterung im September verlief wieder einheitlicher: zu kühl und zu feucht. Ähnlich war der Oktober geprägt. Der Oktober geriet zu kühl und bei vorherrschender Nordwestlage wiederum zu feucht. Anhaltende Westlagen brachten im November sehr milde und „sehr angenehme“ Tage, die insgesamt durch eine starke Westströmung hervorgerufen wurden. Auch den Dezember über hielt die zu milde Witterung an.

1745: Das Jahr 1745 fiel hygrisch sehr unterschiedlich aus. Während Quellen aus Brandenburg von einer längeren Trockenphase berichten – manche Quellen sprechen von sechs Wochen ohne Niederschlag –, stufen andere das Jahr als sehr nass ein. In Brandenburg führte die Trockenheit dieses und des darauf folgenden Jahres zu Problemen mit der Wasserversorgung. Oft standen die Mühlen still, die Flüsse führten Niedrigwasser und der Boden war so ausgetrocknet, dass zwei Jahre lang die Trockenheit immer wieder Gegenstand von Beschreibungen war.

Der Winter verlief im Januar überwiegend kalt bis sehr kalt. Im Februar änderte sich die Wetterlage und durch die nordwestliche Strömung blieb es zunächst in den süd- und südwestlichen Regionen Deutschlands zu kalt, während die nördlichen und vor allem nordöstlichen Regionen von einem milden Winter und von einem unbeständigen Frost, beispielsweise in Königsberg berichten. Der März blieb überwiegend zu kalt und vor allen Dingen auch zu niederschlagsreich mit sehr vielen Schneefällen im Norden und Nordosten. Im April kam es zu einer schweren Sturmflut, ansonsten war auch dieser Monat zu kühl und überwiegend zu feucht. Im Mai war das Wetter sehr wechselhaft und thermisch wie auch hygrisch äußerst gegensätzlich. In der Zusammenschau bleibt ein eher unauffälliger Befund. Auch die Wertungen über den folgenden Sommer fielen sehr unterschiedlich aus. Während im Bodenseegebiet wie auch in Thüringen die Quellen von einem schönen und warmen Sommer berichten, der tendenziell auch zu trocken ausfiel, wird in manchen Regionen pauschal von einem kühlen und nassen Sommer gesprochen. Das mag daran liegen, dass in den Chroniken die unterschiedlichen und sehr gegensätzlichen Abschnitte herausgestellt wurden. Zumindest der Juni verlief im Nordosten überwiegend trocken und mild, im Rest Mitteleuropas jedoch niederschlagsreich und zu kühl. Der Juli wird überwiegend als warm, in der ersten Dekade sogar heiß und vor allen Dingen als gewitterreich bezeichnet. Im Nordosten war er erneut sehr feucht, ansonsten etwas zu trocken. Im August setzte sich die gegensätzliche Witterungssituation fort. Erneut wird vor allen Dingen im Nordosten die große Anzahl von Gewittern, es hatte fast tägliche Gewitterstürme gegeben, hervorgehoben. Der September wird einhellig als äußerst nass beschrieben. Die regenreiche Phase hielt zunächst bis Anfang Oktober an, änderte sich dann jedoch grundlegend. Der Oktober wurde in der zweiten Dekade als zu mild und als viel zu trocken eingestuft. Dies gilt vor allen Dingen für Süden und den Südosten Deutschlands. Der Norden, insbesondere der Nordwesten, lag aber weiterhin im Einflussbereich feuchter und milder Luftmassen. Der November blieb in der ersten Hälfte viel zu warm. Erst gegen Ende des Monats traten strengere Fröste und anhaltende Kälte auf, die von Schneefall begleitet waren. Insgesamt war dieser Monat aber noch zu trocken. Im Dezember war die erste Dekade mit Regen und Schneefall vermischt, Mitte des Monats wechselte die Witterungssituation jedoch grundlegend. Der Einfluss des Hochs über Russland machte sich zunehmend bemerkbar, so dass in weiten Regionen von großer Kälte, südöstlichen Winden und größerer anhaltender Trockenheit die Rede war.

1746: 1746 war ein thermisch wie auch hygrisch sehr gegensätzliches Jahr. Zunächst war der Winter insgesamt zu mild und viele Quellen berichten, dass bereits im Januar und Februar wieder die Vegetation aufgegangen war. Mitte Februar änderte sich die Situation jedoch, vor allem im Süden sind Mitte Februar Kälteeinbrüche belegt. Der März wird insgesamt als winterlich beschrieben und da auch der April bis auf eine kürzere Warmphase in der ersten Dekade insgesamt zu kühl verlief, berichten die Zeitgenossen davon, dass man „vor Kälte nicht habe pflanzen können“. Im Mai änderte sich die Witterungslage. Während im Süden bereits die Wärme und Milde sowie die einsetzende Trockenheit thematisiert werden, blieb es zumindest im Nordosten und Norden noch zu kühl. Danach setzte sich jedoch den Sommer über lang anhaltende Wärme und Hitze durch, begleitet von einer extremen Dürre, die vom Mai bis in den September hinein anhalten sollte. Diese Dürre blieb auch das herausragende witterungsklimatische Charakteristikum dieses Jahres. Die Szenarien bestanden wie üblich vom Versiegen von Brunnen und kleineren Bächen, Niedrigwasserständen in den größeren Flüssen, bis dass sich „die Erde spaltete“, worunter wohl Trockenrisse gemeint waren. Der Juni blieb dabei vergleichsweise normal und durchschnittlich, im Norden bisweilen zu kühl, während der Juli insgesamt als sehr heiß und in allen Regionen als zu trocken beschrieben wurde. Im August blieb es in weiten Bereichen Mittel- und Süddeutschlands zu warm, während der Norden insgesamt kühler und auch feuchter blieb. Der September verlief wieder deutlich akzentuierter mit einer längeren Trockenperiode in den ersten beiden Dekaden und häufigeren Regenfällen in der letzten. Der Oktober geriet insgesamt ziemlich kühl, lediglich im äußersten Süden wird er auch als mild und warm bezeichnet. Er war wiederum zu trocken. Der November blieb anfänglich eher regnerisch und trübe, in der letzten Dekade wurde es so kalt, dass beispielsweise die Weichsel wieder zufror. Die Kälte hielt jedoch nicht allzu lange an, weil der Dezember insgesamt als mild, trübe, regnerisch eingestuft wurde. Die Weichsel ging bereits im Dezember wieder auf.

1747: In diesem Jahr gab es einen milden Winter, wobei der Januar zunächst noch mit strenger Kälte begann, in deren Folge beispielweise der Main um Dreikönig überfror. Mitte des Monats setzte jedoch milde Witterung ein, so dass bereits Ende des Monats der Main wieder aufging. Es herrschten seit Mitte Januar bis Ende Februar geradezu sommerliche Verhältnisse (vgl. Zitat). Die Bäume schlugen bereits aus und es blühten die ersten Blumen. Der März hingegen geriet insgesamt zu kalt und in den meisten Regionen auch deutlich zu feucht. Der April geriet etwas zu mild und zu feucht. Der Mai hingegen war kalt und in den meisten Regionen wieder zu trocken. Im Juni war die zeitliche Abfolge, aber auch die regionale Differenzierung sehr unterschiedlich. Während im Nordosten die erste Hälfte noch Hitze und häufige Gewitter zu vermelden waren, kühlte die zweite Hälfte

„Erschröckliches Ungewitter Mai 1746

Von Sinzheim, am Rhein gelegen, ward unterm 24. Mayen vorigen Jahrs folgendes gemeldet: In der Nacht vom 22. auf den 23. diß wurden wir in hießiger Statt und Gegend mit einem lang angehaltenem erschröklichen Ungewitter heimgesuchet, da es Anfangs Hagelsteine von nicht leicht erhörter Grösse geworffen, welche das mit Korn angebaute Feld- und andere Früchte meistentheils ruiniret und in Boden geschlagen, darauf nach einem in der Lufft verspürten greßlichen Sausen, den entsetzlichen Blitzen und Donnern, ein solcher Wasser-Guß erfolget, welcher nicht nur Gärten und Wiesen völlig ruiniret und überschwemmet, sondern auch mit solcher Wuth in die Häuser eingedrungen, daß sich die Leute nebts ihrem Vieh noch kümmerlich salviren können, und nur allein in einem Ort über 200. Stück Schaaf und Schwein zu schanden gegangen, auch sonsten ein und andere Menschen verunglücket worden. Die schwerste Bloch- und Bau-Höltzer hat die Strenge des Wassers mit fortgeführet, Scheuren und Stallungen, wie auch theils an der Statt- und andern Mauren nidergerissen, die Brücken, Steeg und Weg unbrauchbar gemachet, und ist die Elsens-Bach so hoch angewachsen und ausgetretten, daß man mit schwehren Schiffen über die Hecken und Stauden fahren können, […].

Von eben disem erschrecklichen Ungewitter sihet man folgende traurige Erzehlung aus Mühlberg, ohnweit Ettlingen in der Marggrafschaft Durlach: In der Nacht vom 22. auf den 23. May wurden wir in hiesigen Gegenden mit einem lang angehaltenen erschröcklichen Ungewitter heimgesucht, dergleichen wohl kein Mann in hiesigen Gegenden wird erlebt haben, massen es von Nachmittag um halb 3. Uhr seinen Anfang genommen, und unter beständigen Donnern und erschrecklichen Blitzen, indem fast der ganze Himmel, so zu reden, Feuer ware, ohne viles Regnen bis 10. Uhr daurete, und die Wolcken ohne sonderliche Bewegung wie Felsen in der Lufft hiengen, um 10. Uhr aber, da wir kaum eine halbe Stunde zu Hauß waren, weil wir das Ende des Wetters erwarten wollten, nahm es den Ausbruch mit einem entsetzlichen Sturm, untermengten Schlossen und Regen, Donnern, Krachen und Blitzen, als ob Himmel und Erden zerscheitern solte, und währete bis früh um 2. Uhr, also die ganze Währung über 11. gantzer Stunden dauerte. […]; in Weingarten aber zerschiedene Häuser theils jämmerlich zerrissen, theils weggeschwemmet, auch 4. Personen ertruncken, worunter Vatter und Sohn, nemlich, da just ist der Sohn seinen krancken Vatter auf die Schultern nehmen, und ihn in Salvo bringen wolte, kame der Gewalt des Wassers, und führete das gröste Stück vom Hauß samt Stuben und Bettladen fort. Von Mauren, Zäunen und Brucken ist nicht das geringste mehr zu sehen, und ligen bereits bey 60. Stück allerhand ersoffenes Vieh allda hin und wider zerstreuet. […] Von Durlach aber, Weingarten und Bruchsal bis Hildenberg soll es am übelsten aussehen, und wil verlauten, dass zwischen Weingarten und Heydelberg mehr als 100. Personen ertruncken.“

Vorstellung dises obbeschribenen entsetzlichen Ungewitters.

Abb. 69: Das Unwetter von Sinsheim im zeitgenössischen Holzschnitt.

deutlich ab und blieb weitgehend trocken. Dem gegenüber berichten Quellen aus Mitteldeutschland von heftigen Regenfällen, die bereits im Juni im Magdeburgischen und Halberstädtischen viele Flüsse über die Ufer treten ließen. Im Juli meldeten die Quellen aus dem Süden und Westen große Hitze und Trockenheit. Dem gegenüber war die erste Hälfte des Julis im Nordosten überwiegend kühl und feucht und erst in der zweiten Hälfte zu trocken. Diese regionale Differenzierung blieb auch den August über erhalten. Quellen aus dem Süden und Westen beschreiben einen warmen Sommer und große Hitze, während der Nordosten in Ostpreußen zu kalt blieb. Grundsätzlich fehlten die Niederschläge, so dass insgesamt ein trockener Sommer zu konstatieren war. Der September blieb insgesamt wärmer, in manchen Regionen sogar deutlich wärmer als der Vormonat, hygrisch verlief er insgesamt unauffällig. Der Oktober war in den meisten Regionen warm und zu trocken ausgefallen. Im November blieb die überdurchschnittliche Wärme erhalten, sie war allerdings in diesem Monat in vielen Regionen mit so starken Niederschlägen verbunden, dass es regional immer wieder zu Überschwemmungen kam. Der Dezember blieb erneut zu mild und zu niederschlagsreich. Das herausragende witterungsklimatische Ereignis waren die schweren Stürme, die um 12./13. herum ganz Europa heimsuchten und zu schweren Schäden und Überschwemmungen in Mitteleuropa führten (vgl. Zitat).

„*Im Februar war beständig gelinde und oft recht warme Luft mit häufigem Regen, dabey die Sonne noch weniger wie im vorigen Monat zu sehen war. Die letzten zwey Tage brachten endlich das Winterwetter wieder mit Schnee und starkem Frost, der auch den ganzen März anhielt, und fast täglich mit vielem Schnee begleitet ward, bis wieder die letzten zwey Tage eine Aenderung machten, und aus Süden den Frühling herführeten, der auch die erste Hälfte im April mit warmer Luft und Regen anhielt, auch den 5ten ein klein Gewitter brachte, und nur selten von dem Nordwind unterbrochen ward, bis endlich, nachdem den 18ten noch sehr warme und schwüle Luft mit Westwind und heiterem Himmel gewesen, den 19ten früh ganz unvermuthet ein sehr starker und rauher Nordwind mit Hagel, Regen und Schnee durch einander aufstieg, worauf es bis den 23sten nicht nur stark frohr, sondern auch viel schneyete, und hernach bis zu Ende klare aber kalte Tage folgeten.*“ [1747, Reyger Danzig]

„*D. 12ten Dec. entstand Abends 6 Uhr ein entsezlicher Sturm, der mit starken Hagelschauern und Regengüssen vergesellschaftet war. Die Stöße waren so heftig, daß sich die Erde unter den Füßen bewegte, und viele starke Häuser, Scheunen und Bäume dadurch umgerissen wurden.*

[…] Merkwürdig ist es, daß sich dieser Orkan beynahe 100 Jahre nach dem bekannten Sturmwinde, der 1648 am Fastnachtabend so gewaltig tobte, ereignete. Durch diesen gewaltigen Südoststurm wurde die Fluth von der Elbe 12 Stunden zurückgehalten, und er gehört zu den 5 Stürmen ‚seit langer Zeit‘, die von einer solchen Heftigkeit waren, daß sie den Namen eines Orkans verdienten. […] Als solche Stürme werden von beyden Referenten, außer dem obengedachten Sturme, die Stürme 1777, 1784, 1792 und 1799 angegeben. […] Folgende, diesen Sturm betreffende, Nachricht v. Büsch in den Addr. Nachr. 1791 wird hier nicht an einer unpassenden Stelle stehen: ‚Dieser Sturm wüthete durch die ganze Niederlande und England, aber auch noch in Preußen, wo er so gut, wie hier, Wälder umwarf. Ich weiß von keinem andern Sturm, daß er sich so weit und in fast gleicher Stärke verbreitet hätte. Er war der stärkste Sturm, welchen ich erlebt habe, fing hier Abends um 8 Uhr im Südosten an, war am stärksten aus dem Südwest, und tobte noch nach Mitternacht aus Nordwest, und legte sich gegen Morgen.‘ […]“ [1747, KUß, CHR. (1825)]

„*Den grossen sturm, welcher A. 1747. am 12 und 13 Dec. sowohl auf der See, als zu Lande hin und wieder unverwindlichen schaden gethan, hat unsere Mark [Brandenburg] auch empfunden, sonderlich hin und wieder in den Heiden. Doch ist er mit unsern Thürmen und Dächern nicht so unbarmherzig umgegangen, als zu Hamburg und Stokholm: ob er sonst auf dem lande haüser, scheunen und ställe nicht unangetastet gelassen, und viel schafe und rindvieh erschlagen, auch bäume und Eichen, die etliche klaftern in der dikke gehabt, mit strumpf und stiel herausgerissen, und recht wunderbahr übereinander geschmissen.*“ [Bekmann, B. L. (1751)]

1748: Das Jahr 1748 begann mit einem durchschnittlichen Januar, der etwas zu trocken ausfiel. Der Februar war kalt und eher zu feucht. Bemerkenswert war der viel zu kalte März, was in den Chroniken als langer Winter bezeichnet wurde. So fror beispielsweise der Main Anfang März wieder zu. Im Mai setzte sich die kalte Witterung fort. Es war zumindest im Süden von Deutschland und im Nordosten zu trocken. Der Sommer wird überwiegend als heiß und trocken beschrieben. Lediglich im Nordosten verweisen Quellen darauf, dass er nicht ganz die Hitze wie im sonstigen Mitteleuropa aufwies und auch weniger trocken war. Durch die lang anhaltende Trockenheit geriet das Sommergetreide nur schlecht. Immer wieder wird auch von Heuschreckenschwärmen, die zu Schäden führten, berichtet. Vor allem im August breitete sich die Hochdruckbrücke über Gesamteuropa aus (Abb. 70). Im Juli vermerkten viel Chronisten eine Sonnenfinsternis. Der Herbst wird insgesamt als warm und feucht einge-

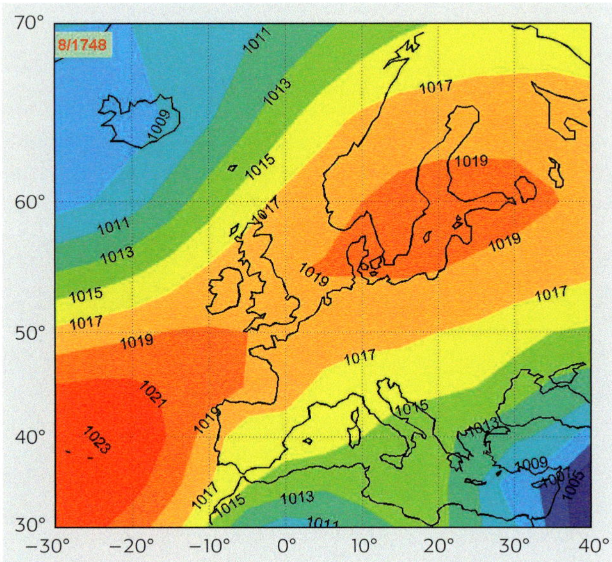

Abb. 70: Druckverhältnisse im August 1748 nach Luterbacher et al. 2002.

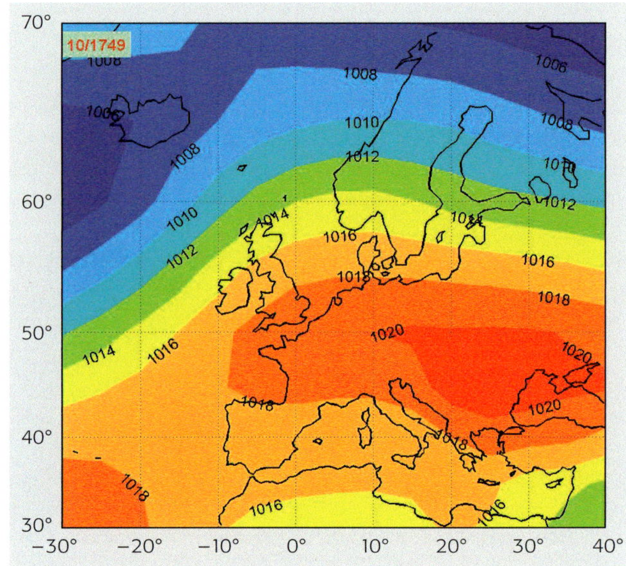

Abb. 71: Druckverhältnisse im Oktober 1749 nach Luterbacher et al. 2002.

stuft. Dieses einheitliche Bild gilt vor allen Dingen für den September, weniger jedoch für den Oktober, der im Norden Mitteleuropas bereits kühlere Verhältnisse brachte. Auffallend warm blieb es hingegen im November, der insgesamt auch wieder zu feucht geriet. Im Dezember blieb das milde Wetter erhalten, wobei immer wieder von der stürmischen Westlage und schweren Stürmen aus West berichtet wird. Alles in allem war der heiße und dürre Sommer sowie der warme, aber feuchte Herbst dazu angetan, einen sogenannten „Hauptwein" in die Keller zu bringen.

1749: Auch in diesem Winter war es wieder zu mild und etwas zu feucht. In gewisser Weise ähnelt er damit auch dem vorangegangenen. Der März geriet wieder viel zu kalt, ebenso der April. Der Mai blieb eher unauffällig. Um den 1. Mai gab es in der Gegend um Stuttgart schwere Fröste, die den Anbaufrüchten schwer zusetzten. Im Juni herrschte überwiegend kalte und regnerische Witterung. Erst im Juli setzte sich ein Hochdruckkeil in Mitteleuropa durch. So wird in weiten Bereichen beispielsweise Thüringens noch von einem warmen und trockenen Sommer gesprochen, wobei eine deutliche Zweiteilung zwischen einem kühleren ersten Abschnitt und einer zweiten sehr schwülen und sehr heißen Phase unterschieden werden kann. Im August hielt die heiße und trockene Witterung an. Auch der September blieb in weiten Bereichen Mitteleuropas mit längeren Hochdruckphasen sehr schön und insgesamt etwas zu trocken. Im Oktober vermelden die Chroniken in Franken wieder Heuschreckeneinfälle aus dem Osten. Die Witterungslage zeigt ein Hochdruckgebiet mit dem Zentrum über Südosteuropa, so dass die Zugrichtung und die Voraussetzungen für Heuschreckeneinfälle durchaus plausibel erscheinen (Abb. 71). Der November geriet wieder etwas zu mild und der Dezember insgesamt zu stürmisch, wobei hauptsächlich Anfang des Monats in der ersten Dekade schwere Stürme aus Westen in den Quellen verzeichnet werden.

1750: Dieses Jahr war erneut ein durchschnittlicher Januar und etwas zu milder Februar zu vermelden. Vor allem der Februar war aufgrund der westlichen Strömung wieder zu mild. Im März setzte sich die milde Witterung weiter fort. Mancherorts wird auch von größerer Trockenheit berichtet. Der April geriet etwas zu kühl und zu feucht, der Mai war eher unauffällig. Juni und Juli können auch ebenfalls als durchschnittlich und etwas zu trocken eingestuft werden. Der August blieb ebenfalls etwas zu kühl. Der September war heiß und trocken; der Oktober fiel regional sehr unterschiedlich aus. Während er im Süden und Westen und in einigen Bereichen des Südostens als warm und heiß eingestuft wurde, war er im Nordosten deutlich zu kühl. Der November brachte etwas zu kühle Witterung in allen Landesteilen, während der Dezember wieder eher stürmisch, regnerisch, unbeständig und zu feucht wurde.

Zur Kleinen Eiszeit – ein Epilog

Die Kleine Eiszeit ist eine global nachweisbare Abkühlungsphase – in manchen Regionen auch ein Abschnitt markanter Niederschlagsänderung, die nachhaltigen Einfluss auf Umwelt und Gesellschaft hatte. Am augenfälligsten äußerte sie sich über Gletschervorstöße, die nach Ende des mittelalterlichen Wärmeoptimums weltweit in Hochgebirgen zu beobachten waren. Der Beginn der Abkühlung wird von Grove (1988) ins frühe 14. Jahrhundert datiert, im Norden Europas sogar noch einige Jahrzehnte früher. Das Ende dieser Phase wird allgemein auf das Ende des 19. Jahrhunderts gelegt. Innerhalb dieses weit gefassten zeitlichen Rahmens traten allerdings zahlreiche regionale Abweichungen auf.

Zu den unmittelbaren Folgen der Abkühlung zählen in Mitteleuropa auch lang anhaltende Eisbildungen auf Seen und Flüssen. Dauerte die Winterstrenge an und erwies sich das Eis als tragfähig, hielt man auf dem Eis Jahrmärkte ab, errichtete Buden, veranstaltete Preisschießen, band Fässer und versuchte mit allerlei buntem Treiben der frostigen Kälte etwas Positives abzugewinnen. Auch die Seegfrörni (oder Seegfrörne), die Vereisungen des Bodensees, waren stets Anlass für besondere Rituale. Am 17. Februar 1573 wurde während einer Eisprozession zwischen dem schwäbischen Hagnau und dem schweizerischen Münsterlingen erstmals eine Büste des heiligen Johannes mitgeführt, die dann bei jeder Seegfrörni wieder ans andere Ufer getragen wurde. Diese Tradition ist bis heute lebendig. Seit der letzten Seegfrörni 1963 ruht die Büste in Münsterlingen.

Eisbildungen betrafen aber auch Sicherheitsaspekte. Waren Stadtgräben zugefroren erfüllten sie nicht mehr ihre Abwehrfunktion. Durch „Aufeisungen" hielt man sie frei.

Geriet der Winter zu lang und fiel vor allen Dingen auch viel Schnee, kam es immer wieder zu Attacken durch Wölfe auf Reisende oder auf einzelne Gehöfte, mitunter näherten sie sich auch größeren Siedlungen.

Auch die gesundheitlichen Folgen extremer Kälte waren gravierend: Erfrierungen und in extremen Wintern Tod. Menschen erfroren in ihren Betten, ebenso das Vieh im Stall. Selbst das häufig zitierte Sterben von Vögeln, die „quasi tot vom Himmel fielen" war keine Übertreibung der Chronisten. Während längerer Frostperioden kam es in größeren Städten zu Versorgungsengpässen. Zum einen konnten Grundnahrungsmittel nicht rechtzeitig beigeschafft werden, zum anderen standen während der Eisbildungen die Mühlen still. Damit lag die Energieversorgung danieder. In den besonders extremen Eiswintern fror selbst der Wein in den Kellern, Flaschen zerbarsten.

Auch das Zufrieren der Küstengewässer wurde akribisch aufgezeichnet. Die Schifffahrt ruhte, Zölle blieben aus. Einer der Gewinner eines derartigen Kältewinters war der schwedische König Karl Gustav von Schweden, der 1658 mit seiner Armee über die gefrorene Ostsee nach Mitteleuropa vorrücken konnte.

Aus Nordeuropa wurde die Südwärtsverlagerung der Treibeisgrenze und die Blockade von bekannten Schifffahrtspassagen nach Norwegen durch Eisberge gemeldet. Selbst die Lagune von Venedig fror immer wieder zu, wie italienische Kollegen in ihren Ausarbeitungen darstellen konnten.

Kurzum, Kälte, Eis und Schnee entfachten sehr komplexe Szenarien, die in den Chroniken detailgenau berichtet werden und eindeutige Belege für die Kleine Eiszeit sind.

Ähnlich eindrucksvoll sind die Bilder der holländischen Malerei, in der während der Kleinen Eiszeit auffallend häufig Winterlandschaften mit Schlittschuhläufern, Eishockeyspielern und Spaziergängern auf den zugefrorenen Grachten, Kanälen und Flüssen thematisiert wurden. Es ist viel darüber diskutiert worden, ob es sich dabei um eine Genremalerei handelt, die dem Zeitgeist der zahlenden Abnehmer entsprach, denn oft hingen den Winterbildern entsprechend idealisierte Sommerbilder gegenüber. Die Vielzahl der Bilder im zeitlichen Kontext der kleinen Eiszeit macht sie aber zu tragfähigen Belegen für die Auswirkungen kalter Winter in einem Teil Europas, der heute nur noch äußerst selten von derartigen Szenerien bestimmt wird.

Besondere Bedeutung hatte die Kleine Eiszeit aber auch für die Agrarwirtschaft. In kalten Jahren reiften die Anbauprodukte nicht heran, es kam häufiger zu Missernten. Dies galt vor allen Dingen für wichtige temperaturempfindliche Handelsprodukte wie den Wein. Nicht nur die gehäuften Ausfälle in Einzeljahren waren zu beklagen, es ist mittlerweile bekannt, dass sich die Anbaugrenzen während der Kleinen Eiszeit veränderten oder andere Anbauprodukte eingeführt werden mussten. Ein vielfach zitiertes Beispiel ist das Schrumpfen der Anbaugrenzen des Weinbaus oder die Aufgabe von Getreideanbau in Schottland mit dem Übergang zur Weidewirtschaft. Betroffen von der Verkürzung der Vegetationsperiode waren neben den nördlichen Regionen Europas die Höhengrenzen in den Alpen und die höheren Regionen in den Mittelgebirgen. Auch Änderungen in der Tierwelt haben Zeitgenossen bemerkt: Fischer beklagten das Ausbleiben von Fischbeständen. Selbst Insekten und Mikroorganismen waren von der Abkühlung betroffen. Die Malaria verursachende Anophelesmücke war durch die Abkühlung zurückgedrängt worden, andere Tiere wie Läuse, insbesondere die Kleiderlaus oder auch Flöhe waren aufgrund der nun dickeren Kleidung und man-

Abb. 72: Eisbelustigung auf dem Wallgraben. In dem Gemälde von Esaias van den Velde aus dem Jahr 1618 sind zeittypisch strenge Winterverhältnisse, wie sie in der Kleinen Eiszeit in den Niederlanden sehr häufig herrschten, wiedergegeben.

gelnder Hygiene auf dem Vormarsch (Behringer 2007). Von Behringer werden schließlich auch Hunger- und Pestepidemien auf die Verschlechterung der klimatischen Situation zurückgeführt. Ohne Zweifel waren Krankheit, Hunger und entsprechende Mortalitätskrisen Begleiter der Kältephasen. Kirchliche Erklärungsmuster bezogen sie auf menschliches Fehlverhalten. Exzesse wie Hexenverfolgungen und Judenpogrome lassen sich ebenfalls mit den Klimaverschlechterungen in Beziehung setzen. Im 16. Jahrhundert können bautechnische Veränderungen wie der Übergang von Holzbauten auf Steinhäuser als Reaktion auf die Klimaverschlechterung erklärt werden, ebenso die Zunahme von verglasten Fenstern und die Einführung von Kachelöfen anstelle offener Kamine.

Im historischen Kontext fällt auf, dass es eher die kälteren Phasen waren, die zu Verdammnis und Niedergang führten, wo hingegen die wärmeren tendenziell von kultureller Blüte und Wohlstand geprägt waren. Im Kontext der heutigen Treibhauserwärmung stehen hingegen eher apokalyptische Modelle im Vordergrund.

Trotz aller Düsternis: Während der Kleinen Eiszeit entstanden die für heute wesentlichen Geistesströmungen und Erkenntnisse – Humanismus, Aufklärung, Empirismus und das mechanistische Weltbild. Damit wurde ab der 2. Hälfte der Kleinen Eiszeit in zunehmendem Maße die mythologische und religiös bestimmte Welt entmystifiziert, zugunsten einer neueren Wissenschaftsauffassung, in der die Vernunft bzw. die naturwissenschaftliche Grundlegung zum Maß der Dinge wurde.

Mit der Verbreitung von meteorologischen Instrumentarien, ausgehend vom Italien des 16. Jahrhunderts, und den damit gewonnenen Befunden wurde auf klimatologischem Gebiet eine empirische Basis geschaffen, die den mythischen Erläuterungen und Erklärungen entgegen gesetzt werden konnte. Und schließlich vollzog sich noch während der letzten Phasen der Kleinen Eiszeit, in der 1. Hälfte des 19. Jahrhunderts, der Übergang in die moderne Klimakunde und Meteorologie mit der Verbreitung von standardisierten Instrumentarien, vereinheitlichten Ablesebedingungen, der Gründung meteorologischer Gesellschaften und dem Einrichtungen von Messnetzen, die z. T. bis heute Bestand haben. Ab 1860 war die Meteorologie als moderne Wissenschaft begründet.

Trotz aller empirischen Erkenntnis und Grundlegung – es bleibt offensichtlich immer noch genug Raum für Fehldeutungen, Mythologie und Hype – in kalten wie in warmen Phasen.

Aus der Kleinen Eiszeit ins Treibhausklima: Die Verhältnisse ab 1750

Der Klimaverlauf nach 1750 kann bereits durch Instrumentenmessdaten dokumentiert werden (Abb. 76). Sie belegen eindrucksvoll den Weg ins Treibhausklima.

Dabei lassen sich zunächst vier grundlegende Strukturen erkennen:

(1) die hohe Veränderlichkeit von Jahr zu Jahr, d. h., kalte und warme Jahre folgen oft unmittelbar aufeinander,
(2) mittelfristige Schwankungen auf der Ebene von Jahrzehnten, die bis Ende des 19. Jh. der Kleinen Eiszeit zugerechnet werden können,
(3) ein Anstieg der Temperaturen seit 1900 mit einem Verharren in den 1950er und 1960er Jahren und
(4) seit den 1970er Jahren ein dramatisch zu nennender Anstieg der Temperaturen. Dabei gelten die 1990er Jahre als das bisher wärmste Jahrzehnt. Es ist zu vermuten, dass das derzeitige Jahrzehnt einen neuen Rekord darstellen wird.

Deutschland ist im Treibhausklima angekommen, der augenfällige Bruchpunkt in dieser Entwicklung liegt in den 1970er Jahren. Sie lässt sich zeitlich, v. a. jahreszeitlich und räumlich weiter differenzieren. In den letzten 100 Jahren konnten in Deutschland in allen Jahreszeiten Temperaturzunahmen von bis zu 1,5 Grad festgestellt werden. Besonders markant war mit 1,5 °C die Erwärmung im Winter seit 1970. Im Zeitraum 1981 bis 2000 betrug die Erwärmung in den Wintermonaten sogar 2,3 °C, in den Sommermonaten dagegen nur 0,7 °C.

Diese Erwärmung geht einher mit einer Zunahme von Westlagen und damit einer generellen Zunahme zonaler Witterungslagen (Günther 2004), während die für kalte Winter charakteristischen russischen und fennoskandischen Hochdrucklagen deutlich zurückgegangen sind. Weniger stark mit bis zu +0,5 °C erwärmten sich die Frühjahre in den vergangenen 100 Jahren (Schönwiese et al. 1993, 2003), die Sommertemperaturen stiegen zwischen 1881 – 1990 um bis zu 1 °C an. So gesehen verkürzt sich das Winterhalbjahr, das Sommerhalbjahr verlängert sich. Wie im weltweiten Durchschnitt waren auch in Deutschland die 1990er Jahre das wärmste Jahrzehnt im 20. Jahrhundert. Der Anstieg der Jahresmitteltemperatur in den 1990er Jahren fiel dabei im Süden und Westen Deutschlands besonders stark aus. Nach mittlerweile einhelliger Erkenntnis geht ein Großteil dieser Erwärmung, nämlich rund 0,6 – 0,8 °C, auf menschliche Aktivitäten zurück.

Der Mensch ist zum Klimamacher geworden, wobei die Anreicherung der Treibhausgase die Hauptursache ist. Die direkte Abwärme aus den Energieversorgungssyste-

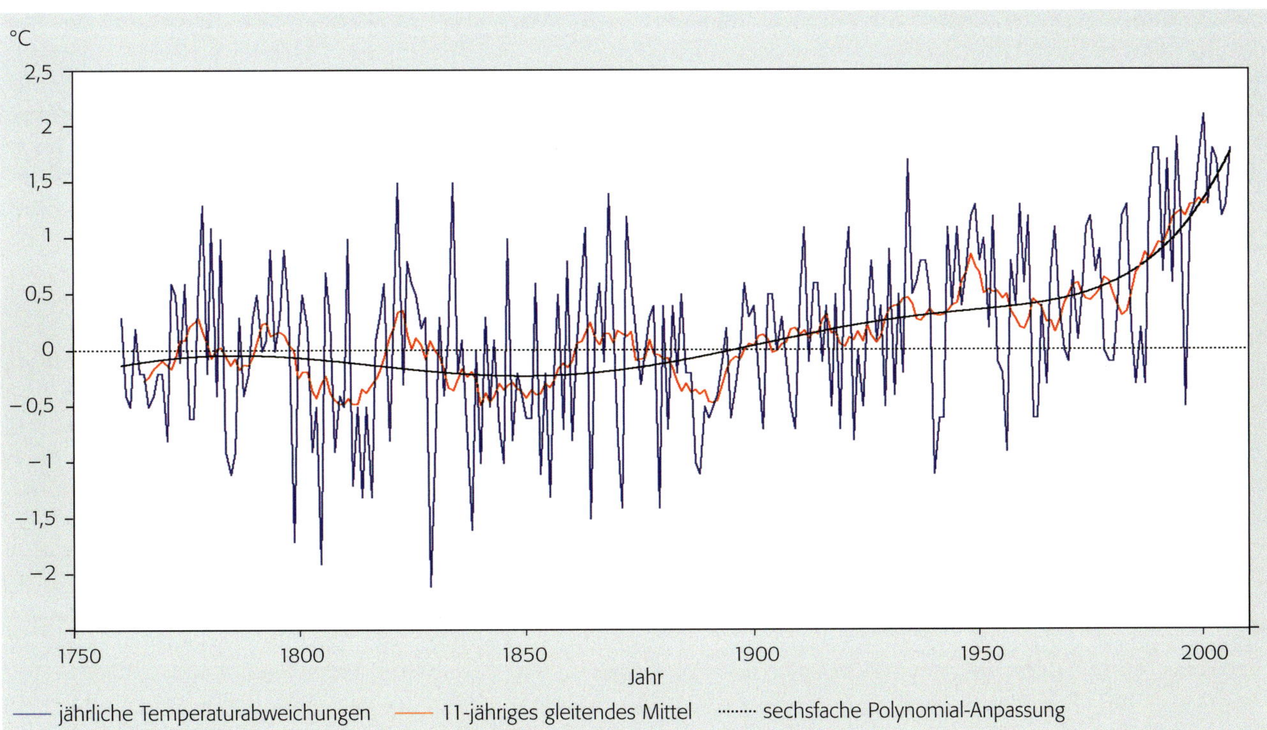

Abb. 73: Entwicklung der Jahresmitteltemperatur in Deutschland als Abweichungen vom Jahresmittel der Bezugsperiode 1961 – 1990, Jahresmittelwert = 8,62 °C, verändert nach Rapp & Schönwiese 2003.

men und die durch Landnutzungsänderungen hervorgerufenen sind nachrangig (Graßl 2006).

Nicht nur die Temperaturen, sondern auch die Niederschläge haben sich verändert.

Im letzten Jahrhundert nahmen die Jahresniederschläge um bis zu 20 % zu, wobei deutliche regionale und saisonale Unterschiede auftraten. Die Niederschläge intensivierten sich flächendeckend besonders deutlich im Winter, während vor allem im Spätsommer langfristig eher ein Rückgang festzustellen ist und in einigen Regionen Ostdeutschlands ausgeprägte Dürren mit erhöhter Waldbrandgefahr auftreten können (Schönwiese et al. 1993, Schönwiese 2006). Grundsätzlich lassen sich für alle Jahrzehnte starke Schwankungen erkennen. Fast der gesamte Westen weist Ende des 20. Jahrhunderts höhere Niederschläge auf als zu Beginn des Jahrhunderts, während weite Teile des Nordostens von Rückgängen geprägt sind (Gerstengarbe & Werner 2007).

Eine grundsätzliche Änderung ergab sich auch in der Form des Niederschlags. Konnten sich die Skifreunde in den Jahrzehnten bis 1970 noch regelmäßig auf schneereiche Winter freuen, bringen die Westlagen der vergangenen Dekaden den deutschen Mittelgebirgen immer weniger Schnee. Besonders deutlich wird dieser Trend in den 1990er Jahren, als die Luftmassen dafür deutlich zu warm wurden und Teile des Niederschlages als Regen fielen (Schönbein & Schneider 2005). Für Bayern und Baden-Württemberg wurden in Lagen unter 300 m Abnahmen von 30–40 % seit 1950 beobachtet. In mittleren Lagen zwischen 300 m und 800 m betrug die Abnahme 10–20 %. In höheren Lagen über 800 m ergaben sich aufgrund höherer Niederschläge im Winter und für Schneefall ausreichend niedriger Temperaturen nur geringe Abnahmen, teilweise waren sogar Zunahmen zu verzeichnen (Günther 2004).

Auch in der Häufigkeit von Wetterlagen haben sich Änderungen vollzogen. Inzwischen dominieren im Sommer Hochdrucklagen gegenüber der zyklonalen Westlage, während im Winter die zyklonale Westlage gegenüber allen anderen Lagen deutlich dominiert. Insgesamt hat nach Gerstengarbe & Werner (1999) in den letzten 30 Jahren vor allem die zonale Komponente signifikant zugenommen, was die milden und feuchten Winterverhältnisse erklärt.

Die derzeitigen Folgen

Der Temperaturanstieg führt zu augenfälligen Veränderungen im Landschaftsgefüge, aber auch in vielen Bereichen der Gesellschaft.

Europaweit kann als augenfälliges Beispiel für die Temperaturzunahme auf den Gletscherrückgang in den Alpen verwiesen werden: Im Gebiet der klimatisch besonders sensiblen Nördlichen Kalkalpen zwischen Salzach und Rhein gab es Mitte des 19. Jahrhunderts, während einer letzten Hochphase der Kleinen Eiszeit, noch rund 50 Gletscher. In den 1990er Jahren fanden sich dort nur noch 16 stark zurückgeschmolzene Gletscherreste (Bay FORKLIM 1995). Insgesamt weisen die Gebirgsgletscher der Alpen einen Volumenverlust seit 1850 von ca. 50 % auf (Häberli et al. 2001). Der momentane Gletscherrückzug übersteigt damit das Ausmaß der letzten 5000 Jahre. Es ist sehr wahrscheinlich, dass dieser Trend anhält. Bis zum Jahr 2050 werden wahrscheinlich ca. 75 % der Gletscher in den Schweizer Alpen verschwunden sein (EEA 2004). Das „ewige Eis" schwindet dramatisch dahin, auch wenn diesem Prozess mitunter mit künstlichen Abdeckungen Einhalt geboten werden soll.

Auch Gebiete mit ständig gefrorenem Untergrund, dem Permafrost nehmen in den Gipfelregionen der Hochgebirge stark ab. Die sommerliche Auftautiefe ist messbar angestiegen. Damit verliert das Substrat seinen Zusammenhalt. Bergstürze, Lawinen und Muren sowie Beschädigungen an Liftanlagen oder anderer Infrastruktur durch Einsinken sind mögliche Folgen (Gude & Barsch 2005). Mit der höheren Zulieferung von Schutt und Geröll in die Flüsse der Alpen verändern sich auch die Belastung der Stauräume und die Beanspruchung von technischen Einrichtungen in den Vorflutern.

Mit der Temperaturzunahme kommt es im Alpenraum zu einer Veränderung der Vegetation. Eine En-bloc-Verschiebung der Höhenstufen, wie in einigen Modellen mittelfristig stark vereinfachend angenommen wird, ist in dieser Form noch nicht erkennbar. Pflanzenarten reagieren unterschiedlich rasch auf die Erwärmung und mit verschiedenen Anpassungsstrategien. Einzelne Arten wandern kleinräumig in Nischen ab, in denen sie ihre bisherigen Lebensbedingungen vorfinden, gegebenenfalls auch „nach unten". Dabei können sie ihren Standort innerhalb einer Höhenstufe wechseln, oder sie passen sich an die neuen Gegebenheiten an – oder sie sterben tatsächlich aus.

Derzeit ist eine Änderung im Artengefüge nachweisbar. Studien bestätigen in den letzten 70 Jahren einen Trend zu einem größerem Artenreichtum in den Gipfelregionen. Eine effektive Höhenverschiebung kann mit Verdrängungs- und Aussterbeprozessen einhergehen, da die Arealfläche zunehmend verringert und fragmentiert wird (Schickhoff 2006). Es wird erwartet, dass mittelfristig in den unteren Stufen Laubbaumarten einen stärkeren Anteil aufweisen werden, während in den Gipfelregionen, die durch eine besonders hohe Anzahl von bedrohten Arten gekennzeichnet ist, Verluste hingenommen werden müssen. Untersuchungen zeigen, dass Zuwachssteigerungen, Änderung der Wuchsform und Bestandsverdichtungen als

Reaktion auf die Erwärmung nachweisbar sind. Begriffe von der Verwaldung der Hochgebirge machen die Runde. Mit einbezogen werden müssen auch die starke anthropogene Überprägung im Alpenraum, die sich beispielsweise in der Mattenregion mit ihrer hochsubventionierten Almwirtschaft dokumentiert. Letztlich werden es auch politische Entscheidungen sein, die den Erhalt bestimmter Landschaftsbilder mitbestimmen werden.

Durch die Erhöhung des CO_2-Gehaltes der Atmosphäre durch den Menschen kommt es generell zu einer Erhöhung der Photosyntheseleistung der Vegetation, was einem Düngeeffekt gleichkommt. Inwieweit diese positiven Effekte zum Tragen kommen, hängt u. a. von den anderen wachstumssteuernden Faktoren wie Temperatur und Wasser- sowie Nährstoffverfügbarkeit ab. Bei ausreichender Wasser- und Nährstoffversorgung führen auch steigende Temperaturen zu verbesserten Wuchsleistungen.

Eine weitere Auswirkung des Klimawandels ist eher schleichend, unmerklicher und von der Öffentlichkeit kaum wahrnehmbar im Gange: die Verlängerung der Vegetationsperiode und die Veränderung der phänologischen Phasen, d. h. den periodisch wiederkehrenden Wachstums- und Entwicklungsständen der Vegetation sowie den Arbeitsabläufen in der Landwirtschaft. Die Vegetationsperiode in Deutschland beginnt im Durchschnitt am 11. März und endet am 1.November, dauert damit rund 235 Tage an. Maßgeblich ist eine Tagesmitteltemperatur über 5 °C. Sie hat sich zwischen 1961 und 2005 um 25 Tage verlängert, wobei die Verfrühung um 19 Tage im Frühling und die Verlängerung um 6 Tage im Spätjahr eine interessante Asymmetrie darstellen. Augenfälliger Beleg ist die Äpfelblüte, die sich seit 1961 um 12 Tage nach vorne verschoben hat. Dies kann nicht vorbehaltlos positiv gesehen werden, da damit die Gefahr von Schäden durch Spätfröste steigt. Auch die Ankunftszeitpunkt von Zugvögeln datiert heute früher im Jahr. Zusammenfassend kann man sagen, dass die Verlängerung der Vegetationsperiode das Wachstum der Pflanzen tendenziell eher begünstigt. Für die Ertragslandwirtschaft lassen sich bereits jetzt vielfältige Anpassungsmaßnahmen erkennen, die je nach Anbauregion und Frucht sehr unterschiedlich ausfallen (Chmielewski 2007). Beispielsweise erfolgt der Austrieb der Reben in Franken heute 8 Tage früher als im Zeitraum 1970 – 2000. Dasselbe betrifft den Blütezeitpunkt, während sich die Blütedauer um 10 Tage verkürzt hat. Da die Trauben heute früher reif werden, muss der Lesezeitpunkt vorverlegt und die Bearbeitungsphasen an den neuen Gang angepasst werden. Andererseits können nun Rebschädlinge, die bisher nicht in Erscheinung traten, den Kulturen zusetzen. Aufgrund der Unsicherheiten des Auftretens tiefer Temperaturen wurde in den letzten Jahren an manchen Orten in Franken auf die Eisweinlese verzichtet. Die Produktion von Eiswein setzt voraus, dass nach der Reife Frost auftritt.

Auch manche Witterungsregelfälle schwächen sich ab oder treten über Jahre nicht mehr auf. Tabakpflanzer im Großraum Heidelberg-Mannheim, die noch in den 1960er Jahren ihre frostempfindlichen Setzlinge erst nach den Eisheiligen ausbrachten, setzen heute bereits vor diesem Termin, da die Gefahr starker Fröste Anfang Mai deutlich geringer geworden ist.

In Gegenden, in denen regelmäßig Schnakenbekämpfungen durchgeführt werden, mussten in den letzten Jahren häufigere Bekämpfungsmaßnahmen ergriffen werden als in den Jahrzehnten zuvor. Die höheren Temperaturen und die steigenden hohen Wasserstände in den größeren Flüssen bilden ideale Brutvorrausetzungen.

Auch Pollenallergiker erfahren am eigenen Leib, dass mit der früher einsetzenden und länger andauernden Vegetationsperiode auch der Pollenflug früher beginnt (van Vliet et al. 2002).

Eine weitere unmittelbar auf unser Wohlbefinden und unsere Gesundheit einwirkende Facette des Klimawandels ist im Zusammenhang mit dem Ozon zu sehen: Durch das Ausdünnen der Ozonschicht in der Stratosphäre ist die Intensität der UV-Strahlung angestiegen. Die UV-Strahlungswirkung führt bei 20 % der Bevölkerung, vor allem bei Personen mit lichtempfindlicher Haut, zu Hautveränderungen, der sogenannten 'Sonnenallergie'. Extreme UV-Exposition fördert auch die Entwicklung verschiedener Formen von Hautkrebs. Während in der Höhe ein Ozonabbau zu verzeichnen ist nahm die Ozonbelastung durch Verkehr und Hausbrand in der Atemluft deutlich zu. Ozon führt bei etwa 15 % der Bevölkerung zu Atemreizungen.

Im letzten Jahrhundert erwärmten sich die deutschen Küstengewässer signifikant, der Meeresspiegel stieg v. a. aufgrund der Ausdehnung des wärmeren Wassers um bis zu 25 cm beispielsweise am Pegel in Cuxhaven an, was einem rechnerischen säkularen Trend von bis zu 2,5 mm pro Jahr entspricht. Die besondere Disposition gegenüber dem Meeresspiegelanstieg beruht hier in einer seit dem Ende der letzten Eiszeit feststellbaren Küstensenkungstendenz, den seewärts flach abfallenden Meeresboden, den tief in das Binnenland eingreifende Flussmündungen, dem überwiegend flachen Relief und den hohen und damit versalzungsgefährdeten Grundwasserspiegel. Hinzu treten eine hohe Wertedichte, die auf rund 500 Milliarden geschätzt wird, eine hohe Bevölkerungszahl von 3,2 Millionen, die technogene Veränderung in den ökologisch wertvollen Wattflächen und die Besonderheiten des Tourismus. Die größten Risiken bestehen nach Sterr (2007) für Hamburg und Bremen infolge von Sturmfluten, aber auch für die Ostseestädte Kiel, Lübeck, Rostock und Greifswald wegen der fehlenden Deiche. Der Verlust von

Stränden in den Tourismuszentren, aber auch von ökologisch wertvollen Salzwiesen und Wattflächen sowie höhere Kosten infolge einer stärkeren Beanspruchung von Küstenschutzeinrichtungen durch häufigere und stärkere Sturmfluten und deren Extremwasserstände sind zu erwarten. Ob mit sich erwärmenden Oberflächentemperaturen im nordatlantischen Raum generell eine Intensivierung des Großwettertyps West zusammenhängt, ist aktueller Forschungsgegenstand. Nach Untersuchungen von Gerstengarbe & Werner (1999) zum Auftreten des Großwettertyps West seit 1881 kann das Jahrzehnt 1981–1990 als eindeutig auffällige Dekade und als Beginn eines Klimawandels angesehen werden, ein Trend, der bereits in den 1970ern einsetzte.

Das noch wenig erforschte Zusammenspiel von Atmosphäre und Ozean hält vielfältige neue Einsichten und manche Überraschung parat. Seit dem Hollywoodfilm „The Day After Tomorrow" von Roland Emmerich aus dem Jahr 2004 ist zumindest ein Aspekt dieser komplexen Wechselwirkung auch einem breiteren Publikum bekannt. Wenn auch cineastisch überhöht, werden in diesem Streifen mögliche Auswirkungen des Klimawandels auf den Golfstrom und dessen Rückkopplung auf das Klimasystem thematisiert. Aktuelle Forschungen sehen den Fortbestand der Zirkulation im Nordatlantik bedroht, wenn durch schmelzende Gletscher in der Arktis und gesteigerte Niederschlagsmengen zu viel Süßwasser in den Nordatlantik gelangt. Dies hätte mit großer Wahrscheinlichkeit zur Folge, dass der Golfstrom deutlich weiter südlich den Atlantik überqueren würde und so Mittel- und Nordeuropa stark abkühlt. Ab welcher Erwärmung die Meerwasserzirkulation im Nordatlantik zum Erliegen kommt, ist noch unklar; wahrscheinlich ist jedoch, dass, sollte dieser Fall eintreten, sich die Zirkulation binnen weniger Jahrzehnte umstellt und es Jahrhunderte braucht, bis sich der heutige Zustand wieder einstellt.

Dies ist ein sehr wahrscheinliches Szenario, denn am Übergang der letzten Kaltzeit zur heutigen Warmphase gab es zwischen 10 950 und 9800 vor heute mehrere markante Kälterückfälle, die in Nordwesteuropa Kältestürze von 10° bis 15 °C im Winter und 5 bis 7 °C im Sommer brachten. Der Grund dafür lag in dem schnellen Auslaufen der großen nordamerikanischen Eisstauseen. Durch die Versüßung des Meereswassers kam es zur Unterbrechung der thermohalinen Tiefenwasserproduktion und dem Aussetzen des Golfstroms. Ähnliche Verhältnisse werden im Zusammenhang mit dem Abschmelzen der Gletschermassen erwartet.

Mit der Zunahme der Temperaturen ändert sich auch die Artenzusammensetzung. Kälteliebende Fischarten wie der Dorsch ziehen sich mit dem kalten Wasser zurück, Wärme liebende Arten wie die Dorade, die man bisher eher im Mittelmeer antraf, folgen.

Im Kaiserstuhl kann man neben Lösshohlwegen mittlerweile auch auf einem Bienentöterweg wandern – eine Vogelart, die erst in der jüngsten Vergangenheit aus dem Mediterranraum einwanderte. Selbst exotische Arten wie Halsbandsittiche verbreiten sich in den thermisch besonders „begünstigten" bzw. belasteten städtischen Agglomerationen rasch und bilden stabile Populationen, beispielsweise in Heidelberg und Köln.

Neue Pflanzenarten wie Ambrosia, die aufgrund der starken Allergiereaktionen bekannt geworden sind, sind weitere Facetten Wärme liebender Neuankömmlinge.

Der Klimagang der letzten 1000 Jahre – eine Zusammenschau

Während der Klimagang in Europa ab 1500 mittlerweile durch zahlreiche Arbeiten und Ergebnisse regional differenziert nachvollzogen werden kann, sind längerfristige Ausarbeitungen, die auf chronikalischen Aufzeichnungen basieren, immer noch selten. Mit den Arbeiten von Buisman (1995, 1996) und Glaser (2001) liegen Ergebnisse zu den letzten 1000 Jahren vor, andere thematisieren ausgewählte Abschnitte und Phasen (Alexandre 1987, Brázdil & Kotyza 1995). Der wesentlichste Grund ist die schlechtere Datenverfügbarkeit vor 1500, was u. a. mit dem Fehlen des Buchdrucks, der teuren Produktion von Papier und der mangelnden Kenntnisse des Schreibens und Lesens sowie dem generellen Ausdünnen von Quellen erklärt werden kann.

Der methodische Weg

Für die Neubearbeitung der 1000-Jahr-Reihe, die zusammen mit Dirk Riemann erfolgte, wurden ungewichtete Indizes verwendet, d. h., das in den Beschreibungen zum Ausdruck gebrachte Über- bzw. Unterschreiten des klimatologischen „Normalzustands" wird durch die Werte +1 und –1 wiedergegeben. Als normal empfundene Abschnitte erhalten den Wert „0". Um kontinuierlich fortlaufende Indexreihen bis in die Gegenwart hinein erstellen zu können, erfolgte auch eine Umschreibung der Instrumentendaten in Indexwerte auf der Grundlage der statistischen Parameter Mittelwert und Standardabweichung. Die räumliche Verteilung der verwendeten Stationsdaten entsprach dem Raummuster der historischen Quellen.

Zur Ableitung von Temperaturangaben aus Indexwerten wurde in der Kalibrierungsperiode (1760 – 1970) auf der Grundlage von Regressionen ein statistischer Zusammenhang zwischen den Instrumentendaten und den Indizes bestimmt und eine Transferfunktion abgeleitet. Für den Zeitraum 1970 – 2006 wurde diese Methode durch den Vergleich der kalibrierten Indexwerte mit den Temperaturmessdaten hervorragend bestätigt. Eine weitere Verifizierung erfolgte anhand des Zeitraums 1710 – 1760, für den sowohl Indexwerte vorliegen, welche aus historischen Quellen gewonnen wurden, als auch Stationsmessdaten von De Bilt und Berlin. Beide Reihen weisen einen sehr guten Zusammenhang zum oben verwendeten Deutschland-Flächenmittel auf. Deshalb konnte auch in diesem Zeitraum die kalibrierte Indexreihe mit Messwerten verglichen und somit die hohe Aussagekraft des Ansatzes auch für diese Verifizierungsperiode bestätigt werden.

Bei der Verwendung von jahreszeitlich aufgelösten ungewichteten Indizes – wie für den Zeitraum vor 1500 gegeben – wird das gleitende Mittel eines Jahrzehnts kalibriert, da sonst zu wenige Informationen zur Verfügung stehen würden. Das Ergebnis ist eine Zeitreihe des 11-jährigen gleitenden Mittelwertes der Jahrestemperatur Deutschland.

Zur Bestimmung des Unschärfebereichs wurde für die Instrumentenmessungen ein Fehler von +/–0,1 °C angenommen. Für den Zeitraum der historischen Quellen wird die Unsicherheit der Indexierung durch Monte-Car-

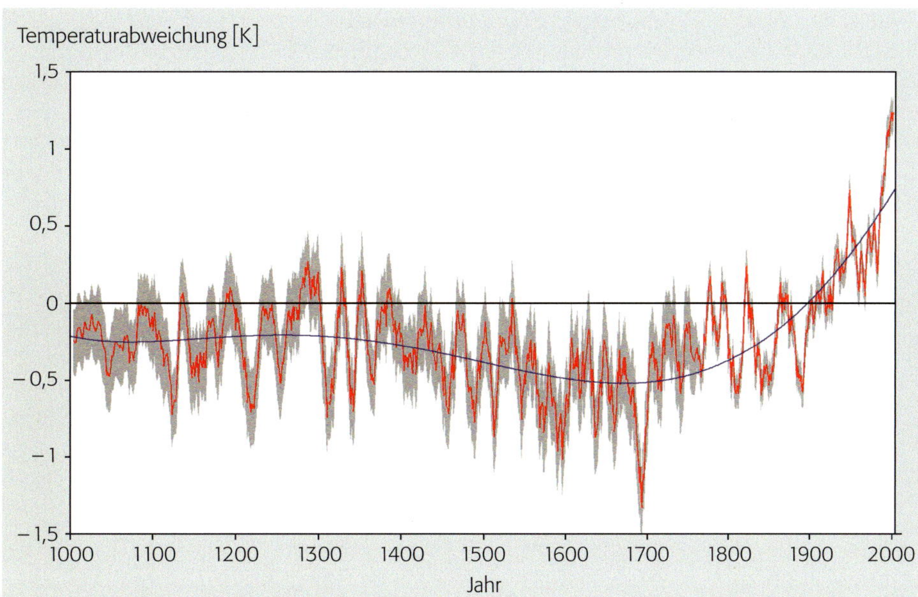

Abb. 74: Die Veränderung der Jahresdurchschnittstemperatur seit dem Jahr 1000 in Mitteleuropa: Die rote Linie beschreibt das 11-jährige gleitende Mittel der Abweichungen vom Mittelwert des Referenzzeitraums 1760 – 1960. Die blaue Linie gibt den langfristigen Verlauf auf der Basis eines fünffachen Polynomfits dieser Reihe wieder. Das Vertrauensintervall ist grau hinterlegt.

lo-Simulation abgeschätzt. Dabei wird angenommen, dass der Fehler bei der Quantifizierung der historischen Quellen bei einem Indexschritt liegt. Entsprechend wurden alle Indexwerte zufällig um einen Schritt variiert. Aus der Statistik 1000 solcher variierter Zeitreihen konnte für den mittleren Temperaturwert des Jahrzehnts die Standardabweichung berechnet werden. In Abb. 77 ist die zweifache Standardabweichung aus dieser Simulation als Vertrauensbereich eingetragen (Glaser und Riemann 2008).

Zum Klimaverlauf ab dem Jahr 1000

Der Temperaturverlauf der letzten 1000 Jahre offenbart markante Änderungen der Jahresmitteltemperatur, die insgesamt in der Größenordnung von bis zu 2,5 °C liegen. Neben den säkularen Änderungen in blau, lassen sich dekadische Schwankungen in rot erkennen. Sie belegen u. a. gleich mehrfach schnelle Temperaturstürze, aber auch markante Erwärmungsphasen – und dies oft mehrfach in rascher Folge. Die starke Jahr-zu-Jahr Veränderlichkeit ist aus Anschaulichkeitsgründen in dieser Darstellung unterdrückt.

Folgende mittelfristige Phasen lassen sich unterscheiden:

(1) eine besonders markante Wärmeperiode von 1200 bis 1350, die man mit dem sogenannten spätmittelalterlichen Wärmeoptimum bezeichnen könnte. Dabei fällt auf, dass die gesamte Periode von schnellen Temperaturstürzen und -anstiegen geprägt war. Besonders ausgeprägt ist dieses Muster im 14. Jahrhundert, in dem es innerhalb weniger Jahrzehnte gleich mehrfach auftrat. Auf die besondere gegensätzliche Prägung zwischen heißen Sommern und kalten bis strengen Wintern dieser Epoche wurde bereits hingewiesen. Offensichtlich hatten sich in beiden Jahreszeiten häufiger Hochdrucklagen über Mitteleuropa etabliert als in den nachfolgenden Perioden. Im Vergleich mit der Temperaturentwicklung des 20. Jahrhunderts fällt auch auf, dass der Temperaturanstieg seit den 1970er Jahren im Rahmen des Treibhauseffekts das Niveau des mittelalterlichen Wärmeoptimums überschritten hat. Die vielfach gestellte Frage nach einer Analogie zwischen dem anthropogenen Treibhausklima und dem mittelalterlichen Wärmeoptimum ist damit schließend beantwortet. Im Kontext der jahreszeitlichen Betrachtung wird zudem deutlich, dass das moderne Treibhausklima und seine herausragende Erwärmung in den Wintermonaten durch eine Zunahme zonaler Zirkulationsformen zustande gekommen ist. Das mittelalterliche Wärmeoptimum stellt also sowohl was das Niveau der Jahresmitteltemperaturen als auch was die Zirkulationsform anbelangt keinen historischen Vorläufer oder Vergleichsfall des modernen Treibhausklimas dar.

(2) eine Übergangsperiode mit einer zunehmenden Temperaturverschlechterung bis 1550 in der Größenordnung von rund 1 °C. Dies ist umso bemerkenswerter als dass die aktuellen Temperaturänderungen im Zusammenhang mit dem Treibhausklima in etwa in dieser Größenordnung liegen – wenn auch zur positiven Seite! Damit kann eine Analogie zu den heutigen, oben dargestellten Szenarien gezogen werden – allerdings in „entgegengesetzter“ Richtung. Das Szenario dieser Temperaturverschlechterung wird bestimmt durch eine Verkürzung der Vegetationsperiode um ca. 14 Tage, einem verspäteten Einsetzen des Frühjahrs und einer Verfrühung winterlicher Witterungszustände. Dies hatte eine signifikante Verschlechterung der agrarwirtschaftlichen Rahmenbedingungen mit häufigeren Missernten, Frostschäden und Ernteausfällen zur Folge.

(3) die so genannte „Kleine Eiszeit“ zwischen 1550 und 1850 als weitere signifikante Abweichung zur „kühlen Seite“ in der Größenordnung gegenüber heute um bis zu –1,5 °C. Die bereits unter 2. beschriebene Verschlechterung der agrarwirtschaftlichen Bedingungen verschärfte sich weiter. Bemerkenswert ist aber auch eine darin eingeschlossene markante Erwärmung von rund einem Grad zwischen 1700 und 1800, die dem Betrag nach ähnlich groß ausfiel wie die des 20. Jahrhunderts – wenngleich auf einem niedrigeren Temperaturniveau. Eine weitere Auffälligkeit bleibt festzuhalten: Der Temperaturverlauf zwischen 1800 und 1900 weist drei markante Zyklen eines Temperaturrückganges und einer nachfolgenden Wiedererwärmung in der Größenordnung von bis zu einem Grad auf. Die Minima liegen kurz nach 1800, um 1850 und Ende des Jahrhunderts und lassen sich mit markanten Gletschervorstößen synchronisieren, wobei die verzögerte Reaktion der Gletscher zu berücksichtigen ist.

(4) das moderne Wärmeoptimum ab 1900 mit dem signifikanten Temperaturanstieg ab 1970. Zieht man das letzte Minimum Ende des 19. Jahrhunderts mit in Betracht, dann vollzieht sich in diesem Abschnitt eine signifikante Erwärmung um etwa 2 °C.

Diese mittelfristige Entwicklung war von extremen Einzeljahren begleitet wie der Jahrtausendflut von 1342, der Rekordhitze von 1540, der extremen Kälte in den Wintern 1708/09 und 1739/40 oder dem „Jahr ohne Sommer“ 1816. Diese werden im nachfolgenden Hauptkapitel thematisiert.

Abb. 75: Dämmerungserscheinungen über Würzburg nach dem Ausbruch des Mt. Pinatubo 1991.

Zur Frage der Steuerungsmechanismen

Was war der Auslöser der historischen Klimaschwankungen? Als wesentlichste Steuerungsmechanismen bzw. Antriebe oder Forcings des Klimasystems der letzten 1200 Jahre kommen grundsätzlich die Sonnenaktivität, vulkanische Einflüsse und Treibhausgase in Betracht. Ferner werden die möglichen Wirkungen von Feinpartikeln, den Aerosolen sowie der Einfluss der veränderten Landnutzung zunehmend in die Diskussion einbezogen.

Als wesentlichster Motor des Klimasystems ist die Strahlungsleistung der Sonne, das solare Forcing anzusehen. Dieses war und ist nicht konstant, was sich unter anderem in den Veränderungen der Sonnenflecken widerspiegelt. Phasen mit ausgeprägten Sonnenfleckenminima waren stets auch Perioden mit markanten Temperaturrückgängen, so wie das Wolf-Minimum Anfang des 14. Jahrhunderts, das Spörer-Minimum im 16. Jahrhundert, das Maunder-Minimum Ende des 17. Jahrhunderts und das Dalton-Minimum Anfang des 19. Jahrhunderts. Neben den genannten einzelnen Phasen sind auch mehrere rhythmische Veränderungen mit mittleren Zykluslängen von ca. 11, 22 und 76 Jahren bekannt, die als sogenannte Sonnenfleckenzyklen benannt sind. Es waren derartige Sonnenflecken, die bereits den frühen Beobachtern und Beobachterinnen wie den Mitgliedern der Familie Kirch auffielen.

Als weitere Steuergröße und Ursache von Klimaschwankungen gelten vulkanische Aktivitäten. Regelmäßig führen einzelne hoch in die Atmosphäre reichenden explosive Ausbrüche zu Temperaturabsenkungen in den Folgejahren, wie etwa nach dem Ausbruch des Mount Pinatubo 1991 (Abb. 75). Grandiose Dämmerungserscheinungen sind Folge der mit den Ausbrüchen einhergehenden Partikelanreicherung in der Atmosphäre. Maler wie Caspar David Friedrich haben derartige Szenen – beispielsweise nach dem Ausbruch des Tambora 1815 – festgehalten. Die Abkühlung wird vor allem durch das Sulfataerosol hervorgerufen, das aus schwefelhaltigen Gasen entsteht. Begründet wird die Abkühlung durch eine verstärkte Streuung der Sonneneinstrahlung. Dies konnte bei einigen Vulkanausbrüchen, wie z. B. dem Tambora (1815), dem Krakatau (1883), dem El Chichón (1982) und dem Pinatubo (1991) besonders gut beobachtet und ausgewertet werden. Der Abkühlungseffekt in der unteren Atmosphäre hält im Mittel 1–3 Jahre an und ergibt sich aus leicht erhöhten Temperaturwerten im Winter und stark erniedrigten Sommertemperaturen.

Neben den direkten Augenzeugenberichten, die in Chroniken festgehalten sind und schon von Lamb für seinen bekannten „Dust Veil Index“ herangezogen wurden (Lamb 1970, 1983), datieren weitere Schätzungen aus grönländischen und antarktischen Eisbohrkernen. Dabei wird der Sulfatanteil als Indikator für einen verstärkten Vulkanismus angesehen. Augenfällig fallen die zwei Phasen erhöhten Sulfatanteils im grönländischen Eis zwischen 1250 und 1500 und erneut zwischen 1550 und 1700 mit Abkühlungsphasen bzw. Höhepunkten der Kleinen Eiszeit zusammen (Hammer et al. 1981). Es handelt sich um die stärksten derartigen Signale seit der Spätantike.

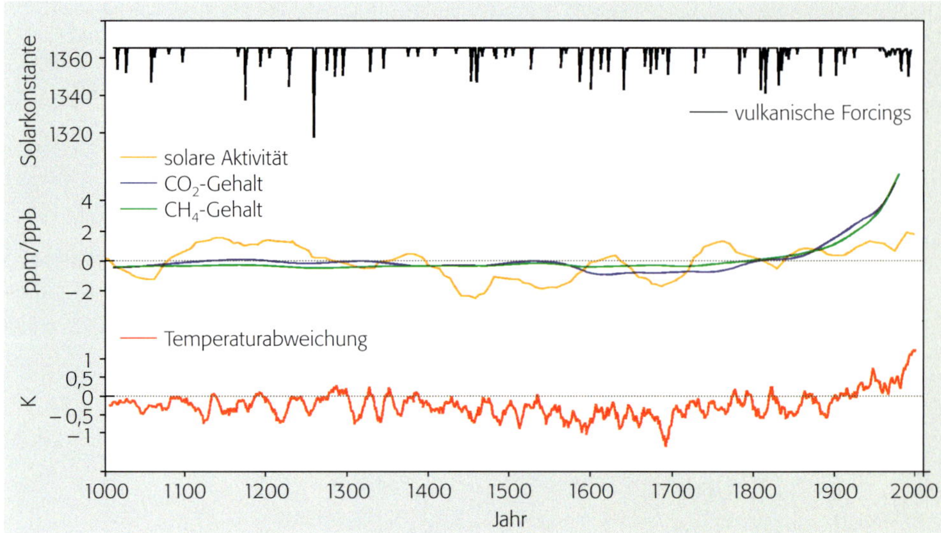

Abb. 76: Vergleich der Forcings mit der rekonstruierten Temperaturkurve. Die Rekonstruktionen des CH_4- und CO_2-Gehalts der Atmosphäre stammen von Etheridge 2001. Die Solarkonstante wurde von Lean et al. (1995) rekonstruiert.

Einzelne Extremereignisse führten zu signifikanten Abkühlungsmustern, so der Ausbruch des Kuwae auf Vanuatu zum Jahreswechsel 1452/53, der schließlich zum „global chill“ der 1450er Jahre avancierte. Für die dramatische Temperaturverschlechterung in den beiden letzten Jahrzehnten des 16. Jahrhunderts lassen sich allein fünf Vulkanausbrüche identifizieren, so der des Billy Mitchell auf Bougainville (Melanesien) 1580, des Kelut auf Java 1586, des Raung auf Java 1593 (beide in Indonesien), des Ruiz in Kolumbien 1593 und des Huaynaputina in Peru 1600, in deren Gefolge weltweit Missernten und Hungersnöte auftraten (Behringer 2007). Auf die Auswirkungen des Hekla-Vulkanismus 1783 wird im Zusammenhang mit dem Hochwasserereignis 1784 eingegangen.

In der heutigen Diskussion spielt die anthropogene Freisetzung der Treibhausgase eine entscheidende Rolle. Seit Beginn der industriellen Revolution führten menschliche Aktivitäten im Zusammenhang mit der Nutzung fossiler Energieträger zu einer Erhöhung der atmosphärischen Treibhausgaskonzentration von CO_2 in der Größenordnung von rund 30 % – wie sie beispielsweise an der Messstation auf dem Schauinsland im Südschwarzwald empirisch belegt ist. Hinzu kommt die verstärkte Freisetzung von Methan, Fluorchlorkohlenwasserstoffen, Distickstoffoxid (Stickoxide) und Ozon. Die neuesten Klimamodellrechnungen des IPCC (2007) lassen mit hoher Wahrscheinlichkeit darauf schließen, dass der in der Weltmitteltemperatur beobachtete Erwärmungstrend seit etwa 1850 weitgehend anthropogen verursacht ist. Den Treibhausgasen wird eine Erwärmung von rund 1 °C beigemessen, wobei sich diese allerdings durch den ebenfalls anthropogenen Sulfateffekt auf den tatsächlich beobachteten Trend von etwa 0,6 °C verringert. Alle anderen Einflüsse, insbesondere die natürlichen, scheinen hingegen nur Fluktuationen um diesen anthropogenen Erwärmungstrend zu sein. Der solaren Aktivität wird ein Erwärmungstrend bis zu 0,2 °C seit 1850 zugeschrieben.

Die in der Abb. 76 oben erfolgte Gegenüberstellung der Temperaturzeitreihe mit den verschiedenen Antrieben belegt zunächst die dominante Steuerung des Klimas durch das solare Forcing, bis ab 1850 ein zunehmender, stärker werdender Treibhauseffekt zu vermerken ist. Seit den 1970er Jahren dominiert der anthropogene Treibhauseffekt das Klimasystem.

Klimarekonstruktionen und -simulationen der letzten 1000 Jahre auf der Basis von naturwissenschaftlichen Daten

Neben den Klimarekonstruktionen auf der Basis chronikalischer Aufzeichnungen wurden im Laufe der letzten Jahre zahlreiche Klimarekonstruktionen vorgelegt, die auf rein naturwissenschaftlichen Daten wie Eisbohrkernuntersuchungen, Korallen oder auch Dendrodaten basieren. In so genannten Multiproxy-Ansätzen werden oft verschiedene Datentypen über große Distanzen interpoliert. Hinzu kommen Klimasimulationen, welche anhand von Rekonstruktionen externer Antriebsmechanismen, wie Bahnparameter, solare Einstrahlung und Treibhausgaskonzentrationen den Klimagang der letzten 1000 Jahre simulieren (Crowley 2000, Bauer & Claussen 2003, Moberg et al. 2005, Jansen et al. 2007). Diese Arten der Klimarekonstruktion sind mittlerweile weit verbreitet und genießen hohe Akzeptanz bis in politische Gremien hinein.

	Glaser Riemann	Crowley et al.	Mann Jones	Moberg et al.	ECHO-Erik
Glaser & Riemann 2008	1.00	0.26	0.71	0.64	0.70
Crowley et al. 2000	0.26	1.00	0.63	0.42	0.31
Mann & Jones 2003	0.71	0.63	1.00	0.79	0.82
Moberg et al. 2005	0.64	0.42	0.79	1.00	0.90
ECHO-Erik	0.70	0.31	0.82	0.90	1.00

Tab. 9: Korrelationen zwischen ausgewählten Rekonstruktionen und Simulationen der letzten 1000 Jahre belegen die überwiegend hohen Übereinstimmungen.

Die Klimaänderungen der letzten 1000 Jahre sind mittlerweile global nachweisbar, auch wenn nicht immer ein exakter Gleichklang erkennbar ist. So bestehen Unsicherheiten beispielsweise hinsichtlich der zeitlichen Struktur des mittelalterlichen Wärmeoptimums. Auch die Größenordnung der Temperaturänderung weist noch große Unterschiede auf. Größere Übereinstimmungen bestehen in Bezug auf die Übergangsphase, die Kleine Eiszeit und das moderne Treibhausklima.

Die Temperaturänderungen der letzten 1000 Jahre hatten weltweit einen signifikanten Impakt auf den Landschaftshaushalt und die Gesellschaften (Mayewski et al. 2004, 2005; Goodwin et al. 2004). Nachgewiesen werden können beispielsweise sowohl Meeresspiegelschwankungen in der Größenordnung von bis zu 60 cm als auch Veränderungen an Korallenküsten im Südwest Pazifik, die an das ENSO (El Niño – Southern Oscillation)-System gekoppelt sind (Van de Plassche et al. 2003, Gehrels 2004) und damit Hinweise auf grundlegende Änderungen dieses wichtigen Antriebsmechanismus geben. Dies korrespondiert mit Arbeiten zum Auftreten von historischen El-Niño-Ereignissen (Caviedes 2005). Schwankungen des Meeresspiegels in ähnlicher Größenordnung lassen sich auch in den Deltasedimenten des Mississippi belegen, wo zwischen 600 und 1600 Oszillationen von bis zu 40 cm auftraten.

Temperaturänderungen in den letzten 1000 Jahren lassen sich des weiteren in Eisbohrkernen der Antarktis nachweisen, ebenso in der arktischen Eisausbreitung und im Eisdrift. Die Westküste Grönlands war während des mittelalterlichen Wärmeoptimums wärmer und während der Kleinen Eiszeit kälter, wie aus der Kalbungsgrenze von Gletschern abgeleitet wurde (Lloyd 2007). Aus Bohrungen auf dem Kontinentalschelf nördlich von Island kann eine Warmphase zwischen 1000 und 1350 und eine kühlere nachfolgende zwischen 1370 und 1920 abgeleitet werden (Knudsen et al. 2007). Auftriebswässer vor der nordafrikanischen Küste bei Cape Ghir waren während des mittelalterlichen Wärmeoptimums relativ kalt, in der Kleinen Eiszeit relativ warm (McGregor et al. 2007).

In den Plains Nordamerikas traten in den letzten 1000 Jahren ebenfalls signifikante Klimaanomalien, insbesondere Dürrephasen auf, so zwischen 900 und 1300, aber auch Mega-Dürren zwischen 1434 – 1481, 1572 – 1592, 1855 – 1865, 1892 – 1904, 1950 – 1964 und 1999 – 2006 (Cook 2007). Im kanadischen Teil der Plains konnten aus Seesedimenten trockenere Phasen 1180 – 1230, 1610 – 1640, 1670 – 1720, 1750 – 1780, in den 1860ern und den 1930ern und etwas schwächer akzentuiert 1320 – 1340 und 1530 – 1540 und 1570 – 1580 abgeleitet werden (Buhay 2007).

Einen den mitteleuropäischen Verhältnissen stark ähnelnden Verlauf lassen die Darstellungen zu China erkennen (Tan et al. 2007).

Ein Vergleich zwischen der hier vorgelegten Klimarekonstruktion auf der Basis chronikalischer Aufzeichnungen mit den naturwissenschaftlich begründeten Klimarekonstruktionen bzw. -simulationen ergibt hohe Übereinstimmungen (Abb. 77 und Tab. 9).

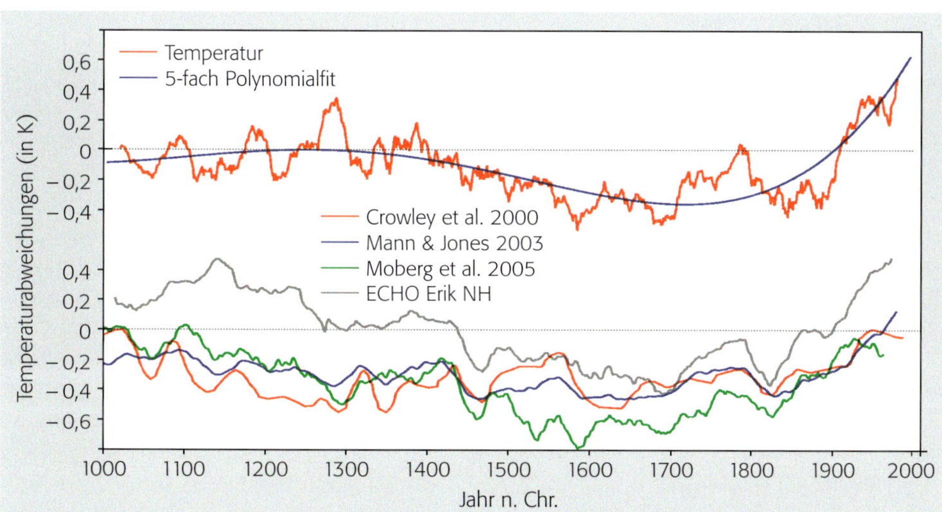

Abb. 77: Vergleich der Klimarekonstruktion mit ausgewählten Klimasimulationen.

Abb. 78: Mainvereisungen bei Dettelbach im Strengwinter 1962/63. Privatbesitz R. Glaser.

Die Korrelationsanalysen zeigen zunächst hohe (auf 95%-Niveau) Übereinstimmungen zwischen der hier vorgestellten 1000-Jahr Reihe auf der Grundlage von chronikalischen Aufzeichnungen und den ausgewählten Multiproxy Rekonstruktionen bzw. Simulationen. Höhere Korrelationskoeffizienten sind kaum zu erwarten, wenn man bedenkt, dass hier eine regionale Reihe für Mitteleuropa mit nordhemisphärischen bzw. globalen Datenreihen verglichen wurde. Dennoch belegen die Werte, dass zumindest das übergeordnete Muster der Klimaentwicklung in den Reihen übereinstimmt. Ein derartiges Ergebnis spricht für die Güte beider Ansätze.

Neben den zahlreichen Gemeinsamkeiten fallen aber auch einige Unstimmigkeiten und Gegensätze auf. Dies gilt v.a. für die zeitliche Einordnung des Mittelalterlichen Wärmeoptimums. Während es nach den Klimasimulationen bereits früh zwischen 1000 und 1150 anzusetzen ist, kann in der hier vorgelegten Temperaturrekonstruktion in den ersten 300 Jahren ein positiver Trend ausgemacht werden, der erst Ende des 13. Jahrhunderts sein Maximum erreicht. Ein Grund für diese Unterschiede kann in der Auflösung der den Simulationen zugrunde liegenden Daten gesehen werden. Beispielsweise weisen die Eisbohrkerne eine Unsicherheit von bis zu rund 50 Jahren auf. Seit der Einführung des Begriffs des Mittelalterlichen Wärmeoptimums durch den britischen Klimatologen H. H. Lamb 1965 herrscht generell hinsichtlich der räumlichen Zuordnung und zeitlichen Einordnung nach wie vor große Unsicherheit (Jansen et al. 2007). Dies liegt zum Einen daran, dass die Aussagen entweder auf eine großräumige, meist nordhemisphärische Skala bezogen sind, die auf entsprechend großräumig interpolierten Daten beruhen, oder es werden regionale Befunde gegenübergestellt, die auch aktuell Unterschiede aufweisen. Das mittelalterliche Wärmeoptimum trat offensichtlich in den verschiedenen Klimaregionen nicht zeitgleich und nicht in der gleichen Intensität auf, worauf schon Lamb verwiesen hatte.

Der besondere Vorteil des hermeneutischen Forschungsansatzes liegt darin, dass die klimarelevanten Angaben zum einen meist eindeutig datiert werden können, zum anderen beruhen die Aussagen auf direkten und unmittelbaren Beobachtungen zu Wetter und Witterungsgeschehen, welche höher aufgelöst sind. Für Mitteleuropa ist die Datenlage derart ertragreich, dass unstreitig eine der verlässlichsten „Proxy"-Informationen vorliegt (Mann 2002). Darüber hinaus bietet der hermeneutische Ansatz die Möglichkeit einer Rekonstruktion verschiedener Klimaelemente und Witterungserscheinungen. Hierzu zählen Temperatur, Niederschlag, Druckverhältnisse oder aber Klimaextreme wie Stürme oder Überschwemmungen. Zudem lassen sich auch die Klimafolgen und die Interaktion bzw. Reaktion der Gesellschaften, die *human impacts* und *human dimension* der Klimaentwicklungen ergründen und tragen so zum besseren Verständnis der Mensch-Umwelt-Relation bei.

Wenn sich Wetter und Klima zur Katastrophe auswachsen

Es sind zunächst vor allem spektakuläre Extreme wie Orkane, Hochwasser und Dürren, die den Klimawandel für breite Bevölkerungsschichten greif- und erlebbar machen. Selbstbetroffenheit ist ein eindrucksvoller Lehrer.

In den letzten Jahrzehnten verging kaum ein Jahr, in dem in Mitteleuropa nicht neue Klimaextreme zu vermelden waren und Klimarekorde gebrochen wurden. So war der Winter 2006/07 der wärmste seit Beginn der Instrumentenaufzeichnungen, der vergangene Herbst galt ebenfalls als zu warm. Der Sturm Kyrill führte Anfang 2007 in weiten Teilen unseres Landes zu Windwürfen in den Wäldern und zu abgedeckten Dächern. Als bislang größte Klimakatastrophe der letzten Jahrhunderte muss in Europa der Hitzesommer 2003 angesehen werden. Deutschlandweit lagen die Temperaturen in diesem Sommer 3,4 °C über dem Durchschnittswert von 1961 bis 1990. Niemals seit Beginn der Temperaturmessungen 1761 wurden bei uns derart hohe Temperaturen gemessen (Schönwiese et al. 2003).

Der bisherige Temperaturmaximalwert für Deutschland von 40,2 °C wurde in Karlsruhe und Freiburg im Sommer 2003 eingestellt. Beeindruckend war neben der Dauer der Hitzeperiode vor allem deren räumliche Ausdehnung von Portugal bis Rumänien. Man schätzt, dass der Hitze dieses Sommers in Europa bis zu 40 000 Menschen zum Opfer fielen – dabei allein in Deutschland 7000 (Koppe et al. 2004). Zudem war 2003 auch extrem trocken. Die Trockenperiode dauerte außergewöhnlich lange, von Februar bis August.

Generell ist bei den Hitzetagen an fast allen Stationen ein deutlicher Anstieg in den Monaten Juli und August in den letzten hundert Jahren zu konstatieren. Besonders deutlich ist dieser Trend in den letzten 20 Jahren. Die Wahrscheinlichkeit für das Auftreten eines Hitzesommers wie im Jahr 2003 stieg im Verlauf des 20. Jahrhunderts um mehr als das 20-Fache. Dennoch war 2003 auch für heutige Verhältnisse ein außergewöhnliches Jahr.

In den letzten hundert Jahren ist in Deutschland wie in den meisten Regionen Europas die Anzahl der Frosttage zurückgegangen. Gleichzeitig nahm die Zahl der Sommertage, das sind Tage mit Temperaturen über 25 °C, und der Hitzewellen zu. Die Häufigkeit extrem nasser Tage hat in den letzten Jahrzehnten in Mittel- und Nordeuropa zugenommen (EEA 2004). Für Frankfurt am Main konnte Schönwiese (2007) exakt berechnen, dass sich zwischen 1901 und 2006 die Wahrscheinlichkeit für extreme Kälte von 21,6 % auf 0,3 % verringerte, hingegen die für extreme Wärme von 0,1 % auf 16,2 % erhöhte. Im Zeitraum 1901 bis 2003 stieg die Wahrscheinlichkeit für extreme niederschlagsarme Winter bei Limburg von 0,8 % auf 3,7 %, aber auch die für extrem niederschlagsreiche von 1,1 % auf 24,6 % an.

Was zunächst wie ein Paradoxon klingt, bestätigt sich in den letzten Jahren zunehmend: Nicht nur die sommerlichen Hitze- und Dürreperioden nehmen zu, sondern auch die Überschwemmungsgefahr. Starkniederschläge haben an Häufigkeit und Intensität besonders in den letzten 40 Jahren zugenommen. Insgesamt ist dieser Trend für das Winterhalbjahr deutlicher als für das Sommerhalbjahr (Grieser & Beck 2002). Die Oderflut im Juni 1997 ist ebenso wie die Hochwasser an Donau und Elbe im August 2002 vielen noch gut im Gedächtnis, ähnlich die beiden „Jahrhunderthochwasser“ von 1993 und 1995, bei denen der Rhein bei Köln neue Rekordpegel erreichte.

Beim Donauhochwasser im Mai 1999 spielten Schneeschmelze und der „Alpenstau“ eine gewichtige Rolle. Verbreitet fielen in diesem Monat über 300 mm Niederschlag, die größten Mainiederschlagsummen, die am Observatorium Hohenpeißenberg seit Beginn der Messungen im Jahr 1879 aufgezeichnet wurden. Auffällig daran ist aus Sicht der Extremwertstatistik, dass sogenannte Jahrhundertereignisse in dichter Folge auftreten.

Auch Orkan „Kyrill“ hatte seine Vorgänger, „Vivian“ und „Wiebke“ im Februar 1990 und der Weihnachtssturm „Lothar“ vom Dezember 1999. Dabei wurden maximale Windgeschwindigkeiten von 151 km/h in Karlsruhe, 184 km/h auf Sylt und 212 km/h auf dem Feldberg im Schwarzwald gemessen.

Der bisher teuerste Hagelsturm Deutschlands war mit 1,5 Milliarden Euro an Schäden der vom 12. Juli 1984 in München (Endlicher 2006). Selbst Tornados sind weit häufiger als gemeinhin angenommen wird. In der Tornado-Datenbank für Deutschland (www.tordach.org) sind seit dem Jahr 855 bereits 863 Tornados registriert (Dotzek 2003).

Auch zur Häufigkeit und Intensität von Sturmböen liegen Untersuchungen vor. Hier lässt sich bis heute allerdings kein statistisch gesicherter Trend herauslesen. Tendenziell hat die Wahrscheinlichkeit extrem hoher täglicher Maxima (Beaufort > 8) im Winter überwiegend zugenommen (Ausnahme Küstenbereich) und im Sommer überwiegend abgenommen (Ausnahme Süddeutschland) (Jonas et al. 2005).

Die Münchner Rückversicherung veröffentlicht regelmäßig Zahlen über die durch Naturkatastrophen ausgelösten volkswirtschaftlichen Schäden. Nach deren Angaben ist die Zahl der Naturkatastrophen in Deutschland von 110 in den 1970er Jahren auf 209 in den 1990er Jahren angestiegen. Die Kosten der dadurch ausgelösten volkswirtschaftlichen Schäden haben sich im gleichen Zeitraum von 6 auf über 12 Mrd. € mehr als verdoppelt.

Abb. 79: Anzahl von Tagen mit mindestens Beaufort 8 in Nürnberg und Düsseldorf 1969–1999. An einzelnen meteorologischen Stationen in Deutschland hat die Anzahl der Tage mit Windgeschwindigkeiten in Sturmstärke (>8) im Zeitraum 1969–1999 zugenommen. Nach: Deutscher Wetterdienst 2000.

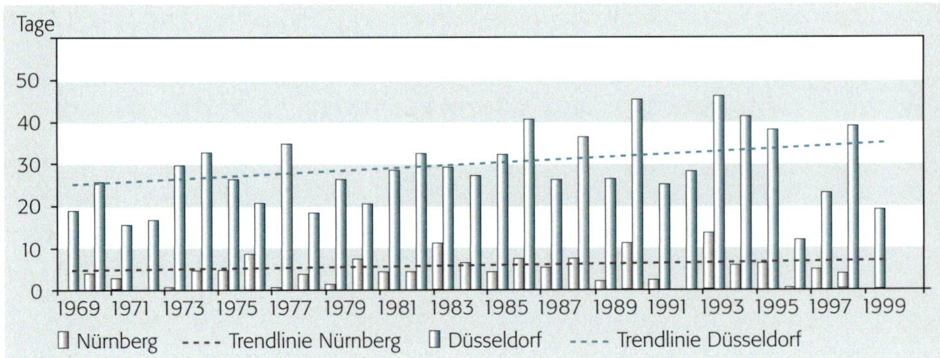

Quelle: Münchener Rückversicherungs-Gesellschaft (2005) S. 135

Abb. 80: Entwicklung von Starktiefs (<950 hPa) über dem Nordatlantik und Europa 1956/57–2000/2001 als Indikator für die Wintersturmaktivität (außertropische Zyklone). Nach: Deutscher Wetterdienst 2000.

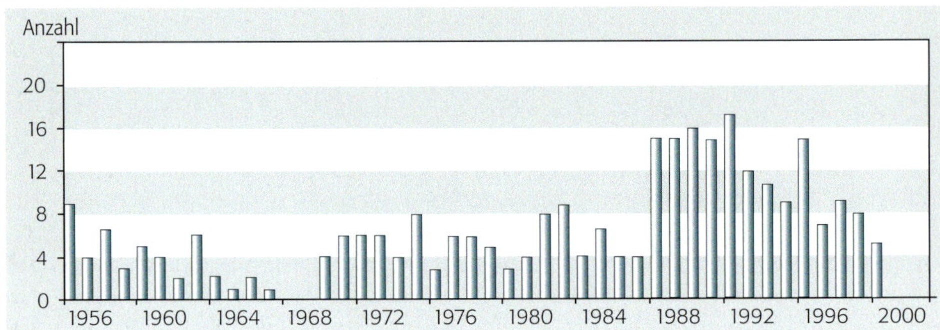

Quelle: Münchener Rückversicherungs-Gesellschaft (2005) S. 135

Die letzten Jahrzehnte weisen eine ungewöhnliche Häufung von Extremen und immer neuen Rekorden auf und werden von vielen mit dem Treibhausklima in Zusammenhang gebracht.

Nach den Zusammenstellungen der Versicherungsgesellschaften (z. B. Münchener Rück 1990 a, b) haben Anzahl und Schadenshöhen großer Naturkatastrophen in Mitteleuropa seit 1960 stark zugenommen (Berz 1994). Allerdings spiegeln solche Bilanzen nicht nur die Intensitäten und Häufigkeiten der Ereignisse wider, sondern auch die zunehmenden Wertedichten, steigendes Sicherheitsbedürfnis und wahrnehmungspsychologische Effekte. Zudem variiert die Form, Intensität und Frequenz von Schäden in Abhängigkeit der gesamtökologischen, technischen und organisatorischen Rahmenbedingungen einer Umwelt bzw. Gesellschaft sehr stark.

Den Betroffenen stellt sich regelmäßig die Frage nach der Häufigkeit, dem Trendverhalten und der Risikoabschätzung. Prognoseanalysen sollen helfen, Vorsorgemaßnahmen zur Schadensbegrenzung zu treffen.

Für eine fundierte Beurteilung sind langjährige Zeitreihen ohne Zweifel eine wichtige Grundlage. Ähnlich wie bei anderen Klimaelementen kann die Historische Klimatologie den Erkenntnishorizont weit über den aktuellen Zeitrahmen hinaus erweitern. Prägnante Darstellungen über Änderungen im raum-zeitlichen Auftreten von Hurrikans in der Karibik seit 1500 von Walsh & Reading (1991) unterstreichen dies. Andere Arbeiten beschäftigen sich mit den einschneidenden Folgen einzelner Katastrophen (vgl. Jakubowski-Tiessen 1992).

Anhand von Unwetterchronologien und Ausarbeitungen zum Hochwassergeschehen, Stürmen und Sturmfluten soll die historische Dimension von Klimakatastrophen für Mitteleuropa beleuchtet werden.

Unwetter über Mitteleuropa

Unter dem Begriff Unwetter versteht man ein meteorologisches Ereignis wie Sturm, Gewitter oder Hochwasser, das stärkste Auswirkungen haben und unter Umständen einen Notstand hervorrufen kann. Diese Begriffsbestimmung enthält einige Unschärfen, die sich sowohl aus den unterschiedlichen Festlegungen und Abgrenzungen der klimatischen Ereignisse ergeben als auch aus der Klassifizierung eines Notstandes. Im historischen Zusammenhang spielt der Schadensaspekt eine besondere Rolle. So wurden zum Beispiel Hagelunwetter in der Regel nur dann notiert, wenn sie die Ernte vernichteten, Stürme, wenn Dächer abgedeckt und Wälder verwüstet, und Hochwasser, wenn durch sie Brücken und Wehre zerstört wurden. Es war dieser Wirkungsaspekt, der zwischen Normalität und Unwetter entschied und auch als Maßstab für die Intensität desselben gilt.

Die vielleicht häufigste Frage im Zusammenhang mit Unwettern ist die nach der Häufigkeit: ‚Gab es das jemals schon?' oder ‚Nehmen die Ereignisse zu?'. Um diesen Aspekt näher untersuchen zu können, wurden zunächst die für Nürnberg überlieferten Unwetterereignisse zusammengefasst. Die Stadt Nürnberg wurde gewählt, weil hier die Quellenlage besonders gut ist. Dabei wurden alle Gewitter, Stürme und Hochwasser erfasst, die in Nürnberg zu Schäden geführt haben (Abb. 81 und 82).

Den größten Anteil an den Unwettern haben Gewitter mit 46 %, gefolgt von Hochwassern mit 37 % und schließlich die Stürme mit 17 %.

Der Kurvenverlauf zeigt zunächst auffällige Phasen verstärkter und verminderter Unwetterhäufigkeiten in Nürnberg. Unabhängig von diesen Phasen ist die Reihe aber auch von einem markanten Quellentrend geprägt: Zwischen 1000 und 1500 sind deutlich weniger Ereignisse überliefert als nach 1500. Ab 1500 steigen die Unwetterschäden exponentiell an, unterbrochen von einer markanten Depression zwischen 1600 und 1675. Aus diesem Grunde erschien es für die Interpretation sinnvoll, die Auswertung in die zwei unterschiedlich stark belegten Zeiträume 1000 bis 1500 und 1500 bis 1715 zu unterteilen.

Im Zeitraum 1000 bis 1500 sind drei Phasen verstärkter Unwetterschäden auszumachen: eine erste, die bereits um 1020 ein Maximum aufweist, dann eine zweite, die um 1120 begann und bis 1225 andauerte. Innerhalb dieser Phase sind wiederum deutliche Häufungen erkennbar. Besonders markant ist die um 1150 und eine weitere 1225. Die dritte Hauptphase setzte um 1330 ein und hielt bis 1475 an.

Zwischen 1500 bis 1715 nehmen die Unwetterschäden dramatisch zu und ereignen sich schließlich beinahe jährlich. In vielen Jahren war Nürnberg sogar mehrfach von Unwettern betroffen. Auffällig ist in dieser Phase der Rückgang von Unwetterschäden, der um 1610 einsetzte und bis 1650 andauerte. Zunächst könnte man darin ein Ausdünnen der Quelleninformation infolge des 30-Jährigen Krieges vermuten. Teilweise mag das der Fall sein, aus Wettertagebüchern dieser Zeit kann aber gefolgert werden, dass in den 1620er-Jahren deutlich weniger Stürme auftraten und in den 1630er-Jahren die Zahl der Gewitter ebenfalls abnahm. Es handelt sich also nicht nur um einen Quellentrend.

Da die einzelnen Ereignisse auf unterschiedliche Witterungsursachen und Wetterbedingungen zurückzuführen sind, soll an dieser Stelle keine klimatische Einordnung gegeben werden.

Um einen Eindruck von der räumlichen Dimension der Unwetterschäden zu bekommen, wurden für den Zeitraum 1640–1715 Unwetterschäden in Nürnberg, Rothenburg und Bad Windsheim zusammengestellt. Die räumliche Nähe der bearbeiteten Archivstandorte hat den Vorteil, selbst regionale und lokale Aspekte bewerten oder – aus Sicht der Quellenverfügbarkeit besonders wichtig – etwaige Datenlücken erkennen zu können. Betrachtet man die Zusammenstellungen, so ergeben sich vergleichsweise wenig Übereinstimmungen. Ereignisse wie das Gewitter vom 24.05.1640, das sowohl in Nürnberg als auch in Bad Windsheim belegt ist, bilden eher die Ausnahme.

Dieser Befund lässt sich zum einen mit der Charakteristik der ursächlichen Wettererscheinungen erklären: Gewitter, die den größten Anteil ausmachen, haben eine kleinräumige Ausprägung. Zum anderen sind die Schäden mehr zufällig verteilt. Art und Güte der Daten machen es nicht möglich, derartige Befunde mit modernen Zeitreihen und Auswertungen zu vergleichen. Sie müssen

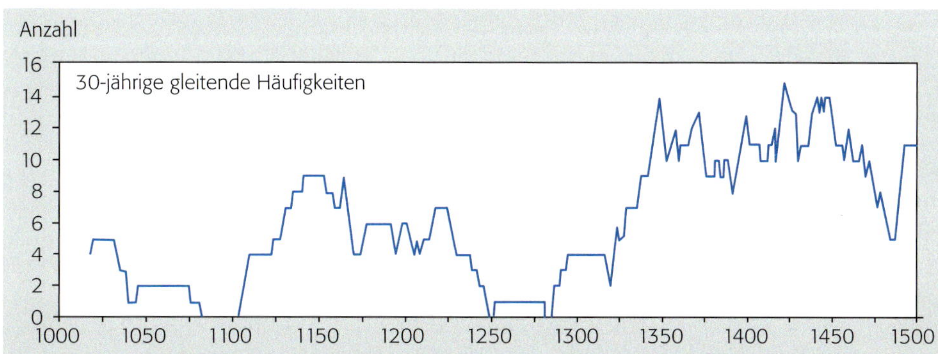

Abb. 81: Unwetter in Nürnberg 1000 – 1500.

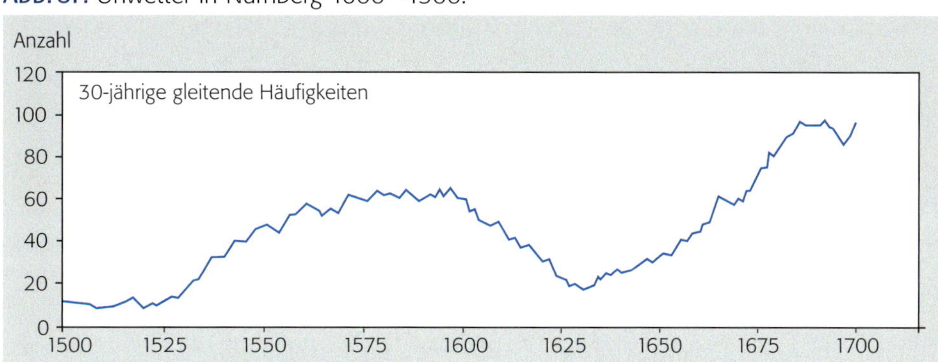

Abb. 82: Unwetter in Nürnberg 1500 – 1715.

als eigenständige Form angesprochen werden.

Das Archivmaterial aus Bremen liefert äußerst exakte Schadensbeschreibungen, die in vielen Fällen eine Abschätzung des räumlichen Wirkungsgrades erlauben (Abb. 83). Die Struktur der Bremer Unwetter zwischen 1600 und 1700 zeigt neben nachgeordneten Häufungen um 1610 und 1625 ab 1640 einen starken Anstieg der Unwettermeldungen. Kurz vor 1660 erreichen sie das absolute Maximum, um danach wieder abzunehmen. Deutlich sind auch die Jahre 1650, 1670 und 1683 mit besonders vielen Unwetterereignissen auszumachen. Im Vergleich mit den Nürnberger Reihen ergeben sich etwa ab 1660 zum Teil gegenläufige Entwicklungen. Unwetter traten im untersuchten Zeitraum in Bremen in allen Monaten auf. In saisonaler Hinsicht gibt es aber sowohl in der absoluten Höhe als auch nach der Art der Ereignisse signifikante Unterschiede: Die Überschwemmungen konzentrieren sich zusammen mit den Stürmen vor allem im Abschnitt Oktober bis Februar. Ein weiteres relatives Maximum ist im April und Mai festzustellen, wobei in dieser Zeit keine Stürme registriert wurden. Die Gewitter häufen sich im Zeitraum April bis Juli, traten aber ansonsten in fast allen anderen Monaten auf. Damit entspricht das zeitliche Muster von Unwettern im Wesentlichen den heute üblichen Verteilungen, was auch für die Güte der historischen Aufzeichnungen spricht.

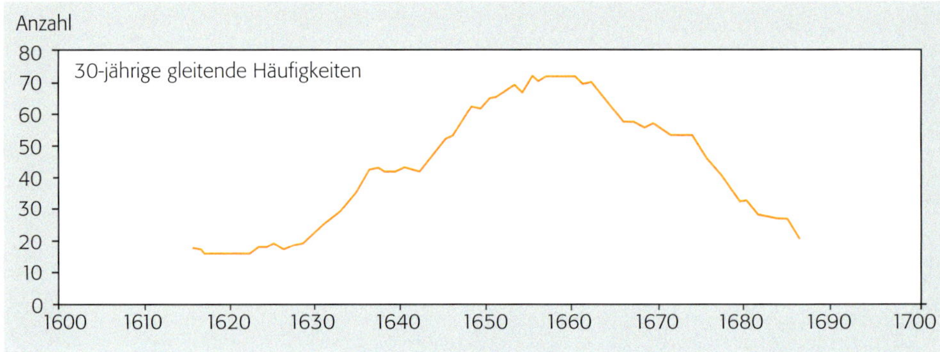

Abb. 83: Unwetter in der Region Bremen 1600 – 1700.

Zusammenfassend bleibt festzuhalten, dass Unwetter in allen Regionen und zu allen Zeiten auftraten. Phasen verstärkter Unwetterereignisse und Phasen geringeren Auftretens wechselten einander ab. Nicht alle diese Trends sind auf witterungsklimatische Ursachen zurückzuführen, sondern müssen teilweise mit der Quellenlage erklärt werden. Aufgrund der kleinräumigen Ausprägung von Gewittern und der dargestellten Quellenprobleme macht es daher keinen Sinn, übergeordnete Klimazusammenhänge zu entwerfen. Alle Zeitreihen stehen für sich und sind Ausdruck der lokalen Witterungsentwicklung und der Überlieferung.

Gewitter in Mitteleuropa

Wie die bisherige Zusammenstellung zu den Unwettern deutlich macht, ist die größte Zahl von Unwetterschäden auf Gewitter zurückzuführen. Aus diesem Grunde werden sie gesondert behandelt.

Zu diesem Zweck konnte wieder aus den Nürnberger Quellen eine Zeitreihe zusammengestellt werden (Abb. 84). Verlauf und Struktur ähneln der bereits beschriebenen Unwetterreihe, die in erheblichem Maße von den Gewittern geprägt ist. Wegen des offensichtlichen Quellentrends zwischen 1000 und 1500 wurde dieser Abschnitt nicht weiter berücksichtigt. Im Zeitraum ab 1500 traten fast jährlich Gewitterschäden auf. Auffällig ist auch in dieser Kurve der Rückgang zwischen 1620 und 1650. Wieder stellt sich die Frage, ob es sich um einen Quellen- oder Klimatrend handelt?

Um diesen Aspekt zu erhellen, wurde auf die Aufzeichnungen von Hermann IV. zurückgegriffen, der im Raum Kassel zwischen 1621 und 1650 tägliche Beobachtungen durchführte. Aus diesen Angaben wurden die Tage mit Gewittern ausgezählt. Der Trendverlauf lässt erkennen, dass in der Zeit des 30-Jährigen Krieges die Anzahl der Tage mit Gewitter einem klimatischen Trend unterworfen war. Nach einer anfänglichen Abnahme bis 1635 traten bis 1650 wieder zunehmend mehr Gewitter auf. Obwohl eine Übertragbarkeit der Erkenntnisse wegen der großen Distanz und den quellenspezifischen Unterschieden nicht ohne weiteres möglich ist, kann daraus abgeleitet werden, dass während des 30-Jährigen Krieges auch eine Veränderung im Auftreten von Gewittern stattfand.

Neben den direkten Angaben zu Gewittern und ihren Schäden gibt es auch indirekt Hinweise. War aus der Gesamteinschätzung der Wettersituation mit Gewittern zu rechnen, wurden zur Warnung der Bevölkerung die Glocken geläutet. Für dieses ‚Gewitterleuten' wurde der Ausführende bezahlt, was in den Rechnungsbänden mit der Angabe von Datum, mitunter auch der Uhrzeit, genauestens vermerkt ist. Aus Andernach sind derartige Angaben von 1446, 1450, 1453, 1454 und von 1501 bis 1541 fast lückenlos überliefert (Abb. 85). Die Eintragungen wurden in aller Regel von Amtsschreibern ausgeführt, ob oder wie oft Beobachter und Beobachtungskriterien dabei gewechselt haben, konnte nicht in Erfahrung ge-

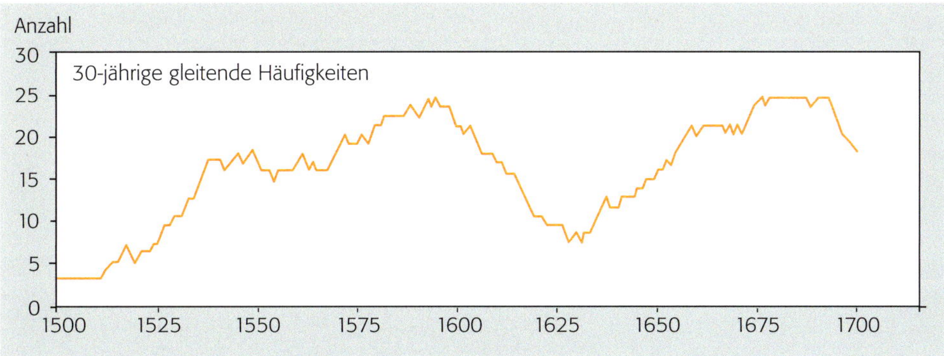

Abb. 84: Gewitterschäden in Nürnberg 1500 – 1715.

Welche Aussagen können aus diesen Angaben gezogen werden? Die üblichen Klassifizierungsschemata, wie das von Mohn und Hann (zit. in Blüthgen 1979), unterscheiden nach Wärme-, Warm- und Böengewitter. Eine andere, auf Schneider-Carius (1955) zurückgehende Typisierung untersucht die Zugrichtung des Gewitters und Vorkommen der Gewitterherde. Aus den Tageshäufungen kann ebenfalls auf bestimmte Typen wie Schwarm-, Einzel- oder Frontgewitter geschlossen werden. Grundsätzlich bleibt festzuhalten, dass hohe Luftfeuchtigkeit und hohe Temperaturen begünstigende Faktoren zur Bildung von Gewitterwolken darstellen. Daneben fördert auch die Wetterkonstellation feucht-kühl die Gewitterbildung, während bei trocken-heißen und trocken-kalten Bedingungen weniger Gewitter auftreten.

bracht werden. Nur vereinzelt findet sich der Hinweis, dass die Feldschützen für das ‚Gewitterleuten' bezahlt wurden. Man kann davon ausgehen, dass das kostenintensive Wetterläuten nur dann angesetzt wurde, wenn mit ziemlicher Sicherheit ein Gewitter zu erwarten und damit Gefahr im Verzuge war. Ein weiterer Hinweis auf die Verlässlichkeit der Quelle ergibt sich auch aus der Absolutzahl der Gewitter.

Erwartungsgemäß konzentrieren sich die Ereignisse auf die Monate März bis September, mit jeweils wechselnden absoluten Maxima in den Frühjahrs- und Sommermonaten. Über Wintergewitter liegen keine Eintragungen vor, sie sind auch heute sehr selten. Neben diesen allgemeinen Tendenzen zeigen sich in der jährlichen Betrachtung zum Teil erhebliche Unterschiede. Gewitterreiche Jahre wie 1501, 1510, 1525 oder 1533 lassen sich deutlich von gewitterarmen, wie 1504, 1516 oder 1538, unterscheiden. Einzelne Gewitterereignisse in Andernach können mit überregionalen Befunden korreliert werden, woraus sich Hinweise auf die Genese ableiten lassen. So kam es am 17. August 1513, ebenso wie am 30. und 31. Juli 1514 nicht nur in Andernach, sondern auch in Nürnberg zu einem Gewitter. Auch die gewitterreiche Phase im Juni und Juli 1531 lässt sich gleich in mehreren Regionen Mitteleuropas nachweisen.

Vergleicht man die Zahl des Gewitterläutens in historischer Zeit mit den amtlichen Angaben zur mittleren Zahl der Tage mit Gewitter für das benachbarte Neuwied im Zeitraum 1891 – 1925 (Tab. 10) sowie den monatlichen Mustern im Abschnitt 1953 – 1980, erkennt man, dass das Niveau der historischen Daten über dem moderner Werte liegt. Dies lässt sich mit dem Datentypus an sich erklären, der Gewitterneigung zum Ausdruck bringt und damit höhere Belegungszahlen aufweist.

Es ist klar, dass eine eindeutige Interpretation von monatlichen Gewitterangaben ohne zusätzliche Daten, die den grundlegenden Charakter der Witterung verdeutlichen, schwierig ist. Ein Vergleich der Gewitterereignisse mit der vorherrschenden hygrischen und thermischen Prägung ergibt folgenden Befund: Jahre bzw. Sommerhalbjahre mit einem weit unterdurchschnittlichen Auftreten von Gewittern sind überwiegend trocken-heiß. Zu diesem Typus zählen beispielsweise die Jahre 1504, 1509, 1532, 1534, 1538 oder 1540. Ausgesprochen geringe Belegungen weisen auch die eindeutig nass-kalten Sommerhalbjahre, z. B. 1505, 1508, 1529, 1531, auf. Gegenüber der trocken-heißen Variante bleibt die nasskalte um rund 50 % zurück. Mittlere und hohe Belegungen sind vor allem in den Jahren mit einer feuchtwarmen Prägung vorhanden, wobei intermittierende Warm- und Hitzephasen besonders begünstigend erscheinen. Der aus der allgemeinen Literaturlage ebenfalls als gewitterreich eingestufte kühl-feuchte Typ kann anhand des historischen Datenmaterials nur in wenigen Fällen verifiziert werden.

Weitere klimatologische Aussagen ergeben sich aus dem täglichen Gang der Gewitterhäufigkeit. Er verläuft parallel zur Feuchtlabilität, die im Sommer wiederum von der entsprechenden Einstrahlung abhängt und in re-

Jan	Feb	Mar	Apr	Mai	Jun	Jul	Aug	Sep	Okt	Nov	Dez	Gesamt
–	0,1	0,5	1,1	3,9	5,5	5,7	3,3	1,5	0,2	0,1	0,1	22

Tab. 10: Mittlere Zahl der Tage mit Gewitter in Neuwied 1891 – 1925. Reichsamt für Wetterdienst 1939.

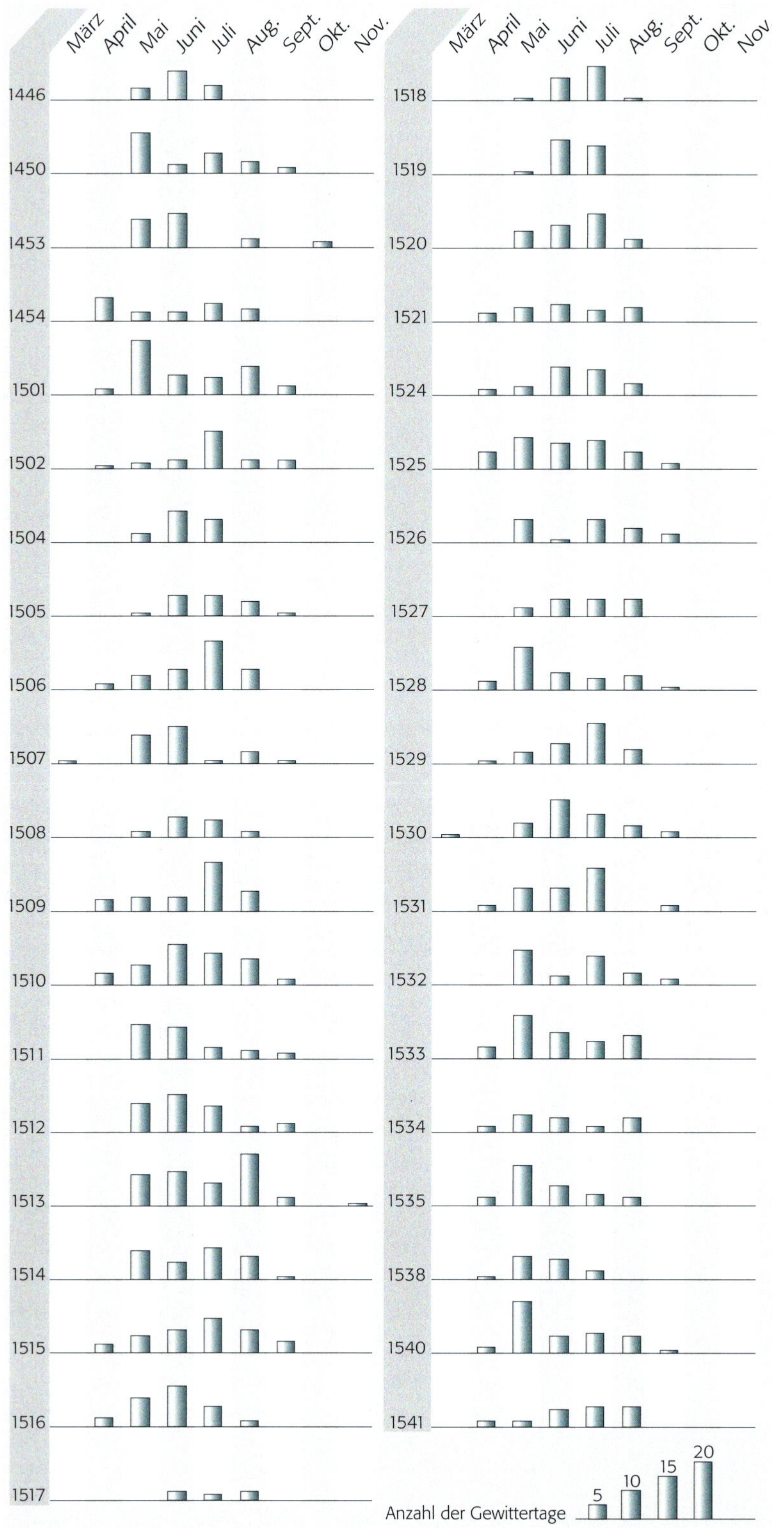

Abb. 85: Gewitterläuten in Andernach 1446 – 1541. Überlassung der Daten durch Dr. M. Huiskes, Köln, LHA Koblenz, Bestand 612, Stadt Andernach, Nr. 2042 – 2045.

zenten Daten regelmäßig einen steilen Anstieg nach 11 Uhr aufweist, um gegen 15 Uhr ihr Maximum zu erreichen. Die historischen Daten weisen etwa die gleiche tageszeitliche Verteilung wie moderne Messdaten auf. Ab 11 Uhr vormittags erfolgt ein vergleichsweise rascher Anstieg, der am Nachmittag gegen 15 Uhr kulminiert und erst gegen den späten Abend vergleichsweise verhalten wieder abnimmt. Dieser verzögerte Abzug, der sich bis in die Abend- und Nachtstunden hinziehen kann, kommt im Kurvenverlauf deutlich zum Ausdruck. Das in modernen Daten oft vorhandene relative Maximum um 1 Uhr tritt in den historischen Daten nicht auf, was mit Beobachtungsmängeln erklärt werden kann. Die frühen Morgenstunden können als die gewitterärmste Tageszeit angesehen werden.

Aus der täglichen Verteilung lassen sich ebenfalls weitreichende Schlüsse ziehen. Treten Gewitter mehrere Tage hintereinander auf, dann handelt es sich um Gewitter in Warmluft, die zunächst keine Abkühlung bringen. Erst mit den letzten Gewitterereignissen einer derartigen Sequenz, meist den schwersten, findet eine Abkühlung statt, die letztlich einen Witterungsumschwung einleitet. Aus den historischen Daten ist zu erkennen, dass nach derartigen Serien meist längere Phasen ohne Gewitterläuten auftraten. Diese spiegeln die Abkühlungsperioden wider, die sich nach den Warmphasen einstellen. Je länger diese Gewitterphasen andauern, desto größer ist auch die Wahrscheinlichkeit, dass die Gewitter aus Süd, Ost oder Nordost kommen. Die Zusammenstellung macht klar, wie unterschiedlich derartige Folgen in den einzelnen Jahren erscheinen: 1501 und 1507 traten beispielsweise mehrere längere Gewitterphasen auf, während 1526, 1527 und 1534 keine ausgesprochenen Sequenzen verzeichnet wurden. Diesen sehr charakteristischen Mustern können Aktualdaten gegenübergestellt werden: 1971 gab es beispielsweise ab Mitte Mai bis in den Juni sehr lange Gewitterphasen und 1975 kam es ebenfalls zu markanten Häufungen, während diese 1970 und 1977 fehlen. Treten Gewitter singulär nur an einem Tag auf, handelt es sich meist um Frontalgewitter, die dann aber weit verbreitet sind (vgl. Gudd 1993).

Zusammenfassend kann festgehalten werden, dass die Aufzeichnungen zum Gewitterläuten wertvolle und verlässliche Hinweise liefern. Die vorgestellten Datensätze machen deutlich, dass sich im Auftreten und der Struktur der Gewitter im Vergleich zu heute nichts Grundlegendes geändert hat. Dies gilt für die tägliche Verteilungskurve ebenso wie für das saisonale Auftreten. Die enge Korrelation mit der grundlegenden Witterungsprägung wurde bereits angesprochen. Gewitter zeigen geringe Belegungen in den nass-kalten Sommerhalbjahren, mittlere und hohe Belegungen vor allem in den Jahren mit einer feucht-warmen Prägung, wobei intermittierende Warm- und Hitzephasen besonders günstig sind. Der ebenfalls als günstig eingestufte kühl-feuchte Typ konnte im historischen Datenmaterial nur in wenigen Fällen verifiziert werden.

Stürme und Orkane über Deutschland

Stürme und Orkane zählen in Mitteleuropa ohne Zweifel zu den folgenschwersten Klimakatastrophen. In der aktuellen Klimadiskussion werden sie entsprechend als ‚heißes Thema' behandelt. Nehmen Stürme und Orkane infolge der anthropogenen Klimaveränderung zu? Verstärken sie sich?

Die überwiegende Zahl von Wissenschaftlern ist der Auffassung, dass keine signifikante Änderung der Sturmaktivitäten in den letzten 100 Jahren festgestellt werden kann. So konstatiert Tetzlaff (1990), dass keine oder eine nur unbedeutende Zunahme erkennbar sei. Zu ähnlichen Ergebnissen kam auch Emmerich (1991) in seiner 92-jährigen Betrachtung des nordhemisphärischen Zonalindexes. Dieser weist bereits in der Zeit zwischen 1910 und 1935 ein erstes Maximum auf, gefolgt von einer überraschend starken Abnahme. Erst seit 1970 wird ein erneuter Anstieg verzeichnet. Bezogen auf die Sturmaktivitäten sieht er zwei aufeinander folgende extreme Winter, wie sie 1989/90 und 1990/91 auftraten, noch im Bereich des – statistisch gesicherten – normalen Geschehens. Auch Schmidt & Storch (1993) kommen zu dem Schluss, dass in den letzen 100 Jahren keine Änderung der Sturmaktivitäten in der Deutschen Bucht, sondern ein erstaunlich stationäres Verhalten zu beobachten ist.

Welches Bild ergeben die historischen Daten? Im Folgenden werden zunächst alle Hinweise auf Stürme und Orkane in Deutschland zusammengefasst. Der Kurvenverlauf zeigt ähnlich wie bei den Unwettern und den Gewittern eine quellenbedingte Zweiteilung: ein erster Abschnitt von 1000–1500 und einen zweiten von 1500–1800, der durch einen raschen Anstieg und ein deutlich höheres Niveau gekennzeichnet ist. Dieses Ungleichgewicht ist in der vorliegenden Zeitreihe, in der nur die Windstärken 11 und 12 berücksichtigt sind, weniger stark ausgebildet (Abb. 86).

Da die Kurvenverläufe für sich sprechen, sollen sie nicht im Einzelnen erläutert werden: Auffallend sind aber mittelfristige Schwankungen in der Größenordnung zwischen 30 und 150 Jahren. Das ausgeprägteste Maximum in den ersten 500 Jahren ist die Häufung von Stürmen zwischen 1125 und 1200. Während dieser Phase sind in einigen Jahren Stürme gleich mehrfach hintereinander aufgetreten. Daneben existieren weitere Maxima und Minima. Auch im zweiten Abschnitt nach 1500 gab es dieses Auf und Ab. Maxima sind im Kurvenverlauf um 1570 und 1690 ausgebildet. In dieser Phase gab es kaum ein Jahr, in dem keine Stürme aufgetreten sind. Minima hingegen zeigen sich im Kurvenverlauf um 1075, 1400, 1625 und 1755.

Hinsichtlich der besonders sturmarmen Abschnitte kann das erste Minimum um 1075 mit geringeren Quellenbelegungen erklärt werden, dagegen scheint das um 1400 klimatische Ursachen zu haben.

Eine zusammenschauende klimatische Interpretation der Sturm- und Orkanereignisse zeigt in vielen Fällen auffallende Übereinstimmungen mit dem Gang der Temperatur- und Niederschlagsentwicklung des Winterhalbjahres. So stimmen einige der Maxima mit Verschlechterungen der Temperaturverhältnisse im Frühling überein. Dies gilt beispielsweise für das Maximum ab 1125 und das um 1300. Auch die auffallende Zunahme nach 1400 korreliert mit einer Verschlechterung der Frühjahrswitterung. Die Phase der Kleinen Eiszeit tritt insgesamt als sturmreicherer Abschnitt hervor, auch wenn für diesen Zeitraum eine größere Quellendichte vorliegt. Das Maximum um

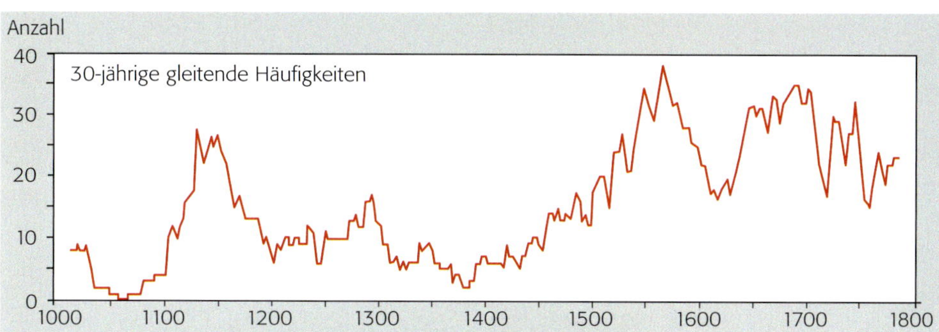

Abb. 86: Stürme und Orkane über Deutschland 1000 – 1800.

1690 tritt zeitgleich zu der markanten Temperaturdepression in allen Jahreszeiten auf. Einige der Minima ab 1500 fallen auffallend mit wärmeren Herbstphasen zusammen.

Resümierend kann festgehalten werden, dass der Verlauf der Stürme und Orkane in Mitteleuropa in vielen Fällen mit mittelfristigen Umstellungen der klimatischen Entwicklung im Winterhalbjahr zusammenfällt.

19. Juni 1764: Ein Tornado in Mecklenburg

Den meisten mögen Tornados als typisch nordamerikanische Unwetter bekannt sein, doch treten sie – relativ selten zwar – auch in Deutschland auf. 1968 Jahren wütete ein Tornado in Pforzheim und richtete in wenigen Minuten einen Millionenschaden an.

Tornados sind kleinräumige und kurzlebige Gebilde, Wirbelwinde, die an Luftmassengrenzen entstehen. Sie treten vor allem im Frühjahr und Frühsommer auf, wenn die thermischen Gegensätze oft besonders groß sind. Nachmittags sind die Voraussetzungen besonders günstig, weil dann die Labilisierungsbedingungen sehr hoch sind.

In den historischen Datenrecherchen konnten viele Fälle von Tornados aufgedeckt werden. Friedrich Nicolai berichtet 1764 über einen „*Orcan, welcher den 29ten Jun. 1764 einen Strich von etliche Meilen im Stargardischen Kreise des Herzogthums Mecklenburg gewaltig verwüstet hat*". Beeindruckt vom Schadensausmaß, beschreibt er detailliert den Hergang und die Auswirkungen, illustriert in mehreren Abbildungen die Schäden an Bäumen und legt eine Karte über die Zugbahn bei. Mit einer emotionsgeladenen und bildreichen Sprache möchte er den Leser derart in das Geschehen einbinden, dass dieser schließlich das Gefühl hat, selbst Augenzeuge gewesen zu sein. Der Gliederung des Buches in Briefe suggeriert in besonderem Maße Authentizität.

Äußerungen über Form, Verlauf und die Schadensbilder deuten darauf hin, dass die als ‚Orcan' bezeichnete Erscheinung in Wahrheit ein Tornado war. So wurde nur ein schmaler Streifen verwüstet und soll „*eine ziemlich große auf der Erde einhergehende dicke, und obenher wallende, und dem Dampfe eines Backofens oder siedenden Topfes gleichende Wolke … in dem Nebel und wässrigen Dünsten, oder in dem häufig dabey gefallenen Hagel und großen Regentropfen, oder in dem von der Erde durch den Sturmwind aufgehobenen und gewirbelten Sande*" gewesen sein. Dieser Befund stimmt auch mit dem Kupferstich auf dem Titelblatt überein. Der Autor bedauert, dass keiner der Augenzeugen seine Vermutung, es handele sich um eine ‚Wasserhose oder Trompe' direkt bestätigt. Der ‚Orcan' hat nach Berichten von Augenzeugen eine große Scheune nicht einfach umgeworfen, sondern vorher regelrecht vom Boden abgehoben. Derartige Sogwirkungen treten bei Tornados regelmäßig auf. Ein plötzlicher Windstoß hatte einen der Hausbewohner erfasst, mehrmals wird auch auf ein begleitendes Gewitter hingewiesen. Der Autor versucht selbst eine klimatische Einordnung und spricht an mehreren Stellen von einem „*typho terrestris, der unvermuthet bey ganz stillem und heissen Wetter und heiterem Himmel entsteht … hier zu Lande nicht ganz ungewöhnlich ist*". Von einer vergleichbaren, 1752 in Schlesien durch einen Windwirbel verursachte Katastrophe hatte ihm ein Freund berichtet.

Genaueres über den witterungsklimatischen Ablauf erfahren wir aus dem ersten Brief, der die Situation in Feldberg beschreibt: Während des Gottesdienstes gab es einen kurzen, aber starken Regen. In der Ferne war Donner zu hören. Bei hellem Sonnenschein und Ostwind standen im Nordwesten Hagel- und Gewitterwolken. Plötzlich zogen kleinere Wolken rasch aus Süden durch, der Ostwind legte sich und der Sturm brach los. Der Pfarrer, der mit einem Kahn auf dem See unterwegs war, erblickte einen ‚Dampf', der aus dem See emporstieg und sich in einem Wirbel gegen Westen niederschlug. Offensichtlich war die Sogwirkung dabei derart stark, dass der Seespiegel sich merklich veränderte. Zunächst sank der Spiegel ab, kam dann aber relativ schnell wieder zurückgeschossen. Während in der Umgebung des Sees bis auf einige Tropfen kein Regen fiel, verwüsteten Regen und Hagel nur eine halbe Meile entfernt weite Flurstücke. Es folgen lange Passagen über die Authentizität dieser Darstellung mit zahlreichen Hinweisen auf die räumliche Entwicklung und Zerstörungen. Weitere Berichte über das Brausen, eine schnell vorbeiziehende niedrig gehende graue Regenwolke mit schräg verlaufenden Regenstreifen oder Schilderungen über die Stärke des Wirbelsturmes ergänzen dieses Bild und erhärten die These, dass es sich um einen Tornado gehandelt haben muss, der sich schließlich, nach Norden ziehend, weiter abschwächte.

Ähnliche Befunde werden unter http://www.tordach.org/de/tornado.htm gelistet. Derzeit liegen in der Datenbank dieser Organisation 863 Tornadomeldungen seit dem 6. Jahrhundert vor. Die Listung zeigt bis weit in das 19. Jahrhundert hinein den spezifischen historischen Überlieferungstrend – zunächst sporadische Einträge mit größeren Lücken, dann eine zunehmende Beobachtungsdichte. Mit ein Grund ist darin zu suchen, dass Tornadoberichte erst nach 1800 öfter publiziert wurden. Diese blieben im Schnitt aber unter einer Meldung pro Jahr. Erst in der 2. Hälfte des 19. Jahrhunderts stieg die Zahl der Meldungen stark an. Seit 1950 schwankt diese Zahl zwischen 40 und 120 pro Dekade. Seit der Jahrtausendwende hat die Zahl der Meldungen stark zugenommen, in erster Linie von schwachen Ereignissen. Der räumliche Schwerpunkt liegt vor 1800 im Nordwestdeutschen Raum, was mit der Quellensituation erklärt werden kann (vgl. Hamm 1950 – 1989). Ohne Zweifel ein ergiebiger Ansatzpunkt für weitere Forschung.

„*Windrueffn*“ in München: Wind in historischer Perspektive

Nicht nur den extremen Stürmen und Orkanen, sondern auch dem stärkeren Wind galt in historischer Zeit besondere Aufmerksamkeit. In den Rechnungsbänden größerer Städte wie München ist das so genannte ‚Windrueffn‘ aufgeführt. Unter diesem Begriff sind Auszahlungen an Amtsleute vermerkt, die bei stärkerem Wind durch die Gassen und Straßen der Stadt geschickt wurden, um die Einwohner daran zu erinnern, ihre Feuer- und Herdstellen im Auge zu behalten, um Funkenflug und Brände zu verhindern (Abb. 87). Diesem Sicherheitsaspekt, wie er in ähnlicher Form bereits für das Gewitterläuten in Andernach oder die Aufeisungen in Hamburg unterstellt werden kann, verdanken wir lange Datenreihen.

Beispielsweise sind die in den Münchener Rechnungsbänden enthaltenen Eintragungen nur im Zeitraum Oktober bis April vorgenommen worden (Stahleder 1995). Auffällig sind Fluktuationen und langjährige Trends. Ausgehend von einem vergleichsweise niedrigem Niveau in den ersten Abschnitten des 15. Jahrhunderts stieg die Zahl der Ausrufungen mit dem Jahr 1478 deutlich an, um im weiteren Verlauf mit verschiedenen relativen Maxima und Minima zwischen 1503 und 1515 wieder deutlich abzunehmen. Anschließend erfolgte ein erneuter Anstieg.

Wie lassen sich diese Befunde in das witterungsklimatische Gesamtbild einpassen? Um ein Beispiel zu nennen, sei

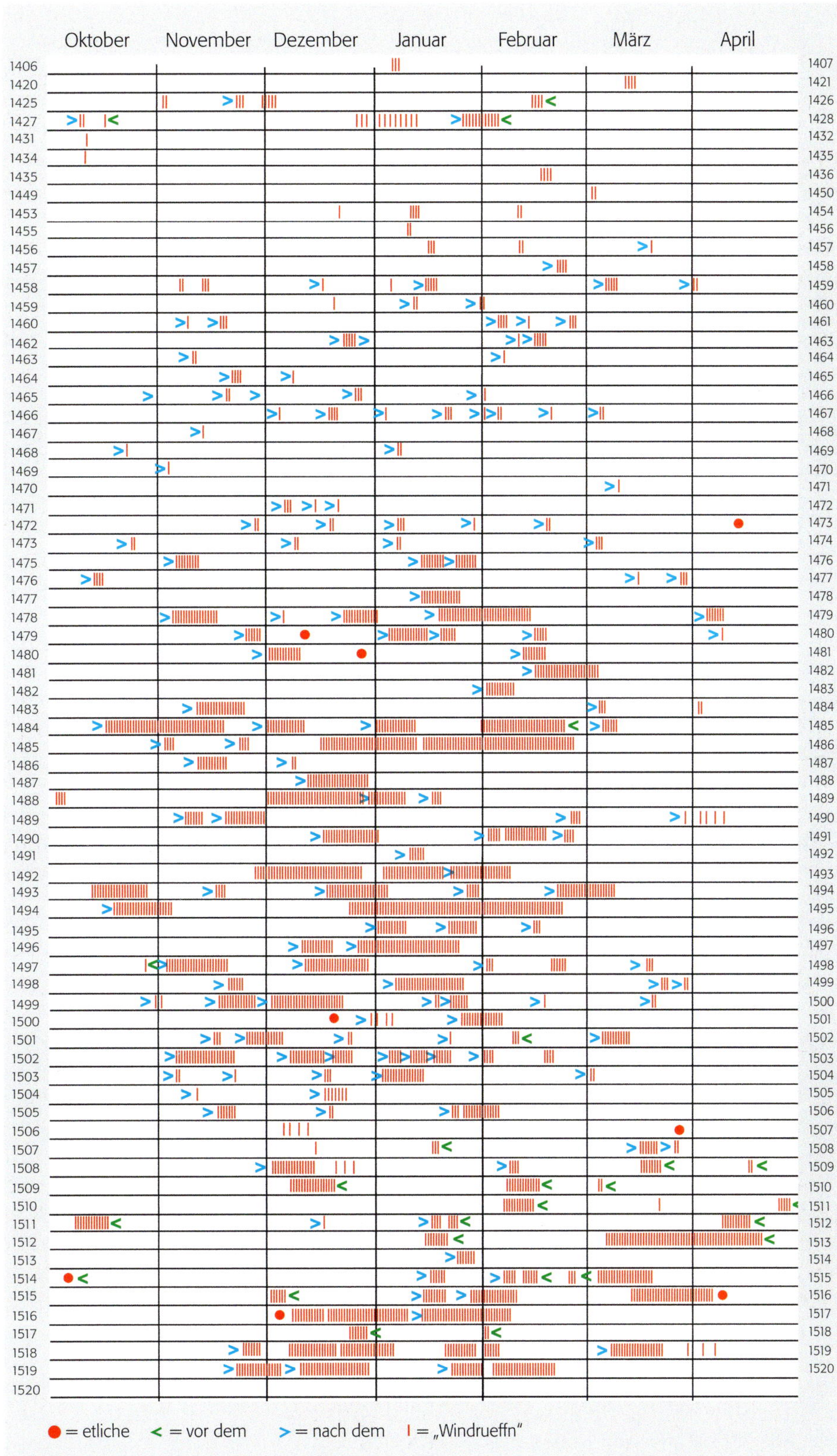

Abb 87: „Windrueffn“ in München 1407 – 1540.

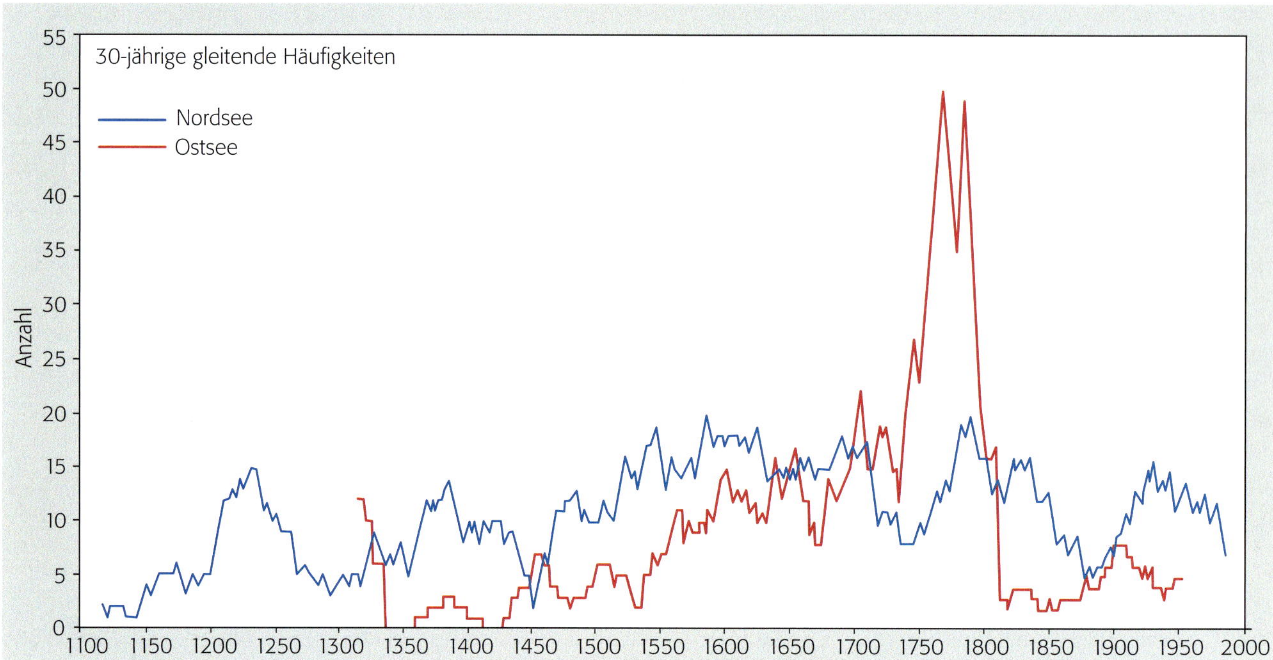

Abb. 88: Sturmfluten an der deutschen Nordseeküste 1100–2000 und der Ostsee im Raum Wismar–Rostock 1300–1960.

auf das Jahr 1486 verwiesen, das in der Reihe als deutliche Spitze hervortritt. In der allgemeinen Einschätzung wurde der Winter mit ‚stürmisch, regenreich und mild' umschrieben, was eine sehr gute Übereinstimmung bedeutet. Ähnliche Verhältnisse, wenn auch weniger stark ausgeprägt, herrschten bereits im Jahr zuvor 1485. Das absolute Maximum im Jahre 1493 korreliert ebenfalls mit einem milden und stürmischen Winterverlauf, wie er auch für 1497 und 1499 rekonstruiert werden konnte. Damit kann bei vorsichtiger Würdigung des Datenmaterials bei hohen Belegungen des ‚Windrueffns' von eher milden winterlichen Verhältnissen ausgegangen werden.

Die Sturmfluten an der deutschen Nord- und Ostseeküste

Zu den besonders dramatischen Klimakatastrophen gehören Sturmfluten. Schwere Flutkatastrophen, wie die ‚Große Mandränke' 1362 oder die ‚Zweite Mandränke' 1634 und die Weihnachtsflut 1717, kosteten viele Menschen das Leben und veränderten die Gestalt der Küstenlandschaft. Woebcken (1924) hat ebenso wie Peterson & Rhode (1977) umfangreiche Listen zu Sturmfluten in der Nordsee zusammengetragen, die durch weitere Archivarbeiten ergänzt wurden und Grundlage der folgenden Diskussion sind.

In der Zeitreihe zu Sturmfluthäufigkeiten in der Nordsee sind alle Jahre, in denen schadbringende Sturmfluten auftraten, markiert, wobei der mittelfristige Verlauf durch gleitende Häufigkeiten hervorgehoben ist. Sturmfluten werden in der folgenden Bearbeitung nach den Schäden, also nach den Folgewirkungen klassifiziert und nicht nach Pegelständen. Dies hat zur Folge, dass in einigen Fällen nicht nur Sturmfluten, sondern auch hohe Fluten aufgenommen wurden.

Wie schon bei den anderen Zeitreihenanalysen stellt sich die Frage nach der Verlässlichkeit dieser Daten. Handelt es sich um Quellentrends oder entsprechen sie tatsächlichen Klimaänderungen? Wie hat sich in diesem Zeitraum die Küstenform verändert und welchen Einfluss hatte der Torfabbau oder technische Eingriffe wie Deichbauten? Diese komplexen Wechselwirkungen können an dieser Stelle nicht dargestellt werden. Deshalb müssen die genannten Maxima, Minima und sonstigen Entwicklungen mit Vorsicht interpretiert werden (Abb. 88).

Es ist beispielsweise zu erkennen, dass immer wieder mittelfristige Schwankungen in der Größenordnung von 50 bis 100 Jahren aufgetreten sind. So gab es Phasen verstärkter Aktivitäten (1230, 1375, 1550–1625, 1775–1800) neben Abschnitten reduzierter Sturmfluthäufigkeiten (1300, 1450, 1725–1750, 1875). Neben diesen Minima und Maxima sind Belegungstrends sichtbar, die sich in einem geringeren Niveau der Kurve in den ersten 400 Jahren bis 1500 bemerkbar machen. Deutlich tritt dann aber in der Kleinen Eiszeit zwischen 1525 und 1700 eine Phase verstärkter Sturmfluthäufigkeiten hervor. Auch die nachfolgenden Minima stimmen mit einigen der bereits diskutierten Klimaphasen sehr gut überein. Interessant ist in der vorliegenden Bearbeitung auch die Entwicklung im 20. Jahrhundert. Nach einer raschen Zunahme bis in die 1940er-Jahre nehmen die schadbringenden Sturmfluten kontinuierlich ab. Diese Entwicklung widerspricht zumindest einem Teil der Literatur, nach der infolge der globalen Erwärmung gerade in den Mittelbreiten eine Zunahme der Orkantiefs auftreten soll, die zu vermehrten Sturmfluten führt. Eine andere, nicht klimatische Erklärung für diesen Negativtrend könnten aber auch die verbesserten Küstenschutzmaßnahmen sein.

Neben dem mittelfristigen Verlauf interessiert auch die jahreszeitliche Verteilung. Hier ergeben sich einige interessante Verschiebungen: Zwischen 1940 und 1984 traten Sturmfluten in den ersten vier Monaten weit häufiger auf als im historischen Untersuchungsabschnitt. Besonders deutlich sind diese Unterschiede im Januar und März ausgebildet. Hingegen sind im historischen Zeitabschnitt deutlich mehr Sturmfluten in der zweiten Jahreshälfte aufgetreten, wobei der Oktober die größte Abweichung aufweist. Bemerkenswert sind auch die höheren Belegungen in den Sommermonaten. Die starke Abweichung im Spätjahr korreliert sehr gut mit den starken Veränderungen der herbstlichen Temperaturen.

Da das Gros von Untersuchungen zum Auftreten von Sturmfluten in der Regel nur die Ereignisse an der Nordseeküste behandelt (vgl. Lamb 1991), soll an dieser Stelle eine Bearbeitung zu den Ereignissen an der Ostseeküste angefügt werden. Diese Ausarbeitung basiert auf handschriftlichen Aufzeichnungen aus den Archiven in Wismar, Stralsund, Greifswald, Lübeck und Rostock.

In der Darstellung ist zunächst wieder ein Quellentrend ersichtlich, der in dem absoluten Maximum 1780 gipfelt. Danach gehen die Hinweise deutlich zurück, wobei ab 1960 keine Daten mehr zur Verfügung stehen. Im Vergleich der Ostseereihe mit den Nordseedaten fällt auf, dass im mittelfristigen Verlauf Abschnitte mit gegenläufiger Entwicklung und Phasen mit einer gleichläufigen Entwicklung zu erkennen sind. Beispielsweise sind die Maxima und Minima zwischen 1300 und 1360 gegenläufig ausgebildet. Allerdings beruhen die Aussagen nur auf einer kleinen Zahl von Ereignissen. Danach ähnelt sich der weitere Verlauf bis 1410 wieder sehr stark. In der Folgezeit dominieren wieder die gegenläufigen Abschnitte. Erst ab 1540 setzt eine Phase ein, in der für längere Zeit bis 1630 wieder ein ähnlicher Kurvenverlauf in beiden Regionen zu erkennen ist. Anschließend bestimmen wieder die Gegensätzlichkeiten das Bild, bis zwischen 1740 und 1800 wieder ein ähnlicher Verlauf zwischen den beiden Kurven dominiert.

Wie ist dieses unterschiedliche Verhalten zu erklären? Sturmfluten an der Nordsee entstehen durch die Windwirkung im Zusammenspiel mit anderen Einflüssen und der astronomischen Tide. Hohe Wasserstände sind die Folge von Stürmen aus westlichen Richtungen, wobei vor allem nordwestlichen Richtungen eine besondere Rolle zukommt, während Ostwindlagen die Wasserstände absenken. Im Ostseeraum sind die Verhältnisse anders, hier wirken sich Nord- und auch Ostlagen besonders stark aus, wo hingegen die reinen West- und Südwestlagen das Wasser von der Küste weg drücken. Zudem machen sich Sturmfluten aufgrund des andersartigen Landschaftsaufbaus weniger stark bemerkbar als in dem flacheren Nordseeküstenbereich. Der Ostseeraum wird bestimmt von steileren Küsten in einem höher gelegenen Hügelland.

Auf die Auswirkungen einzelner Sturmfluten wurde bereits mehrfach eingegangen. Immer wieder mussten Menschen-, Sach- und Landverluste hingenommen werden.

Es waren stets besonders beeindruckende Ereignisse, die noch lange im kollektiven Gedächtnis der Menschen nachhallten. Interessanterweise wird auch in der aktuellen Diskussion um die Auswirkungen des Klimawandels im besonderen Maße auf die Entwicklung des Meeresspiegels und die damit in Zusammenhang stehende Frage der Sicherheit der Küstenräume Bezug genommen. Ein vielfach zitiertes und diskutiertes Beispiel ist der Kliffabbruch auf der Insel Sylt, der nach größeren Sturmfluten immer wieder durch Sandvorspülungen, Neuanpflanzungen von Strandhafer und weitere Sicherungsmaßnahmen mit Millionenaufwand unterbunden werden soll.

Auch im historischen Kontext stellt die Interaktion von Klimaimpuls, Sturmflut, Schutzmaßnahmen und Rückkopplung eine eindrucksvolle Fallstudie der Gesellschafts-Umwelt-Beziehung und ihrer Komplikationen dar.

Auf den historischen Meeresspiegelanstieg reagierte der Mensch zunächst mit Wurtenbildungen. Der Deichbau setzte im 11. Jahrhundert in Form von Ringdeichen ein, die in den beiden nachfolgenden Jahrhunderten miteinander verbunden wurden, bis um 1300 eine geschlossene Deichlinie, der „Goldene Ring" geschlossen war. Heute geht man davon aus, dass die Bedeichung zu höheren Sturmflutständen und damit auch zu folgeschwereren Deichbrüchen führte, die schließlich in der Bildung der großen Buchten wie dem Dollart, der Leybucht und dem Jadebusen endeten. Begünstigt wurden die verheerenden Einbrüche durch die Salztorfgewinnung und die Entwässerung, durch welche die ursprüngliche Landoberfläche zum Teil erheblich erniedrigt worden war. Die Hauptphase dieser Einbrüche korreliert signifikant mit dem Beginn der Kleinen Eiszeit, in der Sandumlagerungen und Dünenbildungen sowie Zusandungen von Häfen auffallend zunahmen. Von Behre (2005) werden die maximalen Einbrüche an der deutschen Nordseeküste um 1500 datiert (vgl. Abb. 89). Bei schweren Sturmfluten wurde die Küstenlinie immer wieder verändert, es kam zum Einbruch

Abb. 89: Frühere Küstenlinien und Buchtenbildungen an Teilen der Nordseeküste (nach Behre 2005).

von Großbuchten, Inseln wurden verlagert und in den spektakulären „Manndränken" gingen ganze Landstriche verloren. Ursächlich für diese Entwicklung war wohl der klimatische Impuls – die mit der Klimaänderung einhergehende Zunahme von Stürmen – es waren dann aber vor allem die menschlichen Aktivitäten beziehungsweise „Fehlplanungen", durch die viele Schadwirkungen verstärkt wurden.

Hochwasserereignisse an deutschen Flüssen

Seit jeher zählen Hochwasser zu den großen Naturkatastrophen. Kein Wunder, dass sie Teil mythologischer und religiöser Vorstellungswelten wurden, wie zum Beispiel die Sintflut. Hochwasser waren auch schon immer im Fokus des allgemeinen Interesses. Medien, Gaffer und Schaulustige sind zur Stelle, wenn die Fluten eine kritische Grenze erreicht haben. Verlauf und Auswirkungen werden für die Nachwelt und für wissenschaftliche Analysen oder aber aus kommerziellem Interesse festgehalten. Im historischen Kontext ist eine große Zahl von Hochwassermarken, Flugschriften und Bildern erhalten, in denen die besonders verheerenden Ereignisse festgehalten sind. Zahllose historische Beschreibungen beziehen sich auf Verluste und Schadensbilder: Menschen-, Viehverluste und Sachschäden wurden der Obrigkeit gemeldet, zudem wurden Kommissare eingesetzt, die unmittelbar nach der Katastrophe das Land bereisten. In der Hoffnung auf finanzielle Hilfe wurden Bittbriefe verfasst; durch Kollekten versuchte man, die materielle Not zu lindern. Die Kirche wusste aber auch die Hochwasser für die eigene Sache zu verwenden: Katastrophale

Überflutungen wurden in so genannten Wasserpredigten als Zornrute Gottes gedeutet, die durch menschliches Fehlverhalten heraufbeschworen worden waren.

Ganze Siedlungen wurden ausgelöscht wie Neuenburg am Oberrhein im Jahr 1525. Einige Hochwasser veränderten das Landschaftsbild, wenn es wie 1784 an der Elbe zu Mäanderdurchbrüchen und anderen Laufveränderungen kam oder am Main ganze Hangpartien abrutschten. Neben detaillierten Beschreibungen geben Hochwassermarken Zeugnis von der Höhe dieser Flutkatastrophen. Gelegentlich findet man Erinnerungstafeln, wie zum Hochwasser der Alb, einem Nebenfluss des Rheins, vom August 1542 in Ettlingen:

„Dausent Fynff Hundert Virtzig Zwey
Bracht Uns Der Augst Ein Leidig Gschrei
Am Sechsten Tag Einer nachtzeit raicht
Das Wasser Wie der Riß Anzeigt."

Besonders spektakuläre Hochwasserkatastrophen inspirierten vielerorts Maler dazu, ganze Bildzyklen zu schaffen. In Form von Guckkastenbildern wurden diese Hochwasser einer sensationsbegeisterten Öffentlichkeit auf Jahrmärkten präsentiert. Oft fehlte es dabei nicht an den notwendigen Übertreibungen, Detailtreue und Sachinformation blieben hinter der Sensationsdarstellung zurück. Im Guckkastenbild des Hochwassers von 1784 in Würzburg haben sich ebenfalls einige topographische Ungenauigkeiten eingeschlichen (Abb. 90). Die Lage der Mainbrücke ist falsch dargestellt.

Welche wissenschaftlichen Aussagen lassen sich aus den historischen Hochwasserangaben ableiten?

Die genauesten Informationen verdanken wir Hochwassermarken. Diese sind metrisch fassbar und lassen sich im günstigsten Fall – wenn auch unter gewissen Restriktionen – mit heutigen Pegelständen in Beziehung setzen, wodurch quantitative Ableitungen verschiedenster Art möglich sind. Schiller (1986) gelang es, über Höhenvergleiche historischer Wasserstandsmarken die Abflussmengen der historischen Hochwasser zu berechnen. Darüber hinaus leitete er die Hochwasserwahrscheinlichkeit ab. Ähnlich hatte bereits zuvor Seberich (1958) historische Wasserstandsmarken und Ortsbeschreibungen großer Hochwasserereignisse in Würzburg auf aktuelle Pegelstände bezogen und damit verschiedene Abflussparameter rekonstruiert. Grundsätzlich kommen diese Verfahren der Forderung nach quantifizierbaren Daten entge-

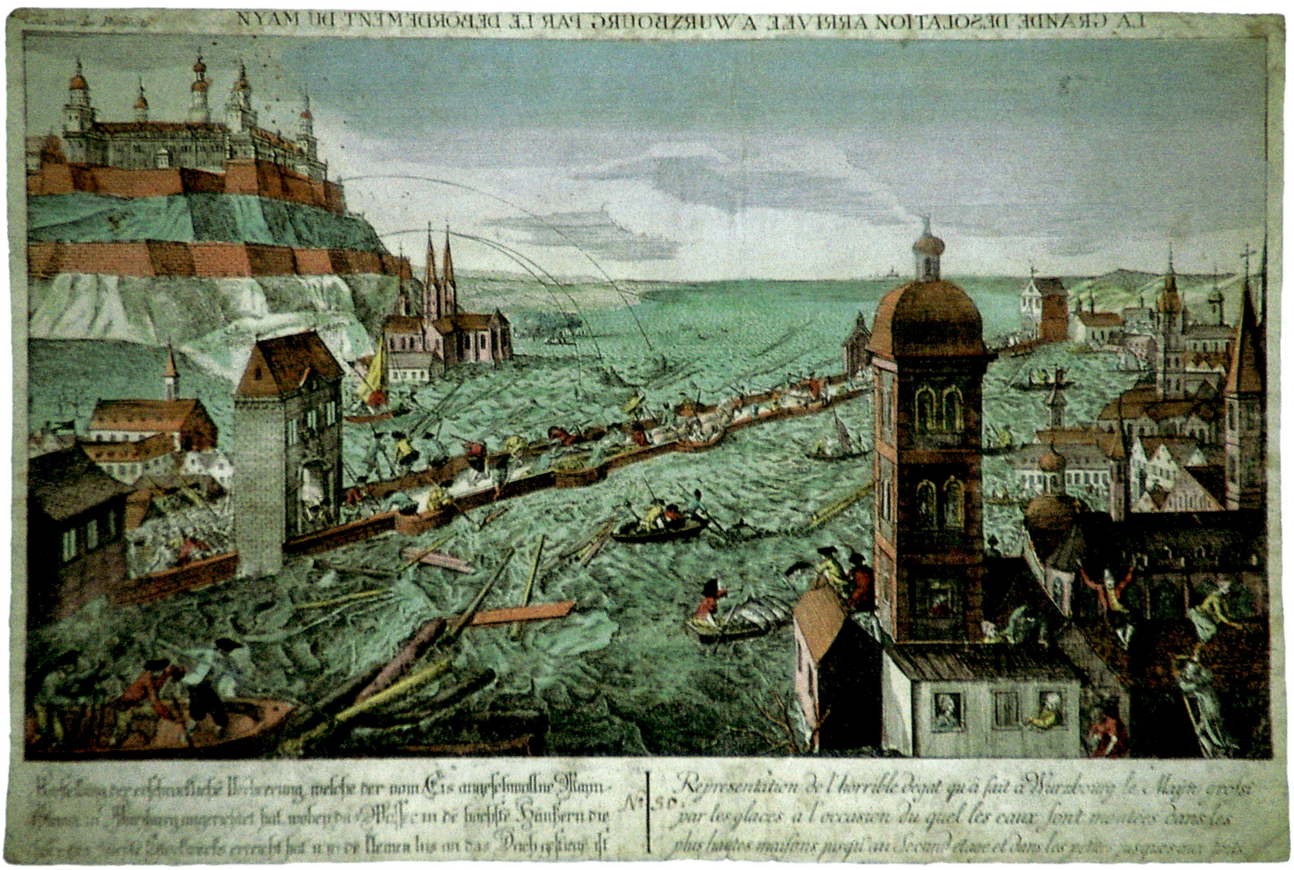

Abb. 90: Hochwasser von 1784 in Würzburg.

gen, auch wenn der stark hypothetische Charakter derartiger Bewertungen hervorgehoben werden muss.

Auch wenn Hochwassermarken einen nicht unerheblichen Anteil an den überlieferten Quellen ausmachen, so besteht der Hauptteil doch aus rein deskriptiven Hinweisen, die sich nicht auf aktuelle Pegelstände beziehen lassen. Trotzdem eröffnen diese Angaben verschiedene Interpretationswege: Die historischen Beschreibungen beinhalten sehr häufig Hinweise auf die witterungsklimatischen Ursachen der Hochwasser, welche recht eindeutig nach folgenden Kategorien unterschieden werden können (vgl. Bauer 1952):

(1) Regen (R)
(1.1) Starkregen (SR)
(1.2) Dauerregen (DR)(gegebenenfalls sind diese Unterklassen um den Parameter ‚gefroren' zu ergänzen)
(2) Schneeschmelze (SE)
(3) Eisgang (EG)
(4) Regen auf Schnee (SER)

Es sind auch Kombinationen dieser Kategorien möglich, wobei in der kleinen Eiszeit vor allem das Zusammentreffen von Eisgang mit einer der anderen Ursachen für das Auslösen extremer Hochwasser verantwortlich war. Das Schema reicht aus, um die meisten historischen Hochwasser zu klassifizieren. Ergänzungen wären möglich für die Mündungsbereiche, die durch Sturmfluten betroffen sind oder wenn Dammbrüche eine Rolle spielen. Auch sind Rückschlüsse auf die Niederschlagsmenge und den Typ nicht immer eindeutig, da beispielsweise Warmlufteinbrüche während des Winters oder Frühjahrs durch das schnelle Auftauen vergleichsweise kleiner Schneemengen zu einem höheren Hochwasser führen können als das langsame Abschmelzen größerer Mengen. Ein Zitat verdeutlicht diese Problemlage anschaulich:

> *„Anno 1613 … Umb Fasnacht hat es ein mechtig Schnee geworfen, daß die Leudt nicht haben mögen reisen, und der Abgang item hat kein groß Wasser geben, sondern ist von Tag zu Tag zerschmolzen. Über 8 Tag hat es abermal ein Schnee geworfen nicht sehr groß. Do er aber abgegangen ist, hat es ein solches Gewässer geben, daß ich kein so großes gesehen."* (Schmitt 1987)

Trotz derartiger Unwägbarkeiten bleibt die witterungsklimatische Zuweisung ein wesentliches Kriterium zur Beurteilung der historischen Hochwasser. Bei ausreichender Quellendichte können diese Daten auch nach räumlichen Kriterien bewertet werden. Zu unterscheiden sind lokale, regionale und überregionale Ereignisse, die in der Zusammenschau mit den witterungsklimatischen Ursachen weiteren Aufschluss bringen.

Eine weitere Dimension eröffnet sich durch die Interpretation der Auswirkungen. Im Sinne der Wirkungsforschung lässt sich dadurch die Schwere der Ereignisse miteinander vergleichen und entsprechend gewichten. Diese dargestellten Kriterien, quantitative Erfassung, witterungsklimatische Ursachen, räumliche Dimension und Wirkungsaspekt bilden die Grundlage der weiteren Auswertungen.

In einem ersten Arbeitsschritt wurden die Informationen zu regionalen Hochwasserchroniken zusammengestellt. Wenn möglich wurden über die chronikalische Listung der Ereignisse hinaus die steuernden klimatischen Faktoren klassifiziert. Ferner waren die räumliche Ausdehnung und die Schadensbilder von Interesse. Der hier verfolgte Ansatz ist also primär ein geographisch-klimatologischer, impaktbezogener.

Hochwasser am Main

Zunächst sollen die sehr gut belegten Hochwasserverhältnisse im Main-Einzugsgebiet vorgestellt werden (Abb. 91). Besonderes Augenmerk verdient dabei die Hochwasserreihe für die Pegnitz in Nürnberg, da sie die am besten dokumentierte Reihe ist (Abb. 92). Die meisten Hinweise lassen Rückschlüsse auf die Pegel zu, so dass eine Dreigliederung der einzelnen Ereignisse in mittlere, große und extreme Hochwasser vorgenommen werden konnte. Um den mittelfristigen Verlauf dieser Reihe zu verdeutlichen, wurden die gleitenden Häufigkeiten mit aufgetragen. Diese 31-jährige Filterung lässt drei Hauptphasen erkennen, nämlich von 1300 bis 1550, von 1550 bis 1730 und von 1730 bis 2000.

In den ersten 250 Jahren fallen zunächst drei kleinere Minima um 1375, 1450 und 1510 ins Auge. Ab 1550 nehmen die Ereignisse bis um 1730 deutlich zu, um anschließend wieder auf ein niedrigeres Niveau zurückzugehen. In dieser Phase nahmen zwischen 1610 und 1650 die Hochwasser wieder deutlich ab, was zunächst mit Quellenverlusten infolge des 30-jährigen Krieges in Zusammenhang gebracht werden könnte. Aus den täglichen Aufzeichnungen von Hermann IV. ist aber ersichtlich, dass sich in diesem Zeitraum ein Niederschlagstrend von trockeneren zu feuchteren Bedingungen vollzog. Es handelt sich demnach wohl um einen klimatischen Trend. Anthropogene Effekte sind aber auch in dieser Reihe ersichtlich. Sie werden am Ende in der stärkeren Abschwächung deutlich und sind Ausdruck der technischen, modernen Überprägung des Flusses. Es fällt auf, dass die hochwasserintensivierten Abschnitte markant mit den Hauptperioden der Kleinen Eiszeit in Franken zusammenfallen.

Auch ist in dieser Reihe gut zu erkennen, dass die extremen Ereignisse nahezu gleichförmig durch die Jahrhunderte hindurch auftraten. Anders verhält es sich mit dem Auftreten großer, mittlerer und kleinerer Hochwasser, die markante Phasen der Zunahme und Phasen verringerter Aktivität aufweisen. Besonders deutlich wird dies an den Häufungen 1430–1460 und 1530–1600. Um

Höhe über Straßenniveau in cm	
324	28.02.1784
300	30.03.1845
278	1682
250	1595
235	01.01.1764
202	1633
186	16.05.1573
185	19.02.1876
173	02.02.1862
165	29.12.1882
161	01.06.1845
156	1552
150	28.11.1882
150	07.02.1909
138	1546
131	01.01.1948
128	25.02.1970
122	1561
116	29.01.1995
103	12.12.1870
102	1982
93	24.01.1920
65	04.01.1830
59	30.06.1871
58	17.12.1723
44	07.03.1956

Abb. 91: Hochwassermarken am Maintor in Eibelstadt am Main.

einen Eindruck von dem Gefährdungspotential in diesen Extremphasen zu bekommen, sei darauf verwiesen, dass beispielsweise von 1650 bis 1660 die Anrainer fast jedes Jahr von Hochwassern betroffen waren, in vielen Jahren sogar gleich mehrfach. Besondere Beachtung verdient die saisonale Verteilung: Nach den auch in anderen Jahrzehnten aufgetretenen Winterhochwassern im Januar und Februar folgte in vielen Jahren eine zweite Welle im Frühling. Entgegen der sonst üblichen Verteilung fehlen in diesem Abschnitt die sommerlichen Hochwasser völlig. Dafür, und das ist eine herausragende Anomalie, setzte eine dritte Hochwasserwelle im Herbst ein. Daraus ergaben sich für einige Abschnitte bis zu fünf Hochwasser, innerhalb eines einzigen Jahres.

Dieses Muster einer intensivierten Hochwasserentwicklung zwischen 1550 und 1730 mit dem starken Rückgang um 1630 findet sich in nahezu allen Regionalreihen in Mitteleuropa. Wenden wir uns zunächst den Verhältnissen am gesamten Main zu.

Deutlich erkennbar ist die starke Zunahme der Hochwasser während der Kleinen Eiszeit sowie um 1830 und um 1925. Ab 1823 basiert die Reihe auf Pegelmessungen. Als Hochwasserjahre werden für diesen Zeitraum alle Jahre gewertet, in denen die Pegelstände um die 7,5-fache Standardabweichung den Mittelwert 1901 bis 1990 überschreiten. Alternativ wurde in Abb. 93 noch die Variante mit der 10-fachen Standardabweichung aufgetragen. Die erste Bearbeitung ist besser an die historische Entwicklung angepasst.

Analysiert man zunächst den besonders hochwasserintensiven Zeitabschnitt 1500–1800, dann ist neben den Maxima und Minima, die dem Muster der Pegnitz-Reihe entsprechen (Abb. 92 und 93), ein negativer Trend erkennbar; d. h., die Hochwasser nahmen über die ersten drei Jahrhunderte hinweg nach und nach ab. Erst ab 1823 steigen die Hochwasserereignisse wieder dramatisch an. Dies lässt sich mit zwei nichtklimatischen Aspekten begründen: zum einen stehen ab 1823 regelmäßige Pegelmessungen zur Verfügung, so dass nur eine kleine Datenlücke in Betracht zu ziehen ist. Zum anderen ergibt sich daraus das eingangs erwähnte Problem der Definition von Hochwassern. Je nach Wahl des Abgrenzungskriteriums ändert sich das Niveau der Kurve. Es fällt daher nicht leicht, einen objektiven Vergleich zur historischen Phase vor 1800 zu ziehen. Grundlage der weiteren Interpretation muss daher der relative Verlauf und nicht so sehr die absolute Höhe der Kurven sein. Deutlich erkennbar sind in der Phase ab 1800 Maxima um 1830 und 1925 sowie ein relatives Minimum um 1870 und der leichte Anstieg seit 1960. Diese moderne Phase der Pegelmessungen ist überprägt von ingenieurtechnischen Flussverbauungen und Hochwasserschutzmaßnahmen, die sich in einem Rückgang der mittelfristigen Hochwasserhäufigkeiten ab 1930 äußert, so dass für die Interpretation nicht nur die klimatischen, sondern auch datenspezifische Erklärungen und die technischen Veränderungen im Fluss neben denen in den Einzugsbereichen berücksichtigt werden müssen.

Hochwasser im Mittelrheingebiet

Die Quellenlage für den Rhein ist weniger gut als für das Main-Einzugsgebiet. Zunächst sollen die herausragenden

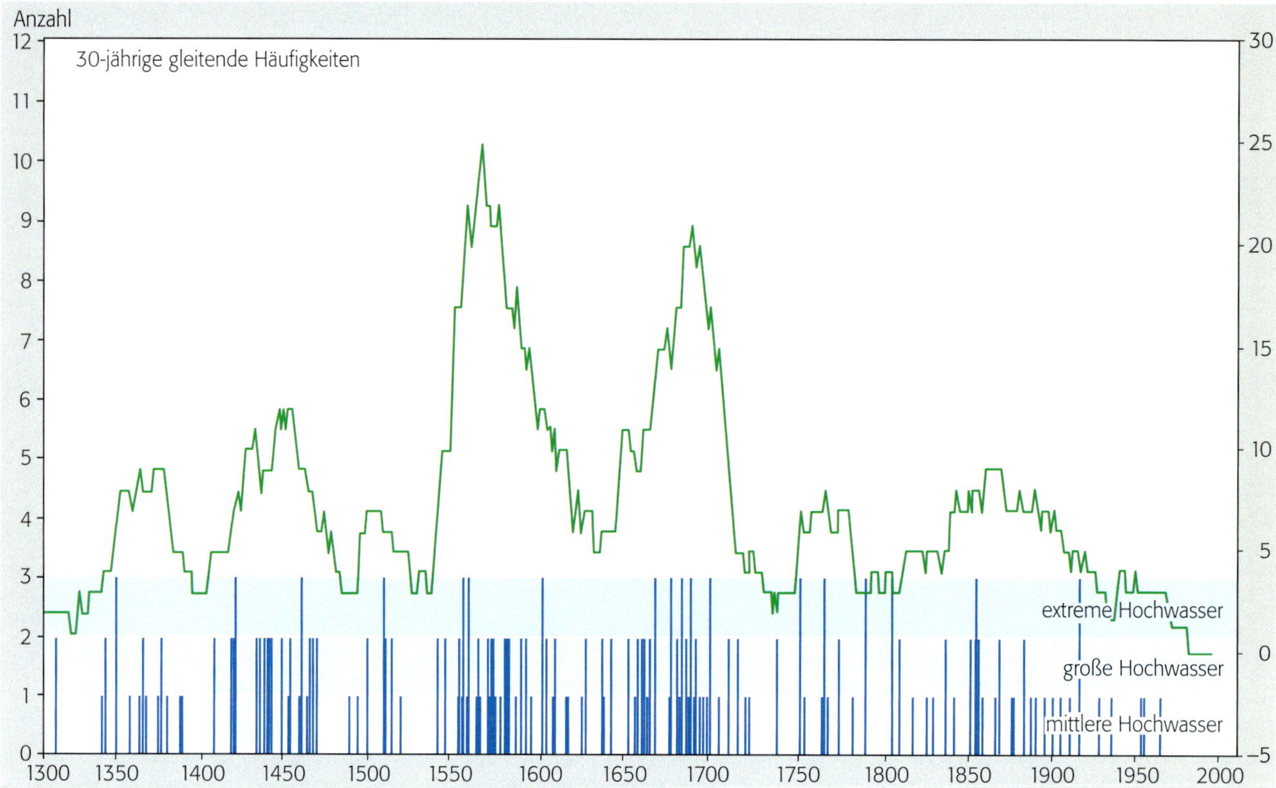

Abb. 92: Hochwasser an der Pegnitz in Nürnberg 1300 bis 2000.

Ereignisse vorgestellt werden. Hieraus lassen sich die Qualität und auch die Aussagepotentiale besser abschätzen. Die Ausführungen konzentrieren sich in diesem ersten Abschnitt auf die großen Ereignisse am Rhein bei Köln, die von Liebscher, Krahe & Witte (1988) und Witte (1991) bereits bearbeitet wurden.

Die älteste Hochwassermarke am Rhein ist die von Mitscher (1888) beschriebene undatierte Kölner Marke mit der Inschrift *„hic stetit magnus ren"*. Aus dem Schrifttypus und der Höhe der Markierung, die auf den Kölner Pegel bezogen 10,35 m beträgt, kann es sich nur um ein Ereignis aus dem 14. oder 15. Jahrhundert handeln. Nach den Zitaten aus den Städtechroniken kommen für diesen Zeitraum folgende drei Hochwasser in Betracht: das vom 25. Juli 1342, die Hochflut vom 11. Februar 1374 oder das Hochwasser vom 3. Februar 1432 (die Daten sind auf Köln bezogen). Das Hochwasser vom 11. Februar 1374 war ähnlich spektakulär und durch lang anhaltende Regenfälle in einer Tauperiode entstanden. Aus der Twinger Chronik, Königshofen/Straßburg, liegt folgende Beschreibung vor:

„Do men zalte 1374 jor, do hette es lange zit und vil geregent und entsprungent vil ertbrüche uf den Bergen do das wasser herus lief, das boume und steine und hüser enwegfürte. Hievon koment drü grosse wasser eines jores, die ein wenig minre worent denne die vorgeschriben wasser: Das erste kam uf den zwelften dag, daz ander uf sant Agnesen dag, das dirte umb sant Veltins dag." (Mitscher 1888)

Nach Mitscher sind die angesprochenen drei Tage der 6. und 21. Januar sowie der 14. Februar. Die „vorgeschriben wasser" sind die Jakobiflut und ein Hochwasser desselben Jahres um Bartholomäus. Näheren Aufschluss über den Witterungsgang erhält man durch die Angaben der Mainzer Chronik, nach denen vom 18. bis 25. Januar Kälte eintrat.

Eine Nachricht aus der Limburger Chronik (MGH, dt. Chroniken IV, S. 63) beschreibt, es sei seit Anfang des Jahres so viel Schnee gefallen wie noch nie. Dass der Limburger Chronist von Schnee berichtet, kann mit der unterschiedlichen Höhenlage der Beobachtungspunkte erklärt werden. Das Ereignis vom 6. Januar soll nicht die Höhe des Hochwassers von 1342 erreicht haben, hingegen stand das vom 12. Februar laut Überlieferung deutlich über dem früheren Niveau.

Die Reihe säkularer Extremhochwasser riss auch im folgenden Jahrhundert nicht ab. Das Ereignis aus dem Jahr 1432 kann als eindrucksvolles Beispiel gelten. Aus einem so genannten Chronogramm ergeben sich in Versform Datum und Ursache: *„hVnC bLa soLVebat qVeM*

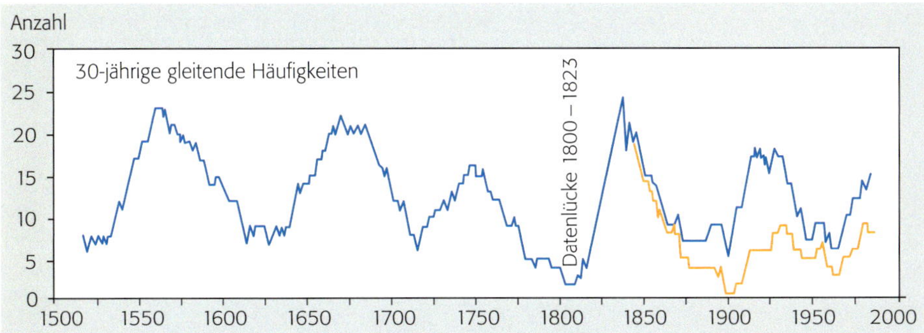

Abb. 93: Hochwasser am Main 1500–2000: Als Hochwasserjahre werden ab 1823 alle Jahre gewertet, in denen die Pegelstände um die 7,5-fache Standardabweichung den Mittelwert 1901 bis 1990 überschreiten (obere Kurve). In der unteren Kurve ist die Variante mit der 10-fachen Standardabweichung aufgetragen.

feLIX congLVtInabat“ (Bla hat diesen gelöst, den Felix machte erstarren). Die großen Buchstaben ergeben das Jahr 1432. Bla steht für den Blasiustag, den 3. Februar, der des Felix ist der 14. Januar. Daraus folgt, dass der Rhein rund drei Wochen zugefroren war, die Hochwasserkatastrophe wurde durch Eisgang hervorgerufen. Über die Höhe des Hochwassers gibt es lediglich sekundäre Informationen. Sie soll acht Fuß unter der von 1784 geblieben sein und nach Mitscher (1888) 2,31 m betragen haben. Ein weiteres Hochwasser ist vom 6. Januar 1497 überliefert. Die Ursache war wie 1374 ein warmer und feuchter Winter. Aus dem 16. Jahrhundert ist aus Köln nur eine Marke erhalten. Sie wurde nach den Recherchen von Mitscher offensichtlich falsch nachgebessert. Das Hochwasser fand am 6. März 1565 statt und wiederum war es der Eisgang, der für die außerordentliche Höhe verantwortlich war. In Mainz befindet sich am Holztorturm eine Marke vom 4. März 1565, eine weitere vom 5. Oktober 1573. Starke Regenfälle und Gewitter haben das Hochwasser am 12. Januar 1552 ausgelöst. Ein weiteres Hochwasser datiert auf den 5. März 1595. Aus Angaben eines Duisburger Chronisten war das von 1595 das größte Hochwasser, gefolgt von 1573, 1565 und 1552. Die Berichte stimmen mit den Angaben in Mainz überein. Aus dem 17. Jahrhundert ist in Köln die Marke von Januar 1651 erhalten (9,23 m über dem Kölner Pegel), in Koblenz finden wir zum gleichen Termin eine Marke am Kranen, wiederum wurde das Hochwasser durch Eisstau verursacht. Ebenfalls durch Eisgang soll es Ende Februar 1658 zu einem Hochwasser gekommen sein. Mitscher berichtet von Marken in Linz und in Erpel, die aussagen, dass dieses Hochwasser nur 0,21 cm bzw. 0,05 cm unter den Marken von 1784 geblieben ist. Ein drittes, ebenfalls großräumig ausgebildetes Hochwasser hat sich Ende Januar 1682 ereignet. Während am Rhein keine Wasserstandsmarken erhalten sind (es soll sich in Duisburg eine Marke dieses Hochwassers zwischen denen von 1651 und 1658 befunden haben), liegen im Maingebiet eine ganze Reihe vor. In Frankfurt und Seligenstadt liegen sie noch über denen von 1784, in Wertheim und Würzburg jedoch darunter. Aus Köln lag nach Mitscher noch eine Marke von 1740 vor (9,33 m Kölner Pegel), die nach einer genaueren Duisburger Quelle auf den März datiert werden muss. Ein weiteres Mal war der Eisstau die Ursache. An dem bereits zitierten Duisburger Haus waren noch folgende Jahreszahlen angegeben: 1633, 1643, 1700, 1706, 1709.

Über diese Beschreibungen hinaus wurden die Hochwasserereignisse ab 1500 in einer graphischen Darstellung zusammengefasst (Abb. 94). Der Kurvenverlauf in der historischen Phase zwischen 1500 und 1800 lässt ein ähnliches Muster wie am Main und an der Pegnitz erkennen, was sich auch in einem hochsignifikanten Korrelationskoeffizienten von 0,47 äußert. Deutlich treten zwei Maxima um 1575 und um 1690 hervor. Dazwischen gab es einen markanten Rückgang. Gegenüber der Main-Reihe ist das erste Maximum aber schwächer und das zweite kürzer ausgebildet; zudem trat es einige Jahre später ein. Als Erklärung kommt das komplexere Abflusssystem des Rheins mit einer entsprechenden Beeinflussung durch die zahlreichen Nebenflüsse in Betracht.

Für die Moderne liegen regelmäßige Pegelmessungen vor. Diese zeigen im Zeitraum 1890 bis 1990 eine Zunahme der Scheiteldurchflüsse am Kölner Pegel an, der mit einer Zunahme der Niederschläge korreliert. Diese lassen sich wiederum mit einer Zunahme der Westwetterlagen vor allem im Winter in Zusammenhang bringen, die zu einer Erhöhung der Winterniederschläge geführt haben (vgl. Mendel et al. 1997).

Hochwasser im Niederrheingebiet

Eine besonders aussagekräftige Hochwasserreihe zum Niederrhein konnte mittlerweile von Glaser & Stangl (2003) vorgelegt werden (Abb. 95). Bemerkenswert ist die gute Datenlage, die ab 1350 eine verlässliche Einschätzung zulässt. Grundlage des historischen Zeitabschnittes sind u. a. die „Cameraarsrekeningen van Deventer“ und die „Stadsrekeningen van Arnhem“ sowie die Zusammenstellungen von Gottschalk (1971–1977). Hinzu kommen ab dem Jahr 1770 regelmäßige Wasserstandsmessungen am Pegel Nimwegen. Im Überschneidungszeitraum mit dem historischen Datenmaterial konnte eine sehr gute Übereinstimmung festgestellt werden, so dass eine An-

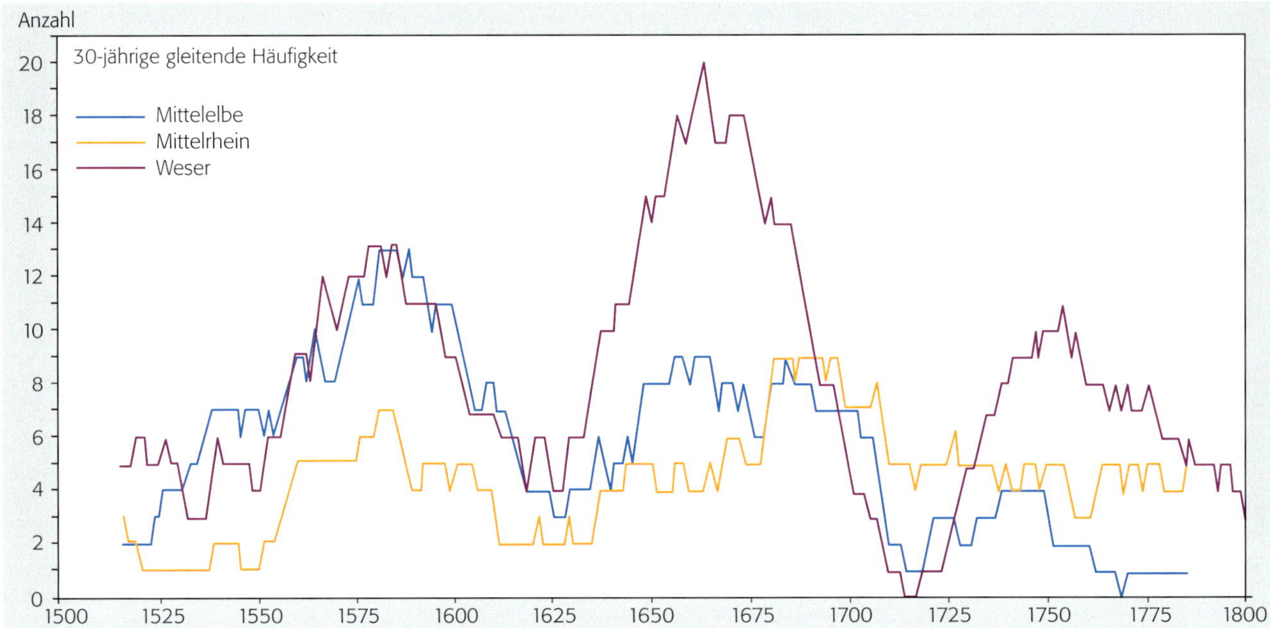

Abb. 94: Hochwasser am Mittelrhein, an der Weser und an der mittleren Elbe 1500 – 1800.

kopplung der rezenten Messdaten innerhalb geringer Fehlergrenzen möglich war. Als ältester Pegel in Deutschland gilt der von Köln, der ab 1816 regelmäßig Daten liefert.

In dieser langen Zeitreihe lassen sich gleich mehrere auffällige Entwicklungen hervorheben: das erste Maximum um 1420, das angehobene Niveau während der Kleinen Eiszeit, das mehrere Fluktuationen umfasst, ein weiteres Maximum kurz nach 1800 und der erneute Anstieg im 20. Jahrhundert, der noch nicht ganz das Niveau der ersten beiden Maxima erreicht.

Die starke Zunahme der Hochwasser ab 1900 wird mit der Zunahme der Niederschläge in West- und Südwestdeutschland in Verbindung gebracht. Diese liegt in den letzten 100 Jahren in der Größenordnung von 30 % und korrespondiert sehr gut mit einer entsprechenden Zunahme des jährlichen Hochwasserabflusses am Pegel Köln seit 1891. Es stellt sich die Frage nach den Ursachen der anderen Fluktuationen. Während sie in der Kleinen Eiszeit durch die stärker auftretenden Eishochwasser erklärt werden können, bedarf das Maximum um 1420 eines weiterführenden Interpretationsansatzes. In diesem Zeitraum fanden wesentliche Verlagerungen im Mündungsgebiet des Rheins statt, die zum Teil durch anthropogene Maßnahmen begünstigt waren. So führte etwa eine Reihe von Sturmfluten im Mündungsbereich der Rheinverzweigungen Waal und Lek seit dem frühen 15. Jahrhundert zu einer beträchtlichen Umverteilung des Abflusses. Erst durch die Verlagerung der Erosionsbasis ins Landesinnere konnte die Waal in der Folge dieser Ereignisse einen Großteil des Rheinwassers an sich ziehen und zu einem veritablen Hochwasserrisiko für ihre Anwohner werden.

Hochwasser im Wesergebiet

Analog zu der Darstellung von Hochwassern am Rhein soll eine Beschreibung zu herausragenden Hochwasserereignissen an der Weser erfolgen. Von Lotze (1878) und Naterman (1933) stammen wertvolle Aufstellungen mit Angaben, die heute verschollen sind. Diese wurden durch eigene Quellenstudien ergänzt.

Eines der ersten, auch witterungsklimatisch einzuordnenden Hochwasser trat im Jahre 987 auf, als nach starken Schneefällen ein plötzliches Tauwetter eintrat. Im Jahre 1008 berichten die Quellen ab dem 5. Januar von einer siebentägigen Hochflut, eine weitere folgte 1012. Nach einem sehr langen und kalten Winter im Jahr 1020 kam es infolge eines dreitägigen Warmlufteinbruches zu einem Hochwasser. 1150 fing der Winter mit grimmiger Kälte an und dauerte bis in den Mai. Anschließend gab es sehr hohe Wasserfluten und Stürme, die großen Schaden brachten. 1152 schreiben die Chronisten von einer ‚unerhörten Wasserflut'. Am 16. Februar 1162 schien für die Zeitgenossen das Wetter Kapriolen zu schlagen. Mit schweren Stürmen, die zu Windwurfschäden führten, kündigte sich ein *„ganz ungewöhnliches Regensturmwetter mit immer währenden Gewitter an, dass viele Gebäude durch den Blitz entzündet und durch den Sturm unzählige Bäume umgeworfen wurden"* (Lotze 1878). Am Ende folgte ein großes Hochwasser, ebenso in den Jahren 1179, 1274 und 1306. Die schwere

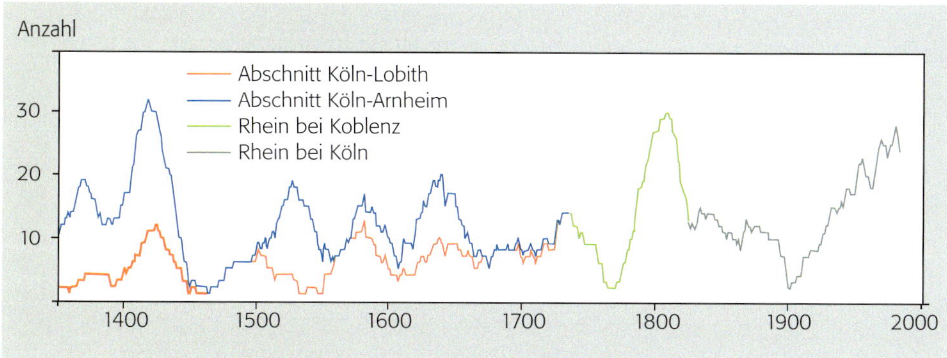

Abb. 95: Hochwasser am Niederrhein (verändert nach Glaser & Stangl 2003). Dargestellt sind 30-jährige gleitende Häufigkeiten.

Überschwemmung 1342 erreichte 3 ¾ Ellen. Eine Tafel an der St.-Blasii-Kirche in Münden würdigt dieses Ereignis folgendermaßen: *„Im Jahre des Herrn 1342 am 9. Juli ist eine Überschwemmung der Weser und Fulda gewesen, und die Höhe des Wassers berührte die Basis dieses Quadersteins.“* Im Jahre 1374 und am 27. Dezember 1424 folgten mit einer Höhe von 2 ¾ Ellen Höhe sowie 1472 und 1539 wiederum hohe Fluten. Am 10. Januar 1552 gab es erneut eine verheerende Überschwemmung, nachdem am 8. und 9. Januar solch starke Regengüsse auftraten *„wie sie kein Mensch erlebte“* und *„Unsere Werrabrücke durch die dicken Eisschollen sehr erschüttert wurden“*. Drei Tage hielt das Hochwasser an. Im östlichen Strebepfeiler der St.-Blasii-Kirche erreichte die Höhe des Wassers 2 ½ Ellen: *„1552, den 10. January is dat Water gegahn unden an dissen Stein, un in der folgenden Nacht ein Schröklich Wedder und Donner“* (Lotze 1878). 1590 war bei der hohen Wasserflut eine solch starke Eisfahrt, dass die Werrabrücke mit großem Kostenaufwand repariert werden musste. Im Jahr 1618 folgte ein neues Hochwasser. Der Eisgang von 1635 war wieder so stark, dass ein neuer steinerner Pfeiler unter die Tanzwerderbrücke gebaut werden musste. Starke Schneefälle, die ab Weihnachten 1642 fielen, und ein plötzlicher Warmlufteinbruch waren die Ursache für das Hochwasser am 1. Januar, als das Wasser 3 Ellen hoch in der St.-Blasii-Kirche stand. Wie so oft bei historischen Hochwassern war auch das von 1655 auf den Eisgang zurückzuführen, wobei an der Werrabrücke kein Schaden entstand, aber die Brücke in Bremen weggerissen wurde. Weitere schwere Hochwasser folgten 1674 und 1677, beide führten zu schweren Schäden.

Zu den herausragenden Hochwassern zählte in diesem Flussgebiet auch das vom 16. Januar 1682, das die vorhergehenden an Schwere der Schäden noch übertraf. Dieses Hochwasser hatte aber auch seine positiven ökologischen Effekte. Wie die Chronisten bemerkten, wurden durch die Zerstörung der Wehre auf der Weser die Stromaufzüge der Lachse wieder begünstigt. Die Höhe der letzten beiden Wasserfluten von 1643 und 1682 waren zur Zeit von Lotze noch durch Marken am Rathaus auszumachen. 1704 war der Winter lang und hart gewesen; durch den Eisgang kam es erneut zu einer Überschwemmung. Wenige Jahre später, 1711, konnte die Katastrophe noch halbwegs abgewendet werden. Nachdem die Eisfahrt in den letzten Februartagen begann und sich größere Eismassen festgesetzt hatten, beseitigten 50 Arbeiter vom 1. bis 4. März am Steinwege und vor der Blume diese Eisbarriere. Für längere Zeit schweigen die Quellen, bis im Februar 1752 wieder eine hohe Wasserflut auftrat. Auch im Jahr 1753 war nach einem harten Winter der Eisgang für das Hochwasser verantwortlich. Wie so oft erlitt dabei die Lohmühle großen Schaden. Aus witterungsklimatischer Sicht besonders interessant ist das Ereignis vom Sommer 1739. In Oberhessen ging ein solcher Wolkenbruch nieder, dass die Fulda schnell anschwoll und das Wasser auf den Marktplatz von Münden ging. Die Werra hingegen war zu dieser Zeit auffallend klein, so dass zumindest keine Erhöhung der Hochwasserwelle eintrat und die Stadt von einer größeren Überschwemmung verschont blieb. Schwere Südweststürme, die in ganz Europa 1747 wüteten, verursachten verheerende Schäden auch in den mündischen Wäldern und Überschwemmungen. Ein weiteres Hochwasser gab es am 1. Januar 1764, das am Mühlentor eine Höhe von 4 ½ Ellen erreicht haben soll. 1776 war erneut eine schwerer Eisgang eingetreten, der zu Überflutungen führte. Wie im gesamten Mitteleuropa war auch in dieser Gegend das durch den Eisgang hervorgerufene Hochwasser vom März 1784 eines der schwersten. Ein weiteres Hochwasser wurde 1799 ebenfalls durch den Eisgang verursacht. Anders verhielt es sich in der Nacht vom 22. auf den 23. Februar 1799, als ein schweres Gewitter und Starkregen zu einem Anschwellen der Flüsse führte. Die Wasserhöhe betrug an der Mühlenpforte 3 ⅞ Ellen. Im April 1808 und im Jahre 1809 gab es erneut große Hochwasser, die durch Eisgang hervorgerufen worden waren.

Neben diesen Einzelereignissen, die in den meisten Fällen mit überregionalen Befunden korrelieren, interessiert der mittelfristige Verlauf. Erneut lässt sich das bekannte Muster zwischen 1500 und 1800 erkennen. Auch an der Weser weist die Entwicklung der Hochwasser um 1575 und um 1700 Maxima auf, die durch einen markanten Rückgang unterbrochen waren. Ein Weiteres war um

1755 ausgebildet, ähnlich groß wie das um 1575. Die Stärke der Maxima zeigt gewisse Übereinstimmungen mit dem Verlauf am Mittelrhein, die zeitliche Struktur ähnelt aber stark der am Main. Lediglich das erste und das letzte Maximum traten etwas später als am Main ein. Insgesamt ist der Verlauf der Hochwasserentwicklung zwischen 1500 und 1800 an der Weser mit dem des Mains sehr ähnlich, was sich in einem hochsignifikanten Korrelationskoeffizienten von 0,7 statistisch fassen lässt. Ebenfalls hochsignifikant, aber weniger stark ist der Zusammenhang mit der Mittelelbe, was in einen Korrelationskoeffizienten von 0,56 zum Ausdruck kommt.

Hochwasserentwicklung im Elbegebiet

Über die Elbe liegt die vielleicht am gründlichsten recherchierte historische Dokumentation vor. Sie wurde von Pötzsch aus Anlass der Hochwasserkatastrophe von 1784 verfasst. Rückschauend wird dieses Ereignis mit historischen Hochwassern in Beziehung gesetzt, wobei der besondere Wert in der quellenkritischen Sicht des Verfassers liegt. Dem Zeitgeist folgend sind die Beschreibungen mit detaillierten Berichten über die Folgeschäden versehen. Ähnlich wie bei den anderen Flussgebieten konnten diese Daten (vgl. Schäfer 1848, Jahn 1850) durch Angaben aus HISKLID ergänzt werden.

Die Zusammenstellung berücksichtigt den mittleren Elbeabschnitt bis Magdeburg. Auch in der Hochwasserreihe zur Mittelelbe findet sich zwischen 1500 und 1800 das bekannte Muster, wenn auch weniger stark akzentuiert, was mit einer geringeren Quellenbelegung erklärt werden kann. Der ganze Verlauf ähnelt dabei dem des Mains, was in einem hochsignifikanten Korrelationskoeffizienten von 0,7 zum Ausdruck kommt. Die Korrelationskoeffizienten mit der Weser und der Oder sind ebenfalls hochsignifikant, fallen aber mit 0,56 und 0,55 geringer aus.

Ganz anders verhält sich die Entwicklung an der Saale. Neben den bekannten Maxima um 1580 und 1690 lassen sich weitere, z. B. um 1610 oder 1725, erkennen. Wie sind diese Unterschiede zwischen der Elbe und der Saale zu erklären? Gegenüber den anderen Flussgebieten können folgende witterungsklimatische Auffälligkeiten angeführt werden: Das Auftreten sommerlicher Hochwasserereignisse war im Thüringer Raum vor allem zu Anfang des 16. Jahrhunderts signifikant höher als in den anderen Regionen. Da eine nicht unerhebliche Zahl dieser Sommerereignisse auf Starkregen zurückgeführt werden konnte, muss in diesem Fall eine regionalklimatische Prägung angenommen werden. Ein zweiter Aspekt betrifft die Angaben zum Eisgang an der Elbe. Analysiert man die vorliegenden Daten unter diesem Gesichtspunkt, fallen markante Fluktuationen auf. Zunächst ist die Zahl der spätwinterlichen Hochwasser in der ersten Hälfte des 16. Jahrhunderts gering, ebenso Ereignisse im Frühling. Hinweise auf Eisgänge fehlen fast völlig, wobei auch andere witterungsklimatische Hinweise meist nicht erwähnt sind. Erst ab der zweiten Hälfte des 16. Jahrhunderts nehmen einschlägige Beschreibungen signifikant zu, sie verdoppeln sich sogar gegenüber den Belegungszahlen in der ersten Hälfte des Jahrhunderts. Im gleichen Zeitraum steigt auch der Anteil der Ereignisse im Winter und Frühling deutlich gegenüber denen im Sommer an. Gegen Ende des Jahrhunderts sinkt der Anteil der durch Eisgänge verursachten Hochwasser wieder, um erst ab 1630 erneut verstärkt zuzunehmen. Weitere Maxima folgen ab 1650, wobei um die Jahrhundertwende die Hinweise auf Eisgänge wieder abnehmen, während der Anteil der spätwinterlichen und Frühjahrs-Hochwasser nahezu gleich bleibt. Vielleicht traten bei den Beobachtern auch Gewöhnungseffekte auf. Auffallend gering sind die Meldungen zu Anfang des 18. Jahrhunderts, zumindest phasenweise korrelieren diese Befunde mit der winterlichen Erwärmung vor allem in den 1730er-Jahren. Ab 1760 nehmen die Hinweise wieder signifikant zu und erreichen in den darauf folgenden Jahrzehnten Maximalwerte. Aus diesem Gesamtbefund ergeben sich auffällige Gleichläufigkeiten zu den bereits diskutierten Phasen der Kleinen Eiszeit. Neben diesen langfristigen Tendenzen sind auch Einzeljahre durch ihren spezifischen Ablauf hervorzuheben. Zu diesen zählt die anhaltend lange Hochwassersequenz im Jahre 1771, in der vom Januar bis in den August hinein immer wieder Hochwasserereignisse auftraten. Die witterungsklimatischen Ursachen dieser Katastrophe waren unterschiedlich und umfassten mehrere Schneeschmelzphasen im Frühling und Dauerregenperioden im Sommer.

Hochwasser im Donaugebiet

Wie für die anderen Flussgebiete wurde auch für das Donaugebiet eine regionale Hochwasserchronik erstellt. Dargestellt ist die Situation in Ulm, wobei ab 1500 von einer homogenen, d. h. lückenlosen Zeitreihe ausgegangen werden kann. Der Kurvenverlauf (Abb. 96) zeigt auch hier die bekannten Maxima um 1650 und ein weiteres um 1730. Der besondere Wert dieser Reihe beruht darauf, dass sie bis in die Moderne fortgeführt werden konnte. Lücken, wie sie häufig zwischen den rezenten Messdaten und den historischen Zeitreihen bestehen, können mittlerweile mit Hilfe von statistischen Verfahren geschlossen werden. Dirk Riemann hat hierzu ein ausgereiftes Verfahren entwickelt, das auf empirischen Orthogonalfunktionen, kanonischen Korrelationen und multiplen Regressionen basiert.

Das Abflussverhalten der Donau wird in besonderem Masse vom Alpenraum mitgesteuert, was eine andere jahreszeitliche Akzentuierung zur Folge hat. Regelmäßig treten in diesem Flusssystem sommerliche Hochwasser auf, die durch die Schneeschmelze und die Schmelz-

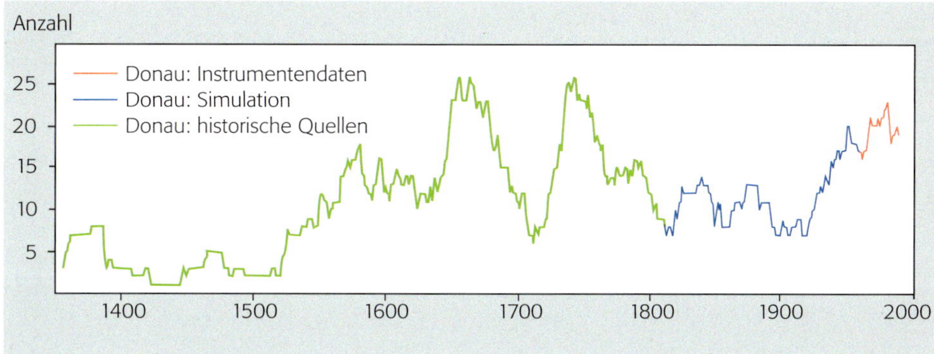

Abb. 96: Hochwasserentwicklung an der Donau bei Ulm. Dargestellt sind die 30-jährigen gleitenden Häufigkeiten.

wasser der Gletscher bedingt sind. Man spricht in diesem Zusammenhang von einem glazio-nivalen Abflussregime. Hinzu kommen die eigenen Hochwasserwellen aus den Mittelgebirgen. Diese eigene Prägung des Donau-Regimes kommt auch in den dargestellten Kurven zum Ausdruck.

Aus den mittlerweile zu einigen der Nebenflüsse vorliegenden Hochwasserchronologien wie zur Traun zwischen 1441 und 1574 (Rohr 2006) (Tab. 11) oder zur Isar und zum Lech (Böhm & Wetzel 2006) ist die differenzierte Steuerung sehr gut ersichtlich. Zudem wird deutlich, welch kleinräumige Unterschiede selbst zwischen unmittelbar benachbarten Flüssen wie Isar und Lech bestehen.

Hochwasser an der Oder

Durch die großen Überschwemmungen 1997 ist dieser Flusslauf in den Mittelpunkt des öffentlichen Interesses gerückt. Vergleicht man das Abflussverhalten dieses Flusses mit dem der anderen mitteleuropäischen Flusssysteme, dann ergeben sich einige eigene regionale Prägungen: Die Oder friert häufiger zu, der Mündungsbereich ist ebenfalls häufiger von Eis besetzt, hinzu kommen einige ökologisch und auch hydrologisch interessante Besonderheiten wie der Oderbruch.

Die Zusammenstellung zeigt erwartungsgemäß einen zumindest abschnittsweise eigenen Verlauf: Das erste Maximum um 1550 ist schwächer, ein zweites folgt um 1600 und damit einige Jahre später als in den anderen Flussgebieten. Auch das Minimum Anfang des 17. Jahrhunderts trat später ein. Ein breites Maximum folgt schließlich von 1665 bis 1740, ehe die Kurve ab 1750 abfällt. Trotz dieser Eigenheiten der Oder ergeben sich zumindest in statistischer Hinsicht Ähnlichkeiten mit den anderen Flusssystemen. Die größte Ähnlichkeit gibt es erwartungsgemäß mit der benachbarten Elbe, was sich in einem Korrelationskoeffizienten von 0,55 äußert. Ähnlich hoch ist auch der Wert für den Main, nämlich 0,53.

Ergebnisse der Hochwasserchronologien

Die dargestellten Hochwasserchronologien sind Ausdruck verschiedener Faktoren wie Quellenbelegung, klimatischer Entwicklungen, Landschaftsveränderungen, insbesondere des Wald-Offenland-Verhältnisses und damit verbunden der Bodenerosion sowie ingenieurtechnischer Umgestaltungen der Flüsse. Hinzu kommen Abgrenzungs- und Definitionsprobleme. Diese betreffen im besonderen Maße den Zeitraum ab 1800. Grundsätzlich müssen bei den Diskussionen um die Ursachen von Hochwassern die unterschiedlichen Skalen berücksichtigt werden. Bei extremen und großräumigen Ereignissen spielt die Landnutzung und die Umgestaltung der Flussläufe keine Rolle. Bei mittleren Ereignissen nimmt der Einfluss der Landnutzung zu, dominiert aber nicht. Die technogene Umgestaltung der Flüsse hat auf dieser Betrachtungsebene grundsätzlich zu einer Reduktion des Risikos mittelschwerer Hochwasser geführt. Bei kleinräumigen Ereignissen hat die Landnutzung einen großen Einfluss auf die Hochwasserausgestaltung.

Ungeachtet der spezifischen Probleme weist die mittelfristige Entwicklung der Hochwasser in den verschiedenen Flusseinzugsgebieten zwischen 1500–1800 ein ähnliches Muster mit charakteristischen Maxima und Minima auf, was in hochsignifikanten Korrelationskoeffizienten zum Ausdruck kommt. Diese Ähnlichkeit, die in fast allen Flussgebieten erkennbar ist und aus regional unterschiedlichen Datensätzen abgeleitet wurde, spricht im Übrigen auch für die Qualität der Ausarbeitungen. Eine Ausnahme spielt dabei das Donaugebiet.

Besonders auffällige Zunahmen gab es in allen Flussgebieten zwischen 1500 und 1800. Diese lassen sich mit großräumigen klimatischen Veränderungen im Zusammenhang mit der Kleinen Eiszeit korrelieren. Die absolute Höhe und das Eintreten dieser Phasen weichen ein wenig voneinander ab. Dies gilt besonders für die Oder und die Saale, die auch heute eine eigene hydrologische und witterungsklimatische Steuerung aufweisen. In einigen historischen Abschnitten traten Hochwasser nahezu jährlich auf. Die saisonale und räumliche Charakteristik war ähnlich wie heute: Sommerliche Hochwasserereignisse sind auf Starkregen oder Dauerregen zurückzuführen, wobei letztere überregionale Ausdehnung hatten, während die Starkregenereignisse meist nur lokale Wirkung entfachten. Großräumig waren in der Regel auch die win-

Jahr	Monat	Überschwemmung	Intensität
1441	–	keine Überschwemmung	–
1442	–	keine Daten vorhanden	–
1443	Juni/Juli	Überschwemmung m. Zerstör.	stark
1444	Juni/Juli	Überschwemmung?	schwach
1445	April/Mai	Überschwemmung m. Zerstör.	stark
1446–1458		keine Daten vorhanden	–
1459	–	keine Überschwemmung	–
1460	April/Mai	Überschwemmung	schwach
1461	Ende Aug. August	Überschwemmung mit Zerstörung	mittelstark
1462	August	Überschwemmung	schwach
1463	März/Aug.	Eisgang? Überschwemmung?	schwach
1464–1470		keine Daten vorhanden	–
1469	Februar, März	Überschwemmung mir schwerer Zerstörung	stark
1471	Sommer	Überschwemmung?	schwach
1472	Sommer	Überschwemmung?	schwach
1473	Sommer	Überschwemmung?	schwach
1474	Juni/Juli	Überschwemmung	mittelstark
1475	–	keine Überschwemmung	–
1476–1477		keine Daten vorhanden	–
1478	Sommer?	Überschwemmung mir schwerer Zerstörung	sehr stark
1479	April/Mai	Überschwemmung	mittelstark
1480	Mai/Juni	Überschwemmung	schwach
1481	Februar	Eisgang?	mittelstark
1482	Januar	Eisgang?	mittelstark
1483	–	keine Überschwemmung	–
1484	Juni?, Aug.?	Überschwemmung	schwach
1485	Juni – September	vier Überschwemmungen mit Zerstörung	stark
1486	Febr., Mai	zwei Überschwemmungen	mittelstark
1487	Juli	Überschwemmung?	schwach
1488	–	keine Überschwemmung	–
1489	November	Überschwemmung mit Zerstörung	stark
1490	Juli	Überschwemmung	mittelstark
1491	Mai/Juni	Überschwemmung	schwach
1492	Mai	Überschwemmung mir schwerer Zerstörung	sehr stark
1493	Juli	Überschwemmung	schwach
1494		keine Daten vorhanden	–
1495	März	Überschwemmung?	schwach
1496	August	Überschwemmung	mittelstark
1497	Mai, Juni	zwei Überschwemmungen mit Zerstörung	stark
1498	März, Aug.?	Überschwemmung	mittelstark
1499	Juni	Überschwemmung mir schwerer Zerstörung	sehr stark
1500	April, Mai	zwei? Überschwemmungen mit Zerstörung	mittelstark/ stark
1501	Juli?, Aug.	desaströse Überschwemmung	extrem stark
1502	–	keine Überschwemmung	–
1503	September	Überschwemmung mir schwerer Zerstörung	sehr stark
1504	Mai	Überschwemmung	mittelstark
1505	Mai/Juni, August	zwei Überschwemmungen	mittelstark
1506	Juli	Überschwemmung?	schwach
1507	August?	Überschwemmung?	mittelstark
1508	Juli, August	zwei Überschwemmungen mit Zerstörung	sehr stark
1509	Herbst?	Überschwemmung?	schwach
1510	–	keine Daten vorhanden	–
1511	Juli	Überschwemmung mit Zerstörung	stark
1512	–	keine Überschwemmung?	–
1513	–	keine Überschwemmung	–
1514	Juni, Aug.	zwei Überschwemmungen	schwach/ mittelstark
1515	Sommer	Überschwemmung mit Zerstörung	stark
1516	Juni	Überschwemmung	schwach/ mittelstark
1517	Juli	Überschwemmung	schwach/ mittelstark
1518	–	keine Überschwemmung	–
1519	April, Juni, September	drei Überschwemmungen mit Zerstörung	stark
1520	August	Überschwemmung mir schwerer Zerstörung	sehr stark
1521	März?, April?, Juni	drei? Überschwemmungen mit Zerstörung	mittelstark/ stark
1522	April, Aug.	zwei Überschwemmungen mit Zerstörung	mittelstark/ stark
1523	Juli	Überschwemmung	schwach
1524	–	keine Daten vorhanden	–
1525	April	Überschwemmung	schwach/ mittelstark
1526	März	Überschwemmung oder Eisgang mit Zerstörung	stark
1527	April?, Juli	zwei Überschwemmungen	mittelstark
1528	–	keine Überschwemmung?	–
1529	–	keine Überschwemmung?	–
1530	–	keine Überschwemmung	–
1531	Sommer?	Überschwemmung?	mittelstark?
1532	Februar, Juli	zwei Überschwemmungen	mittelstark
1533	Juni	Überschwemmung	schwach/ mittelstark
1534	Mai	Überschwemmung	schwach/ mittelstark
1535	–	keine Überschwemmung?	–
1536	März	Überschwemmung m. Zerstör.	stark
1537	–	keine Daten vorhanden	–
1538	–	keine Daten vorhanden	–
1539	September	Überschwemmung mit Zerst.	stark

Tab. 11: Hochwasser an der Traun zwischen 1441 und 1574 (nach Rohr 2006).

Jahr	Monat	Überschwemmung	Intensität
1540	–	keine Überschwemmung	–
1541	Februar?	Überschwemmung?	mittelstark?
1542	Mai	Überschwemmung mit Zerstörung	stark
1543	–	Überschwemmung?	–
1544	–	keine Überschwemmung	–
1545	–	keine Überschwemmung	–
1546	Juli	Überschwemmung mit Zerstörung	mittelstark/ stark
1547	–	keine Überschwemmung	–
1548	Dezember	Überschwemmung	mittelstark
1549	–	keine Überschwemmung	–
1550	–	keine Überschwemmung	–
1551	März?	Überschwemmung oder Eisgang mit Zerstörung	mittelstark/ stark
1551	August	Überschwemmung	mittelstark
1552	März	Überschwemmung oder Eisgang mit Zerstörung	stark
1553	–	keine Überschwemmung	–
1554	–	keine Überschwemmung	–
1555	April, Aug.	zwei Überschwemmungen with damage	mittelstark/ stark
1556	März	Überschwemmung	schwach
1557	März?, Juni	zwei? Überschwemmungen	mittelstark
1558	Febr./März?, Mai	zwei? Überschwemmungen mit Zerstörung	mittelstark/ stark
1559	April?, Juni	zwei? Überschwemmungen	mittelstark
1560	Februar	Überschwemmung oder Eisgang	mittelstark
1560	August	Überschwemmung mir schwerer Zerstörung	sehr stark
1561	Febr./März?	Überschwemmung oder Eisgang?	mittelstark/ stark?
1562	Juni?	Überschwemmung mit Zerst.	mittelstark
1563	Mai	Überschwemmung mit Zerst.	stark
1563	Juni	Überschwemmung mit Zerst.	stark
1563	August	Überschwemmung mit Zerst.	mittelstark
1564	April?, Aug.	zwei? Überschwemmungen	schwach
1565	März	Überschwemmung mit Zerst.	mittelstark
1565	Juni	Überschwemmung mit Zerst.	stark
1566	Febr./März	Überschwemmung mit Zerst.	stark
1566	Juli	regionale Überschwemmung	schwach
1567	April	Serie von desaströsen Überschwemmungen	stark
1567	Juli/August	desaströse Überschwemmung	extrem stark
1568	Juni	Überschwemmung	schwach
1569	April, Juni, Juli, Dez.	Serie von desaströsen Überschwemmungen	extrem stark
1570	Juni	regionale Überschwemmung	schwach
1571	–	keine Überschwemmung	–
1572	Juli	desaströse Überschwemmung	extrem stark
1573	Juli?, Sept.	zwei? Überschwemmungen	mittelstark
1574	–	keine Überschwemmung	–

terlichen Hochwasser, die durch Schneeschmelze ausgelöst wurden. Besondere Bedeutung hatte nach kalten Wintern der Eisgang, der oft für die ganz schweren Hochwasserkatastrophen verantwortlich war.

Es ist bekannt, dass die Zuflüsse der Donau, wie Lech oder Inn, aus dem Alpenraum gespeist werden und damit ein anderes Abflussverhalten haben als die Flüsse der Mittelgebirge oder Tieflandbereiche. In den Alpenflüssen führen die sommerlichen und spätsommerlichen Tauphasen im Hochgebirge regelmäßig zu eigenen Hochwassern.

Ab 1800 verliert sich das einheitliche Muster der Hochwasserentwicklung, was mit der Flussverbauung und den Hochwasserschutzmaßnahmen, die zeitlich unterschiedlich einsetzten, zu erklären ist.

Für die Bewertung des Hochwassergeschehens bleibt aber festzuhalten, dass es in Mitteleuropa insbesondere zwischen 1500 und 1800 Phasen gab, in denen die Hochwasser deutlich häufiger als heute auftraten. Zudem gab es in historischer Zeit Einzelereignisse, die schwerer waren als die der letzten 200 Jahre. Ein dem Hochwasser von 1342 vergleichbarer hydrologischer „GAU" hätte auch heute verheerende Wirkungen.

Durch den Menschen hat sich auch in den Hochwasserursachen eine wesentliche Veränderung ergeben: Der Eisstau, der zu den großen Hochwassern geführt hat, spielt heute wegen des anthropogenen Wärmeeintrags keine Rolle mehr. Alle anderen rezenten Vergleichsmuster lassen sich auf die eingangs beschriebenen Witterungstypen beziehen. Auch die regionale Ausprägung kann, soweit das Einzelfälle ermöglichen, als nicht wesentlich verschieden von heutigen Ereignissen angesehen werden.

Historische Hochwasser und Atmosphärische Zirkulationsdynamik

Das wiederholte Wechseln von hochwasserreichen und hochwasserarmen Phasen induziert die weiterführende Frage, inwieweit diese mit Schwankungen der großräumigen atmosphärischen Zirkulation in Zusammenhang gebracht werden können. Gerade im Kontext der aktuellen Diskussion über rezenten Klimawandel und seine möglichen Auswirkungen auf die künftige Hochwassersituation kommt dieser Frage eine große Bedeutung zu. Grundlage der Betrachtungen spielen die bereits vorgestellten nordatlantisch-europäischen Bodenluftdruckfelder. Die von Jacobeit et al. (2003, 2004) durchgeführten Analysen mit einer monatlichen und vor 1659 mit einer saisonalen Auflösung ergaben signifikante Zusammenhänge. Im Sommer führen beispielsweise Zentraltieflagen über Großbritannien, die im Mittel auch stärker zyklonal geprägt und mit kühleren Temperaturen und höheren Niederschlägen in Mitteleuropa verbunden sind, zu hochwasserbegünstigenden Verhältnissen. Im Frühjahr gilt dies u. a. für die zonale Westlage, ähnlich auch für die Sommerverhältnisse die Zentraltieflagen über den Britischen Inseln. Die grundlegenden Zirkulationsmuster des Winters umfassen neben der zonalen Westlage und einem Tief mit Zentrum über der Nordsee auch Druckkonstellationen mit ausgeprägtem Russland-Hoch. Sie haben unterschiedliche Bedeutung für das Hochwassergeschehen. In jüngerer Zeit kommt den zonalen Westlagen und einer ausgeprägt positiven Nordatlantischen Oszillation (NAO) entscheidende Bedeutung für das winterliche Hochwassergeschehen zu. Andererseits traten im historischen Kontext während der Kleinen Eiszeit Phasen mit ausgeprägten winterlichen Hochdrucklagen als besonders hochwasserbegünstigend auf. Jacobeit et al (2004) führen dazu aus:

„Im 16. Jahrhundert, als die Zirkulation auf ein meridionaleres Regime umzustellen begann, herrschten noch größere Wellenlängen vor, die kräftige Störungen vom zentralen Nordatlantik bis nach Mitteleuropa gelangen ließen. Während der anschließenden kleineiszeitlichen Abkühlung verkürzten sich die Wellenlängen, so dass verstärkt die Variante RHost zum Tragen gelangte. Dies setzte zunächst der hochwasserreichen Periode des 16. Jahrhunderts ein Ende, ließ jedoch im Laufe des 17. Jahrhunderts die Hochwasserhäufigkeit wieder ansteigen, als die verstärkte Eisakkumulation zunehmend als Hochwasserfaktor wirksam wurde (RHost repräsentiert dabei zirkulationsdynamisch also nicht die unmittelbare Auslösung eines Hochwasserereignisses, sondern ein dispositionsförderndes Regime). Der anschließende Rückgang in der Hochwasserhäufigkeit dürfte mit der zunehmenden Trockenheit in Zusammenhang stehen, die das sog. Late-Maunder-Minimum (1675–1715) kennzeichnet, bevor in der nach-kleineiszeitlichen Periode die beherrschende Rolle positiver NAO-Phasen für das Hochwassergeschehen zur Ausbildung gelangt.“

Mit höher aufgelösten Daten werden in Zukunft differenziertere Muster abgeleitet werden können.

Jahrhundert- und Jahrtausendhochwasser

In den folgenden Abschnitten werden einige der Hochwasser vorgestellt, die als besonders schwere Jahrhundert- bzw. Jahrtausendereignisse angesehen werden können und in ihren Auswirkungen überregionale Szenarien entfachten. Ablauf und Wirkungen werden über die Quellen und Überlieferungen dargestellt.

Der hydrologische „Gau“ von 1342

Die herausragendste, historisch belegbare Überschwemmungskatastrophe in Mitteleuropa fand im Jahre 1342 statt. Es gibt kaum eine Zusammenstellung von Überschwemmungen, in der dieses Jahr nicht ausführlich beschrieben ist. Der Ablauf dieses ‚hydrologischen Supergaus‘ lässt sich folgendermaßen rekonstruieren: Nach einem eher durchschnittlichen Winter trat ein erstes, eher unbedeutendes Hochwasser bereits Anfang Februar nach der Schneeschmelze auf. Das zweite, auf das sich die meisten historischen Angaben beziehen, wurde durch mehrtägige, heftige Niederschläge Ende Juli und Anfang August ausgelöst. Es war *die* Überschwemmungskatastrophe in Mitteleuropa, die eine Flutwelle entfachte, wie sie in Höhe und Ausmaß seither nicht wieder zu beobachten war. Sie hinterließ in allen mitteleuropäischen Flussgebieten ein ungeheuerliches Schadensbild, das noch am ehesten mithilfe zeitgenössischer Beschreibungen zu erahnen ist.

Die Gedenktafel war am Hof zum Großen Löwen in der Dominikanergasse in Würzburg angebracht und befindet sich zwischenzeitlich im Mainfränkischen Museum, Würzburg. In Übersetzung lautet dieser Text:

„Im Jahre des Herrn 1342, am zwölften Tage vor den Kalenden des August, das war am Sonntag vor Jacobi, schwoll der Main so stark an wie nie zuvor, daß er oberhalb der Stufen des Würzburger Doms und darüber hinaus die ersten steinernen Statuen umspülte. Die Brücke mit ihren Türmen, die Mauern und viele steinerne Häuser in Würzburg stürzten zusammen. In diesem Jahr gab es eine ähnliche Überschwemmung in ganz Deutschland und anderen Gebieten. Und dieses Haus wurde durch Meister Michael von Würzburg erbaut.“

Während die Hochwasserwelle in Würzburg am frühen Vormittag des 21.Juli eintraf, trat sie in Teil an der Waal unterhalb von Nimwegen erst in der Nacht zum 25. auf (Annales Tielenses, Scriptores XXIV, 26). Auch in Frankfurt stürzte die Brücke erst vier Tage nach der Katastrophe in Würzburg ein, das Wasser stand bis in die Bartholomäus-Kirche. Eine weitere Quelle aus Würzburg schreibt:

„ereignete sich eine große Überschwemmung, nicht nur infolge der außergewöhnlich starken Regengüsse, sondern (das Wasser) brach aus verborgenen Orten in den Bergen, Tälern und dem ganzen Lande in Strömen hervor, breitete sich übermässig stark aus, so daß … besonders in den Rhein- und Maingegenden und anderwärts es alles an Feld- und Baumfrüchten, Heu, Gebäuden, Vieh und leider zahlreichen Menschen vielfältig und elendiglich vernichtete“. (Chronica de episcopus Maguntinus)

Schließlich erfahren wir aus einer Limburger Chronik:

„In diesem Sommer war eine so große Überschwemmung der Gewässer durch den ganzen Erdkreis unserer Zone, die nicht durch Regengüsse entstand, sondern es schien, als ob

das Wasser von überall her hervorsprudelte, sogar an den Gipfeln des Berges, so daß (das Wasser) Gegenden bedeckte, wo es ungewöhnlich war." (Vitae papar. Avenionensium & Corp. hist. Med. aevi)

Diese Beschreibungen vermitteln ein apokalyptisches Szenario schichtflutenartiger und flächenhaft über Mitteleuropa verbreiteter Niederschlagsabkommen, während der die natürlichen Retentionspotentiale wie außer Kraft gesetzt wirkten. Auch wenn den historischen Darstellungen grundsätzlich eine wortgewaltige Übertreibung der realen Gegebenheiten unterstellt werden muss, kann ohne Zweifel auf einen ungewöhnlich starken Oberflächenabfluss geschlossen werden. Diese Annahme lässt sich durch zahlreiche morphologische Befunde erhärten. Kein Einzelereignis in historischer Zeit hat einen derartigen Einfluss auf die Oberflächengestaltung gehabt. Auf vielen agrarisch genutzten Flächen und selbst unter Wald kam es zum Schluchtenreißen, wurden Erosionsrinnen geschaffen, die auch heute noch landschaftsbestimmend sind und in zahlreichen bodenkundlichen und morphologioschen Arbeiten als singuläre Bildungen erkannt wurden. Bork (1988) hat in Untersuchungsprojekten eindrücklich die morphodynamische Wirksamkeit dieses Einzelereignisses herausgestellt. Rodier & Roche (1984 zit. in Bork et al. 1998) schätzen die maximale Abflussrate des Mains im Frankfurter Osthafen auf 4000 +/−300 Kubikmeter pro Sekunde. Dieser Wert würde einer Abflussspende von etwa 160 Litern pro Sekunde und Quadratkilometer entsprechen. Geht man von einer mittleren Abflussspende von 80 Litern pro Sekunde und Quadratkilometer während der mindestens fünftägigen Überschwemmung aus, dann ergibt sich daraus ein rechnerisches Mittel von 35 Litern Wasser, mit dem ein Quadratmeter des Einzugsgebietes zum Abfluss in Frankfurt beitrug. Auf diesen Wert müsste die durch Infiltration und Retention zurückgehaltene Menge noch hinzugerechnet werden, so dass der tatsächliche Wert über 35 Litern gelegen hat, was bedeuten würde, dass mehr als die Hälfte der heute in dieser Region üblichen jährlichen Niederschlagsmenge in nur rund 8 Tagen gefallen ist! Ein derartiges Ereignis hat es seither nicht wieder gegeben.

Das Hochwasser von 1595 in Nürnberg

Fragt man nach weiteren herausragenden Jahrhundertereignissen, dann muss das Hochwasser oder besser die Hochwassersequenz, die in den ersten drei Monaten des Jahres 1595 auftrat, genannt werden. Besonders gut ist dieses Ereignis in der Nürnberg dokumentiert. Neben den üblichen Accessoires wie Hochwassermarken und Inschriften, wurden Ablauf und Auswirkungen sogar in einem mehrseitigen Gedicht literarisch gewürdigt. Auch heute noch lesen sich die historischen Schadensberichte wie ein Auszug aus einem Unwetterbericht des DWD, angereichert mit Anekdoten und prosaischen Ausschweifungen, die dem Chronisten würdig schienen, das Ausmaß der Katastrophe der Nachwelt zu verdeutlichen und nahe zu bringen. Das Szenario nahm mit einem sehr harten und kalten Winter seinen Anfang. Wie fast immer in solchen Jahren war die Pegnitz Anfang Januar zugefroren. In der dritten Januardekade kam es am 24. Januar 1595 zu einem plötzlichen Warmlufteinbruch, ein zu diesem Termin durchaus gängiges Wetterereignis, das zwei Tage später die Pegnitz anschwellen ließ. Wie so oft bei den außergewöhnlichen Hochwassern in historischer Zeit war es vor allem der Eisgang bzw. der Eisstau, der erhebliche Schäden verursachte. Besonders betroffen waren die Holzstege, wie der Henkersteg, auf dem sich Gaffer und Schaulustige befanden, die mit in die Fluten gerissen wurden. Nur die Hälfte konnte gerettet werden, acht Tote waren zu beklagen. Auch die Mühlen wurden in Mitleidenschaft gezogen, das Eis zerstörte Räder und Rechen, so dass mehrere Tage nicht gemahlen werden konnte. Sieht man von den Toten ab, blieben die Schäden in einem üblichen Rahmen.

Dramatisch wurde die Situation erst durch eine Folge von drei Hochwasserwellen am 5., 8. und 10. März 1595 (Abb. 97). Interessanterweise sind sie, obwohl zeitlich eng aufeinanderfolgend, auf unterschiedliche Witterungsverhältnisse zurückzuführen. Die erste Flutwelle war im Wesentlichen durch die Schneeschmelze im Flachland in Verbindung mit einem erneuten Eisgang ausgelöst worden. Gleich mehrere Quellen verweisen auf die vorausgegangenen außergewöhnlich starken Schneefälle im Februar. Das Repertoire an Schadwirkungen nahm zu, die bereits während des ersten Hochwassers beschädigten Stege brachen nun endgültig zusammen und selbst die Steinbrücken wurden in Mitleidenschaft gezogen. Mehrere Mauern stürzten zusammen, zahlreiche Fundamente wurden unterspült. Personenschäden waren diesmal nicht zu verzeichnen, man hatte die baufällig gewordenen Stege rechtzeitig gesperrt. Schäden blieben trotzdem nicht aus. Besonders schwer wurden diesmal die Anwohner getroffen, deren Hausrat und Vorräte in den Kellern verdarben. Insgesamt wurde die Gesamtsumme der Schäden auf drei Tonnen Gold geschätzt. Aufgrund der übertriebenen, weil oft symbolischen Zahlennennungen ist dieser Wert mit Vorsicht zu genießen. Fast scheint der weitere Verlauf einer Dramaturgie zu folgen, denn das Hochwasser vom 8. März wurde nochmals höher als das vorhergehende, die Auswirkungen waren in etwa vergleichbar. Hervorgerufen wurde es diesmal allerdings von einem lange anhaltenden Dauerregen und der Schneeschmelze in den Bergen. Ihren zerstörerischen Höhepunkt erreichte diese Hochwassersequenz am

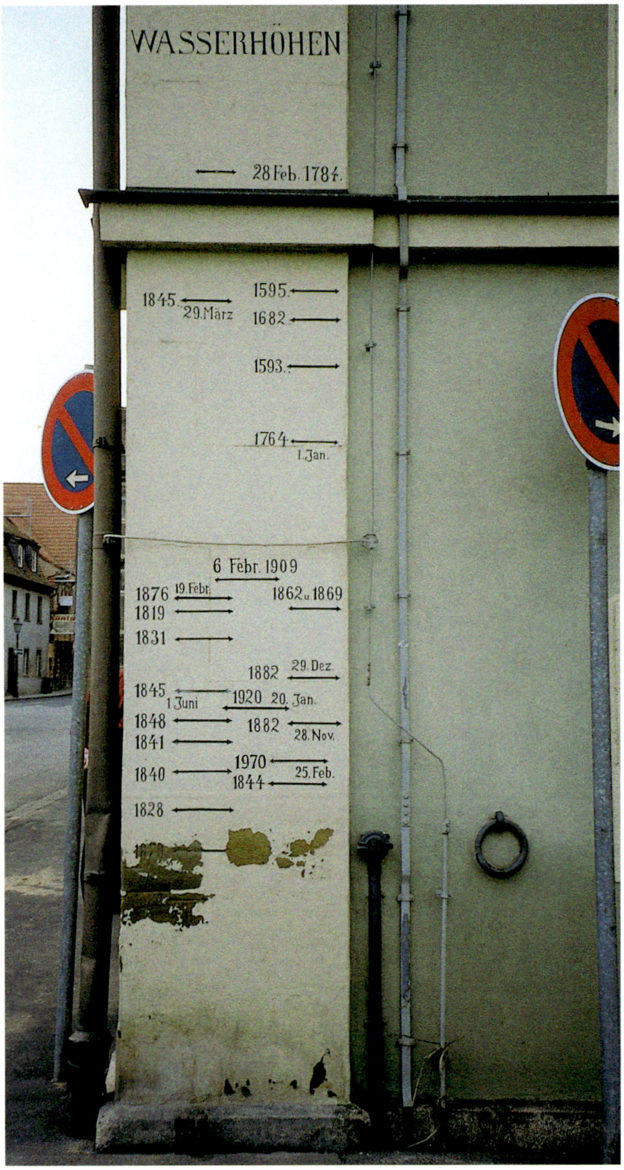

Abb. 97: Hochwassermarken in Kitzingen/Main mit Hinweis auf das 1595-Ereignis.

10. März. Sucht man nach den Gründen, dann war die lange Dauer des Hochwassers mit für die schweren Schäden verantwortlich, der Hauptgrund lag aber in der Labilisierung durch die drei vorherigen Hochwasserwellen.

Diesmal wurden nicht nur Stege, Wehre, Mühlen und Mauern weiter zerstört, in den Schadenslisten tauchten nun auch die Steinbrücken und ganze Häuserreihen auf, die zusammenstürzten. Die Röhrenzuleitungen zerrissen, so dass die Brunnen nicht laufen konnten. Erneut waren auch Menschenopfer zu beklagen. Hervorzuheben sind auch die erheblichen morphologischen Auswirkungen: Die Quellen sprechen von einem drei Mann tiefen Strudelloch an der Kirche, in das schließlich Grabsteine hineinrutschen. An anderen Stellen, wie den Herrenwiesen, wurden größere Sandmassen akkumuliert, die nur unter erheblichem finanziellen Aufwand entfernt werden konnten. Nur die finanzielle Intervention des Rates und einzelner Bürger milderte die materiellen Verluste. Nicht zu unterschätzen war auch die mentale Komponente, die diese vier Hochwasser auf die Bevölkerung hatten. Sie wird deutlich, als sich Anfang Mai erneut ein Hochwasser ankündigte, das diesmal aber in nur eineinhalb Stunden und ohne Schäden vorrüberging. *„War zu dieser Zeit für Jammer und Schrecken unter den Bürgerherren gesteckt, kan ein jeglicher woll verständig selbst ermetzen.“* (STAN HS 434) Richtigerweise vermerkt der Chronist weiter, dass es kein vergleichbares Ereignis – vier schwere Hochwasser in so kurzer Zeit – bis dato gegeben hatte.

Das Hochwasser von 1732 in Franken

Um die regionale Dimension historischer Hochwasser näher zu bringen, soll das verheerende Michaelis-Hochwasser, das in der Nacht vom 29. auf den 30. September 1732 Teile Frankens verwüstete, näher vorgestellt werden. Auch dieses Ereignis fand in der damaligen Medienlandschaft ein breites Echo: Augenzeugen verfassten unter dem Eindruck der Verwüstungen noch im gleichen Jahr Flugschriften. Auf Karten und Skizzen wurden die Auswirkungen festgehalten. Bereits im folgenden Jahr 1733 wurden umfangreiche Schriften herausgegeben, wie die Zusammenfassung von Heusson unter dem Titel „*Diluvium Franconium Magnum*“. Diese Schrift war bereits kurz nach ihrem Erscheinen vergriffen, so dass eine zweite Auflage gedruckt werden musste. Aus dieser Schrift stammt auch folgende Passage, die wegen ihrer detaillierten Beschreibung der witterungsklimatischen Zusammenhänge besonders wertvoll ist (vgl. Abb. 63):

„Und zwar erhub sich etliche Tage vor dem Michaelis Fest über das gantze Land ein Wind aus Süd-Westen, welcher einen gelinden Regen mit sich brachte, davon zwar die Flüsse etwas anlieffen, doch aber ihre Ufer nicht überstiegen, und also kein so betrübter Ausgang von einer Überschwemmung zu erwarten stunde. An eben demselben Tag Nachmittags, etlicher Orten um 3. etlicher zwischen 4. und 7. Uhren trieben die Winde in der erhitzten Lufft ein schweres Donnerwetter mit einem gewaltsamen Platz-Regen vermischt, zusammen, welche etliche Stunden dauerte, wobey das Gewässer von den Winden auf die Berge und in die Thäler so häuffig herab gestossen wurde, daß, da es sich mit allen Flüssen und Bächen vereinigte, eine übernatürliche Gewalt bekame, und alles, was ihm vorkam, mit türmenden und tobenden Wellen aus der Erde herausrisse, und wo es freyen Lauf hatte, alles überschwemmte.“

Der Autor ergeht sich anschließend in seitenlangen Überlegungen zu Regen, möglichen Vorboten und historischen Vergleichen, wobei seinen Ausführungen stets auch erzieherische und religiös motivierte Erklärungen beigefügt sind, die durch zahlreiche Psalmzitate untermauert werden. Immer wieder wird das Hochwasser als Gottesgericht oder als „*Straff-Ruthe Gottes*“ tituliert. Bezeichnenderweise wird die Vorrede mit einem eindringlichen Appell an einen gottgefälligen Lebenswandel und einem „*Amen*“ abgeschlossen. Damit stehen Teile der Vorrede in einem auffälligen Kontrast zu den naturwissenschaftlich anmutenden Ausführungen über die Entstehung der Niederschläge. So ist darin beispielsweise eine Abstufung der Niederschlagsintensitäten enthalten:

„ja wann ein warmer oder ein kalter Wind gegeneinander stöset, und nicht anderst als zur Winters-zeit an unsern Stuben Fenstern die Lufft selber in Wasser verwandelt wird, so wird das Wasser hernach schwer, und versammelt sich in Tropffen, welche herunterfallen, und den Regen ausmachen. Gehet es aber gewaltsam zu, so haben wir einen Platz-Regen, ist die Gewalt noch größer, so entsteht ein Wolckenbruch, dadurch ganze Felder überschwemmet und verderbet werden.“

In einer späteren Passage setzt er dem Platz-Regen auch den Terminus „*Schlag-Regen*“ gleich, den Regen spezifiziert er als Land-Regen, der „*alles fruchtbar machet*“.

Anschließend folgt eine Auflistung der in den betroffenen Regionen und Ortschaften entstandenen Schäden. Der Autor stellt seinen Schadensbildern oft landeskundliche Beschreibungen voraus, die geradezu idyllisch-romantisch gehalten sind und damit sehr stark zu den unvermittelt einsetzenden Schadensmeldungen kontrastieren. Offenbar nutzt der Autor dies als dramaturgisches Mittel. Witterungsklimatisch kann nach den Beschreibungen folgender Ablauf skizziert werden: Die Tage vor dem 29. September waren bei vorherrschenden südwestlichen Winden und beständigem leichten Regen von einer zyklonalen Wetterlage geprägt. Am 29. September regnete es den ganzen Tag über stark. Der Chronist wertet diesen Regen in seiner dreistufigen Skala mit 2 und benutzt den Begriff Platzregen. Aufgrund der starken Regenfälle schwollen die Flüsse und Bäche das erste Mal an, wobei mit wenigen Ausnahmen keine Schäden gemeldet werden. Gegen Abend ließ der Regen zunächst nach, an allen Orten wurde das Fallen des Wassers registriert. Man nahm an, die Flut würde nun weiter ablaufen. Zwischen 19 und 20 Uhr setzten aber plötzlich wieder die ersten heftigen Wolkenbrüche ein. Der Kern dieses Unwetters lag über dem Odenwald, dem Taubergrund und reichte bis in die Gegend von Nürnberg. Von allen Orten in diesem Bereich wird nahezu zeitgleich das Einsetzen des Unwetters berichtet. Südlich dieser west-ost-gerichteten Kernzone im Bereich des Kocher- und Jagsttales schwollen die Flüsse infolge der Niederschläge ebenfalls an, traten aber nur unwesentlich über die Ufer und richteten keinen großen Schaden an. Auch von der Donau wurden Hochwasserschäden gemeldet, die aber nicht näher spezifiziert werden können. Diese Befunde sprechen für einen großräumigen und rasch voranschreitenden Frontendurchgang, in dessen Folge es zu starken Regenfällen kam, die auf einen bereits wassergesättigten Untergrund trafen, der die Wassermengen nicht mehr aufnehmen konnte. Das Wasser floss, wie von den Chronisten mehrfach erwähnt, oberflächig ab und wurde dadurch morphodynamisch in besonderem Maße wirksam. In den Steillagen kam es zur Erosion, in den flacheren Bereichen und vor Hindernissen hingegen wurde das mitgeführte Sediment wieder abgelagert. In Höchst beispielsweise hörte der Regen nachts zwischen 22 und 23 Uhr wieder auf. Dieses regionale Beispiel ist nicht zuletzt deshalb von besonderem Interesse, weil 1984 im Taubertal ein vergleichbares Unwetter niedergegangen ist.

Höhenrauch – Sommerhitze – Winterstrenge – Hochwasser: Vier Schritte in die Katastrophe

In ganz Europa traten 1783 und 1784 mehrere außergewöhnliche Naturereignisse und Witterungsanomalien auf, die bereits den Zeitgenossen Anlass zu ausführlichen Beschreibungen und Traktaten war. Auch in der Zusammenschau von rund 1000 Jahren Klimageschichte mit ihren unterschiedlichsten Facetten und Extremen erscheinen diese beiden Jahre in vielerlei Hinsicht besonders auffällig. Den Auftakt bildeten im Sommer 1783 zahlreiche Vulkanausbrüche in Europa und Japan. Die auf diese Vulkanaktivitäten zurückgehenden Trübungen, der Höhenrauch, wurden als Vorboten apokalyptischer Veränderungen interpretiert. Ein anomal heißer und trockener Sommer war eine weitere Besonderheit. Akt drei dieser Folge steht bereits in unmittelbarem Zusammenhang mit der Hochwasserkatastrophe vom Februar 1784: Der Winter war äußerst schneereich und sehr kalt. Als Höhepunkt dieser Verkettung von Anomalien kam es im Februar 1784 zu einer der schwersten Hochwasserkatastrophen, die es in Mitteleuropa jemals gegeben hat.

Die Quellen- und Datenlage zu den Ereignissen ist entsprechend umfangreich und komplex. Unter den Aufzeichnungen findet sich beispielsweise zu diesem Hochwasser im Hauptstaatsarchiv von Greiz eine über 100 Seiten starke Sammlung von Einzelmeldungen aus allen bedeutenden mitteleuropäischen Flussgebieten und Städten. Ergänzt werden diese durch Zeichnungen und Gemälde, die ganz erheblich zur Veranschaulichung des Geschehens beitragen. Das vielleicht eindrucksvollste Gesamtwerk stammt von Kobell, der die Auswirkungen der Hochwasserkatastrophe in Heidelberg in einem Bilderzyklus festhielt. Für die hydrographische Bewertung des Hochwassers sind die zahlreichen Hochwassermarken hilfreich. Ohne die menschliche Tragik des Geschehens verkennen zu wollen, kommt es einer wissenschaftlichen Beurteilung sehr entgegen, dass der gesamte Ablauf durch die frühen Instrumentenmessdaten der ‚Societas Meteorologica Palatina' (SMP) abgedeckt ist. Schließlich sind es zeitgenössische Publikationen, wie die Ausarbeitungen von Deurer (1784) über den Rhein-Neckar-Raum, von Pötzsch (1784) aus dem gleichen Jahr über die Auswirkungen im Elbegebiet oder die von Wiedeburg (1784) aus Jena, die uns erste facettenreiche Bilder von dem Ablauf des Geschehens geben. Zusammenfassend ist wohl kein historisches Witterungsereignis mit seinen atmosphärischen Besonderheiten in ähnlicher räumlicher Dichte dokumentiert, so dass die Ereignisse in regionaler und mitunter auch lokaler Auflösung rekonstruiert werden konnten.

Der Höhenrauch im Frühsommer 1783

Der Anfang Juni in Europa beobachtete Höhenrauch bildete den Auftakt der Folge von Naturerscheinungen. Die ersten Hinweise beruhten auf Niederschriften von Seefahrern, die nach ihrer Rückkehr von den Fanggründen um Island von diesen Erscheinungen berichteten. Ende Mai breitete sich ein dichter Trockennebel über Kontinentaleuropa aus, am 29. Mai wurde er erstmals in Kopenhagen wahrgenommen, ab dem 6. Juni in Frankreich, ab dem 18. Juni auch in Norditalien. Obwohl Augenzeugen von einem schwefeligen Geruch und Augenreizungen berichten, in Holland zwischen dem 18. und 24. Juni angeblich Schäden an Pflanzen damit in Verbindung gebracht wurden und die Sichtweite nicht mehr als 5 km betrug, muss man davon ausgehen, dass er vorwiegend in der oberen Atmosphäre ausgebildet war. Hierfür sprechen die lange Verweildauer und die Tatsache, dass er weder vom Regen ausgewaschen noch durch die Windströmung aufgelöst wurde. Zudem waren Sterne unter 40° nicht mehr sichtbar. Eine Zeitungsnotiz in den Meiningschen Wöchentlichen Nachrichten berichtet aus Thüringen am 11. Juli 1783:

> *„Fast über alle Gegenden Deutschlands erstreckt sich der jetzige Nebel oder sogenannte Hehrrauch. Es hat derselbe auch seit 3 Wochen unserm Horizont angefüllt und ist nur manchmal wechselweise ein paar Tage weggeblieben. Ein Gewitter, welches wir vor 3 Wochen hier hatten, hinterließ denselben, und die darauffolgende starke Regen und Donnerwetter sind nicht im Stande gewesen, ihn zu unterdrücken."*

Dies stützt die These eines in der höheren Atmosphäre ausgebildeten Dunstschleiers. Eine Abschwächung des Höhenrauches durch Niederschläge gab es nur an den Höhenstationen, z. B. dem St. Gotthard, Schweiz. Die Abschwächung der Sonneneinstrahlung war so stark, dass bei den von Wiedeburg 1784 in Jena durchgeführten Versuchen mit Brenngläsern die getestete Schmelzwirkung nicht mehr erreicht werden konnte. Bei normaler Sonneneinstrahlung konnte er mit dem gleichen Brennglas Blei in weniger als 10 Minuten zum Schmelzen bringen. Als besonders bemerkenswert wird immer wieder erwähnt, dass man mit ungeschützten Augen direkt in die Sonne habe blicken können. Den ganzen Sommer über waren diese Erscheinungen, von den Zeitgenossen auch Hitzenebel, Heerrauch, Heyderauch oder Meteor-Rauch genannten Himmelstrübungen, ungewöhnliche Verfärbungen der Sonne und des Mondes sowie spektakuläre Sonnenauf- und Sonnenuntergänge zu sehen.

Es ist unstrittig, dass alle diese Himmelsbeobachtungen auf Vulkanaktivitäten hindeuten, auch wenn einige Zeitgenossen der Auffassung waren, die Verfärbungen seien auf ‚Moorbrennen' zurückzuführen. Nach der Meinung verschiedener Augenzeugen, beispielsweise von Wiedeburg (1784), wurden als Ursache des Höhenrauchs zunächst verschiedene Vulkanausbrüche in Italien ausgemacht, wo am 5. Februar und 9. März 1783 in Kalabrien und Sizilien, begleitet von mehreren Erdbeben, Vulkanausbrüche stattgefunden hatten. Aufgrund der Ausbreitungsrichtung kann diese These nicht aufrechterhalten werden. Selbst ein Großteil der damaligen naturwissenschaftlich Interessierten war richtigerweise der Auffassung, dass der Höhenrauch in Mitteleuropa auf die zahlreichen Ausbrüche auf Island zurückzuführen sei. Dort brach im Mai der Eldeyjar und noch im selben Monat und Anfang Juni der Laki und Skaptar Jökull aus. Gewaltige Eruptionen fanden am 8. und 18. Juni statt. In den darauffolgenden sieben Monaten kam es zu weiteren Ausbrüchen, die zum größten bekannt gewordenen Lavaaustritt in historischer Zeit führten. Die Aschen wurden bis nach Schottland verfrachtet, wo sie stellenweise zur Vernichtung der Anbaufrüchte führten (Lamb 1970). Auch in Italien setzten sich die vulkanischen Erscheinungen den Sommer über fort, immer wieder von Erdbeben begleitet. Für die Verhältnisse in Mitteleuropa waren die isländischen Aktivitäten ausschlaggebend, denn aus den Beobachtungen kann auf einen Aufzug aus nördlichen Richtungen geschlossen werden. In den Printmedien kam es zu obskuren Spekulationen und Falschmeldungen: Im Politischen Journal Hamburg heißt es 1783:

> *„im fränkischen Kreise, 2 Stunden von Hildburghausen entfernte sogenannte Gleichsberg seit Ostern her einen immer stärkeren Dampf ausgeworfen, der die ganze*

Strecke von Römhild bis Hildburghausen, 8 Stunden lang, mit einem fortdauernden dicken Nebel überzogen hat … Gegen Ende des Junius hörte man in dem Berge ein Getöse und so starke Schläge, als würden Kanonen gelöset.“

Nahezu wortgleiche Meldungen werden auch in den in dem Frankfurter Staatsristretto No. 108 publiziert. Kaum hat die Lokalpresse der angeblich so stark betroffenen Region Kenntnis von diesen Meldungen erhalten, reagiert sie mit einer harschen Gegendarstellung. Am 19. Juli 1783 erschien in den Meiningschen Wöchentlichen Nachrichten folgender Kommentar:

„Es ist lustig zu lesen und zu bemerken, welchen sonderbaren Einfluß der böse Nebel auf Menschenköpfe gehabt hat. Ein neuer Beweis liegt vor uns: In dem Frankfurter Staatsristretto… ist ein Auszug eines Schreibens … Er ist von lauter Unwahrheiten vollgepfropft.“

Anschließend erfolgt eine Abschrift der Meldung, die abschließend wie folgt kommentiert wird:

„so würde er sich schämen, abergläubische Personen unter dem gemeinen Volk in Furcht zu setzen … Vom Wegflüchten der erschrockenen Einwohner, vom angedrohten Einsturz des Gleichbergs, von dessen Sausen, Brausen, Krachen, dickem Schwefelrauch, der den Waidern ein weißes Kleid angelegt haben soll; sehen unsere Augen und hören unsere Ohren nichts. Auch schmeckt man nichts von dem angeblichen wahren natürlichen Schwefel an Kirschen und Beeren.“

Im August des gleichen Jahres folgte noch ein Ausbruch des Asama Yama in Japan. Die von den Vulkanaktivitäten erzeugten klimarelevanten Dunstschleier und Ascheauswürfe wurden von Lamb (1970) mit dem gleichen (hohen) Index belegt wie der Krakatau-Ausbruch von 1883. Nach Messungen hatte dieser die Sonneneinstrahlung um 20 % bis 30 % vermindert.

Die Sommerhitze von 1783

Der Höhenrauch war nicht das einzige außergewöhnliche Naturereignis des Jahres 1783. Nahezu zeitgleich stellte sich eine außergewöhnliche Hitze und lang anhaltende Trockenheit ein, die den ganzen Sommer über andauerte. Dies verwundert zunächst, da ein in der höheren Atmosphäre vorhandener Dunstschleier die direkte Sonneneinstrahlung mindert. Die von allen Beobachtern beschriebene Erfahrung, direkt in die Sonne schauen zu können und die vergeblichen Schmelzversuche stützen diese These. Offensichtlich wurden diese Effekte aber durch eine zirkulationsdynamische Anomalie überkompensiert. Vergleicht man die Wetterbeobachten für 1783 mit dem Katalog der Großwetterlagen von Hess & Brezowsky (1977), erkennt man deutlich die positiven Abweichungen für die Großwettertypen ‚Hoch Mitteleuropa‘ und ‚Ost‘ sowie die negativen Abweichungen für ‚West‘, ‚Nordwest‘ und ‚Nord‘. Damit sind die Großwettertypen dominant, die zu schwül-warmer bis heißer Witterung führen. Vor allem die Großwetterlage BM, die zum Großwettertyp Hochdruckbrücke über Mitteleuropa gerechnet wird, war im Sommer 1783 um ein vielfaches häufiger wetterbestimmend gewesen.

Die Winterstrenge und der Schneereichtum 1783/84

Die Folge der Anomalien setzte sich im Winter fort: Dieser wurde äußerst schneereich und streng. An der Wetterwarte in Mannheim beobachtete man vom 24. Dezember 1783 bis zum 21. Februar 1784 29 Schneefallereignisse, die z. T. tagelang andauerten. Dabei fielen im Rhein-Neckar-Raum am 27. und 28. Dezember rund 45 cm Schnee. Bis zum 28. Januar wuchs die Schneedecke auf 4 Schuh 9 Zoll (ca. 1,54 m) an. Durch die zwischengeschalteten kurzen Tauphasen, aber auch durch die im Februar schon recht starke Sonneneinstrahlung kam es zur Erhöhung des Wassergehalts der Schneedecke. Dies war für die Höhe des Hochwassers im Februar 1784 von erheblicher Bedeutung. Für viele andere Orte gelten vergleichbare Beobachtungen. Ergänzend können aber auch unzählige Beschreibungen herangezogen werden. Eine Quelle aus Altona berichtet am 24. Februar 1784:

„Die Nachrichten von dem außerordentlichen häufigen Schnee, welcher gegen Ende des vorigen Monats, in ganz Deutschland, Frankreich, Italien, Engelland, Holland und allen übrigen Ländern gefallen ist, überschreiten beinahe die Gränzen der Glaubwürdigkeit. Viele Dörfer in Engelland waren am 30. Januar verschneyet, und die Bewohner derselben konnten sich nur mit Mühe durcharbeiten und aus ihren Häusern kommen.“ (Hamburger Adreß- und Comptoir-Nachrichten 1784)

Der Schnee behinderte das Wirtschaftsleben derart, dass es zu einer ernsten Versorgungskrise kam, in der schließlich die Administration regulierend eingreifen musste, um zumindest den Bedarf an Grundnahrungsmitteln zu gewährleisten (vgl. Fricke 1988).

Fragt man nach den Ursachen, schließt sich der Kreis der Anomalien, denn derart große Schneemengen können mit dem durch die Vulkanaktivitäten freigesetzten Partikelaustoß in Zusammenhang stehen. Die Kälte – ein weiteres Charakteristikum dieses Winters – trat bereits Anfang Dezember ein. Nach einem kurzen Temperaturanstieg um den 26./27. Dezember sank die Temperatur zum Jahreswechsel stark ab. Durch die extreme Kälte waren die meisten Flüsse zugefroren. Ein plötzlicher Warmlufteinbruch um den 23. Februar brachte die Schneemassen zum Schmelzen. Ausgelöst wurde dieser Warmlufteinbruch durch ein blockierendes Hoch über

Osteuropa, das in Mitteleuropa eine südliche Strömung zur Folge hatte. Der Winter war überdurchschnittlich lange vom Großwettertyp ‚Hoch Mitteleuropa' und ‚Ost' geprägt, die strenge Kälte zur Folge haben.

Die Überschwemmungskatastrophe von 1784

Das Hochwasser von 1784 kann als eine der größten Umweltkatastrophen der Frühen Neuzeit in Mitteleuropa angesehen werden. Als auslösendes witterungsdynamisches Moment muss ein von starken Regenfällen begleiteter Warmlufteinbruch angesehen werden. Die außergewöhnliche Höhe der Flutwelle war das Resultat der starken Regenfälle im Zusammenwirken mit der Schneeschmelze sowie den Effekten des Eisstaus. Durch die rasche und starke Erwärmung brach um den 27. und 28. Februar 1784 das Eis. Besonders hervorzuheben ist, dass der Eisgang in allen größeren Haupt- und Nebenflüssen nahezu zeitgleich erfolgte. Die Flüsse begannen nun äußerst rasch zu steigen. Das Maximum der Flutwelle lag zwischen dem 28. Februar und dem 1. März 1784. Danach verlief sich die Hochwasserwelle und es trat erneut Kälte ein. Besonders fatal wirkte sich der Umstand mehrerer vorhergehender Tauphasen aus. Durch sie waren, wie in Heidelberg, oft mehrere Eisdecken aufeinandergeschoben worden, die sich an Brücken zu Barrieren auftürmten. Auch das durch die Flut mitgerissene Treibgut, insbesondere die „*Holländerbäume*" wirkten zusätzlich als Stoßkeile. An vielen Stellen versuchte man durch Sprengungen die Eisbarrieren zu beseitigen.

Unzählige zeitgenössische Aufzeichnungen verdeutlichen die menschliche Dimension und die Schadwirkungen dieses Ereignisses. Das Ausmaß muss die Chronisten tief beeindruckt haben. Die einen sahen in diesem Hochwasser eine göttliche Heimsuchung, während aufgeklärtere Zeitgenossen ihr Augenmerk mehr den naturwissenschaftlichen Zusammenhängen schenkten. Zu den Augenzeugen des Eisganges am Rhein zählten viele berühmte Zeitgenossen wie der junge Beethoven, der sich mit seinen Eltern in den ersten Stock des Hauses seiner Gastfamilie flüchten oder, wie es etwas vornehmer hiess, ‚retiriren' musste. Im Würzburger Ratsprotokoll ist der Ablauf der Ereignisse wie folgt geschildert:

„Den 27ten Februarii 1784 finge das diesjährige Eis an zu brechen und sich ohngeachtet der vielen getroffenen Vorkehr und Aufeisen in Etwas ober der brucken zu stemmen bis gegen 12 Uhr zu welcher Zeit des Tages darauff Se. Hochfürstl. Höchstselbst auf die bruck sich gnädigst verfüget und so eben ginge das Eis forth, hierauf liefe das Wasser an und wurde mit den grosen Eisschollen mit vielen holländer baumen und anderes gehöltz vermischet, welches dann schon vielen schaden angerichtet, bis Samstag den 28ten der Mayn immer mehr angeschwollen, so daß zusehens in der grösten Geschwindigkeit das Wasser zum thor hereingedrungen und die Menschen, die an der brucken, von Zeit einer halben stund nicht mehr mit freyen fus unterhab des 4 Röhren bronnens ab kommen könten, dies Wachsthum hiet an bis den 29 frühe um 4 Uhr, da stund der Main grad an den Kierschners Hofbogen bey der Hochfürstl. Regierung, und verwüstete nicht zwar sowohl der Mayn als die unzählige Holländer baumen und ungeheüre Eisschollen die neue Caßerne, sogenante Augustiner schantz, Herrschaftliche Mühlen und mehrere Privat gebäue von grund aus …, und da diese schreckbare Noth und Gefahr so lange andauerte, so wurden sie letztich auch, weilen man mit gröster Noth ihnen mit lebens Mittlen nicht zu Hülf eilen konte, in die Nahrungs Noth versetzet."

Auch aus anderen Flussgebieten liegen minutiöse Berichte vor. Deurer (1784) hat den Ablauf dieser Katastrophe für Heidelberg, Mannheim und Teile der Pfalz festgehalten. Nach seiner Beschreibung verlief, nachdem ein erster Eisgang bereits am 18. Januar die Einwohner von Heidelberg in Furcht und Schrecken versetzt hatte, die Katastrophe:

„Es war indessen Donnerstags, den 26. Hornung, abends, daß einsmal Lärm geschlagen und geschossen wurde, indem das Wasser schon sehr jählings zu steigen anfing; ein Glück, denn dieses veranlaßte, daß sich alles bei Zeit rettete, mit Vieh und allem; … Alle Straßen wurden mit Pechkränzen beleuchtet und überall starke Wachen zur Beobachtung des Wassers und Eises gehalten. Gegen 12 Uhr war wieder Ruhe; in der Stadt ging man schlafen. Verschiedene Herren waren noch bis 2 Uhr auf der Brücke, und weil sie vermuteten, daß sich noch nichts ereignen würde, verließen sie diese wieder. Es war aber kaum Freitags morgens 5 Uhr, so donnerten ferne Schüsse, sogleich fiel in der Stadt ein Schuß auf den anderen, die Glocken stürmten, die Trommeln lärmten. Alles erwachte. Man nahm eine kaum merkbare Bewegung des Eises wahr, welches sich in seiner ganzen Masse ein Stück Weges sanft fortschob, die gedeckte Brücke wie einen Federballen von den Pfeilern, in dem Eise aufrecht stehend, langsam mit hinweg führte, und zwar ein Stück bis gegen Neuenheim, wo es mitten im Neckar stehen blieb, ein Stück bis an das Magazin und ein Stück weiter heraufwärts.. Zu gleicher Zeit wurden einige ansehnliche Gebäude teils weggerissen, teils sehr beschädigt … Dieser erste Eisgang legt zugleich den Grund zu viel größeren Zerrüttungen, was er nicht einstürzte, bereitete er gleichsam dazu. Diese erste Hebung ist zuverläßig hauptsächlich von der Elsenzbach verursacht worden, als dem ersten nahen Anlauf. Das Eis blieb nun wieder stehen bis nach Mittag gegen 4 Uhr. Inmittelst stieg das Wasser mit jedem Augenblick unglaublich schnell zu

Abb. 98: Gemälde „Die Alte Brücke in Heidelberg nach dem Eisgang 1784" von Ferdinand Kobell.

einer Höhe, welche die Menschen erschreckte, so daß sich jedermann auf die Berge entfliehen zu müssen vorstellte. Zwei Staffeln an der Heilig Geist Geistkirche von oben herab waren nur noch frei. Auf dem Markt gegen die Neckarseite fuhr man mit Nachen … Der Neckar war in der ganzen Gegend noch aufgetürmt von Eis, die Felsen zielten auf die Stadt und schienen nur die Kraft zu erwarten, die sie zum Verderben in Bewegung setzen sollte; ein fürchterlicher Stillstand, der, wie gesagt, bis nach Mittag nach 3 Uhr dauerte. Er kam, dieser entscheidende Augenblick. Die Eismasse setzte sich anfänglich wieder sachte in Bewegung, alsbald aber in sehr starken Trieb, daß nun alles endlich ein reißender Strom wurde. Da krachte es, da schob sich's, da stürzten die Gebäude zusammen, daß die Luft vom Staube verfinstert wurde. Die Brückenstücke wurden, zum Teile zertrümmert, fortgetrieben, das eine riß noch das Redoutenhaus mit um. Die Mühlen stürzten ein, die Neumühle ganz, der Müller, der sie erst neu erbaut hatte, wurde ein blutarmer Mann. Die Brückenpfeiler wurden angegriffen und die Ecksteine abgeworfen, der letzte gegen den Berg, der schon am 18. Jänner stark angefresen worden war, ging fast ganz zu Grund. Der Bordhof hat viel Verfüstungen angerichtet, dadurch wurde das große Rangschiff des Schiffers Jacob Karcher zertrümmert, welches Schicksal noch vier andere ebenso große Schiffe hatten."

In vielen Städten und Dörfern waren die Zerstörungen ähnlich verheerend gewesen. Ganze Talzüge waren verwüstet, unzählige Brücken, wie in Heidelberg oder Bamberg, zerstört (Abb. 98).

Besonders detailliert beschrieb Pötzsch (1784) die Schäden und Verluste im Elbegebiet: Prag wurde in weiten Teilen überflutet, dass dabei die vom Wasser bedrohten Gefangenen im Spinnhause freigelassen werden mussten, weil sie „*bis unterm Hals darinnen saßen*", war nicht mehr als eine Anekdote – zumal die meisten einen Tag später wieder festgesetzt werden konnten. Gravierender waren die Menschenverluste und Schäden an Bauwerken: Ganze Häuser wurden weggerissen, die Gärten verwüstet, ein Brückenpfeiler stürzte ein samt dem darüber gelegenen Wachthaus, es gab Tote und Verwundete. Alle Mühlen waren unbrauchbar geworden; dadurch, dass die Vorräte verdorben waren, trat, wie schon in den anderen Flussgebieten, eine nachhaltige Lebensmittelverknappung ein. Beklagt wurde auch der Verlust der Flöße und Bretter, die zum Aufbau dringend benötigt worden wären. Flussabwärts wurde bei Mühlhausen das Brauhaus Mirsowitz „*gänzlich ruiniert*". In Dybob fiel der Schüttboden ein, bei Melwarn wurden zwei Teiche eingerissen und Gärten, Wiesen, Felder sowie Bäume lagen unter Schlamm, Sand und Steinen. Auch hier stürzten Häuser und Scheuern ein. Es gab so viele Tote, dass Gebete und Messopfer gehalten wurden. In Sazena riss es die steinerne Brücke weg, die meisten Bauernhäuser wurden zerstört.

Neben diesen Verlusten an Menschen und Sachgütern gibt es, wie Abb. 101 vermerkt, aber auch immer wieder Hinweise auf die morphodynamische Wirksamkeit dieses Ereignisses. Beschreibungen wie die in der Schweinfurter Chronik, dass „die Wiesen aufs äußerste mit Sand überführt wurden", finden sich immer wieder. Zusätzlich kam es an den Hängen durch die Unterschneidung zu Hangrutschungen. Besonders verheerend waren die Wassermassen dort, wo, wie an Rhein und Weser, die Dämme brachen.

Für die hydrographische Bewertung dieses Ereignisses können die Hochwassermarken herangezogen werden. Sie vermitteln sehr eindrucksvoll die Höhe des damaligen Wasserstandes. Von allen heute noch vorhandenen Marken zählt die von 1784 zu den höchsten überhaupt. In einigen Fällen dokumentierte man dieses Ereignis in aufwendigen Reliefs wie in Frickenhausen am Main.

Aus hydrographischer Sicht kann das Hochwasser am Main dem Normaltyp zugeordnet werden, da es an diesem Fluss regelmäßig vor allem zu Winterhochwassern infolge winterlicher, lang anhaltender Niederschläge kommt, die oft mit Schneeschmelzen verbunden sind. Die Angaben lassen auch eine Quantifizierung zu.

Fricke (1988) extrapoliert aus den Mannheimer Angaben zur Schneedecke für das Neckareinzugsgebiet ein Wasseräquivalent zwischen 200 mm und 400 mm. Selbst wenn nur ein Teil dieser Wassermenge tatsächlich während der fünftägigen Tauperiode in das Flusssystem eingespeist worden ist, gibt dies einen Anhaltspunkt für die Dimension der Hochflut. Bei den Neckarhochwassern von 1882 und 1947 geht man von 100 bis 150 mm aus. Die entsprechenden Abflussmenge betrug 1882 3000 m^3/s, und 1947 rund 2450 m^3/s.

Die Folge von Natur- und Witterungsereignissen 1783/1784 stellt eine einzigartige Sequenz von Anomalien und Extremen dar, die auch heute noch beeindruckt. Sie waren somit mit ihren Folgewirkungen eines der herausragendsten Ereignisse der Frühen Neuzeit.

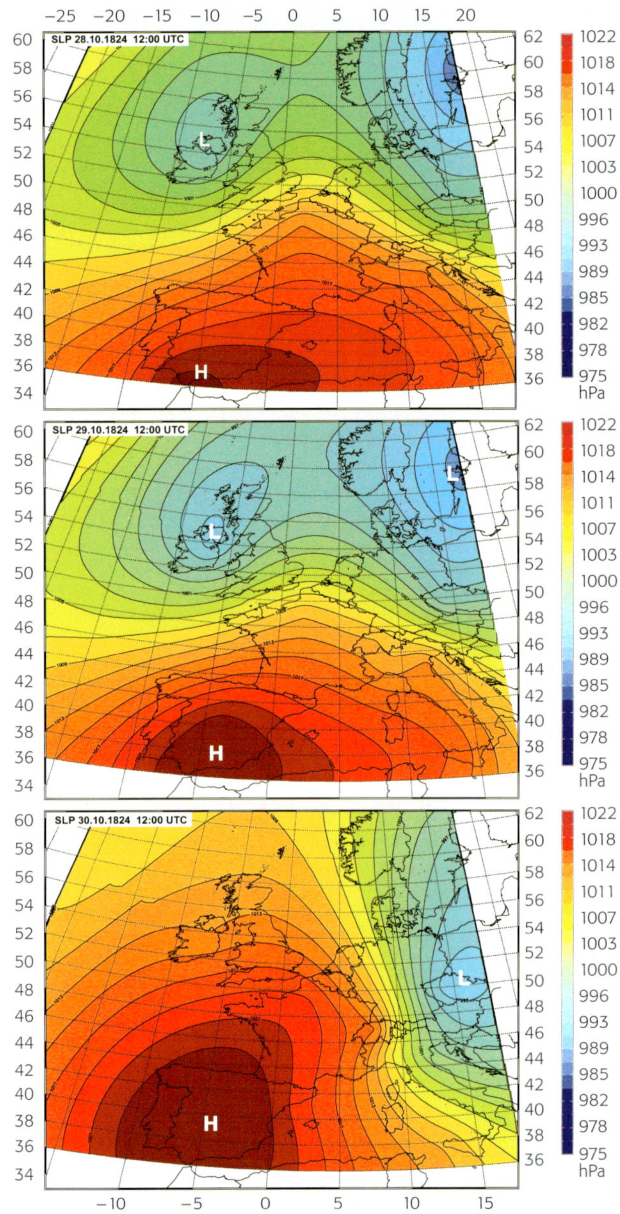

Abb. 99: Druckverhältnisse für den 28., 29. und 30. Oktober 1824 (36 h) in Mitteleuropa (nach Bürger et al. 2006).

Die Hochwasserkatastrophe von 1824 am Neckar und aktuelle planerische Konsequenzen

In einem vom Bundesministerium geförderten Forschungsvorhaben konnte eine interdisziplinäre Forschergruppe an der Universität Freiburg anhand der Hochwasserkatastrophe am Neckar vom Oktober 1824 belegen, wie historische Hochwasserdaten in ein aktuelles Hochwassermanagement integriert und damit zu einem sichereren Umgang mit zukünftigen Extremhochwassern beitragen können (Bürger et al. 2006). Dieses Hochwasser ist das bisher höchste bekannte Extremhochwasser der letzten 300 Jahre in weiten Teilen des Neckareinzugsgebiet, welches durch Starkniederschläge verursacht wurde. Extremhochwasser wie das von 1824 und ihre Auswirkungen im Kontext der rezenten Klimaveränderungen in Zentraleuropa haben in den letzten Jahren zunehmende Aufmerksamkeit erfahren. Grundsätzlich zielt die Planung darauf ab, dass zukünftige Hochwassergefahren und dadurch verursachte Hochwasserschäden durch ein gezieltes Hochwassermanagement vermindert oder ganz ausgeschlossen werden. Die EU-Wasserrahmenrichtlinie sieht die gesetzliche Ausweisung von Überschwemmungsgebieten auf der Grundlage von Hochwassergefahrenkarten vor.

Anhand archivarischer Quellen wurden die hochwasserauslösende Wetterlage, der historische Witterungs- und Niederschlagsverlauf sowie das katastrophale Hochwasserereignis selbst rekonstruiert.

Die Rekonstruktion des Witterungsverlaufs ergab, dass die Verknüpfung verschiedener Faktoren zu der eigentlichen Hochwasserkatastrophe am Neckar führte:
- aufgrund des vorangegangenen feuchten Sommers war der Bodenwasserspeicher zu Beginn des Ereignisses bereits gesättigt; die Niederschlagssummen für die Monate Juni, Juli, August und September lagen im Mittel um bis zu 350 % über den Vergleichswerten der Messperiode 1961 – 1990;
- großräumige langanhaltende Niederschläge Ende Oktober mit extremen Niederschlagssummen fast im ganzen Untersuchungsraum, z. B. Freudenstadt mit max. 194 mm/36 h;
- hohe Einträge durch Teileinzugsgebiete, v. a. von Enz, Kocher und Jagst.

Auslösendes Moment war die großräumige Wetterlage mit Tiefdruckgebieten mit Zentrum über Nordeuropa und den Britischen Inseln, denen ein Hochdruckgebiet über dem Mittelmeer gegenüberstand. Der starke Gradient zwischen dem Hochdruckgebiet und dem Tiefdruckgebiet führte bei kräftig entwickelter südwestlicher Höhenströmung atlantische Tiefdruckgebiete meist als Sturmtief mit Sturm- und Orkanböen über Deutschland hinweg. Dadurch wurden feuchtwarme Luftmassen herangeführt, welche für die extremen Niederschläge verantwortlich waren. Die Sturmtiefs lösten vor allem im Schwarzwald ergiebige Schauer aus. Im Bereich der Luftmassengrenzen kam es dann vom 28.10.1824 bis zum 30.10.1824 verbreitet zu extremen Starkniederschlägen im Neckareinzugsgebiet. Die extremen Niederschläge hielten zum Teil 36 Stunden an (Abb. 100).

Auf der Basis der Gebietsniederschläge wurden die Abflüsse für das Hochwasserereignis 1824 mit dem Wasserhaushaltsmodell LARSIM berechnet. Entsprechend dem in den historischen Quellen dokumentierten Niederschlagsverlauf wurden die 36-stündigen Niederschlagssummen in das Modell eingelesen. Die für das Ereignis von 1824 modellierten Abflüsse liegen deutlich über den gemessenen Abflüssen für das Hochwasserereignisse des Vergleichsfalls von 1998. Am unteren Neckar ab Lauffen sowie an seinen Nebenflüssen überschreiten die Abflusswerte von 1824 die Werte für HQ100 und HQextrem, den Bezugswerten für das aktuelle Hochwasserrisikomanagement. Diese Ergebnisse verdeutlichen, dass bei der Bezugnahme auf aktuelle Messdaten allein das Hochwasserrisiko am unteren Neckar deutlich unterschätzt werden würde und die derzeit im Aufbau befindlichen Hochwasserrisikokarten zu eng gefasste Gefährdungsgebiete ausweisen würden.

Klimakatastrophen in Mitteleuropa: Eine Nachlese

Die Ausarbeitungen haben deutlich gemacht, dass Klimakatastrophen in Mitteleuropa ein ständiger Begleiter waren. Dies gilt für alle angesprochenen Varianten wie Gewitter, Stürme und Hochwasser. Im Auftreten dieser Katastrophen gab es aber in den letzten 1000 Jahren nachhaltige Veränderungen. Mittelfristige Zu- und Abnahmen in der Größenordnung von 30 bis 100 Jahren waren die Regel. Dabei wurde deutlich, dass in einigen Phasen der historischen Klimaentwicklung Katastrophen häufiger als in den letzten 200 Jahren aufgetreten sind. Dies gilt beispielsweise für die Hochwasser zwischen 1500 und 1750. Einzelne Ereignisse wie das von 1342 übertreffen die uns heute bekannten Extremfälle sogar erheblich. Viele der markanten Änderungen lassen sich mit der Temperaturentwicklung korrelieren. Als besonders kata-

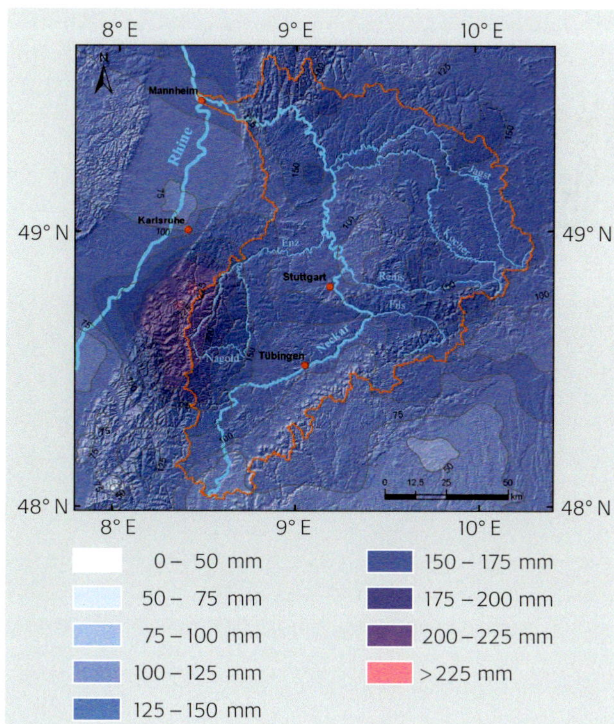

Abb. 100: Modellierter Gebietsniederschlag für den 29./30. Oktober 1824 (36 h) im Neckareinzugsgebiet.

strophenreich hat sich der Abschnitt der Kleinen Eiszeit 1550–1850 herausgestellt.

Vor dem Hintergrund dieser Erkenntnisse muss man davon ausgehen, dass wie beim Temperatur- und Niederschlagsgeschehen eine deutlich höhere natürliche Variabilität im Auftreten von Klimakatastrophen existiert als die aktualistische Betrachtung erkennen lässt. Diese Erkenntnisse sind vor allem deshalb bemerkenswert, weil sie sich auf Zeiträume beziehen, die außerhalb der anthropogenen Klimaveränderungen liegen.

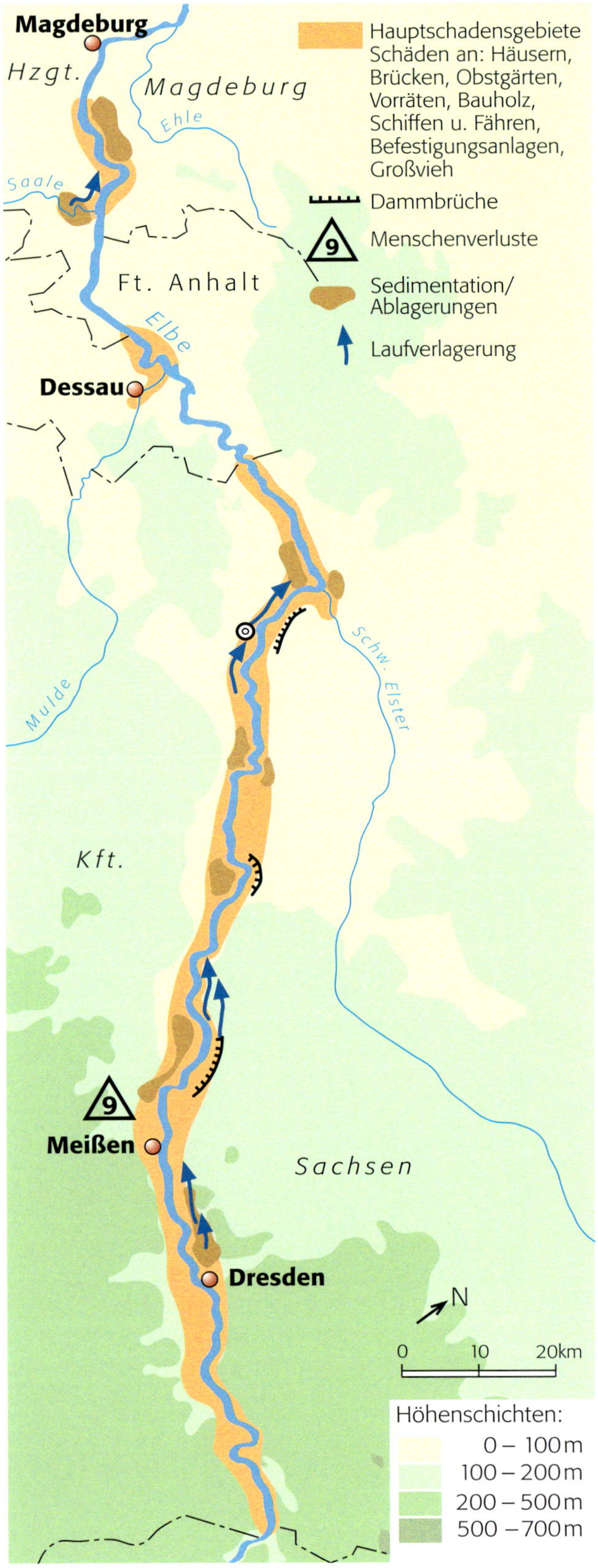

Abb. 101: Schadwirkungen des Hochwassers von 1784 im Elbetal zwischen Prag und Magdeburg.

Die zukünftige Entwicklung des Klimas und die Auswirkungen des Klimawandels in Mitteleuropa

Die neuesten Schätzungen des IPCC haben aufhorchen lassen: Bei einer Verdoppelung des CO_2-Gehaltes der Atmosphäre ist mit einer globalen Erwärmung von 1,4 °C bis zu 5,6 °C und einem Meeresspiegelanstieg um 11 bis 88 cm bis Ende des Jahrhunderts zu rechnen. Damit geht eine Intensivierung des Wasserkreislaufs mit einer Erhöhung der Verdunstungs- und Niederschlagsraten um 7 bis 15 % einher (IPCC 2007).

Die Klimaerwärmung wird ohne Klimaschutz alle dem Menschen bekannten Werte, z. B. die aus der letzten Warmzeit, dem Eem, vor 125 000 Jahren, übersteigen (Graßl 2006).

Allgemein ist zu erwarten, dass unsere „Wettermaschine" über dem Nordatlantik an Fahrt aufnimmt und Europa durch eine Verlagerung der Sturm-Zugbahnen auch häufiger von Stürmen betroffen sein wird (Schönwiese 2006). In diesem Zusammenhang werden Klimaextreme, die mit wärmerer Witterung zusammenhängen, in ihrer Häufigkeit zunehmen. Zu nennen sind hier z. B. Winterorkane, aber auch Starkregenereignisse und Hitzeperioden während des Sommers. Sehr wahrscheinlich werden die Winter in Zukunft milder und feuchter werden. Die Winter der 1990er Jahre, v. a. aber der von 2006/07 könnten einen Vorgeschmack gegeben haben. Eine geschlossene Schneedecke wird sich nur noch auf den Höhenzügen für wenige Tage oder Wochen im Jahr ausbilden. Als schneesicher gelten Regionen über 1500 m, damit alle Mittelgebirgsstandorte nicht mehr. Sturmtiefs mit hohen Windgeschwindigkeiten werden in dieser Jahreszeit unser Wetter häufiger bestimmen und größere Niederschlagsmengen liefern.

Das „gefühlte" Sommerhalbjahr wird auf Kosten des Winterhalbjahres länger werden. Was für die Übergangszeiten noch ganz angenehm klingt, lässt in den Monaten des Hochsommers erhöhte Ozonkonzentrationen, Niederschlagsknappheit oder Hitzewochen erwarten. Hier zeigte uns der Sommer 2003, auf welche Intensitäten man sich möglicherweise einstellen muss.

Kalte Winter – definiert als Winter, die kälter sind als 90 % aller Winter in der Periode von 1961 – 1990 – werden nach Szenarienrechnungen bis 2080 fast vollständig verschwunden sein, während heiße Sommer – definiert als Sommer, die wärmer sind als 90 % aller Sommer in der Periode von 1961 – 1990 – viel häufiger werden. Es ist außerdem wahrscheinlich, dass bis 2080 sowohl Dürren als auch Starkniederschlagsereignisse in Europa häufiger auftreten (EEA 2004).

Auch die Dauer der Schneebedeckung der nördlichen Hemisphäre zwischen dem 45° und dem 75° Breitengrad hat zwischen 1971 und 1994 im Schnitt um 8,8 Tage pro Jahrzehnt abgenommen. Laut Szenarienrechnungen wird dieser Trend im 21. Jahrhundert weiter fortschreiten (EEA 2004). Je nach der Höhe zukünftiger Treibhausgasemissionen wird in Deutschland bis 2100 von einer mittleren Erwärmung zwischen 2,5 °C und 3,5 °C ausgegangen. Am stärksten werden sich im Süden und Südosten Deutschlands die Winter um mehr als 4 °C gegenüber dem Zeitraum 1961 bis 1990 erwärmen. Gleichzeitig werden die sommerlichen Niederschläge großflächig abnehmen, besonders stark – um bis zu –30 % – in Süd- und Südwest-Deutschland sowie in Nordost-Deutschland. Im Gegensatz hierzu könnten die Winter in ganz Deutschland feuchter werden. Vor allem in den Mittelgebirgen Süd- und Südwest-Deutschlands ist über ein Drittel mehr Niederschlag zu erwarten als heute. Wegen gleichzeitig steigender Wintertemperaturen in den Alpen – bis zum Ende des Jahrhunderts könnten es mehr als 4 °C sein – wird der Niederschlag häufiger als Regen denn als Schnee fallen. Fiel in der zweiten Hälfte des 20. Jahrhunderts dort etwa ein Drittel des Gesamtniederschlags als Schnee, könnte es bis Ende des 21. Jahrhunderts nur noch ein Sechstel sein.

Bis zum Jahr 2100 wird die Erwärmung der Ostsee um 2,8 °C etwas stärker sein als die der Nordsee mit 2,5 °C. Die um rund 25 % reduzierten Niederschläge im Sommer könnten positive Effekte auf den Sommertourismus haben. Dem stehen Zunahmen der Niederschläge um bis zu 30 % gegenüber, so dass keine wesentliche Änderung der Jahresniederschlagssumme im Küstenraum erwartet wird.

Modellrechnungen gehen davon aus, dass es längs der Deutschen Bucht bis 2030 zu einem Anstieg des Meeresspiegels um 10 bis 20 cm kommen wird. Zusammen mit höheren Pegeln und einer größeren Häufigkeit von Stürmen sind dann zumindest die Vordeichflächen der Deutschen Bucht auch einer verstärkten Erosion ausgesetzt. Bis 2100 steigt der Meeresspiegel um mindestens 40 cm an (Graßl 2006).

Die Auswirkungen des Klimawandels auf die Bereiche Wasser, Landwirtschaft, Forstwirtschaft, Biodiversität, Gesundheit wurden von Zebisch et al. (2005) wie folgt umschrieben:

Bereich Wasser:

– steigende Hochwassergefahr in Mitteleuropa vor allem in den Winter- und Frühjahrsmonaten. Besondere Gefährdung des Alpenraums und bei mittelschweren Er-

eignissen von Gebieten ohne ausreichende Retentionsflächen (Rückhalteflächen) und/oder mit hoher Bebauungsdichte.
– erhöhte Wahrscheinlichkeit von Starkregenereignissen v. a. im Winter und Veränderungen in der Schneedeckendauer.
– erhöhte Gefahr von Dürren mit Einschränkungen in den Bereichen Land- und Forstwirtschaft, Energieversorgung und Schifffahrt, evtl. auch in der Trinkwasserversorgung in den östlichen Regionen.
– Reduktion der Grundwasserneubildungsrate.

Bereich Landwirtschaft:
– Ertragseinbußen durch zu hohe Temperaturen und Einschränkungen, v.a. in Regionen wie Brandenburg, die bereits heute unter einer angespannten Wasserhaushaltssituation leiden.
– Zunahme von Ertragsschwankungen infolge der zunehmenden Klimavariabilität.
– Erhöhung des Ertragspotenzials für viele Fruchtarten bei einem moderaten Temperaturanstieg und bei ausreichender Wasserversorgung, insbesondere für Regionen, die unter heutigen Bedingungen für die landwirtschaftliche Nutzung eher zu kühl und/oder zu feucht sind.

Bereich Forstwirtschaft/Wälder:
– Erhöhtes Ertragspotenzial in den Wäldern und die Möglichkeit, neue Baumarten einzubringen.
– Besondere Gefährdung der Fichte wegen zunehmender Trockenheit und Hitze und besonderer Anfälligkeit gegenüber den indirekten Auswirkungen des Klimawandels wie Kalamitäten (Borkenkäfer) und Schäden durch Extremereignisse (Windwurf).
– Steigende Waldbrandgefahr in Kieferreinbeständen
– Geringere Anfälligkeit von Mischwäldern.

Bereich Biodiversität:
– Verschiebungen von Artenarealen nach Norden und in höhere Lagen sowie Veränderungen in der Phänologie von Pflanzen und dem Verhalten von Tieren.
– Dabei Begünstigung migrationsfähiger Arten, während Arten, die durch geographische Hindernisse (Gebirge, Gewässer) oder fehlende Vernetzung von Biotopen in ihrer Migration beschränkt sind, langfristig vom Aussterben bedroht sind.
– Besondere Betroffenheit seltener Arten (Rote-Liste-Arten), Arten mit einem engen ökologischen Toleranzbereich sowie kälte- und feuchtigkeitsliebender Arten.
– Veränderung der Artenanzahl und Artenzusammensetzung in Lebensgemeinschaften und Biotopen.
– Veränderung der Zusammensetzung bestehender Lebensgemeinschaften, Herausbildung neuer Lebensgemeinschaften.
– Besondere Betroffenheit azonaler Biotope auf Sonderstandorten wie Feuchtgebieten, aber auch montanen Stauden-, Fels- und Steinfluren.
– Besondere Betroffenheit des Alpenraums mit seiner Vielzahl endemischer Pflanzen und Tiere, vielen azonalen Biotopen und klimatischen Sonderstandorten.

Bereich Gesundheit
– Steigende Belastung des menschlichen Organismus durch Hitzestress.
– Besondere Betroffenheit von alten und geschwächten Personen, ebenso von Kindern durch Hitzestress.
– Veränderungen in Verbreitung, Population und Infektionspotenzial von Krankheitsüberträgern (Vektoren) wie blutsaugenden Insekten und Zecken sowie Nagetieren.
– Frage der Qualität von Wasser, Luft und Nahrungsmitteln.
– Dabei sind regional besonders betroffen der Oberrheingraben sowie Ballungszentren, vor allem in Kessellagen.

Bereich Tourismus
– Besondere Betroffenheit des Wintertourismus in den tieferen Lagen der Alpen und den deutschen Mittelgebirgen durch deutlichen Rückgang der Schneesicherheit.
– bei typischen Formen des Sommertourismus, beispielsweise beim Badeurlaub werden positive Entwicklungen für Deutschland erwartet.

Bereich Verkehr
– Im Winter positive Effekte durch Abnahme von Frost- und Eisstagen (geringere Unfallzahlen und geringerer Einsatz umweltschädigender Substanzen wie Streusalz).
– Im Sommer mögliche steigende Probleme vor allem durch Hitzetage (höhere Unfallzahlen, Schäden an der Infrastruktur).
– Mögliche Gefahren durch eventuell sich häufende Extremereignisse wie Stürme, Hagel oder Hochwasser.
– Besondere Betroffenheit der Schifffahrt sowohl durch Hochwasser als auch durch Niedrigwasser.

Vom gleichen Autorenteam wird auch eine Regionalisierung der Verwundbarkeit beziehungsweise Anfälligkeit gegeben.

In Ostdeutschland ergibt sich die hohe Vulnerabilität durch die geringe Wasserverfügbarkeit und die Gefahr von Dürren im Sommer. Besonders betroffen sind die Land- und Forstwirtschaft, aber auch die Schifffahrt. Hinzu kommt eine „hohe“ Vulnerabilität gegenüber Hochwasser in den Einzugsgebieten von Elbe und Oder. In der Lausitz, wo mit besonders hohen Sommertemperaturen zu rechnen ist, muss von hohen Gesundheitsrisiken aufgrund hoher Hitzbelastung ausgegangen werden.

In Südwestdeutschland, insbesondere im Oberrheingraben stellen vor allem die hohen Temperaturen ein Problem dar. Hier, wo schon aktuell die höchsten Temperaturen in Deutschland gemessen werden, wird in Zukunft mit der stärksten Erwärmung gerechnet. Das bringt ohne geeignete Gegenmaßen „hohe“ Vulnerabilitäten im Gesundheitsbereich mit sich. Auch Land- und Forstwirtschaft sind derzeit gegenüber einer schnellen Erwärmung „stark“ anfällig. Hinzu kommt eine steigende Gefahr von Hochwassern im frühen Frühjahr, ausgelöst durch eine Verschiebung der Niederschläge vom Sommer in den Winter sowie eine Zunahme von Starkregenereignissen.

In den Alpen stellt die Sensitivität vieler Bereiche die Hauptursache für die „hohe“ Vulnerabilität. Vor allem im Bereich Biodiversität sind die Alpen aufgrund der hohen Anzahl endemischer Tier- und Pflanzenarten sehr anfällig, da sich ihnen kaum Ausweichmöglichkeiten bieten. Auch ist in den Alpen aufgrund der geringen Retentionsflächen die Hochwassergefahr besonders hoch. Hinzu kommt die Anfälligkeit und die geringe Anpassungsfähigkeit des Bereichs Wintersport gegen einen Rückgang der Schneesicherheit.

Die deutschen Mittelgebirge erweisen sich im Vergleich aktuell nur als „mäßig“ vulnerabel. Hier ist das Klima derzeit eher kühl und feucht, so dass eine Veränderung zu einem wärmeren Klima für manche Bereiche (z. B. Landwirtschaft) sogar eher eine Chance darstellen kann. „Hoch“ ist die aktuelle Vulnerabilität im Bereich Hochwasser, speziell gegenüber lokalen Hochwasserereignissen, die von konvektiven Starkniederschlägen ausgelöst werden. Der Wintersport, sofern vorhanden, weist hier ebenso eine „hohe“ aktuelle Vulnerabilität auf.

Wie die Mittelgebirge wird das Küstengebiet als aktuell nur „mäßig“ vulnerabel eingeschätzt. Zwar besteht hier eine „hohe“ aktuelle Vulnerabilität aufgrund evtl. intensiverer Sturmfluten. Zudem sind die unmittelbaren Küstenbereiche durch den steigenden Meeresspiegel bedroht. Allerdings sind hier die Anpassungsmaßnahmen bereits relativ weit vorangeschritten. In anderen Bereichen können die Küstengebiete eher vom Klimawandel profitieren. Das betrifft sowohl die Bereiche Land- und Forstwirtschaft als auch den Tourismus, der von steigenden Sommertemperaturen und abnehmenden Sommerniederschlägen profitiert.

Die geringste aktuelle Vulnerabilität wird für Nordwestdeutschland gesehen. Hier dämpfen die ozeanischen Einflüsse die Auswirkungen des Klimawandels ab, so dass hier vermutlich mit den geringsten Klimaveränderungen zu rechnen ist. Aufgrund des aktuell sehr gemäßigten Klimas weisen die meisten Bereiche hier einen relativ hohen Toleranzbereich auf. Auch hier werden die Bereiche Landwirtschaft und Tourismus, mit Einschränkungen auch die Forstwirtschaft, potenziell eher vom Klimawandel profitieren.

Neben diesen Regionen bzw. Naturräumen zeigen außerdem Feuchtgebiete und Ballungsräume eine „hohe“ Vulnerabilität ohne weitere Maßnahmen. In Feuchtgebieten sind vor allem die Bereiche Wasser und Biodiversität hoch vulnerabel. In Ballungsräumen sind die Bereiche Gesundheit (Hitzebelastung) und Verkehr besonders betroffen.

Die ökonomischen Folgen

Im sogenannten Stern-Report von 2006, der im Auftrag der britischen Regierung vom früheren Weltbank-Ökonom Nicholas Stern erstellt wurde, sind etwa 1 % des weltweiten Bruttosozialprodukts pro Jahr notwendig, um katastrophale Entwicklungen des globalen Klimawandels abzuwenden. Durch Tatenlosigkeit entstünden jedoch 5- bis 20-mal höhere Kosten. Er warnt, dass der Klimawandel die größte Wirtschaftskrise nach dem Wall Street Crash 1929 auslösen könnte, wenn nicht sofort ein nachhaltiger Klimaschutz eingeleitet wird.

Auch in den Berechnungen des Deutschen Instituts für Wirtschaftsforschung (DIW) werden volkswirtschaftliche Schäden des Klimawandels bis zum Jahr 2050 in Deutschland auf etwa 800 Mrd. Euro veranschlagt, falls die globale Temperatur bis zum Jahr 2100 um bis zu 4,5 °C steigt. Vor allem die häufiger auftretenden Extreme wie Dürren, Überschwemmungen und Stürme werden die Volkswirtschaft belasten. Besonders betroffen sind nach Einschätzung dieses Instituts die Landwirtschaft, der Tourismus, die Stromerzeugung und die Versicherungen. Falls der Klimaschutz nicht nennenswert intensiviert wird, werden sich die Kosten durch den Klimawandel bis zum Jahr 2100 auf fast 3000 Mrd. Euro summieren.

Erkenntniswege zum Treibhausklima

Treibhausklima! Was heute zum Allgemeingut geworden ist, hat sich erst über einen längeren Diskurs in Wissenschaft und Öffentlichkeit konstituiert. Manches wirkt in der Nachbetrachtung abstrus, wobei sich bis heute wenige Treibhausklimaleugner und die überwältigende Mehrheit der Befürworter in wortgewaltigen Diskussionen in Internetforen bekriegen.

Es ist das Verdienst des französischen Physikers Fourier (1768 – 1830) die Bedeutung der Erdatmosphäre für den Wärmehaushalt erkannt und diese mit einem Treibhaus verglichen zu haben. Die Treibhausgase an sich wurden 1859 durch den irischen Physiker Tyndall (1820 – 1893) entdeckt, der auch schon auf die Besonderheiten von Kohlendioxyd hingewiesen hatte. In seinen Forschungen thematisierte er u. a. auch, wie dadurch Kli-

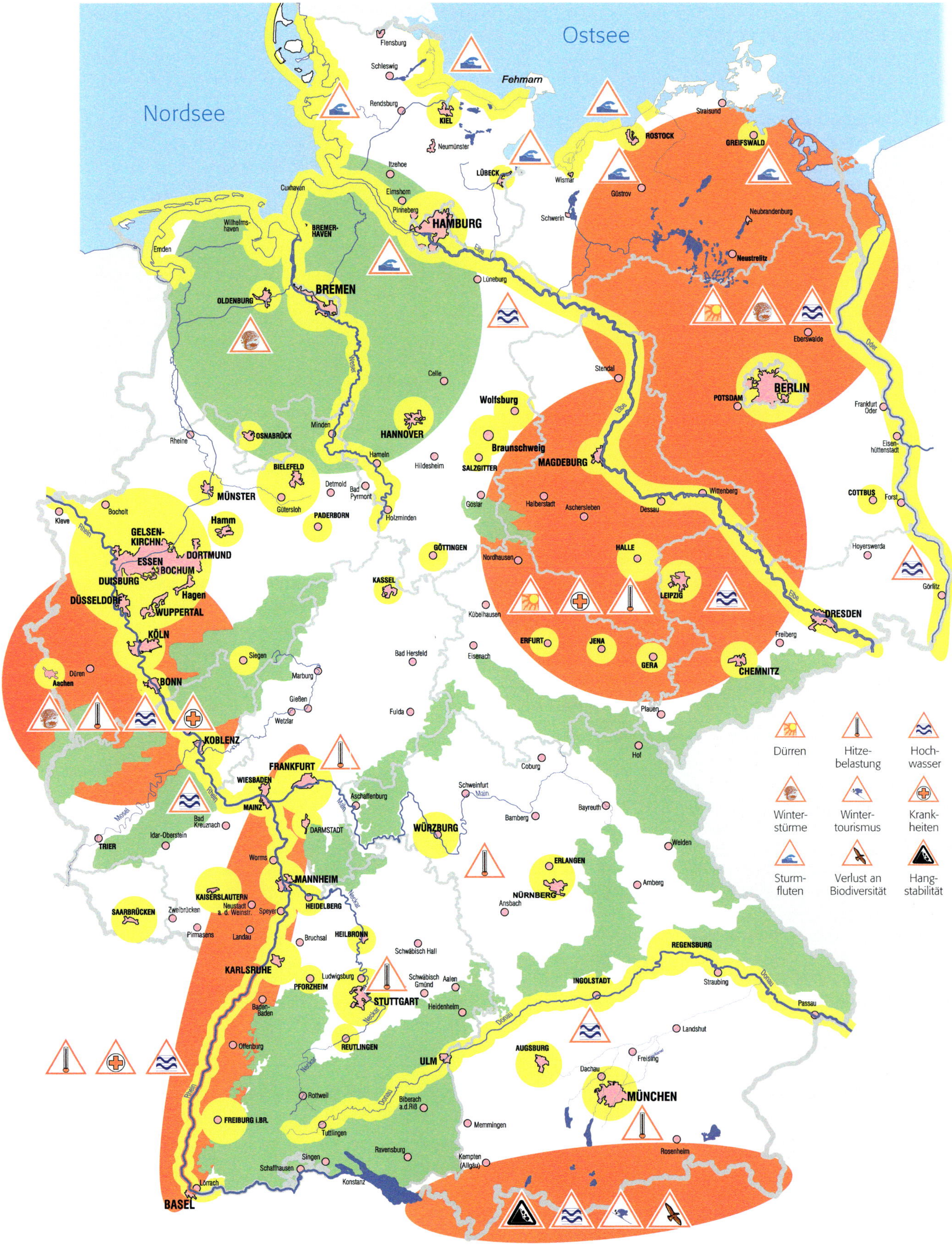

Kartographie: K.-D. Lickert, 2007
Institut für Physische Geographie Freiburg
(verändert und ergänzt nach Zebisch et al. 2005, CEDIM 2006, Gerstengarbe & Werner 2007, Schönwiese 2007, Sterr 2007, WBGU 2007)

Abb. 102: Schematisierte Darstellung der Vulnerabilität gegenüber dem Klimawandel in Deutschland.

Bewertet wurden die Negativwirkungen durch Hochwasser, Dürre, Biodiversität, Winterstürme, Hangstabilität und auf Gesundheit (Hitzebelastung und Zunahme der Vektor-übertragenen Krankheiten) und Tourismus (Auswirkungen auf den Wintertourismus) sowie die erwarteten Positivwirkungen, beispielsweise Ertragsteigerungen in der Land- und Forstwirtschaft sowie im Sommertourismus der Küstenräume und Mittelgebirge.

Regionen und Bereiche besonders hoher und komplexer Vulnerabilität

1. Nordostdeutsches Tiefland: Hochwasser, Dürren, Winterstürme
2. Südostdeutsches Becken- und Hügelland: Hochwasser, Dürren, Hitzebelastung, Zunahme Vektor-übertragener Krankheiten
3. Oberrheingraben: Hochwasser, Hitzebelastung, Zunahme Vektor-übertragener Krankheiten
4. Alpen: Hochwasser, Verlust an Biodiversität, Hangstabilität & Massenbewegungen, Wintertourismus
5. Westdeutsche/Niederrheinische Tieflandsbucht: Hochwasser, Hitzebelastung, Zunahme Vektor-übertragener Krankheiten, Winterstürme

Regionen und Bereiche mäßiger und meist einfacher Vulnerabilität (Schutzmaßnahmen und -konzepte vorhanden, z. B. Küsteschutz, Hochwassermanagement etc., aber noch nicht angepasst)

1. Küstenraum durch Überflutungsgefährdung der unter 5 m über dem Meer gelegenen Landflächen an der Nordseeküste und der unter 3 m über dem Meer gelegenen an der Ostseeküste;
   besondere Gefährdung der Küstenstädte Bremen und Hamburg durch Sturmfluten
   teilweise Gefährdung der Ostseestädte Kiel, Lübeck, Rostock und Greifswald wegen fehlendem Deichschutz;
   Verlust an Biodiversität (Salzwiesen und Wattflächen)
2. Größere Flusssysteme wie Donau, Rhein, Weser, Elbe und Oder durch Hochwasser
3. Größere Agglomerationen wie Berlin, München, Stuttgart, Rhein-Ruhr, Rhein-Main, Rhein-Neckar durch Hitzebelastung

Regionen geringerer Vulnerabilität (geringe Auswirkungen der Negativwirkungen oder Kompensation durch Positivwirkungen)

1. Nordwestdeutsches Tiefland: Winterstürme
2. Mittelgebirge > 700 m: Winterstürme, Hochwasser, Wintertourismus, Zunahme Vektor-übertragener Krankheiten

maschwankungen in der Erdgeschichte erklärt werden können. Den aus heutiger Sicht aktualistischsten Bezug formulierte der spätere Nobelpreisträger für Chemie Arrhenius (1859–1927), der bereits 1896 auf die Problematik des steigenden CO_2-Gehaltes der Atmosphäre im Zuge der Industrialisierung aufmerksam machte. Er setzte diese Erkenntnis zur Erklärung der Eiszeiten ein. Kurz zuvor hatte der englische Geologe Croll die Albedoeffekte im Zusammenhang mit der Zunahme mit Gletschern und Schneefeldern in die Diskussion eingebracht. Von Arrhenius stammen auch konkrete Berechnungen der Temperaturveränderungen, die sich aus den Variationen des CO_2-Gehaltes der Atmosphäre ergeben würden. Anfang des 20. Jahrhunderts berechnete der kroatische Astronom Milanković die Auswirkungen von Schwankungen der astronomischen Umlaufbahnen auf die langfristigen, in geologischen Zeitdimensionen ablaufenden Klimaänderungen. 1956 formulierte Gilbert Plass seine Kohlendioxydtheorie des Klimawandels. Ein Jahr später legte Charles Keeling anlässlich des Internationalen Geophysikalischen Jahres die mittlerweile berühmte langjährige Messreihe der CO_2-Konzentration der Atmosphäre gemessen auf dem Mauna Loa auf Hawaii vor. Diese sogenannte Keeling-Kurve ist eine Ikone der Klimaforschung, weil sie den dramatischen Anstieg des CO_2-Gehaltes der letzten 40 Jahre bilanziert. Zu Beginn der Messungen lag die Konzentration des CO_2 bei etwa 315 ppm (parts per million) 1995 betrug sie bereits 360 ppm. Im Jahr 2005 stieg sie auf den bisherigen Rekordwert von 380 ppm. Interessanterweise wurde diese Erkenntnis nicht an die Vorstellung eines Treibhausklimas gekoppelt. Ganz im Gegenteil, durch die relative Konstanz der Temperaturen in den 1960er-Jahren, die heute mit einem hohen Anteil von Aerosolen, insbesondere von Sulfataerosolen aus der Zunahme von Verbrennungsvorgängen und mit den Atombombenversuchen erklärt werden, setzte man sich verstärkt mit den Fragen einer globalen Abkühlung auseinander!

Vorstellungen von rasanten Klimastürzen machten die Runde, zumal kurz zuvor die starke Abkühlung der Jüngeren Dryas vor etwas 12 000 Jahren entdeckt wurde, die sich innerhalb weniger Jahrzehnte vollzogen hatte und eine Abkühlung um bis zu 10 Celsiusgrade erkennen ließ. Ein weiterer Diskussionspunkt war die Länge der anhaltenden Warmzeit, des Holozäns, die mit ihren 10 000 Jahren schon unverhältnismäßig lange anzudauern schien. Diese wurde in den Kontext der Milanković-Rhythmen gestellt und mit vorhergehenden Kälte- und Warmzyklen in Beziehung gesetzt. Vehement diskutierte man das Ende der bestehenden Warmzeit und den Anbruch der nächsten Eiszeit. Begriffe vom „global dimming" machten die Runde, die aus der zunehmenden Luftverschmutzung und Trübung der Atmosphäre abgeleitet wurden. Als Reaktion auf diese diffuse wissenschaftliche Diskussion wurde auf der ersten Weltumweltkonferenz in Stockholm 1972 beschlossen, das United Nations Environmental Programme (UNEP) und das globale Umweltüberwachungssystem Global Environment Monitorring System (GEMS) ins Leben zu rufen, das insbesondere auch den Einfluss von Treibhausgasen und Radioaktivität auf das Wetter, menschliche Gesundheit und das Leben von Pflanzen und Tieren beobachten sollte. Katastrophale Dürren und Hungerkrisen, die sich in dieser Zeit in der sogenannten Dritten Welt auswirkten, standen im Fokus der Öffentlichkeit, überlagert vom Ost-West Gegensatz und der aufkommenden Dritte-Welt-Diskussion.

Abstruse Vorstellungen machten die Runde, z.T. als Instrument des kalten Krieges geplant, sollten durch große Dammbauten Meeresströme umgelenkt werden; man glaubte, wie im Vietnamkrieg erprobt, das Wetter direkt beeinflussen zu können, indem man durch Silberjodid-Injektionen die Regenwolken zum Abregnen brachte, um die feindlichen Bewegungen besser verfolgen zu können. Im Projekt Cirrus wurden derartige Vorstellungen zu Papier gebracht. Bizarr wirkten vor allen Dingen die Versuche, die nach wie vor befürchtete globale Abkühlung zu bekämpfen. Das Abdecken der Polkappen mit schwarzen Folien zur Erhöhung der Albedo bis hin zur vermehrten Erzeugung von CO_2 zur Verstärkung des Treibhauseffektes oder das Einbringen von Metallstaub in die Atmosphäre zählen ebenso wie das Abdämmen zwischen Norwegen und Grönland oder das Einbringen großer Spiegel als zusätzliche Sonnen in die Erdumlaufbahn zu den besonders befremdlichen Beispielen. Andere Wissenschaftler, wie Manabe und Wetherald berechneten mittlerweile, dass eine Verdopplung des CO_2-Gehaltes der Atmosphäre einen Temperaturanstieg um mehrere Grad Celsius zur Folge haben würde. Bereits 1970 prognostizierte Manabe eine entsprechende Erwärmung um 0,6° Celsius. Durch den steigenden Flugverkehr und die zunehmende Luftverschmutzung gab es Mitte der 1970er-Jahre erste Untersuchungen über deren Gefahren für die Ozonschicht und die Rolle von Fluorchlorkohlenwasserstoffe (FCKW). Ab 1977 zeichnete sich als neuer Konsens in der Wissenschaft ab, dass das global warming das größere Risiko darstellte. Noch im gleichen Jahr wurde in den USA der National Climate Programme Act aufgelegt. Im selben Jahr gründete Steven H. Schneider mit Climatic Change eine erste Fachzeitschrift, die sich ausschließlich diesem Themenkreis widmete. Die National Academy of Sciences in den USA fand es 1979 glaubhaft und belegt, dass eine Verdopplung des CO_2-Gehaltes eine Erwärmung um weltweit 1,5–4,5° Celsius mit sich bringen würde. Anders als in der breiten Öffentlichkeit vermutet, können die US-amerikanischen Wissenschaftler und die entsprechenden Einrichtungen bzw. Aktivitäten als die wesentlichen Akteure und Impulsgeber des heutigen Erkenntnisstandes angesehen werden, zumal sich an den Prognosen der National Academy of Sciences von 1979 nichts Wesentliches geändert hat. In den Folgejahren entwickelte sich ein von konträren Einsichten und politischen Uneinsichten getragener Disput um die Auswirkungen des Klimawandels. Wichtige Meilensteine sind dabei die Weltklimakonferenzen, die bereits 1979 in Genf ihre erste Konstituierung erfuhren. Durch die Medien wurden die wissenschaftlichen Erkenntnisse, aber auch die Verweigerungshaltungen einiger nationaler Regierungen immer weiter in die Öffentlichkeit getragen, wenn auch oft mit polemischen Übertreibungen und Fehleinschätzungen.

Die historische Entwicklung des politischen Handlungsrahmens

Die Entwicklung des politischen Handlungsrahmens in Deutschland kann als Reflex auf internationale Bemühungen gesehen werden. Ihre Darstellung entlarvt ein langwieriges Ringen um politische Positionen und ökonomische Interessen über einen Sachstand, der schon früh bekannt war.

Bereits 1979 findet in Genf die erste Weltklimakonferenz statt. Wissenschaftler machen auf das Klimaproblem aufmerksam, aber es bleibt bei Empfehlungen. 1987 veröffentlicht die Brundtland-Kommission den Bericht „Unsere gemeinsame Zukunft". Hierin wird erstmals der Klimaschutz angemahnt. Ein Jahr später, 1988, erhebt die Konferenz von Toronto erste konkrete Forderungen und stellt Reduktionsziele fest. Noch im selben Jahr gründen die World Meteorological Organisation (WMO) und die Umweltorganisation der UNO das Intergovernmental Panel on Climate Change (IPCC) als beratender zwischenstaatlicher Ausschuss zum Klimawandel. 1989 beschließt die UN-Vollversammlung die Erarbeitung einer Klimarahmenkonvention. Im darauffolgenden Jahr folgt der erste UN-Report, der erste IPCC-Bericht, in dem sich zeigt, dass sich die meisten Wissenschaftler über die Bedrohung und Folgen der Treibhausgase einig sind.

Aufgrund dieses Berichtes wurde beim Erdgipfel in Rio de Janeiro 1992 die Klimakonvention verabschiedet (Neu 2007). Artikel 2 der Konvention beschreibt als wesentliches Ziel die Stabilisierung der Treibhausgaskonzentrationen in der Atmosphäre auf einem Niveau, auf dem eine gefährliche anthropogene Störung des Klimasystems verhindert wird. Ein solches Niveau soll innerhalb eines Zeitraums erreicht werden, der ausreicht, dass sich die Ökosysteme auf natürliche Weise den Klimaänderungen anpassen können, die Nahrungsmittelerzeugung nicht bedroht wird und die wirtschaftliche Entwicklung auf nachhaltige Weise fortgeführt werden kann. Bereits in Rio werden Konflikte zwischen den reichen Ländern des Nordens und der Dritten Welt deutlich. Die armen Länder, die kaum zum Klimawandel beitragen, fordern, dass der Norden als wesentlicher Verursacher die Kosten für die Emissionsreduzierung tragen soll. Die Industrieländer fürchten um ihre Wirtschaftskraft, die unter radikalen einseitigen Sparmaßnahmen leiden könnte.

1995 treffen sich Vertreter der Unterzeichnerstaaten der Klimarahmenkonvention in Berlin. Nur wenige Tage vor der Konferenz unterzeichnen die erdölfördernden Länder, um ein Mitspracherecht zu haben. Konkrete Reduktionsziele, die für alle gelten, werden vermieden. Schließlich kann das Berlin-Mandat beschlossen werden. Es sieht vor, dass die Industriestaaten sich alleine zu Reduktionen verpflichten und dass innerhalb von zwei Jahren in einem Protokoll konkrete Zahlen beschlossen werden sollen. Im gleichen Jahr, wird der zweite IPCC-Bericht publiziert. Die darin enthaltene Kernaussage lautet, dass „die Abwägung der Erkenntnisse einen erkennbaren menschlichen Einfluss auf das Klima nahelegt".

Im sogenannten Kyoto-Protokoll werden 1997 für die Industrieländer erste konkrete Vorgaben für Emissionsreduktionen gemacht. Als Zeithorizont wird das Jahr 2010 festgelegt, bzw. der Durchschnitt der Jahre 2008 – 2012.

1999 setzt sich auf der Konferenz in Bonn die Europäische Union dafür ein, bis zum Jahr 2002 das Kyoto-Protokoll zu ratifizieren. 2000 scheitert die inzwischen 6. Konferenz in Den Haag. Die Teilnehmer können sich nicht einmal auf eine Grundsatzerklärung verständigen, der Streit um „Emissionrechte" eskaliert und kann nicht geschlichtet werden.

Im Jahr 2001 veröffentlicht der IPCC seinen dritten Bericht. Darin werden die Aussagen konkreter: „Es gibt neue und klarere Belege dafür, dass der Grossteil der in den letzten 50 Jahren beobachteten Erwärmung menschlichen Aktivitäten zuzuschreiben ist." Im selben Jahr wird in Bonn die gescheiterte Konferenz von Den Haag fortgesetzt. Als Bonner Kompromiss gelingt es letztlich, Japan zur Zustimmung zu Kyoto zu bewegen und die Entwicklungsländer einzubinden. Die europäische Delegation verzichtet weitestgehend auf Emissionsrechte zugunsten Japans und macht so den Weg für eine Kompromisslösung frei. Weitere (Welt)Klimagipfel folgen 2001 in Marrakesch, 2002 in Johannesburg, 2003 in Mailand und 2004 in Buenos Aires.

Nachdem genügend Länder das Kyoto-Protokoll ratifiziert hatten, tritt dieses am 16. Februar 2005 in Kraft. 141 Länder verpflichten sich, den weltweiten Ausstoß von sechs Treibhausgasen bis 2012 um mindestens 5,2 % gegenüber 1990 zu reduzieren

Seit 2005 wird die Weltklimakonferenz um das Treffen der Mitglieder des Kyoto-Protokolls ergänzt. Die erste Konferenz dieser Art mit nahezu 10 000 Teilnehmenden findet in Montreal statt; die darauffolgende in Nairobi, die nächste 2007 auf Bali.

Ziel der jüngeren Klimakonferenzen ist es, ein Nachfolgeregelwerk für das 2012 auslaufende Kyoto-Protokoll zu entwickeln. Aus Sicht des Klimaschutzes ist dies dringend geboten, denn der vierte Bericht des IPCC von 2007 stellt unmissverständlich dar, was seit Jahren Konsens unter den meisten Klimaforschern ist: Der Klimawandel ist bereits in vollem Gang und seine Hauptursache ist der menschengemachte Treibhauseffekt. Nur grundlegendes und schnelles globales Handeln kann die schlimmsten Folgen des Klimawandels beherrschbar halten.

Nach den Erkenntnissen des IPCC ist die Klimaerwärmung „beispiellos": elf der letzten zwölf Jahre sind unter den zwölf wärmsten seit Beginn der Aufzeichnungen 1850. In den nächsten zwei Dekaden wird die Temperatur jeweils um 0,2 °C steigen. Auch wenn die Konzentration der Treibhausgase im Jahr 2000 auf dem damaligen Stand eingefroren worden wäre, müsste dennoch wegen der Verzögerungen im Klimasystem mit einem Zuwachs von 0,1 °C pro Dekade gerechnet werden.

Für die weitere Entwicklung bis zum Jahr 2100 entwickelt der IPCC sechs Szenarien:

Im günstigsten Szenario wird eine Erwärmung um weitere 1,1 bis 2,9 °C erfolgen, im schlimmsten Fall steigt die Temperatur um bis zu 6,4 °C an.

Vor dem Hintergrund des in Gang befindlichen Klimawandels ist das vorrangige Klimaschutzziel der Bundesrepublik die Verringerung der CO_2-Emissionen. Der Temperaturanstieg durch den Klimawandel soll auf zwei Grad Celsius begrenzt bleiben, die 2 °C Leitplanke, ein Wert, der beherrschbar erscheint.

Als Start der nationalen Klimapolitik in Deutschland gilt der Auftrag des Bundeskanzleramtes an das Bundesumweltministerium im Januar 1990. Bereits im Juni 1990 wurden erste Empfehlungen vorgelegt, mit denen die späteren Zielsetzungen und Strukturen vorgeprägt wurden (Schafhausen 2005).

Mit dem fünften Bericht der dafür zuständigen Interministeriellen Arbeitsgruppe vom Oktober 2000 wurde zugleich ein erstes nationales Klimaschutzprogramm verabschiedet. Vorrangiges Ziel war die Reduktion des Kohlendioxid-Ausstoß (CO_2) in Deutschland bis 2005 um bis zu 70 Millionen Tonnen. 1995 hatte sich Deutschland auf dem Klimagipfel in Berlin verpflichtet, seinen CO_2-Aus-

2007 – das Klima-Medien-Jahr

Ende 2006 wurde der Stern Report, der die ökonomischen Folgen des Klimawandels bilanziert, publiziert, Anfang 2007 folgte der neueste Bericht des IPCC, der nunmehr wesentlich gesichertere Erkenntnisse zum zukünftigen Klimawandel enthält und zum Teil dramatische Veränderungen in nicht allzu weiter Ferne prognostiziert. Und als müsste die besondere Brisanz ein weiteres Mal unterstrichen werden, geriet der Winter 2006/07 deutlich zu mild. Die Medien griffen das Thema Klimawandel in nie zuvor gekannter Breite auf, wie zahllose Sondersendungen sowie Sonderberichte und Beilagen in der Tagespresse und in Wochenmagazinen belegen. Hinzu kam Al Gores Kampagne „Eine unbequeme Wahrheit", gekürt mit einem Oscar; schließlich der Friedensnobelpreis für ihn und den IPCC. Auf nationaler Ebene stand der Deutsche Umweltpreis ebenfalls ganz im Zeichen des Klimaschutzes und ging u. a. an das PIK (Potsdamer Institut für Klimafolgenforschung) und die ehemalige Heidelberger Oberbürgermeisterin Beate Weber. Auch auf politischer Ebene lagen und liegen einschlägige Verlautbarungen im Trend. Am 7. 7. 2007 folgte schließlich das Live-Earth-Konzert-Event, ein weltweiter Aufruf der Rock- und Popszene gegen den Klimawandel, und am Ende des Jahres die Weltklimakonferenz auf Bali. Das Jahr 2007 stand bis dato im Zeichen des Klimawandels und der Klimadiskussion – und wurde dadurch für viele zum Jahr des Bewusstseins und der Erkenntnis.

stoß bis zum Jahr 2005 um 25 Prozent im Vergleich zu 1990 zu senken. Dieses Ziel hatte die neue Bundesregierung 1998 bekräftigt. Nur kurze Zeit später, im November 2000, kam die Selbstverpflichtungserklärung der Deutschen Wirtschaft zustande. Ein weiterer Meilenstein war das Kraft-Wärme-Kopplungsgesetz vom April 2002.

Im März 2004 beschloss die Bundesregierung den ersten Nationalen Allokationsplan und erfüllt damit gerade noch fristgerecht die Vorgaben der EU zur Einführung des europaweiten Emissionshandels, der am 1. 1. 2005 beginnen und helfen sollte, die Vorgaben des Kyoto-Protokolls zu erfüllen. Danach sollen die EU-Staaten die CO_2-Emissionen im Schnitt um 8 % im Vergleich zu 1990 reduzieren.

Im Jahr 2005 trat die Energiesparverordnung in Kraft. Das Nationale Klimaschutzprogramm von 2000 wurde im Juli 2005 fortgeschrieben und beinhaltet ein umfangreiches Maßnahmenbündel, um die im Kyoto-Protokoll für Deutschland festgelegte Reduktion der Treibhausgasemissionen um 21 % im Zeitraum 2008 – 2012 bezogen auf 1990 zu erreichen. Bis zum Jahr 2003 konnte Deutschland seine Treibhausgasemissionen bereits um 18,5 % reduzieren und ist damit dem Ziel schon sehr nahe. Aber dennoch ist sicher, dass das Kyoto-Ziel ohne weitere Maßnahmen nicht erreicht werden kann. Im Rahmen des aktuellen Klimaschutzprogramms wird der Handlungsbedarf für die Sektoren definiert, die nicht vom Emissionshandel betroffen sind, wie private Haushalte, Verkehr und Gewerbe, Handel und Dienstleistungen. Diese klaren Zielvorgaben sichern die Erreichung des Kyoto-Ziels in der Periode 2008 – 2012.

Ein weiteres wichtiges Element stellen die Klimaschutzvereinbarungen zwischen Bundesregierung und der Deutschen Wirtschaft dar.

In der Klimavorsorgevereinbarung sagte die Deutsche Wirtschaft spezifische Verminderungen der CO_2- und gesamten Treibhausgas-Emissionen bis zu den Jahren 2005 (28 % gegenüber 1990) und 2012 (35 % gegenüber 1990) zu.

Die nationale Klimaschutzpolitik steht im Kontext des Leitbilds einer nachhaltigen Entwicklung und der Agenda 21, denn es liegt auf der Hand, dass man für den Schutz des globalen Klimas auf nationaler, regionaler und lokaler Ebene handeln muss.

Im April 2007 hat der Bundesumweltminister einen 8-Punkte-Plan vorgestellt, der aufzeigt, wie Deutschland ein anspruchsvolles Klimaschutzziel für das Jahr 2020 erreichen kann. Ziel ist die Verringerung der Treibhausgasemissionen um 40 % bis zum Jahr 2020 gegenüber 1990.

Unter dem Titel „Neue Impulse für die Klimapolitik: Chancen der deutschen Doppelpräsidentschaft nutzen" fordert der Wissenschaftliche Beirat der Bundesregierung zu Globalen Umweltveränderungen (WBGU 2007) eine Trendumkehr innerhalb der nächsten 10 Jahre und bis 2050 eine Halbierung der globalen Treibhausgasemissionen gegenüber 1990. Wie schon der IPCC-Klimabericht und der Stern-Report unterstreicht der WBGU die Dringlichkeit sofortigen Handelns mit dem Ziel einer globalen Energiewende weg von den fossilen hin zu den erneuerbaren Energien, begleitet durch eine Effizienzrevolution. Die EU wird aufgefordert, die vereinbarten CO_2-Reduktionsziele auch tatsächlich umzusetzen, u. a. durch Ausweitung bzw. Verbesserung des Emissionshandels, klimafreundliche öffentliche Beschaffung und Abbau von Subventionen für fossile und nukleare Energien.

Eine Lösungsstrategie wird im verstärkten Einsatz regenerativer Energien wie der Windenergie gesehen. Die Nutzung der Windenergie erlebt derzeit in Deutschland, maßgeblich stimuliert durch staatliche Fördermaßnahmen, eine rasante Entwicklung. Neben der Windenergie nimmt auch der Anteil direkt aus Sonneneinstrahlung gewonnener Energie in Deutschland kontinuierlich zu. Photovoltaischen Zellen wandeln Sonnenlicht auf direktem Weg in elektrische Energie um. Mit deutlich höherem Wirkungsgrad nutzen Solarkollektoren die Sonneneinstrahlung zur Unterstützung der heimischen Heizungsanlage. Die Energiegewinnung aus Biomasse erfährt ebenfalls einen Boom. Zentraler Punkt bleibt jedoch Energie einzusparen oder Energie effizient auszunutzen. Ein eleganter Weg stellt dabei beispielsweise die Kraft-Wärme-Kopplung dar. Bezieht man die derzeit verfügbaren Strategien regenerativer Energieversorgung auf die Energieflussdichten, dann muss die Sonnenenergie in den Mittelpunkt gestellt werden.

Im internationalen Vergleich schneidet Deutschland mit den beschlossenen Maßnahmen relativ gut ab und liegt mit den erreichten Reduzierungen vor fast allen anderen großen Industrienationen (Glaser & Schönbein 2007).

Dass die Bevölkerung mittlerweile für das Thema Klima sensibilisiert ist zeigt eine Studie des Umweltbundesamtes. Die Mehrheit der Befragten glaubt, dass die Bundesrepublik von den Auswirkungen des Klimawandels betroffen sein werde und nur 40 % sind der Meinung, dass die Folgeprobleme in den Griff zu bekommen seien. Die Mehrheit der Bürger ist zudem der Ansicht, Deutschland solle in der Klimaschutzpolitik die Vorreiterrolle übernehmen und nicht auf eine europäische Lösung warten. Im Frühjahr 2002 gaben zudem 94 % der Befragten an, eine Verringerung des Ausstoßes von klimaschädlichen Gasen sei ihnen „sehr wichtig“ oder „eher wichtig“ (www.umweltbewusstsein.de).

1200 Jahre Klimageschichte: Ein Resümee

Die in diesem Buch zusammengestellten Erkenntnisse zur Klimaentwicklung der letzten 1200 Jahre machen deutlich, welche Veränderungen in Mitteleuropa auch ohne Eingriff des Menschen in das Klimasystem aufgetreten sind. Vor dem Hintergrund der Diskussion um anthropogen verändertes Klima – ohne Zweifel eine der Leitfragen unserer Zeit – erhalten diese Befunde besonderes Gewicht.

Wer die einzelnen Kapitel gelesen hat, der wird erkennen, dass die Veränderlichkeit das Wesensmerkmal des mitteleuropäischen Klimas war und ist. Es gibt keinen als ‚normal‘ zu bezeichnenden Zeitabschnitt, der nicht auch ein zu viel oder zu wenig beinhaltet oder in dem nicht auch die unterschiedlichsten Extreme aufgetreten wären. In den letzten 1200 Jahren konnten Veränderungen der Jahresmitteltemperatur von bis zu 2,5 °C und der Jahresniederschlagssumme von bis zu 150 mm nachgewiesen werden. Neben längerfristigen Phasen, die 30 – 150 Jahre andauerten, sind auch schnelle Änderungen aufgetreten. Einzelne Jahre wichen zum Teil erheblich vom mittelfristigen Verlauf ab.

In dieser mittelfristigen Entwicklung gab es Abschnitte, die man aufgrund der positiven Temperaturentwicklung als Mittelalterliches Wärmeoptimum bezeichnet. Nach einer Übergangsphase mit insgesamt schnelleren und vor allem kürzeren Umschlägen, die dem Klimagang der letzten 150 Jahre nicht unähnlich ist, folgte die Kleine Eiszeit, die durch zunächst kühlere Sommer und nach und nach kälter werdende Winterabschnitte charakterisiert ist. Die nachhaltigsten Veränderungen traten aber in den Übergangsjahreszeiten auf. So sanken die Temperaturen sowohl im Herbst als auch im Frühling deutlich.

Die markantesten Abkühlungsphasen wiederum gab es im Maunder-Minimum, Abkühlungsphasen, die das Bild der Kleinen Eiszeit entscheidend mitprägten. In allen herangezogenen Parametern, beispielsweise der Eisbedeckung der Ostsee, kommt dies zum Ausdruck.

Nach der Kleinen Eiszeit folgte um 1800 eine kurze und rasche Erwärmung. Auffällig ist, dass zwischen 1700 und 1800 eine große Temperaturspanne durchschritten wurde. In der Entwicklung der letzten 150 Jahre muss vor allem die winterliche Erwärmung hervorgehoben werden, die in der Zusammenschau der letzten 1200 Jahre in dieser Form einmalig ist und auf die anthropogene Erhöhung des Treibhauseffektes zurückzuführen ist. Das Moderne Klimaoptimum liegt in seiner Temperaturbilanz noch über dem Niveau des ‚Mittelalterlichen Wärmeoptimums‘.

Nicht nur in der Höhe der Temperaturen, sondern auch in der Struktur ergeben sich zwischen beiden Phasen Unterschiede. Das Mittelalterliche Wärmeoptimum ist kein Analogon zum modernen Treibhausklima.

In einzelnen Jahren gab es immer wieder Extreme, ja ganze Folgen von außergewöhnlichen Jahren, die man ohne Kenntnis der Klimaentwicklung der letzten 1200 Jahre vorschnell als neuartig einstufen würde. Einige der historischen Extreme übertreffen ihre modernen Vergleichsfälle erheblich, beispielsweise die Kälte des Jahres 1740 oder die Hochwasserkatastrophe von 1342.

Charakteristische Jahrfolgen, wie zwischen 1530 und 1540, mit einer völlig gegensätzlichen Ausgestaltung der Sommerwitterung, die zu einer ausgeprägten Sägezahnsignatur in den meisten Dendroreihen Mitteleuropas geführt haben, können als historische Einmaligkeiten angesehen werden. Ein derartiges Muster hat es in der Zeit der instrumententechnischen Beobachtung seit Mitte des 19. Jahrhunderts nicht mehr gegeben.

Wie sieht es mit den Klimakatastrophen aus? Analysiert man die Datenbestände zu den Klimakatastrophen, dann muss davon ausgegangen werden, dass diese ein ständiger Begleiter des Menschen waren. Die Zeitreihen zu Gewittern, Stürmen und Hochwassern lassen deutlich Zu- und Abnahmen erkennen. Beispielsweise nahmen in der Kleinen Eiszeit die Hochwasser in allen Flussgebieten Mitteleuropas markant zu. Dabei ergeben sich für die untersuchten Flussgebiete Main, Weser, Mittelelbe, Mittelrhein und Oder ähnliche Strukturen, eine eigene Prägung weist hingegen die Donau auf.

Neben diesen mittelfristigen Entwicklungen, die im Übrigen keine zyklischen Abfolgen erkennen lassen, konnte in den Einzeljahrbeschreibungen auch auf die Mensch-Umwelt-Beziehung hingewiesen werden. Immer wieder traten die folgenschweren Kausalketten kalter und verregneter Sommer, schlechter Ernten, Hungersnöte, Krankheit und schließlich dem Tod auf.

Das methodische Vorgehen soll abschließend noch einmal in wenigen Sätzen zusammengefasst werden: Die Arbeiten basieren auf einer umfassenden und weitgehend originären Datensammlung und deren Aufnahme in die HISKLID, der größten regionalen Datenbank in Europa. Alle Quellen wurden einer quellenkritischen Überprüfung unterzogen, wobei ein wahrnehmungsorientierter Interpretationsansatz gewählt wurde. Insbesondere konnte dargestellt werden, wie der Mensch in dieser langen Zeit das Klima empfand und welche Erklärungsmuster er bemühte, um es zu verstehen. Neben den direkten Klimahinweisen wurden auch Klimazeiger, die Proxydaten wie Ertragsangaben von Wein, Getreide und Baumringe herangezogen. Dieses Vorgehen hat den Vorteil, dass neben die vom Mensch verfassten direkten Aufzeichnungen Naturarchive gestellt werden, woraus eine wechselseitige Absicherung möglich ist. Über Indexverfahren wurden die klimarelevanten Informationen umgesetzt und schließlich über statistische Verfahren quantifiziert.

An einzelnen Beispielen konnte gezeigt werden, dass die Daten in der Zusammenschau mit anderen europäischen Datensätzen synoptische Aussagen ermöglichen, die wiederum als Inputgröße für Modellsimulationen und weitere zirkulationsdynamische Analysen herangezogen werden können. Auch ist derzeit ein zunehmender Trend zu interdisziplinären Ansätzen erkennbar, indem beispielsweise Warven oder weitere Umweltparameter mit historischen Klimainformationen verknüpft werden.

Mit den vorgelegten Ergebnissen konnte eine Kenntnislücke geschlossen werden, die nicht nur aus klimatischer Sicht, sondern auch für das gesamte Umweltverständnis und viele andere Fachbereiche, wie die Geschichtswisssenschaften, von großem Interesse ist.

Anhang

Abkürzungen
Literaturverzeichnis
Sachregister
Ortsregister

Abkürzungen

A	= Archiv (auch in Zusammensetzungen)
ADVICE	= Annual to Decadal Variability In Climate in Europe
ADWO	= Diözesanarchiv Allenstein
AHL	= Archiv der Hansestadt Lübeck
Ann	= Annales, Annalen
Bayer. HSTA	= Bayerisches Hauptstaatsarchiv
Bayer. Stabi	= Bayerische Staatsbibliothek München
CDS	= Chronik Deutscher Städte
Chr.	= Chronik, Chronica, Chroniken
DWD	= Deutscher Wetterdienst
FLAA	= Fürstlich Leiningsches Archiv Amorbach
GlaKa	= Generallandesarchiv Karlsruhe
GStA PK	= Geheimes Staatsarchiv Preußischer Kulturbesitz
HISKLID	= Historische Klimadatenbank Deutschland
HS	= Handschrift(en)
Hss	= Handschriftensammlung
HUB	= Hansisches Urkundenbuch
LA HGW	= Landesarchiv Vorpommern Hansestadt Greifswald
Ldbib	= Landesbibliothek
LHA	= Landeshauptarchiv
MGH	= Monumenta Germaniae Historica
MGH SRG	= Monumenta Germaniae Historica, Scriptores rerum germanicarum in usum scholarum
MGH SS	= Monumenta Germaniae Historica, Scriptores
MLHA	= Mecklenburgisches Landeshauptarchiv
Narch	= neues Archiv
NlbibH	= Niedersächsische Landesbibliothek Hannover
NSTAW	= Niedersächsisches Staatsarchiv in Wolfenbüttel
NWHSTAD	= Nordrhein-Westfälisches Hauptstaatsarchiv Düsseldorf
Önbib	= Österreichische Nationalbibliothek Wien
PGAB	= Preußisches Geheimarchiv Berlin
Prov.Bib	= Provinzialbibliothek
Sächs. HstA	= Sächsisches Hauptstaatsarchiv
Sign.	= Signatur
SMP	= Societas Meteorologica Palatina
SSAB	= Stadt- und Stiftsarchiv Aschaffenburg
STA	= Staatsarchiv
StA	= Stadtarchiv
StaBi	= Staatsbibliothek
StaBremen	= Staatsarchiv Bremen
Stadtbib	= Stadtbibliothek
STAEF	= Stadtarchiv Erfurt
STA HAST	= Stadtarchiv der Hansestadt Stralsund
StAHH	= Staatsarchiv Hamburg
Sta MHL	= Stadtarchiv Mühlhausen
STAN	= Staatsarchiv Nürnberg
STANMB	= Stadtarchiv Naumburg
ST HGW	= Stadtarchiv der Hansestadt Greifswald
STA HGW	= Staatsarchiv der Hansestadt Greifswald
STHST	= Stadtarchiv der Hansestadt Stralsund
ThHStAW	= Thüringisches Hauptstaatsarchiv Weimar
UB	= Universitätsbibliothek
VLA HGW	= Vorpommersches Landesarchiv Hansestadt Greifswald
WlbibS	= Württembergische Landesbibliothek Stuttgart
Zs	= Zeitschrift

Literaturverzeichnis

Abdulla, M. A. H. (1995): Climatic Fluctuation and Natural Disasters in Arabia between Mid-17th and early 20th Centuries.– GeoJournal 37.1/1995: 176–180.

Abel, W. (1978): Agrarkrisen und Agrarkonjunktur. 3. Aufl. – Hamburg, Berlin: 323 S.

Alexandre, P. (1987): Le climat en Europe au Moyen Age. – Paris: 827 p.

Alexandre, P., Demaree, G. R., Tyssens, M. (1994): Historique des observations météorologiques en Wallonie. – Brüssel.

Amiran, D. K. H. (1991): The climate of the ancient near east. The early millennium BC in the northern Negev of Israel. – Erdkunde. Archiv für wissenschaftliche Geographie, Band 46, H. 3, Kleve.

Baker, V. R., Webb, R. H. & House, P. K. (2002): The scientific and societal value of paleoflood hydrology. In: Ancient floods, modern hazards: Principles and applications of paleoflood hydrology (ed. by P. K. House, R. H. Webb, V. R. Baker & D. R. Levish). Water Science and Application Series, vol. 5, American Geophysical Union, Washington DC, USA: 127–146.

Baron, W. R. (1982): The reconstruction of eighteenth century temperature records through the use of content analysis. – Climatic Change 4: 385–398.

– (1991): A Reconstruction of the Holyoke Temperature Record for Salem, Massachusetts 1754–1829. – Würzbg. Geogr. Arb. 80: 183–198.

Barriendos, M. & Rodrigo, F. S. (2006): Study of historical flood events of Spanish rivers using documentary data. – Hydrol. Sci. J. 51(5): 765–783.

Bassermann-Jordan, F. (1975): Geschichte des Weinbaus. 3. Aufl. (= Nachdruck der 2. Aufl. v. 1923), 3 Bde. – Frankfurt/Main: 1361 S.

Bauer, L. (1952): Hydrologie des Flußgebietes von Unstrut und Gera unter besonderer Berücksichtigung der Hochwassererscheinungen und des Einflusses von Kahlschlagflächen auf die Wasserführung. – Inaugural-Dissertation, Friedrich-Schiller-Universität Jena.

Becker, B. & R. Glaser (1991): Baumringsignaturen und Wetteranomalien (Eichenbestand Guttenberger Forst, Klimastation Würzburg). – Forstwiss. Centralblatt, 110: 66–83.

Becker, B., Glaser, R. & J. Hofmann (1995): Signaturen der Fichtenchronologie „Franken" und ihre paläoklimatische Umsetzung. – Dendrochronologia Vol. 13: 61–77.

Behre, K.-E. (2005): Meeresspiegelbewegungen, Landverluste und Landgewinnung an der Nordsee. In: Siedlungsforschung 23: 19–46.

Behringer, W., Lehmann, H. & Chr. Pfister, Hrsg. (2005): Kulturelle Konsequenzen der „Kleinen Eiszeit". – Göttingen.

Behringer, W. (2007): Kulturgeschichte des Klimas. – München.

Bell, W. T. & A. E. J. Ogilvie (1978): Reconstruction of european climate during the medivial period. Climatic Change 1: 331–348.

Benito, G. (2003): Palaeoflood hydrology in Europe. In: Palaeofloods, historical data and climatic variability: Applications in flood risk assessment (ed. by V. R. Thorndycraft, G. Benito, M. Barriendos & M. C. Llasat). – Centro de Ciencias Medioambientales, Madrid, Spain: 19–24.

Berckmann, J. (1853): Stralsundische Chronik. Herausgegeben von Mohnike. – Stralsund.

Berghaus, H. (1837): Allgemeine Länder- und Völkerkunde. Nebst einem Abriß der physikalischen Beschreibungen. Ein Lehr- und Arbeitsbuch für alle Stände. Bd. 2. – Stuttgart: 347 S.

Bergmann, T. (1769): Physikalische Beschreibung der Erdkugel auf Veranlassung der cosmographischen Gesellschaft. – Greifswald: 489 S.

Bernhardt, K. & C. Mäder (1987): Statistische Auswertung von Berichten über bemerkenswerte Witterungsereignisse seit dem Jahr 1000. – Z. Meteorol, 37,2: 120–130.

Berz, G. (1994): Versicherungswirtschaft und IDNDR. – Geograph. Rdsch. 46, H. 7–8: 429–433.

Birrong, W. & C.-D. Schönwiese (1987): Statistisch-klimatologische Untersuchungen botanischer Zeitreihen Europas. – Frankfurter Geowissenschaftliche Arbeiten Serie B: Meteorologie und Geophysik, Bd. 1. – Frankfurt/Main: 80 S.

Bissolli, P. & C.-D. Schönwiese (1991): Kalendergebundene Witterungserscheinungen im neuen Licht. – Naturwiss. Rdsch. Jg. 44, H. 5. – Frankfurt/Main.

Biswas, M. R. & A. K. Biswas, eds. (1979): Food, climate and man. – New York: 285 p.

Blüthgen, J. (1979): Allgemeine Klimageographie. 3. Aufl. – Berlin.

Boeckmann J. L. (1778): Wünsche und Aussichten zur Erweiterung und Vervollkommnung der Witterungslehre. – Karlsruhe.

Bogner, J. (1841): Über strenge Winter in den Jahren 764/65 n. Chr. bis auf die neueste Zeit. – Frankfurt/Main.

Böhm, O. & Wetzel, K.-F. (2006): Flood history of the Danube tributaries Lech and Isar in the Alpine foreland in Germany. – Hydrol. Sci. J. 51(5): 784–798.

Bork, H. R. (1989): Soil erosion during the past millennium in central europe and its significance within the geomorphodynamics of the holocene. – Catena supplement 15, Cremlingen: 121–131.

Bork, H. R., H. Bork, C. Dalchow, B. Faust, H.-P. Piorr & T. Schatz (1998): Landschaftsentwicklung in Mitteleuropa. – Stuttgart: 328 S.

Börngen, M. & G. Tetzlaff, Hrsg. (2000): Weikinn, C. – Quellentexte zur Witterungsgeschichte Europas von der Zeitwende bis zum Jahr 1850, Hydrographie, Tl.5, 1751–1800.

Bradley, R. S. & P. D. Jones, eds. (1992): Climate since A.D. 1500. – London, New York: 679 p.

Brázdil, R. (1994): Climatic Fluctuation in the Czech Lands during the Last Millennium. – GeoJournal 32.3: 199–205.

Brázdil, R. & O. Kotyza (1995): History of Weather and Climate in the Czech Lands I, Period 1000–1500. – ETH Geographisches Institut, Zürich: 260 p.

Brázdil, R. & O. Kotyza (1996): History of Weather and Climate in the Czech Lands II, The earliest daily observations of the weather in the Czech Lands. – Masaryk University, Brno: 178 p.

Brázdil, R. & O. Kotyza (1999): History of Weather and Climate in the Czech Lands III, Daily Weather Records in the Czech Lands in the Sixteenth Century III. – Masaryk University, 227 p.

Brázdil, R., R. Glaser, Chr. Pfister & H. Stangl (2002): Floods in Europe. A look into the past. – PAGES News. – Vol. 10 No. 3: 21–23.

Brázdil, R., Pfister, C., Wanner, H., von Storch, H. & Luterbacher, J. (2005): Historical climatology in Europe – the state of the art. – Climatic Change 70(3): 363–430.
Brázdil, R., Dobrovolný, P., Elleder, L., Kakos, V., Kotyza, O., Květoň, V., Macková, J., Müller, M., Štekl, J., Tolasz, R. & Valášek, H. (2005): Historical and recent floods in the Czech Republic. – Masaryk University and Czech Hydrometeorological Institute, Brno and Prague, Czech Republic.
Brázdil, R., Kundzewicz, Z. W. & Benito, G. (2006): Historical hydrology for studying flood risk in Europe. Hydrol. – Sci. J. 51(5): 739–764.
Brázdil, R., C. Pfister, H. Wanner, H. von Storch & J. Luterbacher (2005): Historical Climatology In Europe. – The State Of The Art. Climatic Change 70: 363–430.
Briffa, K. R., P. D. Jones, et al. (1998): „Influence of volcanic eruptions on Northern Hemisphere summer temperature over the past 600 years." Nature 393(4): 450–454.
Briffa, K. R., P. D. Jones, R. B. Vogel, F. H.Schweingruber, M. G. L. Baillie, S. G. Shiyatov & E. A. Vaganov (1999): European Tree Rings and Climate in the 16th Century.– In: Pfister, Chr. Brázdil, R. & R. Glaser, eds.: Climatic Variability in Sixteenth Century Europe and Its Social Dimension. – Climatic Change, Special Volume 43, No 1: 151–168.
Brooks, C. E. P. (1926): Climate through the ages. – London: 439 p.
– (1954): The climatic changes of the past thousand years. – Experientia, Vol. X, Fasc. 4: 153–192.
Bruckner, E. (1895): Der Einfluß der Klimaschwankungen auf die Ernteerträge und Getreidepreise in Europa. – Geograph. Ztschr., Bd. 1 – Leipzig: 39–51, 100–108.
Brückner, H. (1999): Küsten – sensible Geo- und Ökosysteme unter zunehmendem Stress. – PGM, 143. Jg.: 6–21.
Brumme, B. (1981): Methoden zur Bearbeitung historischer Meß- und Beobachtungsdaten Berlin und Mitteldeutschland 1683–1770. – Archives for Meteorology, Geophysics and Bioclimatology 29: 191–210.
Buhay, B.M. (2007): A 1000-year Record of climate in the Eastern Canadian Prairies reconstructed from lake sediment organic isotope measurement. – Abstracts/ Quaternary Int. Vol 167–168 Suppl.: 52.
Buisman, J. (1995): Duizend Jaar Weer, Wind en Water in de Lage Landen. – Van Wijnen-Franeker: 656 S.
Buisman, J. (1996): Duizend Jaar Weer, Wind en Water in de Lage Landen. – Van Wijnen-Franeker: 690 S.
Büntgen, U., Esper, J., Verstege, A., Frank, D.C., Wilson, R.J.S. (2007): Climatic response of multiple tree-ring parameters from the Spanish central Pyrenees. In: Haneca K et al. (Eds.) Tree rings in archaeology, climatology and ecology. – TRACE, Vol. 5: 60–72.
Bürger, K., Seidel, J., Dostal, P., Imbery, F., Barriendos, M., Mayer, H. & R. Glaser (2006): Hydrometeorological reconstruction of the 1824 flood event in the Neckar River basin (southwest Germany). – Hydrol. Sci. J. 51(5): 864–877.
Bürger, K., J. Seidel, R. Glaser, D. Sudhaus, P. Dostal & H. Mayer (2007): Extreme floods of the 19th century in southwest Germany. – Houille Blanche 1/2007: 67–73.
Burkhardt, T. & A. Hense (1985): On the Reconstruction of temperature records from proxy data in Mid Europe. – Arch. Met. Geoph. Biocl., Ser. B 35: 341–359.
Buszello, H. (1982): „Wohlfeile" und „Teuerung" am Oberrhein 1340–1525 im Spiegel zeitgenössischer erzählender Quellen. In: Blickle, P., Hrsg.: Bauer, Reich und Reformation. – Festschrift für Günther Franz. – Stuttgart: 18–42.

Camuffo, D. (1987): Freezing of the Venetian Lagoon since the 9th Century A. D. in Comparision to the Climate of Western Europe and England. – Climatic Change 10: 43–46.
Camuffo, D. (1993): Analysis of the sea surges at Venice from A.D. 782 to 1900. – Theor. Appl. Climatol. 47: 1–14.
Camuffo, D. & S. Ensi (1992): Reconstructing the climate of Northern Italy from archive sources.– In: Bradley, R.S. & P. D. Jones, eds.: Climate since A. D. 1500. – London, New York: 143–154.
Camuffo, D. & P. Jones (2002): Improved Understanding of Past Climatic Variability From Early Instrumental Sources. – Kluwer, 392 p.
Cantor, J. C. (1805): Geschichte der denkwürdigen Naturbegebenheiten auf unserer Erde von Christi Geburt bis auf unsere Zeit. 3 Bde. (1804–1805).
Catchpole, A. J. W. (1992): Hudson's Bay Company ships' logbooks as sources of sea ice data, 1751–1870. In: Bradley, R. S. & P. D. Jones, eds.: Climate since A.D. 1500. – London, New York: 17–39.
Caviedes, C.N. (2005): El Niño. Klima macht Geschichte. – Darmstadt: 167 S.
Chernavskaya, M. M. (1994): The climate of the Russian plain according to the diary of Peter the Great, and the weather records of Czar Aleksey's court. In: Frenzel, B. (ed.): Climatic trends and anomalies in Europe 1675–1715. Paläoklimaforschung, Vol. 13 – Stuttgart, Jena, New York: 73–82.
Cook, E.R. (2007): The North American Drought Atlas: Treering reconstructions of drought variability for climate modelling and assessment. – Abstracts/ Quaternary Int. Vol 167–168 Suppl.: 78.
Crowley, T. J. & T. Lowery (2000): „Northern Hemisphere Temperature Reconstruction". Ambio 29, 51–54.
Cyberski, J., Grześ, M., Gutry-Korycka, M., Nachlik, E. & Z.W. Kundzewicz (2006): History of floods on the river Vistula. – Hydrol. Sci. J. 51(5): 799–817.

Dammann, W. (1947/48): Klimaschwankungen und Wetterlage in Mitteleuropa 1881–1930. – Met. Rdsch., 1.Jg. 13/14: 411–414.
– (1959): Untersuchungen über Schwankungen der Winterniederschläge in Deutschland. Arch. f. Meteorologie, Geophysik und Bioklimatologie, Serie B, 10. Jg. 1: 17–37.
Deichmann, P. & H. Wolf (1950): Weinchronik. Tausend Jahre Wein an Mosel, Rhein und Main. – Berlin: 79 S.
De Kraker, A. M. J. (2006): Flood events in the southwestern Netherlands and coastal Belgium, 1400–1953. – Hydrol. Sci. J. 51(5): 913–929.
Demarre, G. R., van Engelen, A. F. V. & H. A. M. Geurts (1994): Les observations météorologiques de Théodore-Augustin Mann effectuées à Nieuport en 1775, 1776 et 1777. – Ciel et Terre, Vol. 110: 41–48.
– (1995): The meteorological observations of Mann at Nieuport in 1775, 1776 and 1777 placed in a context of XVIIIth century European scientific co-operation. Second Meeting of the Regional North European Sub-Group on Historical Climatology – Tallin, Estonia, Brussels: 17 p.
Demarée, G. R. (2006): The catastrophic floods of february 1784 in and around Belgium – a Little Ice Age event of frost, snow, river ice … and floods. – Hydrol. Sci. J. 51(5): 878–898.

Demarée, G., M. D. Dapper, et al., eds. (2004): Second International Conference on Tropical Climatology, Meteorology and Hydrology. Climate-related Risk Analysis and Sustainable Development in Tropical Areas. Brüssel.

Descomnes, R., Robineau, G. & A. Stentz (1993): Le Rhin, les glaces et les grand froids. – Revue d'Alsace 119: 351–371.

Deutsch, M., Glaser, R. & M. Gudd (1996): Der Winter 1739/40 in Halle/Saale – Szenario zu einem Extremwinter aus lokaler Perspektive. – Berlin: 125–135.

Deutsch, M. & K.-H. Pörtge (1996): Außergewöhnliche Niederschläge und Hochwässer in Thüringen am Beispiel des Hochwassers der Unstrut vom Juli 1926 im Altkreis Mühlhausen/Thüringen. – Heidelberger Geographische Arbeiten 104: 289–299.

Deutsch, M. & K.T. Rost (2005): Schwere Hochwasserereignisse in Mitteldeutschland (1500 bis 1900) und ihre sozioökonomischen Folgewirkungen Naturrisiken in der vorindustriellen Zeit und ihre Auswirkungen auf Siedlungen und Kulturlandschaft. Siedlungsforschung – Archäologie, Geschichte, Geographie: Schenk, Winfried; Dix, Andreas (Hrsg.) 209–226.

Diaz, H. F. & R. S. Pulwarty (1994): An analysis of the time scales of variability in century-long enso-sensitive records in the last 1000 years. – Climatic Change 26: 317–342.

Dostal, P. (2005): Klimarekonstruktion der Regio TriRhena mit Hilfe von direkten und indirekten Daten vor der Instrumentenbeobachtung. In: Berichte des Meteorologischen Institutes der Universität Freiburg, Nr. 13, 165 S.

Dostal, P., K. Bürger, J. Seidel, R. Glaser, H. Mayer, F. Imbery & D. Riemann (2007): Lernen aus der Vergangenheit: Historische Hochwasseranalyse – ein Beitrag für den heutigen Hochwasserschutz. – Ber. Dt. Landeskunde 81(3): 233–245.

Dotzek, N. (2003): An updated estimate of tornado occurrence in Europe. – Atmos. Res. 67-68: 153–161.

Douglass, A. E. (1922): Some topographic and climatic characters in the annual rings of the yellow pines and sequoias of the Southwest. – Proc. o. Am. Philosophical Soc. 61: 1–117.

Easton, C. (1928): Les hivers dans l'Europe occidentale. Leyden: – Brill: 210 p.

Eddy, J. A., P. A. Gilman & D. E. Trotter (1976): Solar rotation during the Maunder Minimum. – Solar Physics 46: 3–14.

EEA (2004): Impacts of Europe's changing climate. An indicator-based assessment, Rep. No. 2. European Environment Agency (EEA). – Luxembourg.

Ehlers, J., Stäblein, G. & B. Stieve (1994): Sturmfluten und ihre Spuren in unbedeichten Salzmarschen des Wattenmeeres.– Materialien und Manuskripte – Universität Bremen, Studiengang Geographie, H. 20: 43 S.

Eilker (1876): Die Sturmfluten in der Nordsee.– Jahresbericht des königl. Gymnasiums und der höheren Burgschule zu Emden. – Emden.

Ekholm, N. (1901): On the variations of the climate of the geological and historical past and their causes.– Quarterly Journal of the Royal Meteorological Society, Vol. 27, No 117. – London: 1–64.

Emmerich, P. (1991): 92 Jahre nordhemisphärischer Zonalindex. Eine Trendbetrachtung. – Meteor. Rdsch. 43: 161–169.

Endlicher, W. (2006): Atmosphärische Gefahren. In: Geographie. Physische Geographie und Humangeographie. – Heidelberg: 233–242

Faust, H. (1964): Die Klimapendlungen des letzten Jahrtausends. – Naturwissenschaftliche Rdschau, H. 1. – Offenbach: 20–21.

Flohn, H. (1949): Klima und Witterungsablauf in Zürich im 16. Jahrhundert. – Vierteljahresschrift der Naturforschenden Gesellschaft in Zürich, Jg. 94: 28–41.

– (1950): Klimaschwankungen im Mittelalter und ihre historisch-geographische Bedeutung. – Ber. z. dt. Landeskunde, Bd. 72: 347–357.

– (1958): Klimaschwankungen der letzten 1000 Jahre und ihre geophysikalischen Ursachen.– Dt. Geogr. Tag Würzburg, 1957 – Tagungsber. u. wiss. Abh., Wiesbaden: 201–214.

– (1967): Klimaschwankungen in historischer Zeit. In: Rudloff, H. v.: Die Schwankungen und Pendlungen in Europa seit dem Beginn der regelmäßigen Instrumentenbeobachtung (1670). – Braunschweig: 81–90.

– (1979): Zwei bayerische Wetterkalender aus der Reformationszeit. – Wiss. Mitt. Meteor. Inst. München 35: 173–177.

– (1993): Climatic Evolution During the Last Milennium: What Can We Learn from It. In: Eddy, J. A. & H. Oeschger: Global Changes in the Perspective of the Past: 295–316.

Frankenberg, P., Kappas, M. (1991): Temperatur- und Wetterlagentrends in Westdeutschland. – Mannheimer Geographische Arbeiten 30: 185 S.

Frenzel, B., Hrsg. (1994): Climatic trends and anomalies in Europe 1675–1715. – Paläoklimaforschung, Bd.13: 479 p.

Fricke, W. (1988): Der Bericht von E. F. Deurer über das Eishochwasser von 1784.– In: Pruckner, H., Hrsg.: Die alte Brücke in Heidelberg. – Heidelberg: 41–60.

Fugner, D. (1987): Historische Wetterbeobachtungen vor dem 19. Jahrhundert in Sachsen nach Christian Gottlieb Pötzsch. – Sächsische Heimatblätter 4 (33. Jg.): 155–158.

Gao, C., A. Robock, et al. (2006): „The 1452 or 1453 A.D. Kuwae eruption signal derived from multiple ice core records: Greatest vulcanic sulfate event of the past 700 years." – Journal of Geophysical Research 111.

Gautier, R. (1911): Hivers chauds, années très humides et très sèches.– Extrait du „Globe". – Genf: 33–58.

Gehrels, W.R. (2004): Sea-level changes during the last millennium. In: Encyclopaedia of Coastal Science, Schwartz, M.L. (ed.), Kluwer Academic: 830–833.

Gerlach, R. (1990): Flußdynamik des Mains unter dem Einfluß des Menschen seit dem Spätmittelalter. – Forschungen zur deutschen Landeskunde, Bd. 234. – Trier.

Glaser, R. (1991): Klimarekonstruktion für Mainfranken, Bauland und Odenwald anhand direkter und indirekter Witterungsdaten seit 1500.– Akademie der Wissenschaften und der Literatur, Paläoklimaforschung Bd. 5. – Mainz, Stuttgart, New York: 175 S.

Glaser, R. (1996): Data and Methods of Climatological Evaluation in Historical Climatology. – HSR (Historical Social Research), Vol. 21, 4: 56–88.

Glaser, R. (1998): Historische Hochwässer im Maingebiet – Möglichkeiten und Perspektiven auf der Basis der Historischen Klimadatenbank Deutschland (HISKLD) – Erfurter Geogr. Arb., Bd. 7: 109–128.

Glaser, R. & C. Beck (1997): Weather and climate during the Maunder Minimum 1675–1715 in Central Europe. ADVICE Working Paper 3. – University of Würzburg, April 1997.

Glaser, R., U. Beyer & C. Beck (1999): Die Temperaturentwicklung in Mitteleuropa seit dem Jahr 1000. – Tübinger Geogr. Studien, H. 125: 23–46.

Glaser, R. & M. Gudd (1996): Aussagepotentiale historischer Witterungstagebücher – Das Jahr 1700 im Spiegel der Aufzeichnungen von Friedrich Hoffmann aus Halle. – Erdkunde 50/4: 328–340.

Glaser, R. & H. Hagedorn (1990): Die Überschwemmungskatastrophe von 1784 im Maintal. Eine Chronologie ihrer witterungsklimatischen Voraussetzungen und Auswirkungen. – Die Erde 121: 1–14.

Glaser, R., S. Militzer & R. Walsh (1991): Weather and climate at Madras, India, in the years 1732–1737 based upon an analysis of the weather diary of the German missionary Geisler. – Würzburger Geographische Arbeiten 80: 45–86.

Glaser, R. & S. Militzer, Hrsg. (1993): Daten zu Wetter, Witterung und Umwelt in Franken, Sachsen, Sachsen-Anhalt und Thüringen 1500–1700. – Materialien zur Erforschung früher Umwelten (MEFU 2). – 795 S.

Glaser, R., E. Vincelli & S. Militzer (1993): Klima-, Witterungs- und Wettervorstellungen als Ideen- und Naturwissenschaftshistorie – Ein Beitrag zum Problem der historischen Klimawahrnehmung. – Würzburger Geographische Arbeiten 87: 465–490.

Glaser, R. & R. P. D. Walsh, eds. (1991): Historical Climatology in Different Climatic Zones – Historische Klimatologie in verschiedenen Klimazonen. – Würzburger Geographische Arbeiten 80: 251 S.

Glaser, R., J. Jacobeit, M. Deutsch & H. Stangl (2002): Hochwässer als historisches Phänomen. – Rundgespräche der Kommission für Ökologie, Bd. 24 „Katastrophe oder Chance? Hochwasser und Ökologie": 15–30.

Glaser, R. & W. Mauser (2002): Wohin mit den Hochwässern?. – Ehlers, E. & H. Leser, Hrsg: Geographie heute – für die Welt von morgen. – Perthes Geographie Kolleg: 75–81.

Glaser, R. & H. Stangl (2003): Historical floods in the Dutch Rhine Delta. – Natural Hazards and Earth System Sciences 3: 1–9.

Glaser, R. & H. Stangl (2003): Floods in Central Europe. – Palaeofloods, historical data and climatic variability: Applications in flood risk assessment, V.R. Thorndycraft, G. Benito, M. Barriendos & M.C. Llasat eds.: 93–98.

Glaser, R., H. Stangl & M. Lang (2004): Floods in Central Europe Since AD 1300 And Their Regional Context. – Colloque SHF "Etiages et crues extrémes régionaux en Europe". – Lyon: 63–72.

Glaser, R., Chr. Beck & H. Stangl (2004): Zur Temperatur- und Hochwasserentwicklung der letzten 1000 Jahr in Deutschland. – DWD Klimastatusbericht 2003: 55–67.

Glaser, R. & H. Stangl (2004): Eine kurze Geschichte des Klimas und der Katastrophen. – Marburger Geogr. Schriften 140: 68–85.

Glaser, R. & S. Tyczewski (2005): Once again it is hermeneutics versus scientific approaches – or what can we learn about climatic change since AD 1000 from documentary and natural archives? – The Institute of Studies on Mediterranean Societies of the Italian National Council of Research and the Department of Forestry and Environmental Science of the University of Florence: 4 p.

Goodwin Ian David, Van Ommen T D, Curran M A J, Mayewski P A, (2004): Mid latitude winter climate variability in the South Indian and Southwest Pacific regions since 1300 AD. – Climate Dynamics, 22: 783–794.

Gottschalk, M.K.E.: Storm floods and river floods in the Netherlands. – Assen, Netherlands, 1971–1977.

Graßl, H. (2006): Der anthropogene Klimawandel. – Mitt. D. Geogr. Ges. München, Bd. 88: 1–11.

Grebe, H. (1936): Die Temperaturverhältnisse in Jena von 1770 bis 1935, ein Beitrag zur Witterungsgeschichte von Mitteldeutschland. – Wissenschaftliche Abhandlungen Band I, Deutsches Reichsamt für Wetterdienst, Berlin 1936: 71 S.

Grieser, J. & Beck, C. (2002): Extremniederschläge in Deutschland – Zufall oder Zeichen. In: Klimastatusbericht 2002 (Hrsg. DWD – Deutscher Wetterdienst). – Offenbach.

Grotefend, H. (1991): Taschenbuch der Zeitrechnung des deutschen Mittelalters und der Neuzeit. 13. Aufl. – Hannover: 222 S.

Grotzfeld, H. (1991): Klimageschichte des Vorderen Orients 800–1800 A.D. nach arabischen Quellen. – Würzbg. Geogr. Arb. 80: 21–44.

Grove, J. M. (1988): The Little Ice Age.– Routledge. – London, New York: 498 S.

Grove, J. M. & R. Switsur (1994): „Glacial Geological Evidence for the Medieval Warm Period." Climatic Change 26: 143–169.

Gudd, M. (1992): Zwei Jahrhunderte Wetterbeobachtungen in Fulda. – Fuldaer Geschichtsblätter, Jg. 68/1992: 1–38.

Günther, T. (2004): Langzeitverhalten hydrometeorologischer Größen. In: Klimaveränderung und Konsequenz für die Wasserwirtschaft – 2. KLIWA-Symposium (Hrsg. Arbeitskreis KLIWA). Bayerisches Amt für Wasserwirtschaft – München.

Guise, J. W. B. (1969): Factors associated with variation in aggregate average yield of New Zealand wheat, 1918–67. Am. J. o. Agricultural Economies 51: 866–881.

Heide, A. (1997): Das Wetter und Klima in der römischen Antike im Westen des Reiches. – Inaugural Dissertation zur Erlangung des akademischen Grades eines Dr. phil., vorgelegt dem Fachbereich 16 der Johannes Gutenberg-Universität Mainz: 229 S.

Heinemann, H.-J. (1989): Die Kälte des Winters 1988/89. – Amtsblatt des Seewetteramtes und der Wetterämter Bremen, Essen, Hannover und Schleswig.

Hellmann, G. (1883): Repertorium der deutschen Meteorologie. – Leipzig.

Hellmann, G., Hrsg. (1901): Met. Beobachtungen v. 14. – 17. Jhdt. – Neudrucke von Schriften und Karten über Met. u. Erdmagnetismus (13), Berlin.

– (1921): Die Meteorologie in den deutschen Flugschriften und Flugblättern des 16. Jahrhunderts.– Abh. Preuss. Akad. Wiss. Phys.-math. Klasse, 1. – Berlin.

– (1922): Beiträge zur Geschichte der Meteorologie.– Nr. 13 Geschichte des Hundertjährigen Kalenders, Bd. III.– Berlin.

– (1924): Versuch einer Geschichte der Wettervorhersage im 16. Jhdt.– Abh. der Preuss. Akad. d. Wiss., Phys.-Math. Klasse Nr. 1. – Berlin.

Henfling, E. & H. Pflaumbaum (1991): Neue Aspekte zur klimatischen Interpretation der hohen pharaonischen Nilflutmarken am 2. Katarakt aus ägyptologischer und geomorphologischer Sicht. – Würzbg. Geogr. Arb. 80: 87–110.

Hennig, R. (1904): Katalog bemerkenswerter Witterungsereignisse von den ältesten Zeiten bis zum Jahre 1800.– Abh. d. Preuss. Meteorolog. Inst., Bd. 2, 4: 93 S.

Hess, P. & H. Brezowsky (1977): Katalog der Großwetterlagen Europas (1881–1976). – Berichte des Deutschen Wetterdienstes Nr. 113, Offenbach/Main.

Hesselink, A. W. (2002): History makes a river. Morphological changes and human interference in the river Rhine, The Netherlands. Utrecht.

Hildebrandt, H. & M. Gudd (1991): Getreidebau, Missernten und Witterung im südwestlichen unteren Vogelsberg und dem angrenzenden Vorland während des 16. und frühen 17. Jahrhunderts. – Archiv für hessische Geschichte und Altertumskunde, Neue Folge 49/1991: 85–146.

Holzhauser, H. & H. J. Zumbuhl (1999): Glacier Fluctuations in the Western Swiss and French Alps in the 16th century. – Climatic Change, Vol. 43, No. 1: 223–237.

Hydrographisches Amt der Kaiserlichen Marine (1878): Segel-Handbuch für die Ostsee.

Ingramm, M. J., Underhill, D. J. & G. Farmer (1981): The use of documentary sources for the study of past climates. In: Wigley, T. M. L, Ingram, M. J. & G. Farmer, eds.: Climate and history. Studies in past climates and their impact on man. – Cambridge, London, New York, New Rochelle, Melbourne, Sydney: 180–213.

Jacobeit, J., H. Wanner, G. Koslowski & M. Gudd (1999): European Surface Pressure Patterns for Months with Outstanding Climatic Anomalies during the Sixteenth Century. – Climatic Change, Vol. 43, No. 1: 201–221.

Jacobeit, J., R. Glaser, J. Luterbacher & H. Wanner (2003): Links between flood events in central Europe since AD 1500 and large-scale atmospheric circulation modes. – GEOPHYSICAL RESEARCH LETTERS, VOL. 30, NO. 4, 1172, 21: 1–4.

Jacobeit, J., R. Glaser, J. Luterbacher M. Nonnenbacher & H. Wanner (2003): Links between flood events in central Europe since AD 1500 and the large-scale atmospheric circulation. In: Palaeofloods, historical data and climatic variability: applications in flood risk assessment, V.R. Thorndycraft, G. Benito, M. Barriendos & M.C. Llasat, eds.: 269–274.

Jacobeit, J., R. Glaser, M. Nonnenmacher & H. Stangl (2004): Hochwasserentwicklung in Mitteleuropa und Schwankungen der atmosphärischen Zirkulation. – GR 65,1: 26–34.

Jacobeit, J., Philipp, A. & M. Nonnenmacher (2006): Atmospheric circulation dynamics linked with prominent discharge events in Central Europe. – Hydrol. Sci. J. 51(5): 946–965.

Jäger, H. (1990): Wie man vor Augen sieht. Mittelalterliche und frühneuzeitliche Umweltwahrnehmung und -nutzung vornehmlich nach Quellen aus Altpreußen. – Berliner Geogr. Abh., H. 53: 243–250.

– (1994): Einführung in die Umweltgeschichte. – Darmstadt: 245 S.

Jahn, G. A. (1850): Die bekanntesten großen Wasserfluthen der Elbe. – Wochenschr. f. Astron., Meteor. und Geographie, Leipzig: 110–131.

Jakubowski-Tiessen, M. (1992): Sturmflut 1717. Die Bewältigung einer Naturkatastrophe in der Frühen Neuzeit.– (= Ancien Régime. Aufklärung und Revolution, Bd. 24). – München: 315 S.

Jansen, E., J. Overpeck, K.R. Briffa, J.-C. Duplessy, F. Joos, V. Masson-Delmotte, D. Olago, B. Otto-Bliesner, W.R. Peltier, S. Rahmstorf, R. Ramesh, D. Raynaud, D. Rind, O. Solomina, R. Villalba & D. Zhang (2007): Palaeoclimate. In: Climate Change 2007: The physical science basis. Contribution of Working Group I to the Fourth Assessment Report of the Intergovernmental Panel on Climate Change [Solomon, S., D. Qin, M. Manning, Z. Chen, M. Marquis, K.B. Averyt, M. Tignor and H.L. Miller (eds.)]. – Cambridge University Press, Cambridge, United Kingdom and New York, NY, USA.

Jonas, M., Staeger, T., & C.-D. Schönwiese (2005): Berechnung der Wahrscheinlichkeiten für das Auftreten von Extremereignissen durch Klimaänderungen – Schwerpunkt Deutschland; UBA-Forschungsvorhaben 201 41 254. – Institut für Atmosphäre und Umwelt, Universität Frankfurt/Main.

Jones, R. D., Ogilvie, A. E. J. & T. M. L. Wigley (1984): Riverflow Data for the United Kingdom: Reconstructed Data Back to 1844 and Historical Data Back to 1556.– Climatic Research Unit, Norwich: 157 p.

Jones, P. D., Wigley, T. M. L. & K. R. Briffa (1987): Monthly mean pressure reconstructions for Europe (back to 1780) and North America (to 1858). – United States Department of Energy, Washington.

Kington, J. A. (1988): The weather of the 1780's over Europe. – Cambridge: 176 p.

Klemm, F. (1964): Über die meteorologischen Beobachtungen des Abtes Leonhard III. Treuttwein im Zisterzienserkloster Fürstenfeld von 1587–1593.– Meteorol. Rdsch., 17. Jg., H. 5: 139–143.

– (1967): Über die meteorologischen Beobachtungen des Priors Kilian Leib im Augustinerchorherrenstift Rebdorf in der Zeit vom 22. 4. 1513–31. 12. 1531. – Meteorol. Rdsch., 20. Jg., H. 3: 72–77.

– (1968): Witterungschronik des Barfüßerklosters Thann im Oberelsaß von 1182–1700.– Frankfurt/Main.

– (1970): Witterungschronik des Barfüßerklosters Thann im Oberelsaß von 1182–1700. – Meteorol. Rdsch., 23.Jg., H. 1: 15–18.

– (1973): Die Entwicklung der meteorologischen Beobachtungen in Franken und Bayern bis 1700. – Ann. d. Meteorologie (Neue Folge) 8: 50 S.

– (1976): Die Entwicklung der meteorologischen Beobachtungen in Nord- und Mitteldeutschland bis 1700. – Annalen der Meteorologie (Neue Folge), Nr. 10: 73 S.

– (1979): Die Entwicklung der meteorologischen Beobachtungen in Südwestdeutschland bis 1700. – Annalen der Metorologie (Neue Folge) 13: 66 S.

– (1983): Die Entwicklung der meteorologischen Beobachtungen in Österreich einschließlich Böhmen und Mähren bis zum Jahr 1700. – Annalen der Meteorologie (Neue Folge), Nr. 21: 48 S.

Knudsen, K.L., H.B. Bartels-Jonsdottir, J. Eriksson & H. Jiang (2007): Climatic variability during the last 1000 years off North Iceland: Benthic and planktonic foraminifera, stable isotopoes and diatoms. – Abstracts/ Quaternary Int. Vol 167–168 Suppl.: 213.

Koppe, C. et al. (2004): Heat waves – Impacts and Responses. cCASHh workshop on thermal stress. 5.–7. 05. 03 in Freiburg. WHO-Report, Health and Global Environmental Change, Series No. 2. Colomb, Rome.

Korber, H.-G. (1987): Vom Wetteraberglauben zur Wetterforschung.– Umschau. – Frankfurt/Main: 230 S.

Koslowski, G. (1989): Die flächenbezogene Eisvolumensumme, eine neue Maßzahl für die Bewertung des Eiswinters an der Ostseeküste Schleswig-Holsteins und ihr Zusammenhang mit dem Charakter des meteorologischen Winters. – Dt. Hydrogr. Z. 42/2: 61–80.

Koslowski, G. & P. Loewe (1993): The Western Baltic Sea season in terms of an mass-related severity index 1879–1992, Part I. – Bundesamt für Seeschiffahrt und Hydrographie, Hamburg.

Koslowski, G. & R. Glaser (1995): Reconstruction of the Ice Winter Severity since 1701 in the Western Baltic. – Climatic Change 31/1: 79–98.

Koslowski, G. & R. Glaser (1999): Variations In Reconstructed Ice Winter Severity In The Western Baltic From 1501 to 1995, And Their Implications For The North Atlantic Oscillation. – Climatic Change 41: 175–191.

Lamb, H. H. (1970): Volcanic dust in the atmosphere; with a chronology and assessements of its meteorological significance. – Philos. Trans. Roy. Met. Soc., A 266: 425–533.

– (1977): Climate: Present, past and future.– Vol. 2. – Methuen, London: 835 p.

– (1991): Historic storms of the North Sea, British Isles and northwest Europe. – Cambridge, New York, Port Chester, Melbourne, Sydney: 204 p.

Lamsfuss, J. (1980): Quellen der vorinstrumentellen Epoche zur großräumigen Klimaanalyse.– Ann. d. Met. NF16: 164–166.

Lauer, W. & P. Frankenberg (1986): Zur Rekonstruktion des Klimas im Bereich der Rheinpfalz seit Mitte des 16.Jahrhunderts mit Hilfe von Zeitreihen der Weinquantität und Weinqualität. – Stuttgart, New York: 54 S.

Lauscher, F. (1983): Weinlese in Frankreich und Jahrestemperatur in Paris seit 1453. – Wetter u. Leben, 35.Jg.: 39–42.

Legrand, J. P. (1977): Fluctuations météorologiques, vendanges et activite solaire. – La Météorologie, 6/9: 73–89.

– (1979): Les fluctuations météorologiques exceptionelles durant les saisons printanières et estivales depuis le Moyen-Age.– La Météorologie, 6e serie 18: 131–141.

Legrand, J. P. & M. Legoff (1992): Les observations météorologiques de Louis Morin. – Monographie 6, Direction de la Météorologie Nationale, Paris.

Lehmann, H. (1986): Frömmigkeitsgeschichtliche Auswirkungen der „Kleinen Eiszeit". In: Schiedler, W., Hrsg.: Volksreligiosität in der modernen Sozialgeschichte. – Geschichte und Gesellschaft, Sonderheft 11: 31–50.

Lenke, W. (1960): Klimadaten von 1621–1650 nach Beobachtungen des Landgrafen Hermann IV. von Hessen. – Ber. d. Dt. Wetterd. Nr. 63 (Bd. 9): 3–51.

– (1961): Neuberechnung der Temperaturwerte von Berlin für die Jahre 1730–1750. – Meteorol. Rdsch. 14/6: 162–170.

– (1962): Die Skalenwerte des Reyerschen Thermometers.– Meteorol. Rdsch. 15, H. 4: 89–92.

– (1964): Untersuchungen der ältesten Temperaturmessungen mit Hilfe des strengen Winters 1708–1709. – Ber. d. Dt. Wetterd. Nr. 92 (Bd. 13): 3–45.

– (1968): Das Klima Ende des 16. und Anfang des 17. Jahrhunderts nach Beobachtungen von Tycho de Brahe auf Hven, Leonhard III. Treuttwein in Fürstenfeld und David Fabricius in Ostfriesland. – Berichte des Deutschen Wetterdienstes Nr. 110, Bd. 15: 47 S.

Le Roy Ladurie, E. (1983a): Histoire du climat depuis l'an mil. t. 1. – Paris: 287 p.

– (1983b): Histoire du climat depuis l'an mil. t. 2.– Paris: 254 p.

Libby, L. M. (1983): Past climates.– Austin: 142 p.

Liebscher, H.-J., Krahe, P. & W. Witte (1988): Rekonstruktion der Witterungsverhältnisse im Mittelrheingebiet von 1000 n. Chr. bis heute anhand historischer hydrologischer Ereignisse. – Abschlußbericht zum BMFT-Forschungsvorhaben LOF 10/85: 62 S.

Lindgrén, S. & J. Neumann (1981): „The cold and wet year 1695 – a contemporary German account." Climate Change 3: 173–187.

Lloyd, J.M. (2007): Oceanic forcing of ice stream activity – a case study of Jakobshavns Isbrae, West Greenland. – Abstracts/ Quaternary Int. Vol 167-168 Suppl.: 247–248.

Lotze, W. (1878): Geschichte der Stadt Minden. – Reprint der 2. Auflage.

Löwisch, H. (1932): Heuschreckenplagen in Franken. – Ber. d. naturforsch. Gesellsch. Bamberg 21: 63–68.

Luterbacher, J., R. Rickli, C. Tinguely, E. Xoplaki, E. Schupach, D. Dietrich, J. Hüsler, M. Ambühl, C. Pfister, P. Beeli, U. Dietrich, A. Dannecker, T. D. Davies, P. D. Jones, V. Slonosky, A. E. J. Ogilvie, P. Mahears, F. Kolyva-Machera, J. Martin-Vide, M. Barriensdos, M. J. Alcoforado, M. F. Nunez, T. Jonsson, R. Glaser, J. Jacobeit, C. Beck, A. Philipp, U. Beyer, E. Kaas, T. Schmith, L. Barring, P. Jonsson & H. Waner (2000): Reconstruction of Monthly Mean Sea Level Pressure over Europe for the Late Maunder Minimum period (1675–1715) based on Canonical Correlation Analysis. – Journal of Climate.

Luterbacher, J., E. Xoplaki, R. Rickli, D. Gyalistras, C. Schmutz, H. Wanner, D. Dietrich, J. Jacobeit & C. Beck (2002): Reconstruction of sea level pressure fields over the eastern North Atlantic and Europe back to 1500. – Climate Dynamics, 18: 545–561.

Maejima, I. & Y. Tagami (1986): Climatic change during historical times in Japan – Reconstruction from climatic hazard records. – Geogr. Reports 21: 157–171.

Manley, G. (1974): Central England temperatures: Monthly means 1659 to 1973. – Quart. J.R.Met. Soc. 100: 389–405.

Mann, M. E., R. S. Bradley & M. K.Hughes (1998): Global-scale temperature patterns and climate forcing over the past six centuries. – Nature Vol. 392: 779–787.

Mann, M. E. (2002): The Value of Multiple Proxies. Science 297, 1481–1482.

Mann, M. E. & P. D. Jones (2003): 2,000 Year Hemispheric Multi-proxy Temperature Reconstructions, IGBP PAGES/World Data Center for Paleoclimatology Data Contribution Series – 2003-051. NOAA/NGDC Paleoclimatology Program, Boulder CO, USA.

Maurer, J. (1929): Der strenge Winter und die großen Seegefrörne Februar–März 1929 in der Schweiz.– Zeit. f. angew. Met. – Das Wetter, 46 (4): 97–101.

Mayewski, P. A., Maasch, K. A., White, J. W. C., Steig, Eric J., Meyerson, E., Goodwin, I. D., Morgan, V. I., Van Ommen, T., Curran, M. A. J., Souney, J., Kreutz, K., (2004): A 700 year record of Southern Hemisphere extratropical climate variability. – Annals of Glaciology, 39: 127–132.

Mayewski, P. A., Maasch, K. A., White, J. W., Steig, E. J., Meyerson, E., Goodwin, Ian David, Morgan, V. I., Van Ommen, T., Curran, M. A., Souney, J., Kreutz, K., (2005): 700 year record of Southern Hemisphere extratropical climate variability. – Annals of Glaciology, 39: 127–131.

McGregor, J.L., M. Dima, H.W. Fischer & S. Mulitza (2007): Rapid 20th century increase in coastal upwelling off northwest Africa. – Abstracts/ Quaternary Int. Vol 167–168 Suppl.: 277.

Mendel, H. G., P. Fischer & A. Hermann (1997): Hochwasser – Gedanken über Ursachen und Vorsorge aus hydrologischer Sicht. – BfG-1022: 53 S.
Meteorologischer und Hydrologischer Dienst der Deutschen Demokratischen Republik, Hrsg. (1955): Klimatologische Normalwerte für das Gebiet der Deutschen Demokratischen Republik (1901–1950), 1. Lieferung. – Berlin.
Meteorologischer und Hydrologischer Dienst der Deutschen Demokratischen Republik, Hrsg. (1961): Klimatologische Normalwerte für das Gebiet der Deutschen Demokratischen Republik (1901–1950), 2. Lieferung. – Berlin.
Militzer, S. & R. Glaser (1994): Die Thüringische Sintflut von 1613.– Zeitschrift des Vereins für Thüringische Geschichte, Bd. 48. – Jena: 69–92.
Mitscher, M. (1888): Über Hochwassermarken am Rhein, besonders in Köln. – Festschrift zur 61. Versammlung dt. Naturforscher und Ärzte 188: 60–80.
Moberg, A., M. Dmitry, K. Sonechkin, N. Holmgren, M. Datsenko & K. Wibjörn (2005): Highly variable Northern Hemisphere temperatures reconstructed from low- and high-resolution proxy data. – Nature, Vol. 433, No. 7026: 613-617.
Mudelsee, M., Börngen, M., Tetzlaff, G. & U. Grünewald (2003): No upward trends in the occurrence of extreme floods in Central Europe. – Nature 425: 166–169.
Mudelsee, M., Börngen, M., Tetzlaff, G. & U. Grünewald (2004): Extreme floods in Central Europe over the past 500 years: role of cyclone pathway „Zugstrasse Vb". – J. Geophys. Res. 109, D23101.
Mudelsee, M., Deutsch, M., Börngen, M. & G. Tetzlaff (2006): Trends in flood risk of the River Werra (Germany) over the past 500 years. – Hydrol. Sci. J. 51(5): 818–833.
Müller, K. (1947): Weinjahre und Klimaschwankungen der letzten 1000 Jahre. – Der Weinbau, wiss. Beih. 1, 4/5: 83–103, 123–141.
Müller, K. (1953): Geschichte des badischen Weinbaus. – Lahr: 283 S.
Müller, W. C. (1823): Fünfhundertjährige Witterungs-Geschichte, besonders der ausserordentlichen Kälte; nebst Beobachtungen ihrer Perioden und Einwirkungen auf die Menschheit. – Bremen: 184 S.
Müchner Rückversicherungsgesellschaft (1990a): Sturm. Neue Schadendimensionen einer Naturgefahr. – München: 116 S.
Müchner Rückversicherungsgesellschaft (1990b): Winterstürme in Europa. Schadenanalyse. Schadenpotentiale. – München: 55 S.
Munzar, J. (1995): Early 17th century weather in Prague after J. Kepler's observations. – Regional workshop on Climate variability and climatic change vulnerability and adaptation. – Prague: 69–72.

Natermann, E. (1937): Zur Ortsgeschichte von Hameln. – Stalling: 110 S.
Neu, U. (2007): Klimadiskussion: Wissenschaft in Medien und Politik. In: Gebhardt, H., R. Glaser, U. Radtke & P. Reuber Hrsg., Geographie. – Heidelberg.
Neumann, J. (1985): Climatic change as a topic in the classical greek and roman literature. – Climate Change 7, 441–454.
Niess, W. (1982): Hexenprozesse in der Grafschaft Büdingen. – Büdingen.
Norlind, A. (1914): Einige Bemerkungen über das Klima der historischen Zeit nebst einem Verzeichnis mittelalterlicher Witterungserscheinungen. – Lunds Universitets Arsskrift, N. F. AFD. 1, Bd. 10, Nr. 1.

Obrebska-Starkel, B. & T. Niedzwiedz (1996): Proceedings of the International Conference on Climate Dynamics and the Global Change Perspective. – Cracow: 546 p.
Ogilvie, A. (1992): Documentary evidence for changes in the climate of Iceland, A. D. 1500 to 1800.– In: Bradley, R. S. & P. D. Jones, eds.: Climate since A.D. 1500. – London, New York: 92–117.

Palmer, A. S., T. D. v. Ommen, et al. (2001): „High-precision dating of volcanic events (A.D. 1301 – 1995) using ice cores from Law Dome, Antarctica." Journal of Geophysical Research 106(D22): 28089 – 28095.
Parry, M. L. (1978): Climatic change and settlement. – Dawson: 214 p.
Pauling, A., J. Luterbacher, C. Casty & H. Wanner (2006): Five hundred years of gridded high-resolution precipitation reconstructions over Europe and the connection to large-scale circulation. – Climate Dynamics, 26/4.
Pauling, A., J. Luterbacher, C. Casty & H. Wanner (2006): Five hundred years of gridded high-resolution precipitation reconstructions over Europe and the connection to large-scale circulation. – Climate Dynamics, 26/4.
Petersen, M. & H. Rohde (1977): Sturmflut. Die großen Fluten an den Küsten Schleswig-Holsteins und in der Elbe. – Neumünster: 148 S.
Pfaff, C. H. (1809): Über die strengen Winter vorzüglich des achtzehnten Jahrhunderts und über den letzt verflossenen Winter von 1808–1809. – Kiel.
Pfister, Chr. (1985): Klimageschichte der Schweiz 1525–1860. Bde. 1 und 2, 2. Aufl. Bern, Stuttgart: Haupt, 184 S.
– (1999): Wetternachhersage.– Bern: 304 S.
Pfister, Chr., Brazdil, R. & R. Glaser, eds. (1999): Climatic Variability in Sixteenth Century Europe and Its Social Dimension. – Climatic Change, Special Vol. 43, No. 1, 351 p.
Pfister, Chr., J. Luterbacher, G. Schwarz-Zanetti & M. Wegmann (1998): Winter air temperature variations in western Europe during the Early and High Middle Ages (AD 750–1300). – Holocene 8.5: 535–552.
Pfister, C., Weingartner, R. & J. Luterbacher (2006): Hydrological winter droughts over the last 450 years in the Upper Rhine basin: a methodological approach. – Hydrol. Sci. J. 51(5): 966 – 985.
Pflüger, B. (2005): Das Meereis um Südgrönland 1777 – 2002. Stuttgart.
Pilgram, A. (1788): Untersuchungen über das Wahrscheinliche der Wetterkunde durch vielfjährige Beobachtungen. – Wien.
Pohl, R. (2004): Historische Hochwasser aus dem Erzgebirge. Von der Gottleuba bis zur Mulde. Wasserbauliche Mitteilungen 28, Dresden.
Polluge, L. (1881): Klimaänderungen in historischen Zeiten. – Berlin.

Racz, L. (1999): The climate of Hungary during the Maunder Minimum Period (1675–1715). – Kecskemét.
Racz, L. (1999): Climate History of Hungary Since 16th Century: Past, Present and Future. – Centre For Regional Studies of Hungarian Academy of Science, No. 28, 160 S.

Rannie, W. F. (1983): Break-up and freeze-up of the Red River at Winnipeg, Manitoba Canada in the 19th century and some climatic implications. – Climatic Change 5: 283–296.
Rapp, J. (2000): Konzeption, Problematik und Ergebnisse klimatologischer Trendanalysen für Europa und Deutschland. Offenbach.
Reichsamt für Wetterdienst, Hrsg. (1939): Klimakunde des Deutschen Reiches, Bd. II, Tabellen. – Berlin: 560 S.
Rhode, H. (1964): Die Häufigkeit hoher Wasserstände an der Westküste von Schleswig-Holstein. – Die Küste, H.12: 86–112.
– (1977): Sturmfluthöhen und säkularer Wasserstandsanstieg an der Deutschen Nordseeküste. – Die Küste, H. 30: 52–143.
Rocznik, K. (1976): Die Temperaturverhältnisse in Mitteleuropa im Wandel der letzten 200 Jahre. – Meteorol. Rdsch. 29. Jg. 4: 109–112.
Rodrigo, F. S., Esteban-Parra, M. J. & Y. Castro-Diez (1994): An attempt to reconstruct the rainfall regime of Andalusia (southern Spain) from 1601 A.D. to 1650 A.D. using historical documents. – Climatic Change 27: 397–418.
Rohr, C. (2006): Measuring the frequency and intensity of floods of the Traun River (Upper Austria), 1441–1574. – Hydrol. Sci. J. 51(5): 834–847.
Rotberg, R. I. & Rabb, T. K., eds. (1981): Climate and history. Studies in interdisciplinary history. – Princeton, 280 p.
Rudloff, H. v. (1967): Die Schwankungen und Pendlungen des Klimas in Europa seit Beginn der regelmäßigen Instrumentenbeobachtungen (1670). – Die Wissenschaft Bd. 122. – Braunschweig: 370 S.

Schafhausen, F. (2005): Klimaschutzoptionen. In: Wetterkatastrophen und Klimawandel. – Edition Wissen. Münchener Rück: 204–213.
Schickhoff, U. (2006): Globale Umweltveränderungen und Vegetation. – Mitt. D. Geogr. Gesell. München, Bd.88: 13–47.
Schiller, H. (1986): Ermittlung von Hochwasserwahrscheinlichkeiten am schiffbaren Main und überregionaler Vergleich der Ergebnisse. – Beitr. z. Hydrologie, Sonderheft 6: 79–101.
Schmidt, M. (1967): Der zugefrorene Bodensee. Beitrag zur Strenge der Winter in Südwestdeutschland und der Nordschweiz. – Meteorol. Rdsch. 1: 16–25.
Schmidt, R. (1925): Das Klima von Würzburg auf Grundlage 125-jähriger Beobachtungen. Diss. Phil. Fak. Universität Würzburg: 272 S.
Schmidt, H. & H. v. Sorch (1993): German Bights storms analysed. – Nature Vol. 365: 791.
Schmitt, A. (1873): Chronik der Stadt Kitzingen. – Kitzingen: 195 S.
Schmitt, N. (1987): Chronikalische Aufzeichnungen aus Eichenbühl 1582–1830. – Manuskript des Heimat und Geschichtsvereins Eichenbühl, 22 S.
Schneider-Carus, K. (1955): Wetterkunde, Wetterforschung, Geschichte ihrer Probleme und Erkenntnisse in Dokumenten aus drei Jahrhunderten. – Freiburg, München: 423 S.
Schönbein, J. & Chr. Schneider (2005): Zur Klimatologie der winterlichen Schneedecke deutscher Mittelgebirge. – GeoÖko, 26: 197–216.
Schönwiese, C.-D., J. Rapp, T. Fuchs & M. Denhard (1993): Klimatrend-Atlas Europa 1891–1990. – Ber. des Zentrums für Umweltforschung Nr. 20: 218 S.
Schönwiese, C.-D., Staeger, T., Trömel, S. & M. Jonas (2003): Statistisch-klimatologische Analyse des Hitzesommers 2003 in Deutschland. In: Klimastatusbericht 2003 (Hrsg. DWD – Deutscher Wetterdienst). – Offenbach.
Schottenloher, K. (1920): Tagebuch-Aufzeichnungen des Regensburger Weihbischofs Peter Krafft. – Reformationsgeschichtliche Studien und Texte Nr. 37. – Münster.
Schroeder-Lanz, H. (1983): Witterungsklimatolog. Interpretation der vier Trierer Mosel-Vereisungen im Frühjahr 1709. – Beiträge zur Hydrologie, Jg. 9, H. 2: 57–70.
Schweingruber, F. (1993): Jahrringe und Umwelt – Dendroökologie. – Eidgenössische Forschungsanstalt für Wald, Schnee und Landschaft. – Birmensdorf: 474 S.
Seberich, F. (1958): Die alte Mainbrücke zu Würzburg. – Mainfränkische Hefte 31: 198 S.
Silva, S. L. d. & G. A. Zielinski (1998): „Global influence of the AD 1600 eruption of Huaynaputina, Peru." Nature 393(4): 455–458.
Simek, R. (1992): Erde und Kosmos im Mittelalter. – München: 219 S.
Speerschneider, C. I. H. (1915): Om Isforholdene i danske Farvande i aeldre og nyere Tid aarene 690–1860.– Meddelelser, Nr. 2. – Copenhagen (Dansk. Meteorol. Inst.): 123 pp.
Speerschneider, C. I. H. (1927): Om Isforholdene i danske Farvande aarene 690-1860. – Meddelelser, Nr. 6. – Copenhagen (Dansk. Meteorol. Inst.): 84 pp.
Spitzner, J. E. (1785): Alle gesammelten Nachrichten von lange anhaltenden Winden und deren Folgen. – Wittenberg Wochenblatt 18: 217.
Stahleder, H. (1995): Chronik der Stadt München. – Herzogs- und Bürgerstadt. Die Jahre 1157–1505: 696 S.
Strakosch-Graßmann, G. (1932): Neue Quellen zur Geschichte der Witterung in Europa vom 16. bis zum 18. Jahrhundert. – Meteorol. Zeitschr., Juliheft: 395–398.
Stuiver, M., P. M. Grootes & T. F. Braziunas (1995): The GISP d180. Climate Record of the Past 16,500 Years and the Role of the Sun, Ocean, and Volcanoes. – Quaternary Research 44: 341–354.
Sturm, K., Glaser, R., Jacobeit, J., Deutsch, M., Brázdil, R. & C. Pfister (2001): Floods in Central Europe since AD 1500 and their relation to the atmospheric Circulation. – Petermanns Geographische Mitteilungen, 148(6): 18–27.
Swedish Meteorological an Hydrological Institute (1982): Climatological Ice Atlas for the Baltic Sea, Kattegat, Skagerrak and Lake Vänern (1963–1979): 220 p.

Tan, M., X. Shao & J.Liu (2007): Millenial temperature reconstructions and simulation for China based on annually resolved multi-proxies and ECHO-G model. – Abstracts/Quaternary Int. Vol 167–168 Suppl.: 412.
Taylor, A. (1999): „The Hungry Year". 1789 on the Northern Border of Revolutionary America. Dreadful Visitations: Confronting Natural Catastrophe in the Age of Englightenment. A. Johns. New York.
Tetzlaff, G. (1990): Kurze Anmerkungen zum Klima von Norddeutschland. – Meteorol. Rdsch., 42/2: 62–64.
Thorndycraft, V.R., G. Benito, M. Barriendos & M.C. Llasat, eds. (2003): Palaeofloods, historical data and climatic variability: applications in flood risk assessment. – Proceedings of the PHEFRA int. Workshop, 378 pp.

Thorndycraft, V. R., Barriendos, M., Benito, G., Rico, M. & A. Casas (2006): The catastrophic floods of AD1617 in Catalonia (northeastern Spain) and their climatic context. – Hydrol. Sci. J. 51(5), 899–912.
Traumüller, F. (1885): Die Mannheimer meteorologische Gesellschaft (1780–1799). Ein Beitrag zur Geschichte der Meteorologie.– Progr. d. Nicolaigymnasiums in Leipzig. – Leipzig (Dürr): 1–24.

Unganal, L. S. (1996): Historic abd future climatic change in Zimbabwe. – Climate Research Vol. 6: 137–145.

Van den Dool, H. M., Krijnen, H. J. & C. J. E. Schuurmans (1978): Average winter temperatures at De Bilt Netherlands: 1634–1977. – Climatic Change 1: 319–330.
Van de Plassche, O., van der Schrier, G., Weber, S.L., Gehrels, W.R. & A.J. Wright (2003): Sea-level variability in the northwest Atlantic during the past 1500 years: a delayed response to solar forcing? – Geophysical Research Letters 30, 1921, doi. 10.1029/2003GL017558.
Vasold, M. (2004). „Die Eruptionen des Laki von 1783/84. Ein Betrag zur deutschen Klimageschichte." Naturwissenschaftliche Rundschau 57(11): 602–608.
Vogel, C. H. (1989): A documentary-derived climatic chronology for South Africa, 1820–1900. – Climatic Change 14: 291–307.

Walsh, R. & A. Reading (1991): Historical changes in tropical cyclone frequency within the Caribbean since 1500. – Würzbg. Geogr. Arb. 80: 199–240.
Walsh, R. P. D., R. Glaser & S. Militzer (1999): The Climate of Madras During the Eighteenth Century. – International Journal of Climatology, 19: 1025–1047.
Wanner, H., Brazdil, R., Frich, P., Frydendahl, K., Jonsson, T., Kington, J., Pfister, C., Rosendorn, S. & E. Wishmann (1994): Synoptic interpretation of monthly weather maps for the Late Maunder Minimum. In: Frenzel, B. (Hrsg): Paläoklimaforschung 13: 401–424.
Wattenbach, W., E. Dümmler & F. Huf (1991a+b): Deutschlands Geschichtsquellen im Mittelalter. Frühzeit und Karolinger, Teil I + II. – Essen.
WBGU (2007): Neue Impulse für die Klimapolitik: Chancen der deutschen Doppelpräsidentschaft nutzen. – Politikpapier 5, Berlin: 20 S.
Weikinn, C. (1958–1963): Quellentexte zur Witterungsgeschichte Europas von der Zeitwende bis zum Jahre 1850. Bd. I–IV. – Berlin.
Wiedeburg, J. E. B. (1784): Über die Erdbeben und den Nebel 1783. – Jena: 94 S.
Wigley, T. M. L., Ingram, M. J. & Farmer, G., eds. (1981): Climate and history. Studies in past climates and their impact on man. Cambridge. – Cambridge: 530 S.
Witte. W. (1991): Der Aussagewert von historischen hydrologischen Daten im Vergleich zu meteorologischen und (para-) phänologischen Daten für die Rekonstruktion der Witterung im Mittelrheingebiet seit dem 14.Jahrhundert. – Würzbg. Geogr. Arb. 80: 149–182.
Woebcken, C. (1924): Deiche und Sturmfluten an der deutschen Nordseeküste. – Bremen–Wilhelmshaven: 229 S. [Neudruck 1973 bei Sändig, Walluf]
Woodruff, D., R. J. Slutz, R. L. Jenne & P. M. Steuer (1987): A comprehensive ocean-atmosphere data set. – Bull. Am. Meteor. Soc. 68: 1239–1250.
World Meteorological Organisation (1966): Climatic change, Techn. Note Nr. 79. – Genf: 79 p.

Yan, Z., P. Alexandre & G. Demarée (1997): Narrative warm/cold variations in continental western Europe, AD 708–1426. – Science in China (Series D), Vol. 40, No. 5: 509–517.
Yazawa, T. (1976): Betrachtungen über den Klimawechsel in historischer Zeit, sowie in den letzten Jahren im Suwa-Gebiet (Zentral-Japan) hauptsächlich aufgrund religionsgeographischer Aufzeichnungsreihen. In: Leupold, W. & Rutz, W., Hrsg.: Der Staat und sein Territorium. – Wiesbaden: 175–188.

Zebisch, M., T. Grothmann, D. Schröter, C. Hasse, U. Fritsch & W. Cramer (2005): Klimawandel in Deutschland. Vulnerabilität und Anpassungsstrategien klimasensitiver Systeme, UMWELTFORSCHUNGSPLAN DES BUNDESMINISTERIUMS FÜR UMWELT, NATURSCHUTZ UND REAKTORSICHERHEIT Forschungsbericht 201 41 253 UBA-FB 000844.

Sachregister

Ortsregister